普通高等教育“十一五”国家级规划教材

大学数学
微 积 分

Weijifen

（第二版）

上册

上海交通大学数学科学学院
微积分课程组　编

高等教育出版社·北京

内容提要

本书是普通高等教育“十一五”国家级规划教材“大学数学”系列教材之一，结合上海交通大学高等数学课程多年的教学实践，对第一版教材在内容取舍、习题配置上都做了改进。

本书注重微积分的思想和方法，重视概念和理论的阐述与分析。结合教材内容，适当介绍了一些历史知识，指出微积分发展的背景和线索，以提高读者对微积分的兴趣和了解；重视各种数学方法的运用和解析，如分析和综合法、类比法、特殊到一般法、数形结合法等；探索在微积分中适度渗入一些现代数学的思想和方法。

本书内容包括函数、极限与连续、导数与微分、微分中值定理与导数的应用、积分、微分方程等6章。在内容的安排和阐述上力求朴素明了，深入浅出。例题精心选择，类型丰富，由易到难，解法中融入了各种数学基本方法且加以分析，有助于读者领会和掌握各种数学思维方法，有利于读者自学。同时配以丰富的习题，易难结合，帮助读者通过练习巩固和提高微积分的知识和方法。

本书适用于高等学校理工类各专业，也可供工程技术人员参考。

图书在版编目(CIP)数据

大学数学.微积分.上册/上海交通大学数学科学学院微积分课程组编.--2版.--北京:高等教育出版社,2016.8 (2021.7重印)

ISBN 978-7-04-045987-6

Ⅰ.①大… Ⅱ.①上… Ⅲ.①高等数学-高等学校-教材②微积分-高等学校-教材 Ⅳ.①O13②O172

中国版本图书馆CIP数据核字(2016)第176456号

策划编辑 张彦云　　责任编辑 张彦云　　封面设计 张 楠　　版式设计 马敬茹
插图绘制 尹文军　　责任校对 杨凤玲　　责任印制 田 甜

出版发行	高等教育出版社	网　址	http://www.hep.edu.cn
社　址	北京市西城区德外大街4号		http://www.hep.com.cn
邮政编码	100120	网上订购	http://www.hepmall.com.cn
印　刷	北京市鑫霸印务有限公司		http://www.hepmall.com
开　本	787mm×960mm 1/16		http://www.hepmall.cn
印　张	25	版　次	2008年6月第1版
字　数	450千字		2016年8月第2版
购书热线	010-58581118	印　次	2021年7月第7次印刷
咨询电话	400-810-0598	定　价	45.10 元

本书如有缺页、倒页、脱页等质量问题，请到所购图书销售部门联系调换

物 料 号 45987-00

第二版前言

本书自2008年初版以来，一直作为上海交通大学本科高等数学课程的主教材，另外其他高校也有部分师生选用此教材作为微积分教学的参考书。从多年的教学实践所得到的反馈意见表明，本书阐述严谨、分析透彻、例题典型，符合上海交通大学“起点高、基础厚、要求严”的教学定位，但也存在一些需要修改的问题。为更加适应教学的实际需求，此次再版基本上保持了第一版的结构和特点，主要改动包括以下几个方面：

(1) 对某些章节的内容阐述做了简化，主要涉及极限存在性和函数可积性理论的相关内容；

(2) 对习题做了适当增删，增加了题目的类型，删除某些过难的证明题；

(3) 对原书中的一些错误做了订正。

第二版修订工作由乐经良、王承国、何铭、王铭和陈克应完成。编写得到了上海交通大学数学科学学院的支持，广大教师也提出了许多宝贵的意见和建议。在此一并表示感谢。

虽经修改，本书中的缺点和不足之处在所难免，敬请同行和读者不吝指正。

编　者

2016.6

第一版前言

高等数学(或微积分)课程一直是高等院校最重要的基础课。课程不仅传授学生在专业学习中所需的数学知识,同时在培养学生的理性思维、科学审美和使用科学语言方面有着不可替代的作用。

上海交通大学是一所历史悠久的研究型综合性大学,尤以理工经管科见长,主要培养综合素质高、实践能力强、富有创新精神的各类管理、科研和工程技术人才,有着“起点高、基础厚、要求严”的教学传统。高等数学作为一门重要的基础课,始终继承了这一传统。

本教材是在上海交通大学高等数学课程建设和教学改革的基础上形成的,同时也是对原有教材《微积分》多年使用实践的总结和提高。其主要特点是:

1. 特别注重对微积分的基本思想和基本方法的阐述,尽可能突出极限、导数和积分等重要概念,努力从多种视角解释这些数学概念的背景、内涵以及它们之间的有机联系。

2. 在教材中适度渗入现代数学观点和表达形式,例如在多元部分采取向量表示指出二维格林公式和三维高斯公式具有相同表达形式,从而揭示它们是微积分基本定理在多元情况下的推广、指出线性微分方程解集合具有线性空间结构等以及某些数学符号的采用都是这方面的尝试。

3. 在概念的引入、定理的推演和问题的分析中有意识地介绍一些常用数学方法,包括数形结合的方法、类比的方法、构造辅助函数的方法和由特殊到一般的方法等,并给予适当点评以凸显这些方法。

4. 对微积分的各部分内容的应用予以充分的重视,从导数到积分,直至微分方程均给出了较多的应用实例,并尝试将数学建模的思想融入其中。

5. 教材选择了大量例题,并对解决它们的思路和方法做出一定的分析,各种典型例题的介绍有助于对微积分基本方法乃至一般数学方法的领会和掌握。

虽然本教材从整体框架而言保持了传统微积分的基本内容和结构,但是上述特点体现了编者在高等数学课程改革方面的一些思考与探索,同时教材也反映了上海交通大学高等数学课程的特色和定位。

本书符合由教育部高等学校数学基础课程教学指导分委员会制定的“工科类本科数学基础课程教学基本要求”。参考教学时数为 162~180 学时,标以“ * ”的个别小节或内容在教学中可视实际情况选用。

全书分为两册,上册为一元微积分和微分方程,下册为多元微积分与级数。

本书由乐经良主编,各章分别由乐经良、王承国、何铭、王铭和陈克应编写,全书由何铭与乐经良统稿。上海交通大学原有教材《微积分》(上海交通大学版)是本书编写的重要基础与参考材料,景继良和孙薇荣两位教授参加了原教材的编写,郑麒海等老师选编了原教材的习题,课程组许多老师对教材都提出过有益的意见或建议。

本书的编写得到上海交通大学数学系和国家工科数学教学基地的支持,也得到上海交通大学教务处的支持,高等教育出版社理工出版中心数学分社以及责任编辑认真细致的工作保证了本书的顺利出版,编者在此表示衷心的感谢。

尽管本书编者都有微积分教学的长期经验,也对本教材的编写作了反复的讨论和思考,然而对此教材的编写并不能得心应手,对许多内容的处理斟酌再三仍然未觉满意,深感这一数学基础课教材编写之不易。限于编者水平,加上时间仓促,本书中的缺点乃至错误之处势必难免,敬请国内同行和读者批评指正。

编　者

2008.4

目　录

第 1 章　函　数

函数是数学最基本的概念,也是微积分研究的主要对象.

函数概念是随着人类社会生产力发展而产生并逐步形成的,它反映了变量之间的依赖关系.使用函数一词始于德国数学家莱布尼茨(Leibniz,1646—1716),虽然他没有给出函数的定义;而函数的记号 $f(x)$ 则是由瑞士数学家欧拉(Euler,1707—1783)引进的.然而在相当长的时期内数学家都认为函数是由一个解析表达式所给出的,直至 1837 年才由德国的狄利克雷(Dirichlet,1805—1859)首先给出接近现代概念的函数定义.

本书中的函数都是在实数范畴内变化的.这一章我们首先介绍有关实数集的基本概念和一些性质;继而讨论函数的概念及其一般性态,同时对基本初等函数的性质概括地做一些回顾.本章的内容是初等数学某些知识的复习、总结和提高,也是学习微积分的基础.

1.1　实　数　集

1.1.1　集合

一些事物组成的整体称为**集合**,而集合中的每个事物称为这集合的**元素**.通常把具有某种属性的事物放在一起组成一个集合.

表示一个集合可以通过列出它所有元素的方式(**枚举法**),例如**自然数集**

$$\mathbf{N}=\{0,1,2,3,\cdots,n,\cdots\},$$

整数集

$$\mathbf{Z}=\{0,1,-1,2,-2,3,-3,\cdots,n,-n,\cdots\};$$

也可以通过描述集合中元素的属性的方式(**属性法**),常写为$\{x\mid$使 x 属于该集合的性质$\}$,例如方程 $x^4-10x^2+9=0$ 所有的根组成的集合可表示为

$$A=\{x\mid x^4-10x^2+9=0\}.$$

若 a 是集合 A 中的元素,则称 a 属于 A,记为 $a\in A$;若 a 不是集合 A 中的元素,则称 a 不属于 A,记为 $a\notin A$.

若集合 A 中每一个元素都属于集合 B,则称 A 是 B 的**子集**,记为 $A\subset B$,此时我们也称 A 包含于 B 或 B 包含 A.

例如,自然数集 $\mathbf{N}$,正整数集 $\mathbf{N}_+$,整数集 $\mathbf{Z}$ 之间有如下包含关系:

$$\mathbf{N}_+\subset\mathbf{N}\subset\mathbf{Z}.$$

集合之间可以定义其他一些运算,例如,集合的并集、交集、差集等,这在初等数学里已经介绍过,这里不再一一列举了.

1.1.2 逻辑符号

在数学概念和命题的论述中,经常使用以下一些逻辑符号.

符号“$\forall$”表示“对任意给定的”(for any given),它是 Any 的第一个字母 A 的倒写,符号“$\exists$”表示“存在”(exist),它是 Exist 的第一个字母 E 的反写.

例如命题“对任意给定的正整数 n,存在整数 m,使得 $n+m=0$”用上述逻辑符号可以表述为:

$$\forall n\in\mathbf{N}_+,\ \exists m\in\mathbf{Z},\text{使得 } n+m=0.$$

符号“$\Rightarrow$”表示“蕴涵着”或“推导出”,符号“$\Leftrightarrow$”表示“等价于”或“充要条件是”.

例如命题“若 $a>b,b>c$,则有 $a>c$”用逻辑符号可以表述为:

$$a>b,b>c\quad\Rightarrow\quad a>c;$$

“$x^2-x-2\leqslant 0$ 等价于 $-1\leqslant x\leqslant 2$”用逻辑符号可以表述为:

$$x^2-x-2\leqslant 0\quad\Leftrightarrow\quad -1\leqslant x\leqslant 2.$$

1.1.3 有理数集和实数集

有理数集 Q 定义为

$$\mathbf{Q}=\left\{x=\frac{p}{q}\ \middle|\ p\in\mathbf{Z},q\in\mathbf{N}_+,\text{且 } p,q \text{ 互质}\right\}.$$

有理数集 $\mathbf{Q}$ 有一些重要性质:

$\mathbf{Q}$ 是一个数域,即任意两个有理数进行加、减、乘、除(零不为除数)运算的结果仍为有理数,或者说有理数集对于四则运算是**封闭**的.

$\forall a,b\in\mathbf{Q}$,下列关系有且仅有一个成立:

$$a<b,a>b,a=b;$$

我们常用 $a\leqslant b$ 表示 $a<b$ 或 $a=b$,于是 $\forall a,b\in\mathbf{Q}$,则 $a\leqslant b$ 与 $a>b$ 两者必居其一,即有理数是**有序**的.

任意两个不同的有理数之间必定还存在有理数,即:$\forall a,b\in\mathbf{Q},a<b,\ \exists c\in\mathbf{Q}$,使得 $a<c<b$.由此可推知任意两个不同的有理数间存在无穷多个有理数,这个

性质称为有理数的**稠密**性.

有理数可以与数轴上的点对应,每个有理数对应于数轴上一点(有理点).稠密性意味着数轴上任何一小段内都有无穷多个有理点.

然而有理点并不能充满整个数轴,换言之,在有理点间有着“空隙”.例如,若边长为 1 的正方形对角线的长度为 a,则 $a^2=2$,用反证法可以证明 a 不是有理数.若在数轴上作出到原点距离等于 a 的点 A(图 1.1),那么数轴上这个点 A 就不是有理点,故有理点在实数轴上稠密但之间有空隙.我们将数轴上有理点之外的点称为**无理点**,它们对应**无理数**.可以证明任何两个不同的有理数之间都存在无理数.因而无理点在数轴上也是稠密的,即数轴上任何一小段内都有无穷多个无理点.

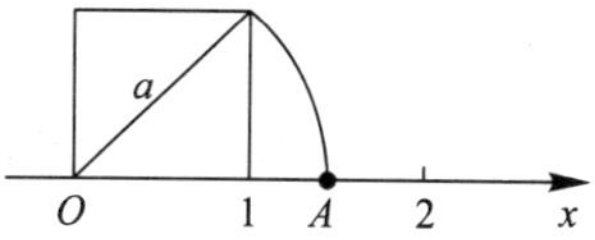

图 1.1

我们定义**实数集 R** 为有理数集和无理数集的并集.

实数集 $\mathbf{R}$ 仍然是一个数域,即它对四则运算是封闭的.显然实数也是有序的并且有着稠密性.

实数与数轴上的点是**一一对应**的,即每个实数对应数轴上一个点;反过来,数轴上每个点也对应一个实数.这意味着与实数对应的点(有理点和无理点)充满了整个数轴,没有空隙,没有间断,这个性质称为**实数的连续性**.

实数的连续性将保证实数集在以后所学的微积分基本运算——极限运算下依然是封闭的.

我们知道实数与数轴上点的对应是通过点的坐标来实现的,在以后的讨论中往往对实数和它所对应数轴上的点不加区别,例如数轴上点的坐标为 x,我们常说点 x 或数 x.

1.1.4 区间和邻域

实数集 $\mathbf{R}$ 的子集称为**数集**,一类常见的数集就是**区间**,例如

$$(a,b)=\{x\mid a<x<b,x\in\mathbf{R}\},\quad [a,b]=\{x\mid a\leqslant x\leqslant b,x\in\mathbf{R}\},$$

$$(a,b]=\{x\mid a<x\leqslant b,x\in\mathbf{R}\},\quad [a,b)=\{x\mid a\leqslant x<b,x\in\mathbf{R}\},$$

$$(a,+\infty)=\{x\mid x>a,x\in\mathbf{R}\},(-\infty,b]=\{x\mid x\leqslant b,x\in\mathbf{R}\},(-\infty,+\infty)=\{x\mid x\in\mathbf{R}\}.$$

前两个区间分别称为开区间,闭区间,第三、四个区间称为半开半闭区间,它们都是有限区间,最后三个区间是无限区间,其中符号“$+\infty$”、“$-\infty$”分别读作“正无穷大”、“负无穷大”.

对于非特定的区间,经常用字母 I 表示.

区间$(x_0-\delta,x_0+\delta)$称为实数 x_0 的 δ **邻域**,记为 $U(x_0,\delta)$,而$(x_0-\delta,x_0)\cup(x_0,$

$x_0+\delta$)称为实数 x_0 的**去心 δ 邻域**,记为$\mathring{U}(x_0,\delta)$,其中实数 $\delta>0$.x_0 和 δ 分别称为邻域的中心和半径,而在不必强调邻域半径大小时,则将邻域和去心邻域简记为 $U(x_0)$ 和 $\mathring{U}(x_0)$.

有时需要考察点 x_0 一侧的小区间,将 $(x_0-\delta,x_0]$、$[x_0,x_0+\delta)$ 分别称为 x_0 的**左、右 δ 邻域**,相应地也可以有 x_0 的左、右去心 δ 邻域的概念.

1.1.5 不等式

与实数有关的一些不等式是重要的,首先我们回忆与绝对值有关的不等式:

(1) 若 $\delta\in\mathbf{R}_+$,$x,a\in\mathbf{R}$,则

$$|x-a|<\delta \iff a-\delta<x<a+\delta;$$

(2) 若 $x,y\in\mathbf{R}$,则

$$|x\pm y|\leqslant|x|+|y|,$$

$$|x\pm y|\geqslant\big||x|-|y|\big|.$$

下面介绍两个重要的不等式以及一个很重要的数学方法"数学归纳法".

命题 1.1($A-G$ 不等式,即"正数的算术平均值不小于它们的几何平均值") 若 $x_1,x_2,\cdots,x_n\in\mathbf{R}_+$,$n\in\mathbf{N}_+$,则

$$\frac{x_1+x_2+\cdots+x_n}{n}\geqslant\sqrt[n]{x_1x_2\cdots x_n}.$$

证 记 $A_n=\dfrac{x_1+x_2+\cdots+x_n}{n}$,$G_n=\sqrt[n]{x_1x_2\cdots x_n}$,$n\in\mathbf{N}_+$.

用数学归纳法证明如下:

(1) 当 $n=1$ 时,$A_1=x_1=G_1$,故 $A_1\geqslant G_1$ 成立;

(2) 假设当 $n=k$ 时结论成立,即 $A_k=\dfrac{x_1+x_2+\cdots+x_k}{k}\geqslant\sqrt[k]{x_1x_2\cdots x_k}=G_k$;则当 $n=k+1$ 时:

由于 $x_1,x_2,\cdots,x_{k+1}$ 中必有最大正数,不妨设为 x_{k+1},则有

$$A_{k+1}^{k+1}=\left(\frac{x_1+x_2+\cdots+x_{k+1}}{k+1}\right)^{k+1}=\left(\frac{kA_k+x_{k+1}}{k+1}\right)^{k+1}=\left(A_k+\frac{x_{k+1}-A_k}{k+1}\right)^{k+1},$$

利用二项式展开可得

$$\begin{aligned}A_{k+1}^{k+1}&\geqslant A_k^{k+1}+\mathrm{C}_{k+1}^1A_k^k\left(\frac{x_{k+1}-A_k}{k+1}\right)=A_k^{k+1}+A_k^kx_{k+1}-A_k^{k+1}\\&=A_k^kx_{k+1}\geqslant G_k^kx_{k+1}=x_1x_2\cdots x_kx_{k+1}=G_{k+1}^{k+1},\end{aligned}$$

即得 $A_{k+1}\geqslant G_{k+1}$.

由(1)、(2)得到：$\forall n\in\mathbf{N}_+, A_n\geqslant G_n$ 成立.命题得证.

命题 1.2(伯努利(Bernoulli)不等式) 若 $x\geqslant 0, n\in\mathbf{N}$,则

$$(1+x)^n\geqslant 1+nx.$$

这个命题的证明比较简单,留给读者作为练习.

1.1.6 数集的界

对实数集,我们引进有界的概念.

定义 1.1 对非空实数集 $E\subset\mathbf{R}$,

(1) 若 $\exists M\in\mathbf{R}$,使得 $\forall x\in E$,有

$$x\leqslant M,$$

则称 E 是**有上界**的,称 M 是 E 的一个**上界**;

(2) 若 $\exists m\in\mathbf{R}$,使得 $\forall x\in E$,有

$$x\geqslant m,$$

则称 E 是**有下界**的,称 m 是 E 的一个**下界**;

(3) 若 E 既有上界又有下界,则称 E 为**有界**的.此时,$\exists$实数 $\bar{M}>0$,使得 $\forall x\in E$,有 $|x|\leqslant\bar{M}$,$\bar{M}$ 称为数集 E 的一个**界**.

例如,自然数集 $\mathbf{N}=\{0,1,2,3,\cdots\}$,0 或任何一个负数都是它的下界,但它无上界,所以它是无界的.而对集合 $A=\{x\mid x^2<2, x\in\mathbf{R}\}$,有 $|x|<\sqrt{2}\ (\forall x\in A)$,所以集合 A 是有界的,$\sqrt{2}$ 是它的界,而 $\sqrt{2}$,$-\sqrt{2}$ 分别是它的上界和下界.

显然,若一个数集有上界,则其就有无穷多个上界.事实上,若 M 是集合 E 的一个上界,那么 M 加上任何正数 c 的和 $M+c$ 仍是 E 的上界.在这些上界中有一个具有特别重要的作用,那就是上确界.

定义 1.2 设非空数集 $E\subset\mathbf{R}$,若 $\exists\beta\in\mathbf{R}$ 满足:

(1) $\forall x\in E$,有 $x\leqslant\beta$;

(2) $\forall\varepsilon>0, \exists x_\varepsilon\in E$,使得 $x_\varepsilon>\beta-\varepsilon$,

则称 β 是 E 的**上确界**,记为

$$\beta=\sup E.$$

上确界的定义包含了两层意思:(1) β 是 E 的上界,(2) 任何小于 β 的数 $(\beta-\varepsilon)$ 都不是 E 的上界;因此上确界 β 是 E 的最小上界.

类似地可以定义非空数集 E 的最大下界,即**下确界** $\alpha=\inf E$.读者可根据上述定义用类似的方法(即类比法)自己给出定义.

上确界和下确界统称为**确界**.

若一个数集 E 中存在最大的数 b,记为 $b=\max E$,显然 b 就是 E 的上确界;

同样若 E 中存在最小的数 a，记为 $a=\min E$，那么 a 就是 E 的下确界.然而反过来，一个数集 S 的上确界（或下确界）并不一定是这数集 S 中的数，即数集 S 的上确界（或下确界）可以存在，但它的最大数（或最小数）不一定存在.

例如数集 $E=\{x\mid -2\leqslant x\leqslant 3\}$，容易看出 E 中有最大数 3，最小数 -2，所以 3 和 -2 就是 E 的上确界 $\sup E$ 和下确界 $\inf E$.而考察数集 $A=\{x\mid x^2<9, x\in\mathbf{R}\}$，不难得到 $\sup A=3$，$\inf A=-3$，但是 3 和 -3 都不是 A 中的数.下面给出用定义来验证上确界的一个例子.

例 1.1 证明数集 $A=\left\{\frac{1}{2},\frac{2}{3},\frac{3}{4},\cdots,\frac{n}{n+1},\cdots\right\}$ 的下确界为 $\frac{1}{2}$，上确界为 1.

证 $\forall \frac{n}{n+1}\in A(n=1,2,\cdots)$，总有

$$\frac{1}{2}\leqslant\frac{n}{n+1}\leqslant 1,$$

故 $\frac{1}{2}$，1 分别是 A 的一个下界和一个上界.

$\forall \varepsilon>0$，$\exists \frac{1}{2}\in A$，使得 $\frac{1}{2}<\frac{1}{2}+\varepsilon$，故 $\frac{1}{2}=\inf A$.

（这里说明了任何大于 $\frac{1}{2}$ 的数 $\frac{1}{2}+\varepsilon$ 都不是 A 的下界，所以 $\frac{1}{2}$ 为 A 的最大下界，即下确界.）

$\forall \varepsilon>0$，取 $k=\left[\frac{1}{\varepsilon}\right]+1$，（$\left[\frac{1}{\varepsilon}\right]$ 表示不超过 $\frac{1}{\varepsilon}$ 的最大整数），则 $k>\frac{1}{\varepsilon}$，从而 $\varepsilon>\frac{1}{k}$，于是有 $\frac{k}{k+1}\in A$，使得

$$\frac{k}{1+k}=1-\frac{1}{k+1}>1-\frac{1}{k}>1-\varepsilon,$$

所以 $1=\sup A$.

（这里说明了任何小于 1 的数 $1-\varepsilon$ 不能成为 A 的上界，所以 1 为 A 的最小上界，即上确界.）

若数集 E 没有上界，自然它也没有上确界，此时我们规定 $\sup E=+\infty$；同样若数集 E 没有下界，我们规定 $\inf E=-\infty$.那么在数集有上（下）界时，它是否一定有上（下）确界呢？关于这一点，结论是肯定的.

确界存在性定理 若非空数集 E 有上（下）界，则 E 必有上（下）确界.

确界存在性定理简称确界定理.从直观上看，一个数集 E 是数轴上的一个

点集,上界代表着这样的点:它的右边没有 E 中的点,因此它的右边全是 E 的上界;换言之,E 的所有上界点的集合是数轴上的一条正向射线,射线的始点恰好是 E 的上确界.确界存在性反映了实数集的连续性这一重要而基本的性质,即实数充满了数轴而连续不断.如果实数间留有不是实数的“空隙”点,那么这“空隙”点左边的数集就没有上确界,“空隙”点右边的数集就没有下确界,此时确界定理就不成立了.所以确界定理是刻画实数连续性的一个重要定理.

1.2 函　　数

1.2.1 函数的概念

让我们先看 3 个例子.

例 1.2 若圆的半径为 r,则圆的面积 A 就确定了,因此我们说圆的面积 A 与半径 r 有着对应关系.它们之间的这种对应关系可用公式

$$A=\pi r^2$$

来表示.

例 1.3 某城市 A 的人口数据如下表 1.1.从表中可以看出,A 市人口数量每年在变化,虽然没有人口数量随年份变化的公式,但是任意给定 2001—2007 年中一个年份数就有一个确定的人口数量与之对应,这种对应关系是由表格来表示的.

表 1.1　　（人口数量单位:万）

年份	2001	2002	2003	2004	2005	2006	2007
人口数量	132.6	133.0	133.9	134.0	133.8	133.6	133.4

例 1.4 在 2014 年底到 2015 年底,上海证券交易所 A 股的综合指数(简称上证综合指数)的变化走势如图 1.2.从图中我们可以看出上证综合指数时而上涨、时而下跌的波动状况.虽然没有上证综合指数 P 随时间(日期)t 变化的公式,但从图像可以判断出上证综合指数总体升降的状况.此图形实际上反映了上证综合指数 P 随时间(日期)t 变化的对应关系.

从以上三个例子看出,用公式、表格或图形都能表示两个变量之间的某种对应关系,这种对应关系就是**函数**关系.

图 1.2

为了能更深刻地理解函数的这种对应关系,我们先引入映射的概念,它是集合之间的一种对应关系.

定义 1.3 设 X,Y 为两个非空集合,若存在对应法则 T,依此法则,对任意的 $x\in X$,存在唯一的 $y\in Y$ 与之对应,则称 T 是由 X 到 Y 的**映射**,记为

$$T: X\to Y,$$
$$x\mapsto y=T(x).$$

称 $T(x)$ 为 x 在映射 T 下的**像**,x 称为 y 在映射 T 下的一个**原像**.

集合 X 称为映射 T 的**定义域**,记为 $D(T)$.当 x 取遍定义域 X 中的元素,其所有的像 $T(x)$ 形成的集合称为映射 T 的**值域**,记为 $R(T)$,即

$$R(T)=\{T(x)\mid x\in X\}\subset Y.$$

集合 Y 是映射 T 取值范围的一个集合,值域 $R(T)$ 是 Y 的一个子集,它不一定充满整个集合 Y.

例如,T 是 $\mathbf{N}\to\mathbf{Q}$ 的映射,其对应关系为

$$T(n)=\frac{n-1}{n+1},n\in\mathbf{N}.$$

则 T 的定义域 $D(T)$ 为自然数集 $\mathbf{N}$,对于任意的 $n\in\mathbf{N}$,$T(n)$ 在有理数集 $\mathbf{Q}$ 中取值,但其值域

$$R(T)=\{T(n)\mid n\in\mathbf{N}\}$$

并不充满有理数集 $\mathbf{Q}$.

又如,映射 F 满足

$$F(kx+b)=k^2,k,b\in\mathbf{R},k\neq 0,$$

则 F 是一次函数集合 $S=\{kx+b\mid k,b\in\mathbf{R},k\neq 0\}$ 到实数集 $\mathbf{R}$ 的一个映射,其定义域为 S,值域为正实数集 $\mathbf{R}_+$.

定义 1.4 两个非空实数集之间的映射称为**函数**.

若 f 是由实数集 X 到实数集 Y 的一个函数，即 f 是 X 与 Y 之间的一个对应法则，依此法则，对任意的实数 $x\in X$，存在唯一的实数 $y\in Y$ 与之对应，记为

$$f: X\to Y \text{ 或 } y=f(x), x\in X.$$

对应 x_0 的数值 $f(x_0)$ 称为函数 f 在 x_0 处的值，即**函数值**，有时也记为 $f\Big|_{x=x_0}$.

由于值域 $R(f)$ 是函数取值范围 Y 的一个子集，也是实数集 $\mathbf{R}$ 的一个子集. 所以在函数定义中，函数取值范围 Y 可以直接取为 $\mathbf{R}$，也可以不写出取值范围 $\mathbf{R}$，只给出函数 f 的定义域，此时函数默认取值范围为 $\mathbf{R}$.

例如函数

$$f(x)=x^2, x\in[-1,1],$$

则函数 f 的定义域 $D(f)=[-1,1]$，值域 $R(f)=[0,1]$（它是默认取值范围 $\mathbf{R}$ 的一个子集）.

由于在函数 f 的定义中，对定义域 X 中的每个 x，存在唯一的函数值 $f(x)\in\mathbf{R}$，所以我们称上述定义的函数 f 是**单值函数**.

当函数表示为 $y=f(x)$ 时，函数值 y 随着 x 的取值变化而变化，因此常称 x 为函数 f 的**自变量**，y 为函数 f 的**因变量**.

许多函数是由数学运算的式子（也称解析式）来表示的，但没有明确给出定义域，在这种情况下，函数的定义域是指使函数表达式有意义的自变量所有可能取值的数集，这种定义域称为**自然定义域**.

例 1.5 求函数 $f(x)=\sqrt{1-x^2}$ 和 $g(x)=\dfrac{1}{x^2-4}$ 的定义域.

解 要使函数 $f(x)=\sqrt{1-x^2}$ 表达式有意义，必须满足：$1-x^2\geqslant 0$，即 $-1\leqslant x\leqslant 1$，所以 $D(f)=[-1,1]$.

而要使函数 $g(x)=\dfrac{1}{x^2-4}$ 表达式有意义，必须满足：$x^2-4\neq 0$，即 $x\neq\pm 2$，所以 $D(g)=(-\infty,-2)\cup(-2,2)\cup(2,+\infty)$.

由函数定义可知，确定一个函数，需要有定义域和对应法则，而值域是由定义域和对应法则所完全确定的. 因此如果有两个函数 f 和 g，那么它们相等意味着它们的定义域和对应法则都相同，即

$$D(f)=D(g)\ (\text{记为 } D), \text{且 } f(x)=g(x), \forall x\in D.$$

例如，对于函数 $f(x)=|x|$，$g(x)=\sqrt{x^2}$，有自然定义域 $D(f)=D(g)=\mathbf{R}$，且 $f(x)=g(x)$，$x\in\mathbf{R}$，故 $f=g$.

而对于函数 $u(x)=1$，$v(x)=\dfrac{x}{x}$，它们的自然定义域为：$D(u)=\mathbf{R}$，$D(v)=$

$\mathbf{R}-\{0\}$,虽然 $u(x)=v(x)=1\ (x\neq 0)$,但 $D(u)\neq D(v)$,故 $u\neq v$.如果限制函数 u 的定义域为 $D^*=\mathbf{R}-\{0\}$,记函数 u 在限制定义域 D^* 上的函数为:$u\big|_{D^*}$,那么就有 $u\big|_{D^*}=v$ 了.

对有实际背景的函数,定义域还受到实际条件的约束,例如物体自由下落的路程 s 是下落时间 t 的函数:$s=\frac{1}{2}gt^2$(g 为重力加速度),若其落到地面总共经过时间 T,那么这个函数的定义域为 $[0,T]$.

如果引进因变量 y,则函数 $y=f(x)$ 就可以在二维坐标平面 xOy 上表示为一个直观的图形.例如函数 $y=x^2$ 在二维坐标平面 xOy 上表示一条开口向上的抛物线,通过这条抛物线我们对这函数的变化情况有更直观的了解.

一般地,有序数对 (x,y) 对应着坐标平面 xOy 上的一个点,我们有

定义 1.5 设 f 为定义域 $D(f)=X$ 上的一个函数,则点 (x,y) 的集合

$$G(f)=\{(x,y)\mid y=f(x),x\in X\}$$

称为函数 f 在坐标平面 xOy 上的**图形**.

函数的表示除了用解析式和图形表示外,还可以用列表(如例 1.3)或者其他方法表示.在今后的学习中,我们还常常遇到在定义域的不同子集上由不同的解析式来表示对应法则的函数,即**分段函数**.以下是这类函数的一些例子.

例 1.6 绝对值函数

$$f(x)=|x|=\begin{cases}-x, & x<0,\\ x, & x\geqslant 0.\end{cases}$$

显然 $D(f)=\mathbf{R}$,$R(f)=[0,+\infty)$,其函数图形见图 1.3.

例 1.7 取整函数

$$f(x)=[x],\quad x\in\mathbf{R},$$

这里符号 $[x]$ 表示不超过 x 的最大整数,称为 x 的整数部分,它的定义域 $D(f)=\mathbf{R}$,值域 $R(f)=\mathbf{Z}$,其函数图形见图 1.4.

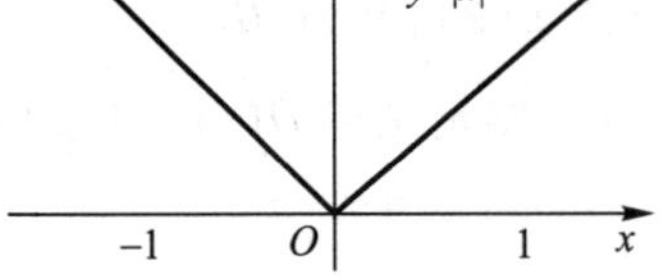

图 1.3

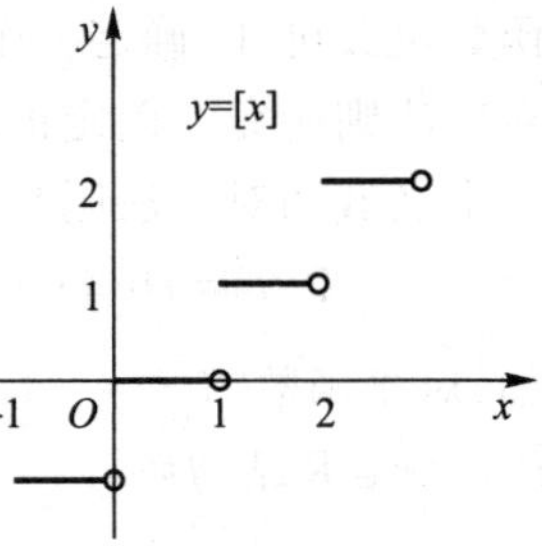

图 1.4

例 1.8　符号函数

$$y=\operatorname{sgn}\ x=\begin{cases}1, & x>0,\\ 0, & x=0,\\ -1, & x<0.\end{cases}$$

它的定义域为 $\mathbf{R}$，值域为 $\{-1,0,1\}$，其图形见图 1.5.

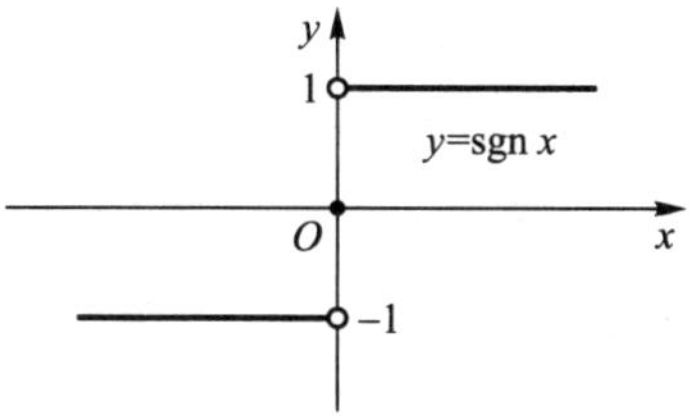

图 1.5

例 1.9　狄利克雷(Dirichlet)函数

$$D(x)=\begin{cases}1, & x\ \text{为有理数},\\ 0, & x\ \text{为无理数}.\end{cases}$$

它的定义域为 $\mathbf{R}$，值域为 $\{0,1\}$.

1.2.2　函数的运算

定义 1.6　设函数 $f:I_1\to\mathbf{R}$ 和 $g:I_2\to\mathbf{R}$，有 $I=I_1\cap I_2\neq\varnothing$,，则可以定义函数 f 与 g 的**和**、**差**、**积**、**商**，分别记为 $f+g$，$f-g$，$f\cdot g$，$\dfrac{f}{g}$，$\forall x\in I$，

$$(f+g)(x)=f(x)+g(x),$$
$$(f-g)(x)=f(x)-g(x),$$
$$(f\cdot g)(x)=f(x)g(x),$$

而 $\forall x\in I(g(x)\neq 0)$，

$$\left(\frac{f}{g}\right)(x)=\frac{f(x)}{g(x)}.$$

有时在进行上述函数的四则运算时，也将函数的和、差、积、商写成上述式子右边的形式.

例如，函数 $f(x)=\mathrm{e}^x+2\ln x$ 是函数 $g(x)=\mathrm{e}^x$ 与函数 $h(x)=2\ln x$ 的和函数，定义域为 $D(f)=(0,+\infty)$.

定义 1.7　设有映射 $f:U\to Y$ 和 $g:X\to V$，当 $R(g)\cap D(f)\neq\varnothing$ 时，可定义 f 与 g 的**复合映射**：

$$f\circ g:X^*\to Y,$$
$$(f\circ g)(x)=f[g(x)],x\in X^*.$$

其中复合映射的定义域

$$X^*=\{x\mid g(x)\in D(f),x\in X\}\subset X.$$

如果 f 和 g 都是函数，且表示为

$$y=f(u),u\in U,u=g(x),x\in X,$$

则**复合函数** $f\circ g$ 为 $y=f[g(x)]$，它是通过变量 u 将两个函数 $y=f(u)$，$u=g(x)$ 复

合起来得到的一个新函数,常将 u 称为**中间变量**.

注意函数复合的条件是函数 g 的值域与函数 f 的定义域有交集.有时给出两个均有自然定义域的函数,得到它们的复合函数,则其定义域就是使得复合函数有意义的自变量的所有可能取值的数集,换言之,此时只需直接考察复合函数的自然定义域就行了.

例如,函数 $y=\sqrt{1-x^2}$ 是由 $y=\sqrt{u}$ 与 $u=1-x^2$ 复合而成的,其自然定义域为 $[-1,1]$;函数 $y=\sin e^{3x}$ 是由 $y=\sin u, u=e^t, t=3x$ 三个函数复合而成的,定义域为 $\mathbf{R}$;函数 $f(x)=\sqrt{x}, g(x)=-1-x^2$,由于 $f[g(x)]=\sqrt{-1-x^2}$ 在 x 取任何值时均无意义,故不能得到复合函数 $f\circ g$.

例 1.10 函数 $f(x)$ 的定义域为 $[0,1)$,求函数 $g(x)=f(1-x^2)$ 的定义域.

解 函数 $f(1-x^2)$ 是由函数 $y=f(u), u=1-x^2$ 复合而成的,必须满足

$$u=1-x^2\in[0,1),\text{即 } x\in[-1,0)\cup(0,1],$$

故 $g(x)=f(1-x^2)$ 的定义域 $D(g)$ 为:$[-1,0)\cup(0,1]$.

例 1.11 设函数 $f(x)=\begin{cases}x^2, & x\leqslant 0,\\ \ln x, & x>0,\end{cases}$ $g(x)=|x|$, $h(x)=\begin{cases}1, & -1\leqslant x<0,\\ 2x+1, & 0\leqslant x<1,\end{cases}$

求复合函数 $f\circ g, h\circ f$ 的表达式,以及它们各自的定义域.

解
$$(f\circ g)(x)=f[g(x)]=\begin{cases}g(x)^2, & g(x)\leqslant 0,\\ \ln g(x), & g(x)>0\end{cases}=\begin{cases}x^2, & |x|\leqslant 0,\\ \ln|x|, & |x|>0\end{cases}$$
$$=\begin{cases}0, & x=0,\\ \ln|x|, & x\neq 0.\end{cases}$$

定义域 $D(f\circ g)=\mathbf{R}$;

$$(h\circ f)(x)=h[f(x)]=\begin{cases}1, & -1\leqslant f(x)<0,\\ 2f(x)+1, & 0\leqslant f(x)<1\end{cases}=\begin{cases}1, & e^{-1}\leqslant x<1,\\ 2x^2+1, & -1<x\leqslant 0,\\ 2\ln x+1, & 1\leqslant x<e\end{cases}$$
$$=\begin{cases}2x^2+1, & -1<x\leqslant 0,\\ 1, & e^{-1}\leqslant x<1,\\ 2\ln x+1, & 1\leqslant x<e,\end{cases}$$

定义域 $D(h\circ f)=(-1,0]\cup[e^{-1},e)$.

下面给出映射的单射,满射和双射的概念.

定义 1.8 设有映射 $f: X\to Y$,

(1) 若 $\forall x_1,x_2\in X, x_1\neq x_2$,有 $f(x_1)\neq f(x_2)$,则称 f 为 X 到 Y 的一个**单射**;

(2) 若 $\forall y\in Y, \exists x\in X$,使得 $f(x)=y$,则称 f 为 X 到 Y 的一个**满射**;

(3) 若 f 既是单射又是满射,则称 f 为 X 到 Y 的一个**双射**,或**一一对应**.

如果上述定义中的 f 是一个函数，则(1)、(2)、(3)定义的单射、满射、双射分别就是单射函数、满射函数、双射函数.

从定义不难看出：

(1) 单射函数意味着不同的点 $(x_1 \neq x_2)$ 对应到不同的函数值 $(f(x_1) \neq f(x_2))$. 从函数的图形上看，每一条水平直线如果与单射函数 $y=f(x)$ 的图形相交，则只能有一个交点.

例如，$f(x)=\sqrt{x}$ 是单射函数，因为当 $x_1 \neq x_2, x_1, x_2 \geqslant 0$ 时，$\sqrt{x_1} \neq \sqrt{x_2}$；而 $g(x)=x^2$ 是其定义域 $\mathbf{R}$ 上的非单射函数，因为 $g(-1)=g(1)$. 若限制 g 的定义域为非负实数集，则 $g(x)=x^2(x \geqslant 0)$ 就是单射函数.

(2) 如果 f 为满射，则取值范围 Y 就是值域. 所以任何函数 f 都是其定义域到值域的一个满射函数. 而若 f 是单射，则它是其定义域到值域的一个双射函数.

例如，$f(x)=\sin x$ 不是 $\mathbf{R}$ 到 $\mathbf{R}$ 的满射函数，但它是其定义域 $\mathbf{R}$ 到值域 $[-1,1]$ 的满射函数. 若限制 f 的定义域为 $\left[-\frac{\pi}{2}, \frac{\pi}{2}\right]$，则 $f(x)=\sin x\left(x \in\left[-\frac{\pi}{2}, \frac{\pi}{2}\right]\right)$ 是单射函数，从而它是 $\left[-\frac{\pi}{2}, \frac{\pi}{2}\right]$ 到 $[-1,1]$ 的双射函数.

(3) f 是双射意味着，X 中任一 x 对应到唯一 $y \in Y, y=f(x)$；反之，Y 中任一 y 有唯一 $x \in X$ 与之对应，满足 $f(x)=y$. 因此 X 与 Y 中的所有元素由 f 建立了一一对应的关系，所以此时我们称 f 是 X 到 Y 的一个一一对应. 由此我们可以建立一个从 Y 到 X 的映射：

定义 1.9　若 $f: X \rightarrow Y$ 是一个双射(双射函数)，则 $\forall y \in Y$，有唯一 $x \in X$ 与之对应，且满足 $f(x)=y$，从而得到一个从 Y 到 X 的映射(函数)，称这个映射(函数)为 f 的**逆映射(反函数)**，记为 f^{-1}，即

$$f^{-1}: Y \rightarrow X.$$

注意，此时 $D(f^{-1})=Y=R(f), R(f^{-1})=X=D(f)$.

若双射函数表示为 $y=f(x), x \in D(f)$，其自变量为 x，因变量为 y，则其反函数为

$$x=f^{-1}(y), y \in R(f),$$

反函数 f^{-1} 的自变量为 y，因变量为 x，且满足 $f(x)=y$，即有

$$x=f^{-1}(y) \Leftrightarrow y=f(x).$$

因此在函数由解析式(运算式)来表达时，反函数可以看成是由逆运算得到的.

如果 $f(x)$ 是严格单调函数(见定义 1.11)，则它是单射函数，从而它是由定义域到值域的双射函数，故 $f(x)$ 存在反函数 $f^{-1}(y)$，反函数 f^{-1} 的定义域为 f 的值域 $R(f)$.

如果$f(x)$不是其定义域上的严格单调函数,而它在某指定区间I上是严格单调函数,则我们可以在此指定区间I上求$f(x)$的反函数.

例 1.12　求函数$y=f(x)=\sqrt{x}$的反函数$x=f^{-1}(y)$.

解　由于$y=f(x)=\sqrt{x}$是严格单调增加函数,故在$R(f)$存在反函数.

将等式$y=\sqrt{x}$反解,得到$x=y^2$,而$R(f)=[0,+\infty)$,所以反函数为

$$x=f^{-1}(y)=y^2, y\in[0,+\infty).$$

由于$x=f^{-1}(y)\Leftrightarrow y=f(x)$,即满足这两个等式的点$(x,y)$的集合是完全相同的,故反函数$x=f^{-1}(y)$的图形$\{(x,y)\mid x=f^{-1}(y), y\in R(f)\}$与函数$y=f(x)$的图形$\{(x,y)\mid y=f(x), x\in D(f)\}$在坐标平面$xOy$上是完全相同的,或者说是重合的.

在例 1.12 中,函数$y=f(x)=\sqrt{x}$与其反函数$x=f^{-1}(y)=y^2(y\in[0,+\infty))$的图形是相同的.但它们的对应法则$f(\square)=\sqrt{\square}$, $f^{-1}(\square)=(\square)^2$是不相同的.

为了比较函数与其反函数的对应法则及对应法则表示的图形,我们往往需要将反函数$x=f^{-1}(y)$的自变量与因变量对换,得到反函数$y=f^{-1}(x)$,这样反函数$y=f^{-1}(x)$的图形(即$x=f(y)$的图形)与函数$y=f(x)$的图形在坐标平面xOy上关于直线$y=x$对称,见图 1.6.

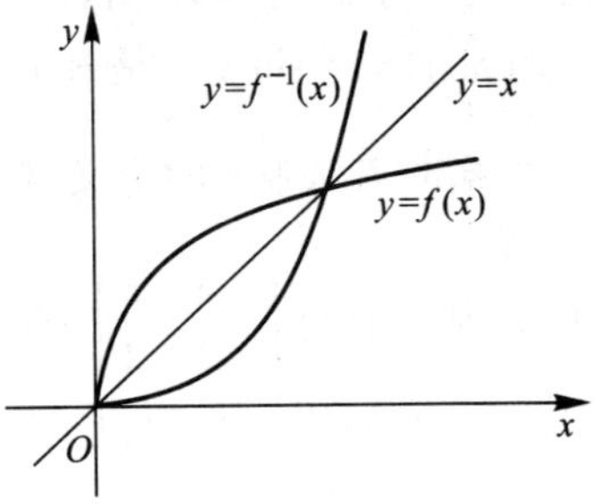

图 1.6

例 1.13　求$f(x)=\begin{cases}1-2x^2, & x<-1,\\ x^3, & -1\leqslant x\leqslant 2,\\ 12x-16, & x>2\end{cases}$的反函数$f^{-1}(x)$.

解　(1) 当$x<-1$时,$y=1-2x^2<-1$,反函数:$x=-\sqrt{\dfrac{1-y}{2}}$, $y<-1$;

(2) 当$-1\leqslant x\leqslant 2$时,$y=x^3\in[-1,8]$,反函数:$x=y^{\frac{1}{3}}$, $y\in[-1,8]$;

(3) 当$x>2$时,$y=12x-16>8$,反函数:$x=\dfrac{y+16}{12}$, $y>8$.

由于此题要求反函数的自变量取作x,所以我们得到反函数

$$f^{-1}(x)=\begin{cases}-\sqrt{\dfrac{1-x}{2}}, & x<-1,\\ x^{\frac{1}{3}}, & -1\leqslant x\leqslant 8,\\ \dfrac{x+16}{12}, & x>8.\end{cases}$$

对于函数$y=f(x)(x\in X)$的反函数$x=f^{-1}(y)(y\in Y=R(f))$,还可以得到f^{-1}

的反函数$(f^{-1})^{-1}$,满足

$$(f^{-1})^{-1}(x)=y(=f(x)),$$

故f^{-1}的反函数为f,即$(f^{-1})^{-1}=f$.

函数$f(x)$与反函数$f^{-1}(x)$满足如下相消性质:

$$f^{-1}[f(x)]=x,\ \forall x\in D(f);$$

$$f[f^{-1}(y)]=y,\ \forall y\in D(f^{-1})=R(f).$$

即复合函数$f^{-1}\circ f$和$f\circ f^{-1}$分别是$D(f)$和$R(f)$上的恒等函数(恒等函数I满足:$I(x)=x$),即$f^{-1}\circ f=I|_{D(f)}$,$f\circ f^{-1}=I|_{R(f)}$,有时也以此性质来判别函数f^{-1}与函数f是否互为反函数.

1.2.3 函数的简单性质

函数反映了变量之间的关系,本节指出这种变量关系的一些特征,即函数的一些重要性态.

1. 奇偶性

定义 1.10 设函数f的定义域$D(f)$关于原点对称,若$\forall x\in D(f)$,有

$$f(-x)=f(x),$$

则称f为**偶函数**,若$\forall x\in D(f)$,有

$$f(-x)=-f(x),$$

则称f为**奇函数**.

例如函数$y=x^2$和$y=\cos x$都是偶函数,而$y=\operatorname{sgn} x$和$y=\sin x$都是奇函数.

偶函数$y=f(x)$的图形关于y轴对称(如图1.7),而奇函数$y=f(x)$的图形关于原点中心对称(如图1.8).

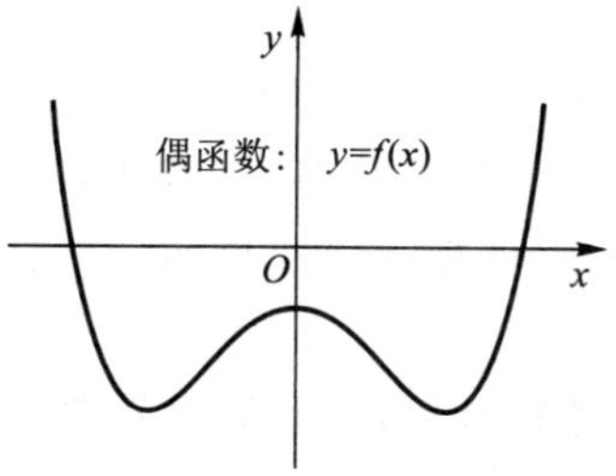

图 1.7

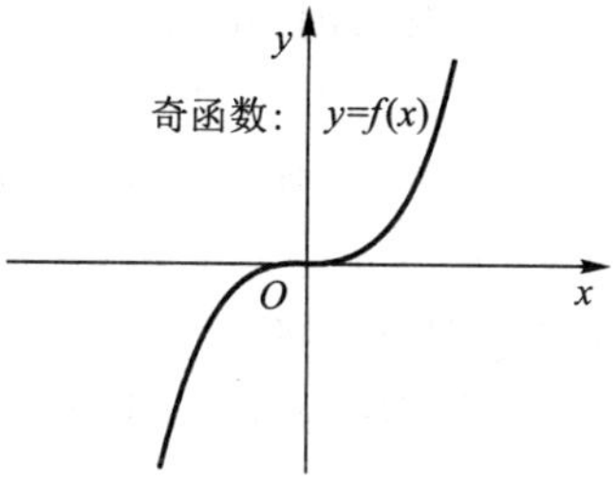

图 1.8

2. 单调性

定义 1.11 设函数f定义在区间I上,若$\forall x_1,x_2\in I$,$x_1<x_2$,都有

$$f(x_1)\leqslant f(x_2)\quad (f(x_1)<f(x_2)),$$

则称f在I上**单调增加**(**严格单调增加**).

若 $\forall x_1,x_2\in I, x_1<x_2$,都有

$$f(x_1)\geqslant f(x_2)\quad (f(x_1)>f(x_2)),$$

则称 f 在 I 上**单调减少**(**严格单调减少**).

在以上各种情况下,都称 f 为 I 上的**单调函数**.

单调增加函数也称非减函数,单调减少函数也称非增函数.

例 1.7 中取整函数 $f(x)=[x]$ 是 $\mathbf{R}$ 上的单调增加函数,但不是严格单调增加函数(见图 1.4),而 $y=x^3$ 是 $\mathbf{R}$ 上的严格单调增加函数(如图 1.8).

注意函数的单调性是依附于区间的,f 可以在定义域内的某些区间单调增加,而在另一些区间单调减少,例如,$y=|x|$ 在 $(-\infty,0)$ 内是严格单调减少的,而在 $[0,+\infty)$ 上是严格单调增加的,但在整个区间 $(-\infty,+\infty)$ 上不是单调函数(见图 1.3).

3. 有界性

定义 1.12 设函数 f 的定义域为 I.

若 $\exists M\in\mathbf{R}, \forall x\in I$,都有

$$f(x)\leqslant M,$$

则称 f 在 I 上是**有上界**的,M 为 f 的一个**上界**;

若 $\exists m\in\mathbf{R}, \forall x\in I$,都有

$$f(x)\geqslant m,$$

则称 f 在 I 上是**有下界**的,m 为 f 的一个**下界**;

若 $\exists \bar{M}>0, \forall x\in I$,都有

$$|f(x)|\leqslant \bar{M},$$

则称 f 在 I 上是**有界的**,$\bar{M}$ 为 f 的一个**界**.

显而易见,函数的上、下界和界就是它的值域的上、下界和界.

若 f 在 I 上有界,则称 f 是 I 上的**有界函数**.非有界函数称为**无界函数**.

例如,由于 $|\sin x|\leqslant 1$,故函数 $\sin x$ 在定义域 $\mathbf{R}$ 上是有界的,而函数 $x^2, 2^x$ 在定义域 $\mathbf{R}$ 上是无界的.

有时我们也在函数定义域内的部分区间考察有界性,此时有界性是联系着所考虑的区间的,例如,$f(x)=\dfrac{1}{x^2}$ 在 $(1,+\infty)$ 内是有界的,而在 $(0,+\infty)$ 内是无界的.

由上述定义知道:无界是有界的对立概念,f 在 I 上无界意味着任何正数 M 都不是 f 的界,确切地说,f 在 I 上无界就是:

$\forall M>0, \exists x_M\in I$,使得

$$|f(x_M)|>M.$$

这给出了函数无界的数学叙述,这样的叙述方式可以用来验证函数是无界的.

例 1.14 试证函数 $f(x)=\frac{1}{x}$ 在 $(0,+\infty)$ 内无界.

证 $\forall M>0$,取 $x_M=\frac{1}{M+1}$,则 $x_M\in(0,+\infty)$,而

$$|f(x_M)|=\left|\frac{1}{x_M}\right|=M+1>M,$$

故 $f(x)=\frac{1}{x}$ 在 $(0,+\infty)$ 内无界.

4. 周期性

定义 1.13 设函数 f 的定义域为 I,若存在非零实数 $T\in\mathbf{R}$,使得 $\forall x\in I$,有 $x+T\in I$,且

$$f(x+T)=f(x),$$

则称 f 为**周期函数**,T 称为 f 的一个**周期**.

显然若 T 为 f 的周期,则 T 的整数倍也是 f 的周期.一般情况下所说的周期是指函数的最小正周期(若存在的话).例如 $\sin x$ 的周期为 2π,$\tan x$ 的周期为 π.

不过并非所有周期函数都有最小正周期,例如我们熟悉的常数函数就是没有最小正周期的周期函数,另一个例子是例 1.9 中的狄利克雷函数 $D(x)$,容易验证任何有理数都是它的周期,从而它也没有最小正周期.

1.2.4 初等函数

在中学数学课程中,我们学习过幂函数、指数函数、对数函数、三角函数和反三角函数,这些函数统称为**基本初等函数**.了解基本初等函数的性质和图形在微积分的学习中是十分必要的.

1. 常数函数

$$y=c,\quad x\in\mathbf{R}.$$

其图形是平行于 x 轴的直线(图 1.9).

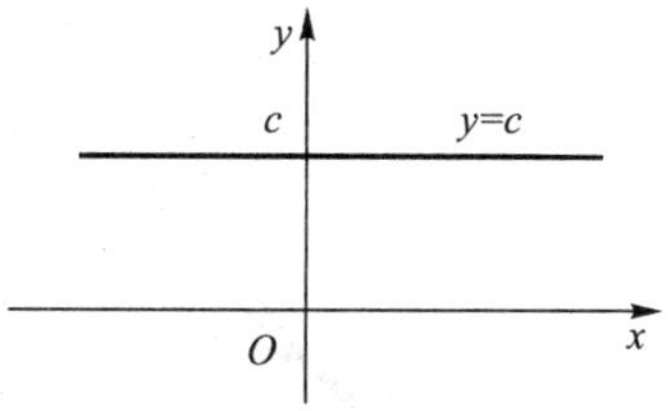

图 1.9

2. 幂函数

$$y=x^{\alpha},\quad \alpha\text{ 为非零常数}.$$

幂函数的定义域依赖于指数 α，例如当 α 为正有理数 $\frac{p}{q}$（$p,q\in\mathbf{Z}_+$，且 p,q 互质）时，若 q 为奇数，则 x^α 的定义域为 $\mathbf{R}$，若 q 为偶数，则 x^α 的定义域为 $[0,+\infty)$；而当 α 为负有理数时，则在对应的上述定义域中需要去掉 0；当 α 为正、负无理数时，x^α 的定义域分别为 $[0,+\infty)$ 和 $\mathbf{R}_+$.

特别当 $\alpha=0$ 时，得到常数函数 $y=1$，$x\in\mathbf{R}$；而当 $\alpha>0$ 时，x^α 在 $\mathbf{R}_+$ 上是严格单调增加函数（图 1.10 给出了 $x\geqslant 0$ 时的一些幂函数图形）；而当 $\alpha<0$ 时，x^α 在 $\mathbf{R}_+$ 上是严格单调减少函数（图 1.11 给出了 $x>0$ 时的一些幂函数图形）.所有的幂函数在 $x=1$ 时取值为 1，从而它们的图形均过 $(1,1)$ 点.

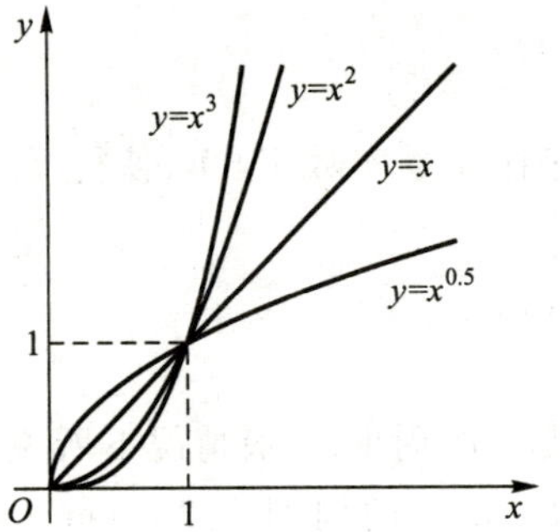

图 1.10

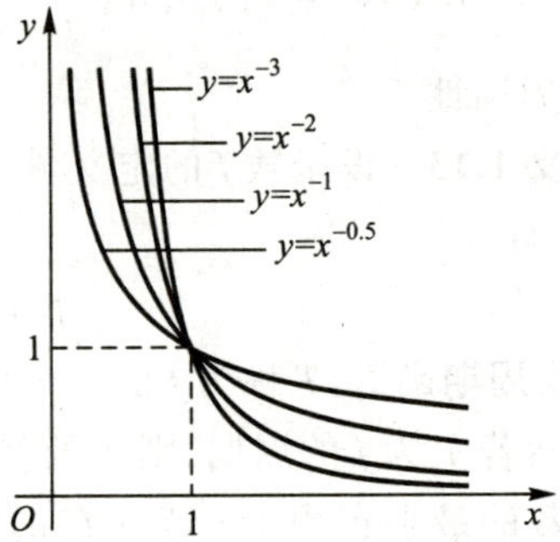

图 1.11

3. 指数函数

$$y=a^x,\quad x\in\mathbf{R}\quad（其中\ a\ 是不等于\ 1\ 的正常数）.$$

指数函数的值域为 $\mathbf{R}_+$，当 $a>1$ 时，a^x 是严格单调增加函数（图 1.12）；而当 $0<a<1$ 时，a^x 是严格单调减少函数（图 1.13）；所有的指数函数在 $x=0$ 时取值为 1，从而它们的图形都过 $(0,1)$ 点.

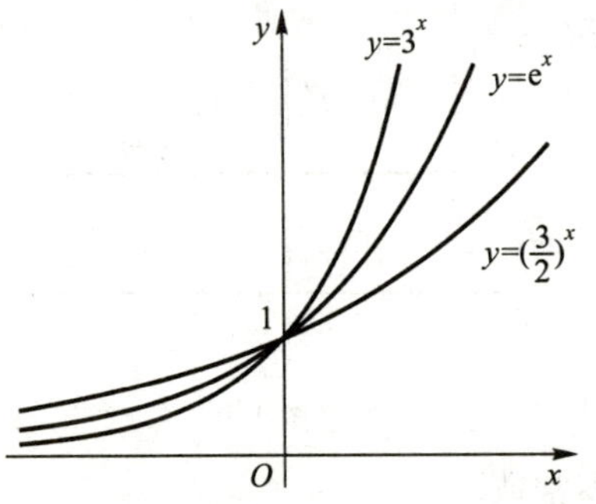

图 1.12

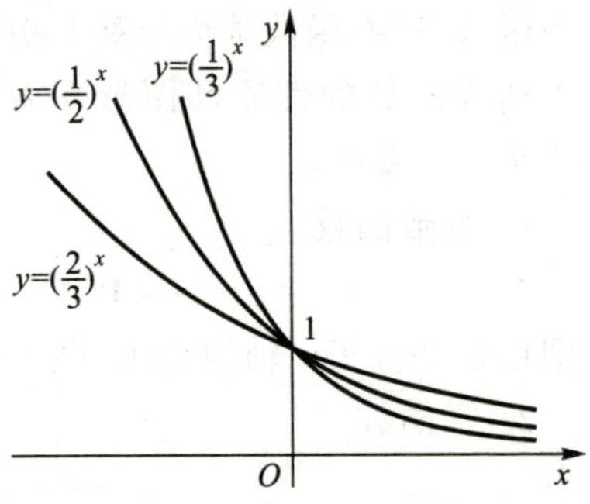

图 1.13

特别地，$y=e^x$（$e=2.718\ 281\cdots$ 是个无理数，将在第 2 章里给出其定义）是一个特殊的指数函数，在数学中有重要的应用.

4. 对数函数

$$y=\log_a x,\quad x\in\mathbf{R}_+\quad（其中 a 是不等于 1 的正常数）.$$

对数函数 $\log_a x$ 是指数函数 a^x 的反函数，当 $a>1$ 时，$y=\log_a x$ 是严格单调增加函数（图 1.14），而当 $0<a<1$ 时，$y=\log_a x$ 是严格单调减少函数（图 1.15），所有的对数函数在 $x=1$ 时取值为 0，从而它们的图形都过 $(1,0)$ 点.

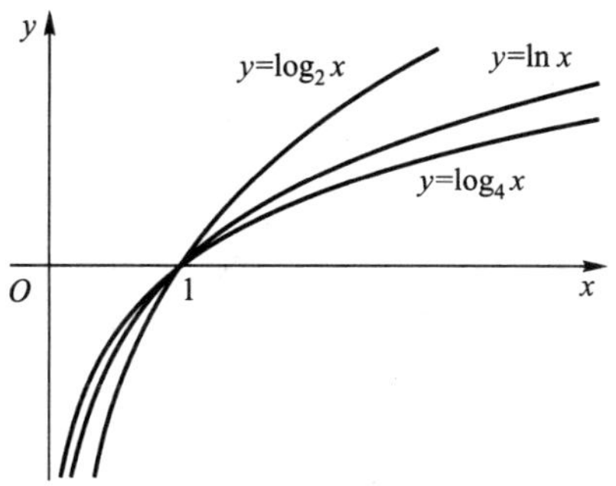

图 1.14

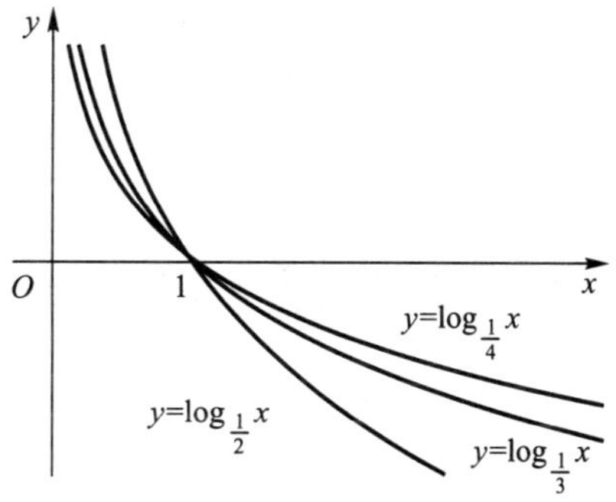

图 1.15

特别地，当 $a=e$ 时，$\log_e x$ 记为 $\ln x$，称为自然对数.

5. 三角函数

$$y=\sin x,\quad y=\cos x$$

分别为正弦函数、余弦函数，定义域均为 $\mathbf{R}$.

$$y=\tan x\left(=\frac{\sin x}{\cos x}\right),\quad y=\cot x\left(=\frac{\cos x}{\sin x}\right),$$

分别为正切函数、余切函数，定义域分别为 $\left\{x\in\mathbf{R}\,\middle|\,x\neq k\pi+\frac{\pi}{2}\right\}$ 和 $\{x\in\mathbf{R}\mid x\neq k\pi\}$.

$$y=\sec x\left(=\frac{1}{\cos x}\right),\quad y=\csc x\left(=\frac{1}{\sin x}\right),$$

分别为正割函数、余割函数，定义域分别为 $\left\{x\in\mathbf{R}\,\middle|\,x\neq k\pi+\frac{\pi}{2}\right\}$ 和 $\{x\in\mathbf{R}\mid x\neq k\pi\}$.

三角函数都是周期函数，因此只要在一个周期上讨论有关性质. $\sin x$，$\cos x$，$\sec x$ 及 $\csc x$ 的周期为 2π，$\tan x$ 和 $\cot x$ 的周期为 π，从图形（图 1.16—图 1.20）可以看出它们在相应区间上的单调性，奇偶性和有界性.

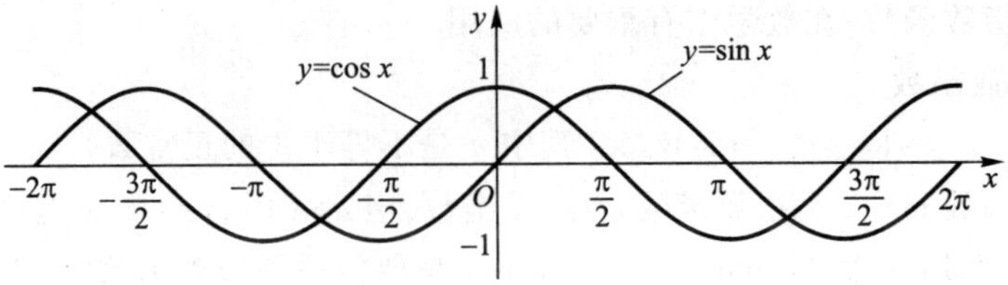

图 1.16

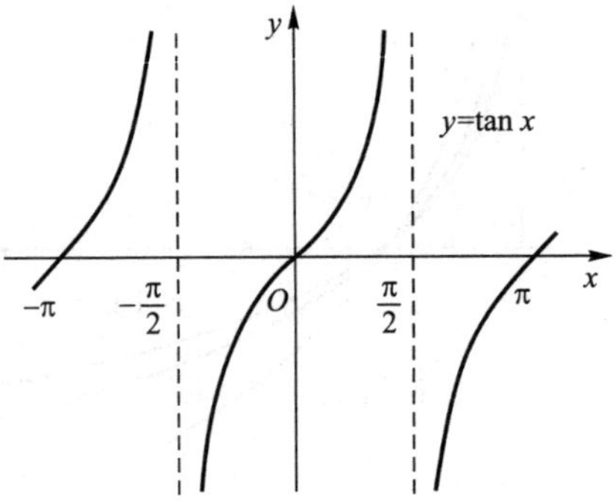

图 1.17

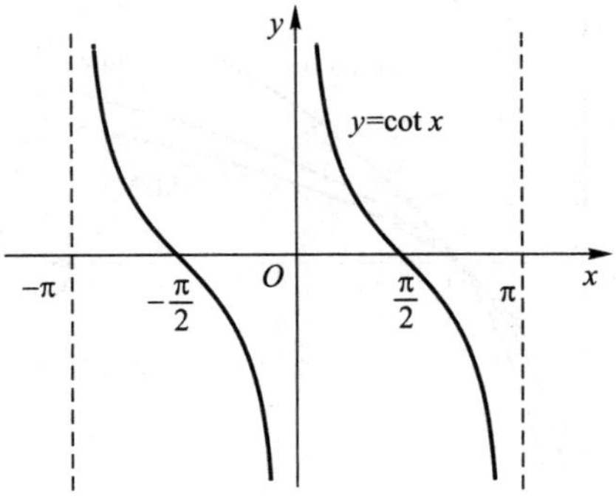

图 1.18

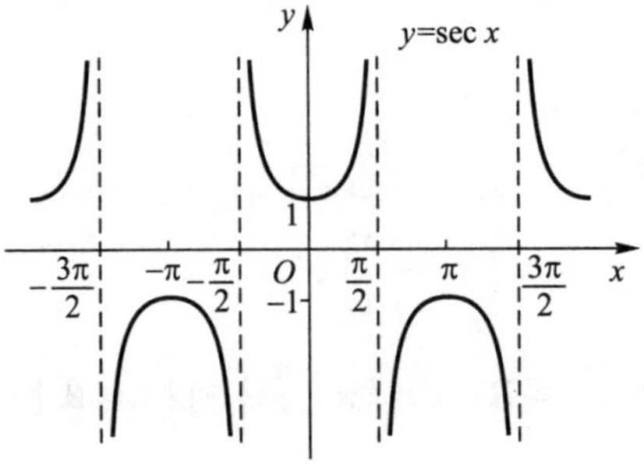

图 1.19

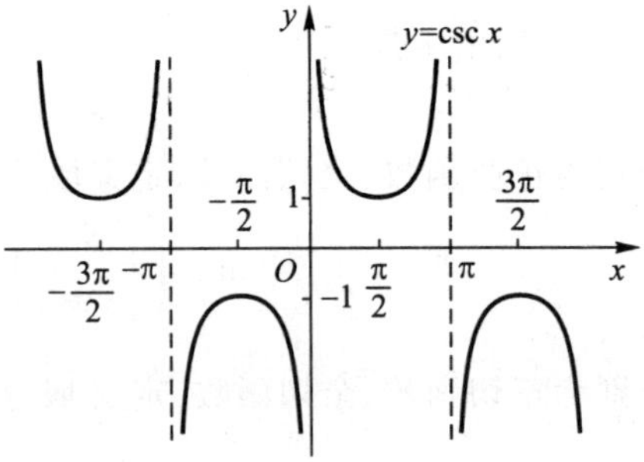

图 1.20

6. 反三角函数

$$y=\arcsin x,\quad y=\arccos x$$

分别为反正弦函数、反余弦函数,定义域均为$[-1,1]$.

$$y=\arctan x,\quad y=\operatorname{arccot} x$$

分别为反正切函数、反余切函数,定义域为 $\mathbf{R}$.

反三角函数是三角函数的反函数,由于三角函数在定义域上不是一一对应的双射,因此是在其一个单调的周期区间上求得的反函数.例如 $\arcsin x$、$\arctan x$

分别是正弦函数 $\sin x$、正切函数 $\tan x$ 在相应区间 $\left[-\frac{\pi}{2},\frac{\pi}{2}\right]$ 和 $\left(-\frac{\pi}{2},\frac{\pi}{2}\right)$ 上的反函数,它们都是严格单调增加的,$\arcsin x$、$\arctan x$ 的值域分别为 $\left[-\frac{\pi}{2},\frac{\pi}{2}\right]$、$\left(-\frac{\pi}{2},\frac{\pi}{2}\right)$;而 $\arccos x$、$y=\operatorname{arccot} x$ 分别是余弦函数 $\cos x$、余切函数 $\cot x$ 在 $[0,\pi]$ 和 $(0,\pi)$ 上的反函数,它们都是严格单调减少的,$\arccos x$、$\operatorname{arccot} x$ 的值域分别为 $[0,\pi]$、$(0,\pi)$(图 1.21—图 1.24).

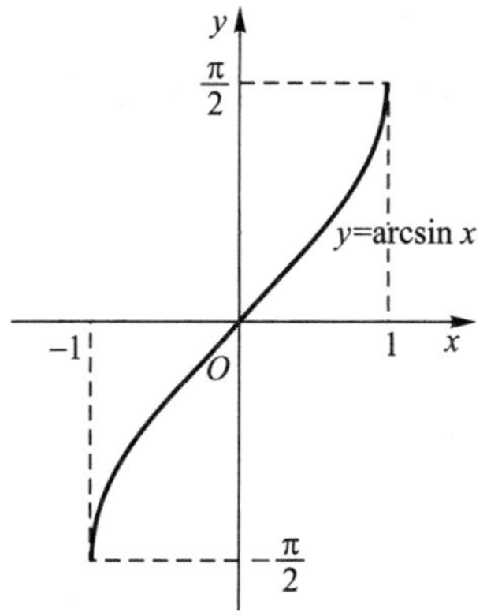

图 1.21

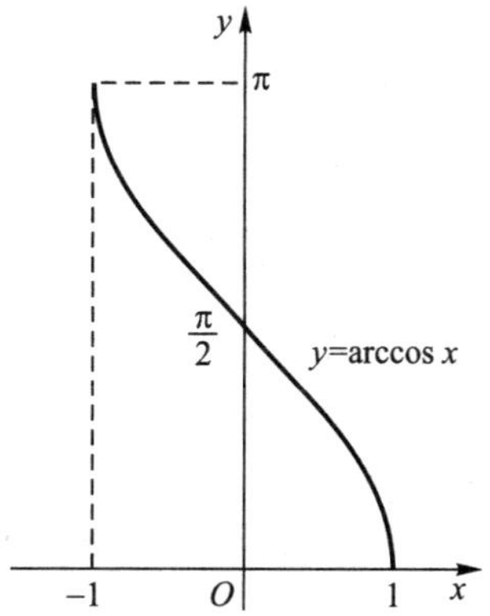

图 1.22

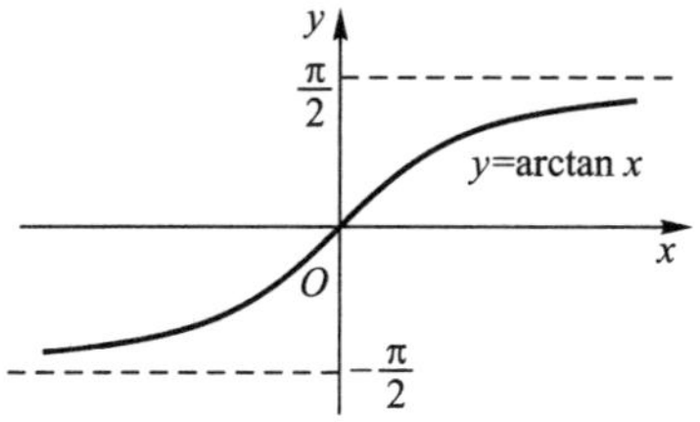

图 1.23

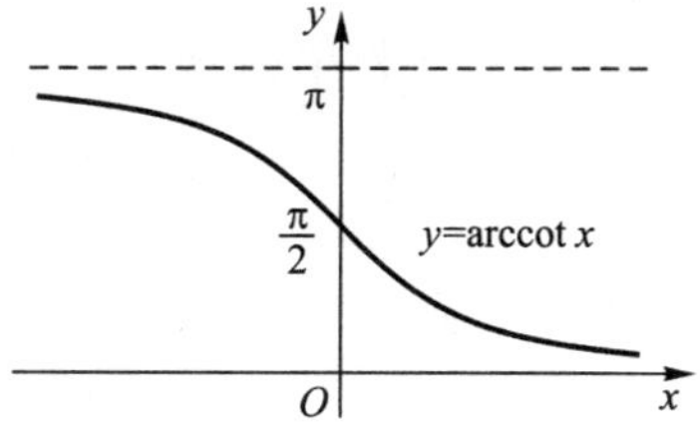

图 1.24

常数及基本初等函数进行有限次四则运算和复合运算得到的函数称为**初等函数**,其定义域为自然定义域,即使此初等函数表达式有意义的自变量的所有可能取值的数集.

例如函数 $y=\dfrac{\ln(x+\sqrt{1+x^2})-3e^{-x^2}}{\arctan(1+\sin^2 x)}$ 是一个初等函数,其定义域为 $\mathbf{R}$.

初等函数是由一个解析式子表达的.一般说来,分段函数不是初等函数,因为在其定义域上不能用一个解析式子表示.例如,分段函数

$$f(x)=\begin{cases} e^x \arcsin x, & -1\leqslant x\leqslant 1, \\ 2\ln(x^2-1), & x>1, \end{cases}$$

在区间$[-1,1]$上是初等函数 $e^x\arcsin x$,而在区间$(1,+\infty)$内是另一初等函数 $2\ln(x^2-1)$,整体而言,它在定义域$[-1,+\infty)$上不是初等函数,但是这不是绝对的,例如分段函数

$$y=|x|=\begin{cases} x, & x\geqslant 0, \\ -x, & x<0, \end{cases}$$

可以表达为 $y=|x|=\sqrt{x^2}$,它是由幂函数复合而成的,因此它是一个初等函数.

我们在微积分的学习中,用到的函数绝大多数是初等函数(或在分段区间上是初等函数),因此掌握(基本)初等函数的特性和函数的各种运算是非常重要的.

1.2.5 双曲函数

在工程中常见的一类初等函数为**双曲函数**,它们的定义和简单性质如下:

双曲正弦 $\sinh x=\dfrac{e^x-e^{-x}}{2}$,

其定义域和值域都是 $\mathbf{R}$,在 $\mathbf{R}$ 上是一个单调增加的奇函数.

双曲余弦 $\cosh x=\dfrac{e^x+e^{-x}}{2}$,

其定义域是 $\mathbf{R}$,值域是$[1,+\infty)$,它是一个偶函数,在$[0,+\infty)$上严格单调增加,而在$(-\infty,0)$内严格单调减少.

双曲正切 $\tanh x=\dfrac{e^x-e^{-x}}{e^x+e^{-x}}$,

其定义域是 $\mathbf{R}$,值域为$(-1,1)$,它在 $\mathbf{R}$ 上是一个单调增加的奇函数.

双曲余切 $\coth x=\dfrac{e^x+e^{-x}}{e^x-e^{-x}}$,

其定义域是 $\mathbf{R}-\{0\}$,值域是$(-\infty,-1)\cup(1,+\infty)$,它是一个在$(-\infty,0)$和$(0,+\infty)$上分别单调减少的奇函数.

这些双曲函数的图形见图 1.25—图 1.26.

双曲函数有很多形式类似三角函数的恒等性质,例如:

$$\tanh x=\frac{\sinh x}{\cosh x}; \qquad \cosh^2 x-\sinh^2 x=1;$$

$$\sinh(x\pm y)=\sinh x\cosh y\pm\cosh x\sinh y;$$

$$\cosh(x\pm y)=\cosh x\cosh y\pm\sinh x\sinh y.$$

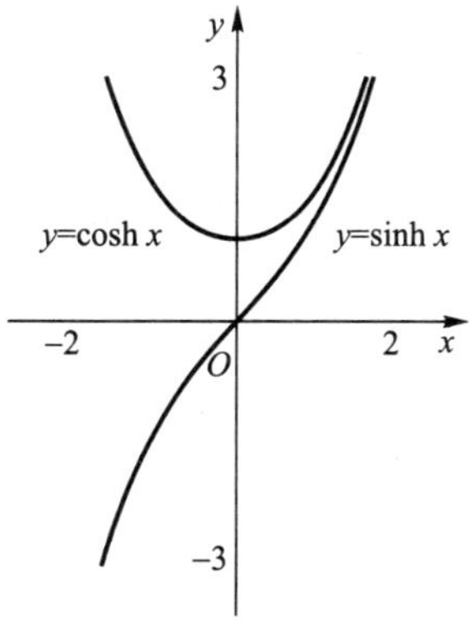

图 1.25

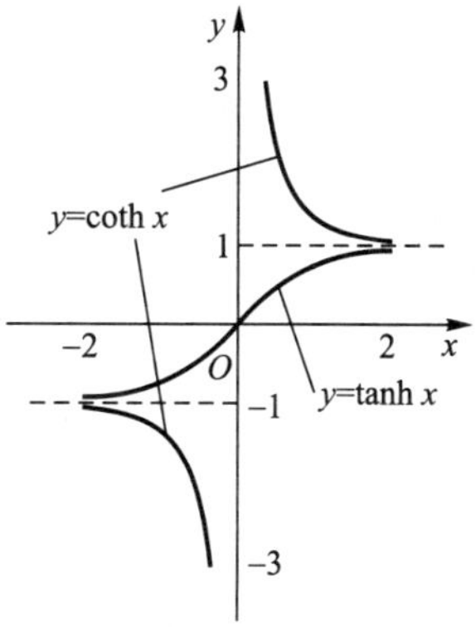

图 1.26

读者不难自己证明它们.

1.2.6 隐函数、由参数方程或极坐标方程表示的函数

1. 隐函数

前面介绍的函数大多数是由解析式表示的函数,式子给出了 x,y 之间的一个表达式 $y=f(x)$,这种函数称为**显函数**.

有时函数关系可以通过 x,y 之间的一个方程 $F(x,y)=0$ 来确定,这种由方程确定的函数称为**隐函数**,而方程 $F(x,y)=0$ 称为**隐函数方程**.

设有方程 $2x-y=2\arctan(y-x)$,对任一个 x_0,考察图形 $u=-y+2x_0$ 与 $u=2\arctan(y-x_0)$,显然它们有唯一交点 (y_0,u_0),如图 1.27(图中取 $x_0=1$),从而 $2x_0-y_0=2\arctan(y_0-x_0)$,这意味着对每一个 x,由方程可得到唯一 y 与之对应,这就确定了一个函数 $y=y(x)$,但这函数无法用一个初等函数的解析式表达.因此方程 $2x-y=2\arctan(y-x)$ 确定了 x,y 之间的一个隐函数 $y=y(x)$,且此隐函数的定义域为 $\mathbf{R}$.

注意满足方程 $F(x,y)=0$ 的点 (x,y) 形成了 xOy 坐标平面上的一条曲线,称为方程 $F(x,y)=0$ 确定的**隐函数曲线**.由于方程 $F(x,y)=0$ 表示一条曲线,所以由方程 $F(x,y)=0$ 确定的 y 关于 x 的函数关系,并不一定是通常意义上的单值函数,往往只在包含曲线的某些范围内才能确定通常意义上的单值函数 $y=y(x)$.

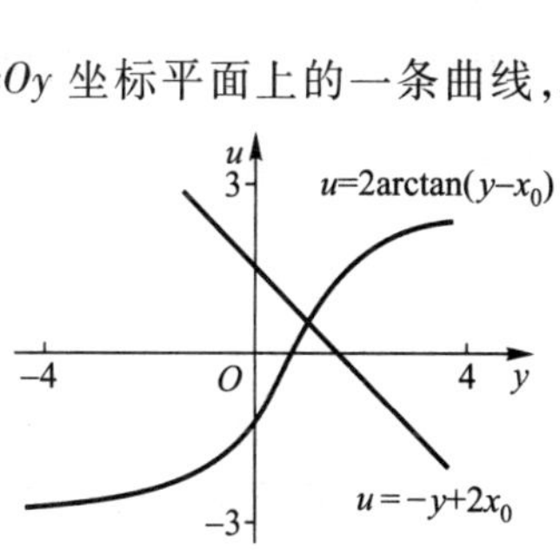

图 1.27

隐函数与显函数不是绝对对立的,有时它们可以相互转化.

例如,显函数 $y=\sqrt{1-x^2}$ 可以转化为隐函数方程 $x^2+y^2=1(y\geqslant 0)$.椭圆的方程 $\frac{x^2}{a^2}+\frac{y^2}{b^2}=1(a>0,b>0)$ 蕴涵着两个显函数:$y=\pm b\sqrt{1-\frac{x^2}{a^2}}, x\in[-a,a]$,它们的图形分别是上半椭圆和下半椭圆,在这种情况下,不用两个显函数而用一个隐函数方程来表示整个椭圆曲线显然是方便的.

2. 参数方程

参数方程代表的函数关系是通过参数来联系的,它的形式为

$$\begin{cases}x=\varphi(t),\\ y=\psi(t)\end{cases}\quad(t\in I),$$

其中 I 为某个区间,t 为参数变量.

当参数 t 在区间 I 上变动时,得到 xOy 坐标平面上点 $(x,y)=(\varphi(t),\psi(t))$ 的轨迹,称它为参数方程曲线.

由于参数方程 $x=\varphi(t), y=\psi(t)(t\in I)$ 给出的是一条曲线,所以参数方程并不一定能表示为通常意义下的单值函数 $y=y(x)$.有时可以消去参数 t 而得到一个显函数 $y=y(x)$,但有时只能得到 x,y 的一个隐函数方程.

例如,对于参数方程 $\begin{cases}x=t+1,\\ y=1-2t^2\end{cases}$ $(t\in\mathbf{R})$,消去 t,得到显函数

$$y=1-2(x-1)^2, x\in\mathbf{R},$$

其曲线是一条抛物线.

而对于参数方程 $\begin{cases}x=a\sec t,\\ y=b\tan t\end{cases}$ $\left(a,b>0, t\in\left(-\frac{\pi}{2},\frac{\pi}{2}\right)\right)$,消去 t,得到的是隐函数方程

$$\frac{x^2}{a^2}-\frac{y^2}{b^2}=1, x\geqslant a,$$

它是双曲线的右分支曲线.

有时隐函数方程也可以化为参数方程.

例如椭圆方程 $\frac{x^2}{a^2}+\frac{y^2}{b^2}=1$ 可以表示为参数 t 的参数方程:

$$\begin{cases}x=a\cos t,\\ y=b\sin t\end{cases}\quad(0\leqslant t\leqslant 2\pi).$$

参数方程中的参数有时有一定的几何或物理意义.对上述椭圆的情况,设以原点为中心、半径为 a 和 b 的圆分别为 S_a 和 S_b,过椭圆上点 $M(x,y)$ 作 x 轴的垂线交 S_a 于 P 点(图 1.28),则参数 t 是 O 与 P 的连线 $\overline{OP}$ 关于 x 轴的倾角.

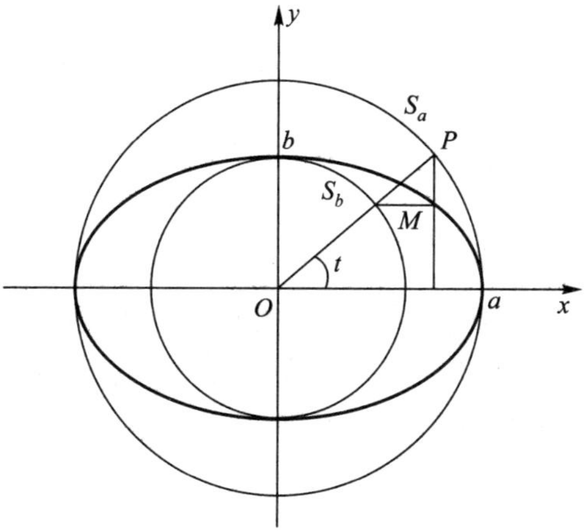

图 1.28

例 1.15 圆沿直线滚动时，圆周上一定点 P 经历的轨迹称为旋轮线或摆线. 设圆的半径为 r，沿 x 轴方向滚动，且 P 的起始位置在原点，试建立 P 点轨迹（摆线）的参数方程.

解 选择圆滚动时转过的角度 θ 为参数（如图 1.29），因为 $\overline{OT}=\widehat{PT}=r\theta$，故圆心位于点 $C(r\theta,r)$，摆线上点 $P(x,y)$ 的坐标满足

$$\begin{cases}x=\overline{OT}-\overline{PQ},\\ y=\overline{TC}-\overline{QC}.\end{cases}$$

故摆线上点 $P(x,y)$ 的参数方程为

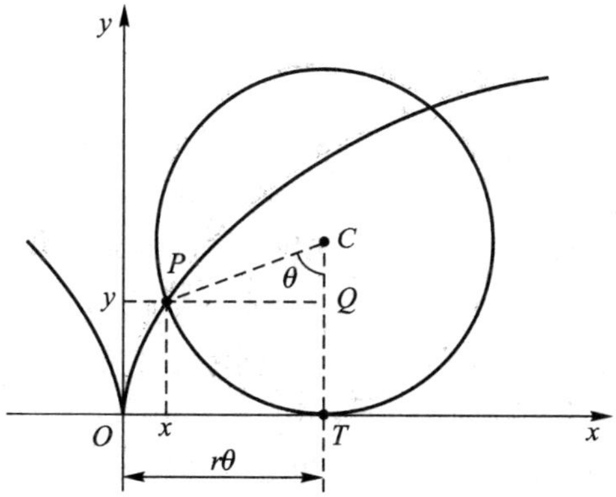

图 1.29

$$\begin{cases} x = r\theta - r\sin\theta, \\ y = r - r\cos\theta \end{cases} \quad (-\infty < \theta < +\infty).$$

摆线的一拱为

$$\begin{cases} x = r(\theta - \sin\theta), \\ y = r(1 - \cos\theta) \end{cases} \quad 0 \leqslant \theta \leqslant 2\pi.$$

参数 θ 是圆滚动时转过的角度(弧度),参数方程是在旋转角 $\theta \in \left(0, \frac{\pi}{2}\right)$ 时根据图 1.29 建立的,这是数学上常用的“**数形结合的方法**”,可以分析验证,θ 取其他值时方程也正确.图 1.30 给出了较大范围的摆线图,其中 y 轴左边的图形是圆沿 x 轴负向滚动产生的,即对应 $\theta<0$ 的参数方程.

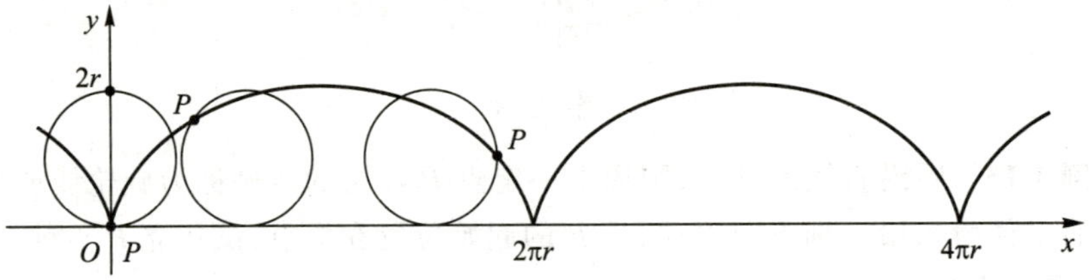

图 1.30

3. 极坐标方程

平面上点 P 可用直角坐标 $P(x,y)$ 表示,也可用**极坐标** $P(r,\theta)$ 表示,如图 1.31,称$\overrightarrow{Ox}$轴为**极轴**,$r = \overline{OP} = \sqrt{x^2+y^2}$ 为**极径**,$\overline{OP}$关于极轴$\overrightarrow{Ox}$的倾角 θ 称为**极角**,P 在第一象限时,极角 $\theta = \arctan\dfrac{y}{x}$.

直角坐标 $P(x,y)$ 和极坐标 $P(r,\theta)$ 之间的关系为

$$\begin{cases} x = r\cos\theta, \\ y = r\sin\theta. \end{cases}$$

若取极径 r 和极角 θ 的变化范围为

$$0 \leqslant r < +\infty, 0 \leqslant \theta < 2\pi \quad (\text{或 } \theta_0 \leqslant \theta < \theta_0 + 2\pi),$$

则极坐标的点与直角坐标的点之间形成了一一对应关系.

注意在考察由极坐标方程 $r=r(\theta)$ 给出的函数的图形时,若 2π 是函数 $r(\theta)$ 的周期,由于(r,θ)与$(r,\theta+2\pi)$重合,那么我们就只需在一个长度为 2π 的区间上来进行讨论.例如 θ 的取值范围为 $0 \leqslant \theta < 2\pi$,或 $0 < \theta \leqslant 2\pi$.但有时在不致产生歧义的情况时,也常取 θ 的范围为闭区间$[0,2\pi]$(或$[\theta_0,\theta_0+2\pi]$).

在极坐标中,$\theta = \theta_0$(常数)表示一条射线,$r = r_0$(常数)表示一个圆,如图 1.32 所示.

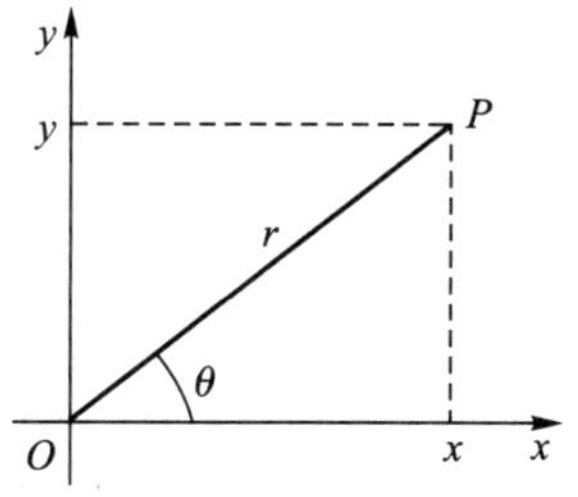

图 1.31

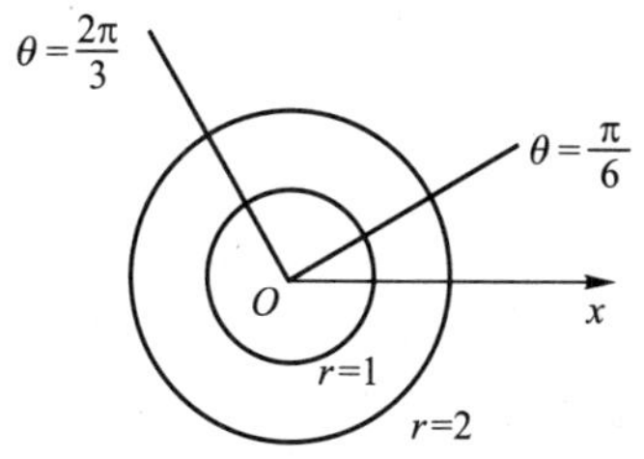

图 1.32

利用直角坐标与极坐标的关系$\begin{cases}x=r\cos\theta,\\ y=r\sin\theta\end{cases}$可以将直角坐标表示的函数(显函数或隐函数)与极坐标表示的函数相互转化.

例如,圆 $x^2+y^2=4$ 的极坐标方程为

$$r=2\ (0\leqslant\theta<2\pi),$$

直线 $x+y=2$ 的极坐标方程为

$$r=\frac{2}{\cos\theta+\sin\theta}\quad\left(-\frac{\pi}{4}<\theta<\frac{3\pi}{4}\right).$$

注意这个极坐标表示函数的定义域,由于 2π 是右端函数的周期,我们只需在区间$[-\pi,\pi]$进行讨论,但 $r\geqslant0$ 限制了 θ 的取值,从而得到$-\frac{\pi}{4}<\theta<\frac{3\pi}{4}$.

极坐标方程 $r=r(\theta)(\alpha\leqslant\theta\leqslant\beta)$ 表示的函数还可以方便地转化为以 θ 为参数的参数方程:

$$\begin{cases}x=r(\theta)\cos\theta,\\ y=r(\theta)\sin\theta\end{cases}\quad(\alpha\leqslant\theta\leqslant\beta).$$

例如,圆方程 $r=2(0\leqslant\theta<2\pi)$ 转化为参数 θ 的参数方程

$$\begin{cases}x=2\cos\theta,\\ y=2\sin\theta\end{cases}\quad(0\leqslant\theta<2\pi).$$

例 1.16　将**心脏线** $r=a(1-\cos\theta)(a>0)$ 方程转化为参数方程,并画出它的图形.

解　心脏线方程 $r=a(1-\cos\theta)$ 中,θ 的任何取值都能使 $r\geqslant0$,即任何以 θ 为极角的射线上都有函数曲线上的点,由于 2π 是 $r(\theta)=a(1-\cos\theta)$ 的周期,所以 θ 的取值范围为 $0\leqslant\theta<2\pi$(或 $0\leqslant\theta\leqslant2\pi$).

因此心脏线的参数方程为

$$\begin{cases}x=a(1-\cos\theta)\cos\theta,\\ y=a(1-\cos\theta)\sin\theta\end{cases}\quad(0\leqslant\theta<2\pi).$$

用描点法可以画出心脏线的图形：

先确定4个特殊点：$(r,\theta)=(0,0)$，$\left(a,\dfrac{\pi}{2}\right)$，$(2a,\pi)$，$\left(a,\dfrac{3\pi}{2}\right)$；极角 $\theta\in[0,\pi]$ 时，极径 r(即动点到原点的距离)从0单调增加到 $2a$，用描点法可以画出心脏线的上半部分图形，由 $\cos(2\pi-\theta)=\cos\theta$ 可知下半部分图形与上半部分图形对称，如图1.33.

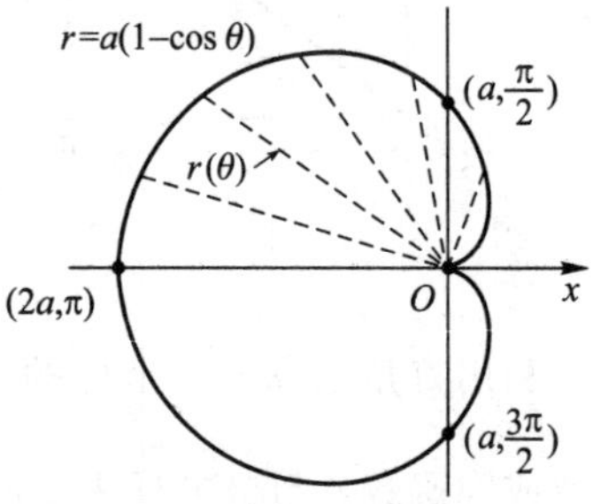

图 1.33

例 1.17 将隐函数方程 $(x^2+y^2)^2=a^2(x^2-y^2)$ $(a>0)$ 化为极坐标方程，并画出其图形.

解 由直角坐标与极坐标的关系 $\begin{cases}x=r\cos\theta,\\ y=r\sin\theta,\end{cases}$ 得到上述方程的极坐标方程为

$$r^4=a^2r^2(\cos^2\theta-\sin^2\theta)，即\quad r=a\sqrt{\cos 2\theta}.$$

由于 2π 是 $a\sqrt{\cos 2\theta}$ 的周期，只需在一个周期长度的区间 $\left[-\dfrac{\pi}{2},\dfrac{3\pi}{2}\right]$ 上讨论，又因必须满足条件

$$\cos 2\theta\geqslant 0,$$

所以得出

$$-\frac{\pi}{4}\leqslant\theta\leqslant\frac{\pi}{4}\quad 或\quad \frac{3\pi}{4}\leqslant\theta\leqslant\frac{5\pi}{4},$$

因此隐函数方程 $(x^2+y^2)^2=a^2(x^2-y^2)$ 的极坐标方程为

$$r=a\sqrt{\cos 2\theta},\quad \theta\in\left[-\frac{\pi}{4},\frac{\pi}{4}\right]\cup\left[\frac{3\pi}{4},\frac{5\pi}{4}\right],$$

此方程表示的曲线称为**双纽线**.

用描点法画出 θ 在 $\left[0,\dfrac{\pi}{4}\right]$ 和 $\left[\dfrac{3\pi}{4},\pi\right]$ 时的图形，再由对称性得到 θ 在 $\left[-\dfrac{\pi}{4},0\right]$ 和 $\left[-\pi,-\dfrac{3\pi}{4}\right]$ 时的图形，双纽线的图形如图1.34.

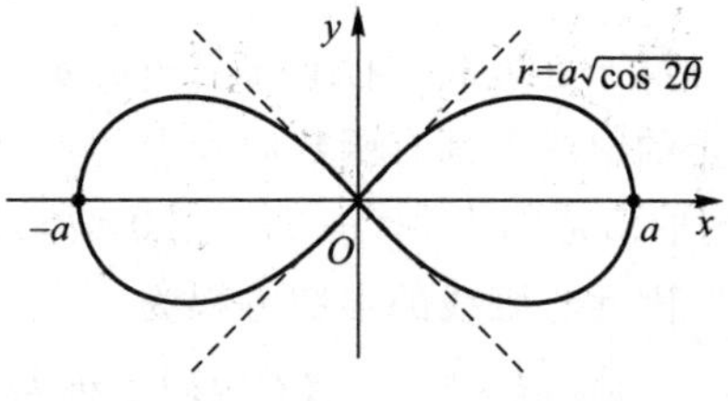

图 1.34

下面给出极坐标方程 $r=a\cos 2\theta$ 和 $r=a\cos 3\theta$ 所表示函数的图形，它们分别称为双叶玫瑰线(图1.35)和三叶玫瑰线(图1.36).

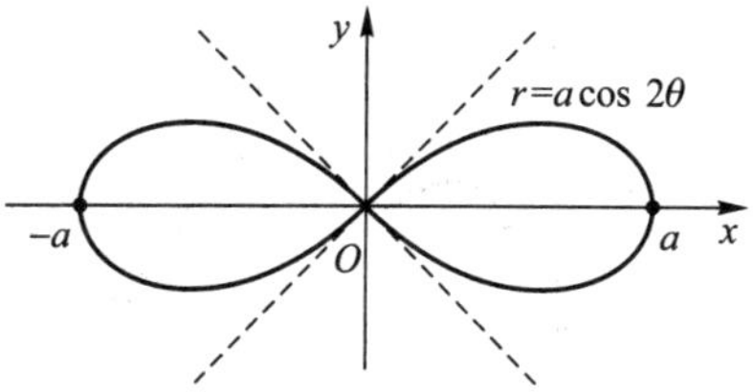

图 1.35

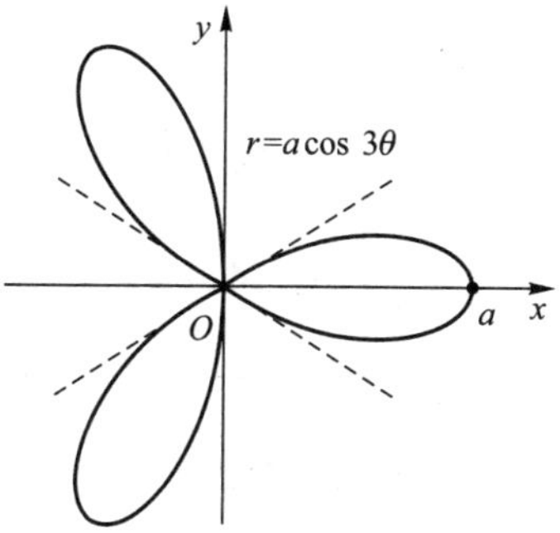

图 1.36

1.2.7 函数图形的变换

对已知函数图形可进行一些几何变换,如平移变换、对称变换等.

例如,已知函数 $y=f(x)\ (a\leqslant x\leqslant b)$ 的图形,可以得到它平移后的图形及函数(图 1.37).

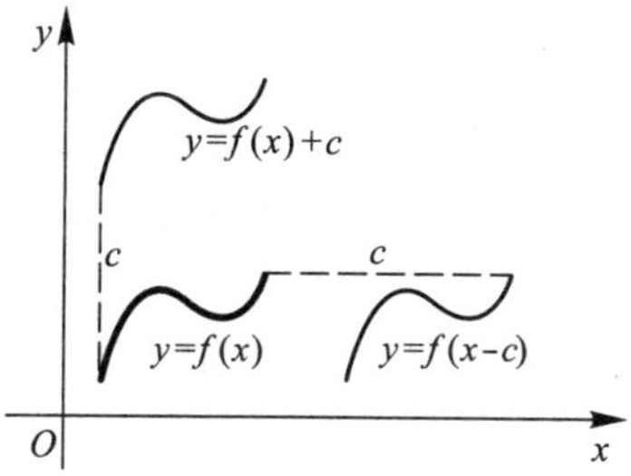

图 1.37

若函数 $y=f(x)$ 的图形关于直线 $y=c$ 对称的图形所表示的函数为 $y=g(x)$,则点 $(x,f(x))$ 与 $(x,g(x))$ 的中点是 (x,c),从而有

$$\frac{f(x)+g(x)}{2}=c,\text{即 } g(x)=2c-f(x),$$

所以函数 $y=f(x)$ 的图形关于直线 $y=c$ 对称的图形是函数

$$y=2c-f(x)$$

的图形.

特别地,$y=f(x)$ 的图形关于 x 轴对称的图形是函数 $y=-f(x)$ 的图形(图 1.38).

又若函数 $y=f(x)$ 的图形关于直线 $x=c$ 对称的图形所表示的函数为 $y=g(x)$,则 $(x,f(x))$ 关于直线 $x=c$ 的对称点为 $(2c-x,g(2c-x))$,从而

$$g(2c-x)=f(x),\text{即 } g(x)=f(2c-x),$$

所以函数 $y=f(x)$ 的图形关于直线 $x=c$ 对称的图形是函数

$$y=f(2c-x)$$

的图形.

特别地,$y=f(x)$ 的图形关于 y 轴对称的图形是函数 $y=f(-x)$ 的图形(图 1.39).

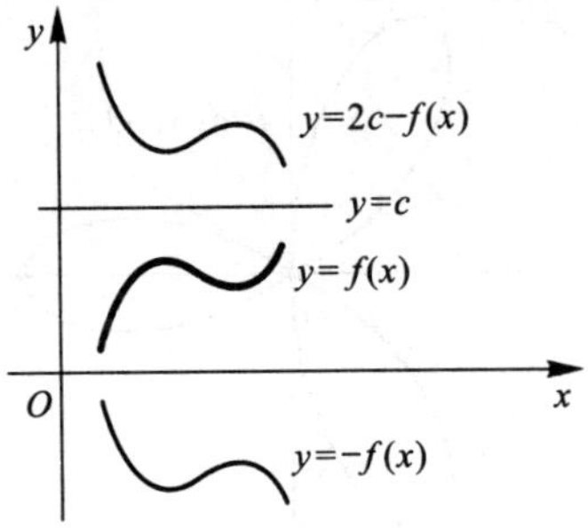

图 1.38

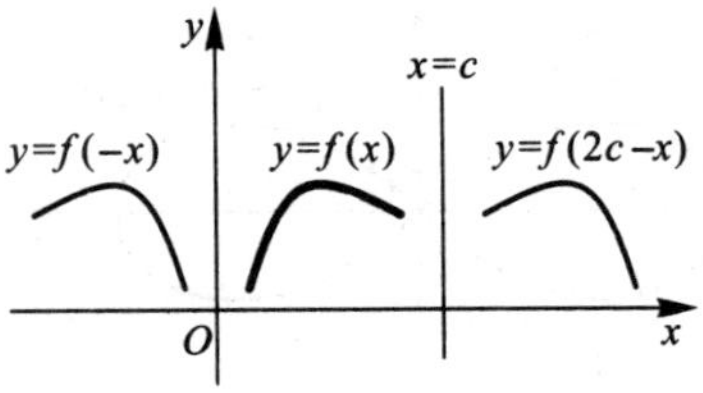

图 1.39

由此可得：

(1) 如果函数 $f(x)$ 满足 $f(2c-x)=f(x)$ $(x\in[c-d,c+d],d>0)$，则 $y=f(x)$ 的图形关于直线 $x=c$ 对称.

(2) 如果 $y=f(x)$ 和 $y=g(x)$ 满足 $f(2c-x)=g(x)$，则 $y=f(x)$ 和 $y=g(x)$ 的图形关于直线 $x=c$ 对称.

例如，$y=\sin x$ 满足 $\sin(\pi-x)=\sin x$，故 $y=\sin x$ 的图形关于直线 $x=\dfrac{\pi}{2}$ 对称；$y=\cos x$ 和 $y=\sin x$ 满足 $\cos\left(\dfrac{\pi}{2}-x\right)=\sin x$，故 $y=\cos x$ 和 $y=\sin x$ 的图形关于直线 $x=\dfrac{\pi}{4}$ 对称.

例 1.18 试描绘函数 $y=f(x)=|x^2-1|$ 的图形.

解 函数 $y=f(x)$ 可以表示为分段函数

$$y=f(x)=\begin{cases}x^2-1, & x\leqslant -1,\\ -(x^2-1), & -1<x<1,\\ x^2-1, & x\geqslant 1.\end{cases}$$

首先，我们可以画出 $y=x^2$ 的图形 C_1——抛物线，再把它向下平移 1 个单位，得到 $y=x^2-1$ 的图形 C_2，所以函数 $y=f(x)$ 在区域 $x\in(-\infty,-1]\cup[1,+\infty)$ 上的图形就是 C_2，而这函数在 $x\in(-1,1)$ 内的图形与 C_2 在 $x\in(-1,1)$ 内的部分关于 x 轴对称，这样我们就可以得到函数 $y=f(x)$ 的图形，见图 1.40.

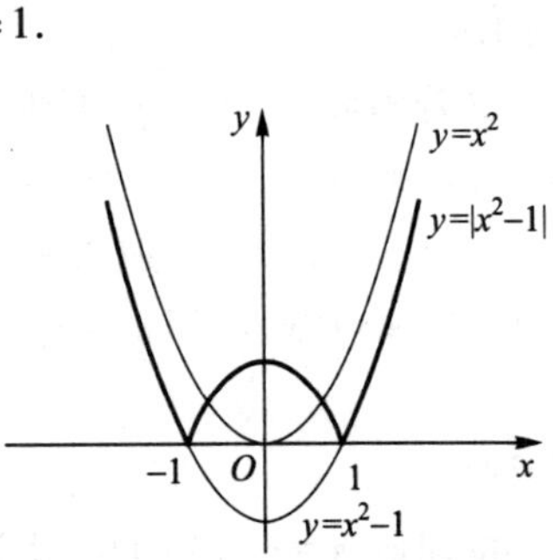

图 1. 40

例 1.19 如果 $y=f(x)$ 是 $\mathbf{R}$ 上的偶函数，

其图形关于 $x=a(a>0)$ 对称，证明：$f(x)$ 是周期函数，$2a$ 是其周期.

证　由于 $y=f(x)$ 是偶函数，故

$$f(-x)=f(x),x\in\mathbf{R},$$

由于 $y=f(x)$ 的图形关于 $x=a$ 对称，故

$$f(2a-x)=f(x),x\in\mathbf{R},$$

从而得到：

$$f(2a-x)=f(-x),x\in\mathbf{R}.$$

令 $-x=t$，得到

$$f(t+2a)=f(t),t\in\mathbf{R},$$

所以 $f(x)$ 是周期为 $2a$ 的周期函数.

例 1.20　如果 $y=f(x)$ 是区间 $[a,a+c](c>0)$ 上定义的函数，求函数 $y=g(x)$，使得其图形与 $y=f(x)$ 的图形关于点 $(a,0)$ 中心对称.

（函数 $y=f(x)$ 的图形与函数 $y=g(x)$ 的图形关于点 (a,b) 中心对称是指：对于函数 $y=f(x)$ 的曲线上任意一点 $(x_1,f(x_1))$，存在函数 $y=g(x)$ 的曲线上的点 $(x_2,g(x_2))$，使得这两点关于点 (a,b) 对称，反之亦然.）

解　函数 $y=f(x)$ 关于直线 $x=a$ 对称的函数为

$$y=f(2a-x),x\in[a-c,a],$$

而函数 $y=f(2a-x)$ 关于直线 $y=0$（x 轴）对称的函数为

$$y=-f(2a-x),x\in[a-c,a],$$

所以得到

$$y=g(x)=-f(2a-x),x\in[a-c,a],$$

其图形与 $y=f(x)$ 的图形关于点 $(a,0)$ 中心对称（图 1.41）.

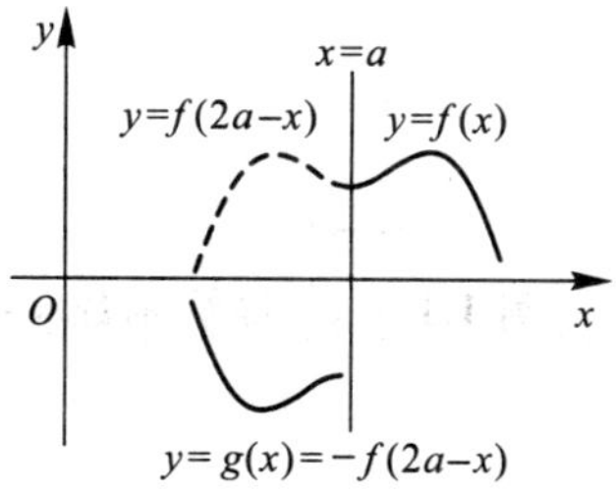

图 1.41

习题 1

1. 设集合 $A=\{a,b,c\}$，$B=\{b,e,f\}$，$C=\{a,c,f\}$，求 $A\cup B$，$B\cap C$，$A\cap C$，$(A\cup B)\cap C$，$(B\cap C)\cup(A\cap C)$.
2. 设 $A=\{x\mid x^2\leqslant 1\}$，$B=\{x\mid |x-1|<1\}$ 是实数域的两个子集，写出 $A\cup B$，$A\cap B$，$A-B$，$B-A$ 的表达式.
3. 解下列绝对值不等式：

   (1) $|x+1|<|2x-3|$；　　(2) $|x+3|>|x-5|+2$；

   (3) $|x^2-3x-4|<6$.
4. 求下列数集的上确界和下确界：

(1) $E=\left\{1,\frac{1}{2},\frac{1}{3},\cdots,\frac{1}{n},\cdots\right\}$; (2) $E=\{x\in\mathbf{Q}\mid x^2<9\}$;

(3) $E=\{-n(3^n+(-3)^n)\mid n\in\mathbf{N}_+\}$; (4) $E=\{e^{-1/x^2}\mid x\neq 0\}$.

5. 用数学归纳法证明下列各题:

(1) $1^2+2^2+\cdots+n^2=\frac{1}{6}n(n+1)(2n+1),n\in\mathbf{N}_+$;

(2) $|\sin nx|\leqslant n|\sin x|,n\in\mathbf{N}$;

(3) $(1+x)^n>1+nx$,其中 $x>-1,x\neq 0,n\geqslant 2,n\in\mathbf{N}_+$.

6. 利用 $A-G$ 不等式证明下列不等式:

(1) $n!\leqslant\left(\frac{n+1}{2}\right)^n,n\in\mathbf{N}_+$; (2) $\sqrt[n]{n}-1<\frac{2}{\sqrt{n}},n\in\mathbf{N}_+$.

7. 下列各题中,判断函数 $f(x)$ 与 $g(x)$ 是否相等:

(1) $f(x)=\ln x^2$, $g(x)=2\ln x$;

(2) $f(x)=\frac{\sqrt{x-1}}{\sqrt{x-2}}$, $g(x)=\sqrt{\frac{x-1}{x-2}}$;

(3) $f(x)=\sin x$, $g(x)=\sqrt{1-\cos^2 x}$;

(4) $f(x)=\sqrt[3]{x^4-x^3}$, $g(x)=x\sqrt[3]{x-1}$.

8. 试确定下列函数的定义域:

(1) $y=\frac{2x}{x^2-3x+2}$; (2) $y=\frac{1}{2}\ln\frac{1+x}{1-x}$;

(3) $y=\lg(1-2\cos x)$; (4) $\sqrt{3-x}+\arcsin\frac{3-2x}{5}$.

9. 设函数 $y=f(x)$ 的定义域是 $[0,1]$,求下列函数的定义域:

(1) $f(x^2)$; (2) $f(\sin x)$;

(3) $f(x+a)$; (4) $f(x+a)+f(x-a)\ (a>0)$.

10. 用分段函数表示下列函数:

(1) $y=|3x-2|$; (2) $y=|3-x|-|2x-4|$.

11. 指出下列函数中哪些是奇函数? 哪些是偶函数? 哪些是非奇非偶函数?

(1) $y=x^2(1-\cos x)$; (2) $y=\lg\frac{1-x}{1+x}$;

(3) $y=x-x^2$; (4) $y=\ln(x+\sqrt{x^2+1})$;

(5) $y=(2+\sqrt{3})^x+(2-\sqrt{3})^x$; (6) $y=\frac{x}{a^x+1}(a>0)$.

12. 下列各函数中哪些是周期函数? 对于周期函数指出最小正周期:

(1) $y=\sin^2 x$; (2) $y=1+\tan x$;

(3) $y=x\cos x$; (4) $y=\cos(\omega t+\theta)$ ($\omega>0,\omega,\theta$ 为常数);

(5) $y=\sin x+\frac{1}{2}\sin 2x+\frac{1}{3}\sin 3x$.

13. 证明：

(1) 两个偶函数的和，差，积，商（分母非零）仍为偶函数；

(2) 两个奇函数的和为奇函数；

(3) 两个奇函数的积为偶函数；

(4) 奇函数与偶函数的积为奇函数.

14. 求下列函数的表达式：

(1) 设函数 $f(x)$ 满足：$f(x)-3f(2-x)=2x+1$，$\forall x\in\mathbf{R}$，求 $f(x)$；

(2) 若 $\mathbf{R}$ 上定义的函数 $f(x)$ 满足：$f\left(x+\frac{1}{x}\right)=x^2+\frac{1}{x^2}$，$\forall x\neq 0$，求 $f(x)$；

(3) 若 $\mathbf{R}$ 上定义的函数 $f(x)$ 满足：$f\left(\sin\frac{x}{2}\right)=1+\cos x$，$\forall x\in\mathbf{R}$，求 $f\left(\cos\frac{x}{2}\right)$；

(4) 设 $f(x)=e^{x^2}$，$f[\varphi(x)]=1-x$，且 $\varphi(x)\geqslant 0$，求 $\varphi(x)$.

15. 求下列指定函数的复合函数：

(1) 设 $f(x)=x+1$，$\varphi(x)=\frac{1}{1+x^2}$，求 $f[\varphi(x)+1]$；

(2) 设 $f(x)=\begin{cases}2x, & x\leqslant 0,\\ 0, & x>0,\end{cases}$ $\varphi(x)=x^2-1$，求 $f[\varphi(x)]$；

(3) 设 $f(x)=\begin{cases}2x, & 0\leqslant x\leqslant 1,\\ x^2, & 1<x\leqslant 2,\end{cases}$ $g(x)=\ln x$，求 $f[g(x)]$ 和 $g[f(x)]$；

(4) 设 $f(x)=\begin{cases}1, & |x|<1,\\ 0, & |x|=1,\\ -1, & |x|>1,\end{cases}$ $\varphi(x)=e^x$，求 $f[\varphi(x)]$ 和 $\varphi[f(x)]$；

(5) 设 $f(x)=\begin{cases}x^2, & x<0,\\ -x, & x\geqslant 0,\end{cases}$ $g(x)=\begin{cases}2-x, & x\leqslant 0,\\ x+2, & x>0,\end{cases}$ 求 $g[f(x)]$，$f[f(2)]$，$g[g(-1)]$.

16. 设 $f(x)$ 是奇函数，$g(x)$ 是偶函数，试确定下列函数的奇偶性：

(1) $f[g(x)]$；　　(2) $g[f(x)]$；

(3) $f[f(x)]$；　　(4) $g[g(x)]$.

17. 设 $\varphi(x)$，$\psi(x)$，$f(x)$ 为 $\mathbf{R}$ 上的单调增加函数，证明：若 $\varphi(x)\leqslant f(x)\leqslant\psi(x)$，则

$$\varphi[\varphi(x)]\leqslant f[f(x)]\leqslant\psi[\psi(x)].$$

18. 求下列函数的严格单调区间，在严格单调区间上求出反函数，并指出其定义域：

(1) $f(x)=\ln(x+\sqrt{x^2+1})$；　　(2) $f(x)=\frac{2^x}{2^x+1}$；

(3) $g(x)=x^2-2x$；　　(4) $g(x)=\sqrt[3]{x^2+1}$；

(5) $h(x)=\sin x, x\in\left[-\frac{\pi}{2},\frac{3\pi}{2}\right]$；　　(6) $h(x)=\begin{cases}x, & x<1,\\ x^2, & 1\leqslant x\leqslant 4,\\ 2^x, & x>4.\end{cases}$

19. 把某种溶液倒进一个圆柱形容器内,该容器的底半径为 r,高为 H.设倒进溶液后液面的高度为 h 时,溶液的体积为 V,试把 h 表示为 V 的函数,并指出其定义区间.

20. 一重为 W 的物体放置在水平路面上,它与路面间的摩擦系数为 μ.现用力 $\boldsymbol{F}$ 拉物体,且刚好拉动,若力 $\boldsymbol{F}$ 的方向与路面成 θ 角度,试将力 $\boldsymbol{F}$ 的大小 F 表示为 θ 的函数.

21. 设 M 为密度不均匀细杆 OB 上的一点,若 OM 的质量与 OM 的长度的平方成正比,又已知 OM 长度为 4 单位时其质量为 8 单位,试求 OM 的质量与其长度间的函数关系.

22. 将下列隐函数方程曲线转化为参数方程曲线,并指出参数的变化范围:

(1) $x^2-2x+y^2=3$;　　(2) $4x^2-4x+y^2+2y=0$;

(3) $2x^2-y=0$;　　(4) $\dfrac{(x+1)^2}{4}-\dfrac{(y-2)^2}{9}=1$;

(5) $ax+by+c=0, a,b\neq 0$;　　(6) $e^y+y^3+2x=1$.

23. 设大圆的半径为 a,圆心在 $(0,0)$,小圆的半径为 $\dfrac{a}{4}$,圆心在 $\left(\dfrac{3a}{4},0\right)$.当小圆在大圆内做无滑动的滚动并保持与大圆相切时,小圆上定点 $P(a,0)$ 的轨迹称为星形线,试用参数方程表示星形线.

24. 将下列曲线方程转化为极坐标方程,并指出 θ 的变化范围:

(1) $x+y=3$;　　(2) $x^2-4x+y^2=0$;

(3) $x^2-y^2=1$;　　(4) $(x^2+y^2)^{\frac{3}{2}}=x^2-y^2$.

25. 画出下列极坐标方程表示的曲线的图形:

(1) $r=3\sin\theta$;　　(2) $r=a\theta, a>0$;

(3) $r=a\cos 4\theta$;　　(4) $r=\tan\theta\sec\theta$.

26. 根据标准函数曲线图形,并应用合适的图形变换,画出下列函数的图形:

(1) $y=-\dfrac{1}{x}$;　　(2) $y=2-\sqrt{x+1}$;

(3) $y=\cos\dfrac{x}{2}$;　　(4) $y=2-\sin x$;

(5) $y=|x^2-2x|$;　　(6) $y=e^{2-x}$.

补充题

1. 证明施瓦茨(Schwarz)不等式:$\left(\sum\limits_{k=1}^{n}a_kb_k\right)^2\leqslant\left(\sum\limits_{k=1}^{n}a_k^2\right)\cdot\left(\sum\limits_{k=1}^{n}b_k^2\right)$,其中 $a_k,b_k\in\mathbf{R}$,$k=1,2,\cdots,n$.

2. 证明不等式:

$$\frac{1}{2\sqrt{n}}<\frac{(2n-1)!!}{(2n)!!}<\frac{1}{\sqrt{2n+1}}\quad(n\geqslant 2),$$

其中 $(2n)!!=2\cdot4\cdot\cdots\cdot(2n)$,$(2n-1)!!=1\cdot3\cdot\cdots\cdot(2n-1)$.

3. 设 A,B 都是非空有界数集,$\sup A=a$,$\sup B=b$,定义

$$A+B=\{x \mid x=x_1+x_2, x_1\in A, x_2\in B\}.$$

试证：$\sup(A+B)=a+b$.

4. 证明：区间 $[-l,l]$ $(l>0)$ 上的任意一个函数均可表示为一个偶函数与一个奇函数的和，且表示法是唯一的.

5. 设 $f(x)=a+bx$，记 $f_n(x)=f(f(\cdots f(x)\cdots))$（$n$ 次复合），证明：

$$f_n(x)=\begin{cases} a\dfrac{b^n-1}{b-1}+b^n x, & b\neq 1, \\ na+x, & b=1. \end{cases}$$

6. 求下列函数的值域：

（1）$y=\sqrt[3]{x^2-3x+2}$；（2）$y=\dfrac{x}{x+1}$；

（3）$y=\dfrac{x^2}{x^2+x+1}$；（4）$y=2x+\dfrac{1}{x}$.

7. 设函数 $f(x)$ 在 $\mathbf{R}$ 上有定义，把满足 $f(x^*)=x^*$ 的点 x^* 称为 $f(x)$ 的不动点.证明：若 $f[f(x)]$ 存在唯一不动点，则 $f(x)$ 也存在唯一不动点.

第 2 章　极限与连续

极限是微积分的理论基础,也是贯穿微积分的基本研究方法.

极限的思想最早可以追溯到古希腊阿基米德(Archimedes)的"穷竭法"和我国魏晋时代刘徽的"割圆术",即用不断增加边数的多边形面积来近似计算圆或者封闭曲线所围图形的面积.牛顿(Newton,1642—1727)在建立微积分时给出了极限理论的雏形,但发展这理论的主要是法国数学家柯西(Cauchy,1789—1857)和捷克数学家波尔查诺(Bolzano,1781—1848).而德国的魏尔斯特拉斯(Weierstrass,1815—1897)进一步改进了他们的工作,他给出了现在所采用的极限严格定义,完善了极限理论的严密性,这才真正奠定了微积分乃至近代分析数学的基础.

本章首先介绍数列和函数极限的定义、性质和运算法则以及存在判别准则,在这过程中讨论求极限的各种方法;其次介绍与函数极限密切联系的另一重要概念——函数连续性,并对在闭区间上连续的函数的特殊性质做一些讨论.

2.1　数列的极限

2.1.1　数列

定义 2.1　定义域为正整数集的函数

$$f:\mathbf{N}_+\to\mathbf{R},$$
$$n\mapsto x_n=f(n),n\in\mathbf{N}_+$$

称为**数列**.

由定义可知 x_n 是依赖正整数 n 而变化的变量,因为 n 可按大小顺序依次排列,所以数列也可表示为

$$x_1,x_2,\cdots,x_n,\cdots$$

或记为 $\{x_n\}\Big|_{n=1}^{\infty}$,简记为 $\{x_n\}$,其中 x_n 称为该数列的**通项**或**一般项**.

数列作为函数,也可以讨论它的单调性、有界性等性质,但数列的单调性通常采用如下相邻项比较的形式.

若数列$\{x_n\}$满足

$$x_{n+1}\geqslant x_n(x_{n+1}>x_n),n=1,2,\cdots,$$

则称数列$\{x_n\}$为**单调增加(严格单调增加)数列**;若数列$\{x_n\}$满足

$$x_{n+1}\leqslant x_n(x_{n+1}<x_n),n=1,2,\cdots,$$

则称数列$\{x_n\}$为**单调减少(严格单调减少)数列**;上述数列统称为**单调数列**.

若数列$\{x_n\}$满足

$$\exists M>0,\forall n\in\mathbf{N}_+,\text{都有}|x_n|\leqslant M,$$

则称数列$\{x_n\}$为**有界数列**.

同样可以给出**有上界数列**和**有下界数列**的定义.

例如,数列$\{2^n\}$,$\{\ln n\}$为单调增加数列,而数列$\left\{\dfrac{1}{2^n}\right\}$,$\left\{\dfrac{3}{n+1}\right\}$为单调减少数列.又如,数列$\{(-1)^n\}$和$\left\{-\dfrac{1}{2^n}\right\}$都是有界数列,它们的界可分别取为 1 和$\dfrac{1}{2}$(当然它们的界不唯一);数列$\{(-1)^n 2^n\}$是无界数列,且它既无上界又无下界,而数列$\{n^2+1\}$虽然也是无界数列,但它是有下界 2 的数列.

容易看出,单调增加数列$\{x_n\}$必有下界,x_1就是一个下界,而单调减少数列$\{x_n\}$必有上界,x_1就是一个上界.

例 2.1 讨论下列数列$\{x_n\}$的单调性和有界性.

(1) $x_n=\sqrt[n]{a}\ (a>1)$;

(2) $x_n=\sqrt{2+\sqrt{2+\cdots+\sqrt{2+\sqrt{2}}}}$ (n 重根号).

解 (1) 由于$x_n>1>0$,而$\dfrac{x_{n+1}}{x_n}=\dfrac{a^{\frac{1}{n+1}}}{a^{\frac{1}{n}}}=a^{-\frac{1}{n(n+1)}}=(a^{-1})^{\frac{1}{n(n+1)}}<1$,故$\{x_n\}$严格单调减少,又$1<x_n<x_1=a$,从而$\{x_n\}$是有界的.

(2) $x_{n+1}=\sqrt{2+\sqrt{2+\cdots+\sqrt{2+\sqrt{2}}}}>\sqrt{2+\sqrt{2+\cdots+\sqrt{2+0}}}=x_n$,

故$\{x_n\}$严格单调增加;又因

$$0<x_n=\sqrt{2+\sqrt{2+\cdots+\sqrt{2+\sqrt{2}}}}\leqslant\sqrt{2+\sqrt{2+\cdots+\sqrt{2+2}}}=2,$$

故$\{x_n\}$有界.

2.1.2 数列极限的定义

数列$\{x_n\}$的极限反映了在n无限增大时x_n的值变化的定量趋势,也就是x_n无限接近一个定常数的趋势.

通过下面几个数列的例子,我们来引出数列极限的概念.

(1) $x_n=\dfrac{1}{n}$,

(2) $x_n=\dfrac{(-1)^n}{2^n}$,

(3) $x_n=\dfrac{[1+(-1)^n]}{n}$,

容易看出这三个数列在n增大时的变化趋势:当n无限增大时,x_n都将无限接近常数0.

当然它们接近0的方式有所不同:数列(1)是正项数列,它单调减少,越来越接近0;数列(2)并不单调,它在0的左右摆动,但是越来越接近0;数列(3)则不能用"越来越接近0"来描述,事实上它的有些项就是0,而这些项以后却仍有不为0的项,但随着n的无限增大,那些不为0的项将越来越接近0,所以,x_n仍然可以无限接近0.对这三个数列,我们说它们的极限为0.

然而,"无限增大"和"无限接近"毕竟是一种描述性语言,为了用更确切的数学术语来表达极限的意义,我们再通过数列(1)来分析一下数列无限接近一个定常数的含义.

表示两个数接近程度的度量是它们的距离,在这个例子中我们要考察的是数列的项$x_n=\dfrac{1}{n}$与0的距离$|x_n-0|$,x_n无限接近数0意味着距离$|x_n-0|$可以无限小或者说任意小,即给出任意小的正数,$|x_n-0|$必定可以小于这个正数,但并非每一项x_n都能满足这一点,达到这种接近程度的条件则是n无限增大或者说n充分大.

例如我们给出一个小的正数10^{-2},要$|x_n-0|<10^{-2}$,由于$|x_n-0|=\dfrac{1}{n}$,那么只要$n>100$就行了;而如果我们给出一个更小的正数10^{-4},要$|x_n-0|<10^{-4}$,就要求$n>10\ 000$了.显然,无论我们给出怎样小的正数ε,要$|x_n-0|<\varepsilon$,只要$n>\dfrac{1}{\varepsilon}$就行了,更具体一些,取$N=\left[\dfrac{1}{\varepsilon}\right]$,那么在$N$项以后,即当$n>N$时,就有$|x_n-0|<\varepsilon$.

类似地我们也可以考察数列(2)：$x_n=\dfrac{(-1)^n}{2^n}$，不难看出，无论我们给出怎样小的正数 ε（不妨设 $\varepsilon<1$），要使得 $|x_n-0|<\varepsilon$，即 $\dfrac{1}{2^n}<\varepsilon$，具体地，就可以取 $N=\left[\log_2\dfrac{1}{\varepsilon}\right]$，只要 $n>N$ 就行了.

下面我们给出数列极限的确切定义.

定义 2.2 对数列 $\{x_n\}$，若存在数 A，$\forall\varepsilon>0$，$\exists N\in\mathbf{N}$，使得当 $n>N$ 时，

$$|x_n-A|<\varepsilon,$$

则称数列 $\{x_n\}$ 的**极限**为 A，或称数列 $\{x_n\}$ **收敛**，且收敛于 A，记为

$$\lim_{n\to\infty}x_n=A$$

或者

$$x_n\to A\quad(n\to\infty).$$

若不存在这样的常数 A，则称数列 $\{x_n\}$ 无极限，也称数列 $\{x_n\}$ **发散**或**不收敛**.

在上述定义中，正数 ε 给出了对 x_n 与 A 的接近程度 $|x_n-A|$ 的要求，而正整数 N 则相应地给出了 n 充分大的一个具体指标.

首先正数 ε 是任意的，即 ε 可以取任意小的正数，从而 $|x_n-A|<\varepsilon$ 刻画了数列的项 x_n 与极限值 A 的接近程度可以任意小；其次 ε 又是相对固定的，由这个给定的正数 ε，必定存在一个与其对应的指标 N，当 $n>N$ 后，$|x_n-A|$ 可以小于这个给定的 ε.

当然 N 是依赖于 ε 的，一般而言，随着 ε 取值变小，N 的取值会变大（但这不是绝对的），所以有时将 N 写作 $N(\varepsilon)$，另外注意这样相应于 ε 的 N 显然不是唯一的.如果存在 $N(\varepsilon)=N_1$，即当 $n>N_1$ 后，有 $|x_n-A|<\varepsilon$，那么显然也可取任何大于 N_1 的正整数 N_2 作为 $N(\varepsilon)$，当 $n>N_2$ 时，仍有 $|x_n-A|<\varepsilon$.

例如数列 $x_n=c$，这里 c 是常数，显然 $\forall\varepsilon>0$，我们可以取 N 为任何一个正整数，当 $n>N$ 时总有 $|x_n-c|=0<\varepsilon$ 成立，即使 ε 取得再小，N 也不必改变，当然此时

$$\lim_{n\to\infty}x_n=c.$$

现在我们从几何上来考察数列的极限.

在 $n-x$ 坐标平面上，数列的每一项 x_n 可以对应坐标平面上的一点 (n,x_n)，$\{x_n\}$ 的极限为 A 意味着这些点随着 n 的不断增大而聚集在直线 $x=A$ 的附近，确切地说：给出一个以直线 $x=A$ 为中心的条状区域 $\{x\mid A-\varepsilon<x<A+\varepsilon\}$，无论这个区域多么窄，数列对应的这些点中必定会有一个 (N,x_N)，在其右边的所有点 (n,x_n) 都将进入这窄条区域（图 2.1）.

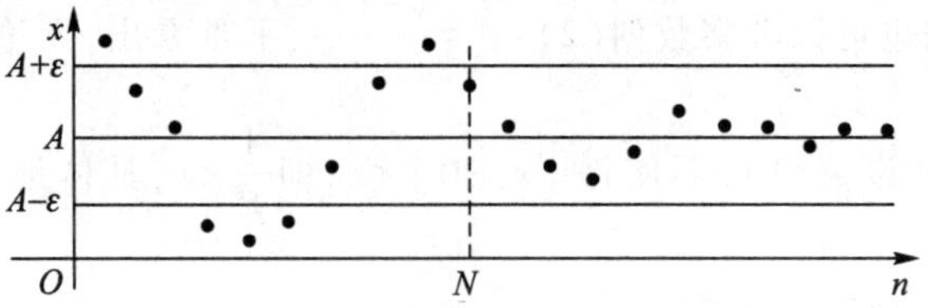

图 2.1

我们也可以在实数轴上考察数列的极限，x_n 对应着数轴上的点，A 是轴上的一固定点.当 $\{x_n\}$ 以 A 为极限时，由于 $|x_n-A|<\varepsilon$ 等价于 $A-\varepsilon<x_n<A+\varepsilon$，即 $x_n\in(A-\varepsilon,A+\varepsilon)$，意味着给出一个以 A 为中心的 ε 邻域 $U(A,\varepsilon)$，无论 ε 多么小，或者说这个邻域多么小，总会存在某一项 x_N，其后的所有项 $x_n(n>N)$ 所对应的点全部落在这个邻域内（见图 2.2），换言之，落在这个邻域外的项只有有限项（最多为 $x_1,x_2,\cdots,x_N$，共 N 项）.

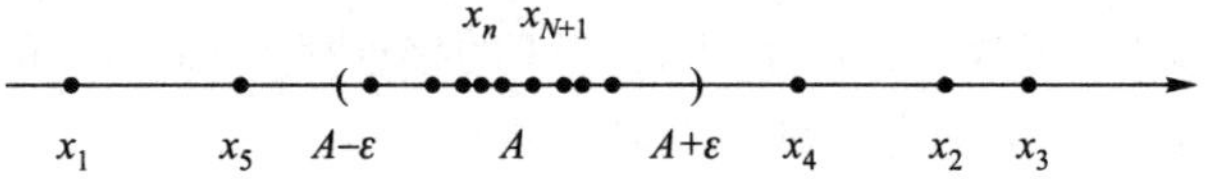

图 2.2

以下是一些用定义来验证数列极限的例子.

例 2.2　试证：$\lim\limits_{n\to\infty}\dfrac{3n^2-2}{n^2}=3$.

分析　由于 $\left|\dfrac{3n^2-2}{n^2}-3\right|=\dfrac{2}{n^2}$，要使 $\left|\dfrac{3n^2-2}{n^2}-3\right|<\varepsilon$，即 $\dfrac{2}{n^2}<\varepsilon$，只要 $n>\sqrt{\dfrac{2}{\varepsilon}}$ 就行了.由于 $\sqrt{\dfrac{2}{\varepsilon}}$ 不一定是自然数，故取 $N=\left[\sqrt{\dfrac{2}{\varepsilon}}\right]$（取整），当 $n>N$ 时，就有 $n>\sqrt{\dfrac{2}{\varepsilon}}$，从而有

$$\left|\frac{3n^2-2}{n^2}-3\right|<\varepsilon.$$

用极限定义即“$\varepsilon-N$”语言叙述如下：

证　$\forall\,\varepsilon>0$，取 $N=\left[\sqrt{\dfrac{2}{\varepsilon}}\right]\in\mathbf{N}$，当 $n>N$ 时，有

$$\left|\frac{3n^2-2}{n^2}-3\right|=\frac{2}{n^2}<\varepsilon.$$

故 $\lim\limits_{n\to\infty}\dfrac{3n^2-2}{n^2}=3.$

例 2.3 试证:当 $|q|<1$ 时,$\lim\limits_{n\to\infty}q^n=0.$

分析 要使

$$|q^n-0|<\varepsilon,\text{即}\ |q|^n<\varepsilon,$$

只要 $n>\log_{|q|}\varepsilon$ 就行了.故取 $N=[\log_{|q|}\varepsilon]$,当 $n>N$ 时,就有 $n>\log_{|q|}\varepsilon$,从而有

$$|q^n-0|<\varepsilon.$$

但是,当 $\varepsilon>1$ 时,$N=[\log_{|q|}\varepsilon]<0$,这样 N 不是非负整数.为此,我们可以限制 $\varepsilon\leqslant 1$,这样得到 $N=[\log_{|q|}\varepsilon]\in\mathbf{N}$,当 $n>N$ 时,$|q^n-0|<\varepsilon$.

而对 $\varepsilon>1$,显然对任意的 $n\in\mathbf{N}_+$,总有 $|q^n-0|<1<\varepsilon$.

由此说明我们可以设 $\varepsilon\leqslant 1$ 而不影响验证的准确性.

用极限定义即“$\varepsilon-N$”语言叙述如下:

证 $\forall\varepsilon>0$(不妨设 $\varepsilon\leqslant 1$),存在 $N=[\log_{|q|}\varepsilon]\in\mathbf{N}$,当 $n>N$ 时,有 $n>\log_{|q|}\varepsilon$,从而

$$|q^n-0|=|q|^n<\varepsilon.$$

故 $\lim\limits_{n\to\infty}q^n=0.$

例 2.4 设 $x_n=\dfrac{n^2+1}{3n^2-2n+8}$,试证:$\lim\limits_{n\to\infty}x_n=\dfrac{1}{3}.$

分析 $\forall\varepsilon>0$,由于

$$\left|x_n-\frac{1}{3}\right|=\left|\frac{n^2+1}{3n^2-2n+8}-\frac{1}{3}\right|=\left|\frac{2n-5}{3(3n^2-2n+8)}\right|,$$

要使 $\left|x_n-\dfrac{1}{3}\right|<\varepsilon$,即 $\left|\dfrac{2n-5}{3(3n^2-2n+8)}\right|<\varepsilon$,但是解这个不等式显然不是很方便,我们能否找出一个保证这个不等式成立的充分条件再来求 N? 答案是肯定的.注意当 $n>2$ 时,

$$\left|\frac{2n-5}{3(3n^2-2n+8)}\right|=\frac{2n-5}{3(3n^2-2n+8)}<\frac{2n}{3(3n^2-2n)}$$
$$<\frac{2n}{3(2n^2)}=\frac{1}{3n}<\frac{1}{n}.$$

从而只要 $\dfrac{1}{n}<\varepsilon\left(\text{或}\dfrac{1}{3n}<\varepsilon\right)$,就可得到 $\left|x_n-\dfrac{1}{3}\right|<\varepsilon$,解不等式 $\dfrac{1}{n}<\varepsilon$ 非常容易:即 $n>$

$\dfrac{1}{\varepsilon}$,这样我们可以取 $N=\max\left\{2,\left[\dfrac{1}{\varepsilon}\right]\right\}$,那么当 $n>N$ 时,就有 $n>2$,且$n>\dfrac{1}{\varepsilon}$,从而就保证了 $\left|x_n-\dfrac{1}{3}\right|<\varepsilon$.

用极限定义即"$\varepsilon-N$"语言叙述如下:

证 $\forall\varepsilon>0$,由于当 $n>2$ 时,有

$$\left|x_n-\frac{1}{3}\right|=\frac{2n-5}{3(3n^2-2n+8)}<\frac{2n}{6n^2}<\frac{1}{n},$$

故要使 $\left|x_n-\dfrac{1}{3}\right|<\varepsilon$,只要$\dfrac{1}{n}<\varepsilon$ 即 $n>\dfrac{1}{\varepsilon}$,从而取 $N=\max\left\{2,\left[\dfrac{1}{\varepsilon}\right]\right\}$,则当 $n>N$ 时,就有 $\left|x_n-\dfrac{1}{3}\right|<\varepsilon$,于是

$$\lim_{n\to\infty}x_n=\frac{1}{3}.$$

注 此例证明中的方法称为"**分析法**",这是一种由结论追溯原因(或条件)的证明方法,在这一题中我们是根据结论的不等式 $\left|x_n-\dfrac{1}{3}\right|<\varepsilon$ 来分析、寻求 N,从而保证不等式在 $n>N$ 时成立,分析法容易使人理解证明的思路.

通过这个例子,我们来归纳用定义证明$\lim\limits_{n\to\infty}x_n=A$ 的**适当放大法**:

将 $|x_n-A|$ 适当放大为一个函数 $G(n)$,放大可以在 n 较大的条件下进行,即当 $n>N_1$ 时,$|x_n-A|<G(n)$,$G(n)$应满足:(1) $n\to\infty$ 时趋向于0,(2) 形式简单使不等式 $G(n)<\varepsilon$ 容易解出.根据 $G(n)<\varepsilon$ 的解求得正整数 N_2,使得 $n>N_2$ 有 $G(n)<\varepsilon$,从而取 $N=\max\{N_1,N_2\}$,则当 $n>N$ 时,就有 $|x_n-A|<\varepsilon$.

例 2.5 证明:$\lim\limits_{n\to\infty}(\sqrt{n+1}-\sqrt{n})=0$.

证 $\forall\varepsilon>0$,由于

$$\left|\sqrt{n+1}-\sqrt{n}-0\right|=\frac{\sqrt{n+1}-\sqrt{n}}{1}=\frac{1}{\sqrt{n+1}+\sqrt{n}}<\frac{1}{\sqrt{n}},$$

故要 $|\sqrt{n+1}-\sqrt{n}-0|<\varepsilon$,只要$\dfrac{1}{\sqrt{n}}<\varepsilon$ 即 $n>\dfrac{1}{\varepsilon^2}$,所以取 $N=\left[\dfrac{1}{\varepsilon^2}\right]$,则当 $n>N$ 时,就有

$$|\sqrt{n+1}-\sqrt{n}-0|<\varepsilon,$$

所以

$$\lim_{n\to\infty}(\sqrt{n+1}-\sqrt{n})=0.$$

在这题中,从直观角度看,$\sqrt{n+1}$和$\sqrt{n}$在 $n\to\infty$ 时都是越来越大的正数,这样

两个变数的差的趋势是不确定的.但由于它们均有根式的形式,故采用了以上的"**分子有理化**"的方法来处理.

例 2.6 试证:$\lim\limits_{n\to\infty} x_n=0$ 的充分必要条件为 $\lim\limits_{n\to\infty} |x_n|=0$.

证 由于 $||x_n|-0|=|x_n-0|$,故 $||x_n|-0|<\varepsilon$ 即 $|x_n-0|<\varepsilon$,从而表述

$$\forall \varepsilon>0, \exists N\in \mathbf{N},\text{当 } n>N \text{ 时,有 } |x_n-0|<\varepsilon$$

完全等价于表述

$$\forall \varepsilon>0, \exists N\in \mathbf{N},\text{当 } n>N \text{ 时,有 } ||x_n|-0|<\varepsilon,$$

这意味着

$$\lim_{n\to\infty} x_n=0 \Leftrightarrow \lim_{n\to\infty} |x_n|=0.$$

2.1.3 无穷小和无穷大

定义 2.3 若 $\lim\limits_{n\to\infty} x_n=0$,则称数列 $\{x_n\}$ 为**无穷小量**,简称 x_n 为**无穷小**.

从定义看出,无穷小量本身并不是一个数,它是一个过程量,即极限为 0 的数列 $\{x_n\}$,无论取多么小的正数 ε,总能在某第 N 项后,$|x_n|$ 的值全都小于 ε.

例如,数列 $\left\{\dfrac{1}{n}\right\}$ 和 $\{2^{-n}\}$ 都是无穷小量.

从数列极限的定义,结合例 2.6 立即可知:

定理 2.1 $\lim\limits_{n\to\infty} x_n=A$ 的充分必要条件为:数列 $\{x_n-A\}$ 为无穷小.

即 $\lim\limits_{n\to\infty} x_n=A \Leftrightarrow \lim\limits_{n\to\infty}(x_n-A)=0$,或 $\lim\limits_{n\to\infty}|x_n-A|=0$.

$\Leftrightarrow x_n=A+\alpha_n$,其中 $\alpha_n(=x_n-A)$ 为无穷小.

以下是关于无穷小的运算性质:

定理 2.2 若数列 $\{\alpha_n\}$,$\{\beta_n\}$ 是无穷小,则 $\{\alpha_n\pm\beta_n\}$ 是无穷小.

证 $\forall \varepsilon>0$,由于 $\{\alpha_n\}$ 是无穷小即其极限为 0,故对 $\varepsilon_1=\dfrac{\varepsilon}{2}$,$\exists N_1>0$,当 $n>N_1$ 时,有

$$|\alpha_n|<\varepsilon_1.$$

同样,由于 $\{\beta_n\}$ 也是无穷小,故对 $\varepsilon_2=\dfrac{\varepsilon}{2}$,$\exists N_2>0$,当 $n>N_2$ 时,有

$$|\beta_n|<\varepsilon_2,$$

于是取 $N=\max\{N_1,N_2\}$,当 $n>N$ 时,有

$$|\alpha_n\pm\beta_n|\leqslant|\alpha_n|+|\beta_n|<\varepsilon_1+\varepsilon_2=\varepsilon,$$

所以

$$\lim_{n\to\infty}(\alpha_n\pm\beta_n)=0.$$

定理说明无穷小的和与差都是无穷小，显然我们可以把定理的结论推广为：有限个无穷小的代数和仍是无穷小.

定理 2.3 若数列$\{\alpha_n\}$是无穷小，而数列$\{\gamma_n\}$有界，则$\{\alpha_n\gamma_n\}$是无穷小.

证 由于$\{\gamma_n\}$有界，故$\exists M>0$，使得$\forall n\in\mathbf{N}_+$，有

$$|\gamma_n|\leqslant M.$$

由于$\{\alpha_n\}$是无穷小，$\forall\varepsilon>0$，取$\varepsilon_1=\dfrac{\varepsilon}{M}$，$\exists N\in\mathbf{N}$，当$n>N$时，有

$$|\alpha_n|<\varepsilon_1,$$

从而

$$|\alpha_n\gamma_n|<\varepsilon_1 M=\varepsilon,$$

所以

$$\lim_{n\to\infty}\alpha_n\gamma_n=0.$$

定义 2.4 对数列$\{x_n\}$，若$\forall G>0$，$\exists N\in\mathbf{N}$，使得当$n>N$时，$|x_n|>G$，则称数列$\{x_n\}$为**无穷大量**，简称x_n为**无穷大**，记为

$$\lim_{n\to\infty}x_n=\infty.$$

注 (1) 若把上述定义中的$|x_n|>G$改为$x_n>G$（或$x_n<-G$），则称$\{x_n\}$为**正无穷大**（或**负无穷大**），记为$\lim\limits_{n\to\infty}x_n=+\infty$（或$\lim\limits_{n\to\infty}x_n=-\infty$）.

(2) 当$\{x_n\}$为无穷大时，我们也称$\{x_n\}$的极限为无穷大，但此时$\{x_n\}$并不收敛，故称$\{x_n\}$发散到无穷大.

例如，$x_n=n$为正无穷大，$y_n=-n^2+3n$为负无穷大，而$z_n=(-1)^n\ln n$为无穷大量.

无穷大与无穷小有以下关系：

定理 2.4 若$x_n\neq0$，那么

$$\lim_{n\to\infty}x_n=\infty \Leftrightarrow \lim_{n\to\infty}\frac{1}{x_n}=0.$$

证明留给读者作为练习.

从定义可以看出，$\{x_n\}$为无穷大则其必定是无界的，那么反过来，无界数列是否为无穷大呢？答案是否定的.

例 2.7 若$x_n=n\sin\dfrac{n\pi}{2}$，考察数列$\{x_n\}$是否无界？是否是无穷大？

解 注意$x_{2k}=2k\sin k\pi=0$，$x_{2k-1}=(2k-1)\sin\left(k\pi-\dfrac{\pi}{2}\right)=(-1)^{k-1}(2k-1)$.

$\forall M>0$，可取$n_0=2[M]+1$，则$|x_{n_0}|=n_0=2[M]+1>M$，故$\{x_n\}$无界.

但因 $x_{2k}=0$,故 $\forall G>0$,无法做到某项 x_N 后,都有 $|x_n|>G$,所以该数列不是无穷大.

2.2 数列极限的性质和运算法则

2.2.1 数列极限的性质

这一小节介绍数列极限的重要性质.

定理 2.5(唯一性) 收敛数列的极限值是唯一的,即

$$\text{若}\lim_{n\to\infty} x_n=A,\text{又}\lim_{n\to\infty} x_n=B,\text{则 } A=B.$$

证(反证法) 假设 $A\neq B$,不妨设 $A>B$.取 $\varepsilon=\dfrac{A-B}{2}$,由 $\lim\limits_{n\to\infty} x_n=A$ 可知,$\exists N_1\in\mathbf{N}$,当 $n>N_1$ 时,$|x_n-A|<\varepsilon$,故有

$$x_n>A-\varepsilon=\frac{A+B}{2}.$$

又由 $\lim\limits_{n\to\infty} x_n=B$ 可知,$\exists N_2\in\mathbf{N}$,当 $n>N_2$ 时,$|x_n-B|<\varepsilon$,故有

$$x_n<B+\varepsilon=\frac{A+B}{2}.$$

因此取 $N=\max\{N_1,N_2\}$,当 $n>N$ 时,同时有

$$x_n>\frac{A+B}{2},\quad x_n<\frac{A+B}{2},$$

显然这是矛盾的,故假设 $A\neq B$ 不成立,原结论获证.

定理 2.6(有界性) 收敛数列是有界的.即

若 $\lim\limits_{n\to\infty} x_n=A$,则 $\exists M>0$,当 $n\in\mathbf{N}_+$,有

$$|x_n|\leqslant M.$$

该性质的证明留给读者作为练习.

推论 若数列 $\{x_n\}$ 无界,则它不收敛(即发散).

这个推论是定理 2.6 的逆否命题,它与定理 2.6 是等价的命题,用反证法可以很容易地给予证明.

定理 2.7 改动数列的有限项,其收敛性不变,且在收敛时极限值不变.

证 设改动数列 $\{x_n\}$ 的有限项而得到数列 $\{y_n\}$,且数列 $\{x_n\}$ 改动项中的最后一项为 x_{N_1},则当 $n>N_1$ 时,$y_n=x_n$.

若$\lim\limits_{n\to\infty} x_n=A$,则$\forall\varepsilon>0$,$\exists N_2\in\mathbf{N}$,当$n>N_2$时,

$$\left|x_n-A\right|<\varepsilon,$$

取$N=\max\{N_1,N_2\}$,当$n>N$时,

$$|y_n-A|=|x_n-A|<\varepsilon,$$

从而

$$\lim_{n\to\infty} y_n=A.$$

同理可得,若$\lim\limits_{n\to\infty} y_n=A$,则$\lim\limits_{n\to\infty} x_n=A$,故定理得证.

由类似的证明可得:

推论 增加(减少)数列的有限项,其收敛性不变.

利用定理2.7及其推论,考虑数列收敛性时,可以只看其某项后的数列来判定.

定理2.8(保序性) 若$\lim\limits_{n\to\infty} x_n=A$,$\lim\limits_{n\to\infty} y_n=B$,且$A>B$,则$\exists N\in\mathbf{N}$,当$n>N$时,

$$x_n>y_n.$$

证 由于$\lim\limits_{n\to\infty} x_n=A$,取$\varepsilon=\dfrac{A-B}{2}$,$\exists N_1\in\mathbf{N}$,当$n>N_1$时,

$$|x_n-A|<\varepsilon,$$

从而得到

$$x_n>A-\varepsilon=\frac{A+B}{2}.$$

又因$\lim\limits_{n\to\infty} y_n=B$,故$\exists N_2\in\mathbf{N}$,当$n>N_2$时,

$$|y_n-B|<\varepsilon,$$

从而又得

$$y_n<B+\varepsilon=\frac{A+B}{2},$$

取$N=\max\{N_1,N_2\}$,则当$n>N$时,

$$x_n>\frac{A+B}{2}>y_n.$$

若在定理中取$y_n=0$,那么可得相应的结论为

$$x_n>\frac{A}{2}>0,$$

而当条件$A>0$改为$A<0$,则结论就改为$x_n<\dfrac{A}{2}<0$,事实上我们有

推论 1(保号性) 若 $\lim\limits_{n\to\infty} x_n=A$,且 $A>0$ $(A<0)$,则 $\exists N\in\mathbf{N}$,当 $n>N$ 时,

$$x_n>\frac{A}{2}>0 \quad \left(x_n<\frac{A}{2}<0\right).$$

注 事实上,这说明在极限 $A\neq 0$ 的条件下,数列在某一项以后均有

$$|x_n|>\frac{|A|}{2}.$$

推论 2 若对数列$\{x_n\}$,$\exists N\in\mathbf{N}$,当 $n>N$ 时,有 $x_n\geqslant 0$ $(x_n\leqslant 0)$,且 $\lim\limits_{n\to\infty} x_n=A$,则有

$$A\geqslant 0\ (A\leqslant 0).$$

这个推论是推论 1 的逆否命题,与推论 1 是等价的.

特别注意即使把推论 2 中的条件 $x_n\geqslant 0$ 改为 $x_n>0$,则结论仍然只能是 $A\geqslant 0$ 而不能改为 $A>0$.读者可以考察 $x_n=\dfrac{1}{n}$的情况.

研究数列有时需要讨论它的部分项,为此介绍子列的概念.

定义 2.5 设$\{n_1,n_2,\cdots\}$为正整数集的一个无穷子集,且 $n_{k+1}>n_k$,$k=1,2,\cdots$,则数列

$$x_{n_1},x_{n_2},x_{n_3},\cdots,x_{n_k},\cdots$$

称为$\{x_n\}$的一个**子数列**或**部分数列**,简称**子列**,记为$\{x_{n_k}\}\Big|_{k=1}^{\infty}$,简记为$\{x_{n_k}\}$.

由于 $n_1\in\mathbf{N}_+$,故 $n_1\geqslant 1$,又由于 $n_2>n_1$,故 $n_2\geqslant 2$,……一般地,有:$n_k\geqslant k$.

注意,子列$\{x_{n_k}\}$的下标变量为 k,当 k 在正整数集 $\mathbf{N}_+$中依次取值时,得到 $n_1,n_2,\cdots$,从而得到子列的项

$$x_{n_1},x_{n_2},x_{n_3},\cdots,x_{n_k},\cdots$$

它们也都是数列$\{x_n\}$的项.

例如,子列$\{x_{2k}\}$:$x_2,x_4,x_6,\cdots$是$\{x_n\}$的一个子列,$\{x_{2k-1}\}$:$x_1,x_3,x_5,\cdots$也是$\{x_n\}$的一个子列,分别称这两个特殊的子列为$\{x_n\}$的**偶子列**和**奇子列**.另外,数列$\{x_n\}$也是它自己的一个子列.

定理 2.9(归并性) $\lim\limits_{n\to\infty} x_n=A$ 的充分必要条件是$\{x_n\}$的任一子列$\{x_{n_k}\}$均满足$\lim\limits_{k\to\infty} x_{n_k}=A$.

证 必要性.由$\lim\limits_{n\to\infty} x_n=A$ 可知,$\forall\,\varepsilon>0$,$\exists N\in\mathbf{N}$,当 $n>N$ 时,

$$|x_n-A|<\varepsilon.$$

取 $K=N$,则当 $k>K$ 时,有 $n_k\geqslant k>K=N$,从而

$$|x_{n_k}-A|<\varepsilon,$$

故得

$$\lim_{k\to\infty} x_{n_k}=A.$$

充分性.由于$\{x_n\}$本身就是它自己的一个子列,从而充分性是显然的.

注 归并性定理中的A可以取∞,$+\infty$,$-\infty$,但证明要略加修改(请读者自己给出证明).这意味着数列$\{x_n\}$是无穷大量的充要条件是:$\{x_n\}$的任意子列也是无穷大量.

归并性定理经常应用于判定数列极限的不存在或判断数列是否不是无穷大量:

若数列$\{x_n\}$存在两个子列,它们收敛到不同的极限,则数列$\{x_n\}$发散;若数列$\{x_n\}$存在一个子列不是无穷大,则数列$\{x_n\}$不是无穷大.

例如,数列$x_n=(-1)^n$的奇子列$x_{2k-1}=-1$收敛到-1,而偶子列$x_{2k}=1$收敛到1,故数列$x_n=(-1)^n$发散.

又如例2.7中数列$x_n=n\sin\dfrac{n\pi}{2}$的偶子列$x_{2k}=0$收敛到0而非无穷大,故原数列不是无穷大.

由于$\{x_n\}$的子列有无穷个,所以用验证$\{x_n\}$的所有子列收敛到同一极限的方法来证明$\{x_n\}$的极限的存在性几乎是不可能的.但我们可以用下面的结论确定极限的存在性.

例2.8 试证极限$\lim\limits_{n\to\infty} x_n=A$的充分必要条件是$\lim\limits_{k\to\infty} x_{2k-1}=A$且$\lim\limits_{k\to\infty} x_{2k}=A$.

证 必要性由归并性定理直接得到,只需证充分性.

由$\lim\limits_{k\to\infty} x_{2k-1}=A$知,$\forall \varepsilon>0$,$\exists K_1\in\mathbf{N}$,当$k>K_1$时有

$$\left|x_{2k-1}-A\right|<\varepsilon.$$

又由$\lim\limits_{k\to\infty} x_{2k}=A$知,对此$\varepsilon$,$\exists K_2\in\mathbf{N}$,当$k>K_2$时有

$$|x_{2k}-A|<\varepsilon,$$

取$N=\max\{2K_1,2K_2\}$,当$n>N$时,若n为奇数,$n>2K_1-1$;若n为偶数,$n>2K_2$,从而无论n为奇数还是偶数,都有

$$|x_n-A|<\varepsilon,$$

所以,$\lim\limits_{n\to\infty} x_n=A$.

从无穷大的定义可以看出,$\{x_n\}$为无穷大则其必定是无界的.那么反过来,无界数列具有什么性质呢?

例2.7的数列$x_n=n\sin\dfrac{n\pi}{2}$无界而非无穷大,但它的奇子列$x_{2k-1}=(-1)^{k-1}$

$(2k-1)$是无穷大.那么是否所有无界数列都存在一个子列为无穷大呢？答案是肯定的.

回顾第1章中函数无界的表述,我们也可相应得到数列无界的如下表述.

若数列$\{x_n\}$无界,则有：

$$\forall M>0, \exists n\in \mathbf{N}_+, 使得 |x_n|>M.$$

所以,若$\{x_n\}$无界,对$M_1=1$, $\exists n_1\in \mathbf{N}_+$,有

$$|x_{n_1}|>1,$$

再对$M_2=\max\{|x_1|,\cdots,|x_{n_1}|\}+1$, $\exists n_2\in \mathbf{N}_+$,有

$$|x_{n_2}|>M_2>2,$$

注意由于M_2的取法,必定还有$n_2>n_1$,再对$M_3=\max\{|x_1|,\cdots,|x_{n_2}|\}+1$, $\exists n_3\in \boldsymbol{N}_+$,有

$$|x_{n_3}|>M_3>3,$$

同理还有$n_3>n_2$,……

依此类推,我们就得到一个子列$\{x_{n_k}\}$,满足：

$$|x_{n_k}|>k,$$

从而$\lim\limits_{k\to\infty} x_{n_k}=\infty$,即子列$\{x_{n_k}\}$是一个无穷大量.

反之,若数列有一个子列为无穷大,则该数列显然无界.

由此得到:数列$\{x_n\}$无界的充要条件是:存在$\{x_n\}$的一个子列$\{x_{n_k}\}$为无穷大.

类似地可得到:数列无上(下)界的充要条件是:存在一个子列为正(负)无穷大.

同理可证,函数$f(x)$在区间I上无界的充要条件是存在数列$\{x_n\}$,其中$x_n\in I$,使得数列$\{f(x_n)\}$是无穷大(请读者自己给出证明).

2.2.2 数列极限的运算法则

如果利用定义求数列极限,首先需要确定作为极限的常数A,然后再用“$\varepsilon-N$”的数学语言进行验证,显然这是很不方便的.为此需要介绍数列极限的运算法则,从而可以利用一些已知的数列极限来求出具有较复杂的一般项的数列的极限.

定理 2.10(数列极限的四则运算法则) 若$\lim\limits_{n\to\infty} x_n=A$, $\lim\limits_{n\to\infty} y_n=B$,则

(1) $\lim\limits_{n\to\infty}(kx_n+ly_n)=kA+lB$,其中$k,l$为实数；

(2) $\lim\limits_{n\to\infty}(x_ny_n)=AB$；

(3) $\lim\limits_{n\to\infty}\dfrac{x_n}{y_n}=\dfrac{A}{B}$,其中$B\neq 0$.

证 我们将利用无穷小性质来进行证明.

记 $\alpha_n=x_n-A,\beta_n=y_n-B$，则由 $\lim_{n\to\infty}x_n=A,\lim_{n\to\infty}y_n=B$，依定理2.1可知 α_n,β_n 都是无穷小.由于

$$(kx_n+ly_n)-(kA+lB)=k\alpha_n+l\beta_n,$$

$$x_ny_n-AB=(\alpha_n+A)(\beta_n+B)-AB=\alpha_n\beta_n+A\beta_n+B\alpha_n,$$

而上两式右端中的 k,l,A,B 均为常数，故有界，β_n 极限为0，依定理2.6也有界，从而由定理2.2和定理2.3知，$k\alpha_n+l\beta_n,\alpha_n\beta_n+A\beta_n+B\alpha_n$ 是无穷小，故

$$\lim_{n\to\infty}[(kx_n+ly_n)-(kA+lB)]=0,\quad \lim_{n\to\infty}(x_ny_n-AB)=0,$$

再由定理2.1导出

$$\lim_{n\to\infty}(kx_n+ly_n)=kA+lB,\lim_{n\to\infty}(x_ny_n)=AB.$$

这样定理的(1)、(2)得证，以下证明(3).

当 $B\neq0$ 时，由保号性的注可知，$\exists N\in\mathbf{N}$，当 $n>N$ 时，$|y_n|>\frac{|B|}{2}$，即有

$$\left|\frac{1}{y_n}\right|<\frac{2}{|B|}.$$

由定理2.7，讨论极限只要考虑 $n>N$ 后数列的情形即可.

当 $n>N$ 时，由于

$$\frac{x_n}{y_n}-\frac{A}{B}=\frac{1}{y_nB}(Bx_n-Ay_n)=\frac{1}{y_nB}(B\alpha_n-A\beta_n)$$

的右端是有界变量与无穷小量的乘积，故仍是无穷小，因此有

$$\lim_{n\to\infty}\left(\frac{x_n}{y_n}-\frac{A}{B}\right)=0,$$

于是由定理2.1得，

$$\lim_{n\to\infty}\frac{x_n}{y_n}=\frac{A}{B}.$$

推论 若 $\lim_{n\to\infty}x_n=A$，k 是正整数，则

$$\lim_{n\to\infty}x_n^k=A^k.$$

以下是应用极限的运算法则求极限的例子.

例 2.9 证明：$\lim_{n\to\infty}\sqrt[n]{a}=1$，其中常数 $a>0$.

证 当 $a>1$ 时，记 $\alpha_n=\sqrt[n]{a}-1$，那么依伯努利(Bernoulli)不等式，

$$a=(1+\alpha_n)^n\geqslant1+n\alpha_n,$$

于是

$$\left|\sqrt[n]{a}-1\right|=\alpha_n\leqslant\frac{a-1}{n}.$$

$\forall\varepsilon>0$,取 $N=\left[\frac{a-1}{\varepsilon}\right]$,则当 $n>N$ 时,就有

$$\left|\sqrt[n]{a}-1\right|\leqslant\frac{a-1}{n}<\varepsilon,$$

所以

$$\lim_{n\to\infty}\sqrt[n]{a}=1.$$

当 $a=1$ 时,此时 $\sqrt[n]{a}=1$ 为常数,故 $\lim\limits_{n\to\infty}\sqrt[n]{a}=1$.

当 $0<a<1$ 时,$\frac{1}{a}>1$,利用前面已证的结论得到

$$\lim_{n\to\infty}\sqrt[n]{a}=\lim_{n\to\infty}\frac{1}{\sqrt[n]{\frac{1}{a}}}=\frac{1}{\lim\limits_{n\to\infty}\sqrt[n]{\frac{1}{a}}}=1.$$

例 2.10 求极限:$\lim\limits_{n\to\infty}\frac{3n^2-n+2}{2n^2+4n-5}$.

解 由于 $\lim\limits_{n\to\infty}\frac{1}{n}=0$,从而

$$\lim_{n\to\infty}\frac{3n^2-n+2}{2n^2+4n-5}=\lim_{n\to\infty}\frac{3-\frac{1}{n}+2\cdot\frac{1}{n^2}}{2+4\cdot\frac{1}{n}-5\cdot\frac{1}{n^2}}=\frac{3-0+0}{2+0-0}=\frac{3}{2}.$$

用与上例相同的方法,读者可以验证如下的结果:

$$\lim_{n\to\infty}\frac{a_0n^l+a_1n^{l-1}+\cdots+a_l}{b_0n^m+b_1n^{m-1}+\cdots+b_m}=\begin{cases}\dfrac{a_0}{b_0}, & 若\ l=m;\\ 0, & 若\ l<m;\\ \infty, & 若\ l>m,\end{cases}$$

其中 $a_0,b_0\neq0,l,m\in\mathbf{N}$.

例 2.11 求极限 $\lim\limits_{n\to\infty}\left(\frac{1}{3n^2+1}+\frac{2}{3n^2+1}+\cdots+\frac{n}{3n^2+1}\right)$.

解 注意该题不能将括号内各项分别求极限后相加,因为 n 趋于无穷时,项数将趋于无穷,而极限的运算法则只能推广到有限项的加、减、乘.所以应该先求和再求极限.

$$\lim_{n\to\infty}\left(\frac{1}{3n^2+1}+\frac{2}{3n^2+1}+\cdots+\frac{n}{3n^2+1}\right)=\lim_{n\to\infty}\frac{1}{3n^2+1}\cdot\frac{n(n+1)}{2}=\frac{1}{6}.$$

例 2.12 求极限$\lim\limits_{n\to\infty}\dfrac{\sqrt{n+2}-\sqrt{n}}{\sqrt{n+4}-\sqrt{n}}$.

解 如果分子分母同时除以$\sqrt{n}$,再考虑用四则运算法则,会发现分母的极限为0,故不能使用极限除法法则.因此我们采用分子分母同时有理化的方法,可以把其中的“-”号转化为“+”号.

$$\lim_{n\to\infty}\frac{\sqrt{n+2}-\sqrt{n}}{\sqrt{n+4}-\sqrt{n}}=\lim_{n\to\infty}\frac{(\sqrt{n+2})^2-(\sqrt{n})^2}{(\sqrt{n+4})^2-(\sqrt{n})^2}\cdot\frac{\sqrt{n+4}+\sqrt{n}}{\sqrt{n+2}+\sqrt{n}}$$

$$=\lim_{n\to\infty}\frac{2}{4}\cdot\frac{\sqrt{1+\frac{4}{n}}+1}{\sqrt{1+\frac{2}{n}}+1}=\frac{1}{2}.$$

例 2.13 求极限$\lim\limits_{n\to\infty}\dfrac{5^n-(-4)^n}{5^{n+1}+4^{n+1}}$.

解 $$\lim_{n\to\infty}\frac{5^n-(-4)^n}{5^{n+1}+4^{n+1}}=\lim_{n\to n}\frac{1-\left(-\frac{4}{5}\right)^n}{5+4\left(\frac{4}{5}\right)^n}=\frac{1-0}{5+0}=\frac{1}{5}.$$

例 2.14 若 $x_n\geqslant 0$ 且$\lim\limits_{n\to\infty}x_n=A\geqslant 0$,$m$ 为正整数,试证

$$\lim_{n\to\infty}\sqrt[m]{x_n}=\sqrt[m]{A}.$$

证 若 $A=0$,由$\lim\limits_{n\to\infty}x_n=0$,$\forall\varepsilon>0$,取 $\varepsilon_1=\varepsilon^m$,$\exists N\in\mathbf{N}$,当 $n>N$ 时,有

$$x_n=|x_n-0|<\varepsilon_1=\varepsilon^m,$$

从而

$$|\sqrt[m]{x_n}|=\sqrt[m]{x_n}<\varepsilon,$$

故得

$$\lim_{n\to\infty}\sqrt[m]{x_n}=0=\sqrt[m]{A}.$$

若 $A>0$,在公式

$$a^m-b^m=(a-b)(a^{m-1}+a^{m-2}b+\cdots+b^{m-1})$$

中取 $a=\sqrt[m]{x_n}$,$b=\sqrt[m]{A}$,得到

$$\sqrt[m]{x_n}-\sqrt[m]{A}=\frac{x_n-A}{\sqrt[m]{x_n^{m-1}}+\sqrt[m]{x_n^{m-2}A}+\cdots+\sqrt[m]{A^{m-1}}},$$

又因
$$\left|\frac{1}{\sqrt[m]{x_n^{m-1}}+\sqrt[m]{x_n^{m-2}A}+\cdots+\sqrt[m]{A^{m-1}}}\right|\leqslant\frac{1}{\sqrt[m]{A^{m-1}}},$$
而 $\lim\limits_{n\to\infty}(x_n-A)=0$，故依定理 2.3 知 $\lim\limits_{n\to\infty}(\sqrt[m]{x_n}-\sqrt[m]{A})=0$，从而
$$\lim_{n\to\infty}\sqrt[m]{x_n}=\sqrt[m]{A}.$$

利用定理 2.10 的推论可得：

若 $x_n\geqslant 0$ 且 $\lim\limits_{n\to\infty}x_n=A\geqslant 0$，$m,k$ 为正整数，则
$$\lim_{n\to\infty}x_n^{\frac{k}{m}}=A^{\frac{k}{m}}.$$

这实际上证明了：若 $x_n\geqslant 0$ 且 $\lim\limits_{n\to\infty}x_n=A\geqslant 0$，则对正有理数 α，有
$$\lim_{n\to\infty}x_n^{\alpha}=A^{\alpha}.$$

读者可以考虑：如果取 α 为负有理数，结论是否成立？

2.3　数列极限存在的判别法

现在我们介绍数列极限存在的判别方法.

2.3.1　夹逼定理

定理 2.11（夹逼定理）　若对数列 $\{x_n\}$，$\{y_n\}$ 和 $\{z_n\}$，$\exists N\in\mathbf{N}$，当 $n>N$ 时，
$$z_n\leqslant x_n\leqslant y_n,$$
且 $\lim\limits_{n\to\infty}y_n=\lim\limits_{n\to\infty}z_n=A$，则有
$$\lim_{n\to\infty}x_n=A.$$

证　$\forall\varepsilon>0$，由 $\lim\limits_{n\to\infty}y_n=A$ 知 $\exists N_1\in\mathbf{N}$，当 $n>N_1$ 时，$|y_n-A|<\varepsilon$ 即
$$A-\varepsilon<y_n<A+\varepsilon;$$
同理由 $\lim\limits_{n\to\infty}z_n=A$ 知 $\exists N_2\in\mathbf{N}$，当 $n>N_2$ 时，
$$A-\varepsilon<z_n<A+\varepsilon.$$
取 $\overline{N}=\max\{N,N_1,N_2\}$，则当 $n>\overline{N}$ 时，
$$A-\varepsilon<z_n\leqslant x_n\leqslant y_n<A+\varepsilon.$$
故得
$$\lim_{n\to\infty}x_n=A.$$

推论　若 $\exists N\in\mathbf{N}$，当 $n>N$ 时，

$$0\leqslant x_n\leqslant y_n.$$

且$\lim\limits_{n\to\infty} y_n=0$,则

$$\lim_{n\to\infty} x_n=0.$$

例 2.15 求$\lim\limits_{n\to\infty}\dfrac{c^n}{n!}$,$c>0$.

解 当$n>[c]+1$时,

$$0\leqslant\frac{c^n}{n!}=\frac{c}{1}\cdot\frac{c}{2}\cdot\cdots\cdot\frac{c}{[c]+1}\cdot\frac{c}{[c]+2}\cdot\cdots\cdot\frac{c}{n}$$

$$\leqslant\frac{c}{1}\cdot\frac{c}{2}\cdot\cdots\cdot\frac{c}{[c]+1}\cdot\frac{c}{n}\leqslant c^{[c]+1}\frac{1}{n},$$

由于$\lim\limits_{n\to\infty} c^{[c]+1}\dfrac{1}{n}=0$,由夹逼定理得,

$$\lim_{n\to\infty}\frac{c^n}{n!}=0.$$

例 2.16 试证:$\lim\limits_{n\to\infty}\sqrt[n]{n}=1$.

证 设$x_n=\sqrt[n]{n}-1$,则当$n\geqslant 2$时,

$$n=(1+x_n)^n=1+\mathrm{C}_n^1x_n+\mathrm{C}_n^2x_n^2+\cdots+x_n^n>\frac{n(n-1)}{2}x_n^2,$$

从而有

$$0\leqslant x_n<\sqrt{\frac{2}{n-1}},$$

由于$\lim\limits_{n\to\infty}\sqrt{\dfrac{2}{n-1}}=0$,依夹逼定理得:$\lim\limits_{n\to\infty} x_n=0$,即

$$\lim_{n\to\infty}\sqrt[n]{n}=1.$$

例 2.17 $x_n=\sqrt[n]{1+2^n+3^n}$,试求$\lim\limits_{n\to\infty} x_n$.

解 由于

$$3=\sqrt[n]{3^n}<x_n=\sqrt[n]{1+2^n+3^n}<\sqrt[n]{3\cdot 3^n}=3\sqrt[n]{3},$$

用例2.9的结论得$\lim\limits_{n\to\infty} 3\sqrt[n]{3}=3$,依夹逼定理知

$$\lim_{n\to\infty} x_n=3.$$

例 2.18 如图2.3,求由抛物线$y=ax^2(a>0)$上的一部分OM,x轴上的线段OP以及线段PM所围成的图形OPM的面积.

解 如图 2.3,设点 P 的坐标为 $P(x,0)$,则点 M 的坐标为 $M(x,y)=M(x,ax^2)$.将线段 OP 作 n 等分,并以等分线段为底边而以其端点到抛物线的高度为高作出两个小矩形,这样得到一系列矩形(图 2.3),其中左上顶点在抛物线上的称为内含矩形,右上顶点在抛物线上的称为外凸矩形,这些内含矩形和外凸矩形各自组成阶梯状平面区域,其面积分别为 A_n,B_n,则图形 OPM 的面积 S 介于 A_n,B_n 之间.即有

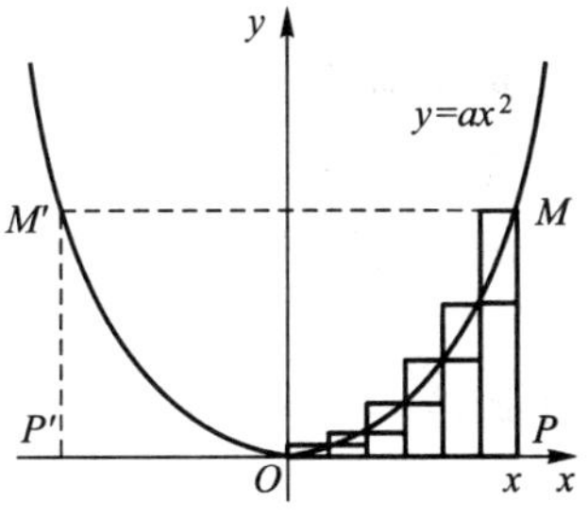

图 2.3

$$A_n<S<B_n.$$

线段 OP 上各个分点(包括 O,P)的坐标为

$$0,\frac{x}{n},\frac{2x}{n},\cdots,\frac{nx}{n},$$

它们所对应的抛物线上的点的纵坐标分别为

$$a0^2,\quad a\left(\frac{x}{n}\right)^2,\quad a\left(\frac{2x}{n}\right)^2,\quad \cdots,\quad a\left(\frac{nx}{n}\right)^2,$$

从而有

$$A_n=\frac{x}{n}\left[a0^2+a\left(\frac{x}{n}\right)^2+\cdots+a\left(\frac{(n-1)x}{n}\right)^2\right],$$

$$B_n=\frac{x}{n}\left[a\left(\frac{x}{n}\right)^2+a\left(\frac{2x}{n}\right)^2+\cdots+a\left(\frac{nx}{n}\right)^2\right],$$

由于

$$A_n=\frac{ax^3}{n^3}[0^2+1^2+\cdots+(n-1)^2]=\frac{ax^3}{6n^3}(n-1)n(2n-1),$$

$$B_n=\frac{ax^3}{n^3}(1^2+2^2+\cdots+n^2)=\frac{ax^3}{6n^3}n(n+1)(2n+1),$$

于是 $\lim\limits_{n\to\infty}A_n=\lim\limits_{n\to\infty}B_n=\frac{1}{3}ax^3$,故由夹逼定理得

$$S=\frac{1}{3}ax^3=\frac{1}{3}xy.$$

注 容易看出,抛物线弓形 $M'OM$ 的面积等于 $\frac{4}{3}xy$,它是外接矩形 $M'P'PM$ 面积的 $\frac{2}{3}$.

2.3.2　单调有界数列极限存在定理

定理 2.12　若 $\{x_n\}$ 单调增加(减少)且有上界(下界),则 $\{x_n\}$ 收敛.

证　设 $\{x_n\}$ 单调增加且有上界,由确界定理知它有上确界,记为 A.

由上确界的定义得:$\forall \varepsilon>0$, $\exists x_N \in \{x_n\}$,满足

$$x_N>A-\varepsilon,$$

依单调性,当 $n>N$ 时,有

$$x_n \geqslant x_N>A-\varepsilon.$$

但 A 为数列的上确界,从而 $x_n \leqslant A<A+\varepsilon$,故当 $n>N$ 时,

$$\left|x_n-A\right|<\varepsilon.$$

于是

$$\lim_{n\to\infty} x_n=A.$$

同理可以证明:$\{x_n\}$ 单调减少且有下界时收敛到其下确界.

注　事实上由定理 2.7 可知,只要在某一项以后数列单调有界即可得到定理结论,故我们有:

推论　若 $\exists N$,当 $n>N$ 后,数列 $\{x_n\}$ 单调增加(减少),且 $\{x_n\}$ 有上界(下界),则 $\{x_n\}$ 收敛,且

$$\lim_{n\to\infty} x_n=\sup_{n>N} x_n\left(\inf_{n>N} x_n\right).$$

例 2.19　若 $x_n=\dfrac{1}{1\cdot 2}+\dfrac{1}{2\cdot 4}+\cdots+\dfrac{1}{n\cdot 2^n}$,试证 $\{x_n\}$ 收敛.

证　因 $x_{n+1}=x_n+\dfrac{1}{(n+1)2^{n+1}}>x_n$, $n=1,2,\cdots$,故 $\{x_n\}$ 单调增加,又由

$$x_n \leqslant \frac{1}{2}+\frac{1}{4}+\cdots+\frac{1}{2^n}=1-\frac{1}{2^n}<1,$$

可知 $\{x_n\}$ 有上界,从而 $\{x_n\}$ 收敛.

下面我们介绍一个重要的极限.

考察数列

$$x_n=\left(1+\frac{1}{n}\right)^n,$$

当 $n\geqslant 2$ 时,

$$x_n=1+\mathrm{C}_n^1\frac{1}{n}+\mathrm{C}_n^2\frac{1}{n^2}+\mathrm{C}_n^3\frac{1}{n^3}+\cdots+\mathrm{C}_n^n\frac{1}{n^n}$$

$$=1+1+\frac{1}{2!}\left(1-\frac{1}{n}\right)+\frac{1}{3!}\left(1-\frac{1}{n}\right)\left(1-\frac{2}{n}\right)+\cdots$$

$$+\frac{1}{n!}\left(1-\frac{1}{n}\right)\left(1-\frac{2}{n}\right)\cdots\left(1-\frac{n-1}{n}\right),$$

从而可知

$$x_{n+1}=1+1+\frac{1}{2!}\left(1-\frac{1}{n+1}\right)+\frac{1}{3!}\left(1-\frac{1}{n+1}\right)\left(1-\frac{2}{n+1}\right)+\cdots$$

$$+\frac{1}{n!}\left(1-\frac{1}{n+1}\right)\left(1-\frac{2}{n+1}\right)\cdots\left(1-\frac{n-1}{n+1}\right)$$

$$+\frac{1}{(n+1)!}\left(1-\frac{1}{n+1}\right)\left(1-\frac{2}{n+1}\right)\cdots\left(1-\frac{n}{n+1}\right).$$

注意比较 x_{n+1} 与 x_n，后者不仅多了最后一项正项，而且其他位置的项（自第 3 项起）均比前者相应的项要大，因此得到

$$x_n<x_{n+1};$$

另外由

$$x_n=1+1+\frac{1}{2!}\left(1-\frac{1}{n}\right)+\frac{1}{3!}\left(1-\frac{1}{n}\right)\left(1-\frac{2}{n}\right)+\cdots$$

$$+\frac{1}{n!}\left(1-\frac{1}{n}\right)\left(1-\frac{2}{n}\right)\cdots\left(1-\frac{n-1}{n}\right)$$

$$<1+1+\frac{1}{2!}+\frac{1}{3!}+\cdots+\frac{1}{n!}$$

$$<1+1+\frac{1}{2}+\frac{1}{2^2}+\cdots+\frac{1}{2^{n-1}}<1+\frac{1}{1-\frac{1}{2}}=3,$$

故此数列单调增加有上界，因而收敛，记其极限为 e，即定义

$$\mathrm{e}=\lim_{n\to\infty}\left(1+\frac{1}{n}\right)^n.$$

这就是在第 1 章介绍的指数函数 e^x 和对数函数 $\ln x=\log_{\mathrm{e}} x$ 中的数 e，可以证明 e 是一个无理数，计算可得

$$\mathrm{e}=2.718\ 281\ 828\cdots.$$

例 2.20 求极限：

(1) $\lim\limits_{n\to\infty}\left(1-\frac{1}{n}\right)^n$； (2) $\lim\limits_{n\to\infty}\left(1+\frac{1}{2n}\right)^{3n}$.

解 (1) $\lim\limits_{n\to\infty}\left(1-\dfrac{1}{n}\right)^{n}=\lim\limits_{n\to\infty}\dfrac{1}{\left(\dfrac{n}{n-1}\right)^{n}}=\lim\limits_{n\to\infty}\dfrac{1}{\left(1+\dfrac{1}{n-1}\right)^{n-1}}\cdot\dfrac{n-1}{n}$

$$=\frac{1}{\mathrm{e}}\cdot 1=\mathrm{e}^{-1}.$$

(2) $\lim\limits_{n\to\infty}\left(1+\dfrac{1}{2n}\right)^{3n}=\lim\limits_{n\to\infty}\left[\left(1+\dfrac{1}{2n}\right)^{2n}\right]^{\frac{3}{2}}=\left[\lim\limits_{n\to\infty}\left(1+\dfrac{1}{2n}\right)^{2n}\right]^{\frac{3}{2}}=\mathrm{e}^{\frac{3}{2}}.$

例 2.21 若 $x_n=\sqrt{2+\sqrt{2+\cdots+\sqrt{2+\sqrt{2}}}}$ (n 重根号),试求数列 $\{x_n\}$ 的极限.

证 我们在例 2.1 已经讨论了这数列的单调性和有界性,获知这数列是单调增加且有界的,故其极限存在.

设 $\lim\limits_{n\to\infty}x_n=A$,由于

$$x_{n+1}=\sqrt{2+x_n},$$

在上式中令 $n\to\infty$,导出 $A=\sqrt{2+A}$,立即得到 $A=2$,故有

$$\lim_{n\to\infty}x_n=2.$$

在这个例子中讨论的数列满足:

$$x_1=\sqrt{2},x_{n+1}=\sqrt{2+x_n},n=1,2,\cdots.$$

由 $x_1=\sqrt{2}$,可以得到 $x_2=\sqrt{2+x_1}=\sqrt{2+\sqrt{2}}$;由 x_2 可以得到 $x_3=\sqrt{2+x_2}=\sqrt{2+\sqrt{2+\sqrt{2}}}$,……这样一直下去,数列的每一项都可以确定.如果取函数

$$\varphi(x)=\sqrt{2+x},$$

则 $x_{n+1}=\varphi(x_n)$,这个式子称为这个数列的递归公式,或递推公式.

这种由初始项开始,通过一个递归公式而确定的数列称为**递归数列**.

有时初始项可以是几项,而递归公式是由前面几项来表示后项的公式.例如斐波那契(Fibonacci)数列 $\{F_n\}$:

$$F_1=1,F_2=1,F_{n+2}=F_{n+1}+F_n,n=1,2,\cdots.$$

一般地,求一个递归数列的极限可以分为三步:(1) 证明数列有上界或下界;(2) 证明数列单调增加或单调减少;(3) 由此可知数列收敛,从而用递归公式求出极限.

下面是一些求递归数列极限的例子.

例 2.22 设 $x_1>1,x_{n+1}=\dfrac{2x_n}{x_n+1},n=1,2,\cdots$,求证 $\{x_n\}$ 极限存在,且求出这个极限.

证 先用数学归纳法证明:$x_n>1,n=1,2,\cdots$.

已知 $x_1>1$,设 $x_k>1$,那么

$$x_{k+1}=\frac{2x_k}{x_k+1}>\frac{x_k+1}{x_k+1}=1,$$

依归纳法知,$\forall n\in\mathbf{N}_+,x_n>1$,即$\{x_n\}$有下界 1.

其次证明$\{x_n\}$单调减少.

因为

$$x_{n+1}-x_n=\frac{2x_n}{x_n+1}-x_n=\frac{x_n(1-x_n)}{x_n+1}<0,$$

故$\{x_n\}$单调减少.

从而$\{x_n\}$单调减少且有下界,故依定理 2.12 知$\{x_n\}$收敛.下面来求出其极限.

设$\lim\limits_{n\to\infty}x_n=A$,在递归公式 $x_{n+1}=\dfrac{2x_n}{x_n+1}$两边取极限得到

$$A=\frac{2A}{A+1},$$

解得 $A=0,1$,由 $x_n>1$ 知 $A\geqslant1$,从而 $A=1$,所以得到

$$\lim_{n\to\infty}x_n=1.$$

例 2.23 设 $x_1=\dfrac{1}{2L},L>0,x_{n+1}=x_n(2-Lx_n),n=1,2,\cdots$,求$\lim\limits_{n\to\infty}x_n$.

分析 我们先不证明数列单调有界而在假设极限存在时看极限是什么数,这往往有助于确定数列的界.

设$\lim\limits_{n\to\infty}x_n=A$,则在 $x_{n+1}=x_n(2-Lx_n)$两边取极限,得 $A=A(2-LA)$,解出 $A=0$,$\dfrac{1}{L}$.由于 $x_1=\dfrac{1}{2L}\in\left(0,\dfrac{1}{L}\right)$,因此猜测 $x_n\in\left(0,\dfrac{1}{L}\right)$,当 x_n 单调增加时,极限为$\dfrac{1}{L}$,而当 x_n 单调减少时,极限为 0.

解 先证有界性,已知 $x_1=\dfrac{1}{2L}\in\left(0,\dfrac{1}{L}\right)$,设 $x_k\in\left(0,\dfrac{1}{L}\right)$,则有

$$x_{k+1}=x_k(2-Lx_k)=\frac{1}{L}-L\left(x_k-\frac{1}{L}\right)^2\in\left(0,\frac{1}{L}\right),$$

由归纳法知$\forall n$,均有 $x_n\in\left(0,\dfrac{1}{L}\right)$.

再证单调性,由

$$x_{n+1}-x_n=x_n(1-Lx_n)>0,$$

所以$\{x_n\}$单调增加,从而$\{x_n\}$存在极限,设$\lim\limits_{n\to\infty}x_n=A$,则由$x_{n+1}=x_n(2-Lx_n)$得到

$$A=A(2-LA)\Rightarrow A=0,\frac{1}{L},$$

因为单调增加的正项数列$\{x_n\}$不可能趋于 0,故得

$$\lim_{n\to\infty}x_n=\frac{1}{L}.$$

例 2.24 设$a_1=\frac{c}{2},a_{n+1}=\frac{c}{2}+\frac{a_n^2}{2},n=1,2,\cdots$,其中常数$c\in(0,1]$,求$\lim\limits_{n\to\infty}a_n$.

解 显然$a_n>0,n=1,2,\cdots$,又因

$$a_{n+1}-a_n=\left(\frac{c}{2}+\frac{a_n^2}{2}\right)-\left(\frac{c}{2}+\frac{a_{n-1}^2}{2}\right)=\frac{a_n+a_{n-1}}{2}(a_n-a_{n-1}),n=2,3,\cdots,$$

故由$\frac{a_n+a_{n-1}}{2}>0$可知所有的$a_{n+1}-a_n$同号,由于$a_2-a_1>0$,故a_n单调增加.

下证a_n有上界,已知$a_1<1$,设$a_k<1$,那么

$$a_{k+1}=\frac{c}{2}+\frac{a_k^2}{2}<\frac{1}{2}+\frac{1}{2}=1,$$

所以a_n单调增加有上界 1,从而存在极限A,对递归公式$a_{n+1}=\frac{c}{2}+\frac{a_n^2}{2}$取极限,得到

$$A=\frac{c}{2}+\frac{A^2}{2},$$

解得$A=1\pm\sqrt{1-c}$,显然$A\leqslant 1$,于是

$$\lim_{n\to\infty}a_n=1-\sqrt{1-c}.$$

在本节最后我们介绍**区间套定理**:

定理 2.13 若$[a_{n+1},b_{n+1}]\subset[a_n,b_n]$, $\forall n\in\mathbf{N}_+$,且有

$$\lim_{n\to\infty}(b_n-a_n)=0,$$

则存在唯一实数ξ, $\forall n\in\mathbf{N}_+$,有$a_n\leqslant\xi\leqslant b_n$.换言之.

$$\xi\in\bigcap_{n=1}^{\infty}[a_n,b_n].$$

证 由条件知,数列$\{a_n\}$,$\{b_n\}$满足

$$a_n\leqslant a_{n+1}<b_{n+1}\leqslant b_n,\ \forall n\in\mathbf{N}_+,$$

故数列$\{a_n\}$单调增加且有上界b_1，依单调有界数列极限存在定理可知存在$\xi=\sup\{a_n\}$，使得

$$\lim_{n\to\infty} a_n=\xi, a_n\leqslant\xi;$$

同理，存在$\eta=\inf\{b_n\}$，使得

$$\lim_{n\to\infty} b_n=\eta, b_n\geqslant\eta.$$

而由$\lim\limits_{n\to\infty}(b_n-a_n)=0$导出$\eta=\xi$，这样就有

$$a_n\leqslant\xi\leqslant b_n \quad (\forall n\in\mathbf{N}_+)，即\ \xi\in\bigcap_{n=1}^{\infty}[a_n,b_n].$$

又若有$\bar{\xi}$也满足$\forall n\in\mathbf{N}_+, a_n\leqslant\bar{\xi}\leqslant b_n$，那么

$$0\leqslant|\bar{\xi}-\xi|\leqslant b_n-a_n,$$

由$\lim\limits_{n\to\infty}(b_n-a_n)=0$导出$\bar{\xi}=\xi$，这就证明了$\xi$的唯一性.

注 此定理条件$[a_{n+1},b_{n+1}]\subset[a_n,b_n]$ $(\forall n\in\mathbf{N}_+)$意味着，区间序列$\{[a_n,b_n]\}$一个套一个，后一个含于前一个，且区间长度趋于零，这个区间序列称为一个**区间套**.定理结论说明区间套的所有区间的交集为一点，即所有区间存在唯一公共点.此定理是与确界存在定理、单调有界数列极限存在定理等价的，它们都是体现实数连续性的重要定理.

2.4 函数的极限

2.4.1 函数极限的定义

数列是特殊的函数$x_n=f(n)$，它的自变量仅取正整数.它的极限过程描述了当n取值无限增大时x_n的变化趋势，此时极限为A表示x_n无限接近于数A.那么对一般的函数$f(x)$，其自变量x的取值为连续变化的实数，当x处于某种变化过程时，函数值$f(x)$是否能充分接近于一个确定的数A呢？这就是函数极限的概念.

1. 函数在一点的极限

我们先讨论函数$f(x)$在x趋向于点a时的情况.

考察函数$f(x)=\dfrac{x^2+x-2}{x-1}$，当$x$连续变化无限接近于1而不等于1时，函数值$f(x)=x+2$无限接近于3，或者说函数$f(x)$趋向于3.确切地表达这种无限接近的趋势，我们就需要用数学语言叙述的函数极限的定义.

定义 2.6　设$f(x)$在点a的一个去心邻域$\mathring{U}(a)$内有定义,若存在实数A,$\forall \varepsilon>0$,$\exists \delta>0$,使得当$0<|x-a|<\delta$时,

$$|f(x)-A|<\varepsilon.$$

则称当x趋向于点a时,函数$f(x)$的**极限**为A,或$f(x)$**收敛**于A,记为

$$\lim_{x\to a} f(x)=A$$

或者

$$f(x)\to A \quad (x\to a).$$

从定义2.6容易看出,$f(x)$在点a的极限仅与f在a的一个去心邻域内的值有关,与f在点a的值$f(a)$无关(f甚至可以在点a无定义),也与去心邻域外的值无关.

在定义中,正数ε可以理解为对$f(x)$与实数A的接近程度$|f(x)-A|$的要求,而δ则表示要达到这种接近程度,x需要充分接近于a的程度.显然δ是依赖于ε的,一般来说,它随着ε取值的变小而变小,当然这并不绝对.

当x趋向于不同的点时,函数的极限当然可以是不同的常数.例如我们容易看出,当x趋向于1时,函数$f(x)=\dfrac{x^2+x-2}{x-1}$极限为3,而当$x$趋向于2时,这个函数的极限为4.

图2.4给出了函数极限的几何解释.给定正数ε,就等于给定一条宽为2ε的横带状区域,不管其宽度2ε多么小,都存在a的一个半径为δ的去心邻域$\mathring{U}(a,\delta)$,当$x\in\mathring{U}(a,\delta)$时,函数$y=f(x)$的图形都落在这条宽为$2\varepsilon$的横带中,即满足误差要求$|f(x)-A|<\varepsilon$.如果$\varepsilon$取值变小为$\varepsilon_1$(即要求$f(x)$与$A$更接近),同样能存在$a$的去心邻域$\mathring{U}(a,\delta_1)$,当$x\in\mathring{U}(a,\delta_1)$时,函数$y=f(x)$的图形都落在宽为$2\varepsilon_1$的这个较窄的横带状区域中,即满足$|f(x)-A|<\varepsilon_1$.

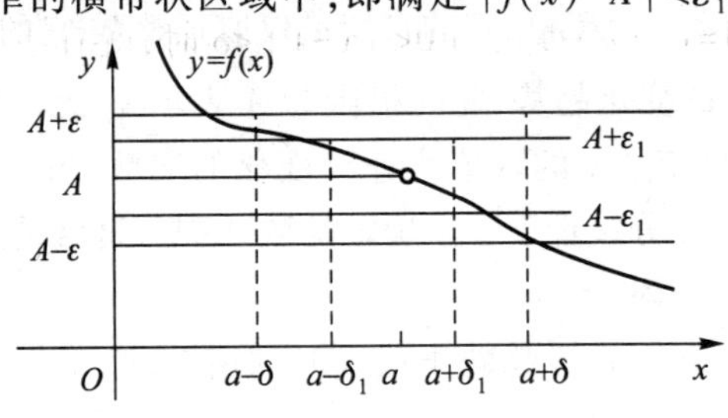

图 2.4

由定义容易验证:

$$\lim_{x\to a} c=c \quad (c\text{ 是常数}),\quad \lim_{x\to a} x=a.$$

以下我们用定义来验证一些极限.

例 2.25　试证：$\lim\limits_{x\to1}\dfrac{x^2-1}{3(x-1)}=\dfrac{2}{3}$.

分析　当 $x\neq1$ 时，$\left|\dfrac{x^2-1}{3(x-1)}-\dfrac{2}{3}\right|=\left|\dfrac{x+1}{3}-\dfrac{2}{3}\right|=\dfrac{|x-1|}{3}$. 要使 $\left|\dfrac{x^2-1}{3(x-1)}-\dfrac{2}{3}\right|<\varepsilon$，即 $\dfrac{|x-1|}{3}<\varepsilon$，只要 $|x-1|<3\varepsilon$ 即可，故取 $\delta=3\varepsilon$，

当 $0<|x-1|<\delta$ 时，就有 $\dfrac{|x-1|}{3}<\dfrac{\delta}{3}=\varepsilon$.

用函数极限的定义即"$\varepsilon-\delta$ 语言"叙述如下：

证　$\forall\varepsilon>0$，$\exists\delta=3\varepsilon$，当 $0<|x-1|<\delta$ 时，有

$$\left|\frac{x^2-1}{3(x-1)}-\frac{2}{3}\right|=\left|\frac{x+1}{3}-\frac{2}{3}\right|=\frac{|x-1|}{3}<\varepsilon,$$

所以，$\lim\limits_{x\to1}\dfrac{x^2-1}{3(x-1)}=\dfrac{2}{3}$.

例 2.26　试证：$\lim\limits_{x\to1}\ln x=0$.

分析　$\forall\varepsilon>0$，由于

$$|\ln x-0|<\varepsilon \quad\Leftrightarrow\quad e^{-\varepsilon}<x<e^{\varepsilon}$$

等价于

$$-e^{-\varepsilon}(e^{\varepsilon}-1)<x-1<e^{\varepsilon}-1,$$

从而取 $\delta=e^{-\varepsilon}(e^{\varepsilon}-1)$，则当 $0<|x-1|<\delta$ 时，就有

$$-e^{-\varepsilon}(e^{\varepsilon}-1)<x-1<e^{-\varepsilon}(e^{\varepsilon}-1)<e^{\varepsilon}-1,$$

即得 $|\ln x-0|<\varepsilon$.

用函数极限的定义即"$\varepsilon-\delta$ 语言"叙述如下：

证　$\forall\varepsilon>0$，$\exists\delta=e^{-\varepsilon}(e^{\varepsilon}-1)$，当 $0<|x-1|<\delta$ 时，就有

$$-e^{-\varepsilon}(e^{\varepsilon}-1)<x-1<e^{\varepsilon}-1,\text{即 }|\ln x-0|<\varepsilon,$$

所以

$$\lim_{x\to1}\ln x=0.$$

例 2.27　求证：$\lim\limits_{x\to2}\sqrt{x^3}=2\sqrt{2}$.

分析　利用分子有理化，得到

$$|\sqrt{x^3}-2\sqrt{2}|=\frac{|x^3-8|}{|\sqrt{x^3}+2\sqrt{2}|}=\frac{|x^2+2x+4|}{|\sqrt{x^3}+2\sqrt{2}|}|x-2|,$$

当 $|x-2|<1$，即 $1<x<3$ 时，有

$$\frac{|x^2+2x+4|}{|\sqrt{x^3}+2\sqrt{2}|}|x-2| \leqslant \frac{19}{1+2\sqrt{2}}|x-2| \leqslant \frac{19}{3}|x-2| \leqslant 10|x-2|,$$

由 $10|x-2|<\varepsilon$，得到 $|x-2|<\frac{\varepsilon}{10}$，取 $\delta=\min\left\{1,\frac{\varepsilon}{10}\right\}$，当 $0<|x-2|<\delta$ 时，既有 $|x-2|<1$，又有 $|x-2|<\frac{\varepsilon}{10}$，从而得到

$$|\sqrt{x^3}-2\sqrt{2}|=\frac{|x^2+2x+4|}{|\sqrt{x^3}+2\sqrt{2}|}|x-2| \leqslant 10|x-2|<10\cdot\frac{\varepsilon}{10}=\varepsilon.$$

用函数极限的定义即"$\varepsilon-\delta$ 语言"叙述如下：

证 $\forall \varepsilon>0, \exists \delta=\min\left\{1,\frac{\varepsilon}{10}\right\}$，当 $0<|x-2|<\delta$ 时，有

$$|\sqrt{x^3}-2\sqrt{2}|=\frac{|x^2+2x+4|}{|\sqrt{x^3}+2\sqrt{2}|}|x-2| \leqslant \frac{19}{1+2\sqrt{2}}|x-2| \leqslant 10|x-2|<\varepsilon.$$

所以

$$\lim_{x\to 2}\sqrt{x^3}=2\sqrt{2}.$$

在这个例子中，我们通过分子有理化后，又使用了适当放大法.如果想直接从

$$\frac{|x^2+2x+4|}{|\sqrt{x^3}+2\sqrt{2}|}|x-2|<\varepsilon$$

通过解不等式来确定 δ 的值，那是太困难了.放大需要条件 $|x-2|<1$，因此在取 δ 时必须兼顾这个条件.另外放大时要保证因子 $|x-2|$ 存在，因为我们需要的不等式的形式是 $|x-2|<\delta$.

函数在点 a 的极限反映了自变量在点 a 两侧趋向于该点时函数的变化趋势，但有时候我们也需要研究函数在点 a 的一侧的情况，即 x 大于 a 且趋向于 a，或者 x 小于 a 且趋向于 a 时函数的变化情况.从而引进如下**单侧极限**的定义：

定义 2.7 设函数 $f(x)$ 在点 a 的一个右邻域 $(a,a+\delta_0)$ 内有定义，若存在实数 A，$\forall \varepsilon>0, \exists \delta>0(\delta<\delta_0)$，使得当 $a<x<a+\delta$ 时，

$$|f(x)-A|<\varepsilon.$$

则称函数 $f(x)$ 在 a 的**右极限**为 A，记为

$$\lim_{x\to a^+} f(x)=A \quad \text{或} f(a+0)=A.$$

类似地，请读者试着写出函数 $f(x)$ 在点 a 的**左极限**的定义，左极限记为

$$\lim_{x\to a^-} f(x)=A \quad \text{或} f(a-0)=A.$$

图 2.5 中的分段函数 $y=f(x)$ 的图形可以帮助读者理解左、右极限的定义，其中左极限 $f(a-0)=B$，右极限 $f(a+0)=A$.

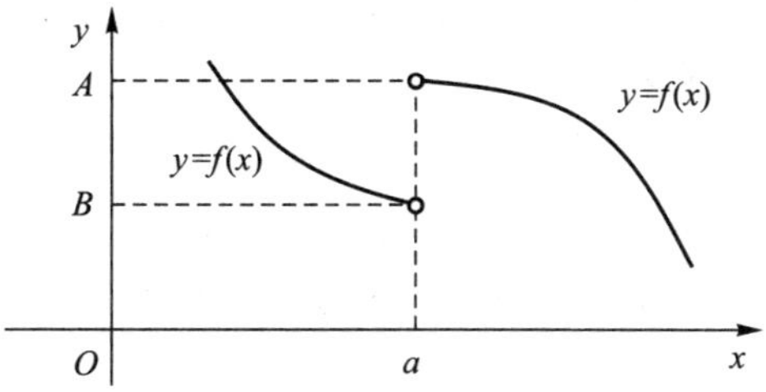

图 2.5

比较极限和单侧极限的定义，容易得到如下结论（请读者自己给出证明）：

定理 2.14 $\lim\limits_{x\to a} f(x)=A$ 的充分必要条件为

$$f(a-0)=A \text{ 且 } f(a+0)=A.$$

这表明，即使函数在一点的左、右极限均存在，只要它们不相等，则函数在该点的极限仍然不存在.例如，对符号函数

$$f(x)=\operatorname{sgn} x=\begin{cases}1, & x>0,\\ 0, & x=0,\\ -1, & x<0,\end{cases}$$

显然有

$$f(0+0)=1, \quad f(0-0)=-1,$$

所以 $\lim\limits_{x\to 0} f(x)$ 不存在.

2. 函数在无穷远处的极限

我们也可以讨论函数 $f(x)$ 的自变量无限增大时，函数变化的趋势.

定义 2.8 设 $f(x)$ 在 $(-\infty,-a)\cup(a,+\infty)\ (a>0)$ 内有定义，若存在实数 A，$\forall\varepsilon>0$，$\exists X>0\ (X>a)$，使得当 $|x|>X$ 时，

$$|f(x)-A|<\varepsilon,$$

则称当 x 趋向于无穷时，函数 $f(x)$ 的极限为 A 或 $f(x)$ 收敛于 A，记为

$$\lim_{x\to\infty} f(x)=A \quad \text{或} \quad f(x)\to A \quad (x\to\infty) \text{ 或 } f(\infty)=A.$$

类似在一点的极限的情况，可以讨论在单侧趋向于无穷的极限.只要在定义 2.8 中将定义域改为 $(a,+\infty)$，条件 $|x|>X$ 改为 $x>X$，就得到当 x 趋向于正无穷时，函数 $f(x)$ 的极限为 A 的定义，记为

$$\lim_{x\to+\infty} f(x)=A \quad \text{或} \quad f(x)\to A \quad (x\to+\infty) \text{ 或 } f(+\infty)=A.$$

同样可以讨论 x 趋向于负无穷时函数 $f(x)$ 的极限，建议读者写出相应的定

义和记号.

不难看出 $x\to+\infty$ 时,函数 $f(x)$ 的极限的定义与数列极限几乎相同,差别仅在于自变量取值的不同,数列 x_n 的自变量 n 只能取正整数,函数 $f(x)$ 的自变量 x 可以取充分大的一切实数.

在坐标平面上考察极限 $\lim\limits_{x\to+\infty} f(x)=A$,意味着无论给出多么窄的宽度为 2ε 的横条形区域 $\{(x,y)\mid a<x<+\infty, A-\varepsilon<y<A+\varepsilon\}$,必定存在一个正数 X,代表函数 $y=f(x)$ 的曲线在直线 $x=X$ 的右侧将完全进入该窄条区域(图 2.6).

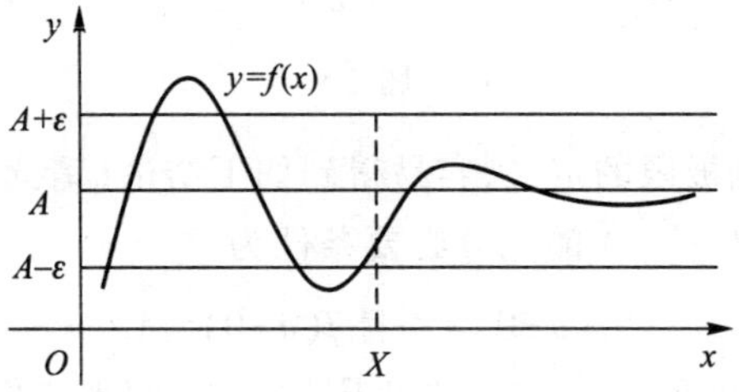

图 2.6

类似于定理 2.14,容易得到下述结论:

定理 2.15　$\lim\limits_{x\to\infty} f(x)=A$ 的充分必要条件为

$$\lim_{x\to+\infty} f(x)=A \quad 且 \quad \lim_{x\to-\infty} f(x)=A.$$

例 2.28　试证:

(1) $\lim\limits_{x\to\infty}\dfrac{1}{x}=0$;　　　(2) $\lim\limits_{x\to+\infty} a^x=0 \quad (0<a<1)$.

证　(1) $\forall\varepsilon>0$,取 $X=\dfrac{1}{\varepsilon}$,则当 $|x|>X$ 时,就有

$$\left|\frac{1}{x}-0\right|=\frac{1}{|x|}<\frac{1}{X}=\varepsilon,$$

故有

$$\lim_{x\to\infty}\frac{1}{x}=0.$$

(2) $\forall\varepsilon>0$(不妨设 $\varepsilon<1$),取 $X=\log_a\varepsilon$(注意 $\varepsilon<1$ 保证了 $X>0$),由于 $0<a<1$,a^x 是减函数,于是当 $x>X$ 时,有

$$|a^x-0|=a^x<a^X=\varepsilon,$$

故 $\lim\limits_{x\to+\infty} a^x=0$.

例 2.29　试证:$\lim\limits_{x\to+\infty}\arctan x=\dfrac{\pi}{2}$.

分析 由于 arctan x 是严格单调增加函数,且值域为$\left(-\frac{\pi}{2},\frac{\pi}{2}\right)$,故

$$\left|\arctan x-\frac{\pi}{2}\right|=\frac{\pi}{2}-\arctan x<\varepsilon \Leftrightarrow \arctan x>\frac{\pi}{2}-\varepsilon,$$

故只要取 $X=\tan\left(\frac{\pi}{2}-\varepsilon\right)$,当 $x>X$ 时,就有 $\left|\arctan x-\frac{\pi}{2}\right|<\varepsilon$.

用极限定义即“ε-X 语言”叙述如下:

证 $\forall \varepsilon>0$, $\exists X=\tan\left(\frac{\pi}{2}-\varepsilon\right)$,当 $x>X$ 时,有

$$\left|\arctan x-\frac{\pi}{2}\right|=\frac{\pi}{2}-\arctan x<\frac{\pi}{2}-\arctan\left(\tan\left(\frac{\pi}{2}-\varepsilon\right)\right)=\frac{\pi}{2}-\left(\frac{\pi}{2}-\varepsilon\right)=\varepsilon,$$

故有

$$\lim_{x\to+\infty}\arctan x=\frac{\pi}{2}.$$

作为练习,读者可以证明:

$$\lim_{x\to-\infty}a^x=0 \quad (a>1),\quad \lim_{x\to-\infty}\arctan x=-\frac{\pi}{2}.$$

3. 无穷小和无穷大

对于函数极限,也有无穷小和无穷大的概念.

定义 2.9 设$\lim\limits_{x\to a}f(x)=0$,则称函数 $f(x)$ 在 x 趋向于 a 时为**无穷小量**,简称**无穷小**,可记为

$$f(x)=o(1) \quad (x\to a).$$

若 $\forall G>0$, $\exists \delta>0$,使得当 $0<|x-a|<\delta$ 时,有

$$|f(x)|>G,$$

则称函数 $f(x)$ 在 x 趋向于 a 时为**无穷大量**,简称**无穷大**,记为

$$\lim_{x\to a}f(x)=\infty.$$

注 (1) 若在上述定义中不等式 $|f(x)|>G$ 改为 $f(x)>G$ ($f(x)<-G$),则称 $f(x)$ 在 x 趋向于 a 时为**正无穷大**(或**负无穷大**),记为

$$\lim_{x\to a}f(x)=+\infty \quad \left(\lim_{x\to a}f(x)=-\infty\right).$$

另外定义中的极限过程 $x\to a$ 可以是 $x\to\infty$ 或者是单侧的.

(2) 与数列无穷大与无穷小的关系类似,我们有

若在 a 的去心邻域 $f(x)\neq 0$,则$\lim\limits_{x\to a}f(x)=\infty$ 的充分必要条件为

$$\lim_{x\to a}\frac{1}{f(x)}=0.$$

由于数列的极限过程只有一种,即 $n\to\infty$,故在数列无穷小、无穷大的定义中我们略去极限过程,直接说数列是无穷小、无穷大.但函数的极限过程有很多,故在表述函数无穷小、无穷大时,一定要指出是在哪个极限过程下的无穷小、无穷大.

例如,当 $x\to+\infty$ 时,函数 $f(x)=\dfrac{1}{x+1}$是无穷小;而当 $x\to0$ 时,函数 $f(x)=\dfrac{1}{x+1}$极限为1,故此时函数 $f(x)=\dfrac{1}{x+1}$不是无穷小;当 $x\to-1$ 时,函数 $f(x)=\dfrac{1}{x+1}$是无穷大.

如果 $a>1$,则当 $x\to-\infty$ 时,a^x 是无穷小;而当 $x\to+\infty$ 时,a^x 是正无穷大;但如果 $0<a<1$,则上述结论正好相反.

例 2.30　讨论$\lim\limits_{x\to\infty}2^x$ 是否存在.

解　由于 $\lim\limits_{x\to+\infty}2^x=+\infty$,而 $\lim\limits_{x\to-\infty}2^x=0$,从而

$$\lim_{x\to+\infty}2^x\neq\lim_{x\to-\infty}2^x,$$

于是$\lim\limits_{x\to\infty}2^x$ 不存在.

函数极限与数列极限之间的关系由下列定理阐明.

定理 2.16(海涅(Heine)定理)　$\lim\limits_{x\to a}f(x)=A$ 的充分必要条件为:对任一满足$\lim\limits_{n\to\infty}x_n=a$且 $x_n\neq a$ 的数列$\{x_n\}$均有

$$\lim_{n\to\infty}f(x_n)=A.$$

我们略去定理的证明.但注意此定理中的 a 也可以是∞,此时条件 $x_n\neq a$ 不再必要;x 趋向于 a(或∞)也可以是单侧的;另外 A 也可以是∞,$+\infty$,$-\infty$.

海涅定理表明:“自变量 x 连续变化趋于 a 时,函数值 $f(x)$ 趋于 A”等价于:“自变量以任意离散形式 $x_n(n=1,2,\cdots)$ 趋于 a 时,对应的函数值数列 $f(x_n)$都趋于 A”.

海涅定理建立了函数极限与数列极限之间的桥梁.利用这个定理可以将数列极限的许多结论平移到函数极限.另外也常用这个定理来判定函数极限不存在,或判断函数是否为无穷大.

例 2.31　试考察函数 $f(x)=\sin\dfrac{1}{x}$在 $x\to0$ 时是否存在极限.

解　考虑 $x_n=\dfrac{1}{2n\pi}$,$y_n=\dfrac{1}{2n\pi+\dfrac{\pi}{2}}$,那么当 $n\to\infty$ 时,$x_n\to0$,$y_n\to0$,而此时由于

$$f(x_n)=\sin 2n\pi=0\to 0,\qquad f(y_n)=\sin\left(2n\pi+\frac{1}{2}\pi\right)=1\to 1,$$

依海涅定理知$\lim\limits_{x\to 0}\sin\dfrac{1}{x}$不存在.

考察狄利克雷函数 $D(x)=\begin{cases}1, & x\text{ 为有理数},\\ 0, & x\text{ 为无理数},\end{cases}$其在 $x\to 0$ 时是否存在极限.答案是不存在极限,理由请读者自己说明.事实上这是一个在实数域处处有定义却在任意一点 a 均无极限的函数.

当 $x\to a$ 时,$f(x)$ 为无穷大,那么在 a 的任何邻域内,$f(x)$ 显然是无界的,但反过来,若 $f(x)$ 在 a 的任何邻域内是无界的,并不能得出$\lim\limits_{x\to a}f(x)=\infty$.请看下面的例子:

例 2.32　讨论函数 $f(x)=\dfrac{1}{x}\sin\dfrac{1}{x}$ 在 $x=0$ 的任一邻域内是否有界,在 $x\to 0$ 时是否是无穷大.

解　取 $x_n=\dfrac{1}{2n\pi+\dfrac{\pi}{2}}$,那么当 $n\to\infty$ 时,$x_n\to 0$,对 $x=0$ 的任一邻域而言,由于在 n 充分大时,x_n 都将落在这个邻域,而 $f(x_n)=2n\pi+\dfrac{\pi}{2}$ 趋于无穷大,故 $f(x)$ 在这个邻域内无界;

再取 $y_n=\dfrac{1}{2n\pi}$,那么 $y_n\to 0$,且 $f(y_n)=0$,依海涅定理知当 $x\to 0$ 时,$f(x)$ 不是无穷大.

2.4.2　函数极限的性质、运算法则和判别法

函数极限有与数列极限相类似的性质、运算法则和判别法.当然由于函数的极限过程与数列的极限过程不同,这些相关命题的表述形式及证明也略有差别.这里我们仅给出自变量趋于一点(即 $x\to a$)时的结论并对若干性质作证明,建议读者将这些性质和证明与数列极限的性质和证明作比较,从而了解它们的异同.对于本小节的其他结论,以及自变量趋向于其他情形($x\to\infty$,或 x 从单侧趋向 a 或∞)时的相应结论,有兴趣的读者可以作为练习自己写出并加以证明.另外我们还给出了复合函数的极限运算法则,这一法则在求函数极限时有重要的作用.

定理 2.17(唯一性)　若$\lim\limits_{x\to a}f(x)=A$,又$\lim\limits_{x\to a}f(x)=B$,那么 $A=B$.

证　由于$\lim\limits_{x\to a}f(x)=A$,$\lim\limits_{x\to a}f(x)=B$,依海涅定理,有:

对任意给定的数列$\{x_n\}$满足：$x_n\neq a$，且$\lim\limits_{n\to\infty}x_n=a$，均有

$$\lim_{n\to\infty}f(x_n)=A,\quad \lim_{n\to\infty}f(x_n)=B,$$

由数列$\{f(x_n)\}$极限的唯一性得到$A=B$.

定理 2.18(局部有界性)　若$\lim\limits_{x\to a}f(x)=A$，则$\exists\delta>0$，使得函数$f(x)$在$\mathring{U}(a,\delta)$有界.

证　由$\lim\limits_{x\to a}f(x)=A$，则对$\varepsilon=1$，$\exists\delta>0$，当$0<|x-a|<\delta$时，有$|f(x)-A|<\varepsilon=1$，故当$x\in\mathring{U}(a,\delta)$时，

$$|f(x)|<|A|+1,$$

即$f(x)$在$\mathring{U}(a,\delta)$内有界.

定理 2.19(局部保序性)　设$\lim\limits_{x\to a}f(x)=A$，$\lim\limits_{x\to a}g(x)=B$，且$A>B$，则$\exists\delta>0$，当$x\in\mathring{U}(a,\delta)$时，

$$f(x)>g(x).$$

证　取$\varepsilon=\dfrac{A-B}{2}$，由$\lim\limits_{x\to a}f(x)=A$知$\exists\delta_1>0$，当$0<|x-a|<\delta_1$时，有$|f(x)-A|<\varepsilon$，从而

$$f(x)>A-\varepsilon=\frac{A+B}{2},$$

又由$\lim\limits_{x\to a}g(x)=B$知$\exists\delta_2>0$，当$0<|x-a|<\delta_2$时，有$|g(x)-B|<\varepsilon$，从而

$$g(x)<B+\varepsilon=\frac{A+B}{2},$$

于是令$\delta=\min\{\delta_1,\delta_2\}$，则当$0<|x-a|<\delta$时，就有

$$f(x)>g(x).$$

与数列极限的性质同样，可以得到

推论 1(局部保号性)　若$\lim\limits_{x\to a}f(x)=A$，$A>0(A<0)$，则$\exists\delta>0$，当$x\in\mathring{U}(a,\delta)$时，

$$f(x)>\frac{A}{2}>0\quad\left(f(x)<\frac{A}{2}<0\right).$$

当然在$A\neq0$的情况下，推论结果的不等式可写为

$$|f(x)|>\frac{|A|}{2}>0.$$

推论 2　若$\exists\delta>0$，当$x\in\mathring{U}(a,\delta)$时，有$f(x)\geqslant0$ $(f(x)\leqslant0)$，且$\lim\limits_{x\to a}f(x)=A$，则

$$A\geqslant0\ (A\leqslant0).$$

由于函数在一点的极限刻画了函数在该点附近的变化情况，因此它的性质也必定是函数在该点附近的局部性质，所以有界性和保号性都是局部性质.

类似于数列极限的运算法则，我们有函数极限的下述运算法则，其中的极限过程 $x\to a$ 可以换成其他的极限过程 $x\to a\pm0$ 或 $x\to\infty$，$\pm\infty$. 读者可以仿照数列极限运算法则的证明，先行证明函数无穷小的运算性质，然后推出一系列运算法则，也可以尝试用定义直接证明，或用海涅定理证明（类似于定理 2.17 的证明）.

定理 2.20（函数极限的运算法则）　设 $\lim\limits_{x\to a}f(x)=A$，$\lim\limits_{x\to a}g(x)=B$，$h(x)$ 在 a 的某去心邻域内有界，则有

（1）$\lim\limits_{x\to a}[kf(x)+lg(x)]=kA+lB$，其中 k,l 为实数；

（2）$\lim\limits_{x\to a}[f(x)g(x)]=AB$，

当 $A=0$ 时，$\lim\limits_{x\to a}f(x)h(x)=0$；

（3）$\lim\limits_{x\to a}\dfrac{f(x)}{g(x)}=\dfrac{A}{B}$　$(B\neq0)$；

（4）$\lim\limits_{x\to a}[f(x)]^{\frac{k}{m}}=A^{\frac{k}{m}}$，其中 k,m 为正整数，m 为偶数时 $f(x)\geqslant0$.

注　法则(4)在 m 为正整数，k 为负整数时，由于

$$[f(x)]^{\frac{k}{m}}=\frac{1}{[f(x)]^{\frac{-k}{m}}},$$

因此可以结合法则(3)来解决，所以事实上我们给出了函数的幂指数为有理数时极限的运算法则.

函数极限的运算法则显然可以推广到有限个函数进行四则运算时求极限的情况.

例 2.33　设 $P(x)$，$Q(x)$ 是两个实系数多项式，$x_0\in\mathbf{R}$，$Q(x_0)\neq0$，则

$$\lim_{x\to x_0}P(x)=P(x_0),\quad \lim_{x\to x_0}\frac{P(x)}{Q(x)}=\frac{P(x_0)}{Q(x_0)}.$$

证　设

$$P(x)=a_0x^n+a_1x^{n-1}+\cdots+a_n,$$
$$Q(x)=b_0x^m+b_1x^{m-1}+\cdots+b_m,$$

由于 $\lim\limits_{x\to x_0}x=x_0$，依定理 2.20，有

$$\begin{aligned}\lim_{x\to x_0}P(x)&=a_0\lim_{x\to x_0}x^n+a_1\lim_{x\to x_0}x^{n-1}+\cdots+a_n\\&=a_0x_0^n+a_1x_0^{n-1}+\cdots+a_n=P(x_0),\end{aligned}$$

$$\lim_{x\to x_0}\frac{P(x)}{Q(x)}=\frac{a_0\lim\limits_{x\to x_0}x^n+a_1\lim\limits_{x\to x_0}x^{n-1}+\cdots+a_n}{b_0\lim\limits_{x\to x_0}x^m+b_1\lim\limits_{x\to x_0}x^{m-1}+\cdots+b_m}$$

$$=\frac{a_0x_0^n+a_1x_0^{n-1}+\cdots+a_n}{b_0x_0^m+b_1x_0^{m-1}+\cdots+b_m}=\frac{P(x_0)}{Q(x_0)}.$$

例 2.34　求极限 $\lim\limits_{x\to-1}\frac{x^2-1}{x^2-x-2}$.

解　注意到 $x\to-1$ 时，$x\neq-1$，且有 $\lim\limits_{x\to-1}x=-1$，故

$$\lim_{x\to-1}\frac{x^2-1}{x^2-x-2}=\lim_{x\to-1}\frac{(x+1)(x-1)}{(x+1)(x-2)}=\lim_{x\to-1}\frac{x-1}{x-2}=\frac{-2}{-3}=\frac{2}{3}.$$

例 2.35　求极限 $\lim\limits_{x\to\infty}\frac{x^2+3x-2}{2x^2-5}$.

解　$$\lim_{x\to\infty}\frac{x^2+3x-2}{2x^2-5}=\lim_{x\to\infty}\frac{1+3\frac{1}{x}-2\frac{1}{x^2}}{2-5\frac{1}{x^2}}=\frac{\lim\limits_{x\to\infty}\left(1+3\frac{1}{x}-2\frac{1}{x^2}\right)}{\lim\limits_{x\to\infty}\left(2-5\frac{1}{x^2}\right)}=\frac{1}{2}.$$

在求实系数多项式之商的极限时，用与上例相仿的方法，可以得到下面的结论：

$$\lim_{x\to\infty}\frac{a_0x^n+a_1x^{n-1}+\cdots+a_n}{b_0x^m+b_1x^{m-1}+\cdots+b_m}=\begin{cases}\frac{a_0}{b_0}, & n=m,\\ 0, & n<m,\\ \infty & n>m\end{cases}\quad(\text{其中 } a_0,b_0\neq0,n,m\in\mathbf{N}).$$

例 2.36　设函数

$$g(x)=\begin{cases}\sqrt{x}\sin\frac{1}{x},x>0,\\ x^2+a,x\leqslant0.\end{cases}$$

求常数 a，使得 $g(x)$ 在 $x\to0$ 时极限存在.

解　由于 $x=0$ 是分段函数的分界点，其两侧函数表达式不一样，因此我们分别求该点的左、右极限. 当 $x\to0^+$ 时，$\sqrt{x}\to0$，而 $\left|\sin\frac{1}{x}\right|\leqslant1$，故由无穷小运算性质知右极限

$$\lim_{x\to0^+}g(x)=\lim_{x\to0^+}\sqrt{x}\sin\frac{1}{x}=0.$$

而左极限

$$\lim_{x\to 0^-} g(x)=\lim_{x\to 0^-}(x^2+a)=a,$$

依定理 2.14,当 $a=0$ 时,$\lim\limits_{x\to 0} g(x)$ 存在,且

$$\lim_{x\to 0} g(x)=0.$$

在求函数极限时,函数变量的符号 x 换成其他字母,极限值是不变的,例如极限$\lim\limits_{x\to 1}\ln x=0$ 也可以表达为$\lim\limits_{u\to 1}\ln u=0$.同样有$\lim\limits_{u\to a} f(u)=\lim\limits_{x\to a} f(x)$,但这也可以看成作了变量替换 $u=x$ 而得到的结果.那么一般地,如果作变量替换 $u=\varphi(x)$,是否有$\lim\limits_{u\to b} f(u)=\lim\limits_{x\to a} f[\varphi(x)]$,其中 a,b,φ 应满足什么条件,这就是下面的**复合函数的极限运算定理**要阐明的问题.

定理 2.21 若$\lim\limits_{u\to b} f(u)=A$,$\lim\limits_{x\to a}\varphi(x)=b$,且当 $x\in \mathring{U}(a)$ 时,$\varphi(x)\neq b$,则

$$\lim_{x\to a} f[\varphi(x)]=A.$$

证 由$\lim\limits_{u\to b} f(u)=A$ 可知,$\forall \varepsilon>0$,$\exists \sigma>0$,当 $0<|u-b|<\sigma$ 时,

$$|f(u)-A|<\varepsilon,$$

又因 $\lim\limits_{x\to a}\varphi(x)=b$,故对上述 $\sigma>0$,$\exists \delta>0$,当 $0<|x-a|<\delta$ 时,有 $0<|\varphi(x)-b|<\sigma$,从而

$$|f[\varphi(x)]-A|<\varepsilon,$$

这就证明了

$$\lim_{x\to a} f[\varphi(x)]=A.$$

注 定理中的 a 和 b 都可以是 ∞,$\pm\infty$,读者可以试着在这类情况下证明定理的正确性.

复合函数的极限运算意味着在极限运算中可以进行变量替换,即在定理的条件下,若当 $x\to a$ 时 $u\to b$,那么

$$\lim_{x\to a} f[\varphi(x)]\xlongequal{u=\varphi(x)}\lim_{u\to b} f(u)=A.$$

例 2.37 求极限:$\lim\limits_{x\to x_0}\ln x\,(x_0>0)$.

解 由例 2.26 知:$\lim\limits_{u\to 1}\ln u=0$,而当 $x\to x_0$ 时,$u=\dfrac{x}{x_0}\to 1$,且$\dfrac{x}{x_0}\neq 1$,依定理 2.21,有

$$\lim_{x\to x_0}(\ln x-\ln x_0)=\lim_{x\to x_0}\left(\ln\frac{x}{x_0}\right)=\lim_{u\to 1}\ln u=0,$$

故

$$\lim_{x\to x_0}\ln x=\ln x_0.$$

这证明了 $\ln x$ 在定义域中任何点 x_0 处的极限等于这点的函数值.

例 2.38 讨论函数$f(x)=\arctan\dfrac{1}{x-1}$在$x=1$处极限的存在性.

解 令$u=\dfrac{1}{x-1}$,则当$x\to1^-$时,$u\to-\infty$,而$x\to1^+$时,$u\to+\infty$,回顾例 2.29 和其后的说明,则有

$$\lim_{x\to1^+}f(x)=\lim_{x\to1^+}\arctan\frac{1}{x-1}=\lim_{u\to+\infty}\arctan u=\frac{\pi}{2},$$

$$\lim_{x\to1^-}f(x)=\lim_{x\to1^-}\arctan\frac{1}{x-1}=\lim_{u\to-\infty}\arctan u=-\frac{\pi}{2},$$

由定理 2.14 可知:$\lim\limits_{x\to1}f(x)$不存在.

函数极限也有类似于数列极限的判别法:

定理 2.22(夹逼定理) 若$\forall x\in\mathring{U}(a,\delta)$,$g(x)\leqslant f(x)\leqslant h(x)$,且

$$\lim_{x\to a}g(x)=\lim_{x\to a}h(x)=A,$$

则

$$\lim_{x\to a}f(x)=A.$$

证 由$\lim\limits_{x\to a}g(x)=\lim\limits_{x\to a}h(x)=A$及海涅定理得到:任一满足$\lim\limits_{n\to\infty}x_n=a$且$x_n\neq a$的数列$\{x_n\}$必有$\lim\limits_{n\to\infty}g(x_n)=A$和$\lim\limits_{n\to\infty}h(x_n)=A$,又由定理的条件知

$$g(x_n)\leqslant f(x_n)\leqslant h(x_n),$$

由数列极限的夹逼定理得

$$\lim_{n\to\infty}f(x_n)=A,$$

再依海涅定理就有

$$\lim_{x\to a}f(x)=A.$$

夹逼定理中的A可以换成$+\infty$或$-\infty$,极限过程也可以是其他极限过程.

推论 若$\forall x\in\mathring{U}(a,\delta)$,$0\leqslant f(x)\leqslant g(x)$,且$\lim\limits_{x\to a}g(x)=0$,则

$$\lim_{x\to a}f(x)=0.$$

下面给出单调有界函数单侧极限的存在性.

定理 2.23(单调有界函数单侧极限存在定理) 若$f(x)$在点a的某个右邻域$(a,a+\delta)$内单调有界,则其右极限$\lim\limits_{x\to a^+}f(x)$存在;若$f(x)$在点$a$的某个左邻域$(a-\delta,a)$内单调有界,则其左极限$\lim\limits_{x\to a^-}f(x)$存在.

例 2.39 试证:$\lim\limits_{x\to x_0}a^x=a^{x_0}$,其中$a>0$,$x_0\in\mathbf{R}$.

证 (1) 先证明:$\lim\limits_{x\to0}a^x=1$.

当 $a>1$ 时,由于 a^x 在(0,1)内单调有界,故 $\lim\limits_{x\to0^+}a^x$ 存在,又由例 2.9 知:$\lim\limits_{n\to\infty}a^{\frac{1}{n}}=1$,再由海涅定理得到:$\lim\limits_{x\to0^+}a^x=1$.同理可得 $\lim\limits_{x\to0^-}a^x=1$,从而有

$$\lim_{x\to0}a^x=1;$$

当 $0<a<1$ 时,$a^{-1}>1$,故

$$\lim_{x\to0}a^x=\lim_{x\to0}\frac{1}{(a^{-1})^x}=\frac{1}{1}=1;$$

当 $a=1$ 时,$\lim\limits_{x\to0}a^x=\lim\limits_{x\to0}1=1$,所以

$$\lim_{x\to0}a^x=1,a>0.$$

(2) 再证:$\lim\limits_{x\to x_0}a^x=a^{x_0}$.

$$\lim_{x\to x_0}a^x=\lim_{x\to x_0}a^{x_0}a^{x-x_0}\xlongequal{t=x-x_0}a^{x_0}\lim_{t\to0}a^t=a^{x_0}.$$

这实际上证明了指数函数 a^x 在任何点 x_0 处的极限等于该点的函数值.

2.4.3 两个重要的函数极限

这里介绍的两个极限是上一小节夹逼定理的应用,它们在微积分的运算中起着十分基本的作用.

(1) $\lim\limits_{x\to0}\frac{\sin x}{x}=1$

首先证明一个不等式:$\cos x<\frac{\sin x}{x}<1\ \left(0<|x|<\frac{\pi}{2}\right)$.

当 $0<x<\frac{\pi}{2}$ 时,x 可用单位圆上的弧长 AB(或弧 AB 对应的圆心角)表示,如图 2.7.显然有

$\triangle OAB$ 的面积<扇形 OAB 的面积<$\triangle OAC$ 的面积,

即有

$$\frac{1}{2}\sin x<\frac{1}{2}x<\frac{1}{2}\tan x,$$

从而得到

$$\cos x<\frac{\sin x}{x}<1.$$

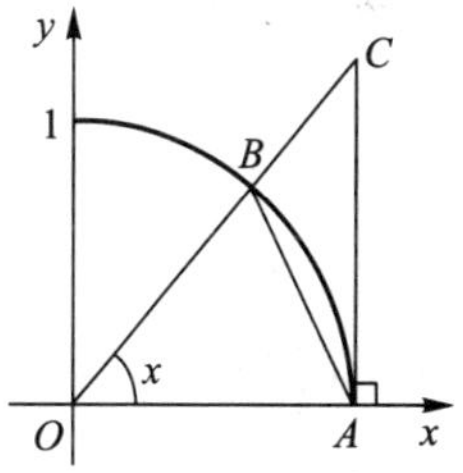

图 2.7

注意上式所示的各项均为偶函数,故当 $-\frac{\pi}{2}<x<0$ 时,此不等式也成立.

于是我们得到

$$0<1-\frac{\sin x}{x}<1-\cos x=2\sin^2\frac{x}{2}\leqslant\frac{x^2}{2},0<|x|<\frac{\pi}{2}.$$

由于$\lim\limits_{x\to 0}\frac{x^2}{2}=0$,依夹逼定理得:$\lim\limits_{x\to 0}\left(1-\frac{\sin x}{x}\right)=0$,即得

$$\lim_{x\to 0}\frac{\sin x}{x}=1.$$

注　从以上证明我们可以得到两个不等式:

$$|\sin x|\leqslant|x|,\quad \forall x\in\mathbf{R}.$$

$$0\leqslant 1-\cos x\leqslant\frac{x^2}{2},\quad \forall x\in\mathbf{R}.$$

在上面的证明中这两个不等式是在$|x|<\frac{\pi}{2}$的条件下得到的,读者可以验证,在$|x|\geqslant\frac{\pi}{2}$时也成立.从而用夹逼定理立刻可得

$$\lim_{x\to 0}\sin x=0,\qquad \lim_{x\to 0}\cos x=1.$$

(2) $\lim\limits_{x\to\infty}\left(1+\frac{1}{x}\right)^x=\mathrm{e}$

在数列极限部分我们已经证明了$\lim\limits_{n\to\infty}\left(1+\frac{1}{n}\right)^n=\mathrm{e}$,现在考虑变量 x 是连续变化的情形,先证 $x\to+\infty$ 时的情况.

当 $x>1$ 时,由于对 x 的整数部分$[x]$,有$[x]\leqslant x<[x]+1$,故有

$$1+\frac{1}{[x]+1}<1+\frac{1}{x}\leqslant 1+\frac{1}{[x]},$$

从而

$$\left(1+\frac{1}{[x]+1}\right)^{[x]}<\left(1+\frac{1}{x}\right)^x\leqslant\left(1+\frac{1}{[x]}\right)^{[x]+1}.$$

由于$\lim\limits_{n\to\infty}\left(1+\frac{1}{n}\right)^n=\mathrm{e}$,可得

$$\lim_{x\to\infty}\left(1+\frac{1}{[x]+1}\right)^{[x]}=\lim_{x\to\infty}\frac{\left(1+\frac{1}{[x]+1}\right)^{[x]+1}}{1+\frac{1}{[x]+1}}=\mathrm{e},$$

$$\lim_{x\to\infty}\left(1+\frac{1}{[x]}\right)^{[x]+1}=\lim_{x\to\infty}\left(1+\frac{1}{[x]}\right)^{[x]}\left(1+\frac{1}{[x]}\right)=\mathrm{e},$$

依夹逼定理得到

$$\lim_{x\to+\infty}\left(1+\frac{1}{x}\right)^{x}=\mathrm{e}.$$

对 $x\to-\infty$ 的情况,令 $x=-y$,于是 $y\to+\infty$,则有

$$\lim_{x\to-\infty}\left(1+\frac{1}{x}\right)^{x}=\lim_{y\to+\infty}\left(1-\frac{1}{y}\right)^{-y}=\lim_{y\to+\infty}\left(\frac{y}{y-1}\right)^{y}$$

$$=\lim_{y\to+\infty}\left(1+\frac{1}{y-1}\right)^{y-1}\left(1+\frac{1}{y-1}\right)=\mathrm{e}.$$

这样我们证明了:

$$\lim_{x\to\infty}\left(1+\frac{1}{x}\right)^{x}=\mathrm{e}.$$

通过变量替换 $t=\frac{1}{x}$,得到此极限的一个等价形式

$$\lim_{t\to0}(1+t)^{\frac{1}{t}}=\mathrm{e}.$$

利用两个重要极限,结合运算法则,可以求得一些其他函数的极限.

例 2.40 求下列极限:

(1) $\lim\limits_{x\to0}\frac{1-\cos x}{x^2}$;　　(2) $\lim\limits_{x\to0}(1-2x)^{\frac{1}{x}}$;

(3) $\lim\limits_{x\to0}\frac{\tan 2x}{x}$.

解 (1) $\lim\limits_{x\to0}\frac{1-\cos x}{x^2}=\lim\limits_{x\to0}\frac{2\sin^2\frac{x}{2}}{x^2}=\frac{1}{2}\lim\limits_{x\to0}\left(\frac{\sin\frac{x}{2}}{\frac{x}{2}}\right)^2=\frac{1}{2}$.

(2) $\lim\limits_{x\to0}(1-2x)^{\frac{1}{x}}=\lim\limits_{x\to0}\{[1+(-2x)]^{\frac{1}{-2x}}\}^{-2}=\mathrm{e}^{-2}$.

(3) $\lim\limits_{x\to0}\frac{\tan 2x}{x}=\lim\limits_{x\to0}2\cdot\frac{\sin 2x}{2x}\cdot\frac{1}{\cos 2x}=2\cdot1\cdot1=2$.

注意在求上述极限的过程中都蕴含着使用复合函数的极限运算,例如题(1)最后一步是将$\frac{x}{2}$视为一个替换变量,不过为简单计,我们未写出该替换.

2.4.4 无穷小的比较

函数是无穷小意味着函数的极限为零,但没有给出函数趋于零过程的状态.

事实上函数趋于零的“快慢”并不相同，例如，x^2，x 都是 $x\to 0$ 时的无穷小，当 x 充分小后，x^2 要比 $|x|$ 小得多，即 x^2 趋于零的“速度”要比 x 的快.因此，应该对无穷小作出比较和分析，这在微积分中是极为重要的.

定义 2.10　设 $\lim\limits_{x\to a}\alpha(x)=0$，$\lim\limits_{x\to a}\beta(x)=0$，且 $\lim\limits_{x\to a}\dfrac{\beta(x)}{\alpha(x)}=l$，$l$ 为实数，

(1) 若 $l=0$，则称 $x\to a$ 时 $\beta(x)$ 是比 $\alpha(x)$ **高阶的无穷小**，记为

$$\beta(x)=o(\alpha(x))\quad(x\to a);$$

(2) 若 $l\neq 0$，则称 $x\to a$ 时 $\beta(x)$ 是与 $\alpha(x)$ **同阶的无穷小**，记为

$$\beta(x)=O(\alpha(x))\quad(x\to a);$$

特别地，若 $l=1$，则称 $x\to a$ 时 $\beta(x)$ 是与 $\alpha(x)$ **等价的无穷小**，记为

$$\beta(x)\sim\alpha(x)\quad(x\to a).$$

显然 $\alpha(x)$ 与 $\beta(x)$ 同阶时，$\beta(x)$ 与 $\alpha(x)$ 也同阶；而 $\alpha(x)$ 与 $\beta(x)$ 等价时，$\beta(x)$ 与 $\alpha(x)$ 也等价.

注　定义中的极限过程 $x\to a$ 可以改成 x 的其他极限过程，也可以对数列作上述相应的定义.

若 $\dfrac{\beta(x)}{\alpha(x)}\to 0$，则 x 充分接近 a 时，$\left|\dfrac{\beta(x)}{\alpha(x)}\right|$ 充分小，这表明高阶无穷小 $\beta(x)$ 比 $\alpha(x)$ 小得多，或者说 $\beta(x)$ 趋向于 0 的“速度”比 $\alpha(x)$ 快得多；若 $\dfrac{\beta(x)}{\alpha(x)}\to c\neq 0$，则 x 充分接近 a 时，$\dfrac{\beta(x)}{\alpha(x)}\approx c$，这表明无穷小 $\beta(x)$ 趋向于 0 的“速度”约为其同阶无穷小 $\alpha(x)$ 的 c 倍；两个等价无穷小趋向于 0 的“速度”一样.

例如，$\lim\limits_{n\to\infty}\dfrac{\frac{1}{n^2}}{\frac{1}{n}}=\lim\limits_{n\to\infty}\dfrac{1}{n}=0$，故 $n\to\infty$ 时 $\dfrac{1}{n^2}$ 是比 $\dfrac{1}{n}$ 高阶的无穷小，即

$$\frac{1}{n^2}=o\left(\frac{1}{n}\right)\quad(n\to\infty).$$

又例如，由 $\lim\limits_{x\to 0}\dfrac{\sin x}{x}=1$ 知，

$$\sin x\sim x\quad(x\to 0).$$

在无穷小的比较和运算中往往选择一个无穷小用来作为“度量”的标准，称其为标准无穷小或基本无穷小.在 $x\to a$ 时，通常选 $x-a$ 作为标准无穷小；在 $x\to\infty$ 时，通常选 $\dfrac{1}{x}$ 为标准无穷小；在 $n\to\infty$ 时，通常选 $\dfrac{1}{n}$ 为数列的标准无穷小.

定义 2.11 若$\lim\limits_{x\to a}\alpha(x)=0$,且存在常数 $c\neq0,k>0$,使得

$$\lim_{x\to a}\frac{\alpha(x)}{(x-a)^k}=c,$$

则称当 $x\to a$ 时,$\alpha(x)$是标准无穷小 $x-a$ 的 k **阶无穷小**,简称 $\alpha(x)$是 k 阶无穷小,而称 $c(x-a)^k$ 是 $\alpha(x)$的**主部**.

当$\lim\limits_{x\to a}\dfrac{\alpha(x)}{(x-a)^k}=c$ 时,显然有 $\alpha(x)\sim c(x-a)^k\quad(x\to a)$,即

$$\alpha(x)=c(x-a)^k+o((x-a)^k),$$

故 $c(x-a)^k$ 是 $\alpha(x)$的"主要部分".

例如,当 $x\to0$ 时,$f(x)=2x^2-3x^3$ 是一个无穷小,因为$\lim\limits_{x\to0}\dfrac{f(x)}{x^2}=\lim\limits_{x\to0}(2-3x)=2$,故 $x\to0$ 时,$f(x)=2x^2-3x^3$ 是 x 的 2 阶无穷小,其主部为 $2x^2$,即

$$f(x)=2x^2-3x^3\sim2x^2\quad(x\to0).$$

而 $3x^{\frac{1}{2}}+x-2x^2$ 是 $x\to0^+$时 x 的一个$\dfrac{1}{2}$阶无穷小,其主部为 $3x^{\frac{1}{2}}$,即

$$3x^{\frac{1}{2}}+x-2x^2\sim3x^{\frac{1}{2}}\quad(x\to0).$$

例 2.41 试证当 $x\to0$ 时,$\ln(1+x)\sim x$,$e^x-1\sim x$.

证 由于

$$\lim_{x\to0}\frac{\ln(1+x)}{x}=\lim_{x\to0}\ln(1+x)^{\frac{1}{x}}=\ln e=1,$$

故 $x\to0$ 时,$\ln(1+x)\sim x$.

采用变换 $u=e^x-1$,即 $x=\ln(1+u)$,则当 $x\to0$ 时,有 $u\to0$,从而

$$\lim_{x\to0}\frac{e^x-1}{x}=\lim_{u\to0}\frac{u}{\ln(1+u)}=\lim_{u\to0}\frac{1}{\ln(1+u)^{\frac{1}{u}}}=1.$$

故 $x\to0$ 时,$e^x-1\sim x$.

下面我们列出一些常用的等价无穷小,有些我们还尚未予以证明,其中最后两式的证明在下节函数连续性中给出,其余的建议读者作为练习.

当 $x\to0$ 时,

$$\sin x\sim x,\qquad \tan x\sim x,\qquad 1-\cos x\sim\frac{1}{2}x^2,$$

$$\ln(1+x)\sim x,\quad e^x-1\sim x,\qquad (1+x)^\alpha-1\sim\alpha x,$$

$$\arcsin x\sim x,\quad \arctan x\sim x.$$

值得注意的是:根据复合函数的极限运算性质,在上面等价无穷小的式子

中,x 可以是自变量,也可以是趋向于0的函数.例如,当 $x\to 0$ 时,

$$\sin 3x \sim 3x,\qquad e^{2x^2}-1\sim 2x^2.$$

等价无穷小有下面的替换性质,这个性质将使有些极限的计算变得较方便.

定理 2.24　设 $\alpha(x),\beta(x),\tilde{\alpha}(x),\tilde{\beta}(x)$ 都是同一自变量变化过程中的无穷小,并且 $\alpha(x)\sim\tilde{\alpha}(x),\beta(x)\sim\tilde{\beta}(x)$,若 $\lim\dfrac{f(x)\tilde{\beta}(x)}{\tilde{\alpha}(x)}$ 存在,则

$$\lim\frac{f(x)\beta(x)}{\alpha(x)}=\lim\frac{f(x)\tilde{\beta}(x)}{\tilde{\alpha}(x)}.$$

证　$$\lim\frac{f(x)\beta(x)}{\alpha(x)}=\lim\frac{\beta(x)}{\tilde{\beta}(x)}\cdot\frac{\tilde{\alpha}(x)}{\alpha(x)}\cdot\frac{f(x)\tilde{\beta}(x)}{\tilde{\alpha}(x)}$$
$$=\lim\frac{\beta(x)}{\tilde{\beta}(x)}\lim\frac{\tilde{\alpha}(x)}{\alpha(x)}\lim\frac{f(x)\tilde{\beta}(x)}{\tilde{\alpha}(x)}=\lim\frac{f(x)\tilde{\beta}(x)}{\tilde{\alpha}(x)}.$$

定理意味着在求极限时分子或分母上的无穷小(单独项或乘积因子)都可以用等价无穷小替换.

例 2.42　求下列极限:

(1) $\lim\limits_{x\to 0}\dfrac{\sin 5x}{\arctan 3x}$;　(2) $\lim\limits_{x\to 0}\dfrac{e^{1+x}(1-\cos x)}{x\ln(1+2x)}$;　(3) $\lim\limits_{x\to 0}(\cos x)^{\csc^2 x}$.

解　(1) $\lim\limits_{x\to 0}\dfrac{\sin 5x}{\arctan 3x}=\lim\limits_{x\to 0}\dfrac{5x}{3x}=\dfrac{5}{3}$;

(2) $\lim\limits_{x\to 0}\dfrac{e^{1+x}(1-\cos x)}{x\ln(1+2x)}=e\lim\limits_{x\to 0}\dfrac{1-\cos x}{x\ln(1+2x)}=e\lim\limits_{x\to 0}\dfrac{\frac{1}{2}x^2}{x\cdot 2x}=\dfrac{e}{4}$.

(3) $$\lim_{x\to 0}(\cos x)^{\csc^2 x}=\lim_{x\to 0}e^{\ln(\cos x)^{\csc^2 x}}=e^{\lim\limits_{x\to 0}\frac{\ln(1+\cos x-1)}{\sin^2 x}}$$
$$=e^{\lim\limits_{x\to 0}\frac{\cos x-1}{x^2}}=e^{\lim\limits_{x\to 0}\frac{-\frac{1}{2}x^2}{x^2}}=e^{-\frac{1}{2}}.$$

在(3)小题,我们应用了例2.39的结论:指数函数在点 x_0 处的极限等于该点的函数值.

例 2.43　试确定 $x\to 0$ 时 $\tan x-\sin x$ 是 x 的几阶无穷小,并求出其主部.

解　将 $\tan x-\sin x$ 与 x^k 作比较(k 待定),使得极限 $\lim\limits_{x\to 0}\dfrac{\tan x-\sin x}{x^k}$ 存在且为非零常数 c,则 $\tan x-\sin x$ 就是 x 的 k 阶无穷小,主部为 cx^k.因

$$\lim_{x\to 0}\frac{\tan x-\sin x}{x^k}=\lim_{x\to 0}\frac{\tan x(1-\cos x)}{x^k}=\lim_{x\to 0}\frac{x\cdot\frac{1}{2}x^2}{x^k}=\frac{1}{2}\lim_{x\to 0}x^{3-k},$$

显然仅当 $k=3$ 时,以上极限为非零实数,所以,$\tan x-\sin x$ 是 x 的 3 阶无穷小,主部为 $\frac{1}{2}x^3$.

根据定理 2.24,在求极限时使用等价无穷小替换的方法常常是十分有效的.但注意如果无穷小是代数和中的一项,则原则上不能用等价无穷小来替换.

在上例中,如果将分子上的无穷小 $\tan x$ 和 $\sin x$ 均以等价无穷小 x 代替,则

$$\frac{1}{2}=\lim_{x\to 0}\frac{\tan x-\sin x}{x^3}=\lim_{x\to 0}\frac{0-0}{x^3}=0,$$

这显然是不对的.

为了更好地说明这个问题,再来看下面一个例子:

$$\lim_{x\to 0}\frac{(x+2x^2)-(x-3x^2)}{x^2}=\lim_{x\to 0}\frac{5x^2}{x^2}=5.$$

在此极限运算式中,左式分子上加括号的两项都等价于 x,即 x 都是它们的主部,它们相减后,主部抵消了,此时要由它们的高阶无穷小部分与分母比较而确定极限.如它们都用等价无穷小(即主部)x 替换了,则它们的高阶无穷小部分就不起作用了,从而导致错误.

2.5 函数的连续性

2.5.1 函数连续的定义

函数 f 在一点 x_0 的极限与函数在这点的定义无关,但是从几何直观上看,我们在初等数学中所接触到的函数 f,当自变量 x 趋向于 x_0 时,函数值 $f(x)$ 似乎总是趋向于 $f(x_0)$,这就是函数在点 x_0 的连续性.函数的连续性概念是与函数极限密切相关的一个重要概念.

定义 2.12 设函数 f 在点 x_0 的某邻域内有定义,若

$$\lim_{x\to x_0}f(x)=f(x_0),$$

则称函数 $f(x)$ 在 x_0 处**连续**,称 x_0 是 $f(x)$ 的连续点;如果 $f(x)$ 在 x_0 不连续,则称 $f(x)$ 在 x_0 处**间断**,称 x_0 是 $f(x)$ 的**间断点**.

函数在点 x_0 连续意味着:$f(x_0)$ 存在,$\lim\limits_{x\to x_0}f(x)$ 存在,而且这两者相等.

也可用极限的定义来描述 f 在点 x_0 处连续,即 $\forall\varepsilon>0$, $\exists\delta>0$,当 $|x-x_0|<\delta$ 时,有

$$|f(x)-f(x_0)|<\varepsilon.$$

由于$\lim\limits_{x\to x_0}f(x)=f(x_0)$等价于$\lim\limits_{x\to x_0}[f(x)-f(x_0)]=0$,引进符号

$$\Delta x=x-x_0,\Delta f=f(x)-f(x_0)=f(x_0+\Delta x)-f(x_0),$$

分别称它们为自变量 x 在点 x_0 处的**增量**和函数 f 在点 x_0 处的**增量**,那么连续的定义可以表达为

$$\lim_{\Delta x\to 0}f(x_0+\Delta x)=f(x_0)\quad 或\quad \lim_{\Delta x\to 0}\Delta f=0.$$

这说明当自变量在点 x_0 处的增量 $\Delta x\to 0$ 时,函数 f 在点 x_0 处的增量 $\Delta f\to 0$,即 Δf 是 $\Delta x\to 0$ 时的无穷小.所以当自变量在该点作微小变化 Δx 时,相应的函数值的变化 Δf 也是微小的.

例 2.44 试证 $\sin x$ 在$(-\infty,+\infty)$内连续.

证 利用三角函数的和差化积公式

$$\sin\alpha-\sin\beta=2\sin\frac{\alpha-\beta}{2}\cos\frac{\alpha+\beta}{2}.$$

$\forall x_0\in(-\infty,+\infty)$,有

$$0\leqslant|\sin x-\sin x_0|=\left|2\sin\frac{x-x_0}{2}\cos\frac{x+x_0}{2}\right|$$

$$\leqslant 2\left|\sin\frac{x-x_0}{2}\right|\leqslant|x-x_0|,$$

依夹逼定理得:$\lim\limits_{x\to x_0}|\sin x-\sin x_0|=0$,即有

$$\lim_{x\to x_0}\sin x=\sin x_0,$$

故 $\sin x$ 在点 x_0 连续.由 x_0 的任意性知,$\sin x$ 在$(-\infty,+\infty)$内连续.

类似地可证函数 $\cos x$ 在其定义域 $\mathbf{R}$ 上连续.

例 2.45 若函数$f(x)$在点 a 连续,则$|f(x)|$也在点 a 连续,反之不然.

证 记 $y=|f(x)|$,则有

$$0\leqslant|\Delta y|=\big||f(a+\Delta x)|-|f(a)|\big|\leqslant|f(a+\Delta x)-f(a)|=|\Delta f|.$$

由于$f(x)$在点 a 连续,故$\lim\limits_{\Delta x\to 0}\Delta f=0$,即$\lim\limits_{\Delta x\to 0}|\Delta f|=0$,依夹逼定理得

$$\lim_{\Delta x\to 0}|\Delta y|=0,$$

所以 $y=|f(x)|$在点 a 连续.

反之,若$|f(x)|$在点 a 连续,则$f(x)$不一定在点 a 连续.例如,取

$$f(x)=\begin{cases}1, & x\geqslant 0,\\ -1, & x<0,\end{cases}$$

则$|f(x)|\equiv 1$,$|f(x)|$在 $x=0$ 处连续,但$f(x)$在 $x=0$ 的极限不存在,故不连续.

与单侧极限的情况类似，函数有单侧连续的概念.

定义 2.13 若函数 f 在点 x_0 的某右邻域内有定义，且

$$\lim_{x\to x_0^+} f(x)=f(x_0),$$

则称 $f(x)$ 在 x_0 处**右连续**；若函数 f 在点 x_0 的某左邻域内有定义，且

$$\lim_{x\to x_0^-} f(x)=f(x_0),$$

则称 $f(x)$ 在 x_0 处**左连续**.

根据函数的极限与单侧极限的关系立即可知：

定理 2.25 $f(x)$ 在点 x_0 连续的充分必要条件是 $f(x)$ 在点 x_0 既左连续又右连续，即

$$\lim_{x\to x_0} f(x)=f(x_0) \quad \Leftrightarrow \quad \lim_{x\to x_0^+} f(x)=f(x_0)=\lim_{x\to x_0^-} f(x).$$

从几何图形上看，连续体现了函数曲线连绵不断的特点，下面的分段函数 $y=f(x)$ 的图形有助于读者从几何上理解连续，左、右连续及不连续的概念.

从图 2.8 可以看出：a 只能是右连续点；c 为连续点；b 为左连续点；d 为右连续点；h 既非左连续点，又非右连续点；且 b,d,h 都是间断点.

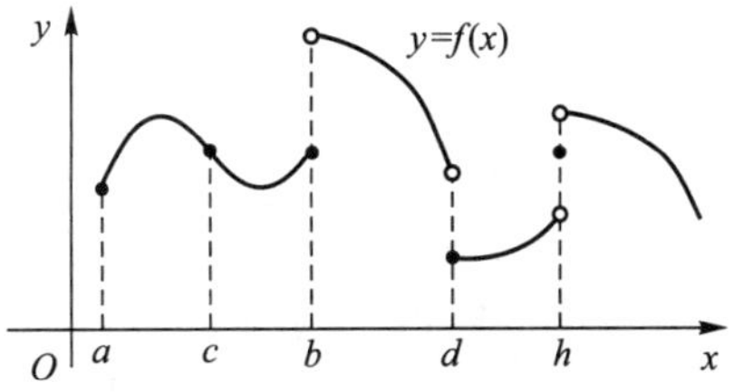

图 2.8

例 2.46 讨论函数

$$f(x)=\begin{cases}\dfrac{\sin x}{x}, & x>0,\\ e^x, & x\leqslant 0\end{cases}$$

在 $x=0$ 的连续性.

解 $f(0+0)=\lim\limits_{x\to 0^+}\dfrac{\sin x}{x}=1$，$f(0-0)=\lim\limits_{x\to 0^-}e^x=1$，$f(0)=1$，因此

$$\lim_{x\to 0^+} f(x)=\lim_{x\to 0^-} f(x)=f(0),$$

故 $f(x)$ 在 $x=0$ 连续.

我们经常需要讨论函数在区间上的连续性.若函数 f 在区间 I 的每一点都连续，则称 f **在区间 I 上连续**，记为 $f\in C(I)$.

如果 I 是闭区间或半开半闭区间时，f 在闭端点连续是指单侧连续，例如 $f\in C[a,b]$，则表明 f 在 (a,b) 内所有点处连续，且在点 a 右连续，在点 b 左连续.

从图 2.8 来看，$f\in C[a,b]$，$f\in C(b,d)$，$f\in C[d,h)$.

2.5.2 函数间断点的分类

函数 $f(x)$ 在点 x_0 处连续的充分必要条件为

$$f(x_0-0)=f(x_0+0)=f(x_0).$$

由此可知,函数在点 x_0 间断的可能情形是:$f(x_0+0)$,$f(x_0-0)$ 和 $f(x_0)$ 中至少有一个不存在或者它们都存在但不全相等,通常我们把间断点分类为以下几种情况.

1. 若 $\lim\limits_{x\to x_0}f(x)$ 存在,即 $f(x_0-0)$,$f(x_0+0)$ 存在且相等,而 $f(x)$ 在 $x=x_0$ 无定义或者 $\lim\limits_{x\to x_0}f(x)\neq f(x_0)$,则称 x_0 是 $f(x)$ 的**可去间断点**,或**可移间断点**.

这类间断点只要补充或改变 $f(x)$ 在 x_0 处的值为 $\lim\limits_{x\to x_0}f(x)$,就可以使 x_0 成为连续点,因此称其间断性是可去的.

例如函数 $f(x)=\dfrac{x^2-1}{x-1}$ 在 $x=1$ 无定义,而

$$\lim_{x\to 1}\frac{x^2-1}{x-1}=\lim_{x\to 1}(x+1)=2,$$

因此 $x=1$ 是这函数的可去间断点(图 2.9).如果我们定义 $f(1)=2$,则

$$f(x)=\begin{cases}\dfrac{x^2-1}{x-1}, & x\neq 1,\\ 2, & x=1\end{cases}$$

就在 $x=1$ 处连续.

2. 若 $f(x_0-0)$,$f(x_0+0)$ 存在但不相等,则称 x_0 是 $f(x)$ 的**跳跃间断点**.

在这类间断点,函数的左、右极限值不同,在图形上表现为一个"跳跃".

例如函数 $f(x)=\dfrac{|x|}{x}$ 在 $x=0$ 处有:

$$f(0+0)=\lim_{x\to 0^+}f(x)=1,\quad f(0-0)=\lim_{x\to 0^-}f(x)=-1,$$

两侧极限不等,故 $x=0$ 是函数 $f(x)=\dfrac{|x|}{x}$ 的跳跃间断点(图 2.10).

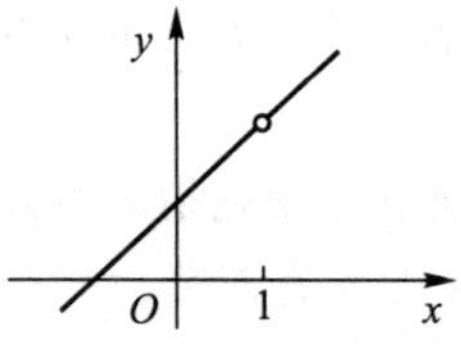

图 2.9

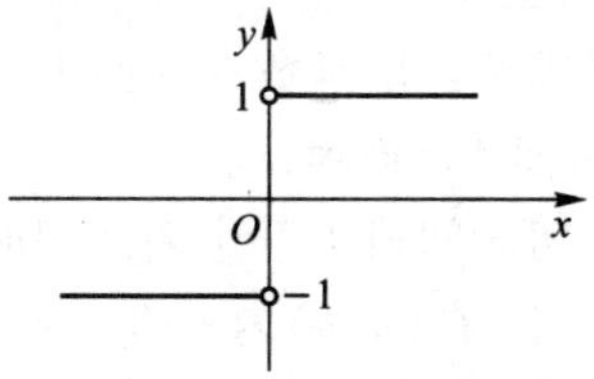

图 2.10

在上述两类间断点处,函数的左、右极限均存在,统称为函数的**第一类间断点**,而若 $f(x)$ 在 x_0 的左、右极限至少有一个不存在,则称 x_0 是 $f(x)$ 的**第二类间

断点.

第二类间断点中主要包括下列两种类型:无穷型和振荡型.

3. 若 $\lim\limits_{x\to x_0^+}f(x)=\infty$,或 $\lim\limits_{x\to x_0^-}f(x)=\infty$,则称 x_0 是 $f(x)$ 的**无穷间断点**.

例如 $f(x)=\dfrac{1}{x}$ 在 $x=0$ 处间断,显然这个间断点是无穷间断点(图 2.11).

4. 当 $x\to x_0$ 时,函数值在两个不同数之间不断地变动无限多次,没有极限,则称 x_0 是 $f(x)$ 的**振荡间断点**.

例如,$f(x)=\sin\dfrac{1}{x}$ 在 $x\to0$ 时,函数不断反复地取到 -1 和 $+1$ 之间的值,$x=0$ 就是一个振荡间断点(图 2.12).

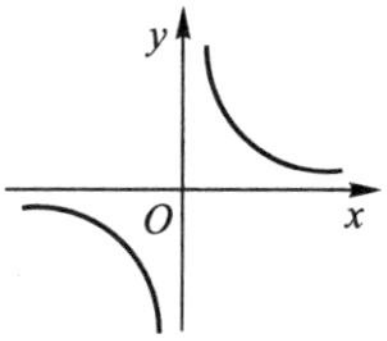

图 2.11

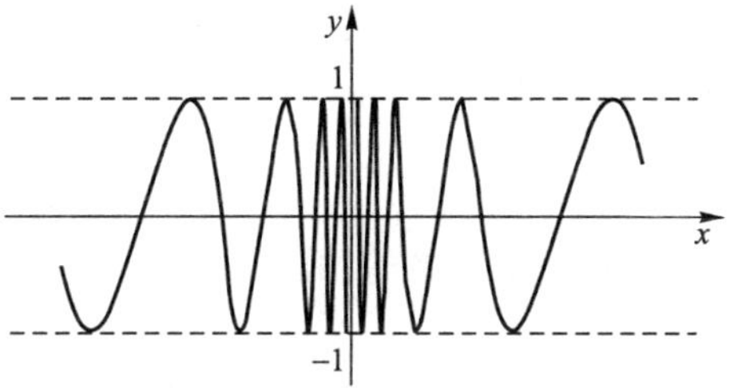

图 2.12

我们再来考察函数

$$g(x)=\begin{cases}x\sin\dfrac{1}{x}, & x>0,\\ 0, & x\leqslant 0,\end{cases}$$

在 $x\to0^+$ 时,虽然 $g(x)$ 的值也不断振荡,但其振幅 x 越来越小,事实上我们有

$$\lim_{x\to0^+}g(x)=\lim_{x\to0^+}x\sin\frac{1}{x}=0=g(0)=\lim_{x\to0^-}g(x),$$

因此 $x=0$ 是一个连续点(图 2.13).

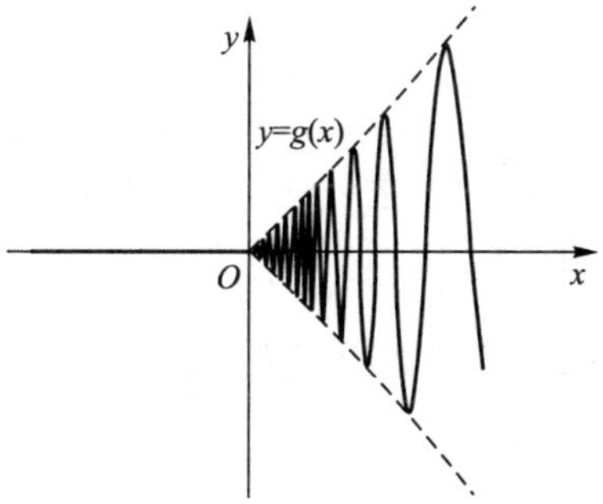

图 2.13

例 2.47 求函数 $f(x)=\dfrac{x^2-2x-3}{x^2-1}$ 的间断点,并判别其类型.

解 $f(x)=\dfrac{x^2-2x-3}{x^2-1}=\dfrac{(x+1)(x-3)}{(x+1)(x-1)}$,间断点为 $x=-1,1$,

$$\lim_{x\to1}f(x)=\lim_{x\to1}\frac{x-3}{x-1}=\infty,$$

所以 $x=1$ 是无穷间断点，属于第二类间断点；而

$$\lim_{x\to-1}f(x)=\lim_{x\to-1}\frac{x-3}{x-1}=2,$$

但 $f(x)$ 在 $x=-1$ 处无定义，所以 $x=-1$ 是可去间断点，属于第一类间断点. 若补充定义

$$f(-1)=2,$$

那么 $f(x)$ 在 $x=-1$ 处连续.

例 2.48 讨论函数

$$f(x)=\begin{cases}x^{\sigma}\sin\dfrac{1}{x}, & x>0,\\ x^3+b, & x\leqslant 0\end{cases}$$

在 $x=0$ 处的连续性，其中 σ,b 为常数.

解 $f(0-0)=\lim\limits_{x\to0^-}(x^3+b)=b=f(0)$；

当 $\sigma>0$ 时，$\lim\limits_{x\to0^+}x^{\sigma}=0$，$\sin\dfrac{1}{x}$ 是有界的，故

$$f(0+0)=\lim_{x\to0^+}x^{\sigma}\sin\frac{1}{x}=0;$$

当 $\sigma=0$ 时，$f(x)=\sin\dfrac{1}{x}(x>0)$ 在 $x\to0^+$ 时在 1 和 -1 之间无穷振荡，$f(0+0)$ 不存在；

当 $\sigma<0$ 时，

$$\lim_{x\to0^+}x^{\sigma}=\lim_{x\to0^+}\frac{1}{x^{-\sigma}}=+\infty,$$

故 $f(x)=x^{\sigma}\sin\dfrac{1}{x}(x>0)$ 在 $x\to0^+$ 时无穷振荡且振幅 x^{σ} 趋于 $+\infty$，从而 $f(0+0)$ 不存在.

因此，仅当 $b=0$ 且 $\sigma>0$ 时，$f(0-0)=f(0+0)=f(0)=0$，$f(x)$ 在 $x=0$ 处连续，而当 $b\neq0$ 时，若 $\sigma>0$，$x=0$ 是 $f(x)$ 的第一类间断点；若 $\sigma\leqslant0$，$x=0$ 是 $f(x)$ 的第二类间断点.

2.5.3 连续函数的运算

根据函数连续性的定义及极限的运算法则立即可得到：连续函数的加、减、乘、除和复合得到的函数在其定义域上也连续，即有下述定理：

定理 2.26 若函数 f 和 g 在点 x_0 处连续，c 是常数，那么下列函数在点 x_0 处

都连续：

$$f+g,f-g,cf,f\cdot g,\frac{f}{g}(g\text{ 在点 }x_0\text{ 处不为 0 时}).$$

定理 2.27 设函数 φ 在点 x_0 处连续，而函数 f 在点 $u_0=\varphi(x_0)$ 连续，则复合函数 $f\circ\varphi$ 在点 x_0 连续.

证明略.稍加修改定理 2.21 的证明，即得本定理的证明.

定理 2.27 的结论也可以表述为：

$$\lim_{x\to x_0}f[\varphi(x)]=f[\lim_{x\to x_0}\varphi(x)]=f[\varphi(x_0)].$$

也就是说，在 f 连续时，极限符号可以"通过"连续函数符号 f.

例 2.37 和例 2.39 实际上证明了 $\ln x$ 和 a^x 的连续性，再依上述定理，可以证明幂函数的连续性.

例 2.49 证明函数 $f(x)=x^\alpha$ 在 $(0,+\infty)$ 内连续，其中 $\alpha\in\mathbf{R}$.

证 由于 $f(x)=x^\alpha=e^{\alpha\ln x}$，故 $\forall x_0>0$，有

$$\lim_{x\to x_0}x^\alpha=\lim_{x\to x_0}e^{\alpha\ln x}=e^{\lim\limits_{x\to x_0}\alpha\ln x}=e^{\alpha\ln x_0}=x_0^\alpha,$$

所以 $f(x)=x^\alpha$ 在点 x_0 连续，由 x_0 的任意性知，$f(x)=x^\alpha$ 在 $(0,+\infty)$ 内连续.

关于反函数的连续性，有以下的结论.

定理 2.28 若函数 f 在区间 I 内严格单调增加（或严格单调减少）且连续，那么它的反函数 f^{-1} 在区间 $R(f)$ 内也严格单调增加（或严格单调减少）且连续.

定理的证明涉及闭区间上连续函数的性质，这里不予阐述.在经过下一小节学习以后，有兴趣的读者可以自己尝试证明.

2.5.4 初等函数的连续性

有上一小节，我们知道连续函数的和、差、积、商以及复合函数在其定义区间内都是连续的.为了说明初等函数的连续性，我们首先考察基本初等函数在定义域上的连续性.

常数函数的极限等于其本身，它显然是连续的.

幂函数 x^α 的连续性在例 2.49 给出，特别当指数 α 为有理数时，由 x 的连续性结合定理 2.20 即可证得（此时函数的定义域不限于 $\mathbf{R}_+$）.

指数函数 a^x 的连续性由例 2.39 给出，可由反函数的连续性得到对数函数 $\log_a x$ 的连续性.实际上例 2.37 已经给出了 $\ln x$ 的连续性，再由公式

$$\log_a x=\frac{1}{\ln a}\ln x$$

也可得到对数函数 $\log_a x$ 的连续性.

函数 $\sin x$ 和 $\cos x$ 的连续性通过例2.44得到，从而依四则运算法则导出 $\tan x, \cot x, \sec x$ 和 $\csc x$ 在其定义域内的区间上连续，再由反函数的连续性得到反三角函数 $\arcsin x, \arccos x, \arctan x$ 和 $\operatorname{arccot} x$ 在其定义域内的区间上连续.

至此我们得到：所有基本初等函数在其定义域内的区间上都是连续的.

根据初等函数的定义和连续函数的运算法则，我们有结论：

定理 2.29 初等函数 $f(x)$ 在其定义域内的区间上连续.

当然，初等函数在其定义域内区间的闭端点处是单侧连续的.

初等函数 $f(x)$ 在其定义域内的区间上连续意味着，对初等函数 $f(x)$ 求 $x \to x_0$ 时的极限时，只要 x_0 是其定义域内的点，那么就有

$$\lim_{x \to x_0} f(x) = f(x_0).$$

也就是说只要在 $f(x)$ 中取 $x = x_0$.

例 2.50 求极限 $\lim\limits_{x \to 2} \ln\left[\sin\dfrac{\pi}{x} + e^{\cos(x-2)}\right]$.

解 由于 $x=2$ 是初等函数 $\ln\left[\sin\dfrac{\pi}{x} + e^{\cos(x-2)}\right]$ 定义域内的点，是连续点，所以

$$\lim_{x \to 2} \ln\left[\sin\frac{\pi}{x} + e^{\cos(x-2)}\right] = \ln\left[\sin\frac{\pi}{x} + e^{\cos(x-2)}\right]\Bigg|_{x=2} = \ln(1+e).$$

2.6 闭区间上连续函数的性质

函数在一点的连续性反映了函数在一点附近的变化趋势，是一个局部（邻域）的性质.例如，函数在某点处连续，则函数在该点的某一个邻域内有界，这是一个局部有界性结果，它并不表明函数在定义区间上整体有界.然而当函数在闭区间上连续时，就会产生一些反映函数在这闭区间上的整体状态的特有性质.本节将给出闭区间上连续函数的一些特有性质.

定理 2.30（有界性定理） 若 $f \in C[a,b]$，则 f 在 $[a,b]$ 上有界.

证 我们将应用区间套定理，且用反证法来证明.

若 $f(x)$ 在 $[a,b]$ 无界，取 $[a_1,b_1]=[a,b]$，考虑由 $c_1=\dfrac{a_1+b_1}{2}$ 等分 $[a_1,b_1]$ 得到的两个区间 $[a_1,c_1]$，$[c_1,b_1]$，则 $f(x)$ 至少在其中一个区间无界，我们取这区

间为$[a_2,b_2]$.再考虑由$c_2=\frac{a_2+b_2}{2}$等分$[a_2,b_2]$得到的两个区间$[a_2,c_2]$,$[c_2,b_2]$,$f(x)$仍然至少在其中一个区间无界,取这区间为$[a_3,b_3]$.以这样的方法继续下去,就得到一个区间序列$\{[a_n,b_n]\}$满足:

$\forall n\in\mathbf{N}_+$都有$[a_{n+1},b_{n+1}]\subset[a_n,b_n]$,$b_n-a_n=\frac{b-a}{2^{n-1}}\to 0$,且$f(x)$在$[a_n,b_n]$都无界.

依区间套定理及其证明知,$\exists\xi\in[a,b]$,使得$\xi=\lim\limits_{n\to\infty}a_n=\lim\limits_{n\to\infty}b_n$.由于$f(x)$在$\xi$连续,故$\exists\delta>0$,$f(x)$在$(\xi-\delta,\xi+\delta)$内有界(若$\xi=a$或$b$,则$f(x)$在$[\xi,\xi+\delta)$或$(\xi-\delta,\xi]$内有界).由于$\xi=\lim\limits_{n\to\infty}a_n=\lim\limits_{n\to\infty}b_n$,故$\exists N\in\mathbf{N}_+$,使得$[a_N,b_N]\subset(\xi-\delta,\xi+\delta)$,而$f(x)$在$[a_N,b_N]$无界,这就导致了矛盾.于是可知$f(x)$在$[a,b]$有界.

定理的证明采取了两分法,不断等分缩小区间而“搜索”所需要的点,注意若f在一个区间无界,其必定在区间(连同端点)的某一点的邻域无界,定理证明中“搜索”的就是这样一点.两分法是数学中常用的方法,不仅用于证明,也用于解决实际问题.

定理 2.31(最大值最小值定理) 若$f\in C[a,b]$,则$\exists\xi,\eta\in[a,b]$,使得

$$f(\xi)=M=\max_{x\in[a,b]}f(x),\qquad f(\eta)=m=\min_{x\in[a,b]}f(x).$$

定理中的M,m分别称为函数f在闭区间$[a,b]$上的**最大值**,**最小值**,ξ,η分别称为f在区间$[a,b]$上的最大值点和最小值点.定理表明,闭区间上的连续函数必定在区间内某些点取到最大值和最小值.

证 若$f\in C[a,b]$,则由有界性定理知,f在$[a,b]$有界.又由确界存在定理知,f在$[a,b]$上有上确界.设上确界$\sup\limits_{x\in[a,b]}f(x)=M$,我们断言:$f(x)$必定在区间内某点取值为$M$.

用反证法,设$f(x)$在$[a,b]$的所有点处都取不到M,即

$$f(x)<M,\quad\forall x\in[a,b].$$

作函数$g(x)=\frac{1}{M-f(x)}$,由于f连续,且分母不等于0,由连续函数的运算法则知$g(x)$在$[a,b]$上连续,因此是有界的.所以$\exists C>0$,使得

$$g(x)=\frac{1}{M-f(x)}\leqslant C,\quad\forall x\in[a,b],$$

从而有

$$f(x)\leqslant M-\frac{1}{C},\quad\forall x\in[a,b].$$

这与M是最小上界(即上确界)矛盾,故反证法假设不成立,所以必定$\exists\xi\in[a,b]$,使得$f(\xi)=M$,这说明

$$f(\xi)=\max_{x\in[a,b]}f(x).$$

同理可证$\exists\eta\in[a,b]$,使得

$$f(\eta)=\min_{x\in[a,b]}f(x).$$

定理中的闭区间条件是重要的.开区间上的连续函数未必有界,也未必存在最大值和最小值.例如函数$f(x)=\dfrac{1}{x}$在开区间$(0,1)$内连续,但无上界,所以也取不到最大值(不存在).函数$f(x)=\dfrac{1}{x}$在开区间$(1,2)$内虽然有界,容易证明其上确界和下确界存在,分别为$1,\dfrac{1}{2}$,但当自变量x趋向于1时,函数值只能接近1,但取不到1,即函数在开区间$(1,2)$内没有最大的函数值(即最大值),同样没有最小的函数值(即最小值).因此,我们看到,最大值、最小值的概念与上确界、下确界的概念是有区别的.

定理 2.32(零点存在定理) 若$f\in C[a,b]$,且$f(a)f(b)<0$,则$\exists\xi\in(a,b)$,使得

$$f(\xi)=0.$$

定理中的ξ是函数$f(x)$取值为零的点,称为函数f的**零点**,也称其为方程$f(x)=0$的根.

零点存在定理是很直观的:一根连续曲线段,其两端分别在x轴的上方和下方,那么这连续曲线段至少与x轴相交一次,交点为$(\xi,0)$(图 2.14),即ξ为$f(x)$的一个零点.

定理的证明可以采用类似于定理 2.30 中的两分法,产生区间套来“搜索”$f(x)$的零点.我们把它留给有兴趣的读者.

定理 2.33(介值定理) 若$f(x)\in C[a,b]$,且$f(a)\neq f(b)$,则对介于$f(a)$,$f(b)$之间的任意值c,$\exists\xi\in[a,b]$,使得

$$f(\xi)=c.$$

证 构造函数$F(x)=f(x)-c$,则$F(x)\in C[a,b]$,且有

$$F(a)F(b)=[f(a)-c]\cdot[f(b)-c],$$

由于c在$f(a)$,$f(b)$之间,故

$$[f(a)-c]\cdot[f(b)-c]<0,$$

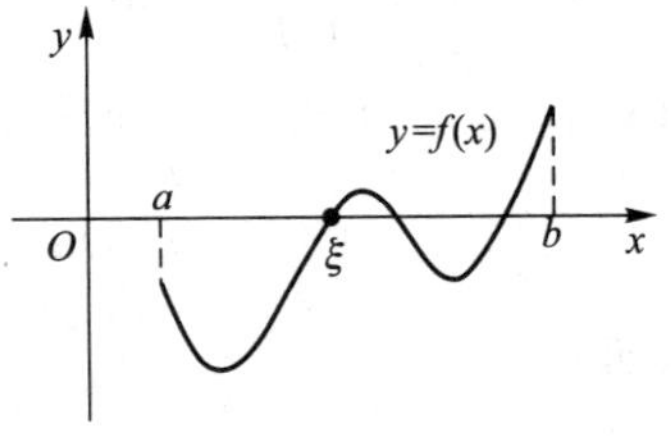

图 2.14

依零点存在定理，$\exists \xi \in (a,b)$，使得 $F(\xi)=0$，即

$$f(\xi)=c.$$

定理的证明采用了构造辅助函数的方法，这又是微积分中常用的一个证明方法，往往是从命题中给出条件的函数出发，构造出一个新函数，对新函数能应用已知的现成命题，而导出的结论又可转化为求证的结论.这种辅助函数法我们常会碰到.

以上我们由零点存在定理证明了介值定理，其实我们也可以由介值定理来证明零点存在定理.在零点存在定理中，条件 $f(a)f(b)<0$ 意味着 0 介于 $f(a)$，$f(b)$之间，故由介值定理立即可以得到零点存在定理的结论.由此得知，零点存在定理与介值定理是相互等价的.

依最大值最小值定理，对闭区间$[a,b]$上的连续函数 f，存在 $x_1,x_2 \in [a,b]$，使得$f(x_1)$，$f(x_2)$分别是 f 在闭区间$[a,b]$上的最小值 m，最大值 M，则可在闭区间$[x_1,x_2]$（或$[x_2,x_1]$）上应用介值定理，得到下述结论：

闭区间上的连续函数可以取遍其最小值 m 和最大值 M 之间的任何值.

因此，闭区间$[a,b]$上的连续函数 f 的值域就是其最小值 m，最大值 M 构成的闭区间$[m,M]$；换言之：连续函数作为一个映射，它把闭区间映到闭区间.

例 2.51 试证任何实系数奇次代数方程必有一实根.

证 设实系数奇次方程为

$$a_0x^{2n+1}+a_1x^{2n}+\cdots+a_{2n}x+a_{2n+1}=0,$$

其中 $a_0,\cdots,a_{2n+1}$ 为实常数，且不妨假设 $a_0>0$.

令函数 $g(x)=a_0+\dfrac{a_1}{x}+\cdots+\dfrac{a_{2n+1}}{x^{2n+1}}$，则

$$f(x)=a_0x^{2n+1}+a_1x^{2n}+\cdots+a_{2n+1}=x^{2n+1}g(x),$$

显然 $\lim\limits_{x\to\infty}g(x)=a_0>0$，据极限的保号性，$\exists X>0$，当 $|x|>X$ 时，$g(x)>0$，故若 $N=X+1$，则

$$g(N)>0,\quad g(-N)>0,$$

于是

$$f(N)=N^{2n+1}g(N)>0,\quad f(-N)=(-N)^{2n+1}g(-N)<0.$$

由 $f(x)$ 是初等函数，可知 $f\in C[-N,N]$，从而由零点存在定理知 $\exists \xi \in [-N,N]$，使得

$$f(\xi)=0,$$

即 ξ 是原方程的根.

例 2.52 若函数 $f\in C[0,a]$ $(a>0)$，$f(0)=f(a)=0$，$f(x)$ 在$(0,a)$内恒正，

试证：$\forall l \in (0,a)$，$\exists \xi \in (0,a-l)$，使得 $f(\xi)=f(\xi+l)$.

证 与介值定理证明方法类似，我们用构造辅助函数的方法证明.

作函数

$$F(x)=f(x+l)-f(x),$$

则问题转化为要证明函数 $F(x)$ 在 $(0,a-l)$ 内的零点存在性.

由 $f(x)\in C[0,a]$ 知 $f(x+l)\in C[-l,a-l]$，从而 $F\in C[0,a-l]$. 又因

$$F(0)=f(l)-f(0)=f(l)>0,\quad F(a-l)=f(a)-f(a-l)=-f(a-l)<0,$$

故依零点存在定理知，$\exists \xi\in(0,a-l)$，使得

$$F(\xi)=0,$$

于是即得

$$f(\xi)=f(\xi+l).$$

习题 2

1. 用观察法指出下列数列的极限，并按定义验证之：

(1) $a_n=\dfrac{(-1)^n}{2^n}\quad(n=1,2,3,\cdots)$；

(2) $a_1=0.9, a_2=0.99,\cdots,a_n=0.9\cdots9(n$ 个 $9),\cdots$.

2. 用数列极限的"$\varepsilon-N$"定义，证明下列极限：

(1) $\lim\limits_{n\to\infty}\dfrac{2}{\sqrt{n}}=0$；　　(2) $\lim\limits_{n\to\infty}\dfrac{3n-2}{2n+1}=\dfrac{3}{2}$；

(3) $\lim\limits_{n\to\infty}\dfrac{4n^2+n+9}{7n^3-8}=0$；　　(4) 若 $\lim\limits_{n\to\infty}x_n=a$，则 $\lim\limits_{n\to\infty}\sqrt[3]{x_n}=\sqrt[3]{a}$；

(5) $\lim\limits_{n\to\infty}\dfrac{n!}{n^n}=0$；　　(6) $\lim\limits_{n\to\infty}(\sin\sqrt{n+1}-\sin\sqrt{n})=0$.

3. 设 $\{a_n\}$ 为一正项数列，且 $\lim\limits_{n\to\infty}\dfrac{a_{n+1}}{a_n}=0$，证明数列 $\{a_n\}$ 当 n 充分大后为单调减少数列.

4. 若数列 $\{a_n\}$ 满足 $a_n\leqslant qa_{n-1}$，其中 $a_n>0, 0<q<1$，试用定义证明 $\lim\limits_{n\to\infty}a_n=0$.

5. 设 $\lim\limits_{n\to\infty}a_n=a$，证明 $\lim\limits_{n\to\infty}|a_n|=|a|$，并举例说明：如果数列 $\{|a_n|\}$ 收敛，数列 $\{a_n\}$ 未必收敛.

6. 设 $\lim\limits_{n\to\infty}a_n=a$，若 $a\neq0$，试用定义证明 $\lim\limits_{n\to\infty}\dfrac{a_{n+1}}{a_n}=1$；又若 $a=0$，问 $\lim\limits_{n\to\infty}\dfrac{a_{n+1}}{a_n}$ 是否存在？

7. 设有数列 $\{a_n\}$ 和 $\{b_n\}$，如果 $\lim\limits_{n\to\infty}\dfrac{a_n}{b_n}=a(a\neq0)$ 且 $\lim\limits_{n\to\infty}a_n=0$，证明 $\lim\limits_{n\to\infty}b_n=0$.

8. 根据定义证明下列数列为无穷小：

(1) $a_n=\dfrac{10}{n!}$；　　(2) $a_n=\dfrac{1}{n}\sin\dfrac{n\pi}{2}$；　　(3) $a_n=\dfrac{n+(-1)^n}{n^2-1}$.

9. 根据定义证明下列数列为正无穷大：

（1）$x_n=\ln n$；　　（2）$x_n=\dfrac{n^2+1}{3n-1}$.

10. 举出满足下列要求的数列的例子：

（1）有界数列但无极限；　　（2）无界数列但不是无穷大.

11. 证明定理 2.4.即若 $x_n\neq 0$,则

（1）$\lim\limits_{n\to\infty}x_n=\infty \Leftrightarrow \lim\limits_{n\to\infty}\dfrac{1}{x_n}=0$；　　（2）$\lim\limits_{n\to\infty}x_n=0 \Leftrightarrow \lim\limits_{n\to\infty}\dfrac{1}{x_n}=\infty$.

12. 计算下列数列的极限：

（1）$\lim\limits_{n\to\infty}\dfrac{1+\dfrac{1}{2}+\dfrac{1}{2^2}+\cdots+\dfrac{1}{2^n}}{1+\dfrac{1}{3}+\dfrac{1}{3^2}+\cdots+\dfrac{1}{3^n}}$；　　（2）$\lim\limits_{n\to\infty}\dfrac{5^n+(-2)^n}{5^{n+1}+(-2)^{n+1}}$；

（3）$\lim\limits_{n\to\infty}\dfrac{1^2+2^2+\cdots+n^2}{n^3}$；　　（4）$\lim\limits_{n\to\infty}\left(\dfrac{1}{n^2}+\dfrac{3}{n^2}+\cdots+\dfrac{2n-1}{n^2}\right)$；

（5）$\lim\limits_{n\to\infty}\left[\dfrac{1}{1\cdot 3}+\dfrac{1}{2\cdot 4}+\dfrac{1}{3\cdot 5}+\cdots+\dfrac{1}{n(n+2)}\right]$；

（6）$\lim\limits_{n\to\infty}\left[\dfrac{1^2}{n^3}+\dfrac{3^2}{n^3}+\cdots+\dfrac{(2n-1)^2}{n^3}\right]$；

（7）$\lim\limits_{n\to\infty}\left(1-\dfrac{1}{2^2}\right)\left(1-\dfrac{1}{3^2}\right)\cdots\left(1-\dfrac{1}{n^2}\right)$；

（8）$\lim\limits_{n\to\infty}\left(1+\dfrac{1}{2}\right)\left(1+\dfrac{1}{2^2}\right)\left(1+\dfrac{1}{2^4}\right)\cdots\left(1+\dfrac{1}{2^{2^n}}\right)$.

13. 利用夹逼定理求下列数列的极限：

（1）$\lim\limits_{n\to\infty}\left[\dfrac{1}{n^2}+\dfrac{1}{(n+1)^2}+\cdots+\dfrac{1}{(2n)^2}\right]$；

（2）$\lim\limits_{n\to\infty}\left(\dfrac{1}{\sqrt{n^2+1}}+\dfrac{1}{\sqrt{n^2+2}}+\cdots+\dfrac{1}{\sqrt{n^2+n}}\right)$；

（3）$\lim\limits_{n\to\infty}\dfrac{(2n-1)!!}{(2n)!!}$；

（4）$\lim\limits_{n\to\infty}\left(\dfrac{1}{n^2+n+1}+\dfrac{2}{n^2+n+2}+\dfrac{3}{n^2+n+3}+\cdots+\dfrac{n}{n^2+n+n}\right)$.

14. 设 $A=\max\{a_1,a_2,\cdots,a_m\}$（$a_i>0,i=1,2,\cdots,m$）,证明：

$$\lim_{n\to\infty}\sqrt[n]{a_1^n+a_2^n+\cdots+a_m^n}=A.$$

15. 直三棱锥 $PABC$ 如图 2.15 所示,底为三角形 ABC,高为 $\overline{PA}$,试用柱体体积公式：V=底面积×高,构造两个数列 $\{V_n\}$,

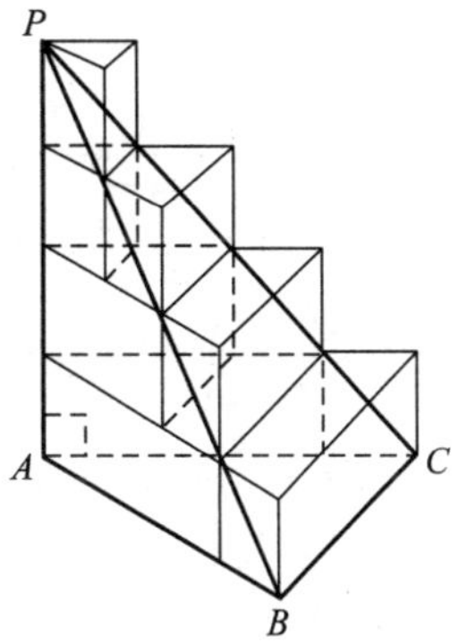

图 2.15

$\{\overline{V}_n\}$，使得三棱锥的体积 V_{PABC} 满足：$V_n<V_{PABC}<\overline{V}_n$，并用夹逼定理得到直三棱锥 $PABC$ 的体积公式

$$V_{PABC}=\frac{1}{3}S_{ABC}\cdot\overline{PA}.$$

16. 利用单调有界数列极限存在定理，证明下列数列极限存在：

(1) $a_n=\frac{1}{3+1}+\frac{1}{3^2+1}+\frac{1}{3^3+1}+\cdots+\frac{1}{3^n+1}$；

(2) $a_n=\frac{3}{1^2\cdot 2^2}+\frac{5}{2^2\cdot 3^2}+\cdots+\frac{2n+1}{n^2(n+1)^2}$；

(3) $a_n=1+\frac{1}{2^2}+\frac{1}{3^2}+\cdots+\frac{1}{n^2}$；

(4) $a_n=1+\frac{1}{2^2}+\frac{1}{3^3}+\cdots+\frac{1}{n^n}$.

17. 证明下列递归数列收敛，并求其极限：

(1) $a_1=\sqrt{2},a_{n+1}=\sqrt{2a_n}\ (n=1,2,\cdots)$.

(2) $a_1>0,a_{n+1}=\frac{1}{2}\left(a_n+\frac{1}{a_n}\right)\ (n=1,2,\cdots)$；

(3) $a_1>10,a_{n+1}=\sqrt{6+a_n}\ (n=1,2,\cdots)$；

(4) $a_1=1,a_{n+1}=1+\frac{a_n}{1+a_n},n=1,2,\cdots$.

18. 用函数极限的“$\varepsilon-\delta$”定义证明下列各式：

(1) $\lim\limits_{x\to 5}\frac{x^2-6x+5}{x-5}=4$；　(2) $\lim\limits_{x\to 2}x^2=4$；　(3) $\lim\limits_{x\to 0}\cos x=1$；

(4) $\lim\limits_{x\to 3}\frac{x-3}{x}=0$；　(5) $\lim\limits_{x\to\frac{\pi}{4}}\sin x=\frac{\sqrt{2}}{2}$；　(6) $\lim\limits_{x\to 0}\frac{1}{2^x}=1$.

19. 证明 $\lim\limits_{x\to a}f(x)=A$ 的充分必要条件为 $\lim\limits_{x\to a^+}f(x)=A$ 且 $\lim\limits_{x\to a^-}f(x)=A$.

20. 求下列函数在指定点处的左、右极限，并判断函数在该点处是否存在极限：

(1) $f(x)=\frac{\sqrt{(x-1)^2}}{x-1}$ 在 $x_0=1$ 处；

(2) $f(x)=\begin{cases}x+2, & x\leqslant 2,\\ \frac{1}{x-2}, & x>2\end{cases}$ 在 $x_0=2$ 处；

(3) $f(x)=\arctan\frac{1}{x}$ 在 $x_0=0$ 处；

(4) $f(x)=\frac{2^{\frac{1}{x}}-1}{2^{\frac{1}{x}}+1}$ 在 $x_0=0$ 处.

21. 用函数极限的"$\varepsilon-X$"定义证明下列各式：

（1）$\lim\limits_{x\to\infty}\dfrac{3x^2-1}{x^2+3}=3$；　（2）$\lim\limits_{x\to-\infty}\arctan x=-\dfrac{\pi}{2}$；　（3）$\lim\limits_{x\to-\infty}a^x=0\ (a>1)$.

22. 设$\lim\limits_{x\to\infty}f(x)=A\ (A>0)$，试用定义证明$\lim\limits_{x\to\infty}\sqrt{f(x)}=\sqrt{A}$.

23. 在下表对应位置处写出函数极限的定义：

	$f(x)\to A$	$f(x)\to\infty$	$f(x)\to+\infty$	$f(x)\to-\infty$
$x\to x_0$				
$x\to x_0^+$				
$x\to x_0^-$				
$x\to\infty$				
$x\to+\infty$				
$x\to-\infty$				

24. 证明函数$f(x)=\dfrac{1}{x}\cos\dfrac{1}{x}$在点$x=0$的邻域内无界，但当$x\to0$时，并非无穷大.

25. 计算下列极限：

（1）$\lim\limits_{x\to4}\dfrac{x^2-6x+8}{x^2-5x+4}$；　（2）$\lim\limits_{x\to a}\dfrac{x^2-(a+1)x+a}{x^3-a^3}\ (a\neq0)$；

（3）$\lim\limits_{h\to0}\dfrac{(x+h)^3-x^3}{h}$；　（4）$\lim\limits_{x\to\infty}\dfrac{(2x-3)^{20}(3x+2)^{30}}{(5x+1)^{50}}$；

（5）$\lim\limits_{x\to0}\dfrac{\sqrt{1+x}-1}{x}$；　（6）$\lim\limits_{x\to1}\dfrac{\sqrt{3-x}-\sqrt{1+x}}{x^2-1}$；

（7）$\lim\limits_{x\to4}\dfrac{\sqrt{2x+1}-3}{\sqrt{x-2}-\sqrt{2}}$；　（8）$\lim\limits_{x\to-8}\dfrac{\sqrt{1-x}-3}{2+\sqrt[3]{x}}$；

（9）$\lim\limits_{x\to1}\left(\dfrac{1}{x-1}-\dfrac{2}{x^2-1}\right)$；　（10）$\lim\limits_{x\to+\infty}\dfrac{(x+1)(x^2+1)\cdots(x^n+1)}{[(nx)^n+1]^{\frac{n+1}{2}}}$；

（11）$\lim\limits_{x\to1}\dfrac{x+x^2+\cdots+x^n-n}{x-1}$；　（12）$\lim\limits_{x\to+\infty}\sqrt{x}(\sqrt{x+a}-\sqrt{x})$.

26. 计算下列极限：

（1）$\lim\limits_{x\to0}\dfrac{\tan 3x}{x}$；　（2）$\lim\limits_{x\to0}\dfrac{\arcsin x}{x}$；

（3）$\lim\limits_{x\to a}\dfrac{\sin x-\sin a}{x-a}$；　（4）$\lim\limits_{x\to\pi}\dfrac{\sin x}{\pi-x}$；

（5）$\lim\limits_{x\to\frac{\pi}{2}}\dfrac{\cos x}{\frac{\pi}{2}-x}$；　（6）$\lim\limits_{x\to0}\dfrac{\cos x-\sqrt[3]{\cos x}}{\sin^2 x}$；

(7) $\lim\limits_{x\to 0}\dfrac{\sqrt{1+x\sin x}-\cos x}{\sin^2\dfrac{x}{2}}$；

(8) $\lim\limits_{x\to\frac{\pi}{6}}\dfrac{\sin\left(x-\dfrac{\pi}{6}\right)}{\dfrac{\sqrt{3}}{2}-\cos x}$；

(9) $\lim\limits_{x\to 0}\dfrac{1-\cos x\sqrt{\cos 2x}}{x^2}$；

(10) $\lim\limits_{x\to 1}(1-x)\tan\dfrac{\pi x}{2}$；

(11) $\lim\limits_{n\to\infty}n\sqrt{n}\left(\tan\dfrac{x}{\sqrt{n}}-\sin\dfrac{x}{\sqrt{n}}\right)$；

(12) $\lim\limits_{n\to\infty}\left(\cos\dfrac{x}{2}\cos\dfrac{x}{4}\cdots\cos\dfrac{x}{2^n}\right)$.

27. 计算下列极限：

(1) $\lim\limits_{x\to\infty}\left(1+\dfrac{2}{x}\right)^{x+3}$；

(2) $\lim\limits_{x\to 0}\sqrt[x]{1-2x}$；

(3) $\lim\limits_{x\to 0}(1+x^2)^{\frac{1}{1-\cos x}}$；

(4) $\lim\limits_{x\to\infty}\left(\dfrac{2}{x^2}+\cos\dfrac{1}{x}\right)^{x^2}$；

(5) $\lim\limits_{x\to 0}(1+\tan x)^{\cot x}$；

(6) $\lim\limits_{x\to 0}(1+3\tan^2 x)^{\cot^2 x}$；

(7) $\lim\limits_{x\to\infty}\left(\dfrac{2x-1}{2x+1}\right)^{x}$；

(8) $\lim\limits_{x\to\infty}\left(\dfrac{x^2}{x^2-1}\right)^{x}$；

(9) $\lim\limits_{x\to 0^+}\sqrt[x]{\cos\sqrt{x}}$；

(10) $\lim\limits_{x\to a}\left(\dfrac{\sin x}{\sin a}\right)^{\frac{1}{x-a}}$.

28. 当 $x\to 0$ 时，试确定下列无穷小对于 x 的阶数，并确定其主部：

(1) $x^3+1000x^2$；

(2) $\sqrt[3]{x^2}-\sqrt{x}\ (x\to 0^+)$；

(3) $\dfrac{x(x+1)}{1+\sqrt{x}}\ (x\to 0^+)$；

(4) $\sqrt{a+x^3}-\sqrt{a}\ (a>0)$；

(5) $\sqrt{1+x^4}-\sqrt{1-x^4}$；

(6) $\sqrt{x^2+\sqrt[3]{x^4}}$；

(7) $\sqrt{1+\tan x}-\sqrt{1-\sin x}$；

(8) $(\cos x)^x-1$.

29. 求下列各题中的常数 a：

(1) $\lim\limits_{n\to\infty}\left(\dfrac{n+a}{n-a}\right)^{n}=\sqrt{\mathrm{e}}$；

(2) $\lim\limits_{x\to\infty}\left(\dfrac{x+2a}{x-a}\right)^{x}=8$；

(3) $\lim\limits_{x\to\infty}\left(1+\dfrac{a}{x}\right)^{x}=4$；

(4) $\lim\limits_{x\to 0}\left(1+\dfrac{x}{a}\right)^{\frac{1}{x}}=3$；

(5) 当 $x\to 0$ 时，$\sqrt[4]{1+ax^2}-1$ 与 $\cos x-1$ 是等价无穷小；

(6) 当 $x\to 0^+$ 时，$\sqrt{x+\sqrt{x+\sqrt{x}}}$ 与 $\sqrt[a]{x}$ 是等价无穷小；

(7) 当 $x\to 1$ 时，$1-x$ 与 $a(1-\sqrt[m]{x})\ (m\in\mathbf{N}_+)$ 是等价无穷小.

30. 计算下列极限：

(1) $\lim\limits_{x\to 0}\dfrac{\sqrt{1+x+x^2}-1}{\sin 2x}$；

(2) $\lim\limits_{x\to 0}\dfrac{1-\cos x}{(\mathrm{e}^x-1)\cdot\ln(1+x)}$；

(3) $\lim\limits_{x\to 0}\dfrac{x^2\tan x}{\sqrt{1-x^2}-1}$; (4) $\lim\limits_{x\to 0}\dfrac{\ln(\sin^2 x+e^x)-x}{\ln(e^{2x}-x^2)-2x}$;

(5) $\lim\limits_{x\to 0}\dfrac{\ln\cos ax}{\ln\cos bx}$ $(a,b\neq 0)$; (6) $\lim\limits_{x\to 0}\dfrac{\sqrt[n]{1+\alpha x}-\sqrt[m]{1+\beta x}}{x}$ $(m,n\in\mathbf{N}_+)$;

(7) $\lim\limits_{x\to 0}\dfrac{\ln(1+x)+\ln(1-x)}{1-\cos x+\sin^2 x}$; (8) $\lim\limits_{x\to 0}(3e^{\frac{x}{x-1}}-2)^{\frac{1}{x}}$;

(9) $\lim\limits_{x\to 0}\left(\dfrac{2+e^{\frac{1}{x}}}{1+e^{\frac{2}{x}}}+\dfrac{\sin x}{|x|}\right)$; (10) $\lim\limits_{x\to 0}\left(\dfrac{2^x+3^x}{2}\right)^{\frac{1}{x}}$.

31. 求下列各题中的常数 a,b:

(1) $\lim\limits_{x\to+\infty}(3x-\sqrt{ax^2-bx+1})=2$;

(2) $\lim\limits_{x\to\infty}\left(\dfrac{x^2+1}{x+1}-ax-b\right)=0$;

(3) $\lim\limits_{x\to+\infty}\left(\sqrt{x^2+ax}-\sqrt{bx^2-1}\right)=1$.

32. 已知 $x\to 0$ 时,$f(x)$是比 x 高阶的无穷小,且$\lim\limits_{x\to 0}\dfrac{\ln\left(1+\dfrac{f(x)}{\sin 2x}\right)}{3^x-1}=5$,求$\lim\limits_{x\to 0}\dfrac{f(x)}{x^2}$.

33. 求下列函数的间断点,并确定其类型,若为可去间断点,则补充(或修改)定义使它连续:

(1) $y=\dfrac{x^2-1}{x^2-3x+2}$; (2) $y=\dfrac{\cos\dfrac{\pi x}{2}}{x^2(x-1)}$;

(3) $y=\dfrac{\sqrt[3]{1+4x}-1}{2\sin x}$; (4) $y=\dfrac{\dfrac{1}{x}-\dfrac{1}{x+1}}{\dfrac{1}{x-1}-\dfrac{1}{x}}$;

(5) $y=\dfrac{1}{1+e^{\frac{1}{1-x}}}$; (6) $y=\ln\cos x$;

(7) $y=[x]$; (8) $y=\left[\dfrac{1}{|x|+1}\right]$.

34. 求下列函数的连续区间:

(1) $y=\dfrac{1}{\sqrt[3]{x^2-3x+2}}$; (2) $y=\sqrt{\dfrac{x-2}{x-1}}$; (3) $y=\ln\arcsin x$.

35. 设函数$f(x)$在区间 I 内连续,证明$f^2(x)$也在 I 内连续.

36. 设 $\varphi(x)$在 $x=0$ 连续,且 $\varphi(0)=0$ 及 $|f(x)|\leqslant|\varphi(x)|$.证明:$f(x)$在 $x=0$ 处连续.

37. 求下列各题中常数 a,b 的值,使函数$f(x)$为连续函数:

(1) $f(x)=\begin{cases}\dfrac{\sin ax}{x}, & x<0,\\ 1, & x=0,\\ \dfrac{b(\sqrt{1+x}-1)}{x}, & x>0;\end{cases}$ (2) $f(x)=\lim\limits_{n\to\infty}\dfrac{x^{2n-1}+ax^2+bx}{x^{2n}+1}$.

38. 设

$$f(x)=\begin{cases}x^a\sin\dfrac{1}{x}, & x>0,\\ e^x+b, & x\leqslant 0,\end{cases}$$

试根据 a 与 b 的不同取值,讨论 $f(x)$ 在 $x=0$ 处的连续性(连续,左连续,右连续或间断性,在间断时指出其所属类型).

39. 证明下列方程根的问题:

(1) $x^5-3x-1=0$ 在 $(1,2)$ 内至少有一实根;

(2) $x=a\sin x+b$ $(0<a<1,b>0)$ 至少有一正根,且不超过 $a+b$.

40. 设函数 $f(x)\in C[0,1]$ 且满足 $0<f(x)<1(0\leqslant x\leqslant 1)$.证明:存在 $\xi\in(0,1)$ 使得 $f(\xi)=\xi$.

41. 设函数 $f(x)$ 和 $g(x)$ 在 $[a,b]$ 上连续,且 $f(a)<g(a)$, $f(b)>g(b)$.试证:存在 $\xi\in(a,b)$ 使得

$$f(\xi)=g(\xi).$$

42. 设函数 $f(x)\in C[0,+\infty)$,且 $f(0)>0$, $\lim\limits_{x\to+\infty}f(x)=A<0$.证明:存在 $\xi\in(0,+\infty)$ 使得

$$f(\xi)=0.$$

43. 设函数 $f(x)\in C(a,b)$,又 $x_1,x_2,\cdots,x_n$ 为 (a,b) 内的任意点.证明:存在 $\xi\in(a,b)$ 使得

$$f(\xi)=\frac{f(x_1)+f(x_2)+\cdots+f(x_n)}{n}.$$

44. 设函数 $f(x)\in C[a,b]$,又 $a<c<d<b$.证明:存在 $\xi\in(a,b)$,使得

$$mf(c)+nf(d)=(m+n)f(\xi)\quad(m,n\in\mathbf{N}_+).$$

45. 设函数 $f(x)\in C(\mathbf{R})$,且 $\lim\limits_{x\to\infty}f(x)=A$ (有限值).证明:$f(x)$ 在 $\mathbf{R}$ 上必有界.

46. 设函数 $f(x)\in C(\mathbf{R})$,且 $\lim\limits_{x\to\infty}f(x)=+\infty$.证明:$f(x)$ 在 $\mathbf{R}$ 上取到它的最小值.

补充题

1. 求下列极限:

(1) $\lim\limits_{n\to\infty}(1+x)(1+x^2)\cdots(1+x^{2^{n-1}})$,其中 $|x|\leqslant 1$;

(2) $\lim\limits_{n\to\infty}[(n+1)^\alpha-n^\alpha]$,其中常数 $\alpha\in(0,1)$;

(3) $\lim\limits_{n\to\infty}[n\sin(2\pi\sqrt{n^2+1})]$.

2. 设 $\{x_n\}$ 为正项数列,且满足条件:(1) $\lim\limits_{n\to\infty}x_n=0$,(2) $\lim\limits_{n\to\infty}\dfrac{x_{n+1}}{x_n}=a$.证明:$a\leqslant 1$.

3. 给定两正数 $a,b(b>a)$,作两个数列 $\{x_n\}$,$\{y_n\}$:$x_1=a$,$y_1=b$,

$$x_{n+1}=\sqrt{x_n y_n}, y_{n+1}=\frac{x_n+y_n}{2} \quad (n=1,2,\cdots).$$

证明:数列$\{x_n\}$,$\{y_n\}$都收敛,且$\lim\limits_{n\to\infty}x_n=\lim\limits_{n\to\infty}y_n$.

4. 设$a_1=2, a_{n+1}=2+\frac{1}{a_n}, n=1,2,\cdots$,求$\lim\limits_{n\to\infty}a_n$.

5. 设函数$f(x)$在$(0,+\infty)$上满足$f(2x)=f(x)$,且$\lim\limits_{x\to+\infty}f(x)=A$(有限值).证明:

$$f(x)\equiv A.$$

6. 设在$\mathbf{R}$上定义的函数$f(x)$满足

$$f(x+y)=f(x)+f(y) \quad (x,y\in\mathbf{R}),$$

且在$x=0$处连续.证明:$f(x)\in C(\mathbf{R})$.

7. 设函数$f(x)$在$[a,b]$上单调,且可以取到$f(a)$与$f(b)$之间的所有值.试证:$f(x)\in C[a,b]$.

8. 设$f(x)$,$g(x)$均为区间I上的连续函数,试证:函数

$$\phi(x)=\max\{f(x),g(x)\} \text{ 和 } \psi(x)=\min\{f(x),g(x)\}$$

也在区间I连续.

9. 设函数$f(x)\in C[a,b]$,且$\forall x\in[a,b]$,$\exists y\in[a,b]$,使$|f(y)|\leqslant\frac{1}{2}|f(x)|$.试证:$\exists\xi\in[a,b]$,使得$f(\xi)=0$.

10. 设函数$f(x)\in C[0,1]$,且$f(x)$只取有理值,若$f\left(\frac{1}{3}\right)=2$.证明:$\forall x\in[0,1]$,有

$$f(x)=2.$$

11. 设函数$f(x)\in C[0,1]$,且$f(0)=f(1)$.证明:$\forall n\in\mathbf{N}_+$,$\exists\xi_n\in[0,1]$使得

$$f(\xi_n)=f\left(\xi_n+\frac{1}{n}\right).$$

12. 设$f\in C[a,b]$,$M(x)$是f在区间$[a,x]$($a\leqslant x\leqslant b$)上的最大值,证明:

$$\lim_{x\to a^+}M(x)=f(a).$$

第3章 导数与微分

有了极限理论作为基础,我们可以展开讨论微积分的主体内容——微分学和积分学.

促使微积分产生的重要因素是17世纪的一些主要科学问题,其中包括了求曲线的切线、求直线运动的速度以及求函数的最大最小值.这些问题的解决直接关系着导数概念的形成及其求法,并进而导致微积分的创立.在这方面法国的笛卡儿(R.Descartes,1596—1650)和费马(P.de Fermat,1601—1665)、英国的巴罗(I.Barrow,1630—1677)和一大批数学家进行了探索并做出过贡献,而毫无疑问牛顿(I.Newton,1642—1727)和莱布尼茨(G.W.Leibniz,1646—1716)位于这贡献的顶峰.

导数和微分是微分学中的最基本的概念.高等数学的主要任务之一就是研究函数的各种性态以及函数值的计算或近似计算,导数和微分是解决这些问题的有效工具.本章先从几何、物理及经济等方面的问题引出函数的导数概念以及与之密切相关的微分概念,进而给出导数与微分的计算法则,在此基础上进一步讨论微分学的理论和应用.

3.1 导数的概念

3.1.1 典型例子

导数反映了函数对自变量的变化率.我们通过几个典型例子来引出导数的概念.

1. 运动物体的瞬时速度

设可视为质点的物体在坐标轴上做直线运动,在时刻 t 其位置坐标为 $s=s(t)$,那么从时刻 t_0 到 $t_0+\Delta t$,物体经过的路程(或位移)为

$$\Delta s=s(t_0+\Delta t)-s(t_0).$$

故物体在这段时间的平均速度为

$$\bar{v}_0=\frac{\Delta s}{\Delta t}=\frac{s(t_0+\Delta t)-s(t_0)}{\Delta t}.$$

当物体做匀速运动时,它在时刻 t_0 或任一时刻的速度就等于上述平均速度.而当物体做非匀速运动,也就是说其速度是随着时间的变化而变化时,则在时刻 t_0 这一瞬时的速度显然不能用平均速度表示.为了讨论这瞬息变化的速度,就需要有新的观念.

不难理解,时间间隔 Δt 越小,平均速度 $\bar{v}_0$ 就越接近于质点在 t_0 时的瞬时速度,因此很自然,物理学中就用 $\Delta t\to 0$ 时 $\bar{v}_0$ 的极限(若该极限存在)

$$\lim_{\Delta t\to 0}\frac{\Delta s}{\Delta t}=\lim_{\Delta t\to 0}\frac{s(t_0+\Delta t)-s(t_0)}{\Delta t}$$

来定义物体在 $t=t_0$ 处的瞬时速度 $v(t_0)$,它就是 $s(t)$ 在时刻 $t=t_0$ 时的**变化率**.

例如,考察物体做自由落体运动,其运动规律为 $s(t)=\frac{1}{2}gt^2$,其中 g 是重力加速度.那么物体在自由下落中任一时刻 t_0 的瞬时速度为

$$v(t_0)=\lim_{\Delta t\to 0}\frac{\Delta s}{\Delta t}=\lim_{\Delta t\to 0}\frac{\frac{1}{2}g(t_0+\Delta t)^2-\frac{1}{2}gt_0^2}{\Delta t}$$

$$=\lim_{\Delta t\to 0}\frac{\frac{1}{2}g(2t_0\cdot\Delta t+\Delta t^2)}{\Delta t}=gt_0.$$

2. 曲线的切线

现在,我们来考察由 $y=f(x)$ 所表示的一条曲线在某定点处的切线问题.

设 $M_0(x_0,y_0)$ 是曲线 $y=f(x)$ 上的一点,其中 $y_0=f(x_0)$.在曲线上点 M_0 的近旁任取一点 $M(x,y)$,连接 M_0 和 M 得割线 M_0M(见图 3.1),当点 M 沿曲线趋于 M_0 时,若割线 M_0M 存在极限位置 L_T,则称此直线 L_T 为曲线在点 $M_0(x_0,y_0)$ 处的**切线**.

若记 $\Delta x=x-x_0$,$\Delta y=y-y_0$,并设割线 M_0M 的倾角为 φ,则 M_0M 的斜率为

$$\tan\varphi=\frac{\Delta y}{\Delta x}=\frac{f(x_0+\Delta x)-f(x_0)}{\Delta x},$$

当 M 沿曲线趋于 M_0 时,即 $\Delta x\to 0$ 时,如果极限

$$\lim_{\Delta x\to 0}\frac{\Delta y}{\Delta x}=\lim_{\Delta x\to 0}\frac{f(x_0+\Delta x)-f(x_0)}{\Delta x}$$

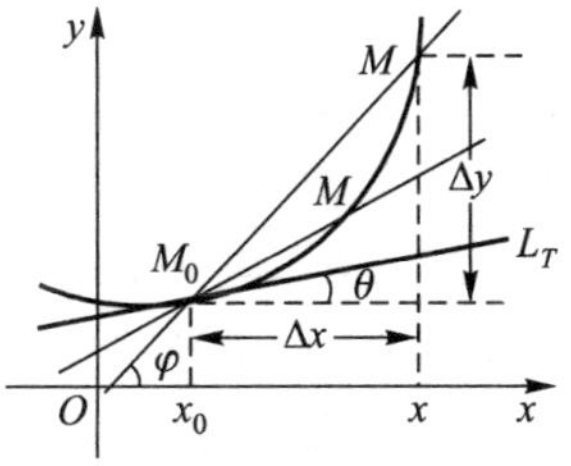

图 3.1

存在,则此极限就是割线斜率的极限,即曲线在点 M_0 处的**切线的斜率**.记切线 L_T 倾角为 θ,则

$$\tan\theta = \lim_{M\to M_0}\tan\varphi = \lim_{\Delta x\to 0}\frac{f(x_0+\Delta x)-f(x_0)}{\Delta x}.$$

因此,曲线在点 M_0 处切线的斜率也就是函数在点 x_0 处的变化率.

3. 产品的边际成本

总成本是指生产一定数量的产品所需的全部经济资源投入(劳力、原料、设备等)的价格或费用总额.

设某产品产量为 q 单位时所需的总成本为 $C=C(q)$,称 $C(q)$ 为**总成本函数**,简称**成本函数**.当产量 q 有增量 Δq 时,总成本的增量 ΔC 为

$$\Delta C = C(q+\Delta q)-C(q).$$

这时总成本的平均变化率为

$$\frac{\Delta C}{\Delta q}=\frac{C(q+\Delta q)-C(q)}{\Delta q},$$

它表示产量在 $[q,q+\Delta q]$ 内的平均成本.

当 $\Delta q\to 0$ 时,若平均成本的极限

$$\lim_{\Delta q\to 0}\frac{\Delta C}{\Delta q}=\lim_{\Delta q\to 0}\frac{C(q+\Delta q)-C(q)}{\Delta q}$$

存在,则称该极限值是产量为 q 时的**边际成本**.

显然,边际成本表示该产品产量为 q 时成本函数 $C(q)$ 的变化率,其经济意义是近似等于产量为 q 时再生产一个单位产品所需增加的成本.

应该指出的是,由于产量 q 在大多数情况下只能取正整数,因而所得的成本是产量的数列,而不是连续函数.但一般我们总可以选取一条光滑曲线 $C=C(q)$ 近似表示成本 C 随产量 q 的变化情况,从而通过计算边际成本来了解成本变化的趋势,估计或预测在现状基础上再增加单位产量所需的成本.

上面三个问题来自三个完全不同的领域,但是,在讨论这些问题时都归结为计算一类有着共同类型的极限.共同之处在于:都是考虑“函数的改变量与相应的自变量改变量之比当自变量的改变量趋于 0 时的极限”,这正是函数在某一点的“变化率”.事实上,还可举出许多例子能导出这一类极限,因此,数学家通常采用的办法是:撇开这些实例所包含的具体内容,将其中的数学本质抽象出来做更进一步的研究,这就是下面要引进的导数概念.

3.1.2 导数的定义

定义 3.1 设函数 $y=f(x)$ 在点 x_0 的某邻域有定义,当自变量在 x_0 的增量为 $\Delta x=x-x_0$ 时,函数相应的增量为 $\Delta y=f(x_0+\Delta x)-f(x_0)$,若极限

$$\lim_{\Delta x\to 0}\frac{\Delta y}{\Delta x}=\lim_{\Delta x\to 0}\frac{f(x_0+\Delta x)-f(x_0)}{\Delta x}$$

存在,则称此极限值为函数 $y=f(x)$ 在点 x_0 的**导数**或**微商**,记作 $f'(x_0)$,此时称 $f(x)$ 在点 x_0 处**可导**.

若上述极限不存在,则称 $f(x)$ 在点 x_0 处不可导,特别在极限 $\lim\limits_{\Delta x\to 0}\dfrac{\Delta y}{\Delta x}$ 为无穷大这种不可导的情况下,习惯上也常称 $y=f(x)$ 在 x_0 处导数为无穷大.

函数 $y=f(x)$ 在点 x_0 的导数除了用 $f'(x_0)$ 表示外,还可以用如下形式表示:

$$y'(x_0),y'\Big|_{x=x_0},\quad \frac{\mathrm{d}y}{\mathrm{d}x}\Big|_{x=x_0},\quad \frac{\mathrm{d}f}{\mathrm{d}x}\Big|_{x=x_0}.$$

由于 $x=x_0+\Delta x,\Delta y=f(x)-f(x_0)$,因此 $y=f(x)$ 在点 x_0 处导数的定义也可表示为

$$f'(x_0)=\lim_{\Delta x\to 0}\frac{\Delta y}{\Delta x}=\lim_{x\to x_0}\frac{f(x)-f(x_0)}{x-x_0}.$$

回顾上一小节的几个例子,我们知道函数的变化率就是它的导数,因此直线运动物体在时刻 t_0 的速度 $v(t_0)$ 就是位移函数 $s(t)$ 在时刻 t_0 的导数 $s'(t_0)$;曲线 $y=f(x)$ 在点 $(x_0,f(x_0))$ 的切线的斜率为 $f'(x_0)$,这就是导数的几何意义;而成本为 $C=C(q)$ 的产品在产量为 q_0 时的边际成本为 $C'(q_0)$,这是导数在经济学中的意义.

导数的定义是构造性的,即我们可以根据定义来求函数的导数.

例 3.1 求下列函数在指定点处的导数:

(1) $f(x)=\dfrac{1}{x},x=x_0\neq 0$;

(2) $f(x)=x^n,x=x_0\in\mathbf{R}$,其中 n 为正整数.

解 (1) $\Delta y=f(x_0+\Delta x)-f(x_0)=\dfrac{1}{x_0+\Delta x}-\dfrac{1}{x_0}=\dfrac{-\Delta x}{x_0(x_0+\Delta x)}$,

$$\frac{\Delta y}{\Delta x}=\frac{\dfrac{-\Delta x}{x_0(x_0+\Delta x)}}{\Delta x}=\frac{-1}{x_0(x_0+\Delta x)},$$

故得

$$\left(\frac{1}{x}\right)'\Big|_{x=x_0}=f'(x_0)=\lim_{\Delta x\to 0}\frac{\Delta y}{\Delta x}=\lim_{\Delta x\to 0}\frac{-1}{x_0(x_0+\Delta x)}=-\frac{1}{x_0^2}.$$

(2)
$$\begin{aligned}\Delta y&=(x_0+\Delta x)^n-x_0^n\\&=x_0^n+\mathrm{C}_n^1x_0^{n-1}\Delta x+\mathrm{C}_n^2x_0^{n-2}\Delta x^2+\cdots+\mathrm{C}_n^n\Delta x^n-x_0^n\\&=\mathrm{C}_n^1x_0^{n-1}\Delta x+\mathrm{C}_n^2x_0^{n-2}\Delta x^2+\cdots+\mathrm{C}_n^n\Delta x^n,\end{aligned}$$

$$\frac{\Delta y}{\Delta x}=C_n^1x_0^{n-1}+C_n^2x_0^{n-2}\Delta x+\cdots+C_n^n\Delta x^{n-1},$$

故得

$$(x^n)'\Big|_{x=x_0}=f'(x_0)=\lim_{\Delta x\to 0}\frac{\Delta y}{\Delta x}=C_n^1x_0^{n-1}=nx_0^{n-1}.$$

例 3.2 讨论函数 $y=f(x)=x^{\frac{1}{3}}$ 在 $x=0$ 处的可导性.

解 $\Delta y=f(0+\Delta x)-f(0)=(\Delta x)^{\frac{1}{3}}$,

$$\frac{\Delta y}{\Delta x}=\frac{f(0+\Delta x)-f(0)}{\Delta x}=\frac{1}{(\Delta x)^{\frac{2}{3}}},$$

取极限,

$$\lim_{\Delta x\to 0}\frac{\Delta y}{\Delta x}=\lim_{\Delta x\to 0}\frac{1}{(\Delta x)^{\frac{2}{3}}}=+\infty,$$

故知函数 $y=x^{\frac{1}{3}}$ 在 $x=0$ 处不可导.

根据导数的定义,此时 $f'(x_0)$ 不存在,但可称函数 $y=f(x)$ 在该点的导数为无穷大,记作 $f'(x_0)=\infty$.

由于曲线 $y=f(x)$ 在点 $M(x_0,f(x_0))$ 的切线斜率是 $f(x)$ 在点 x_0 处的导数,从而得到切线方程为

$$y=f(x_0)+f'(x_0)(x-x_0).$$

如果 $f'(x_0)=\infty$,虽然不能利用上式确定切线方程,然而曲线 $y=f(x)$ 在点 $M(x_0,f(x_0))$ 的割线的极限位置依然存在,从而切线存在且垂直于 x 轴,这时切线方程为 $x=x_0$. 例如上例 $y=\sqrt[3]{x}$ 在 $x=0$ 就属于这种情况,由图 3.2 可以看出它的切线方程为 $x=0$.

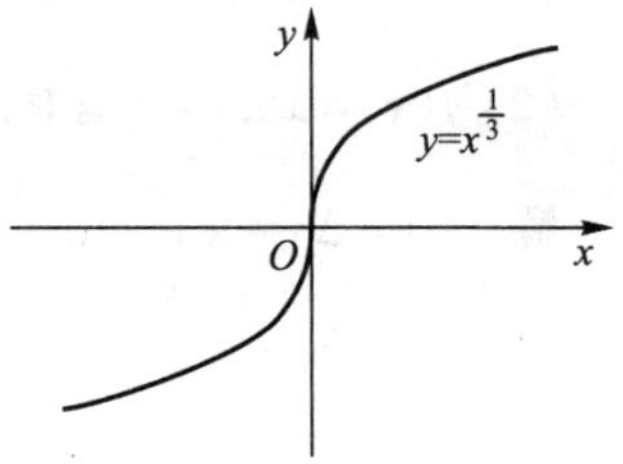

图 3.2

通常把通过曲线上的点 $M(x_0,f(x_0))$ 并且和该点处的切线相垂直的直线称为曲线在这点的**法线**.由于法线斜率是切线斜率的负倒数,因此曲线 $y=f(x)$ 在点 M_0 处的法线方程为

$$y-y_0=-\frac{1}{f'(x_0)}(x-x_0)\quad (f'(x_0)\neq 0,f'(x_0)\neq\infty),$$

在 $f'(x_0)=\infty$ 和 $f'(x_0)=0$ 时,法线方程分别为 $y=y_0$ 和 $x=x_0$.

例 3.3 求双曲线 $y=\frac{1}{x}$ 在点 $M\left(2,\frac{1}{2}\right)$ 处的切线方程和法线方程.

解　据例 3.1 的(1),函数 $y=\dfrac{1}{x}$在点 $x=2$ 处的导数为

$$y'(x)\bigg|_{x=2}=-\frac{1}{x^2}\bigg|_{x=2}=-\frac{1}{4},$$

由此得双曲线在点 $M\left(2,\dfrac{1}{2}\right)$处的切线方程为 $y-\dfrac{1}{2}=-\dfrac{1}{4}(x-2)$,即

$$x+4y-4=0.$$

双曲线在点 $M\left(2,\dfrac{1}{2}\right)$处的法线方程为 $y-\dfrac{1}{2}=4(x-2)$,即

$$8x-2y-15=0.$$

由于导数是函数的增量与自变量的增量之比的极限,利用单侧极限的概念可以定义函数在一点的左、右导数.

定义 3.2　设函数 $y=f(x)$在点 x_0 的左邻域有定义,若左极限

$$\lim_{\Delta x\to 0^-}\frac{f(x_0+\Delta x)-f(x_0)}{\Delta x}$$

存在,则称此极限值为 $y=f(x)$在 x_0 处的**左导数**,记作 $f'_-(x_0)$,即

$$f'_-(x_0)=\lim_{\Delta x\to 0^-}\frac{f(x_0+\Delta x)-f(x_0)}{\Delta x}=\lim_{x\to x_0^-}\frac{f(x)-f(x_0)}{x-x_0}.$$

类似地可定义 $f(x)$在 x_0 处的**右导数**

$$f'_+(x_0)=\lim_{\Delta x\to 0^+}\frac{f(x_0+\Delta x)-f(x_0)}{\Delta x}=\lim_{x\to x_0^+}\frac{f(x)-f(x_0)}{x-x_0}.$$

由函数极限与左、右极限的关系立即可得:

函数在一点可导的充分必要条件是它在该点的左、右导数存在且相等.

例 3.4　考察函数 $f(x)=|x|$在 $x=0$ 处的可导性.

解　依左、右导数的定义可得

$$f'_+(0)=\lim_{\Delta x\to 0^+}\frac{f(0+\Delta x)-f(0)}{\Delta x}=\lim_{\Delta x\to 0^+}\frac{|\Delta x|}{\Delta x}=1,$$

$$f'_-(0)=\lim_{\Delta x\to 0^-}\frac{f(0+\Delta x)-f(0)}{\Delta x}=\lim_{\Delta x\to 0^-}\frac{|\Delta x|}{\Delta x}=-1,$$

$f(x)$在 $x=0$ 处的左、右导数都存在,但 $f'_+(0)\neq f'_-(0)$,故函数 $|x|$ 在 $x=0$ 处不可导.

从图 3.3 可以看出,函数曲线 $y=|x|$ 在 $x=0$ 处有一个尖角,即函数曲线在 $x=0$ 处不"光滑",所以不可导,切线也不存在.反之,如果函数在点 $x=x_0$ 处可

导，则存在切线，我们称函数在点 $x=x_0$ 处光滑.

例 3.5 设函数 $f(x)$ 在点 x_0 处可导，且 $f'(x_0)>0(f'(x_0)<0)$，则 $\exists\delta>0$，

当 $x\in(x_0-\delta,x_0)$ 时，

$$f(x)<f(x_0)\quad(f(x)>f(x_0));$$

当 $x\in(x_0,x_0+\delta)$ 时，

$$f(x)>f(x_0)\quad(f(x)<f(x_0)).$$

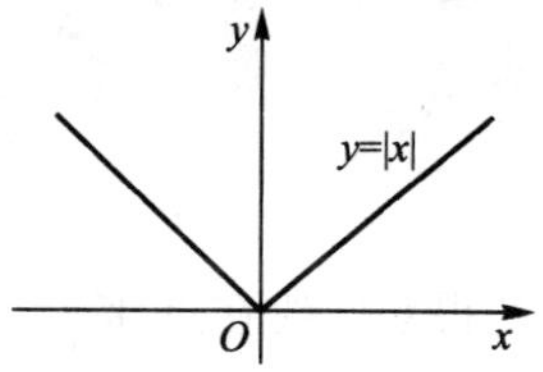

图 3.3

证 由 $f'(x_0)=\lim\limits_{x\to x_0}\dfrac{f(x)-f(x_0)}{x-x_0}>0$ 以及极限的保号性可知：$\exists\delta>0$，当 $x\in\mathring{U}(x_0,\delta)$ 时，

$$\frac{f(x)-f(x_0)}{x-x_0}>0.$$

故当 $x\in(x_0-\delta,x_0)$ 时，$f(x)<f(x_0)$；当 $x\in(x_0,x_0+\delta)$ 时，$f(x)>f(x_0)$.

如果函数 $y=f(x)$ 在区间 (a,b) 内的每一点都可导，则称 $y=f(x)$ 在 (a,b) 可导，记作 $f\in D(a,b)$；如果 $f(x)$ 还在点 a 有右导数，在点 b 有左导数，则称 $y=f(x)$ 在 $[a,b]$ 上可导，记作 $f\in D[a,b]$. 此时对于区间上的每一点，都对应着一个导数值，因此在该区间上就定义了一个新函数，称为 $f(x)$ 的**导函数**，记作

$$f'(x),y'(x),\frac{\mathrm{d}f}{\mathrm{d}x},\frac{\mathrm{d}y}{\mathrm{d}x}.$$

当然，$f(x)$ 在点 x_0 处的导数就是导函数 $f'(x)$ 在 x_0 处的函数值，在不致引起混淆的情况下，常把导函数也称为导数.

下面来求几个基本初等函数的导数.

例 3.6 求常数函数 $y=f(x)=c$ 在点 $x\in\mathbf{R}$ 的导数.

解 $\Delta f=f(x+\Delta x)-f(x)=c-c=0$，故得

$$f'(x)=\lim_{\Delta x\to 0}\frac{\Delta f}{\Delta x}=0,$$

即有

$$(c)'=0.$$

例 3.7 求幂函数 $y=x^\alpha$ 的导数 $(x>0,\alpha\in\mathbf{R})$.

解 $\Delta y=(x+\Delta x)^\alpha-x^\alpha=x^\alpha\left[\left(1+\dfrac{\Delta x}{x}\right)^\alpha-1\right]$.

由于 $\Delta x\to 0$ 时，$\left(1+\dfrac{\Delta x}{x}\right)^\alpha-1\sim\dfrac{\alpha\Delta x}{x}$，从而

$$y'=\lim_{\Delta x\to 0}\frac{\Delta y}{\Delta x}=\lim_{\Delta x\to 0}x^{\alpha}\frac{\left(1+\frac{\Delta x}{x}\right)^{\alpha}-1}{\Delta x}=\lim_{\Delta x\to 0}x^{\alpha}\frac{\frac{\alpha\Delta x}{x}}{\Delta x}=\alpha x^{\alpha-1},$$

即有

$$(x^{\alpha})'=\alpha x^{\alpha-1}.$$

注意当 n 为正整数时,我们已有:

$$(x^{n})'=nx^{n-1},x\in\mathbf{R}.$$

例 3.8 求正弦函数 $y=\sin x$ 的导数.

解 $\Delta y=\sin(x+\Delta x)-\sin x=2\sin\frac{\Delta x}{2}\cos\left(x+\frac{\Delta x}{2}\right)$,

$$\frac{\Delta y}{\Delta x}=\frac{2\sin\frac{\Delta x}{2}\cos\left(x+\frac{\Delta x}{2}\right)}{\Delta x},$$

于是

$$\lim_{\Delta x\to 0}\frac{\Delta y}{\Delta x}=\lim_{\Delta x\to 0}\frac{\sin\frac{\Delta x}{2}}{\frac{\Delta x}{2}}\lim_{\Delta x\to 0}\cos\left(x+\frac{\Delta x}{2}\right)=\cos x.$$

即有

$$(\sin x)'=\cos x.$$

同样可以求出

$$(\cos x)'=-\sin x.$$

例 3.9 求对数函数 $y=\log_a x(x>0)$ 的导数.

解 $\Delta y=\log_a(x+\Delta x)-\log_a x=\log_a\frac{x+\Delta x}{x}=\log_a\left(1+\frac{\Delta x}{x}\right)$,

$$\lim_{\Delta x\to 0}\frac{\Delta y}{\Delta x}=\lim_{\Delta x\to 0}\frac{1}{x}\log_a\left(1+\frac{\Delta x}{x}\right)^{\frac{x}{\Delta x}}=\frac{1}{x}\log_a e=\frac{1}{x\ln a},$$

即有

$$(\log_a x)'=\frac{1}{x\ln a}.$$

注 若 $x<0$,同样运算可得函数 $y=\log_a(-x)$ 的导数为$\frac{1}{x\ln a}$,因此有

$$(\log_a|x|)'=\frac{1}{x\ln a}.$$

特别地,若 $y=\ln|x|$,则有

$$(\ln|x|)'=\frac{1}{x}.$$

例 3.10 求指数函数 $y=a^x$ 的导数.

解 $\Delta y=a^{x+\Delta x}-a^x=a^x(a^{\Delta x}-1)=a^x(e^{\Delta x\ln a}-1)$,

$$\lim_{\Delta x\to 0}\frac{\Delta y}{\Delta x}=\lim_{\Delta x\to 0}a^x\left(\frac{e^{\Delta x\ln a}-1}{\Delta x}\right)=a^x\lim_{\Delta x\to 0}\frac{\Delta x\ln a}{\Delta x}=a^x\ln a,$$

即有

$$(a^x)'=a^x\ln a.$$

特别地,若 $y=e^x$,则有

$$(e^x)'=e^x.$$

3.1.3 可导与连续的关系

连续性与可导性都是函数局部性质的反映,函数在某一点连续时,Δy 是当 $\Delta x\to 0$ 的无穷小,函数在该点可导时,不仅要求 Δy 是无穷小,还要求当 $\Delta x\to 0$ 时,Δy 与 Δx 之比的极限存在,由此得知可导条件要强于连续条件.由例 3.2 和例 3.4,我们知道函数 $y=\sqrt[3]{x}$ 和 $y=|x|$ 在 $x=0$ 处都连续但并不可导.一般说来,函数 $f(x)$ 在 x_0 处连续,未必在 x_0 处可导.而反过来有下面的结论.

定理 3.1 若函数 $y=f(x)$ 在点 x_0 处可导,则 $f(x)$ 在点 x_0 处连续.

证 依定义

$$f'(x_0)=\lim_{\Delta x\to 0}\frac{\Delta y}{\Delta x},$$

由极限性质知

$$\frac{\Delta y}{\Delta x}=f'(x_0)+\alpha(\Delta x),$$

其中

$$\lim_{\Delta x\to 0}\alpha(\Delta x)=0,$$

从而

$$f(x_0+\Delta x)-f(x_0)=\Delta y=f'(x_0)\cdot\Delta x+\alpha(\Delta x)\cdot\Delta x\to 0\quad(\Delta x\to 0),$$

于是

$$\lim_{\Delta x\to 0}f(x_0+\Delta x)=f(x_0),$$

故 $f(x)$ 在 x_0 处连续.

同样可以证明,如果函数在一点左(右)导数存在,那么在这点必左(右)连续,从而当函数 $f(x)$ 在点 x_0 处左右导数都存在(哪怕它们并不相等)时,$f(x)$ 在

点 x_0 处必定也是连续的.进而可知,如果 $f(x)$ 在区间 I 上可导,则 $f(x)$ 在区间 I 上必连续.

总之,可导必定连续,连续未必可导.换言之,连续是可导的必要条件,但不是充分条件.

例 3.11 试确定常数 a 和 b,使函数

$$f(x)=\begin{cases}\sin 2x+1, & x\leqslant 0,\\ ae^x+b, & x>0\end{cases}$$

在点 $x=0$ 可导.

解 要使 $f(x)$ 在 $x=0$ 可导,$f(x)$ 必须在 $x=0$ 连续.由于

$$\lim_{x\to 0^-}f(x)=\lim_{x\to 0^-}(\sin 2x+1)=1=f(0),\quad \lim_{x\to 0^+}f(x)=\lim_{x\to 0^+}(ae^x+b)=a+b,$$

故当 $a+b=1$ 时,$f(x)$ 在 $x=0$ 连续.又因

$$f'_-(0)=\lim_{x\to 0^-}\frac{f(0+\Delta x)-f(0)}{\Delta x}=\lim_{x\to 0^-}\frac{\sin\ (2\Delta x)}{\Delta x}=2,$$

$$f'_+(0)=\lim_{x\to 0^+}\frac{f(0+\Delta x)-f(0)}{\Delta x}=\lim_{x\to 0^+}\frac{ae^{\Delta x}+b-1}{\Delta x}=\lim_{x\to 0^+}\frac{a(e^{\Delta x}-1)}{\Delta x}=a,$$

故当 $a=2$ 时

$$f'_-(0)=f'_+(0),$$

即 $f'(0)$ 存在.从而,当 $a=2,b=-1$ 时,$f(x)$ 在 $x=0$ 处可导.

例 3.12 当 α 为何值时,$f(x)=\begin{cases}x^\alpha\sin\dfrac{1}{x}, & x\neq 0,\\ 0, & x=0\end{cases}$ 在 $x=0$ 处连续、可导.

解 当 $\alpha>0$ 时,

$$\lim_{x\to 0}f(x)=\lim_{x\to 0}x^\alpha\sin\frac{1}{x}=0=f(0),$$

故 $f(x)$ 在 $x=0$ 处连续.

由于当 $\alpha\leqslant 0$ 时上式极限不存在,则 $f(x)$ 在 $x=0$ 处不连续,当然也不可导.

又因

$$\lim_{x\to 0}\frac{f(x)-f(0)}{x}=\lim_{x\to 0}\frac{x^\alpha\sin\dfrac{1}{x}}{x}=\lim_{x\to 0}x^{\alpha-1}\sin\frac{1}{x},$$

故仅当 $\alpha-1>0$,即 $\alpha>1$ 时,上述极限存在且为 0,从而 $f(x)$ 在 $x=0$ 处可导且导数为 0.

3.2 微 分

3.2.1 微分的概念

微分是微积分学中另一个重要的基本概念,它和导数密切相关.

在很多实际问题中,常常需要研究函数增量 $\Delta y=f(x+\Delta x)-f(x)$ 本身的情况,研究 Δy 与自变量增量 Δx 的关系.对于一次函数 $y=ax+b$ 而言,$\Delta y=a\cdot\Delta x$,即函数增量 Δy 是 Δx 的线性函数,但是对于一般的连续函数,Δy 则可能是 Δx 的相当复杂的函数.一个很自然的问题是,在这些情况下,函数的增量 Δy 能否用 Δx 的线性函数来近似代替?近似代替后误差又如何?这个问题的讨论将导出微分的概念.我们看下面的例子.

例 3.13 一半径为 r 的金属球,因温度的改变半径从 r 变为 $r+\Delta r$,问金属球的体积 V 约改变了多少?

解 金属球体积 $V=\frac{4}{3}\pi r^3$,当 $|\Delta r|$ 很小时,体积 V 的微小改变量为

$$\begin{aligned}\Delta V&=\frac{4}{3}\pi[(r+\Delta r)^3-r^3]=4\pi r^2\Delta r+4\pi r(\Delta r)^2+\frac{4}{3}\pi(\Delta r)^3\\&=4\pi r^2\Delta r+o(\Delta r),\end{aligned}$$

其中 $o(\Delta r)=4\pi r(\Delta r)^2+\frac{4}{3}\pi(\Delta r)^3$.

$\Delta V=4\pi r^2\Delta r+o(\Delta r)$ 是由两部分组成的,其中 $4\pi r^2\Delta r$ 是 Δr 的线性函数,而 $o(\Delta r)$ 则是当 $\Delta r\to 0$ 时比 Δr 高阶的无穷小.也就是说,当 $|\Delta r|$ 充分小时,量 $|o(\Delta r)|$ 比 $|4\pi r^2\Delta r|$ 要小得多,由 Δr 引起函数 V 的改变量 ΔV 的主要部分是 $4\pi r^2\Delta r$.于是在工程技术上为了计算这微小改变量 ΔV,往往采用略去高阶无穷小的方法,以 ΔV 的线性主要部分(称为线性主部)近似作为 ΔV,即 $\Delta V\approx 4\pi r^2\Delta r$,这一简单问题实际上就蕴涵着微分的基本思想,即"局部线性化"的思想.

定义 3.3 设函数 $y=f(x)$ 在 x_0 的邻域内有定义,当自变量 x_0 在该邻域内取得增量 Δx 时,若相应函数的增量 $\Delta y=f(x_0+\Delta x)-f(x_0)$ 可以表示为

$$\Delta y=A\cdot\Delta x+o(\Delta x),$$

其中 A 为与 Δx 无关的常数,则称函数 $f(x)$ 在 x_0 处**可微**,并把 $A\Delta x$ 称为函数

$f(x)$在 x_0 处的**微分**,记作 $\mathrm{d}f\Big|_{x=x_0}$ 或 $\mathrm{d}y\Big|_{x=x_0}$,即

$$\mathrm{d}y\Big|_{x=x_0}=\mathrm{d}f\Big|_{x=x_0}=A\Delta x.$$

由定义可知,函数 $f(x)$ 在 x_0 处的微分首先是 Δx 的线性函数,其次它与 Δy 之差是 Δx 的高阶无穷小.事实上,若 $A\neq 0$,因

$$\lim_{\Delta x\to 0}\frac{\Delta y}{\mathrm{d}y}=\lim_{\Delta x\to 0}\left[1+\frac{o(\Delta x)}{A\Delta x}\right]=1,$$

则 $\mathrm{d}y$ 与 Δy 是等价无穷小,即 $\mathrm{d}y$ 是 Δy 的主部,又因 $\mathrm{d}y$ 是 Δx 的一次式,所以称 $\mathrm{d}y$ 是 Δy 的**线性主部**.

3.2.2 微分与导数的关系

我们知道,函数在某点可导是由极限定义的,而可微则是按函数的改变量能否表示为自变量改变量的线性函数及其高阶无穷小之和定义的,这是从完全不同的角度分别导出的两个独立概念,但事实上这两个概念只是从不同的侧面揭示了问题的同一本质特征,在一元函数中,可以证明函数可导与函数可微是等价的.

定理 3.2 函数 $y=f(x)$ 在 x_0 处可微的充分必要条件是 $f(x)$ 在 x_0 处可导,且有

$$\mathrm{d}f\Big|_{x=x_0}=f'(x_0)\cdot\Delta x.$$

证 若函数 $y=f(x)$ 在 x_0 处可导,则 $f'(x_0)=\lim\limits_{\Delta x\to 0}\dfrac{\Delta y}{\Delta x}$,由极限性质,有

$$\Delta y=f'(x_0)\Delta x+\alpha\cdot\Delta x,$$

其中 $\lim\limits_{\Delta x\to 0}\alpha=0$,即 $\alpha\Delta x=o(\Delta x)\ (\Delta x\to 0)$.对照函数可微的定义可知,函数 $y=f(x)$ 在 x_0 处可微,且微分

$$\mathrm{d}f\Big|_{x=x_0}=f'(x_0)\cdot\Delta x.$$

反之,若 $f(x)$ 在 x_0 处可微,则

$$\Delta y=A\cdot\Delta x+o(\Delta x),$$

两边除以 Δx,并令 $\Delta x\to 0$,得到

$$\lim_{\Delta x\to 0}\frac{\Delta y}{\Delta x}=\lim_{\Delta x\to 0}\frac{f(x_0+\Delta x)-f(x_0)}{\Delta x}=\lim_{\Delta x\to 0}\left[A+\frac{o(\Delta x)}{\Delta x}\right]=A,$$

故 $f(x)$ 在 x_0 处可导,且 $f'(x_0)=A$.

因此我们今后在表述函数性质时,对可导与可微将不再加以区分.

通常规定自变量 x 的微分为 $\mathrm{d}x=\Delta x$.事实上对于函数 $f(x)=x$,它的微分

$$\mathrm{d}x=\mathrm{d}f=(x)'\Delta x=\Delta x,$$

这和上面的规定是一致的.

这样,函数 $y=f(x)$ 在点 x_0 处的微分可记为

$$\mathrm{d}y\Big|_{x=x_0}=f'(x_0)\mathrm{d}x.$$

若函数 $y=f(x)$ 在区间 I 上的每一点都可微,则称函数 $y=f(x)$ 在区间 I 上可微,且得到微分函数

$$\mathrm{d}y=f'(x)\mathrm{d}x,x\in I.$$

若将上式两边除以 $\mathrm{d}x$ 可得

$$\frac{\mathrm{d}y}{\mathrm{d}x}=f'(x),x\in I.$$

由此可见函数的导数等于函数的微分与自变量微分之商,因此导数又称为微商,这也是把导数记作$\frac{\mathrm{d}y}{\mathrm{d}x}$的一个原因.

依可微与可导的等价性,由基本导数公式可以得到基本微分公式,例如:

$$\mathrm{d}(x^{\alpha})=\alpha x^{\alpha-1}\mathrm{d}x,\quad \mathrm{d}(a^{x})=a^{x}\ln a\mathrm{d}x,\quad \mathrm{d}(\log_a x)=\frac{1}{x\ln a}\mathrm{d}x,$$

$$\mathrm{d}(\sin x)=\cos x\mathrm{d}x,\quad \mathrm{d}(\cos x)=-\sin x\mathrm{d}x.$$

3.2.3 微分的几何意义

由导数的几何意义,立即可以得到微分的几何意义.

函数 $y=f(x)$ 图形是一条曲线(图3.4),曲线在点 $M_0(x_0,y_0)$ 处的切线 M_0T 的倾角为 α,则 $\tan\alpha=f'(x_0)$.在曲线上 M_0 的近旁取点 $Q(x_0+\Delta x,y_0+\Delta y)$,由图 3.4 可知

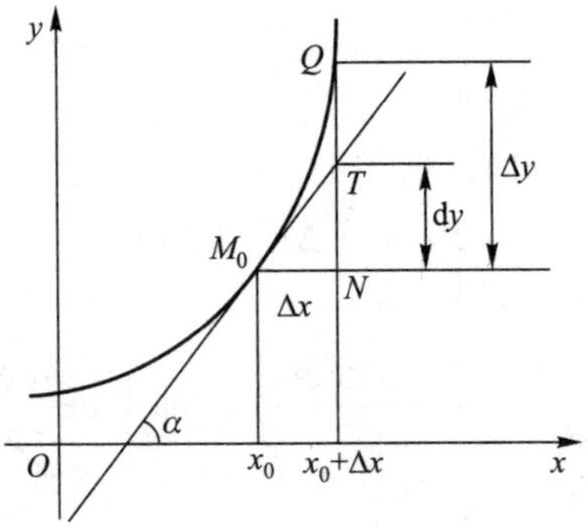

图 3.4

$$M_0N=\Delta x,$$

$$NT=M_0N\cdot\tan\alpha=f'(x_0)\Delta x=\mathrm{d}y.$$

因此函数 $y=f(x)$ 在 x_0 处的微分 $\mathrm{d}y$ 表示曲线 $y=f(x)$ 在对应点 $M_0(x_0,y_0)$ 当自变量取得增量 Δx 时，切线上纵坐标的增量. 又因

$$\Delta y=NQ=NT+TQ=\mathrm{d}y+TQ,$$

故用微分 $\mathrm{d}y$ 近似代替函数增量 Δy，从几何上看就是用切线上增量 NT 近似地代替曲线上增量 NQ，产生的误差为 TQ. 当 $|\Delta x|$ 很小时，TQ 比 $|\Delta x|$ 小得多，因此 $\Delta y\approx\mathrm{d}y$，即

$$f(x)\approx f(x_0)+f'(x_0)(x-x_0).$$

它表明，在 x_0 附近可用一次函数

$$y=f(x_0)+f'(x_0)(x-x_0)$$

近似代替函数 $y=f(x)$，几何上就是在点 M_0 附近的曲线可用切线近似代替.

3.2.4 微分应用于近似计算及误差估计

1. 近似计算

前已述及，如果 $f'(x)\neq 0$，则当 $\Delta x\to 0$ 时，微分 $\mathrm{d}y=f'(x_0)\Delta x$ 是函数 $y=f(x)$ 的增量 $\Delta y=f(x_0+\Delta x)-f(x_0)$ 的线性主部，因此当 $|\Delta x|$ 很小时，有近似等式 $\Delta y\approx\mathrm{d}y$，即

$$f(x_0+\Delta x)-f(x_0)\approx f'(x_0)\cdot\Delta x,$$

或者令 $x_0+\Delta x=x$，则上式可写为

$$f(x)\approx f(x_0)+f'(x_0)(x-x_0).$$

函数

$$L(x)=f(x_0)+f'(x_0)(x-x_0)$$

称为 $f(x)$ 在点 x_0 附近的**线性近似函数**，点 $x=x_0$ 是该**近似中心**，它表明当 $|x-x_0|$ 很小时，可以用 $f(x)$ 在 x_0 处的函数值以及导数值来计算 x_0 附近的函数值.

若取 $x_0=0$，则当 $|\Delta x|=|x|$ 充分小时，有

$$f(x)\approx f(0)+f'(0)\cdot x,$$

于是我们可以导出一些常用近似公式：当 $|x|$ 充分小时，

$$\sin x\approx x,\quad \tan x\approx x,\quad \mathrm{e}^x\approx 1+x,$$

$$\ln(1+x)\approx x,\quad (1+x)^\alpha\approx 1+\alpha x.$$

上述公式中各函数近似于其线性主部，它们与等价无穷小的公式是相似的.

例 3.14 计算 $\sin 46°$ 的近似值.

解 $\sin 46^\circ=\sin\left(\frac{\pi}{4}+\frac{\pi}{180}\right)$，令 $f(x)=\sin x$，$x_0=\frac{\pi}{4}$，$\Delta x=\frac{\pi}{180}$，则由

$$f(x_0+\Delta x)\approx f(x_0)+f'(x_0)\cdot\Delta x$$

得到

$$\sin(x_0+\Delta x)\approx\sin x_0+\cos x_0\cdot\Delta x,$$

从而

$$\sin 46^\circ=\sin\left(\frac{\pi}{4}+\frac{\pi}{180}\right)\approx\sin\frac{\pi}{4}+\frac{\pi}{180}\cos\frac{\pi}{4}$$
$$\approx 0.707\,1(1+0.017\,5)\approx 0.719\,4.$$

例 3.15 计算 $\sqrt[10]{1.003}$ 的近似值.

解 $\sqrt[10]{1.003}=\sqrt[10]{1+0.003}$，令 $f(x)=\sqrt[10]{x}$，$x_0=1$，$\Delta x=0.003$，则由

$$f'(x_0)=f'(1)=\frac{1}{10}x^{-\frac{9}{10}}\bigg|_{x=1}=\frac{1}{10},$$

得到

$$f(x_0+\Delta x)\approx f(x_0)+f'(x_0)\cdot\Delta x=1+\frac{1}{10}\Delta x,$$

从而

$$\sqrt[10]{1.003}=f(1.003)\approx 1+\frac{0.003}{10}=1.000\,3.$$

例 3.16 半径等于 10 cm 的金属圆盘加热后，其半径伸长了 0.05 cm，问面积约增加了多少？

解 设圆盘的半径为 r，则圆盘的面积为 $S(r)=\pi r^2$. 当 $r=10$ cm 时，有增量 $\Delta r=0.05$ cm，于是

$$\Delta S\approx \mathrm{d}S=S'(10)\Delta r=2\pi r\big|_{r=10}\cdot\Delta r=20\pi\cdot 0.05\approx 3.142(\mathrm{cm}^2),$$

即金属圆盘加热后面积约增加了 3.142 cm^2.

2. 误差估计

在生产实践和工程技术中，经常需要了解各种数据，有些数据可以直接测量，而有些数据则由测量相关数据后根据公式计算得出. 由于测量仪器的精度、测量条件和方法等因素影响，测量的数据有误差，由此计算所得的数据也自然会有误差.

设某个量的准确值为 x_0，近似值为 x，则 $|\Delta x|=|x-x_0|$ 是用 x 来近似 x_0 的**绝对误差**，$\frac{\Delta x}{|x|}$ 是用 x 来近似 x_0 的**相对误差**. 若 $|x-x_0|=|\Delta x|\leqslant\delta$，则称 δ 为用

x 近似 x_0 的**最大绝对误差**,而称$\dfrac{\delta}{|x|}$为用 x 近似 x_0 的**最大相对误差**.

现在我们讨论如何由测量数据 x 的误差估计计算数据 $f(x)$ 的误差的问题.设函数 $y=f(x)$ 在 x 处可导,当 $|x-x_0|\leqslant\delta$ 时,用 $f(x)$ 近似 $f(x_0)$ 的最大绝对误差是

$$|\Delta y|=|f(x)-f(x_0)|\approx|f'(x)|\cdot|x-x_0|\leqslant|f'(x)|\delta.$$

最大相对误差

$$\left|\frac{\Delta y}{y}\right|\approx\frac{|f'(x)|}{|f(x)|}|x-x_0|\leqslant\frac{|f'(x)|}{|f(x)|}\delta.$$

例 3.17　在一电路中,$R=22\ \text{k}\Omega$.今用电表测得 $I=10\ \text{mA}$,测量最大绝对误差 $\delta_I=0.1\ \text{mA}$,试问用 $P=I^2R$ 计算电功率时最大绝对误差和相对误差是多少?

解　由于 $P=I^2R$,故

$$|\Delta P|\leqslant\left|\frac{\mathrm{d}P}{\mathrm{d}I}\right|\cdot\delta_I=2IR\cdot\delta_I,$$

$$\left|\frac{\Delta P}{P}\right|\leqslant\left|\frac{\frac{\mathrm{d}P}{\mathrm{d}I}}{P}\right|\delta_I=\left|\frac{2IR}{I^2R}\right|\delta_I=\frac{2}{I}\delta_I,$$

将 $R=22\ 000\ \Omega$,$I=0.010\ \text{A}$,$\delta_I=0.000\ 1\ \text{A}$ 代入上述两式得

$$\delta_P=2IR\cdot\delta_I=0.044(\text{W});\quad\left|\frac{\delta_P}{P}\right|=\frac{2}{I}\delta_I=0.02=2\%.$$

故最大绝对误差为 44 mW,最大相对误差为 2%.

例 3.18　测量球的半径 r,它的准确度应如何才能使由此算出的体积的相对误差不超过 1%.

解　球的体积为 $V=\dfrac{4}{3}\pi r^3$,体积的相对误差为

$$\left|\frac{\Delta V}{V}\right|\approx\left|\frac{\mathrm{d}V}{V}\right|=\left|\frac{4\pi r^2\Delta r}{\frac{4}{3}\pi r^3}\right|=\frac{3|\Delta r|}{r},$$

要使 $\left|\dfrac{\Delta V}{V}\right|\leqslant 1\%$,就应该有

$$\left|\frac{\Delta r}{r}\right|\leqslant\frac{1}{3}\%\approx 0.33\%.$$

故测量半径 r 的相对误差控制在 0.33% 以内,才能保证体积的相对误差不超过 1%.

3.3 导数与微分的运算法则

前面我们按定义计算得出若干基本初等函数的导数,但当函数形式较为复杂时,再按定义计算结果就显得十分麻烦,有时甚至是相当困难.本节将建立导数的运算法则,特别是复合函数求导的链式法则,借助这些求导法则,能方便快捷地求出初等函数的导数.

3.3.1 导数的四则运算法则

定理 3.3 设函数 $u,v\in D(I)$,$x\in I$,则它们和、差、积、商(分母为零的点除外)都在 I 可导,且

(1) $[u(x)\pm v(x)]'=u'(x)\pm v'(x)$;

(2) $[u(x)v(x)]'=u'(x)v(x)+u(x)v'(x)$;

(3) $\left[\dfrac{u(x)}{v(x)}\right]'=\dfrac{u'(x)v(x)-u(x)v'(x)}{v^2(x)}\quad(v(x)\neq 0)$.

特别地

$$[cu(x)]'=cu'(x)\quad(c\text{ 为常数}),$$

$$\left[\frac{1}{v(x)}\right]'=-\frac{v'(x)}{v^2(x)}.$$

证 由导数的定义和极限的运算性质立即可得(1),下面我们来证明(2),(3).

(2) 设 $y=u(x)v(x)$,则

$$\begin{aligned}\Delta y&=u(x+\Delta x)v(x+\Delta x)-u(x)v(x)\\&=u(x+\Delta x)v(x+\Delta x)-u(x)v(x+\Delta x)+u(x)v(x+\Delta x)-u(x)v(x)\\&=v(x+\Delta x)\Delta u+u(x)\Delta v,\end{aligned}$$

$$\frac{\Delta y}{\Delta x}=v(x+\Delta x)\frac{\Delta u}{\Delta x}+u(x)\frac{\Delta v}{\Delta x}.$$

由 $v(x)$ 在 x 可导必在 x 连续,即 $\lim\limits_{\Delta x\to 0}v(x+\Delta x)=v(x)$,从而

$$[u(x)v(x)]'=\lim_{\Delta x\to 0}\frac{\Delta y}{\Delta x}=u'(x)v(x)+u(x)v'(x).$$

特别当 v 是常数 c 时,由于 $(c)'=0$,则

$$[cu(x)]'=cu'(x).$$

(3) 先证明 $\left[\dfrac{1}{v(x)}\right]'=-\dfrac{v'(x)}{v^2(x)}$.设 $y=\dfrac{1}{v(x)}$,则

$$\Delta y=\frac{1}{v(x+\Delta x)}-\frac{1}{v(x)}=\frac{v(x)-v(x+\Delta x)}{v(x+\Delta x)v(x)}=-\frac{\Delta v}{v(x+\Delta x)v(x)},$$

仍由 $v(x)$ 可导和连续性得到

$$\left[\frac{1}{v(x)}\right]'=\lim_{\Delta x\to 0}\frac{\Delta y}{\Delta x}=-\lim_{\Delta x\to 0}\frac{\Delta v}{\Delta x}\cdot\frac{1}{v(x+\Delta x)v(x)}=-\frac{v'(x)}{v^2(x)},$$

于是由(2)得到

$$\left[\frac{u(x)}{v(x)}\right]'=u'(x)\frac{1}{v(x)}+u(x)\left[\frac{1}{v(x)}\right]'=\frac{u'(x)}{v(x)}-u(x)\frac{v'(x)}{v^2(x)}$$
$$=\frac{u'(x)v(x)-u(x)v'(x)}{v^2(x)}.$$

根据数学归纳法,不难将定理中的(1),(2)推广到有限个函数的情形.在乘法的情况下,若 $u_1(x),u_2(x),\cdots,u_k(x)$ 均在 x 可导,那么它们的乘积也在 x 可导,且

$$[u_1(x)u_2(x)\cdots u_k(x)]'$$
$$=u_1'(x)u_2(x)\cdots u_k(x)+u_1(x)u_2'(x)\cdots u_k(x)+\cdots+u_1(x)u_2(x)\cdots u_k'(x).$$

由函数导数的四则运算法则可以得到微分的四则运算法则:

推论 设函数 u,v 在区间 I 上可微,则它们和、差、积、商(分母为零的点除外)都在 I 上可微,且 $\forall x\in I$ 有

(1) $d[u(x)\pm v(x)]=du(x)\pm dv(x)$;

(2) $d[u(x)v(x)]=u(x)dv(x)+v(x)du(x)$;

(3) $d\left[\dfrac{u(x)}{v(x)}\right]=\dfrac{v(x)du(x)-u(x)dv(x)}{v^2(x)}\quad(v(x)\neq 0)$.

例 3.19 求三角函数 $\tan x,\cot x,\sec x,\csc x$ 的导数.

解 由函数商的求导法,得到

$$(\tan x)'=\left(\frac{\sin x}{\cos x}\right)'=\frac{(\sin x)'\cos x-\sin x(\cos x)'}{\cos^2 x}$$
$$=\frac{\cos^2 x+\sin^2 x}{\cos^2 x}=\sec^2 x.$$

$$(\sec x)'=\left(\frac{1}{\cos x}\right)'=-\frac{(\cos x)'}{\cos^2 x}=\frac{\sin x}{\cos^2 x}=\sec x\tan x.$$

同理可得

$$(\cot x)'=-\csc^2 x,\quad (\csc x)'=-\csc x\cot x.$$

例 3.20 设 $y=(x^n+\cos x)\sin x$，求 y'.

解 根据求导运算法则，

$$\begin{aligned}y'&=(x^n+\cos x)'\sin x+(x^n+\cos x)(\sin x)'\\&=(nx^{n-1}-\sin x)\sin x+(x^n+\cos x)\cos x\\&=x^{n-1}(n\sin x+x\cos x)+\cos 2x.\end{aligned}$$

例 3.21 设 $y=x^2a^x\cos x$，求 y'.

解 根据求导运算法则，

$$\begin{aligned}y'&=(x^2)'a^x\cos x+x^2(a^x)'\cos x+x^2a^x(\cos x)'\\&=2xa^x\cos x+x^2a^x\ln a\cos x+x^2a^x(-\sin x)\\&=a^x(2x\cos x+x^2\cos x\ln a-x^2\sin x).\end{aligned}$$

例 3.22 设 $y=\dfrac{e^x+\sin x}{\sqrt{x}}$，求 dy.

解 $$\begin{aligned}dy&=\frac{\sqrt{x}\,d(e^x+\sin x)-(e^x+\sin x)d\sqrt{x}}{(\sqrt{x})^2}\\&=\frac{\sqrt{x}(e^x+\cos x)-(e^x+\sin x)\dfrac{1}{2\sqrt{x}}}{x}dx\\&=\frac{(2x-1)e^x+2x\cos x-\sin x}{2x\sqrt{x}}dx.\end{aligned}$$

当然根据微分的定义 $dy=y'dx$，我们也可以先由求导法则得到

$$y'=\frac{(2x-1)e^x+2x\cos x-\sin x}{2x\sqrt{x}},$$

然后得到相同的结果.

例 3.23 设 $\varphi(x)$，$h(x)$ 在 x_0 的某邻域内有定义，$\varphi(x)$ 在 x_0 处可导，$h(x)$ 在 x_0 处连续但不可导，则 $f(x)=\varphi(x)h(x)$ 在 x_0 处可导的充分必要条件是 $\varphi(x_0)=0$.

证 (1) 充分性 假设 $\varphi(x_0)=0$，易知 $f(x_0)=0$，从而有

$$\begin{aligned}f'(x_0)&=\lim_{x\to x_0}\frac{f(x)-f(x_0)}{x-x_0}=\lim_{x\to x_0}\frac{\varphi(x)h(x)}{x-x_0}=\lim_{x\to x_0}\frac{\varphi(x)-\varphi(x_0)}{x-x_0}h(x)\\&=\varphi'(x_0)h(x_0),\end{aligned}$$

即 $f(x)$ 在 x_0 处可导.

(2) 必要性 若 $\varphi(x_0)\neq 0$，则 $f(x)$ 在 x_0 处必不可导. 因为如果 $f'(x_0)$ 存在，则可得 $h(x)=\dfrac{f(x)}{\varphi(x)}$ 在 x_0 处必可导，与条件矛盾，即得所证.

3.3.2 复合函数的导数

定理 3.4(链式法则) 设函数 $u=\varphi(x)$ 在 x 处可导,函数 $y=f(u)$ 在对应 x 的点 u 处可导,则复合函数 $y=f[\varphi(x)]$ 在点 x 处可导,且

$$\frac{\mathrm{d}y}{\mathrm{d}x}=\frac{\mathrm{d}y}{\mathrm{d}u}\cdot\frac{\mathrm{d}u}{\mathrm{d}x},$$

或

$$\frac{\mathrm{d}y}{\mathrm{d}x}=f'[\varphi(x)]\varphi'(x).$$

证 由函数 $y=f(u)$ 在 u 处可导(即可微),知

$$\Delta y=f'(u)\cdot\Delta u+\alpha(\Delta u)\cdot\Delta u,$$

其中 $\alpha(\Delta u)\to0(\Delta u\to0)$.

补充定义 $\alpha(0)=0$,则 $\alpha(\Delta u)$ 在 $\Delta u=0$ 时连续,同时注意到 $\Delta u=0$ 时,$\Delta y=0$,故在 $\Delta u=0$ 时,上式仍成立.在等式两边除以 Δx,得

$$\frac{\Delta y}{\Delta x}=[f'(u)+\alpha(\Delta u)]\cdot\frac{\Delta u}{\Delta x},$$

注意到 $u=\varphi(x)$ 在 x 处可导,当 $\Delta x\to0$,有 $\Delta u\to0$,两边取极限即得

$$\frac{\mathrm{d}y}{\mathrm{d}x}=\lim_{\Delta x\to0}\frac{\Delta y}{\Delta x}=\lim_{\Delta u\to0}[f'(u)+\alpha(\Delta u)]\lim_{\Delta x\to0}\frac{\Delta u}{\Delta x}=f'(u)\varphi'(x)=\frac{\mathrm{d}y}{\mathrm{d}u}\cdot\frac{\mathrm{d}u}{\mathrm{d}x}.$$

注 我们对证明中补充定义 $\alpha(\Delta u)\Big|_{\Delta x=0}=0$ 稍加说明.这一补充不仅是自然的,而且是必要的.因为 $\alpha(\Delta u)$ 是无穷小但在 $\Delta u=0$ 并无定义,这意味着在 $\Delta u=0$ 时

$$\Delta y=f'(u)\cdot\Delta u+\alpha(\Delta u)\cdot\Delta u$$

不能成立.由于 u 是中间变量,当 $\Delta x\neq0$ 时 Δu 可能等于零,因此补充定义 $\alpha(0)=0$既使 $\alpha(\Delta u)$ 在 $\Delta u=0$ 连续,又使上面等式在 $\Delta u\neq0$ 和 $\Delta u=0$ 时都能成立,从而证明得以完成.

从微商(即微分之商)的视角看链式法则 $\frac{\mathrm{d}y}{\mathrm{d}x}=\frac{\mathrm{d}y}{\mathrm{d}u}\cdot\frac{\mathrm{d}u}{\mathrm{d}x}$ 是容易理解和记忆的.

若我们把函数 u 写成 $u(x)$,那么求导公式可表达为

$$\{f[u(x)]\}'=f'(u)u'(x)=f'[u(x)]u'(x),$$

这样求导的过程反映了函数复合的链式结构,即 f 是 u 的函数,而 u 又是 x 的函数:

$$f\to u\to x.$$

复合函数作为 x 的函数的求导过程是将 f 对 u 的导数乘以 u 对 x 的导数，因此常把这种复合函数求导公式称为**链式法则**.

上述定理给出的复合函数求导法则可以推广到任意有限个函数复合的情形.使用公式时，关键在于弄清函数的复合关系，善于将一个复杂函数分解为若干个简单函数的复合，弄清复合的"链结构"，一环一环地逐个求导，不能脱节，不能遗漏.

例 3.24　求函数 $y=\cos\dfrac{1}{x}+e^{-x^2}$ 的导数.

解　首先分别求 $\cos\dfrac{1}{x}$ 和 e^{-x^2} 的导数.将 $\cos\dfrac{1}{x}$ 视为 $\cos u$ 与 $u=\dfrac{1}{x}$ 的复合，则

$$\left(\cos\frac{1}{x}\right)'=\frac{d}{dx}\left(\cos\frac{1}{x}\right)=\frac{d}{du}(\cos u)\frac{du}{dx}=(-\sin u)\left(-\frac{1}{x^2}\right)=\frac{1}{x^2}\sin\frac{1}{x}.$$

将 e^{-x^2} 视为 e^v 与 $v=-x^2$ 的复合，则

$$(e^{-x^2})'=\frac{d}{dx}(e^{-x^2})=\frac{d}{dv}(e^v)\frac{dv}{dx}=e^v(-2x)=-2xe^{-x^2},$$

从而

$$\frac{dy}{dx}=\left(\cos\frac{1}{x}+e^{-x^2}\right)'=\left(\cos\frac{1}{x}\right)'+(e^{-x^2})'$$
$$=\frac{1}{x^2}\sin\frac{1}{x}-2xe^{-x^2}.$$

例 3.25　设 $y=\left(2x-\dfrac{3}{x}\right)^{10}$，求 y'.

解　令 $u=2x-\dfrac{3}{x}$，则 $y=u^{10}$，于是

$$\frac{dy}{dx}=\frac{d}{du}(u^{10})\frac{du}{dx}=10u^9\left(2+\frac{3}{x^2}\right)=10\left(2+\frac{3}{x^2}\right)\left(2x-\frac{3}{x}\right)^9.$$

上面例子的计算中我们引入中间变量并详细写出应用链式法则的过程，在熟悉法则之后，解题时就不必再设置中间变量，只要认清函数的复合层次，默记在心，然后一步一步逐层求导就行了.

例 3.26　设 $y=\ln\sin^2 3x$，求 $\dfrac{dy}{dx}$.

解　这个函数由四个简单函数复合而成，根据链式法则

$$y'=\frac{1}{\sin^2 3x}(\sin^2 3x)'=\frac{1}{\sin^2 3x}2\sin 3x\cdot(\sin 3x)'$$

$$=\frac{1}{\sin^2 3x}2\sin 3x\cdot 3\cos 3x=6\cot 3x.$$

例 3.27 设 $y=2^{\tan\sqrt[3]{x}}$，求$\frac{\mathrm{d}y}{\mathrm{d}x}$.

解 $y'=2^{\tan\sqrt[3]{x}}\ln 2\cdot(\tan\sqrt[3]{x})'=2^{\tan\sqrt[3]{x}}\ln 2\sec^2\sqrt[3]{x}(\sqrt[3]{x})'$

$$=2^{\tan\sqrt[3]{x}}\ln 2\frac{\sec^2\sqrt[3]{x}}{3\sqrt[3]{x^2}}.$$

例 3.28 设 $y=(1+x^2)^{\tan x}$，求 y'.

解 由于 $y=(1+x^2)^{\tan x}=\mathrm{e}^{\tan x\cdot\ln(1+x^2)}$，从而

$$y'=\mathrm{e}^{\tan x\cdot\ln(1+x^2)}[\tan x\cdot\ln(1+x^2)]'$$

$$=\mathrm{e}^{\tan x\cdot\ln(1+x^2)}\left[\sec^2 x\cdot\ln(1+x^2)+\frac{2x\tan x}{1+x^2}\right]$$

$$=(1+x^2)^{\tan x}\left[\sec^2 x\ln(1+x^2)+\frac{2x\tan x}{1+x^2}\right].$$

这例子中的函数形式为 $y=u(x)^{v(x)}(u(x)>0)$，称为幂指函数.幂指函数的导数除用上述方法求出外，还常采用**对数求导法**.

在上例中，在等式 $y=(1+x^2)^{\tan x}$两边取对数可得

$$\ln y=\tan x\cdot\ln(1+x^2),$$

然后两边对 x 求导，注意到 $\ln y$ 是复合函数，从而有

$$\frac{y'}{y}=\sec^2 x\cdot\ln(1+x^2)+\tan x\cdot\frac{2x}{1+x^2},$$

故得

$$y'=y\left[\sec^2 x\cdot\ln(1+x^2)+\frac{2x\tan x}{1+x^2}\right]$$

$$=(1+x^2)^{\tan x}\left[\sec^2 x\ln(1+x^2)+\frac{2x\tan x}{1+x^2}\right].$$

一般地，求幂指函数 $y=u(x)^{v(x)}(u(x)>0)$的导数的对数求导法为：

在 $y=u(x)^{v(x)}$两边取对数得

$$\ln y=v(x)\ln u(x),$$

两边对 x 求导数，注意到 y 是 x 的函数：

$$\frac{y'}{y}=v'(x)\ln u(x)+v(x)\frac{u'(x)}{u(x)},$$

故得

$$y'=y\left[v'(x)\ln u(x)+v(x)\frac{u'(x)}{u(x)}\right]$$
$$=u(x)^{v(x)}v'(x)\ln u(x)+u(x)^{v(x)-1}u'(x)v(x).$$

对数求导法也是一种求含有多个因式函数的导数的简捷方法.

例 3.29　设 $y=\dfrac{e^{2x}\sin^4 x}{\sqrt[3]{2x-1}(4x+3)^2}$,求 y'.

解　先在等式两边取绝对值,然后再取对数,得

$$\ln|y|=2x+4\ln|\sin x|-\frac{1}{3}\ln|2x-1|-2\ln|4x+3|,$$

求导得

$$\frac{y'}{y}=2+\frac{4\cos x}{\sin x}-\frac{1}{3}\cdot\frac{2}{2x-1}-2\cdot\frac{4}{4x+3},$$

故得

$$y'=\frac{e^{2x}\sin^4 x}{\sqrt[3]{2x-1}(4x+3)^2}\left[2+4\cot x-\frac{2}{3(2x-1)}-\frac{8}{4x+3}\right].$$

现在我们考虑复合函数的微分,设 $y=f(u)$,$u=\varphi(x)$,则复合函数 $y=f[\varphi(x)]$的微分为

$$dy=\frac{dy}{dx}\cdot dx=\frac{dy}{du}\cdot\frac{du}{dx}\cdot dx=f'(u)\varphi'(x)dx,$$

由 $u=\varphi(x)$得到 $du=\varphi'(x)dx$,故

$$dy=f'(u)du.$$

然而若 $y=f(u)$,u 是自变量,则当然有 $dy=f'(u)du$.这就是说,不论 u 是自变量,还是中间变量,函数 $y=f(u)$的微分总保持同一形式,微分的这种性质称为一阶**微分形式不变性**.这说明微分公式 $dy=f'(x)dx$ 中的 x 换成任一可微函数$\varphi(x)$,公式仍成立,因此求复合函数的微分既可用复合函数链式法则求出导数乘以 dx,也可利用微分形式的不变性.和求复合函数的导数一样,求复合函数微分时也可不写出中间变量.

例 3.30　设 $y=\ln\sin\sqrt{x}$,求 dy.

解　由于

$$y'=(\ln\sin\sqrt{x})'=\frac{\cos\sqrt{x}}{\sin\sqrt{x}}\cdot\frac{1}{2\sqrt{x}}=\frac{\cot\sqrt{x}}{2\sqrt{x}},$$

故有

$$dy=y'dx=\frac{\cot\sqrt{x}}{2\sqrt{x}}dx.$$

我们也可以用微分形式不变性求 dy.

$$\mathrm{d}y=\mathrm{d}(\ln \sin\sqrt{x})=\frac{\mathrm{d}(\sin\sqrt{x})}{\sin\sqrt{x}}=\frac{\cos\sqrt{x}}{\sin\sqrt{x}}\mathrm{d}\sqrt{x}=\frac{\cos\sqrt{x}}{\sin\sqrt{x}}\ \frac{\mathrm{d}x}{2\sqrt{x}}=\frac{\cot\sqrt{x}}{2\sqrt{x}}\mathrm{d}x.$$

3.3.3 反函数的导数

在上一章我们已经知道,严格单调的连续函数的反函数仍是严格单调的连续函数.现在建立反函数的求导公式.

设 f^{-1} 和 f 互为反函数,由反函数定义知

$$y=f^{-1}(x) \quad \Leftrightarrow \quad x=f(y),$$

它们的图形是同一条曲线(见图 3.5),考虑在曲线上任一点 $M(x,y)$ 作出曲线在该点的切线,该切线与正向 x 轴和 y 轴的交角分别为 α 和 β,则由导数的几何意义知:

$$\tan\alpha=(f^{-1})'(x),\tan\beta=f'(y).$$

不难推出

$$\tan\alpha=\frac{1}{\tan\beta},$$

即有

$$(f^{-1})'(x)=\frac{1}{f'(y)},$$

这就是反函数的求导法则.

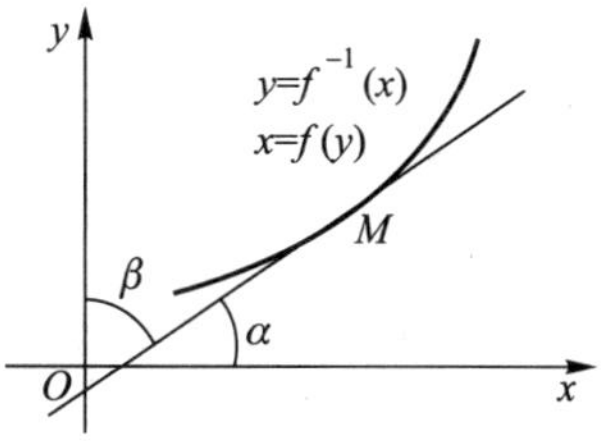

图 3.5

定理 3.5 $x=f(y)$ 是区间 I 上的严格单调可导函数,且 $f'(y)\neq 0$,则它的反函数 $y=f^{-1}(x)$ 在对应点 x 处可导,且

$$(f^{-1})'(x)=\frac{1}{f'(y)},$$

或写为

$$\frac{\mathrm{d}y}{\mathrm{d}x}=\frac{1}{\dfrac{\mathrm{d}x}{\mathrm{d}y}}.$$

证 由反函数连续性定理知,f 的反函数 f^{-1} 是严格单调的连续函数,故当 $\Delta x=f(y+\Delta y)-f(y)\neq 0$ 时,$\Delta y=f^{-1}(x+\Delta x)-f^{-1}(x)\neq 0$,且当 $\Delta x\to 0$ 时必有 $\Delta y\to 0$,从而

$$(f^{-1})'(x)=\lim_{\Delta x\to 0}\frac{f^{-1}(x+\Delta x)-f^{-1}(x)}{\Delta x}=\lim_{\Delta y\to 0}\frac{\Delta y}{f(y+\Delta y)-f(y)}$$

$$= \lim_{\Delta y \to 0} \frac{1}{\dfrac{f(y+\Delta y)-f(y)}{\Delta y}} = \frac{1}{f'(y)}.$$

在下一章将会证明，当 $f'(y)$ 存在且不为零时，$f(y)$ 是严格单调的连续函数，因此定理中的 $x=f(y)$ 在区间 I 上严格单调的条件可以去掉.

导数就是微商，即微分之商，从这个意义上看反函数的导数(微商)公式是容易理解和记忆的.

定理 3.5 中反函数的求导公式也可以从复合函数的求导公式推导出来.由于 $y=f^{-1}(x)$ 是 $x=f(y)$ 的反函数，故

$$f[f^{-1}(x)]=f(y)=x.$$

两端对 x 求导，得到

$$f'(y)\cdot\frac{\mathrm{d}y}{\mathrm{d}x}=1,$$

故有

$$(f^{-1})'(x)=y'=\frac{1}{f'(y)}.$$

例 3.31 求反三角函数 $\arcsin x, \arccos x, \arctan x, \operatorname{arccot} x$ 的导数.

解 由于 $y=\arcsin x$ 是正弦函数 $x=\sin y$ 的反函数，且当 $y\in\left(-\dfrac{\pi}{2},\dfrac{\pi}{2}\right)$ 时，$(\sin y)'=\cos y\neq 0$，故当 $x\in(-1,1)$ 时，有

$$y'=\frac{\mathrm{d}}{\mathrm{d}x}(\arcsin x)=\frac{1}{\dfrac{\mathrm{d}}{\mathrm{d}y}(\sin y)}=\frac{1}{\cos y},$$

而当 $y\in\left(-\dfrac{\pi}{2},\dfrac{\pi}{2}\right)$ 时，$\cos y=\sqrt{1-\sin^2 y}=\sqrt{1-x^2}$，故得

$$y'=(\arcsin x)'=\frac{1}{\sqrt{1-x^2}}.$$

同理可得

$$(\arccos x)'=-\frac{1}{\sqrt{1-x^2}},\ (\arctan x)'=\frac{1}{1+x^2},$$

$$(\operatorname{arccot} x)'=-\frac{1}{1+x^2}.$$

这样我们可以求与反三角函数复合而得函数的导数.

例 3.32 求 $y=\arctan\dfrac{\sin x}{e^x-1}$的微分.

解 由复合函数的微分法则得

$$\begin{aligned}
dy &= \frac{1}{1+\left(\dfrac{\sin x}{e^x-1}\right)^2}d\left(\frac{\sin x}{e^x-1}\right)\\
&= \frac{1}{1+\left(\dfrac{\sin x}{e^x-1}\right)^2}\cdot\frac{(e^x-1)d(\sin x)-\sin x d(e^x-1)}{(e^x-1)^2}\\
&= \frac{1}{1+\left(\dfrac{\sin x}{e^x-1}\right)^2}\cdot\frac{(e^x-1)\cos x-e^x\sin x}{(e^x-1)^2}dx\\
&= \frac{(e^x-1)\cos x-e^x\sin x}{(e^x-1)^2+\sin^2 x}dx.
\end{aligned}$$

例 3.33 设 $x=a\arccos\dfrac{a-y}{a}(0<y<2a)$,求$\left.\dfrac{dy}{dx}\right|_{x=\frac{a\pi}{3}}$.

解 当 $x=\dfrac{a\pi}{3}$时,$y=\dfrac{a}{2}$,因为

$$\frac{dx}{dy}=-\frac{a}{\sqrt{1-\left(\dfrac{a-y}{a}\right)^2}}\left(-\frac{1}{a}\right)=\frac{a}{\sqrt{2ay-y^2}},$$

所以由反函数的求导法则,得

$$\frac{dy}{dx}=\frac{\sqrt{2ay-y^2}}{a},$$

所以

$$\left.\frac{dy}{dx}\right|_{x=\frac{a\pi}{3}}=\left.\frac{\sqrt{2ay-y^2}}{a}\right|_{y=\frac{a}{2}}=\frac{\sqrt{3}}{2}.$$

3.3.4 基本导数和微分公式表

现在我们已经可以用函数求导的运算法则来求任何初等函数的导数,当然求导的基础依赖于基本初等函数的导数,为此我们总结出如下基本初等函数的导数公式和微分公式,这些公式读者必须熟练地掌握.

1. 基本导数公式表

(1) $(c)'=0$(c为任意常数); (2) $(x^{\alpha})'=\alpha x^{\alpha-1}$;

(3) $(a^x)'=a^x\ln a,(\mathrm{e}^x)'=\mathrm{e}^x$; (4) $(\log_a|x|)'=\dfrac{1}{x\ln a},(\ln|x|)'=\dfrac{1}{x}$;

(5) $(\sin x)'=\cos x$; (6) $(\cos x)'=-\sin x$;

(7) $(\tan x)'=\sec^2 x$; (8) $(\cot x)'=-\csc^2 x$;

(9) $(\sec x)'=\sec x\tan x$; (10) $(\csc x)'=-\csc x\cot x$;

(11) $(\arcsin x)'=\dfrac{1}{\sqrt{1-x^2}}$; (12) $(\arccos x)'=-\dfrac{1}{\sqrt{1-x^2}}$;

(13) $(\arctan x)'=\dfrac{1}{1+x^2}$; (14) $(\operatorname{arccot} x)'=-\dfrac{1}{1+x^2}$;

(15) $(\sinh x)'=\cosh x$; (16) $(\cosh x)'=\sinh x$.

2. 基本微分公式表

根据可微与可导的等价性,由基本导数表可以得到基本微分表.

(1) $\mathrm{d}(c)=0$(c为任意常数); (2) $\mathrm{d}(x^n)=nx^{n-1}\mathrm{d}x$;

(3) $\mathrm{d}(a^x)=a^x\ln a\mathrm{d}x,\mathrm{d}(\mathrm{e}^x)=\mathrm{e}^x\mathrm{d}x$;

(4) $\mathrm{d}(\log_a|x|)=\dfrac{1}{x\ln a}\mathrm{d}x,\mathrm{d}(\ln|x|)=\dfrac{1}{x}\mathrm{d}x$;

(5) $\mathrm{d}(\sin x)=\cos x\mathrm{d}x$; (6) $\mathrm{d}(\cos x)=-\sin x\mathrm{d}x$;

(7) $\mathrm{d}(\tan x)=\sec^2 x\mathrm{d}x$; (8) $\mathrm{d}(\cot x)=-\csc^2 x\mathrm{d}x$;

(9) $\mathrm{d}(\sec x)=\sec x\tan x\mathrm{d}x$; (10) $\mathrm{d}(\csc x)=-\csc x\cot x\mathrm{d}x$;

(11) $\mathrm{d}(\arcsin x)=\dfrac{1}{\sqrt{1-x^2}}\mathrm{d}x$; (12) $\mathrm{d}(\arccos x)=-\dfrac{1}{\sqrt{1-x^2}}\mathrm{d}x$;

(13) $\mathrm{d}(\arctan x)=\dfrac{1}{1+x^2}\mathrm{d}x$; (14) $\mathrm{d}(\operatorname{arccot} x)=-\dfrac{1}{1+x^2}\mathrm{d}x$;

(15) $\mathrm{d}(\sinh x)=\cosh x\mathrm{d}x$; (16) $\mathrm{d}(\cosh x)=\sinh x\mathrm{d}x$.

例 3.34 求函数

$$f(x)=\begin{cases}x^2\sin\dfrac{1}{x}, & x\neq 0,\\ 0, & x=0\end{cases}$$

的导函数,并讨论该导函数的连续性.

解 当 $x\neq0$ 时,由初等函数的求导法则,得

$$f'(x)=2x\sin\frac{1}{x}+x^2\cos\frac{1}{x}\cdot\left(-\frac{1}{x^2}\right)=2x\sin\frac{1}{x}-\cos\frac{1}{x},$$

又由例 3.12 知,$f'(0)=0(\alpha=2)$,故得导函数

$$f'(x)=\begin{cases}2x\sin\frac{1}{x}-\cos\frac{1}{x}, & x\neq0,\\ 0, & x=0.\end{cases}$$

显然 $\lim\limits_{x\to0}f'(x)$ 不存在,即导函数 $f'(x)$ 在点 $x=0$ 处不连续,且 $x=0$ 是第二类间断点.

从本例可知,函数 $f(x)$ 处处可导.但导函数 $f'(x)$ 不一定连续.另外,既然有 $f'(0)=0$,因此在 $x=0$ 处的两个单侧导数均为 0,即 $f'_-(x)=f'_+(x)=0$,但导函数在点 $x=0$ 的两个单侧极限 $f'(x-0)$ 和 $f'(x+0)$ 都不存在.由此可见,函数在某点的单侧导数和导函数在该点的单侧极限是不同的概念.

3.4 隐函数与参数方程求导法

3.4.1 隐函数的导数

第 1 章中曾介绍了隐函数的概念,即在一定的条件下方程 $F(x,y)=0$ 可以确定 y 为 x 的一个函数,称之为由方程确定的隐函数.隐函数有时可用 x 的解析式表示(称为隐函数的显化),但多数情况下,要从方程 $F(x,y)=0$ 解出 $y=y(x)$ 是难以做到的.在这种情况下,如何来求其导数呢?

对于给定的方程,由它所确定的隐函数是否存在是一个相当复杂的问题,我们将在下册的多元函数微分学一章中予以介绍.在假定隐函数存在且可导的前提下,我们可用复合函数求导的链式法则求出它的导数.事实上,若方程 $F(x,y)=0$ 确定了隐函数 $y=y(x)$,则将 $y=y(x)$ 代入原方程,方程成为恒等式 $F(x,y(x))\equiv0$,在恒等式两边对 x 求导,注意到左端是以 x 为自变量的复合函数,便可以得到我们所要求的导数.

例 3.35 求由方程 $\mathrm{e}^{xy}+\cos(xy)-y^2=0$ 确定的隐函数 $y=y(x)$ 的导数.

解 注意到方程中 y 为 x 的函数,利用链式法则,将等式两边同时关于 x 求导,

$$e^{xy}(y+xy')-\sin(xy)(y+xy')-2yy'=0,$$

由此解出

$$y'=\frac{y[\sin(xy)-e^{xy}]}{xe^{xy}-x\sin(xy)-2y}.$$

例 3.36　求由方程 $\sin(xy)-\ln\frac{x+1}{y}=0$ 所确定的隐函数 $y=y(x)$ 在 $x=0$ 处的导数.

解　当 $x=0$ 时,由方程 $\sin(xy)-\ln\frac{x+1}{y}=0$ 知,$y=1$,即 $y(0)=1$.

将方程式变形为

$$\sin(xy)-\ln(x+1)+\ln y=0,$$

两边关于 x 求导,并注意 y 是 x 的函数,得

$$\cos(xy)\cdot(y+xy')-\frac{1}{x+1}+\frac{y'}{y}=0,$$

把 $x=0$ 代入,得到

$$y(0)-1+\frac{y'(0)}{y(0)}=0,$$

再由 $y(0)=1$,就有

$$y'(0)=\left.\frac{dy}{dx}\right|_{x=0}=0.$$

例 3.37　求笛卡儿(Descartes)叶形线 $x^3+y^3=3axy$ 在点 $\left(\frac{3a}{2},\frac{3a}{2}\right)$ 处的切线和法线方程.

解　等式两边关于 x 求导,注意到 y 是 x 的函数,得

$$3x^2+3y^2y'=3ay+3axy',$$

解得

$$y'=\frac{ay-x^2}{y^2-ax}.$$

当 $x=y=\frac{3a}{2}$ 时,$y'=-1$,故曲线在点 $\left(\frac{3a}{2},\frac{3a}{2}\right)$ 处的切线方程是

$$y-\frac{3a}{2}=-\left(x-\frac{3a}{2}\right),$$

即

$$x+y=3a.$$

法线方程为

$$y-\frac{3a}{2}=1\cdot\left(x-\frac{3a}{2}\right),\text{即 } x-y=0.$$

3.4.2 由参数方程所确定的函数的导数

第 1 章中介绍了变量 x 和 y 之间的函数关系也可由参数方程

$$\begin{cases}x=\varphi(t),\\ y=\psi(t)\end{cases}\quad(t\in I)$$

给出,若可以消去参数 t 得到关于 x,y 的方程,利用隐函数求导法就可以得到 y 对 x 的导数.但是在参数方程中消去参数 t 有时是很困难的,甚至是不可能的,通常是直接从参数方程求出 y 对 x 的导数.

假定 $x=\varphi(t),y=\psi(t)$ 可导,且 $\varphi'(t)\neq 0$,则 $x=\varphi(t)$ 的反函数 $t=\varphi^{-1}(x)$ 存在,并在与 t 对应的 x 处可导,且$\dfrac{\mathrm{d}t}{\mathrm{d}x}=\dfrac{1}{\dfrac{\mathrm{d}x}{\mathrm{d}t}}=\dfrac{1}{\varphi'(t)}$.于是可以把上述参数方程所确定的函数看成是复合函数

$$y=\psi(t),t=\varphi^{-1}(x),$$

其中 t 为中间变量.由复合函数求导数的链式法则,得

$$\frac{\mathrm{d}y}{\mathrm{d}x}=\frac{\mathrm{d}y}{\mathrm{d}t}\cdot\frac{\mathrm{d}t}{\mathrm{d}x}=\frac{\psi'(t)}{\varphi'(t)},$$

即有参数方程所确定的函数求导公式

$$\frac{\mathrm{d}y}{\mathrm{d}x}=\frac{\psi'(t)}{\varphi'(t)}=\frac{\dfrac{\mathrm{d}y}{\mathrm{d}t}}{\dfrac{\mathrm{d}x}{\mathrm{d}t}}.$$

例 3.38 已知摆线的参数方程是$\begin{cases}x=a(t-\sin t),\\ y=a(1-\cos t),\end{cases}$求在任意 $t(0<t<2\pi)$ 所对应点处的导数$\dfrac{\mathrm{d}y}{\mathrm{d}x}$.

解 从所给参数方程求得

$$\frac{\mathrm{d}x}{\mathrm{d}t}=a(1-\cos t),\frac{\mathrm{d}y}{\mathrm{d}t}=a\sin t,$$

故有

$$\frac{\mathrm{d}y}{\mathrm{d}x}=\frac{\frac{\mathrm{d}y}{\mathrm{d}t}}{\frac{\mathrm{d}x}{\mathrm{d}t}}=\frac{\sin t}{1-\cos t}=\cot\frac{t}{2}.$$

例 3.39 笛卡儿(Descartes)叶形线的参数方程为

$$\begin{cases}x=\dfrac{3at}{1+t^3},\\ y=\dfrac{3at^2}{1+t^3}.\end{cases}$$

求其所确定的函数 $y=y(x)$ 的导数.

解 $$\frac{\mathrm{d}y}{\mathrm{d}t}=\frac{6at\cdot(1+t^3)-3at^2\cdot 3t^2}{(1+t^3)^2}=\frac{3at(2-t^3)}{(1+t^3)^2},$$

$$\frac{\mathrm{d}x}{\mathrm{d}t}=\frac{3a\cdot(1+t^3)-3at\cdot 3t^2}{(1+t^3)^2}=\frac{3a(1-2t^3)}{(1+t^3)^2},$$

故得

$$\frac{\mathrm{d}y}{\mathrm{d}x}=\frac{t(2-t^3)}{1-2t^3}.$$

读者可将此例题结果与例 3.37 作比较,尽管形式不一样,但是可以相互转化.

例 3.40 星形线的参数方程为

$$\begin{cases}x=a\cos^3 t,\\ y=a\sin^3 t.\end{cases}$$

证明:其上任一点(坐标轴上的点除外)处的切线被坐标轴所截得的线段的长度等于常数.

证 $$\frac{\mathrm{d}y}{\mathrm{d}x}=\frac{y'(t)}{x'(t)}=\frac{3a\sin^2 t\cos t}{3a\cos^2 t(-\sin t)}=-\tan t,t\neq\frac{k\pi}{2},$$

从而星形线上对应于参数 t 的点的切线方程为

$$y-a\sin^3 t=-\tan t(x-a\cos^3 t),$$

令 $y=0$,得到切线在 x 轴上的截距为

$$x_0(t)=a\cos^3 t+a\sin^2 t\cos t=a\cos t;$$

令 $x=0$,得到切线在 y 轴上的截距为

$$y_0(t)=a\sin^3 t+a\cos^2 t\sin t=a\sin t,$$

故切线被坐标轴所截得的线段长度为

$$l(t)=\sqrt{x_0^2(t)+y_0^2(t)}=a\quad(\text{常数}).$$

在第 1 章我们介绍了极坐标方程 $r=r(\theta)\ (\alpha\leqslant\theta\leqslant\beta)$ 表示的曲线可以转化为以 θ 为参数的参数方程：

$$\begin{cases} x=r(\theta)\cos\theta, \\ y=r(\theta)\sin\theta \end{cases} \quad (\alpha\leqslant\theta\leqslant\beta).$$

利用参数方程求导方法，就可以求得曲线上任意一点的切线斜率为

$$\frac{\mathrm{d}y}{\mathrm{d}x}=\frac{y'(\theta)}{x'(\theta)}=\frac{r'(\theta)\sin\theta+r(\theta)\cos\theta}{r'(\theta)\cos\theta-r(\theta)\sin\theta},$$

从而可以得到极坐标方程 $r=r(\theta)$ 表示的曲线的切线.

例 3.41 已知心脏线的极坐标方程 $r=2a(1+\cos\theta)$，求其上对应于 $\theta=\dfrac{\pi}{6}$ 的点处的切线方程.

解 当 $\theta=\dfrac{\pi}{6}$ 时，

$$x=2a\left(1+\cos\frac{\pi}{6}\right)\cos\frac{\pi}{6}=\left(\frac{3}{2}+\sqrt{3}\right)a,$$

$$y=2a\left(1+\cos\frac{\pi}{6}\right)\sin\frac{\pi}{6}=\left(1+\frac{\sqrt{3}}{2}\right)a,$$

又由 $r'(\theta)=-2a\sin\theta$，故得

$$\left.\frac{\mathrm{d}y}{\mathrm{d}x}\right|_{\theta=\frac{\pi}{6}}=\left.\frac{-2a\sin\theta\sin\theta+2a(1+\cos\theta)\cos\theta}{-2a\sin\theta\cos\theta-2a(1+\cos\theta)\sin\theta}\right|_{\theta=\frac{\pi}{6}}=-1,$$

得到切线方程为

$$y-\left(1+\frac{\sqrt{3}}{2}\right)a=-\left[x-\left(\frac{3}{2}+\sqrt{3}\right)a\right],$$

即

$$2x+2y-(5+3\sqrt{3})a=0.$$

3.5 导数概念在实际问题中的应用

我们已经通过速度等典型例子说明导数表示函数对自变量的变化率，本节将进一步举例介绍这个概念在一些学科中的应用，另外还将讨论在有些情况下产生的两个变化率之间关系的问题.

3.5.1 一些学科中的变化率问题举例

例 3.42 液体的流量

设管道中的液体流过某一横截面的体积总量为 $V(t)$，那么从时刻 t 到 $t+\Delta t$ 液体流过此横截面的**平均流量**定义为

$$\frac{\Delta V}{\Delta t}=\frac{V(t+\Delta t)-V(t)}{\Delta t},$$

当 Δt 越小，这平均流量就越能描述时刻 t 附近流过截面的液体量对时间的变化率，因此

$$\frac{\mathrm{d}V}{\mathrm{d}t}=\lim_{\Delta t\to 0}\frac{\Delta V}{\Delta t}$$

就是在时刻 t 液体的**流量**，它给出了单位时间流过横截面的液体的体积量.

例 3.43 光栅的色散

光栅是光学中用来测定光谱线的波长的仪器，投在光栅上的入射光的每一个波长 λ 都相应有一个确定的偏转角 θ，因此偏转角是波长 λ 的函数，当波长由 λ 变到 $\lambda+\Delta\lambda$ 时，偏转角的平均变化率为

$$\frac{\Delta\theta}{\Delta\lambda}=\frac{\theta(\lambda+\Delta\lambda)-\theta(\lambda)}{\Delta\lambda},$$

而在波长 λ 处的偏转角变化率

$$\frac{\mathrm{d}\theta}{\mathrm{d}\lambda}=\lim_{\Delta\lambda\to 0}\frac{\Delta\theta}{\Delta\lambda}$$

称为光栅的**色散**.

例 3.44 气体的压缩与压缩系数

温度恒定的气体体积 V 是随压强 p 变化的，当压强由 p 增至 $p+\Delta p$，相应的体积的增量为 $\Delta V=V(p+\Delta p)-V(p)$，体积平均增长率为

$$\frac{\Delta V}{\Delta p}=\frac{V(p+\Delta p)-V(p)}{\Delta p},$$

当 $\Delta p>0$ 时显然有 $\Delta V\leqslant 0$，因此上述比值非正，从而其绝对值反映体积对压强的平均压缩率.

$$\frac{\mathrm{d}V}{\mathrm{d}p}=\lim_{\Delta p\to 0}\frac{\Delta V}{\Delta p}$$

是压强为 p 时体积的压缩率.热力学中定义

$$\beta=-\frac{V'(p)}{V}$$

为气体的**等温压缩系数**,它反映了压强为 p 时单位体积气体的体积压缩率.

例 3.45 生物种群的增长率.

设 $N=N(t)$ 表示某生物种群在时刻 t 个体的总数,则从 t 到 $t+\Delta t$ 这段时间间隔内种群的平均增长率定义为

$$\frac{\Delta N}{\Delta t}=\frac{N(t+\Delta t)-N(t)}{\Delta t},$$

为了研究该种群个体数量的变化的规律,需要得到在任意时刻 N 对时间的变化率,即

$$\frac{\mathrm{d}N}{\mathrm{d}t}=\lim_{\Delta t\to 0}\frac{\Delta N}{\Delta t}=N'(t),$$

在生物学中称之为种群的**增长率**.

当然种群个体总数 $N(t)$ 只能取正整数,是不连续的函数,从而也不可导.但由于多数生物种群的繁衍世代延续,数量庞大,当时间间隔 Δt 较小时,由出生和死亡引起的种群个体数量的变化相对于个体总数来说也较小,故可近似地把 $N(t)$ 看成连续可导函数.事实上以 $N'(t)$ 作为增长率已经在研究物种增长及相关问题中起到重要作用.

例 3.46 人体对药物的反应

设 M 是人体血液中吸收的一定量的药物,人体的反应(一般指某个生理指标,例如血压或体温等)用 $R(M)$ 表示,则血液中药物量从 M 变为 $M+\Delta M$,相应的反应(生理指标)的平均变化率为

$$\frac{\Delta R}{\Delta M}=\frac{R(M+\Delta M)-R(M)}{\Delta M},$$

而药量为 M 时的反应变化率为

$$\frac{\mathrm{d}R}{\mathrm{d}M}=\lim_{\Delta M\to 0}\frac{\Delta R}{\Delta M}.$$

在医药学中称为人体对药物反应的**敏感度**.

例 3.47 经济学中的边际.

我们已经举过边际成本的例子,经济学中有更多这样的概念.设 P 为某商品的价格,而 $Q(P)$ 为此价格时商品的需求量.当价格由 P 改变到 $P+\Delta P$ 时,相应的需求变化率为

$$\frac{\Delta Q}{\Delta P}=\frac{Q(P+\Delta P)-Q(P)}{\Delta P},$$

而价格为 P 时的变化率

$$\frac{dQ}{dP}=\lim_{\Delta P\to 0}\frac{\Delta Q}{\Delta P}$$

称为**边际需求**,它通常是负的,反映了价格与需求关系的主要特征为:价格上涨,需求量下降;价格下跌,需求量增加.边际需求的绝对值表示商品价格增加一个单位时需求量下降的数量.

3.5.2 相关变化率

在实际问题的某个变化过程中,可能涉及几个变量,如 x,y,z 等,它们之间存在着相互依赖关系,而它们又都是另一个变量 t 的可导函数,这样变化率 $\frac{dx}{dt}$, $\frac{dy}{dt}$, $\frac{dz}{dt}$ 之间也就存在某种依赖关系,这种依赖关系称为**相关变化率**.通常的问题是从已知量(能直接测量求得)的变化率来求另一个量(不能直接测量求得)的变化率.解决这类问题的方法是写出联系相关变量的方程并对其求导数,得到已知变化率和所求变化率间的联系方程,从而解出所求的变化率.

例 3.48 从水平场地正在垂直上升的一个热气球被距离起点 500 m 远处的测距器所跟踪.在测距器的仰角为 $\frac{\pi}{4}$ 的瞬间,仰角以每分钟 0.14 弧度的速率增长,问在该瞬间气球上升有多快?

解 设时刻 t 气球上升高度为 $y(t)$,θ 为测距器从地面测得的角度(图 3.6),则

$$\frac{y}{500}=\tan\theta,\text{或}\quad y=500\tan\theta.$$

两端分别对 t 求导,得

$$\frac{dy}{dt}=500\cdot\sec^2\theta\,\frac{d\theta}{dt},$$

由于 $\left.\frac{d\theta}{dt}\right|_{t=\frac{\pi}{4}}=0.14$(弧度/分),于是得

$$\left.\frac{dy}{dt}\right|_{t=\frac{\pi}{4}}=500\cdot(\sqrt{2})^2(0.14)=140,$$

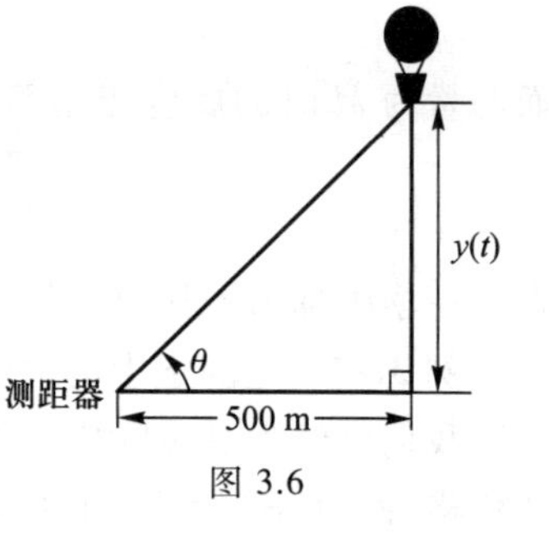

图 3.6

所以在仰角为 $\frac{\pi}{4}$ 的瞬间气球以速率 140 m/min 上升.

例 3.49 半径为 R 的半球体形状的雪堆,其体积融化的速率与半球面面积 S 成正比,比例常数 $k>0$,假设在融化过程中雪堆始终保持半球体状,已知雪堆

在开始融化的 3 小时内融化了其体积的八分之七，问雪堆全部融化需多少小时？

解　设在时刻 t 雪堆的底面半径为 r，则其体积和侧面积分别为

$$V=\frac{2}{3}\pi r^3,\quad S=2\pi r^2,$$

由题意知

$$\frac{\mathrm{d}V}{\mathrm{d}t}=-kS=-2k\pi r^2,$$

其中负号是因为雪堆体积随时间增加反而减少.又因

$$\frac{\mathrm{d}V}{\mathrm{d}t}=2\pi r^2\frac{\mathrm{d}r}{\mathrm{d}t},$$

故导出

$$\frac{\mathrm{d}r}{\mathrm{d}t}=-k.$$

由 $t=0$ 时 $r=R$，得到时刻 t，

$$r=R-kt,$$

又据 $V\Big|_{t=3}=\frac{1}{8}V\Big|_{t=0}$ 知

$$\frac{2}{3}\pi(R-3k)^3=\frac{1}{8}\cdot\frac{2}{3}\pi R^3,$$

故得

$$k=\frac{1}{6}R,\quad r=R-\frac{R}{6}t,$$

雪堆全融化意味着 $r=0$，从而此时

$$t=6,$$

故所需时间为 6 小时.

例 3.50　一辆警察巡逻车正在高速公路上追逐一辆超速行驶的汽车.巡逻车正从北向南驶向一个直角路口，超速汽车已拐过路口向东驶去.当巡逻车离路口向北 0.6 km 而汽车离路口向东 0.8 km 时，警察用雷达确定了两车之间的距离正以 44 km/h 的速度在增长.如果巡逻车在该测量时刻以 100 km/h 的速度行驶，试问该瞬间超速汽车的速度为多少？

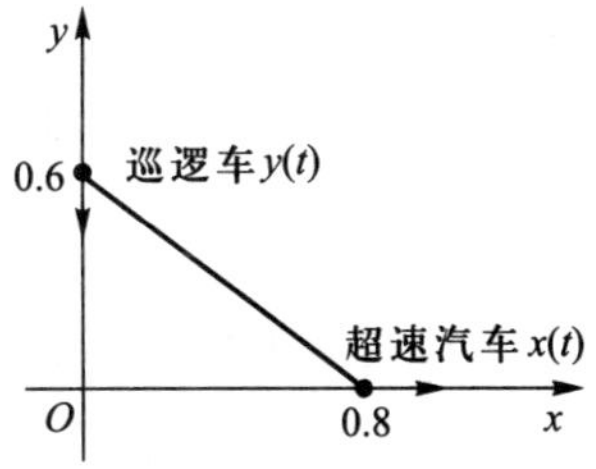

图 3.7

解　设 x 轴表示超速汽车向东行驶的高速公路，y 轴表示巡逻车行驶的高速公路(图 3.7).在时刻 t，汽车行驶的位置为 $x(t)$，巡逻车行驶的位置为

$y(t)$.此时汽车和巡逻车之间的距离为

$$s(t)=\sqrt{x^2(t)+y^2(t)}\text{,或}\quad s^2(t)=x^2(t)+y^2(t),$$

两边对 t 求导,得

$$2s\frac{\mathrm{d}s}{\mathrm{d}t}=2x\frac{\mathrm{d}x}{\mathrm{d}t}+2y\frac{\mathrm{d}y}{\mathrm{d}t},$$

即

$$\frac{\mathrm{d}s}{\mathrm{d}t}=\frac{1}{s}\left(x\frac{\mathrm{d}x}{\mathrm{d}t}+y\frac{\mathrm{d}y}{\mathrm{d}t}\right)=\frac{1}{\sqrt{x^2+y^2}}\left(x\frac{\mathrm{d}x}{\mathrm{d}t}+y\frac{\mathrm{d}y}{\mathrm{d}t}\right).$$

已知在测量时刻 $x=0.8$ km, $y=0.6$ km, $\frac{\mathrm{d}y}{\mathrm{d}t}=-100$ km/h, $\frac{\mathrm{d}s}{\mathrm{d}t}=44$ km/h.从而求得

$$\frac{\mathrm{d}x}{\mathrm{d}t}=\frac{44\sqrt{(0.8)^2+(0.6)^2}+(0.6)(100)}{0.8}=130,$$

所以,该瞬间超速汽车的速度为 130 km/h.

3.6 高阶导数

3.6.1 高阶导数的概念

我们已经知道,物体做变速直线运动的瞬时速度 $v(t)$ 是其位移函数 $s(t)$ 关于时间 t 的导数,即有

$$v(t)=s'(t)=\frac{\mathrm{d}s}{\mathrm{d}t}.$$

而物体的加速度 $a(t)$ 是速度函数 $v(t)$ 关于时间 t 的变化率(即导数),故

$$a(t)=v'(t)=[s'(t)]'=\frac{\mathrm{d}}{\mathrm{d}t}\left(\frac{\mathrm{d}s}{\mathrm{d}t}\right).$$

所以,加速度 $a(t)$ 是位移函数 $s(t)$ 的导数的导数,由此引出关于高阶导数的概念.

若函数 $y=f(x)$ 的导函数 $f'(x)$ 在点 x_0 的导数

$$(f'(x))'\Big|_{x=x_0}$$

存在,则称其为函数 $y=f(x)$ 在 x_0 的**二阶导数**,记为

$$y''\Big|_{x=x_0},\quad f''(x_0),\quad \frac{\mathrm{d}^2y}{\mathrm{d}x^2}\Big|_{x=x_0},\quad \frac{\mathrm{d}^2f}{\mathrm{d}x^2}\Big|_{x=x_0},$$

此时称 $f(x)$ 在 x_0 **二阶可导**.若 $f(x)$ 在区间 I 的每点二阶可导,则称 $f(x)$ 在区间 I 二阶可导,而称 $f''(x)$ $\left(\text{或}\frac{\mathrm{d}^2f}{\mathrm{d}x^2}\right)$ 为 $f(x)$ 的二阶导函数,简称二阶导数.

例如位移函数 $s(t)$ 的二阶导数 $s''(t)$ 是运动物体的加速度,即

$$a(t)=s''(t).$$

一般地,对于正整数 $n\geqslant 2$,可归纳地来定义函数 $y=f(x)$ 的 n 阶导数.

定义 3.4 设函数 $y=f(x)$ 在点 x_0 附近存在 $n-1$ 阶导数 $f^{(n-1)}(x)$,若 $f^{(n-1)}(x)$ 在点 x_0 的导数

$$(f^{(n-1)}(x))'\Big|_{x=x_0}$$

存在,则称其为 $f(x)$ 在点 x_0 的 n **阶导数**,记为

$$y^{(n)}\Big|_{x=x_0},\quad f^{(n)}(x_0),\quad \frac{\mathrm{d}^ny}{\mathrm{d}x^n}\Big|_{x=x_0},\quad \frac{\mathrm{d}^nf}{\mathrm{d}x^n}\Big|_{x=x_0},$$

此时称 $f(x)$ 在点 x_0 处 n **阶可导**.

若函数 $y=f(x)$ 在区间 I 上每点都 n 阶可导(区间 I 的端点处为单侧可导),则得到区间 I 上的 n 阶导函数

$$y^{(n)},f^{(n)}(x),\frac{\mathrm{d}^ny}{\mathrm{d}x^n},\frac{\mathrm{d}^nf}{\mathrm{d}x^n}.$$

二阶或二阶以上的导数统称为**高阶导数**,为方便起见,把 $f(x)$ 称为 $f(x)$ 的零阶导数.

$f(x)$ 的一阶导数、二阶导数、三阶导数可以用记号 $f'(x)$,$f''(x)$,$f'''(x)$ 表示,而从 4 阶导数起,只能用记号 $f^{(4)}(x)$,$f^{(5)}(x)$,…表示.

若 $f^{(n)}(x)$ 在 I 上连续,则称 $f(x)$ 在 I 上 n **阶连续可导**,记为

$$f(x)\in C^{(n)}(I).$$

又若 $\forall n\in\mathbf{N}$,$f(x)\in C^{(n)}(I)$,则称 $f(x)$ 在 I 上无限阶可导,记为

$$f(x)\in C^{\infty}(I).$$

例 3.51 求 $y=\mathrm{e}^{x^2}+\tan x$ 的二阶导数 y''.

解 $y'=2x\mathrm{e}^{x^2}+\sec^2x$,从而

$$y''=2\mathrm{e}^{x^2}+(2x)^2\mathrm{e}^{x^2}+2\sec x\cdot\sec x\tan x.$$

求函数的 n 阶导数,一般是使用递推并加以归纳的方法.

例 3.52 设 $y=x^{\alpha}$,α 是实数,求 y 的各阶导数.

解

$$y'=\alpha x^{\alpha-1},$$
$$y''=\alpha(\alpha-1)x^{\alpha-2},$$
$$y'''=\alpha(\alpha-1)(\alpha-2)x^{\alpha-3},$$

由此不难归纳出

$$y^{(n)}=\alpha(\alpha-1)(\alpha-2)\cdots(\alpha-n+1)x^{\alpha-n}.$$

特别地，若 $y=x^n, n\in\mathbf{N}^+$，则

$$y^{(n)}=n!,\quad y^{(k)}=0\quad(k>n).$$

例 3.53 设 $y=\sin x$，求 $y^{(n)}$.

解 $y'=\cos x=\sin\left(x+\frac{\pi}{2}\right)$,

$$y''=\cos\left(x+\frac{\pi}{2}\right)=\sin\left(x+\frac{\pi}{2}+\frac{\pi}{2}\right)=\sin\left(x+2\cdot\frac{\pi}{2}\right),$$

假设 $y^{(k)}=\sin\left(x+k\cdot\frac{\pi}{2}\right)$，则

$$\begin{aligned}(\sin x)^{(k+1)}&=\left[\sin\left(x+k\cdot\frac{\pi}{2}\right)\right]'\\&=\cos\left(x+k\cdot\frac{\pi}{2}\right)=\sin\left(x+(k+1)\cdot\frac{\pi}{2}\right).\end{aligned}$$

依归纳法得

$$(\sin x)^n=\sin\left(x+\frac{n\pi}{2}\right).$$

类似可得

$$(\cos x)^{(n)}=\cos\left(x+\frac{n\pi}{2}\right).$$

例 3.54 设 $y=\ln(1+2x)$，求 $y^{(n)}, n\in\mathbf{N}_+$.

解
$$y'=\frac{2}{1+2x}=2(1+2x)^{-1}, y''=(-1)\cdot2^2\cdot(1+2x)^{-2},$$
$$y'''=(-1)(-2)\cdot2^3\cdot(1+2x)^{-3},\cdots$$

依归纳法可得

$$\begin{aligned}y^{(n)}&=(-1)(-2)\cdot\cdots\cdot[-(n-1)]\cdot2^n\cdot(1+2x)^{-n}\\&=(-1)^{n-1}2^n(n-1)!\cdot(1+2x)^{-n}, n\in\mathbf{N}_+.\end{aligned}$$

例 3.55 设 $y=\frac{1}{x^2+x-2}$，求 $y^{(n)}$.

解 $y=\frac{1}{x^2+x-2}=\frac{1}{(x-1)(x+2)}=\frac{1}{3}\left(\frac{1}{x-1}-\frac{1}{x+2}\right)$.

由于

$$\left(\frac{1}{x-1}\right)'=\frac{-1}{(x-1)^2},\left(\frac{1}{x-1}\right)''=\frac{(-1)(-2)}{(x-1)^3}=(-1)^2\frac{2!}{(x-1)^3},$$

容易归纳地得到

$$\left(\frac{1}{x-1}\right)^{(n)}=(-1)^n\frac{n!}{(x-1)^{n+1}}.$$

而类似地有

$$\left(\frac{1}{x+2}\right)^{(n)}=(-1)^n\frac{n!}{(x+2)^{n+1}},$$

故得

$$y^{(n)}=\frac{(-1)^n n!}{3}\left[\frac{1}{(x-1)^{n+1}}-\frac{1}{(x+2)^{n+1}}\right].$$

3.6.2 高阶导数运算法则和莱布尼茨公式

定理 3.6 设函数 $u(x),v(x)$ 在区间 I 上 n 阶可导，$\alpha,\beta\in\mathbf{R}$，则在 I 上 $\alpha u(x)+\beta v(x)$，$u(x)v(x)$ 均 n 阶可导，且有

(1) $[\alpha u(x)+\beta v(x)]^{(n)}=\alpha u^{(n)}(x)+\beta v^{(n)}(x)$；

(2) 莱布尼茨公式：$[u(x)v(x)]^{(n)}=\sum\limits_{k=0}^{n}C_n^k u^{(k)}(x)v^{(n-k)}(x)$.

证 用数学归纳法易证(1)，我们证明(2).为方便计，将 $u(x),v(x)$ 简记为 u,v.

当 $n=1$ 时，

$$(uv)'=uv'+u'v=C_1^0u^{(0)}v^{(1)}+C_1^1u^{(1)}v^{(0)}.$$

设 $n=m$ 时莱布尼茨公式成立，即有

$$(uv)^{(m)}=\sum_{k=0}^{m}C_m^k u^{(k)}v^{(m-k)},$$

上式两端再对 x 求导，得到

$$\begin{aligned}(uv)^{(m+1)}&=[(uv)^{(m)}]'=\left(\sum_{k=0}^{m}C_m^k u^{(k)}v^{(m-k)}\right)'=\sum_{k=0}^{m}C_m^k(u^{(k)}v^{(m-k)})'\\&=\sum_{k=0}^{m}C_m^k[u^{(k+1)}v^{(m-k)}+u^{(k)}v^{(m-k+1)}]\\&=\sum_{k=0}^{m}C_m^k u^{(k+1)}v^{(m-k)}+\sum_{k=0}^{m}C_m^k u^{(k)}v^{(m-k+1)},\end{aligned}$$

为了得到结论中公式的形式，需对连和号的求和指标作修改，

$$\begin{aligned}(uv)^{(m+1)}&=u^{(m+1)}v^{(0)}+\sum_{k=0}^{m-1}C_m^k u^{(k+1)}v^{(m-k)}+\sum_{k=1}^{m}C_m^k u^{(k)}v^{(m-k+1)}+u^{(0)}v^{(m+1)}\\&=u^{(m+1)}v^{(0)}+\sum_{k=1}^{m}C_m^{k-1}u^{(k)}v^{(m-k+1)}+\sum_{k=1}^{m}C_m^k u^{(k)}v^{(m-k+1)}+u^{(0)}v^{(m+1)}\end{aligned}$$

$$= u^{(m+1)} v^{(0)} + \sum_{k=1}^{m} (\mathrm{C}_m^{k-1} + \mathrm{C}_m^{k}) u^{(k)} v^{(m-k+1)} + u^{(0)} v^{(m+1)}$$

$$= u^{(m+1)} v^{(0)} + \sum_{k=1}^{m} \mathrm{C}_{m+1}^{k} u^{(k)} v^{(m-k+1)} + u^{(0)} v^{(m+1)}$$

$$= \sum_{k=0}^{m+1} \mathrm{C}_{m+1}^{k} u^{(k)} v^{(m+1-k)}.$$

这说明莱布尼茨公式在 $n=m+1$ 时也成立,从而它对任一正整数 n 均成立.

例 3.56 设 $y=x^2\cos x$,求 $y^{(200)}$.

解 $y^{(200)} = \sum_{k=0}^{200} \mathrm{C}_{200}^{k} (x^2)^{(k)} (\cos x)^{(200-k)} = \sum_{k=0}^{2} \mathrm{C}_{200}^{k} (x^2)^{(k)} (\cos x)^{(200-k)}$

$$= x^2\cos\left(x+\frac{200\pi}{2}\right) + \mathrm{C}_{200}^{1}\cdot 2x\cos\left(x+\frac{199\pi}{2}\right)$$

$$+\mathrm{C}_{200}^{2}\cdot 2\cdot\cos\left(x+\frac{198\pi}{2}\right)$$

$$= x^2\cos x + 400x\sin x - 39\ 800\cos x.$$

例 3.57 设 $y=\arcsin x$,求 $y^{(n)}\Big|_{x=0} = y^{(n)}(0)$, $n\in\mathbf{N}_+$.

分析 显然这题不可能通过逐次求导来获得结论,这类问题可以采取的一种方法是首先得出 n 阶导数与 $n-1$ 阶(或 $n-2$ 阶等)导数的递推关系,进而再推导出结果.

解 因有

$$y' = \frac{1}{\sqrt{1-x^2}},\quad y'' = \frac{x}{(1-x^2)\sqrt{1-x^2}},$$

由此得出

$$(1-x^2)y'' = xy'$$

对上式两边同时求 n 阶导数,由莱布尼茨公式即有

$$(1-x^2)y^{(n+2)} - 2nxy^{(n+1)} - n(n-1)y^{(n)} = xy^{(n+1)} + ny^{(n)},$$

将 $x=0$ 代入上式,即得递推公式

$$y^{(n+2)}(0) = n^2 y^{(n)}(0).$$

由于 $y^{(0)}(0)=0, y^{(1)}(0)=1$,导出

当 $n=2k$ 时,

$$y^{(2k)}(0) = 0 \quad (k=0,1,\cdots);$$

当 $n=2k+1$ 时,

$$y^{(2k+1)}(0) = (2k-1)^2 y^{(2k-1)}(0) = (2k-1)^2(2k-3)^2 y^{(2k-3)}(0) = \cdots$$

$$=(2k-1)^2(2k-3)^2\cdots3^2\cdot1^2y^{(1)}(0)$$
$$=[(2k-1)(2k-3)\cdots3\cdot1]^2$$
$$=[(2k-1)!!]^2\quad(k=1,2,\cdots);$$

而 $k=0$ 时,已经得到 $y^{(1)}(0)=1$.

3.6.3 隐函数的高阶导数和参数方程表示的函数的高阶导数

求隐函数的高阶导数依然主要是根据复合函数的链式法则.

例 3.58 设方程 $\arctan\dfrac{y}{x}=\ln\sqrt{x^2+y^2}$ 确定了隐函数 $y=y(x)$,求二阶导数 y''.

解 在确定 $y(x)$ 的等式两端关于 x 求导,注意 y 是 x 的函数,得

$$\frac{\dfrac{xy'-y}{x^2}}{1+\left(\dfrac{y}{x}\right)^2}=\frac{2x+2yy'}{2(x^2+y^2)},$$

化简,得到

$$xy'-y=x+yy',$$

故

$$y'=\frac{\mathrm{d}y}{\mathrm{d}x}=\frac{x+y}{x-y},$$

所以

$$y''=\left(\frac{x+y}{x-y}\right)'=\frac{(1+y')(x-y)-(x+y)(1-y')}{(x-y)^2}=\frac{2(x^2+y^2)}{(x-y)^3}.$$

或者对等式 $xy'-y=x+yy'$ 两边再关于 x 求导,得到

$$y'+xy''-y'=1+(y')^2+yy'',$$

也有

$$y''=\frac{1+y'^2}{x-y}=\frac{1+\left(\dfrac{x+y}{x-y}\right)^2}{x-y}=\frac{2(x^2+y^2)}{(x-y)^3}.$$

例 3.59 设方程 $\mathrm{e}^y+xy=\mathrm{e}$ 确定了隐函数 $y=y(x)$,求 $\left.\dfrac{\mathrm{d}^2y}{\mathrm{d}x^2}\right|_{x=0}$.

解 在 $\mathrm{e}^y+xy=\mathrm{e}$ 两端关于 x 求导,得

$$\mathrm{e}^y y'+y+xy'=0,$$

再对上述等式关于 x 求导,得到

$$\mathrm{e}^y(y')^2+\mathrm{e}^y y''+2y'+xy''=0.$$

当 $x=0$ 时,由原隐函数方程可得 $y(0)=1$,再利用上面的等式依次可得

$$ey'(0)+1=0 \quad\Rightarrow\quad y'(0)=-e^{-1},$$
$$e\cdot e^{-2}+ey''(0)-2e^{-1}=0 \quad\Rightarrow\quad y''(0)=e^{-2}.$$

对于参数方程 $\begin{cases}x=x(t),\\ y=y(t),\end{cases}$ 我们已经得到导数公式

$$\frac{dy}{dx}=\frac{\frac{dy}{dt}}{\frac{dx}{dt}}=\frac{y'(t)}{x'(t)},$$

若 $x=x(t)$,$y=y(t)$ 具有(关于 t 的)二阶导数,则 y 关于 x 的二阶导数为

$$\frac{d^2y}{dx^2}=\frac{d}{dx}\left(\frac{dy}{dx}\right)=\frac{\frac{d}{dt}\left[\frac{y'(t)}{x'(t)}\right]}{\frac{d}{dt}[x(t)]}=\frac{\frac{y''(t)x'(t)-x''(t)y'(t)}{[x'(t)]^2}}{x'(t)}$$
$$=\frac{x'(t)y''(t)-x''(t)y'(t)}{[x'(t)]^3}.$$

例 3.60　求由参数方程 $\begin{cases}x=a(t-\sin t),\\ y=a(1-\cos t)\end{cases}$ 所确定的函数的二阶导数 $\frac{d^2y}{dx^2}$.

解　$\frac{dy}{dx}=\frac{a\sin t}{a(1-\cos t)}=\cot\frac{t}{2}$,

$$\frac{d^2y}{dx^2}=\frac{\left(\cot\frac{t}{2}\right)'}{a(t-\sin t)'}=-\frac{1}{2}\csc^2\frac{t}{2}\cdot\frac{1}{a(1-\cos t)}=-\frac{1}{4a}\csc^4\frac{t}{2}.$$

习题 3

1. 一物体从 400 m 的高空下落,它下落时刻 t(单位:s)时距地面的高度是
$$h=-16t^2+400(\mathrm{m}).$$
  (1) 求在前 4 s 内物体下落的平均速度;
  (2) 求在第 4 s 时物体下落的瞬时速度.
2. 一直圆锥体因受热膨胀,在膨胀过程中,其高与底的直径保持相等(单位:cm).
  (1) 求体积关于半径的变化率?
  (2) 当半径为 5 cm 时,体积关于半径的变化率是多少?
3. 设函数 $f(x)$ 在 $\mathbf{R}$ 上可导,利用导数的定义求下列各式的值:
  (1) $\lim\limits_{x\to0}\frac{f(x)}{x}$,其中 $f(0)=0$;　　(2) $\lim\limits_{\Delta x\to0}\frac{f(x_0-\Delta x)-f(x_0)}{\Delta x}$;

(3) $\lim\limits_{h\to 0}\dfrac{f(x_0+h)-f(x_0-h)}{h}$；　　(4) $\lim\limits_{h\to 0}\dfrac{f^2(x_0+3h)-f^2(x_0-h)}{h}$；

(5) $\lim\limits_{x\to x_0}\dfrac{xf(x_0)-x_0f(x)}{x-x_0}$.

4. 按定义求下列函数的导数(其中 a,b 为常数)：

(1) $f(x)=x^2+3x-1$；　　(2) $f(x)=e^{ax}$；

(3) $f(x)=\cos(ax+b)$；　　(4) $f(x)=x\sin x$.

5. (1) 设函数 $f(x)$ 在 $x=0$ 连续，$f^2(x)$ 在 $x=0$ 处的导数值为 A，讨论 $f(x)$ 在 $x=0$ 的可导性；

(2) 设 $xf(x)$ 在 $x_0(\neq 0)$ 处可导，证明 $f(x)$ 在 x_0 处可导.

6. 设 $f(x)$ 是定义在 $(-1,1)$ 上的连续正值函数，且 $f(0)=1,f'(0)=2$. 求 $\lim\limits_{x\to 0}[f(x)]^{\frac{1}{x}}$.

7. 设 $f(x)$ 为偶函数，且 $f'(0)$ 存在. 证明：$f'(0)=0$.

8. 按定义证明：

(1) 可导的偶函数的导函数是奇函数，可导的奇函数的导函数是偶函数；

(2) 可导的周期函数的导数仍是周期函数，且周期不变.

9. 设函数 $f(x)$ 在 $\mathbf{R}$ 上定义，

(1) $\forall x,y\in\mathbf{R}$ 有 $f(x+y)=f(x)\cdot f(y)$，且 $f'(0)=1$，求 $f'(x)$；

(2) $\forall x,y\in\mathbf{R}$ 有 $f(x+y)=f(x)+f(y)+2xy$，且 $f'(0)$ 存在，求 $f'(x)$；

(3) $\forall x\in\mathbf{R}$ 有 $f(1+x)=af(x)$，且 $f'(0)=b$，求 $f'(1)$.

10. 在抛物线 $y=x^2$ 上求一点 P，使得抛物线在点 P 的切线分别满足：

(1) 平行于直线 $y=4x-5$；

(2) 垂直于直线 $2x-6y+5=0$；

(3) 与直线 $3x-y+1=0$ 的夹角为 $45°$.

11. 求下列曲线在指定点的切线方程和法线方程：

(1) $f(x)=\dfrac{1}{x}$ 在对应于 $x=1$ 的点处；

(2) $f(x)=\dfrac{1}{\sqrt{x}}$ 在对应于 $x=9$ 的点处.

12. 在抛物线 $x^2=2py(p>0)$ 的焦点处放置一光源，试证由抛物线反射出的任一光线与 y 轴平行.

13. 证明：双曲线 $xy=a^2$ 上任一点处的切线与两坐标轴围成的三角形的面积都等于常数.

14. 若 $F(x)$ 在点 a 连续，且 $F(x)\neq 0$，讨论下列函数在 $x=a$ 处的可导性，并说明理由：

(1) $f(x)=|x-a|F(x)$；　　(2) $f(x)=(x-a)F(x)$.

15. 求下列函数在点 x_0 处的左、右导数，并指出它在该点的可导性：

(1) $f(x)=\begin{cases}\sin x, & x\geqslant 0,\\ x^2, & x<0,\end{cases}$　$x_0=0$；

(2) $f(x)=\begin{cases}x, & x\leqslant 1,\\ 2-x, & x>1,\end{cases}$　$x_0=1$；

(3) $f(x)=\begin{cases}\dfrac{x}{1+e^{\frac{1}{x}}}, & x\neq 0,\\ 0, & x=0,\end{cases}$ $x_0=0$;

(4) $f(x)=\begin{cases}\ln(1+x), & x\geqslant 0,\\ x, & x<0,\end{cases}$ $x_0=0$.

16. 讨论下列函数在 $x=0$ 处的连续性和可导性:

(1) $y=|\sin x|$;

(2) $f(x)=\begin{cases}x^2\sin\dfrac{1}{x}, & x\neq 0,\\ 0, & x=0.\end{cases}$

17. 设函数 $f(x)=\begin{cases}x^2, & x\leqslant x_0,\\ ax+b, & x>x_0\end{cases}$ 在 x_0 处连续且可导,试求 a,b.

18. 设函数 $f(x)$ 在 $x=0$ 处可导,又 $F(x)=(1+|\sin x|)f(x)$.证明:$F(x)$ 在 $x=0$ 处可导的充要条件是 $f(0)=0$.

19. 求下列各函数的导数(其中 x,y,t 均为变量,a 为常数):

(1) $y=a^x x^a$;　　(2) $y=x\sin x\ln x$;

(3) $y=\dfrac{\sin x}{x}+\dfrac{a}{\sin a}$;　　(4) $y=\dfrac{1}{1+\sqrt{t}}-\dfrac{1}{1-\sqrt{t}}$;

(5) $y=(x^2-1)(x^2-4)(x^2-9)$;　　(6) $y=2^x(x\sin x+\cos x)$;

(7) $y=\dfrac{x+\sqrt{x}}{x-2\sqrt[3]{x}}$;　　(8) $y=\dfrac{e^x-e^{-x}}{e^x+e^{-x}}$;

(9) $y=x\sec x+\dfrac{\arctan x}{e^x}$;　　(10) $y=\dfrac{1-\ln x}{1+\ln x}$.

20. 求下列函数在指定点处的导数:

(1) $y=\sec x-2\cos x$,求 $y'\Big|_{x=\frac{\pi}{3}}$;　　(2) $y=x^2e^{-x}$,求 $y'\Big|_{x=1}$;

(3) $f(x)=\dfrac{1-\sqrt{x}}{1+\sqrt{x}}$,求 $f'(9)$;　　(4) $f(x)=e^x(x^2-x+1)$,求 $f'(1)$;

(5) $y=\dfrac{\sin\theta-\theta\cos\theta}{\cos\theta+\theta\sin\theta}$,求 $\dfrac{dy}{d\theta}\Big|_{\theta=\frac{\pi}{2}}$.

21. 求下列各函数的反函数的导数:

(1) $y=x+\ln x$;　　(2) $y=2x-\cos\dfrac{x}{2}$;

(3) $y=e^{\arcsin x}$;　　(4) $y=\dfrac{1}{2}\ln\dfrac{1-x}{1+x}$;

(5) $\theta=r\arctan r$.

22. 求下列各函数的导数：

(1) $y=(x^3-x)^6$；

(2) $y=\sqrt[3]{(x^2+x+2)^2}$；

(3) $y=(1+x)\sqrt{2+x^2}\sqrt[3]{3+x^3}$；

(4) $y=\dfrac{1+x}{\sqrt{1-x}}$；

(5) $y=\dfrac{1-\sqrt[3]{2x-1}}{1+\sqrt[3]{2x-1}}$；

(6) $y=\sin 2x+\cos x^2$；

(7) $y=\dfrac{\sin^2 x}{\sin x^2}$；

(8) $y=\sin^n x\cdot\cos nx$；

(9) $y=\sqrt{\tan\dfrac{x}{2}}$；

(10) $y=\cos^2\dfrac{1-\sqrt{x}}{1+\sqrt{x}}$；

(11) $y=\sin[\sin(\sin 2x)]$；

(12) $y=\sin(\cos^2 x)\cdot\cos(\sin^2 x)$；

(13) $y=2^{\tan\frac{1}{x^2}}$；

(14) $y=\sin e^{x^2+2x-2}$；

(15) $y=e^{\cos 2x+\sqrt{1-x}}$；

(16) $y=\ln^3 x^2$；

(17) $y=\ln[\ln(\ln x)]$；

(18) $y=\log_5\left(\dfrac{x}{1-x}\right)$；

(19) $y=\ln\tan\left(\dfrac{x}{2}+\dfrac{\pi}{4}\right)$；

(20) $y=\ln\dfrac{1}{x+\sqrt{x^2-1}}$；

(21) $y=\sec^3(\ln x)$；

(22) $y=\dfrac{x}{2}\sqrt{x^2+a^2}+\dfrac{a^2}{2}\ln(x+\sqrt{x^2+a^2})$；

(23) $y=\arccos\dfrac{1-x}{\sqrt{2}}$；

(24) $y=\arctan\dfrac{x^2}{2}$；

(25) $y=\dfrac{\arccos x}{x}$；

(26) $y=\sqrt{x}-\arctan\sqrt{x}$；

(27) $y=x+\sqrt{1-x^2}\arcsin x$；

(28) $y=\arccos(\ln x)$；

(29) $y=\ln(\arccos 2x)$；

(30) $y=\arcsin(2\sqrt{\sin x})$；

(31) $y=e^{\arctan\sqrt{x}}$；

(32) $y=\cos\left(\arccos\dfrac{1}{\sqrt{x}}\right)$；

(33) $y=x^{a^a}+a^{x^a}+a^{a^x}\quad(a>0)$；

(34) $y=\sin^2\left(\dfrac{1-\ln x}{x}\right)$；

(35) $y=x\arcsin(\ln x)$；

(36) $y=10^{x\tan 2x}$；

(37) $y=e^x\cos^3 x\ln x$；

(38) $y=\dfrac{x}{2}\sqrt{a^2-x^2}+\dfrac{a^2}{2}\arcsin\dfrac{x}{a}$；

(39) $y=\dfrac{\arcsin x}{\sqrt{1-x^2}}+\dfrac{1}{2}\ln\dfrac{1-x}{1+x}$；

(40) $y=\ln\sqrt{\dfrac{1+\sin x}{1-\sin x}}$.

23. 求下列函数的导数：

（1）$f(x)=\begin{cases} x^2e^{-x^2}, & |x|\leqslant 1, \\ \dfrac{1}{e}, & |x|>1; \end{cases}$　　（2）$f(x)=\arcsin\sqrt{1-x^2}$.

24. 用对数求导法求下列函数的导数：

（1）$y=\dfrac{(x+1)^2\cdot\sqrt[3]{3x-2}}{\sqrt[3]{(x-3)^2}}$；　　（2）$y=\sqrt{x\cdot\sin x\cdot\sqrt{1-e^x}}$；

（3）$y=(\sin x)^{\cos x}+(\cos x)^{\sin x}$；　　（4）$y=\left(\dfrac{x}{1+x}\right)^x$.

25. 求下列函数的导数：

（1）$y=x|x|$；　　（2）$y=|(x-1)^2(x+1)^3|$；

（3）$y=|\sin^3 x|$；　　（4）$y=\arccos\dfrac{1}{|x|}$.

26. 设$f(x)$，$\varphi(x)$，$\psi(x)$可导，求下列函数的导数：

（1）$y=f(x^2)$；　　（2）$y=f(e^x)\cdot e^{f(x)}$；

（3）$y=f(\sin^2 x)+f(\cos^2 x)$；　　（4）$y=f\{f[f(x)]\}$；

（5）$y=\arctan\dfrac{\varphi(x)}{\psi(x)}$；　　（6）$y=\sqrt{\varphi^2(x)+\psi^2(x)}$.

27. 验证：

（1）函数$y=\ln\dfrac{1}{1+x}$满足关系式$x\dfrac{dy}{dx}+1=e^y$；

（2）函数$y=\dfrac{x^2}{2}+\dfrac{x}{2}\sqrt{x^2+1}+\ln\sqrt{x+\sqrt{x^2+1}}$满足关系式$2y=xy'+\ln y'$.

28. 求由下列方程所确定的隐函数$y=y(x)$的导数$\dfrac{dy}{dx}$：

（1）$y^2-2xy+6=0$；

（2）$x^3+y^3-3axy=0\ (a>0)$；

（3）$y=1+xe^y$；

（4）$y\sin x-\cos(x-y)=0$.

29. 求下列方程所确定的隐函数$y=y(x)$在点$x=0$处的导数：

（1）$\sin(xy)+\ln(y-x)=x$；

（2）$e^{xy}+\ln\dfrac{y}{x+1}=0$；

（3）$e^{2x+y}-\cos(xy)=e-1$.

30. 设$y=f(x)$是由方程$xy+\ln y=1$所确定的隐函数.

（1）求$f'(x)$；（2）又设$g(x)=f(\ln x)e^{f(x)}$，求$g'(1)$.

31. 求曲线$x^3+y^3-3xy=0$在点$(\sqrt[3]{2},\sqrt[3]{4})$处的切线方程和法线方程.

32. 求证：星形线$x^{\frac{2}{3}}+y^{\frac{2}{3}}=a^{\frac{2}{3}}\ (a>0)$在两坐标轴间的切线长度为常数.

33. 求参数方程$\begin{cases}x=1-t^2,\\ y=t-t^3\end{cases}$表示的函数的导数$\dfrac{dy}{dx}$和$\dfrac{dx}{dy}$.

34. 求下列参数方程表示的函数在指定点处的导数$\dfrac{dy}{dx}$：

(1) $\begin{cases}x=\ln(1+t^2),\\ y=1-\arctan t,\end{cases}$　在 $t=1$ 处；

(2) $\begin{cases}x=a(\cos t+t\sin t),\\ y=a(\sin t-t\cos t),\end{cases}$　在 $t=\dfrac{\pi}{4}$ 及 $t=-\dfrac{\pi}{4}$ 处.

35. 求下列参数方程表示的曲线在给定点处的切线方程和法线方程：

(1) $\begin{cases}x=2e^t,\\ y=e^{-t},\end{cases}$　在 $t=0$ 处；　(2) $\begin{cases}x=\sin t,\\ y=\cos 2t,\end{cases}$　在 $t=\dfrac{\pi}{6}$ 处.

36. 验证下列参数方程表示的函数满足对应的关系式：

(1) $\begin{cases}x=\sqrt{1+t},\\ y=\sqrt{1-t},\end{cases}$满足 $yy'+x=0$；　(2) $\begin{cases}x=\dfrac{1+\ln t}{t^2},\\ y=\dfrac{3+2\ln t}{t},\end{cases}$满足 $yy'=2xy'^2+1$.

37. 求下列极坐标方程表示的曲线在指定点处的切线方程和法线方程：

(1) $r=\cos\theta+\sin\theta$ 对应于 $\theta=\dfrac{\pi}{4}$ 处；　(2) $r=a\sin 2\theta\ (a>0)$ 对应于 $\theta=\dfrac{\pi}{4}$ 处.

38. 设甲车以 70 km/h 的速度从东向西行驶，乙车以 80 km/h 的速度从北向南行驶，均驶向两条路交叉处.求当甲车和乙车分别距交叉口 0.3 km 和 0.4 km 时，两车相对运动（即甲车相对乙车运动或乙车相对甲车运动）的速率.

39. 设路灯离地面 6 m.现有一身高为 1.8 m 的人离灯而去，他行走的速率为 56 m/min.

(1) 求此人影子增长的速率；　(2) 当此人走到离灯座 5 m 时，求他头顶相对于灯的速率.

40. 高为 18 cm，底面圆半径为 6 cm 的正圆锥形漏斗，其内盛满了水.下面接一只半径为 5 cm 的圆柱形水桶，水从漏斗中流入桶内.问当漏斗水深为 12 cm，且它的水面下降速率为 1 cm/s 时，求桶内水面上升的速率.

41. 求下列函数的微分：

(1) $y=\ln\tan\dfrac{x}{2}$；　(2) $y=x\arctan\sqrt{x}$；

(3) $y=\sqrt{x+\sqrt{x+\sqrt{x}}}$；　(4) $y=\cos\ln\left(x^2+e^{-\frac{1}{x}}\right)$.

42. 设 u,v 为自变量 x 的可微函数，将 dy 表示为 u,v,du,dv 的函数：

(1) $y=\ln\sqrt{u^2+v^2}$；　(2) $y=\arctan\dfrac{v}{u}$.

43. 求(1) $\dfrac{d(x^3-2x^6-x^9)}{d(x^3)}$；　(2) $\dfrac{d(\arcsin x)}{d(\arccos x)}$.

44. 扩音器的插头为圆柱形，其截面半径 $r=0.15$ cm，长度 $l=4$ cm，为了提高它的导电性能，需在这圆柱的侧面镀一层厚为 0.001 cm 的纯铜，若纯铜的密度为 8.9 g/cm^3，问约需多少克纯铜？

45. 已知单摆的周期 $T=2\pi\sqrt{\frac{l}{g}}$，其中 $g=980\ cm/s^2$，l 为摆长（单位：cm），且原摆长为 20 cm. 为使周期 T 增大 0.05 s，摆长约需加长多少？

46. 设扇形的圆心角 $\alpha=60^\circ$，半径 $R=100$ cm. 如果 R 不变，α 减少 $30'$，问扇形面积大约改变了多少？又如果 α 不变，R 增加 1 cm，问扇形面积大约改变了多少？

47. 如图 3.8 所示的电缆 AOB 的长为 s，跨度为 $2L$. 电缆的最低点 O 与杆顶连线 AB 的距离为 f，则电缆长可按下列公式计算

$$s=2L\left(1+\frac{2f^2}{3L^2}\right).$$

当 f 变化了 Δf 时，电缆长的变化约为多少？

48. 一凸透镜的凸面半径为 R，透镜的口径是 $2H$（H 比 R 小得多）. 证明：

$$D\approx\frac{H^2}{2R},$$

其中 D 是透镜的厚度（如图 3.9 所示）.

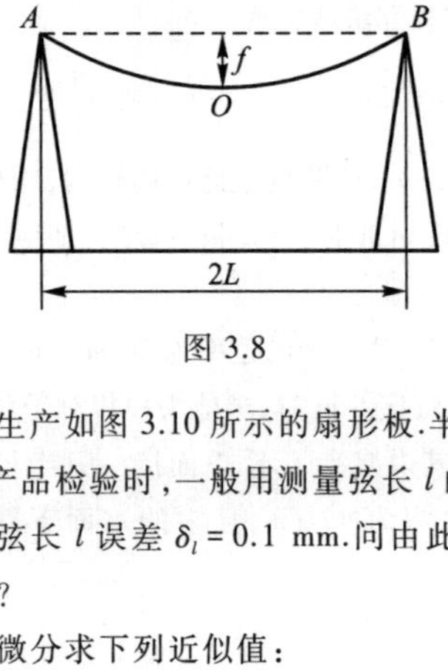

图 3.8

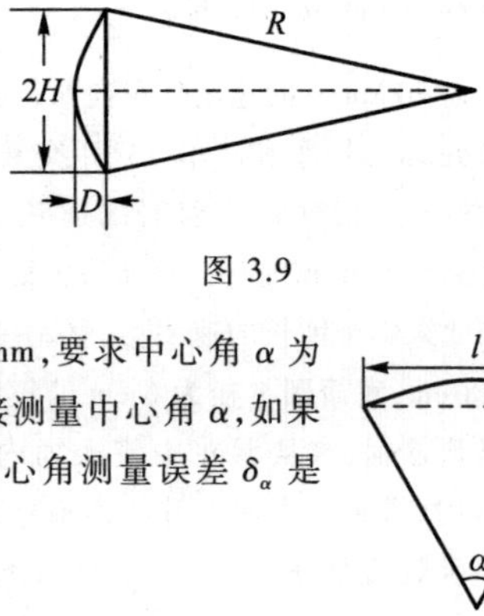

图 3.9

49. 某厂生产如图 3.10 所示的扇形板. 半径 $R=200$ mm，要求中心角 α 为 55°. 产品检验时，一般用测量弦长 l 的办法来间接测量中心角 α，如果测量弦长 l 误差 $\delta_l=0.1$ mm. 问由此而引起的中心角测量误差 δ_α 是多少？

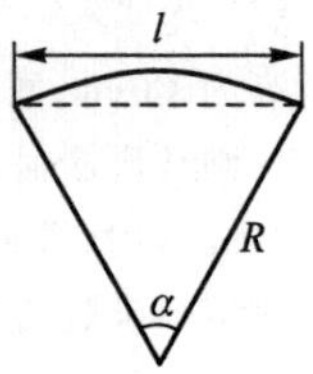

图 3.10

50. 利用微分求下列近似值：

（1）$\sqrt[3]{9}$；　　（2）arctan 1.04；　　（3）lg 11.

51. 求下列函数的二阶导数：

（1）$y=2x^2+\ln x$；　　（2）$y=x\cos x$；

（3）$y=\sqrt{a^2-x^2}$；　　（4）$y=(1+x^2)\arctan x$；

（5）$y=f(x^2)$；　　（6）$y=f[\varphi(x)]$.

52. 验证下列函数满足对应的关系式：

（1）$y=e^x\sin x$ 满足 $y''-2y'+2y=0$；

（2）$y=e^{\sqrt{x}}+e^{-\sqrt{x}}$ 满足 $xy''+\frac{1}{2}y'-\frac{1}{4}y=0$；

(3) $y=\sin(m\arcsin x)$满足$(1-x^2)y''-xy'+m^2y=0$.

53. 令 $x=\cos t$,试变换方程

$$\frac{\mathrm{d}^2y}{\mathrm{d}x^2}-\frac{x}{1-x^2}\cdot\frac{\mathrm{d}y}{\mathrm{d}x}+\frac{y}{1-x^2}=0.$$

54. 令 $y=\tan z$,试变换方程

$$\frac{\mathrm{d}^2y}{\mathrm{d}x^2}=2+\frac{2(1+y)}{1+y^2}\cdot\left(\frac{\mathrm{d}y}{\mathrm{d}x}\right)^2.$$

55. 证明函数 $y=f(x)$的反函数的二阶导数公式:

$$\frac{\mathrm{d}^2x}{\mathrm{d}y^2}=-\frac{\dfrac{\mathrm{d}^2y}{\mathrm{d}x^2}}{\left(\dfrac{\mathrm{d}y}{\mathrm{d}x}\right)^3}.$$

56. 设 $x=f(y)$是函数 $y=x+\ln x$ 的反函数,求$\dfrac{\mathrm{d}^2f}{\mathrm{d}y^2}$.

57. 求下列方程所确定的隐函数 $y=y(x)$的二阶导数:

(1) $\mathrm{e}^{x+y}=xy$;　　(2) $y=\tan(x+y)$;　　(3) $\arctan\dfrac{x}{y}=\ln\sqrt{x^2+y^2}$.

58. 已知 $y=1+x\mathrm{e}^{xy}$确定了函数 $y=y(x)$,试求 $y'\Big|_{x=0}$ 及 $y''\Big|_{x=0}$.

59. 设函数 $y=y(x)$由方程 $x\mathrm{e}^{f(y)}=C\mathrm{e}^y$ 确定,其中 C 是非零常数,f 具有二阶导数,且 $f'(y)\neq 1$,求$\dfrac{\mathrm{d}y}{\mathrm{d}x}$,$\dfrac{\mathrm{d}^2y}{\mathrm{d}x^2}$.

60. 求下列参数方程所确定的函数的二阶导数:

(1) $\begin{cases}x=a\cos^3t,\\ y=a\sin^3t,\end{cases}$ 求$\dfrac{\mathrm{d}^2y}{\mathrm{d}x^2}$;

(2) $\begin{cases}x=t-\ln(1+t^2),\\ y=\arctan t,\end{cases}$ 求$\dfrac{\mathrm{d}^2y}{\mathrm{d}x^2}$及$\dfrac{\mathrm{d}^2x}{\mathrm{d}y^2}$;

(3) $\begin{cases}x=f'(t),\\ y=tf'(t)-f(t),\end{cases}$ 其中 $f(t)$有不为 0 的二阶导数.求$\dfrac{\mathrm{d}^2y}{\mathrm{d}x^2}$.

61. 验证 $y=\mathrm{e}^t\cos t, x=\mathrm{e}^t\sin t$ 所确定的函数 $y=y(x)$满足关系式

$$y''(x+y)^2=2(xy'-y).$$

62. 求下列函数的指定阶导数:

(1) 设 $y=\mathrm{e}^x\cos x$,求 $y^{(4)}$;　　(2) 设 $y=(x+1)^2\mathrm{e}^{2x}$,求 $y^{(100)}$.

63. 求下列函数的 $n(\in\mathbf{N}_+)$阶导数:

(1) $y=\dfrac{1-x}{1+x}$;　　(2) $y=x\ln x$;

(3) $y=\sin^2x$;　　(4) $y=\ln\dfrac{a+bx}{a-bx}$;

(5) $y=\dfrac{1}{x^2-3x+2}$;　　(6) $y=\dfrac{1}{\sqrt{1-2x}}$;

(7) $y=(x^2+2x+2)e^{-x}$.

64. 设函数 $\varphi(x)$ 在点 a 的邻域内有 $(n-1)$ 阶连续导数,又 $f(x)=(x-a)^n\varphi(x)$,求 $f^{(n)}(a)$.

65. 设 $f(x)=\arctan x$.

(1) 证明:$(1+x^2)f^{(n+1)}(x)+2nxf^{(n)}(x)+n(n-1)f^{(n-1)}(x)=0$;

(2) 求 $f^{(n)}(0)\ (n\in\mathbf{N}_+)$.

66. 设 $y=\dfrac{1}{\sqrt{1-x^2}}\arcsin x$.

(1) 证明:$(1-x^2)y^{(n+1)}-(2n+1)xy^{(n)}-n^2y^{(n-1)}=0$;

(2) 求 $y^{(n)}(0)\ (n\in\mathbf{N}_+)$.

67. 设 $f(x)=(x^2-3x+2)^n\cos\dfrac{\pi x^2}{16}$,求 $f^{(n)}(2)$.

补充题

1. 已知 $f(x)$ 是周期为 5 的连续函数,它在 $x=0$ 的某个邻域内满足关系式

$$f(1+\sin x)-3f(1-\sin x)=8x+o(x)\ (x\to0),$$

且 $f(x)$ 在 $x=1$ 处可导,求曲线 $y=f(x)$ 在点 $(6,f(6))$ 处的切线方程.

2. 设曲线 $f(x)=x^n$ 在点 $(1,1)$ 处的切线与 x 轴的交点为 $(\xi_n,0)$,求 $\lim\limits_{n\to\infty}f(\xi_n)$.

3. 已知 $y=f\left(\dfrac{3x-2}{3x+2}\right)$,$f'(x)=\arctan x^2$,求 $\left.\dfrac{dy}{dx}\right|_{x=0}$.

4. 函数 $f(x)$ 在 $(-\infty,+\infty)$ 内有定义,对任意 x 都有 $f(x+1)=2f(x)$,且当 $0\leqslant x\leqslant1$ 时,$f(x)=x(1-x^2)$,试判断在点 $x=0$ 处函数 $f(x)$ 是否可导.

5. 讨论函数 $f(x)=[x]+\sqrt{x-[x]}$ 在区间 $[k,k+1]$ 上的可导性,其中 k 是整数.

6. 设 $f(x)$ 在 $x=a$ 处可导,试求极限

$$I=\lim_{n\to\infty}n\left[\sum_{i=1}^{k}f\left(a+\frac{i}{n}\right)-kf(a)\right].$$

7. 设函数 $f(x)$ 在点 x_0 处可导,$\{\alpha_n\}$,$\{\beta_n\}$ 为趋于零的正数列,求极限

$$\lim_{n\to\infty}\frac{f(x_0+\alpha_n)-f(x_0-\beta_n)}{\alpha_n+\beta_n}.$$

8. 设 $y=y(x)$ 是由方程组 $\begin{cases}x=t^2-2t-3,\\ e^y\sin t-y+1=0\end{cases}$ 所确定的函数,求 $\dfrac{dy}{dx}$ 及 $\left.\dfrac{dy}{dx}\right|_{t=0}$.

9. 设 $f(x)=(x^2-x)\ln(1+2x)$,求 $f^{(n)}(x)$.

10. 已知 $y=(x^2+x)e^x$,求 $y^{(k)}(0)$,并求 $\sum\limits_{k=0}^{n}C_n^k k^2 2^{n-k}$,$n\in\mathbf{Z}^+$.

11. 记 $f_n(x)=\sum\limits_{k=0}^{n}(-1)^k\left[\dfrac{x^{2k}}{(2k)!}+\dfrac{x^{2k+1}}{(2k+1)!}\right]$,求 $\left.[f_n(x)\sin x]^{(2n+1)}\right|_{x=0}$,这里 n 是非负

整数.

12. 设$f(x)\in C[a,b]$,$f(a)=f(b)=0$,$f'_{+}(a)\cdot f'_{-}(b)>0$.试证$\exists\xi\in(a,b)$,使得

$$f(\xi)=0.$$

13. 设$f(x)$在点x_0可导,且$f(x_0)\neq 0$,求证$|f(x)|$在x_0也可导.又问若$f(x_0)=0$,求证的结论还成立吗?

第4章 微分中值定理与导数的应用

上一章我们讨论了导数与微分的概念和计算,并应用导数解决了某些简单的(例如速度和切线等)实际问题.导数反映了函数的局部性质,说明函数在一点附近的变化情况.在本章中我们将进一步研究导数的应用,尤其是用于分析函数的整体性态,如函数的单调性、凹凸性和最大最小值等问题,后者有许多实际领域中的应用.为此我们将引进微分中值定理和泰勒(Taylor)定理,其中包含了法国数学家罗尔(Rolle,1652—1719),拉格朗日(Lagrange,1736—1813)和柯西以及英国数学家泰勒(Taylor,1685—1731)等人的工作,这些定理是研究函数在区间上整体性质的有力工具.

本章首先介绍微分中值定理以及刻画导函数性质的达布(Darboux,1842—1917)定理和导函数极限定理,进而引入借助导函数求函数极限的重要方法——洛必达(L'Hospital,1661—1704)法则,然后利用导数研究函数的各种性态.

4.1 微分中值定理

首先介绍一个预备性定理——费马(Fermat,1601—1665)定理.

4.1.1 费马定理

在叙述费马定理之前,我们先定义函数的极值.

定义 4.1 设函数 $f(x)$ 在点 x_0 的邻域有定义,若 $\exists\delta>0$, $\forall x\in(x_0-\delta,x_0+\delta)$,有

$$f(x)\leqslant f(x_0)\quad (f(x)\geqslant f(x_0)),$$

则称 $f(x_0)$ 为函数 $f(x)$ 的一个**极大值**(**极小值**),称点 x_0 为函数 $f(x)$ 的**极大值点**(**极小值点**).

若上述定义中的不等式 $f(x)\leqslant f(x_0)$ $(f(x)\geqslant f(x_0))$ 改为 $f(x)<f(x_0)$ $(f(x)>f(x_0))$ $(x\neq x_0$ 时),则称 $f(x_0)$ 为**严格极大值**(**严格极小值**),而点 x_0 称为**严格极**

大值点(严格极小值点).

函数的极大值、极小值统称为**极值**,极大值点、极小值点统称为**极值点**.

由极值定义可知,极大值(极小值)$f(x_0)$是函数$f(x)$在点x_0的某个邻域内的最大值(最小值),故极大值(极小值)$f(x_0)$是函数的局部最大值(最小值),且定义中邻域$(x_0-\delta,x_0+\delta)$包含x_0附近左右两边的点,故极值点x_0必须是函数定义域区间内的点,而不能是定义区间的端点.

极值与最值的区别在于:最值是函数的一个整体性质,它是函数在所考察的整个区间上的最大值或最小值;而极值却是一个局部的性质,是函数在x_0的某一个邻域内的最值.

图 4.1 是一个函数的图形,可以看出:x_1是极大值点,对应的函数值为极大值;x_2,x_4是极小值点,对应的函数值为极小值;x_3,a和b不是极值点;x_1,b是函数在区间$[a,b]$上的最大值点,$f(x_1)=f(b)$为最大值;a为函数在区间$[a,b]$上的最小值点,$f(a)$为最小值.

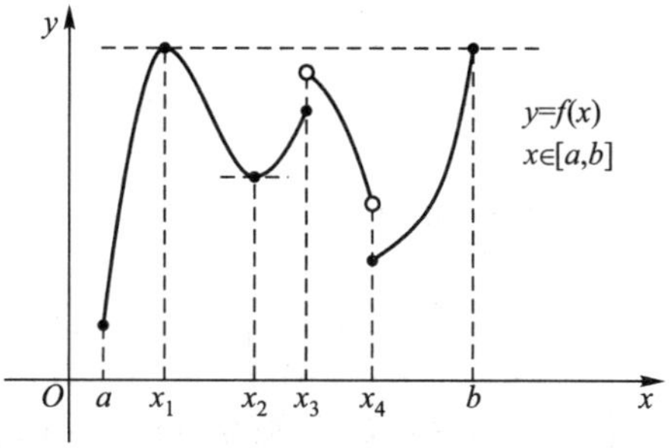

图 4.1

从图 4.1 还可以观察到:函数在区间上可以有最值而没有极值,也可以有极值而没有最值.例如仅在闭区间$[x_4,b]$上考虑函数$y=f(x)$,则它有最大值和最小值,但却没有极值(端点不能成为极值点);又若仅在开区间(x_1,x_4)上考虑函数$y=f(x)$,则它没有最大值和最小值,但有极小值$f(x_2)$.

从图 4.1 中我们还发现,曲线$y=f(x)$在极值点若有切线,例如在点$(x_1,f(x_1))$和$(x_2,f(x_2))$处,则切线必定是水平的.费马定理揭示的正是这种现象.

定理 4.1(费马定理)　设函数$f(x)$在点x_0取得极值,且$f(x)$在点x_0可导,则$f'(x_0)=0$.

证　不妨设$f(x_0)$为函数$f(x)$的一个极大值,则$\exists\delta>0$, $\forall x\in U(x_0,\delta)$,有$f(x)\leqslant f(x_0)$,由此得到

当$x_0<x<x_0+\delta$时,$\dfrac{f(x)-f(x_0)}{x-x_0}\leqslant 0$,由极限保序性有$f'_+(x_0)=\lim\limits_{x\to x_0^+}\dfrac{f(x)-f(x_0)}{x-x_0}\leqslant 0$,

类似可得 $f'_-(x_0)=\lim\limits_{x\to x_0^-}\dfrac{f(x)-f(x_0)}{x-x_0}\geqslant 0$.

因为 $f(x)$ 在点 x_0 可导，所以 $f'_+(x_0)$ 与 $f'_-(x_0)$ 均存在且相等，从而导出 $f'(x_0)=f'_+(x_0)\leqslant 0\leqslant f'_-(x_0)=f'(x_0)$，即有 $f'(x_0)=0$.

推论　若函数 $f(x)$ 在区间 I 上的最大值（最小值）在 I 内的点 c 处达到，且 $f(x)$ 点 c 处可导，则

$$f'(c)=0.$$

通常将导数等于零的点称为函数的**驻点**.因此费马定理也可以叙述为：可导函数 $f(x)$ 在点 x_0 取得极值，则 x_0 为函数 $f(x)$ 的驻点.

注意费马定理仅给出 $f'(x_0)=0$ 是可导的极值点 x_0 的必要条件而非充分条件.例如 $f(x)=x^3$，其驻点 $x=0$ 就不是极值点.另外，极值也可以在不可导点取到，例如，$y=|x|$ 在不可导点 $x=0$ 取到极小值，图 4.1 中，$x=x_4$ 也是不可导的极小值点.

例 4.1　设函数 $f(x)$ 在闭区间 $[a,b]$ 上连续，在开区间 (a,b) 内可导，且 $f(a)\cdot f(b)>0, f(a)\cdot f\left(\dfrac{a+b}{2}\right)<0$，证明：存在 $\xi\in(a,b)$，$f'(\xi)=0$.

证　不妨设 $f(a)>0$，则 $f(b)>0, f\left(\dfrac{a+b}{2}\right)<0$.因为 $f(x)\in C[a,b]$，所以 $f(x)$ 在 $[a,b]$ 上取到最大值和最小值.由于 $f\left(\dfrac{a+b}{2}\right)<f(a), f\left(\dfrac{a+b}{2}\right)<f(b)$，从而 $f(x)$ 在 $[a,b]$ 上的最小值必定在某个 $\xi\in(a,b)$ 处取到.由于 $f(x)\in D(a,b)$，故根据上述推论得到

$$f'(\xi)=0.$$

4.1.2　罗尔定理

罗尔定理是微分学中许多重要结论的基础.

定理 4.2（罗尔定理）　设函数 $f(x)$ 满足：

（1）在闭区间 $[a,b]$ 上连续；

（2）在开区间 (a,b) 内可导；

（3）$f(a)=f(b)$，

则 $\exists\,\xi\in(a,b)$，使得

$$f'(\xi)=0.$$

证　由于 $f(x)$ 在 $[a,b]$ 上连续，故其在 $[a,b]$ 上存在最大值和最小值.

若 $f(x)$ 在 $[a,b]$ 上为常值函数，那么 $\forall\,\xi\in(a,b)$，都有 $f'(\xi)=0$；

若$f(x)$在$[a,b]$上为非常值函数,那么$f(a)=f(b)$就意味着$f(x)$的最大值和最小值不能同时在$x=a$和$x=b$取到,即此时$f(x)$的最大值和最小值中至少有一个在区间(a,b)内的某点ξ取到,从而依费马定理的推论可知

$$f'(\xi)=0.$$

罗尔定理在微分学中有着广泛的应用,是微分学中最重要的定理之一.从几何上看(图4.2),罗尔定理表明在两个高度相同的点A,B之间的一段处处有非垂直的切线的曲线上,至少存在一点ξ,在该点处的切线平行于x轴.

换言之,若曲线$y=f(x)$有水平弦AB,则在弦A,B之间的光滑曲线上至少存在一条切线L_T平行于该弦AB.

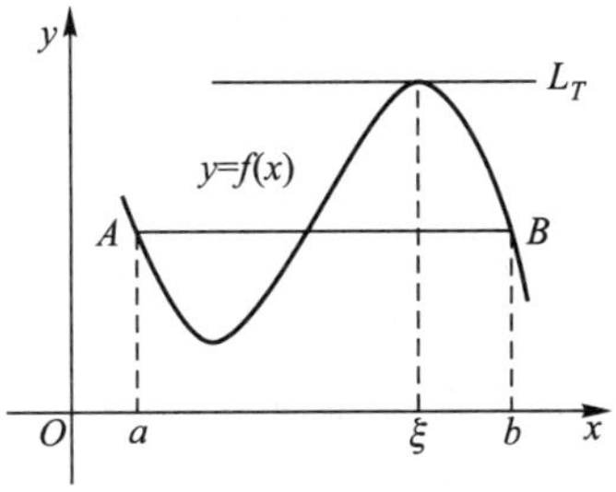

图 4.2

注意:当罗尔定理的三个条件中有任何一个不满足时,就不能保证函数在开区间内部存在极值;或者即使存在极值,但却在极值点处不可导,从而无法导出罗尔定理的结论.

例如,图4.3是$f_1(x)=\begin{cases}\sqrt{1-x^2}, & x\in(0,1],\\ 0, & x=0,\end{cases}$ $f_2(x)=|x-1|\,(0\leqslant x\leqslant 2)$和$f_3(x)=x\,(0\leqslant x\leqslant 2)$这三个函数的图像,从图中可见,由于$f_1(x)$不满足罗尔定理中的条件(1),$f_2(x)$不满足条件(2),$f_3(x)$不满足条件(3),所以这三条曲线都没有水平切线.

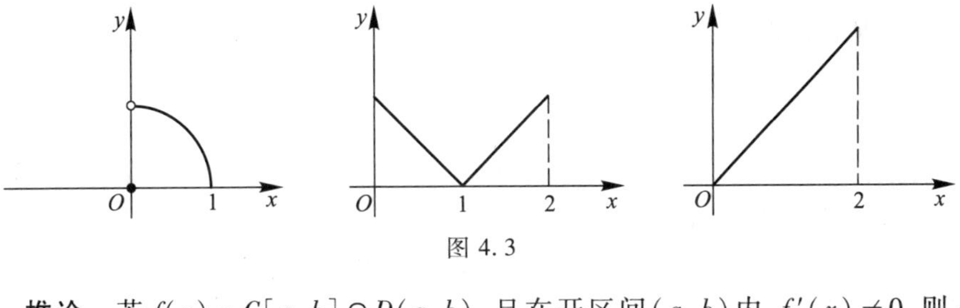

图 4.3

推论 若$f(x)\in C[a,b]\cap D(a,b)$,且在开区间$(a,b)$内,$f'(x)\neq 0$,则$y=f(x)$在闭区间$[a,b]$上是单射函数,从而必存在反函数.

证 反证之.若存在$a\leqslant x_1<x_2\leqslant b$,使得$f(x_1)=f(x_2)$,那么由于$f(x)\in C[x_1,x_2]\cap D(x_1,x_2)$,据罗尔定理,存在$\xi\in(x_1,x_2)\subset(a,b)$,使得$f'(\xi)=0$,这与已知条件矛盾,所以在闭区间$[a,b]$上$f(x)$是单射函数,从而存在反函数.

罗尔定理还常被用来计算函数零点的个数.

例 4.2　证明方程 $x^3-3x+1=0$ 在 $(0,1)$ 内有且仅有一个实根.

证　记 $f(x)=x^3-3x+1$，则 $f(x)$ 在 $[0,1]$ 上连续，且 $f(0)=1>0$，$f(1)=-1<0$. 由闭区间上连续函数的介值定理知，$\exists c\in(0,1)$，使得

$$f(c)=0,$$

即 c 是方程 $x^3-3x+1=0$ 的根.

又因为 $f'(x)=3x^2-3<0$，根据罗尔定理的推论，$f(x)$ 在 $[0,1]$ 上是单射，从而 $f(x)$ 在 $(0,1)$ 内至多只有一个零点，故方程 $x^3-3x+1=0$ 在 $(0,1)$ 内有且仅有一个实根.

罗尔定理还常应用于证明一类中值形式的结论，即在所讨论区间上存在一点 ξ 满足某个函数关系式.

例 4.3　设函数 $f(x)\in C[a,b]$，在 (a,b) 内可导，且 $f(a)=f(b)=0$，试证：$\exists\xi\in(a,b)$，使得

$$f'(\xi)=f(\xi).$$

分析　在这类习题中经常采用的方法是构造辅助函数，然后应用罗尔定理来得到结论.通常我们可以从求证的结论出发，通过改变结论的形式逐步分析来得到所需的辅助函数 $F(x)$.在本例中我们寻求这样一个 $F(x)$，使得 $F'(\xi)=0$ 恰好能化为 $f'(\xi)=f(\xi)$.

将结论写成 $[f'(x)-f(x)]_{x=\xi}=0$，显然 $f'(x)-f(x)$ 并不像是某个 $F(x)$ 的导函数，但是注意此式含有 $f'(x)$ 与 $f(x)$ 的代数和，联想到求导的乘法法则，因此猜测 F 是否具有 fg 的形式，从而 $F'=f'g+fg'$，再对照 $f'(x)-f(x)$，我们进一步分析函数 g 的特点，g' 若含有 g 作为因子，那么在 $F'=0$ 的式子中就可以消去 g，所以 g 应是指数形式的函数，至此不难看出 $g(x)=\mathrm{e}^{-x}$.

证　引进辅助函数

$$F(x)=f(x)\mathrm{e}^{-x}.$$

由 $f(x)$ 满足的条件易知 $F(x)$ 在 $[a,b]$ 上符合罗尔定理的所有条件，故 $\exists\xi\in(a,b)$，使得 $F'(\xi)=0$，即

$$f'(\xi)\mathrm{e}^{-\xi}-f(\xi)\mathrm{e}^{-\xi}=0,$$

从而导出结论 $f'(\xi)=f(\xi)$.

在下面的这个例子中，我们再次利用这种方法构造辅助函数以完成证明.

例 4.4　设 $f(x)\in C[0,1]$，在 $(0,1)$ 内可导，且 $f(0)=f(1)=0$，$f\left(\dfrac{1}{2}\right)=1$，试证：对任何 $\lambda>0$，$\exists\xi\in(a,b)$，使得

$$f'(\xi)-\lambda[f(\xi)-\xi]=1.$$

分析　我们改变结论的形式为 $[(f(x)-x)'-\lambda(f(x)-x)]_{x=\xi}=0$，那么通过类

似例 4.3 的方法,可以推知辅助函数的形式为

$$F(x)=[f(x)-x]\mathrm{e}^{-\lambda x}.$$

在证明时我们必须验证 $F(x)$ 满足罗尔定理的条件.

证 引进

$$F(x)=[f(x)-x]\mathrm{e}^{-\lambda x},$$

则由题设可知 $F(x)$ 在闭区间 $[0,1]$ 上连续,在开区间 $(0,1)$ 内可导,且 $F(0)=0$,$F(1)=-\mathrm{e}^{-\lambda}<0$,注意 $F\left(\frac{1}{2}\right)=\frac{1}{2}\mathrm{e}^{-\frac{\lambda}{2}}$,于是在 $\left[\frac{1}{2},1\right]$ 上应用连续函数的介值定理,知 $\exists\,\eta\in\left(\frac{1}{2},1\right)$,使得

$$F(\eta)=0.$$

这样在 $[0,\eta]$ 上可对 $F(x)$ 应用罗尔定理,故存在 $\xi\in(0,\eta)\subset(0,1)$,使得 $F'(\xi)=0$.由此导出

$$f'(\xi)-\lambda[f(\xi)-\xi]=1.$$

罗尔定理中的条件可以适当改变,从而得到一系列推广的定理.这里仅举一例,读者可在本章习题中找到另外一些推广的情况.

例 4.5 设函数 $f(x)$ 在区间 $[a,+\infty)$ 上连续,在开区间 $(a,+\infty)$ 内可导,这里 a 是常数.又 $\lim\limits_{x\to+\infty}f(x)=f(a)$,证明:存在 $\xi\in(a,+\infty)$,使得

$$f'(\xi)=0.$$

分析 沿用罗尔定理的证明思路,我们只需证明 $f(x)$ 必可在 $(a,+\infty)$ 内取到最值.

证 若存在 $x\in[a,+\infty)$,$f(x)\equiv f(a)$,则结论显然.

以下我们不妨设存在 $c>a$,$f(c)>f(a)$.取 $\varepsilon=\dfrac{f(c)-f(a)}{2}>0$,由 $\lim\limits_{x\to+\infty}f(x)=f(a)$,故存在 $X>c$,当 $x>X$ 时,有

$$|f(x)-f(a)|<\varepsilon.$$

特别地,

$$f(X+1)<f(a)+\varepsilon=\frac{f(a)+f(c)}{2}<f(c).$$

于是 $f(x)$ 在 $[a,X+1]$ 上连续,在 $(a,X+1)$ 内可导,且对于 $c\in(a,X+1)$,成立

$$f(c)>f(a),f(c)>f(X+1),$$

这意味着 $f(x)$ 在 $[a,X+1]$ 的最大值在某个内部的点 $\xi\in(a,X+1)\subset(a,+\infty)$ 处取到,依费马定理的推论,

$$f'(\xi)=0.$$

例 4.6 设 $f(x)$ 在 $[1,+\infty)$ 上可导，且 $f(x)$ 有界，$f(1)=0$，证明：存在 $\xi\in(1,+\infty)$，使得

$$\xi f'(\xi)-f(\xi)=0.$$

证 令

$$F(x)=\frac{f(x)}{x},$$

则 $F(x)$ 在 $[1,+\infty)$ 上可导，且 $F'(x)=\dfrac{xf'(x)-f(x)}{x^2}$. 又因为 $\lim\limits_{x\to+\infty}F(x)=0=F(1)$，因此依推广的罗尔定理（例 4.5），存在 $\xi\in(1,+\infty)$，使得 $F'(\xi)=0$. 由此得到

$$\xi f'(\xi)-f(\xi)=0.$$

4.1.3 拉格朗日定理

罗尔定理中的条件 $f(a)=f(b)$ 较为特殊，使其应用受到一定的限制. 若把这个限制去掉，就得到微分学中另一个非常重要的定理：拉格朗日定理.

定理 4.3（拉格朗日定理） 设函数 $f(x)$ 满足：

（1）在闭区间 $[a,b]$ 上连续；

（2）在开区间 (a,b) 内可导，

则 $\exists\xi\in(a,b)$，使得

$$f'(\xi)=\frac{f(b)-f(a)}{b-a},$$

即

$$f(b)-f(a)=f'(\xi)(b-a).$$

证 构造辅助函数

$$F(x)=f(x)-\frac{f(b)-f(a)}{b-a}(x-a),$$

那么由 $f(x)$ 满足的条件可知 $F(x)$ 在闭区间 $[a,b]$ 上连续，在开区间 (a,b) 内可导，又

$$F(a)=f(a),\quad F(b)=f(b)-[f(b)-f(a)]=f(a),$$

因此函数 $F(x)$ 在 $[a,b]$ 上满足罗尔定理的全部条件，从而 $\exists\xi\in(a,b)$，使得

$$F'(\xi)=0,\quad 即\ f'(\xi)=\frac{f(b)-f(a)}{b-a}.$$

拉格朗日定理的证明又一次用到构造辅助函数法. 读者不难自己分析如何求得这里的辅助函数.

从几何上看，如图 4.4 所示，$\frac{f(b)-f(a)}{b-a}$表示弦线 AB 的斜率，$f'(\xi)$表示曲线 $y=f(x)$在点 P 处切线的斜率，所以拉格朗日定理的几何意义为：在曲线弧 AB（除端点 A,B）上至少有一点 P，使得在点 P 的切线与弦线 AB 平行.这与罗尔定理的几何意义是相同的.

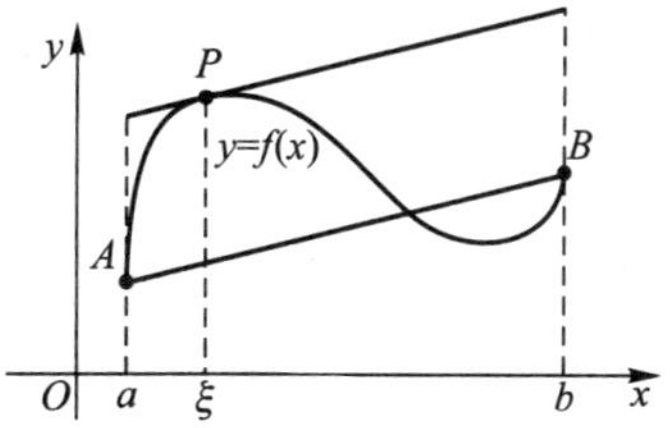

图 4.4

我们也可以从几何上考虑辅助函数的构造：由图像（图 4.4）上看出，函数所表示的曲线弧两端高度不相等，而联结两端的弦 AB 的斜率为 $k_{AB}=\frac{f(b)-f(a)}{b-a}$；由于被两平行线所截得的平行线段长度相等，因此直线 $x=a,x=b$ 被任何一条斜率为 k_{AB}的直线与 AB 所截得的线段相等，从而辅助函数可以由$f(x)$减去一个斜率为 k_{AB}的一次函数得到.

我们由罗尔定理证明了拉格朗日定理，而罗尔定理是拉格朗日定理在 $f(a)=f(b)$条件下的特殊情形，这种由特殊到一般的证明或思考过程是一种常用的数学处理方法.

一般认为，在罗尔定理、拉格朗日定理和即将介绍的柯西定理这三个微分中值定理中，拉格朗日定理处于核心位置，罗尔定理是拉格朗日定理的特例，柯西定理则是拉格朗日定理的推广形式.

公式 $f(b)-f(a)=f'(\xi)(b-a)$称为**拉格朗日中值公式**.显然，当 $a>b$ 时它依然成立，此时 ξ 在 b,a 之间.若 f 在以 x_0 和 $x_0+\Delta x$ 为端点的小区间上满足拉格朗日定理的条件，因为 x_0 与 $x_0+\Delta x$ 之间任意一点 ξ 可以用 $x_0+\theta\Delta x$ 表示，其中 $\theta=\frac{\xi-x_0}{\Delta x}\in(0,1)$，那么中值公式的形式为

$$f(x_0+\Delta x)-f(x_0)=f'(x_0+\theta\Delta x)\Delta x,\quad \theta\in(0,1).$$

称之为**有限增量公式**.

回顾对函数增量的另一个估计式

$$f(x_0+\Delta x)-f(x_0)=f'(x_0)\Delta x+o(\Delta x),$$

两者的差别在于后者给出了函数增量 Δf 在 x_0 附近的定性（近似）估计，而前者则给出了函数增量 Δf 的一个精确估计.不过注意 Δx 的系数 $f'(x_0+\theta\Delta x)$不是常数，其中 θ 是依赖 Δx 而随之变化的.

例 4.7　设 $f(x)=x^3,b\in\left(\frac{1}{2},1\right)$，试确定所有可能的 $\xi\in(-1,b)$，使得

$$f'(\xi)=\frac{f(b)-f(-1)}{b-(-1)}.$$

解　由于 $f'(\xi)=3\xi^2$，故结论等价于

$$3\xi^2=b^2-b+1,$$

因为 $b\in\left(\frac{1}{2},1\right)$ 时，$\pm\sqrt{\frac{b^2-b+1}{3}}\in(-1,b)$，因此

$$\xi=\pm\sqrt{\frac{b^2-b+1}{3}}.$$

上例说明，一般而言，满足拉格朗日中值公式的 ξ 并不唯一.

拉格朗日定理是存在性定理，它肯定了 ξ 的存在性.由于 ξ 是区间两端中的某个数值，因此有时也将它称为**微分中值定理**.虽然定理并未提供寻找 ξ 的方法，但给出了函数增量 Δf 与自变量增量 Δx 通过导数来联系的一个精确关系式，在微分学中极具价值，为我们用导数的知识研究函数的性态提供了极大的方便.

推论1　设函数 $f(x)$ 在区间 I 上可导，且 $f'(x)\equiv 0$，则 $f(x)$ 在 I 上等于一常数.

证　$\forall x_1,x_2\in I,x_1\neq x_2$，在以 x_1 和 x_2 为端点的区间上用拉格朗日定理，得

$$f(x_2)-f(x_1)=f'(\xi)(x_2-x_1),\xi\text{ 在 }x_1\text{ 和 }x_2\text{ 之间},$$

由于 $f'(\xi)=0$，故 $f(x_2)=f(x_1)$，即 $f(x)$ 在 I 上任意两个点的函数值都相等，因此 $f(x)$ 在 I 上必为常数.

推论2　设函数 $f(x)$ 和 $g(x)$ 在区间 I 上导数处处相等，则 $f(x)$ 与 $g(x)$ 在 I 上相差一常数.

证明留给读者作为练习.

不难看出，当 I 是闭区间 $[a,b]$ 时，只要 $f,g\in C[a,b]\cap D(a,b)$，推论1,2的结论不变.

注意推论1和推论2中 I 是区间这个条件是必不可少的.例如函数 $f(x)=x$ 和函数 $g(x)=\begin{cases}x+1, & 0<x<1,\\ x+2, & 1<x<2,\end{cases}$ 它们在 $(0,1)\cup(1,2)$ 上导数相等，但是 $(0,1)$ 和 $(1,2)$ 上分别相差不同的常数，因此在 $(0,1)\cup(1,2)$ 上并非相差一个常数.

拉格朗日定理在微分学中有着广泛的应用，它可以被用来证明一些等式或不等式.

例4.8　证明等式

$$\arcsin x+\arccos x=\frac{\pi}{2},x\in[-1,1].$$

证 设函数 $f(x)=\arcsin x+\arccos x$，则 $f(x)$ 在 $[-1,1]$ 上连续，在 $(-1,1)$ 内可导，且

$$f'(x)=\frac{1}{\sqrt{1-x^2}}-\frac{1}{\sqrt{1-x^2}}=0.$$

于是由拉格朗日定理的推论 1 知，在 $[-1,1]$ 内恒有

$$f(x)=\arcsin x+\arccos x=C.$$

令 $x=0$，得 $C=\frac{\pi}{2}$，从而所证等式成立.

例 4.9 试证：当 $x>0$ 时，$\left(1+\frac{1}{x}\right)^x<\mathrm{e}<\left(1+\frac{1}{x}\right)^{x+1}$.

证 通过取对数易知所证不等式等价于 $\frac{1}{1+x}<\ln\left(1+\frac{1}{x}\right)<\frac{1}{x}$，即

$$\frac{1}{1+x}<\ln(x+1)-\ln x<\frac{1}{x}.$$

设 $f(x)=\ln x$，那么对 $x>0$，$f(x)$ 在 $[x,x+1]$ 上满足拉格朗日定理的条件，故有

$$\ln(x+1)-\ln x=f'(\xi)(x+1-x)=\frac{1}{\xi}.$$

其中 $0<x<\xi<x+1$，故 $\frac{1}{1+x}<\frac{1}{\xi}<\frac{1}{x}$，因此

$$\frac{1}{1+x}<\ln(x+1)-\ln x<\frac{1}{x}.$$

下面的例子是利用拉格朗日定理判断函数某些特殊点的存在性.

例 4.10 设函数 $f(x)$ 在 $[0,1]$ 上可导，且 $0<f(x)<1$，又 $\forall x\in(0,1)$，$f'(x)\neq 1$，试证：在 $(0,1)$ 内函数 $f(x)$ 有唯一的不动点，即方程

$$f(x)=x$$

有唯一的实根.

证 存在性：设 $\varphi(x)=f(x)-x$，由 $\varphi(0)=f(0)>0$，$\varphi(1)=f(1)-1<0$ 以及闭区间上连续函数的介值定理知，存在 $x_1\in(0,1)$ 使得 $\varphi(x_1)=0$，即

$$f(x_1)=x_1.$$

唯一性：用反证法，若还存在 $x_2\in(0,1)$，$x_1\neq x_2$，使得 $f(x_2)=x_2$，那么由拉格朗日定理，在 x_1 和 x_2 之间存在一点 ξ，使得

$$f'(\xi)=\frac{f(x_2)-f(x_1)}{x_2-x_1}=\frac{x_2-x_1}{x_2-x_1}=1,$$

这和题设 $f'(x)\neq 1$ 矛盾,因此,在(0,1)内 $f(x)$ 有唯一不动点.

例 4.11　设函数 $f(x)$ 在区间 $[a,+\infty)$ 上可导,且 $\lim\limits_{x\to+\infty} f'(x)=A>0$,试证:

$$\lim_{x\to+\infty} f(x)=+\infty.$$

证　因为 $\lim\limits_{x\to+\infty} f'(x)=A>0$,根据极限保号性,存在 $X>a$,当 $x>X$ 时,$f'(x)>\frac{A}{2}$. $\forall x\in[X+1,+\infty)$,根据拉格朗日定理,

$$f(x)=f(X+1)+f'(\xi)(x-X-1)>f(X+1)+\frac{A}{2}(x-X-1),\text{其中 }\xi\in(X+1,x).$$

因为 $\lim\limits_{x\to+\infty}\left[f(X+1)+\frac{A}{2}(x-X-1)\right]=+\infty$,所以 $\lim\limits_{x\to+\infty} f(x)=+\infty$.

4.1.4　柯西定理

定理 4.4(柯西定理)　设函数 $f(x)$ 和 $g(x)$ 满足:

(1) 在闭区间 $[a,b]$ 上连续;

(2) 在开区间 (a,b) 内可导,且 $\forall x\in(a,b)$, $g'(x)\neq 0$,

则 $\exists\xi\in(a,b)$,使得

$$\frac{f(b)-f(a)}{g(b)-g(a)}=\frac{f'(\xi)}{g'(\xi)}.$$

证　首先由 $g'(x)\neq 0$ 可知 $g(b)-g(a)\neq 0$.将结论改写为

$$f'(\xi)-\frac{f(b)-f(a)}{g(b)-g(a)}g'(\xi)=0.$$

构造辅助函数

$$F(x)=f(x)-\frac{f(b)-f(a)}{g(b)-g(a)}[g(x)-g(a)],$$

由 $f(x)$ 和 $g(x)$ 满足的条件易知,函数 $F(x)$ 在闭区间 $[a,b]$ 上连续,在开区间 (a,b) 内可导,且有

$$F(b)=f(b)-[f(b)-f(a)]=f(a)=F(a),$$

于是由罗尔定理知,$\exists\xi\in(a,b)$,使得 $F'(\xi)=0$,即

$$f'(\xi)-\frac{f(b)-f(a)}{g(b)-g(a)}g'(\xi)=0.$$

注意:若令 $g(x)=x$,则由定理 4.4 得到拉格朗日定理,因此柯西定理是拉格朗日定理的推广.

柯西定理的几何意义是:若将定理中的 x 改换成 t,则可将函数 $x=g(t)$, $y=$

$f(t)$ $(t\in[a,b])$看作函数曲线的参数方程表示式.这时,$\dfrac{f(b)-f(a)}{g(b)-g(a)}$表示连接曲线两端点$A(g(a),f(a))$和$B(g(b),f(b))$的割线的斜率,而$\dfrac{f'(\xi)}{g'(\xi)}$则表示曲线上对应参数$t=\xi$的点处的切线的斜率.定理表明,用参数方程表示的曲线上至少有一点,该点的切线平行于连接曲线两端的割线AB.所以我们看到:柯西定理与拉格朗日定理有相同的几何意义,只是柯西定理不仅适用于$y=f(x)$型的曲线,而且适用于参数方程表示的曲线.

例 4.12 设函数$f(x)$在$[a,b]$上连续,在(a,b)内可导$(a>0)$,证明:$\exists\xi,\eta\in(a,b)$,使得

$$abf'(\xi)=\eta^2f'(\eta).$$

分析 若设$f'(\xi)=\dfrac{f(b)-f(a)}{b-a}$,则可得

$$abf'(\xi)=\frac{f(b)-f(a)}{\dfrac{1}{a}-\dfrac{1}{b}}.$$

这个式子左端正是求证式的左端,因此很明显我们应考虑能否由上式右端转化为求证式的右端,而上式右端的形式已经提示我们怎样应用柯西定理了.

证 由于$f(x)$在区间$[a,b]$上满足拉格朗日定理的条件,因此$\exists\xi\in(a,b)$,使得

$$f'(\xi)=\frac{f(b)-f(a)}{b-a}.$$

又$f(x)$和$g(x)=\dfrac{1}{x}$在区间$[a,b]$上满足柯西定理的条件,因此$\exists\eta\in(a,b)$,使得

$$\frac{f(b)-f(a)}{\dfrac{1}{b}-\dfrac{1}{a}}=\frac{f(b)-f(a)}{g(b)-g(a)}=\frac{f'(\eta)}{g'(\eta)}=\frac{f'(\eta)}{-\dfrac{1}{\eta^2}}=-\eta^2f'(\eta).$$

综合上两式即得

$$abf'(\xi)=\frac{f(b)-f(a)}{\dfrac{1}{a}-\dfrac{1}{b}}=\eta^2f'(\eta).$$

4.1.5 导函数的两个性质

相对一般函数而言,导函数有其特殊的性质,例如,仅当函数在闭区间

$[a,b]$上连续时，才能确保它在$[a,b]$上具有介值性.但下面介绍的达布定理却表明：当函数$f(x)$是某个函数在闭区间$[a,b]$上的导函数时，即便$f(x)$在$[a,b]$上不连续，$f(x)$在$[a,b]$上仍具有介值性.

定理 4.5（达布定理） 若函数$f(x)$在闭区间$[a,b]$上可导，且$f'_+(a)<f'_-(b)$，则$\forall c\in(f'_+(a),f'_-(b))$，$\exists\xi\in(a,b)$，使得

$$f'(\xi)=c.$$

证 （1）先证一个特例：若$f'_+(a)<0<f'_-(b)$，则$\exists\xi\in(a,b)$，使得$f'(\xi)=0$.

由$f(x)$在$[a,b]$上可导知其连续，故$f(x)$在$[a,b]$上取到最小值m.另一方面，因$f'(a)<0$，由保号性，存在$\delta>0$，当$x\in(a,a+\delta)$时，$\dfrac{f(x)-f(a)}{x-a}<0$，故

$$f(x)<f(a),$$

这表明$f(a)>m$.同理可得$f(b)>m$.从而$f(x)$在(a,b)内的某点ξ取到最小值，依费马定理的推论得

$$f'(\xi)=0.$$

（2）以下我们来证明定理：$\forall c\in(f'_+(a),f'_-(b))$，令

$$F(x)=f(x)-cx,$$

那么$F(x)$在闭区间$[a,b]$上可导，且$F'_+(a)<0<F'_-(b)$.因此由（1）得，$\exists\xi\in(a,b)$，使得$F'(\xi)=0$，即

$$f'(\xi)=c.$$

导函数的这种特殊性意味着并非任何一个函数都可以是某个函数的导函数.

例 4.13 求证：不存在可导函数$f(x)$，使得$f'(x)=\operatorname{sgn}x$.

证 反证之，假设存在函数$f(x)$，使得$f'(x)=\operatorname{sgn}x$.那么当$x\in[-1,1]$时，$f'(-1)=-1$，$f'(1)=1$.考虑$\dfrac{1}{2}\in(-1,1)$，根据达布定理，存在$\xi\in(-1,1)$，使得$f'(\xi)=\dfrac{1}{2}$即$\operatorname{sgn}\xi=\dfrac{1}{2}$，这是不可能的.故求证的命题为真.

在介绍了下面的导函数的极限定理后，我们将证明：区间I上的导函数不存在第一类间断点.

与达布定理一样，导函数的极限定理再次说明导函数的特殊性.

定理 4.6（导函数的极限） 设$\delta>0$，函数$f(x)$在$[x_0,x_0+\delta)$ $((x_0-\delta,x_0])$上连续，在$(x_0,x_0+\delta)$ $((x_0-\delta,x_0))$内可导.若$\lim\limits_{x\to x_0^+}f'(x)=A$ $(\lim\limits_{x\to x_0^-}f'(x)=A)$存在，则$f(x)$在点$x_0$有右导数（左导数），且

$$f'_+(x_0)=A\ (f'_-(x_0)=A).$$

证 $\forall x\in(x_0,x_0+\delta)$，由拉格朗日定理，存在 $\xi\in(x_0,x)$，使得

$$f'(\xi)=\frac{f(x)-f(x_0)}{x-x_0}.$$

因为 $\lim\limits_{x\to x_0^+}\xi=x_0$，所以 $f'_+(x_0)=\lim\limits_{x\to x_0^+}\dfrac{f(x)-f(x_0)}{x-x_0}=\lim\limits_{x\to x_0^+}f'(\xi)=A.$

推论 1 设 $\delta>0$，函数 $f(x)$ 在 $U(x_0,\delta)$ 上连续，在 $\mathring{U}(x_0,\delta)$ 上可导，若 $\lim\limits_{x\to x_0}f'(x)=A$ 存在，则 $f(x)$ 在 $x=x_0$ 处可导，且

$$f'(x_0)=A.$$

利用这个定理，我们能够比较容易求得一些分段函数的导数或左、右导数.

例 4.14 求函数 $f(x)=\begin{cases}\ln(1+x), & x\geqslant 0,\\ x, & x<0\end{cases}$ 的导函数.

解 当 $x>0$ 时，$f'(x)=\dfrac{1}{1+x}$；当 $x<0$ 时，$f'(x)=1$；由于 $\lim\limits_{x\to 0^+}f'(x)=\lim\limits_{x\to 0^-}f'(x)=1$，因此

$$\lim_{x\to 0}f'(x)=1.$$

又因为 $f(x)$ 在 $x=0$ 连续，依推论 1，$f'(0)=\lim\limits_{x\to 0}f'(x)=1$. 综合以上结论得到

$$f'(x)=\begin{cases}1, & x\leqslant 0,\\ \dfrac{1}{1+x}, & x>0.\end{cases}$$

注意上面例子中验证函数在点 $x=0$ 的连续性是必须的. 没有在 $x=x_0$（左，右）连续的条件，定理的结论可以不成立. 例如函数

$$f(x)=\begin{cases}1+\sin x, & x\geqslant 0,\\ x, & x<0.\end{cases}$$

当 $x>0$，$f'(x)=\cos x$，故 $\lim\limits_{x\to 0^+}f'(x)=\lim\limits_{x\to 0^+}\cos x=1$；当 $x<0$，$f'(x)=1$，故 $\lim\limits_{x\to 0^-}f'(x)=\lim\limits_{x\to 0^-}1=1$，从而 $\lim\limits_{x\to 0}f'(x)=1$. 然而注意 $f(x)$ 在点 $x=0$ 并不连续，所以我们不能用定理 4.6 得出 $f'(0)=1$.

事实上因为 $f(x)$ 在 $x=0$ 右连续，由定理 4.6 我们能推出 $f'_+(0)=1$，但是 $f(x)$ 在 $x=0$ 非左连续，而

$$f'_-(0)=\lim_{x\to 0^-}\frac{f(x)-f(0)}{x}=\lim_{x\to 0^-}\frac{x-1}{x}=+\infty,$$

故 $f(x)$ 在 $x=0$ 的左导数不存在，所以 $f'(0)$ 不存在.

另外,定理4.6中的"$\lim\limits_{x\to x_0} f'(x)=A$ 存在"是充分而非必要条件.例如,考察函数

$$f(x)=\begin{cases} x^2\sin\dfrac{1}{x}, & x\neq 0, \\ 0, & x=0, \end{cases}$$

$\lim\limits_{x\to 0} f'(x)=\lim\limits_{x\to 0}\left(2x\sin\dfrac{1}{x}-\cos\dfrac{1}{x}\right)$ 不存在,但是容易验证 $f(x)$ 在 $x=0$ 的导数是存在的,且 $f'(0)=0$.

推论2　设函数 $f(x)$ 在区间 (a,b) 内可导,则导函数 $f'(x)$ 在区间 (a,b) 内不存在第一类间断点.

证　反证法.假设 $x_0\in(a,b)$ 是 $f'(x)$ 的第一类间断点,则 $f'(x)$ 在 x_0 处的左、右极限都存在,那么由定理4.6有

$$\lim_{x\to x_0^+} f'(x)=f'_+(x_0),\ \lim_{x\to x_0^-} f'(x)=f'_-(x_0).$$

另一方面,由题设有 $f(x)$ 在点 x_0 可导,因此

$$f'_+(x_0)=f'_-(x_0).$$

这意味着 $\lim\limits_{x\to x_0} f'(x)$ 存在且 $\lim\limits_{x\to x_0} f'(x)=f'(x_0)$,也即 $f'(x)$ 在点 x_0 连续,这导致矛盾.推论2表明,区间 (a,b) 内有第一类间断点的函数不是某函数在区间 (a,b) 上的导函数.

4.2　洛必达法则

在极限与连续一章中,我们对无穷小量作过比较,发现两个无穷小量 $f(x)$ 与 $g(x)$ 之比 $\dfrac{f(x)}{g(x)}$ 的极限可能存在,也可能不存在.在极限存在时,其极限值也取决于函数 $f(x)$ 和 $g(x)$ 的具体情况.基于此原因,我们把两个无穷小量之比的极限称为是 $\dfrac{0}{0}$ 型不定式的极限.到目前为止,虽然我们可以利用恒等变换和等价无穷小替换等方法计算部分 $\dfrac{0}{0}$ 型极限,但仍有相当多的此类极限(例如 $\lim\limits_{x\to 0}\dfrac{x-\sin x}{x}$)无法计算.在本节中我们将介绍借助导函数来求 $\dfrac{0}{0}$ 型不定式极限的方法,这种方法称为洛必达(L'Hospital)法则.该法则还可以用来求两个无穷大量之比的极限,即 $\dfrac{\infty}{\infty}$ 型不定

式的极限.进而通过变换,这个法则还可用来求出其他一些类型的不定式的极限.

定理 4.7 设函数 $f(x)$ 和 $g(x)$ 在点 x_0 的某个去心邻域 $\mathring{U}(x_0,\delta)$ 内有定义,且满足:

(1) $\lim\limits_{x\to x_0} f(x)=0,\lim\limits_{x\to x_0} g(x)=0$;

(2) $f(x)$ 和 $g(x)$ 在该去心邻域内可导,且 $g'(x)\neq 0$;

(3) $\lim\limits_{x\to x_0}\dfrac{f'(x)}{g'(x)}=A$ (A 为常数,或为 ∞),

则有

$$\lim_{x\to x_0}\frac{f(x)}{g(x)}=\lim_{x\to x_0}\frac{f'(x)}{g'(x)}=A.$$

证 由条件(1)可知 x_0 是函数 $f(x)$ 和 $g(x)$ 的可去间断点,补充或改变 $f(x)$ 和 $g(x)$ 在 x_0 的定义为 $f(x_0)=0,g(x_0)=0$,从而使得 $f(x)$ 和 $g(x)$ 在点 x_0 处连续.

任取 $x\in(x_0,x_0+\delta)$,应用柯西定理,有

$$\frac{f(x)}{g(x)}=\frac{f(x)-f(x_0)}{g(x)-g(x_0)}=\frac{f'(\xi)}{g'(\xi)},$$

其中 $\xi\in(x_0,x)$.当 $x\to x_0^+$ 时,有 $\xi\to x_0^+$,故

$$\lim_{x\to x_0^+}\frac{f(x)}{g(x)}=\lim_{x\to x_0^+}\frac{f'(\xi)}{g'(\xi)}=\lim_{\xi\to x_0^+}\frac{f'(\xi)}{g'(\xi)}=A.$$

类似可得:$\lim\limits_{x\to x_0^-}\dfrac{f(x)}{g(x)}=A$,因此

$$\lim_{x\to x_0}\frac{f(x)}{g(x)}=\lim_{x\to x_0}\frac{f'(x)}{g'(x)}=A.$$

从定理 4.7 的证明中可以发现,若函数 $f(x)$ 和 $g(x)$ 只定义在 x_0 的单侧邻域,那么只要把定理中相应的条件改为在该单侧邻域上成立,而结论中的极限改为单侧极限,定理仍然成立.

另外,当把定理 4.7 中的 $x\to x_0$ 改为 $x\to\infty$(或 $x\to+\infty$,$x\to-\infty$)时,只要对条件也做相应的修改,那么定理的结论还是成立的.有兴趣的读者可自己证明(作变量代换 $x=t^{-1}$ 即可).

例 4.15 求 $\lim\limits_{x\to\pi}\dfrac{1+\cos x}{\tan^2 x}$.

解 显然 $f(x)=1+\cos x$ 和 $g(x)=\tan^2 x$ 在 π 的去心邻域内满足洛必达法则前两个条件.又因为

$$\lim_{x\to\pi}\frac{f'(x)}{g'(x)}=\lim_{x\to\pi}\frac{-\sin x}{2\tan x\sec^2 x}=-\frac{1}{2}\lim_{x\to\pi}\frac{1}{\sec^3 x}=\frac{1}{2},$$

故得

$$\lim_{x\to\pi}\frac{1+\cos x}{\tan^2 x}=\frac{1}{2}.$$

有时，在使用一次洛必达法则后得到的极限式仍属于$\frac{0}{0}$型不定式的极限，这时可以考虑继续应用洛必达法则，并且，只要应用洛必达法则后，后者的极限存在，则前者的极限也存在，因而可以直接用连等号.

例 4.16 求$\lim\limits_{x\to 0}\frac{x-\sin x}{x^3}$.

解 $\lim\limits_{x\to 0}\frac{x-\sin x}{x^3}=\lim\limits_{x\to 0}\frac{1-\cos x}{3x^2}=\lim\limits_{x\to 0}\frac{\sin x}{6x}=\frac{1}{6}$.

无论是用何种计算极限的方法，其原则是在保证能正确得到极限值的前提下，尽量减少计算步骤和计算量.因此在应用洛必达法则时，应该避免出现复杂的求导过程，通过合理运用等价变形等手段，往往可以达到简化运算的目的.例如有公因子应先约去，不要保留在以后的求导过程中；若式中有极限值为非零常数的因式，则可用乘积的极限运算法则把它分离出来，先行求出；在整个求极限过程中，还可以与其他求极限的方法综合运用(如利用重要极限和等价无穷小代换等方法).

例 4.17 求$\lim\limits_{x\to+\infty}\frac{\frac{\pi}{2}-\arctan x}{\ln\left(1+\frac{1}{x}\right)}$.

解

$$\lim_{x\to+\infty}\frac{\frac{\pi}{2}-\arctan x}{\ln\left(1+\frac{1}{x}\right)}=\lim_{x\to+\infty}\frac{\frac{\pi}{2}-\arctan x}{\frac{1}{x}}$$

$$=\lim_{x\to+\infty}\frac{-\frac{1}{1+x^2}}{-\frac{1}{x^2}}=\lim_{x\to+\infty}\frac{x^2}{1+x^2}=1.$$

例 4.18 求$\lim\limits_{x\to 0}\frac{e^x-e^{\tan x}}{\tan^3 x}$.

解 $\lim\limits_{x\to0}\dfrac{e^x-e^{\tan x}}{\tan^3 x}=\lim\limits_{x\to0}\dfrac{e^{\tan x}(e^{x-\tan x}-1)}{x^3}=\lim\limits_{x\to0}e^{\tan x}\cdot\lim\limits_{x\to0}\dfrac{e^{x-\tan x}-1}{x^3}$

$$=\lim_{x\to0}\frac{x-\tan x}{x^3}=\lim_{x\to0}\frac{1-\sec^2 x}{3x^2}=-\lim_{x\to0}\frac{\tan^2 x}{3x^2}=-\frac{1}{3}.$$

例 4.19 求$\lim\limits_{x\to0}\dfrac{\sqrt{1+\tan x}-\sqrt{1+\sin x}}{x\ln(1+x)-x^2}$.

解

$$\lim_{x\to0}\frac{\sqrt{1+\tan x}-\sqrt{1+\sin x}}{x\ln(1+x)-x^2}$$

$$=\lim_{x\to0}\frac{\tan x-\sin x}{x[\ln(1+x)-x](\sqrt{1+\tan x}+\sqrt{1+\sin x})}$$

$$=\frac{1}{2}\lim_{x\to0}\frac{\tan x(1-\cos x)}{x[\ln(1+x)-x]}=\frac{1}{2}\lim_{x\to0}\frac{\frac{1}{2}x^2}{\ln(1+x)-x}$$

$$=\frac{1}{2}\lim_{x\to0}\frac{x}{\frac{1}{1+x}-1}=-\frac{1}{2}.$$

当$\lim\limits_{x\to x_0}g(x)=\infty$时，极限$\lim\limits_{x\to x_0}\dfrac{f(x)}{g(x)}$通常称为$\dfrac{\infty}{\infty}$型不定式.注意虽然采用了“$\dfrac{\infty}{\infty}$”这个记号，但实际上并没有要求$f(x)$一定满足$\lim\limits_{x\to x_0}f(x)=\infty$.下面我们略去证明而直接给出求$\dfrac{\infty}{\infty}$型不定式的洛必达法则.

定理 4.8 设函数$f(x)$和$g(x)$在点x_0的某个去心邻域$\mathring{U}(x_0,\delta)$内有定义，且满足：

(1) $\lim\limits_{x\to x_0}g(x)=\infty$；

(2) $f(x)$和$g(x)$在$\mathring{U}(x_0,\delta)$内可导，且$g'(x)\neq0$；

(3) $\lim\limits_{x\to x_0}\dfrac{f'(x)}{g'(x)}=A$（$A$为常数，或为$\infty$），

则

$$\lim_{x\to x_0}\frac{f(x)}{g(x)}=A.$$

同样地，若将此定理中$x\to x_0$改为$x\to x_0^+$，$x\to x_0^-$或$x\to\infty$（$x\to+\infty$，$x\to-\infty$），那么在相应的条件下，仍有相同的结论.

例 4.20　求 $\lim\limits_{x\to+\infty}\dfrac{2x\arctan x-\ln(1+x^2)}{x+\ln x}$.

解　由于 $\lim\limits_{x\to+\infty}(x+\ln x)=+\infty$，这是一个$\dfrac{\infty}{\infty}$型不定式.根据洛必达法则，有

$$\lim_{x\to+\infty}\frac{2x\arctan x-\ln(1+x^2)}{x+\ln x}=\lim_{x\to+\infty}\frac{2\arctan x+\dfrac{2x}{1+x^2}-\dfrac{2x}{1+x^2}}{1+\dfrac{1}{x}}=\pi.$$

下面，我们利用定理 4.8 对一些简单的无穷大进行比较.

例 4.21　求 $\lim\limits_{x\to+\infty}\dfrac{x^\lambda}{a^x}$，其中 $a>1$.

解　取自然数 $n\geqslant\lambda$，当 $x>1$ 时，有不等式$\dfrac{x^n}{a^x}\geqslant\dfrac{x^\lambda}{a^x}>0$.由于

$$\lim_{x\to+\infty}\frac{x^n}{a^x}=\lim_{x\to+\infty}\frac{nx^{n-1}}{a^x\ln a}=\cdots=\lim_{x\to+\infty}\frac{n!}{a^x\ln^n a}=0,$$

因此

$$\lim_{x\to+\infty}\frac{x^\lambda}{a^x}=0.$$

这个例子说明了在 $x\to+\infty$ 时，指数函数 $a^x(a>1)$ 比任何幂函数 x^λ 趋于正无穷的“速度更快”.

同样容易得到：当 $a\neq1$ 时，对任何正数 α，$\lim\limits_{x\to+\infty}\dfrac{\log_a x}{x^\alpha}=0$.这也说明在 $x\to+\infty$ 时，任何正指数的幂函数 x^α 比对数函数趋于无穷的“速度更快”.

除了$\dfrac{0}{0}$型或$\dfrac{\infty}{\infty}$型不定式外，还有其他一些不定式，如 $0\cdot\infty$ 型，$\infty-\infty$ 型，1^∞ 型，∞^0 型，0^0 型等.它们常常可以变形为$\dfrac{0}{0}$型或$\dfrac{\infty}{\infty}$型不定式，而后应用洛必达法则求得极限.

例 4.22　求 $\lim\limits_{x\to0^+}x\ln x$.

解　这是 $0\cdot\infty$ 型不定式，可化为$\dfrac{\infty}{\infty}$型不定式来求极限.

$$\lim_{x\to0^+}x\ln x=\lim_{x\to0^+}\frac{\ln x}{\dfrac{1}{x}}=\lim_{x\to0^+}\frac{\dfrac{1}{x}}{-\dfrac{1}{x^2}}=-\lim_{x\to0^+}x=0.$$

例 4.23　求$\lim\limits_{x\to1}\left(\dfrac{1}{x-1}-\dfrac{1}{\ln x}\right)$.

解　这是$\infty-\infty$型不定式,经通分变形后可化为$\dfrac{0}{0}$型或者$\dfrac{\infty}{\infty}$型不定式,从而

$$\lim_{x\to1}\left(\frac{1}{x-1}-\frac{1}{\ln x}\right)=\lim_{x\to1}\frac{\ln x-x+1}{(x-1)\ln x}=\lim_{x\to1}\frac{\dfrac{1}{x}-1}{\ln x+\dfrac{x-1}{x}}$$

$$=\lim_{x\to1}\frac{1-x}{x\ln x+x-1}=\lim_{x\to1}\frac{-1}{\ln x+1+1}=-\frac{1}{2}.$$

例 4.24　求$\lim\limits_{x\to0}(\cos x)^{\frac{1}{x^2}}$.

解　这是1^∞型不定式,可化为$\dfrac{0}{0}$型不定式来求极限.

$$\lim_{x\to0}(\cos x)^{\frac{1}{x^2}}=e^{\lim\limits_{x\to0}\frac{\ln\cos x}{x^2}}=e^{\lim\limits_{x\to0}\frac{-\sin x}{\cos x\cdot2x}}=e^{-\frac{1}{2}}.$$

例 4.25　求$\lim\limits_{x\to+\infty}x^{\sin\frac{1}{x}}$.

解　这是∞^0型不定式,可化为$\dfrac{\infty}{\infty}$型不定式来求极限.

$$\lim_{x\to+\infty}x^{\sin\frac{1}{x}}=e^{\lim\limits_{x\to+\infty}\sin\frac{1}{x}\cdot\ln x}=e^{\lim\limits_{x\to+\infty}\frac{\ln x}{x}}=e^{\lim\limits_{x\to+\infty}\frac{\frac{1}{x}}{1}}=e^0=1.$$

例 4.26　求$\lim\limits_{x\to0^+}x^{\sin x}$.

解　这是0^0型,可化为$\dfrac{\infty}{\infty}$型不定式求极限.

$$\lim_{x\to0^+}x^{\sin x}=e^{\lim\limits_{x\to0^+}\frac{\ln x}{\csc x}}=e^{\lim\limits_{x\to0^+}\frac{1}{x(-\csc x\cot x)}}=e^{\lim\limits_{x\to0^+}\left(-\frac{\sin x}{x}\cdot\tan x\right)}=e^0=1.$$

值得注意的是,并非所有不定式极限都适宜于用洛必达法则求取,而且每次用洛必达法则时都必须验证定理的条件,否则可能导出错误的结论.

例 4.27　求$\lim\limits_{x\to0}\dfrac{x^2\sin\dfrac{1}{x}}{\sin x}$.

解　若对此题采用将分子、分母分别求导然后求极限的方法,则

$$\frac{\left(x^2\sin\dfrac{1}{x}\right)'}{(\sin x)'}=\frac{2x\sin\dfrac{1}{x}-\cos\dfrac{1}{x}}{\cos x}=\frac{2x\sin\dfrac{1}{x}}{\cos x}-\frac{\cos\dfrac{1}{x}}{\cos x},$$

当 $x\to 0$ 时,上式右端中第一项的极限为零,而第二项的极限不存在,从而上式的极限不存在.但我们却不能由此得出原式极限不存在的结论,只是此题不能应用洛必达法则而已,原因是此题不满足洛必达法则的条件(3).事实上,

$$\lim_{x\to 0}\frac{x^2\sin\frac{1}{x}}{\sin x}=\lim_{x\to 0}\frac{x}{\sin x}\lim_{x\to 0}x\sin\frac{1}{x}=1\cdot 0=0.$$

例 4.28　求 $\lim\limits_{x\to-\infty}\dfrac{x}{\sqrt{1+x^2}}$.

解　这是一个 $\dfrac{\infty}{\infty}$ 型不定式,若对此题应用洛必达法则,则

$$\lim_{x\to-\infty}\frac{x}{\sqrt{1+x^2}}=\lim_{x\to-\infty}\frac{1}{\frac{x}{\sqrt{1+x^2}}}=\lim_{x\to-\infty}\frac{\sqrt{1+x^2}}{x}$$

$$=\lim_{x\to-\infty}\frac{\frac{x}{\sqrt{1+x^2}}}{1}=\lim_{x\to-\infty}\frac{x}{\sqrt{1+x^2}};$$

这样无法求得最终结果.此题可以这样求解:

$$\lim_{x\to-\infty}\frac{x}{\sqrt{1+x^2}}=\lim_{x\to-\infty}-\frac{1}{\sqrt{1+\frac{1}{x^2}}}=-1.$$

4.3　泰勒公式及其应用

多项式是函数类中最为简单的一种,用多项式近似表达函数是近似计算和理论分析中的一个重要内容.

我们知道,若函数 $f(x)$ 在点 x_0 可导,则有

$$f(x)=f(x_0)+f'(x_0)(x-x_0)+o(x-x_0),$$

也就是说,在 x_0 的附近,可用一次多项式 $f(x)+f'(x_0)(x-x_0)$ 近似表达出函数 $f(x)$,其误差当 $x\to x_0$ 时,是 $(x-x_0)$ 的高阶无穷小.为了提高近似的精确度,很自然的想法是用更高次的多项式来近似表达 $f(x)$.

4.3.1　泰勒定理

若我们要用一个 n 次多项式 $P_n(x)$ 在点 x_0 的附近(即在 x_0 的某个邻域中)

近似表达 $f(x)$，那么这样的多项式的形式该如何确定？无疑，如果两个函数在 x_0 的附近相等，那么它们在点 x_0 的各阶导数（如果存在的话）也必然相等.我们从这点出发去推导多项式 $P_n(x)$ 可能具有的形式.

设 $f(x)$ 在点 x_0 处 n 阶可导，若 n 次多项式 $P_n(x)$ 满足 $P_n^{(k)}(x_0)=f^{(k)}(x_0)$，$k=0,1,\cdots,n$，那么 $P_n(x)=$？

为求 $P_n(x)$ 的表达式，我们设

$$P_n(x)=a_0+a_1(x-x_0)+\cdots+a_{n-1}(x-x_0)^{n-1}+a_n(x-x_0)^n,$$

则易得其各阶导数为

$$P_n^{(k)}(x_0)=k!a_k,\quad k=0,1,\cdots,n,$$

由 $P_n^{(k)}(x_0)=f^{(k)}(x_0)$ 得到

$$a_k=\frac{f^{(k)}(x_0)}{k!},\quad k=0,1,\cdots,n.$$

从而有

$$\begin{aligned}P_n(x)=&f(x_0)+\frac{f'(x_0)}{1!}(x-x_0)+\cdots+\\&\frac{f^{(n-1)}(x_0)}{(n-1)!}(x-x_0)^{n-1}+\frac{f^{(n)}(x_0)}{n!}(x-x_0)^n\\=&\sum_{k=0}^{n}\frac{f^{(k)}(x_0)}{k!}(x-x_0)^k.\end{aligned}$$

这就是我们所求多项式 $P_n(x)$ 的形式，通常称其为函数 $f(x)$ 在点 x_0 的 n 阶**泰勒多项式**，而系数 $\frac{f^{(k)}(x_0)}{k!}$ $(k=0,1,\cdots,n)$ 称为函数 $f(x)$ 在点 x_0 的**泰勒系数**.

接下来一个自然的问题是：$P_n(x)$ 与 $f(x)$ 存在多大的差别？或者说它们的接近程度怎样？下面的泰勒定理回答了这个问题.

定理 4.9（泰勒定理 1）　设函数 $f(x)$ 在点 x_0 的邻域内有定义，且在 x_0 有 n 阶导数，那么

$$\begin{aligned}f(x)=&f(x_0)+f'(x_0)(x-x_0)+\frac{f''(x_0)}{2!}(x-x_0)^2+\cdots+\\&\frac{f^{(n)}(x_0)}{n!}(x-x_0)^n+o((x-x_0)^n).\end{aligned}$$

证　记多项式

$$P_n(x)=f(x_0)+\frac{f'(x_0)}{1!}(x-x_0)+\cdots+$$

$$\frac{f^{(n-1)}(x_0)}{(n-1)!}(x-x_0)^{n-1}+\frac{f^{(n)}(x_0)}{n!}(x-x_0)^n,$$

函数$f(x)$与其之差为

$$R_n(x)=f(x)-P_n(x),$$

那么定理的结论等价于

$$\lim_{x\to x_0}\frac{R_n(x)}{(x-x_0)^n}=0.$$

由于$R_n(x)$在点x_0处n阶可导，且根据$P_n^{(k)}(x_0)=f^{(k)}(x_0)\,(k=0,1,\cdots,n)$，故有

$$R_n(x_0)=R_n'(x_0)=\cdots=R_n^{(n)}(x_0)=0.$$

又$R_n^{(k)}(x)\ (k=0,1,\cdots,n-1)$在点$x_0$都连续，那么应用$n-1$次洛必达法则得到

$$\lim_{x\to x_0}\frac{R_n(x)}{(x-x_0)^n}=\lim_{x\to x_0}\frac{R'_n(x)}{n(x-x_0)^{n-1}}=\cdots=\lim_{x\to x_0}\frac{R_n^{(n-1)}(x)}{n!\ (x-x_0)}$$

$$=\lim_{x\to x_0}\frac{R_n^{(n-1)}(x)-R_n^{(n-1)}(x_0)}{n!\ (x-x_0)}=\frac{R_n^{(n)}(x_0)}{n!}=0,$$

以上最后一个极限式利用了$R_n^{(n)}(x_0)$的定义，这样我们就得到求证的结论.

定理中的$o((x-x_0)^n)$称为**佩亚诺(Peano，1858—1932)余项**，而定理结论称为是函数$f(x)$的带佩亚诺余项的n阶**泰勒公式**.

注　泰勒公式中的多项式的系数是唯一确定的.若另有n次多项式

$$Q_n(x)=b_0+b_1(x-x_0)+\cdots+b_{n-1}(x-x_0)^{n-1}+b_n(x-x_0)^n$$

满足

$$f(x)=Q_n(x)+o((x-x_0)^n),$$

那么必有系数

$$b_k=a_k=\frac{f^{(k)}(x_0)}{k!},k=0,1,\cdots,n.$$

由于$P_n(x)-Q_n(x)=o((x-x_0)^n)$，即

$$(b_0-a_0)+(b_1-a_1)(x-x_0)+\cdots+(b_{n-1}-a_{n-1})(x-x_0)^{n-1}+(b_n-a_n)(x-x_0)^n$$
$$=o((x-x_0)^n),$$

令$x\to x_0$，得到$b_0-a_0=0$即$b_0=a_0$，于是，

$$(b_1-a_1)(x-x_0)+\cdots+(b_{n-1}-a_{n-1})(x-x_0)^{n-1}+(b_n-a_n)(x-x_0)^n=o((x-x_0)^n),$$

故得$(b_1-a_1)+\cdots+(b_{n-1}-a_{n-1})(x-x_0)^{n-2}+(b_n-a_n)(x-x_0)^{n-1}=o((x-x_0)^{n-1})$，

再令$x\to x_0$，得到$b_1-a_1=0$，即$b_1=a_1$，用归纳法可得

$$b_k=a_k,\quad k=0,1,\cdots,n.$$

定理 4.9 表明,如果仅要求 $f(x)$ 在点 x_0 有 n 阶导数,那么我们可以对 $P_n(x)$ 与 $f(x)$ 之间的差作出一个定性的估计:

即当 x 充分接近 x_0 时,用 n 阶泰勒多项式 $P_n(x)$ 近似代替函数 $f(x)$ 所产生的误差是 $(x-x_0)^n$ 的高阶无穷小.这反映了函数 $f(x)$ 在点 x_0 附近的性态,因此也称其为**局部泰勒公式**.

当我们把条件加强到要求函数 $f(x)$ 在包含点 x_0 的开区间 (a,b) 内具有 $n+1$ 阶导数,那么我们能对 $P_n(x)$ 与 $f(x)$ 之间的差作出一个定量的估计.

定理 4.10(泰勒定理 2) 设函数 $f(x)$ 在包含点 x_0 的开区间 (a,b) 内具有 $n+1$ 阶导数,则 $\forall x\in(a,b)$,有

$$f(x)=f(x_0)+f'(x_0)(x-x_0)+\cdots+\frac{f^{(n)}(x_0)}{n!}(x-x_0)^n+\frac{f^{(n+1)}(\xi)}{(n+1)!}(x-x_0)^{n+1},$$

其中 ξ 介于 x_0 与 x 之间.

证 沿用定理 4.9 证明中的记号

$$R_n(x)=f(x)-P_n(x),$$

则 $R_n(x)$ 在开区间 (a,b) 内 $n+1$ 阶可导,且

$$R_n(x_0)=R_n'(x_0)=\cdots=R_n^{(n)}(x_0)=0.$$

当 $x=x_0$ 时,结论显然成立;当 $x\neq x_0$ 时,持续地应用柯西定理得:

$$\begin{aligned}
\frac{R_n(x)}{(x-x_0)^{n+1}}&=\frac{R_n(x)-R_n(x_0)}{(x-x_0)^{n+1}-(x_0-x_0)^{n+1}}\\
&=\frac{R_n'(\xi_1)}{(n+1)(\xi_1-x_0)^n}\quad(\xi_1\text{ 介于 }x_0\text{ 与 }x\text{ 之间})\\
&=\frac{R_n'(\xi_1)-R_n'(x_0)}{(n+1)[(\xi_1-x_0)^n-(x_0-x_0)^n]}\\
&=\frac{R_n''(\xi_2)}{(n+1)\cdot n\cdot(\xi_2-x_0)^{n-1}}(\xi_2\text{ 介于 }x_0\text{ 与 }\xi_1\text{ 之间})\\
&=\cdots=\frac{R_n^{(n)}(\xi_n)}{(n+1)!\ (\xi_n-x_0)}\quad(\xi_n\text{ 介于 }x_0\text{ 与 }\xi_{n-1}\text{之间})\\
&=\frac{R_n^{(n)}(\xi_n)-R^{(n)}(x_0)}{(n+1)!\ [(\xi_n-x_0)-(x_0-x_0)]}\\
&=\frac{R_n^{(n+1)}(\xi)}{(n+1)!}\ (\xi\text{ 介于 }x_0\text{ 与 }\xi_n\text{ 之间}).
\end{aligned}$$

由于 $P_n^{(n+1)}(x)=0$,因此 $R_n^{(n+1)}(\xi)=f^{(n+1)}(\xi)$,而 ξ 介于 x_0 与 ξ_n 之间,故介于 x_0 与 x 之间.

这样我们得到

$$f(x)=P_n(x)+\frac{f^{(n+1)}(\xi)}{(n+1)!}(x-x_0)^{n+1},$$

其中 ξ 介于 x_0 与 x 之间.

我们称 $R_n(x)=\dfrac{f^{(n+1)}(\xi)}{(n+1)!}(x-x_0)^{n+1}$ 为**拉格朗日余项**.定理结论称为函数 $f(x)$ 的带拉格朗日余项的 n 阶**泰勒公式**.从拉格朗日余项可以看到,若存在 $M>0$,使得 $\forall n\in\mathbf{N}$,都有 $|f^{(n)}(x)|\leqslant M$,那么

$$\lim_{n\to\infty}|f(x)-P_n(x)|\leqslant\lim_{n\to\infty}\frac{M(b-a)^{n+1}}{(n+1)!}=0,$$

即

$$\lim_{n\to\infty}P_n(x)=f(x).$$

由于 ξ 介于 x_0 与 x 之间,因此 ξ 也可以表示为 $x_0+\theta(x-x_0)$ 的形式 $(0<\theta<1)$.另外,当 $n=0$ 时,泰勒公式就是拉格朗日公式

$$f(x)=f(x_0)+f'(\xi)(x-x_0),$$

所以泰勒公式是拉格朗日公式的推广.

当 $x_0=0$ 时,泰勒公式为

$$f(x)=f(0)+f'(0)x+\frac{f''(0)}{2!}x^2+\cdots+\frac{f^{(n)}(0)}{n!}x^n+R_n(x),$$

其中 $R_n(x)=o(x^n)$,或 $R_n(x)=\dfrac{f^{(n+1)}(\xi)}{(n+1)!}x^{n+1}$($\xi$ 在 0 与 x 之间).这个公式称为函数 $f(x)$ 的带佩亚诺余项,或拉格朗日余项的 n 阶**麦克劳林(Maclaurin,1698—1746)公式**.

4.3.2 一些简单函数的麦克劳林公式

麦克劳林公式经常在极限计算、误差估计等方面有重要的应用.首先我们介绍一些简单函数的带拉格朗日余项的麦克劳林公式.

1. $f(x)=\mathrm{e}^x$

由于 $f(0)=f'(0)=f''(0)=\cdots=f^{(n)}(0)=1$, $f^{(n+1)}(x)=\mathrm{e}^x$,于是函数 e^x 的麦克劳林公式为

$$\mathrm{e}^x=1+\frac{x}{1!}+\frac{x^2}{2!}+\cdots+\frac{x^n}{n!}+\frac{\mathrm{e}^{\theta x}}{(n+1)!}x^{n+1},\text{其中 }\theta\in(0,1).$$

2. $f(x)=\sin x$

由 $f^{(k)}(x)=(\sin x)^{(k)}=\sin\left(x+\dfrac{k\pi}{2}\right),k=0,1,2,\cdots$,可得

$$f^{(2k)}(0)=0,$$

$$f^{(2k-1)}(0)=\sin\left(k\pi-\frac{\pi}{2}\right)=-\cos k\pi=(-1)^{k-1},k=1,2,\cdots.$$

于是 $\sin x$ 的 $2n$ 阶麦克劳林公式为

$$\sin x=x-\frac{x^3}{3!}+\frac{x^5}{5!}-\cdots+(-1)^{n-1}\frac{x^{2n-1}}{(2n-1)!}+(-1)^n\frac{\cos\theta x}{(2n+1)!}x^{2n+1},\text{其中 }\theta\in(0,1).$$

同理可得 $\cos x$ 的 $2n+1$ 阶麦克劳林公式为

$$\cos x=1-\frac{x^2}{2!}+\frac{x^4}{4!}-\cdots+(-1)^n\frac{x^{2n}}{(2n)!}+(-1)^{n+1}\frac{\cos\theta x}{(2n+2)!}x^{2n+2},\text{其中 }\theta\in(0,1).$$

3. $f(x)=\ln(1+x)$

由 $f^{(k)}(x)=(\ln(1+x))^{(k)}=(-1)^{k-1}\dfrac{(k-1)!}{(1+x)^k},k=1,2,\cdots$,得到

$$f^{(k)}(0)=(-1)^{(k-1)}(k-1)!,k=1,2,\cdots,$$

于是 $f(x)=\ln(1+x)$ 的 n 阶麦克劳林公式为

$$\ln(1+x)=x-\frac{1}{2}x^2+\frac{1}{3}x^3-\cdots+(-1)^{n-1}\frac{1}{n}x^n+(-1)^n\frac{1}{(n+1)(1+\theta x)^{n+1}}x^{n+1},$$

其中 $\theta\in(0,1)$.

4. $f(x)=(1+x)^\alpha$

由 $f^{(k)}(x)=\alpha(\alpha-1)(\alpha-2)\cdots(\alpha-k+1)(1+x)^{\alpha-k},k=1,2,\cdots$,可得

$$f^{(k)}(0)=\alpha(\alpha-1)(\alpha-2)\cdots(\alpha-k+1),k=1,2,\cdots$$

于是 $f(x)=(1+x)^\alpha$ 的 n 阶麦克劳林公式为

$$(1+x)^\alpha=1+\alpha x+\frac{\alpha(\alpha-1)}{2!}x^2+\cdots+\frac{\alpha(\alpha-1)\cdots(\alpha-n+1)}{n!}x^n+$$

$$\frac{1}{(n+1)!}\alpha(\alpha-1)(\alpha-2)\cdots(\alpha-n)(1+\theta x)^{\alpha-n-1}x^{n+1},$$

其中 $\theta\in(0,1)$.

特别地,

$$\frac{1}{1+x}=1-x+x^2+\cdots+(-1)^nx^n+\frac{(-1)^{n+1}}{(1+\theta x)^{n+2}}x^{n+1},\text{其中 }\theta\in(0,1).$$

另外,当 α 为正整数时,由于对正整数 $n>\alpha$,$f^{(n)}(x)=0$,公式就是二项式的展开式.

当然上述麦克劳林公式的余项都可以写为佩亚诺余项.

从这些公式出发,我们可以得到其他一些函数的泰勒公式或麦克劳林公式.以下是两个例子.

例 4.29 求 $y=\dfrac{1}{1-x}$的带佩亚诺余项的麦克劳林公式.

解 由$\dfrac{1}{1+x}=1-x+x^2+\cdots+(-1)^n x^n+o(x^n)$得到

$$\frac{1}{1-x}=1-(-x)+(-x)^2+\cdots+(-1)^n(-x)^n+o((-x)^n)$$
$$=1+x+x^2+\cdots+x^n+o(x^n).$$

例 4.30 求 $y=\ln x$ 在 $x_0=2$ 处的带佩亚诺余项的泰勒公式.

解 令 $t=x-2$,则

$$\begin{aligned}\ln x&=\ln(t+2)=\ln 2+\ln\left(1+\frac{t}{2}\right)\\&=\ln 2+\frac{t}{2}-\frac{1}{2}\left(\frac{t}{2}\right)^2+\frac{1}{3}\left(\frac{t}{2}\right)^3-\cdots+(-1)^{n-1}\frac{1}{n}\left(\frac{t}{2}\right)^n+o\left(\left(\frac{t}{2}\right)^n\right)\\&=\ln 2+\sum_{k=1}^{n}(-1)^{k-1}\frac{t^k}{k\cdot 2^k}+o(t^n)\\&=\ln 2+\sum_{k=1}^{n}\frac{(-1)^{k-1}}{k\cdot 2^k}(x-2)^k+o((x-2)^n).\end{aligned}$$

根据定理 4.9 的注可知,上面得到的公式就是所求的泰勒公式.

例 4.31 已知$f(x)=\dfrac{x}{1+x^4}$,求$f^{(n)}(0)$.

解 $\dfrac{1}{1+x^4}=1+(-x^4)+(-x^4)^2+\cdots+(-x^4)^k+o((x^4)^k)=\displaystyle\sum_{n=0}^{k}(-1)^n x^{4n}+o(x^{4k})$,

从而

$$\frac{x}{1+x^4}=\sum_{n=0}^{k}(-1)^n x^{4n+1}+o(x^{4k+1}).$$

又依泰勒公式,

$$f(x)=\sum_{n=0}^{4k+1}\frac{f^{(n)}(0)}{n!}x^n+o(x^{4k+1}).$$

由定理 4.9 的注得到,$\displaystyle\sum_{n=0}^{4k+1}\frac{f^{(n)}(0)}{n!}x^n=\sum_{n=0}^{k}(-1)^n x^{4n+1}$,比较以后得到

当 $n=4k+1$ 时,$\dfrac{f^{(n)}(0)}{n!}=(-1)^k$;当 $n\neq 4k+1$ 时,$\dfrac{f^{(n)}(0)}{n!}=0$.

所以 $f^{(n)}(0)=\begin{cases}(-1)^k(4k+1)!, & n=4k+1,\\ 0 & , \quad n\neq 4k+1.\end{cases}$

4.3.3 泰勒公式的应用

带拉格朗日余项的泰勒公式可以用来作近似计算.

例 4.32 计算数 e 的近似值,且误差小于 10^{-6}.

解 在 e^x 的麦克劳林公式中取 $x=1$,得

$$e=1+\frac{1}{1!}+\frac{1}{2!}+\cdots+\frac{1}{n!}+\frac{e^{\theta}}{(n+1)!},\ \theta\in(0,1).$$

依题意,只要余项的绝对值 $\left|\frac{e^{\theta}}{(n+1)!}\right|$ 小于 10^{-6} 即可,利用不等式

$$\frac{e^{\theta}}{(n+1)!}<\frac{e}{(n+1)!}<\frac{3}{(n+1)!},$$

由 $\frac{3}{(n+1)!}<10^{-6}$ 解得 $n=9$ 时,余项 $\left|\frac{e^{\theta}}{10!}\right|<\frac{3}{10!}=\frac{1}{1\ 209\ 600}<10^{-6}$.因此

$$e\approx 1+1+\frac{1}{2!}+\cdots+\frac{1}{9!}\approx 2.718\ 281.$$

带佩亚诺余项的泰勒公式可用来进行无穷小的阶的估计,也可用来计算极限.

例 4.33 设 $f(x)=e^{-\frac{x^2}{2}}-\cos x$,则在 $x\to 0$ 时,$f(x)$ 是 x 的几阶无穷小?

解 当 $x\to 0$ 时,

$$\begin{aligned}f(x)&=1+\left(-\frac{x^2}{2}\right)+\frac{1}{2}\left(-\frac{x^2}{2}\right)^2+o(x^4)-\left(1-\frac{x^2}{2!}+\frac{x^4}{4!}+o(x^4)\right)\\&=\frac{1}{12}x^4+o(x^4),\end{aligned}$$

因此,当 $x\to 0$ 时,$f(x)$ 是 x 的四阶无穷小.

例 4.34 求下列极限:

(1) $\lim\limits_{x\to 0}\frac{x(e^x+e^{-x}-2)}{x-\sin x}$; (2) $\lim\limits_{n\to+\infty}n^2(\sqrt[n]{a}-\sqrt[n+1]{a})$.

解 (1) 由于 $\sin x=x-\frac{x^3}{3!}+o(x^3)$,故有

$$x-\sin x=\frac{x^3}{3!}+o(x^3)\sim\frac{x^3}{3!}\ (x\to 0),$$

因此分子中 $e^x+e^{-x}-2$ 只需保留 x^2 项即可.由

$$e^x=1+x+\frac{x^2}{2!}+o(x^2),\quad e^{-x}=1-x+\frac{x^2}{2!}+o(x^2),$$

得到

$$e^x+e^{-x}-2=x^2+o(x^2)\sim x^2\quad(x\to 0),$$

于是

$$\lim_{x\to 0}\frac{x(e^x+e^{-x}-2)}{x-\sin x}=\lim_{x\to 0}\frac{x\cdot x^2}{\frac{x^3}{3!}}=3!=6.$$

（2）由于表达式中有因子 n^2，故括弧中只需展开到 $\frac{1}{n^2}$ 项，因为

$$\begin{aligned}\sqrt[n]{a}&=a^{\frac{1}{n}}=e^{\frac{1}{n}\ln a}\\&=1+\frac{1}{n}\ln a+\frac{1}{2!\cdot n^2}\ln^2 a+o\left(\frac{1}{n^2}\right),\\ \sqrt[n+1]{a}&=a^{\frac{1}{n+1}}=e^{\frac{1}{n+1}\ln a}\\&=1+\frac{1}{n+1}\ln a+\frac{1}{2!\cdot(n+1)^2}\ln^2 a+o\left(\frac{1}{n^2}\right).\end{aligned}$$

所以

$$\begin{aligned}\sqrt[n]{a}-\sqrt[n+1]{a}&=\frac{1}{n(n+1)}\ln a+\frac{2n+1}{2n^2(n+1)^2}\ln^2 a+o\left(\frac{1}{n^2}\right)\\&=\frac{1}{n(n+1)}\ln a+o\left(\frac{1}{n^2}\right),\end{aligned}$$

故得

$$\lim_{n\to+\infty}n^2(\sqrt[n]{a}-\sqrt[n+1]{a})=\lim_{n\to+\infty}\left[\frac{n^2}{n(n+1)}\ln a+n^2\cdot o\left(\frac{1}{n^2}\right)\right]=\ln a.$$

下例是泰勒公式在函数性态研究中的应用.

例 4.35　设 $f(x)$ 在 $(-\infty,+\infty)$ 上具有二阶导数，且 $f''(x)>0$，证明：$\forall x\in(-\infty,+\infty)$ 和 $h>0$，成立 $f(x+h)+f(x-h)>2f(x)$.

证　由 f 在点 x 的一阶泰勒公式有

$$f(x+h)=f(x)+f'(x)h+\frac{f''(\xi_1)}{2!}h^2,\ \xi_1\in(x,x+h),$$

$$f(x-h)=f(x)-f'(x)h+\frac{f''(\xi_2)}{2!}h^2,\ \xi_2\in(x-h,x),$$

因为 $f''(x)>0$，故得

$$f(x+h)+f(x-h)=2f(x)+\frac{f''(\xi_1)+f''(\xi_2)}{2}h^2>2f(x).$$

例 4.36 设$f(x)$在$[0,1]$上二阶可导,且$\max\limits_{0<x<1}f(x)=\dfrac{1}{4}$,$|f''(x)|\leqslant 1$,试证:

$$|f(0)|+|f(1)|<1.$$

证 设$f(x)$在$a\in(0,1)$处取得最大值,故

$$f(a)=\frac{1}{4},\quad f'(a)=0;$$

在$x=a$处作一阶泰勒展开

$$f(x)=f(a)+f'(a)(x-a)+\frac{1}{2!}f''(\xi)(x-a)^2$$

$$=\frac{1}{4}+\frac{1}{2}f''(\xi)(x-a)^2,\quad \xi\text{ 在 } a \text{ 与 } x \text{ 之间}.$$

在上式中分别令$x=0,1$,那么

$$f(0)=\frac{1}{4}+\frac{1}{2}f''(\xi_1)a^2,\xi_1\in(0,a);$$

$$f(1)=\frac{1}{4}+\frac{1}{2}f''(\xi_2)(1-a)^2,\xi_2\in(a,1),$$

从而

$$|f(0)|+|f(1)|\leqslant\frac{1}{4}+\frac{1}{2}a^2+\frac{1}{4}+\frac{1}{2}(1-a)^2$$

$$=\frac{1}{2}[1+a^2+(1-a)^2]<1.$$

4.4 利用导数研究函数性态

导数应用的一个重要方面是讨论函数的性态.利用中值定理得出的判据,通过对导函数的取值的变化情况,我们可以对函数单调性、极值和凹凸性等方面有一个全面了解,并据此作出函数的图形.

4.4.1 函数的单调性

从一些熟悉的单调增加函数(例如$y=x^3$,$y=\mathrm{e}^x$和$y=\ln x$等)的图形可以看到,这些曲线上任意一点若有不垂直于x轴的切线,则切线的斜率是非负的,由此可见,函数的单调性与导函数的符号有着某种内在联系.下面我们介绍利用导函数判别函数单调性的两个定理,另外还将介绍函数单调性的一些应用.

定理 4.11　设函数 $f(x) \in C[a,b] \cap D(a,b)$，则 $f(x)$ 在 $[a,b]$ 上单调增加（减少）的充分必要条件是：$\forall x \in (a,b)$，

$$f'(x) \geqslant 0 \ (\leqslant 0).$$

证　我们只证单调增加的情形，单调减少的情形同理可证.

必要性：设 $f(x)$ 在 $[a,b]$ 上单调增加，则 $\forall x \in (a,b)$，当 $|h|$ 充分小且不为 0 时，$x+h \in (a,b)$，且

$$\frac{f(x+h)-f(x)}{h} \geqslant 0,$$

由极限的性质可知

$$f'(x) = \lim_{h \to 0} \frac{f(x+h)-f(x)}{h} \geqslant 0.$$

充分性：若 $x \in (a,b)$ 时，$f'(x) \geqslant 0$，则 $\forall x_1, x_2 \in [a,b]$，$x_1 < x_2$，在 $[x_1, x_2]$ 上用拉格朗日定理有

$$f(x_2)-f(x_1) = f'(\xi)(x_2-x_1) \geqslant 0, \xi \in (x_1, x_2),$$

故 $f(x)$ 在 $[a,b]$ 上单调增加.

定理 4.12　设函数 $f(x) \in C[a,b] \cap D(a,b)$，则 $f(x)$ 在 $[a,b]$ 上严格单调增加（减少）的充分必要条件是：$\forall x \in (a,b)$

$$f'(x) \geqslant 0 \ (\leqslant 0),$$

且在 (a,b) 内的任何子区间上 $f'(x)$ 不恒等于零.

证　只证严格单调增加的情形，严格单调减少的情形同理可证.

必要性：设 $f(x)$ 在 $[a,b]$ 上严格单调增加，由定理 4.11 可知：

$$f'(x) \geqslant 0, \ \forall x \in (a,b),$$

再证 $f'(x)$ 在 (a,b) 内的任何子区间上不恒等于零：若不然，则在某子区间 I_1 上 $f'(x)=0$；由拉格朗日定理的推论知，在 I_1 上 $f(x)$ 为常值函数，这与 $f(x)$ 严格单调增加相矛盾，故结论得证.

充分性：由 $f'(x) \geqslant 0$，$\forall x \in (a,b)$，据定理 4.11 可知，$f(x)$ 在 $[a,b]$ 上单调增加，故 $\forall x, x_1, x_2 \in [a,b]$，$x_1 < x < x_2$，有

$$f(x_1) \leqslant f(x) \leqslant f(x_2),$$

如果 $f(x_1) = f(x_2)$，那么在 $[x_1, x_2]$ 上有 $f(x) = f(x_1)$ 为常数，从而 $f'(x) = 0$，$\forall x \in (x_1, x_2)$，这与在 (a,b) 内的任何子区间上 $f'(x)$ 不恒等于零矛盾.因此

$$f(x_1) < f(x_2),$$

即 $f(x)$ 在 $[a,b]$ 上严格单调增加.

注　(1) 如果只在开区间（包括无穷区间）上讨论单调性，则定理 4.11 和定理 4.12 中要求在端点的连续性条件可以去掉.

(2) 根据定理 4.12,我们得到:如果在区间 I 上,导数 $f'(x)$ 在有限个点处为零,在其余点上,导数 $f'(x)$ 都大于零(小于零),则 $f(x)$ 在区间 I 上严格单调增加(减少).

例 4.37 求函数 $f(x)=2x^3-9x^2+12x-3$ 的单调区间.

解 $f(x)$ 的定义域为 $\mathbf{R}$, $f'(x)=6x^2-18x+12=6(x-1)(x-2)$.

由 $f'(x)=0$ 解得 f 的驻点为 $x=1$ 和 $x=2$,它们把 $f(x)$ 的定义域分为三个区间.我们利用列表方式(表 4.1)判别 $f'(x)$ 在这些区间上的符号,并由此确定 f 的单调区间.

表 4.1

x	$(-\infty,1)$	1	$(1,2)$	2	$(2,+\infty)$
f'	+	0	−	0	+
f	↗		↘		↗

因此,函数 $f(x)$ 分别在 $(-\infty,1]$ 和 $[2,+\infty)$ 上严格单调增加,在 $[1,2]$ 上严格单调减少.由此我们还可以看出,函数 $f(x)$ 有极大值 $f(1)=2$,极小值 $f(2)=1$.

例 4.38 求函数 $f(x)=x^{\frac{2}{3}}(x-5)$ 的单调区间.

解 $f(x)$ 的定义域为 $\mathbf{R}$,当 $x\neq0$ 时,函数 $f(x)$ 可导,且

$$f'(x)=\frac{2}{3}x^{-\frac{1}{3}}(x-5)+x^{\frac{2}{3}}=\frac{5(x-2)}{3x^{\frac{1}{3}}},$$

由 $f'(x)=0$ 解得 f 的驻点为 $x=2$,连同不可导点 $x=0$ 将 $f(x)$ 的定义域分为若干区间.利用列表方式(表 4.2)判别 $f'(x)$ 在这些区间上的符号,并由此确定 f 的单调区间.

表 4.2

x	$(-\infty,0)$	0	$(0,2)$	2	$(2,+\infty)$
f'	+	不存在	−	0	+
f	↗		↘		↗

因此,函数 $f(x)$ 分别在 $(-\infty,0)$ 和 $[2,+\infty)$ 上严格单调增加,在 $[0,2]$ 上严格单调减少.

下面是单调性在证明不等式和其他方面应用的一些例子.

例 4.39 证明若尔当(Jordan,1838—1921)不等式:当 $x\in\left(0,\frac{\pi}{2}\right)$ 时,

$$\frac{2}{\pi}<\frac{\sin x}{x}<1.$$

证　记$f(x)=\dfrac{\sin x}{x}$,且补充定义$f(0)=1$,则$f(x)$在$\left[0,\dfrac{\pi}{2}\right]$连续.又当$x\neq 0$时,

$$f'(x)=\frac{1}{x^2}(x\cos x-\sin x)=\frac{\cos x}{x^2}(x-\tan x).$$

由于当$x\in\left(0,\dfrac{\pi}{2}\right)$时,$x<\tan x$,因此$f'(x)<0$.于是$f(x)$在$\left[0,\dfrac{\pi}{2}\right]$上严格单调减少,从而成立$f\left(\dfrac{\pi}{2}\right)<f(x)<f(0)$,即

$$\frac{2}{\pi}<\frac{\sin x}{x}<1, x\in\left(0,\frac{\pi}{2}\right).$$

例 4.40　证明:当$x>0$时,$x-\dfrac{x^3}{6}<\sin x<x$.

证　右边的不等式当$x\in\left(0,\dfrac{\pi}{2}\right)$时已在第 2 章 2.4.3 小节证明了,当$x\geqslant\dfrac{\pi}{2}$时,结论则是显然的,故只需证明左边的不等式.记

$$f(x)=\sin x-x+\frac{x^3}{6},$$

则在$x>0$时,

$$f'(x)=\cos x-1+\frac{x^2}{2},\ f''(x)=x-\sin x>0,$$

故$f'(x)$在$[0,+\infty)$上严格单调增加,因此$f'(x)>f'(0)=0$,从而$f(x)$在$[0,+\infty)$上严格单调增加.故当$x>0$时,$f(x)>f(0)=0$,于是

$$\sin x>x-\frac{x^3}{6}.$$

这样就有:当$x>0$时,

$$x-\frac{x^3}{6}<\sin x<x.$$

下面是利用导数证明数列单调性的例子.

例 4.41　设$x_1=2, x_n=2-\dfrac{1}{x_{n-1}^2}, n=2,3,\cdots$,求$\lim\limits_{n\to\infty}x_n$.

解　先用数学归纳法证有界性:$\dfrac{3}{2}<x_1\leqslant 2$,设$\dfrac{3}{2}<x_{n-1}\leqslant 2$,那么$2<\dfrac{9}{4}<x_{n-1}^2\leqslant 4$,故

$$\frac{3}{2}=2-\frac{1}{2}<2-\frac{1}{x_{n-1}^2}\leqslant 2,$$

即$\frac{3}{2}<x_n\leqslant 2$,故$\{x_n\}$有界.

下证单调性:$f(x)=2-\frac{1}{x^2}$,则当$\frac{3}{2}<x\leqslant 2$,$f'(x)=\frac{2}{x^3}>0$,故$f(x)$单调增加,从而$x_{n+1}-x_n=f(x_n)-f(x_{n-1})$与$x_n-x_{n-1}$同号,由$x_2<x_1$可知

$$x_{n+1}<x_n,$$

因此$\lim\limits_{n\to\infty}x_n=A$存在.对$x_n=2-\frac{1}{x_{n-1}^2}$两边取极限得

$$A=2-\frac{1}{A^2},$$

解得:$A=\frac{1\pm\sqrt{5}}{2}$或$A=1$,由于$x_n>\frac{3}{2}$,故取$A=\frac{1+\sqrt{5}}{2}$,即

$$\lim_{n\to\infty}x_n=\frac{1+\sqrt{5}}{2}.$$

4.4.2 函数的极值和最值

我们已经介绍了极值的概念,且由费马定理知,若f在极值点x_0可导,则$f'(x_0)=0$,即x_0是f的驻点.另外,极值点也可能在函数的不可导点取得.但是$f(x)$的驻点和不可导点未必是$f(x)$的极值点,故而我们给出两个判断极值点的充分性定理.

定理 4.13(极值第一判别法) 设函数$f(x)$在点x_0的某个邻域$U(x_0,\delta)$上连续,且在去心邻域$\mathring{U}(x_0,\delta)$内可导,

(1) 若在x_0左侧$f'(x)<0$,在x_0右侧$f'(x)>0$,则x_0是$f(x)$的极小值点;

(2) 若在x_0左侧$f'(x)>0$,在x_0右侧$f'(x)<0$,则x_0是$f(x)$的极大值点;

(3) 若在x_0两侧$f'(x)$同号,则x_0不是$f(x)$的极值点.

证 (1) 由条件知,$f(x)$在$(x_0-\delta,x_0]$上单调减少,在$[x_0,x_0+\delta)$上单调增加,故在$U(x_0,\delta)$上$f(x_0)\leqslant f(x)$,即$f(x_0)$为$f(x)$的极小值.

类似可证得(2)和(3).

例 4.42 求$f(x)=x^2\mathrm{e}^{-x}$的极值.

解 $f(x)$的定义域为$\mathbf{R}$,从$f'(x)=2x\mathrm{e}^{-x}-x^2\mathrm{e}^{-x}=x(2-x)\mathrm{e}^{-x}$解得驻点为$x=0$和$x=2$.列表4.3显示函数的变化如下:

表 4.3

x	$(-\infty,0)$	0	$(0,2)$	2	$(2,+\infty)$
f'	$-$	0	$+$	0	$-$
f	↘	0	↗	$4e^{-2}$	↘

因此 $f(x)$ 的极小值是 $f(0)=0$，极大值是 $f(2)=4e^{-2}$.

函数也可能在导数不存在的点取得极值，例如前面例 4.38 中的函数 $f(x)=x^{\frac{2}{3}}(x-5)$，从表 4.2 根据定理 4.13 可知，$f(x)$ 在驻点 $x=2$ 取得极小值 $f(2)=-3\cdot 2^{\frac{2}{3}}$，而在不可导点 $x=0$ 取得极大值 $f(0)=0$.

极值的另一判别法是依据二阶导数：

定理 4.14（极值第二判别法）　设函数 $f(x)$ 在点 x_0 有二阶导数，且 $f'(x_0)=0$，则当 $f''(x_0)<0$ 时，$f(x)$ 在点 x_0 取得极大值；当 $f''(x_0)>0$ 时，$f(x)$ 在点 x_0 取得极小值.

证　当 $f''(x_0)<0$ 即 $\lim\limits_{x\to x_0}\dfrac{f'(x)-f'(x_0)}{x-x_0}<0$ 时，由极限保号性，存在点 x_0 的某个去心邻域 $\mathring{U}(x_0,\delta)$，$\dfrac{f'(x)-f'(x_0)}{x-x_0}<0$，即 $\dfrac{f'(x)}{x-x_0}<0$.

故当 $x\in(x_0-\delta,x_0)$ 时，$f'(x)>0$；当 $x\in(x_0,x_0+\delta)$ 时，$f'(x)<0$. 由定理 4.13 知，$f(x)$ 在 $x=x_0$ 点取得极大值. 同理可得 $f''(x_0)>0$ 时的结论.

也可以利用泰勒公式证明这个定理，有兴趣的读者可作为练习.

例 4.43　求函数 $f(x)=x^2-\dfrac{16}{x}$ 的极值.

解　$f(x)$ 的定义域为：$x\neq 0$，

$$f'(x)=2x+\frac{16}{x^2}=\frac{2(x^3+8)}{x^2},$$

令 $f'(x)=0$，求得驻点为 $x=-2$. 又因 $f''(-2)=\left(2-\dfrac{32}{x^3}\right)\bigg|_{x=-2}=6>0$，根据定理 4.14，$f(x)$ 在 $x=-2$ 取得极小值 $f(-2)=12$.

在现实生活中，经常需要考虑“用料最省”“时间最短”或“利润最大”等问题. 这类问题在数学上常归结为求某个函数在相应区间上的最大值或最小值. 我们知道一个在闭区间 $[a,b]$ 上连续的函数一定能在区间上取得最大值和最小值. 又若函数在区间内部点取得最大(小)值，则显然该点是函数的极值点. 这样，为求函数 $f(x)$ 在区间 $[a,b]$ 上的最大、最小值，只需将函数 $f(x)$ 在 $[a,b]$ 的全部极值求出且连同区间端点的函数值 $f(a)$ 和 $f(b)$ 加以比较，其中最大者和最小者就分别是最大值和最小值.

事实上,我们通常的做法是将函数 $f(x)$ 在 $[a,b]$ 上的全部驻点和不可导点求出且连同区间端点的函数值 $f(a)$ 和 $f(b)$ 加以比较,从而得出最大值和最小值.

另外,对于可导函数 $f(x)$ 来说,若其在区间 I 内只有一个驻点 x_0,且点 x_0 是极大(小)值点,则点 x_0 一定是 $f(x)$ 的最大(小)值点.这是在求具有实际背景的问题的最大(小)值时经常采用的方法.

例 4.44　求函数 $f(x)=x^2(x-1)^3$ 在区间 $[-1,2]$ 上的最大值和最小值.

解　$f'(x)=2x(x-1)^3+3x^2(x-1)^2=x(x-1)^2(5x-2)$.

令 $f'(x)=0$,求得函数驻点为 $x=0,x=\frac{2}{5}$ 和 $x=1$.由于

$$f(0)=f(1)=0,\quad f\left(\frac{2}{5}\right)=-\frac{108}{3\ 125},\quad f(-1)=-8,\quad f(2)=4,$$

因此 $f(x)$ 在 $[-1,2]$ 上的最大值为 $f(2)=4$,最小值为 $f(-1)=-8$.

例 4.45　设有一块边长为 a m 的正方形铁皮,在它的四个角上各剪去一个相同边长的小正方形,然后将它沿虚线折起(如图 4.5),做成一个无盖的铁盒子.问剪去的小正方形边长 x 为多少米时,能使盒子的容积最大,并求其最大容积.

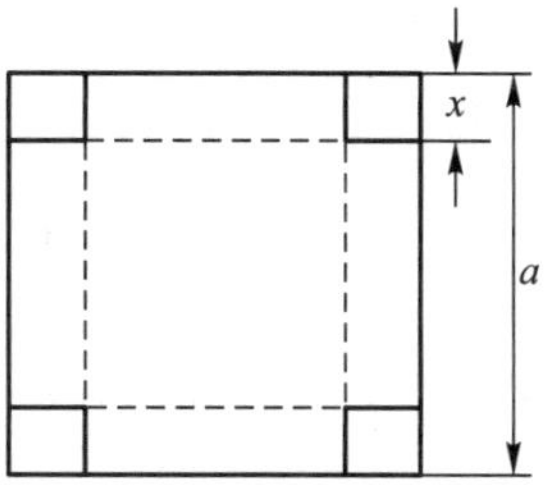

图 4.5

解　按题意可得无盖铁盒的容积为

$$V(x)=x(a-2x)^2,\quad x\in\left(0,\frac{a}{2}\right).$$

由

$$V'(x)=(a-2x)(a-6x),$$

得 $V(x)$ 在区间 $\left(0,\frac{a}{2}\right)$ 内唯一驻点为 $x=\frac{a}{6}$.又由于 V' 在该点左侧为正、右侧为负,知 $x=\frac{a}{6}$ 为 V 的极大值点,这个极大值 $V\left(\frac{a}{6}\right)=\frac{2a^3}{27}$ 就是所求的最大值.

因此,当剪去的小正方形边长为 $\frac{a}{6}$ m 时,做成盒子的容积最大为 $\frac{2a^3}{27}\mathrm{m}^3$.

例 4.46　某电视机生产商,若以每台 1 500 元的价格出售电视机,每天可售出 1 000 台.经市场调查后发现,当价格每降低 50 元,每天可增加销售量 100 台.问要达到最大销售额,应降价多少元?

解　设每天销售量为 x 台,相应的销售价为 p 元,那么一天总销售额为 $Q=$

xp(元).按照题意,销售价 p 与销售量 x 的函数关系为

$$\frac{p-1\ 500}{x-1\ 000}=-\frac{50}{100}=-\frac{1}{2},$$

因此

$$x=4\ 000-2p, 0<p<1\ 500.$$

此时,$Q(p)=xp=4\ 000p-2p^2$,

$$Q'(p)=4\ 000-4p,\quad Q''(p)=-4<0,$$

因为 $p=1\ 000$ 是唯一驻点,且是极大值点,所以 $Q(1\ 000)$ 必定是最大值.

由此可知,当销售价格为 $p=1\ 000$ 元/台时,达到最大销售额,故须降低销售价格:

$$1\ 500-1\ 000=500(\text{元/台}).$$

例 4.47　一个灯泡悬挂在半径为 r 的圆桌的正上方,桌上任一点受到的照度与光线的入射角的余弦值成正比(入射角是光线与桌面的垂直线之间的夹角),而与光源的距离的平方成反比.欲使桌子的边缘得到最强的照度,问灯泡应挂在桌面上方多高?

解　设灯泡到桌面的垂直距离为 h,则桌子边缘的照度为

$$A(h)=\frac{kh}{(r^2+h^2)^{\frac{3}{2}}},\quad h\in(0,+\infty).$$

这里 $k>0$ 是比例常数.从

$$A'(h)=k\cdot\frac{(r^2+h^2)-3h^2}{(r^2+h^2)^{\frac{5}{2}}}=0$$

得到唯一驻点 $h=\frac{\sqrt{2}}{2}r$.由于 $h\in\left(0,\frac{\sqrt{2}}{2}r\right)$ 时 $A'(h)>0$, $h\in\left(\frac{\sqrt{2}}{2}r,+\infty\right)$ 时 $A'(h)<0$,因此当 $h=\frac{\sqrt{2}}{2}r$ 时,$A(h)$ 是极大值也是最大值,即桌子的边缘得到最强的照度.

我们也可以利用求最值来证明不等式.

例 4.48　设 $x\in[0,1]$,证明:

$$\arcsin(\cos x)>\cos(\arcsin x).$$

证　记 $f(x)=\arcsin(\cos x)-\cos(\arcsin x)$, $x\in[0,1]$,那么

$$f'(x)=-1+\frac{x}{\sqrt{1-x^2}}, x\in(0,1).$$

令 $f'(x)=0$ 得到唯一驻点 $x=\dfrac{\sqrt{2}}{2}$.

由于在 $\left(0,\dfrac{\sqrt{2}}{2}\right)$ 内 $f'(x)<0$，在 $\left(\dfrac{\sqrt{2}}{2},1\right)$ 内 $f'(x)>0$，因此 $f(x)$ 在 $x=\dfrac{\sqrt{2}}{2}$ 取得最小值

$$f\left(\frac{\sqrt{2}}{2}\right)=\arcsin\left(\cos\frac{\sqrt{2}}{2}\right)-\cos\frac{\pi}{4}$$

$$=\frac{\pi}{2}-\arccos\left(\cos\frac{\sqrt{2}}{2}\right)-\frac{\sqrt{2}}{2}=\frac{\pi}{2}-\sqrt{2}>0,$$

从而有：当 $x\in[0,1]$ 时，

$$\arcsin(\cos x)>\cos(\arcsin x).$$

例 4.49 设函数 $f_n(x)=1+\dfrac{x}{1!}+\dfrac{x^2}{2!}+\cdots+\dfrac{x^{2n}}{(2n)!}(n=1,2,3,\cdots)$，试证：方程 $f_n(x)=0$ 没有实根.

证 用数学归纳法证明：$\forall x\in(-\infty,+\infty)$，$f_n(x)>0$.

当 $n=1$ 时，显然 $f_1(x)=1+x+x^2>0$；

设 $n=k$ 时 $f_k(x)>0$，那么当 $n=k+1$ 时，由 $f''_{k+1}(x)=f_k(x)>0$ 可知 $f'_{k+1}(x)$ 严格单调增加；又因

$$f'_{k+1}(x)=1+\frac{x}{1!}+\frac{x^2}{2!}+\cdots+\frac{x^{2k}}{(2k)!}+\frac{x^{2k+1}}{(2k+1)!}$$

是首项系数大于零的奇次多项式，所以 $\lim\limits_{x\to+\infty}f'_{k+1}(x)=+\infty$，$\lim\limits_{x\to-\infty}f'_{k+1}(x)=-\infty$.

由此可知，函数 $f'_{k+1}(x)$ 在 $(-\infty,+\infty)$ 内有唯一零点 ξ，且当 $x\in(-\infty,\xi)$ 时 $f'_{k+1}(x)<0$；当 $x\in(\xi,+\infty)$ 时，$f'_{k+1}(x)>0$，因此 $f_{k+1}(x)$ 在 $x=\xi$ 处取得最小值.

又因 $f'_{k+1}(\xi)=0$，可知 $\xi\neq0$，所以 $f_{k+1}(\xi)=f'_{k+1}(\xi)+\dfrac{\xi^{2k+2}}{(2k+2)!}>0$，从而，

$$\forall x\in(-\infty,+\infty),\ f_{k+1}(x)>0.$$

4.4.3 函数的凸性与拐点

在上一小节中，我们利用了一阶导数的符号来研究函数的单调性.本小节中，我们将用二阶导数的符号来讨论函数及其图形的另一种特性：凹凸性.

定义 4.2 设函数 $f(x)$ 在区间 I 连续，若 $\forall x_1,x_2\in I$ 以及 $\forall\alpha\in(0,1)$，都有

$$f[\alpha x_1+(1-\alpha)x_2]\leqslant\alpha f(x_1)+(1-\alpha)f(x_2),$$

则称函数 f 在区间 I 上是**下凸**的，若将上述不等式中的“$\leqslant$”改为“$<$”($x_1\neq x_2$

时),则称 f 在区间 I 上是**严格下凸**的;又若 $\forall x_1,x_2\in I$ 以及 $\forall \alpha\in(0,1)$,都有

$$f[\alpha x_1+(1-\alpha)x_2]\geqslant \alpha f(x_1)+(1-\alpha)f(x_2),$$

则称函数 f 在区间 I 上是**上凸**的,若将上述不等式中的"$\geqslant$"改为"$>$"($x_1\neq x_2$ 时),则称 f 在区间 I 上是**严格上凸**的.

当函数 $f(x)$ 在区间 I 上是下凸(严格下凸)的时候,则称函数曲线 $y=f(x)$ 是下凸(严格下凸)的;当函数 $f(x)$ 在区间 I 上是上凸(严格上凸)的,则称函数曲线 $y=f(x)$ 是上凸(严格上凸)的.

从图形上来看,下凸意味着函数曲线上任意两点间的弦位于对应弧段的上方(图 4.6),而上凸则意味着函数曲线上任意两点间的弦位于对应弧段的下方(图 4.7).

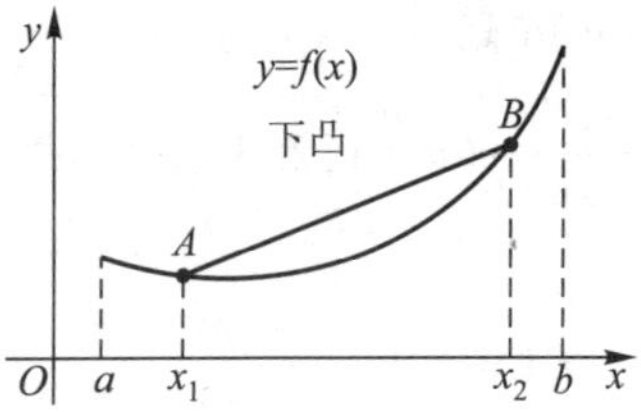

图 4.6

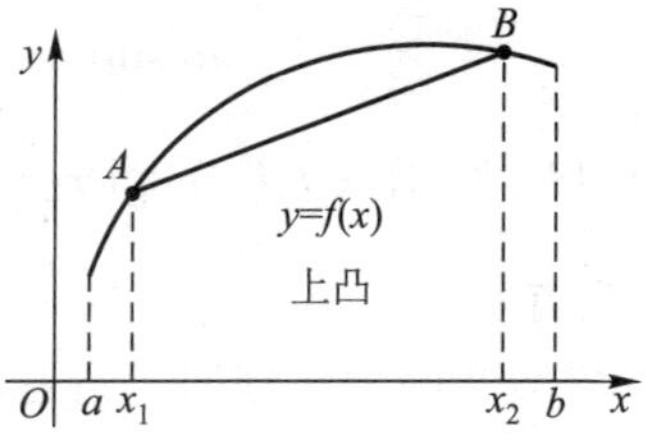

图 4.7

例 4.50　考察函数 $f(x)=x^2$ 在 $(-\infty,+\infty)$ 上的凸性.

解　$\forall x_1,x_2\in(-\infty,+\infty)$,$x_1\neq x_2$,以及 $\forall \alpha\in(0,1)$,有

$$\begin{aligned}f[\alpha x_1+(1-\alpha)x_2]&=[\alpha x_1+(1-\alpha)x_2]^2=\alpha^2x_1^2+2\alpha(1-\alpha)x_1x_2+(1-\alpha)^2x_2^2\\&<\alpha^2x_1^2+\alpha(1-\alpha)(x_1^2+x_2^2)+(1-\alpha)^2x_2^2\\&=\alpha x_1^2+(1-\alpha)x_2^2=\alpha f(x_1)+(1-\alpha)f(x_2),\end{aligned}$$

故 $f(x)=x^2$ 在 $(-\infty,+\infty)$ 上是严格下凸的.

一般说来直接从定义判断函数在某一区间上的凸性往往比较困难.但是在函数存在一阶导数或二阶导数时,我们就可以利用函数的一阶导数或二阶导数的性质来判别函数的凸性.

定理 4.15(凸性的第一判别法)　设函数 $f(x)$ 在区间 (a,b) 内可导.若导函数 $f'(x)$ 在 (a,b) 内严格单调增加(减少),那么函数 $f(x)$ 在 (a,b) 内是严格下凸(上凸)的.

证　设 $f'(x)$ 在 (a,b) 内严格单调增加,$\forall x_1,x_2\in(a,b)$,$x_1<x_2$,以及 $\forall \alpha\in(0,1)$,若记 $x_0=\alpha x_1+(1-\alpha)x_2\in(x_1,x_2)$.那么为证明

$$f[\alpha x_1+(1-\alpha)x_2]<\alpha f(x_1)+(1-\alpha)f(x_2),$$

只需证

$$\alpha[f(x_0)-f(x_1)]+(1-\alpha)[f(x_0)-f(x_2)]<0.$$

分别在区间$[x_1,x_0]$和$[x_0,x_2]$上对函数$f(x)$用拉格朗日定理有：

$$f(x_0)-f(x_1)=f'(\xi_1)(x_0-x_1)=f'(\xi_1)(1-\alpha)(x_2-x_1),$$

$$f(x_0)-f(x_2)=f'(\xi_2)(x_0-x_2)=f'(\xi_2)(-\alpha)(x_2-x_1),$$

其中$\xi_1\in(x_1,x_0)$，$\xi_2\in(x_0,x_2)$.由于$\xi_2>\xi_1$，因此

$$\alpha[f(x_0)-f(x_1)]+(1-\alpha)[f(x_0)-f(x_2)]=\alpha(1-\alpha)(x_2-x_1)[f'(\xi_1)-f'(\xi_2)]<0,$$

故函数$f(x)$在(a,b)内是严格下凸的.

类似可证：$f'(x)$在(a,b)内严格单调减少，则函数$f(x)$在(a,b)内是严格上凸的.

当函数具有二阶导数时，可由以下定理判别凸性.

定理 4.16（凸性的第二判别法） 设函数$f(x)$在(a,b)内二阶可导，则当$f''(x)>0$时，$f(x)$在(a,b)内下凸；当$f''(x)<0$时，$f(x)$在(a,b)内上凸.

定理的证明留给读者.

定义 4.3 设$f(x)$在(a,b)内连续.若$x_0\in(a,b)$为$f(x)$下凸与上凸的分界点，则称x_0为函数$f(x)$的**拐点**；相应地，点$(x_0,f(x_0))$称为曲线$y=f(x)$的拐点.

从拐点的定义结合凸性的判别法可知：

函数的拐点在二阶导数为零或二阶导数不存在的点之中.

例 4.51 讨论函数$f(x)=2x^3-9x^2+12x-3$的凸性和拐点.

解 $f(x)$的定义域为$\mathbf{R}$，且

$$f'(x)=6x^2-18x+12,\ f''(x)=12x-18=6(2x-3).$$

令$f''(x)=0$，得$x=\frac{3}{2}$，故$f(x)$的凸性可由表 4.4 表示：

表 4.4

x	$\left(-\infty,\frac{3}{2}\right)$	$\frac{3}{2}$	$\left(\frac{3}{2},+\infty\right)$
f''	−	0	+
f	⌒	$\frac{3}{2}$	⌣

因此函数$f(x)$在$\left(-\infty,\frac{3}{2}\right]$为上凸函数，在$\left[\frac{3}{2},+\infty\right)$为下凸函数，它的拐点为$x=\frac{3}{2}$；而对应的曲线$y=f(x)$在$\left(-\infty,\frac{3}{2}\right]$上凸，在$\left[\frac{3}{2},+\infty\right)$下凸，曲线的拐点为$\left(\frac{3}{2},\frac{3}{2}\right)$.

例 4.52　讨论函数 $f(x)=(x-5)x^{\frac{2}{3}}$ 的凸性和拐点.

解　$f(x)$ 的定义域为 $\mathbf{R}$,且当 $x\neq 0$ 时,

$$f'(x)=\frac{5(x-2)}{3x^{\frac{1}{3}}},\quad f''(x)=\frac{10(x+1)}{9x^{\frac{4}{3}}}.$$

故当 $x=-1$ 时;$f''(x)=0$;当 $x=0$ 时,二阶导数不存在.$f(x)$ 的凸性可以列表 4.5 表示:

表 4.5

x	$(-\infty,-1)$	-1	$(-1,0)$	0	$(0,+\infty)$
f''	$-$	0	$+$		$+$
f	$\frown$	-6	$\smile$	0	$\smile$

因此函数 $f(x)$ 在区间 $(-\infty,-1)$ 为上凸函数,在区间 $(-1,0)$ 和 $(0,+\infty)$ 为下凸函数,而 $x=-1$ 为函数 $f(x)$ 的拐点.

拐点标志着函数增长率发生了根本性变化,即函数值变化的“加速度”由正变负或者由负变正.

例 4.53　某一信息在由 $m(m>1)$ 个人组成的群体中扩散.设 $X=X(t)$ 为 t 时刻已知道该信息的人数,$X(0)=1$,且当 $1\leqslant X\leqslant m$ 时,信息扩散速度

$$\frac{\mathrm{d}X}{\mathrm{d}t}=kX(m-X),$$

其中 k 是一个正常数.问:在何时该信息的扩散速度达到最大?

解　由 $\frac{\mathrm{d}X}{\mathrm{d}t}=kX(m-X)$,则 $\frac{\mathrm{d}^2X}{\mathrm{d}t^2}=km\frac{\mathrm{d}X}{\mathrm{d}t}-2kX\frac{\mathrm{d}X}{\mathrm{d}t}=k\frac{\mathrm{d}X}{\mathrm{d}t}(m-2X)$.

令 $\frac{\mathrm{d}^2X}{\mathrm{d}t^2}=0$,有 $X=\frac{m}{2}$.故当 $0<X<\frac{m}{2}$ 时,$\frac{\mathrm{d}^2X}{\mathrm{d}t^2}>0$;当 $\frac{m}{2}<X<m$ 时,$\frac{\mathrm{d}^2X}{\mathrm{d}t^2}<0$,所以当 $\frac{\mathrm{d}^2X}{\mathrm{d}t^2}=0$ 时,该信息的扩散速度 $\frac{\mathrm{d}X}{\mathrm{d}t}$ 达到最大.

函数的凸性可用来证明不等式.事实上,有不少重要的不等式与函数的凸性有关.

例 4.54　证明不等式:$\forall a,b>0$,

$$\left(\frac{a+b}{2}\right)^{a+b}\leqslant a^a b^b.$$

证　由 a,b 均为正数知,所需证的不等式等价于

$$(a+b)\ln\frac{a+b}{2}\leqslant a\ln a+b\ln b,$$

即

$$\frac{a+b}{2}\ln\frac{a+b}{2}\leqslant\frac{1}{2}(a\ln a+b\ln b).$$

作辅助函数

$$f(x)=x\ln x, x>0,$$

则有

$$f'(x)=1+\ln x, f''(x)=\frac{1}{x}>0,$$

从而 $f(x)$ 是严格下凸函数.故

$$f\left(\frac{a+b}{2}\right)\leqslant\frac{1}{2}f(a)+\frac{1}{2}f(b),$$

且等号仅在 $a=b$ 时成立,因此

$$\frac{a+b}{2}\ln\frac{a+b}{2}\leqslant\frac{1}{2}(a\ln a+b\ln b),$$

即原不等式成立.

例 4.55（杨(Young)不等式） 设 $x,y>0,p,q>1$ 且 $\frac{1}{p}+\frac{1}{q}=1$,试证:

$$x^{\frac{1}{p}}y^{\frac{1}{q}}\leqslant\frac{x}{p}+\frac{y}{q}.$$

证 作辅助函数 $f(x)=\ln x(x>0)$,则

$$f'(x)=\frac{1}{x}, f''(x)=-\frac{1}{x^2}<0,$$

从而 $f(x)$ 是严格上凸函数.故有

$$f\left(\frac{x}{p}+\frac{y}{q}\right)\geqslant\frac{1}{p}f(x)+\frac{1}{q}f(q),$$

且等号仅在 $x=y$ 时成立,因而得到

$$\ln\left(\frac{x}{p}+\frac{y}{q}\right)\geqslant\frac{1}{p}\ln x+\frac{1}{q}\ln y,$$

等价地

$$x^{\frac{1}{p}}y^{\frac{1}{q}}\leqslant\frac{x}{p}+\frac{y}{q}.$$

4.4.4 函数图形的描绘

在前面几个小节中,我们已经讨论了用函数的一、二阶导数来研究函数的单

调性、极值以及凸性和拐点，从而就相当清楚地知道函数曲线的升降、凹凸以及曲线的局部最高或最低点和凸性的变化点（拐点）.现在我们讨论当曲线远离原点向无穷远延伸时的变化性态，以便完整地描绘函数的图形.

1. 曲线的渐近线

定义 4.4 若连续曲线 C 上的点 P 沿着曲线无限地远离原点 O 时，点 P 与某一定直线 L 的距离趋于零，即 $\lim\limits_{|OP|\to+\infty}\operatorname{dist}(P,L)=0$，其中 $\operatorname{dist}(P,L)$ 为 P 到直线 L 的距离，则称直线 L 为曲线 C 的**渐近线**（如图 4.8 示）.

例如双曲线 $C:y=\dfrac{1}{x}$ 有两条渐近线：$L_1:x=0$ 和 $L_2:y=0$（图 4.9），又如正弦曲线 $y=\sin x$ 没有渐近线.

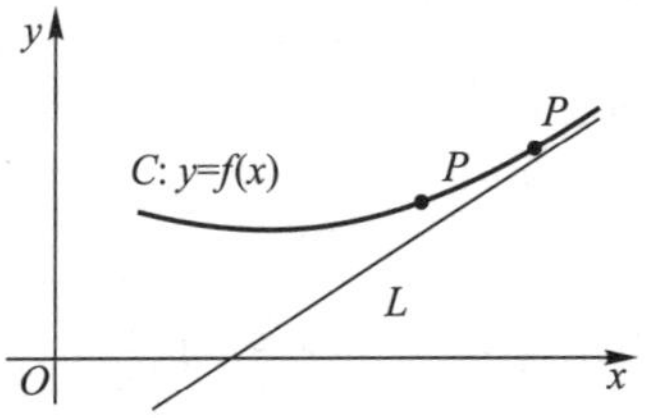

图 4.8

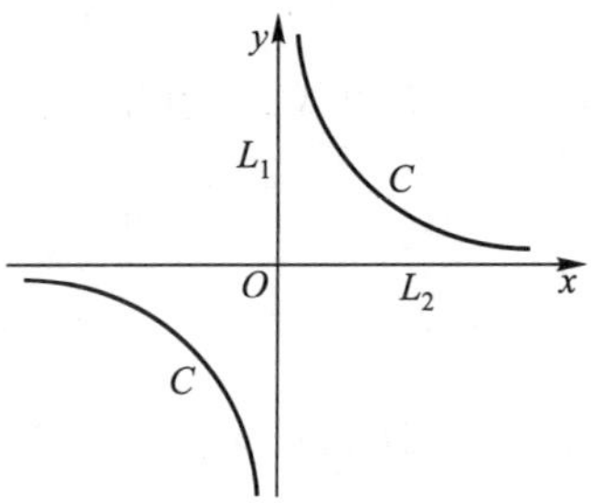

图 4.9

曲线的渐近线可分为如下三种：

（1）铅直渐近线

若当 $x\to x_0$（或 $x\to x_0^+$，$x\to x_0^-$）时，函数 $f(x)$ 为无穷大，即

$$\lim_{x\to x_0}f(x)=\infty,$$

则直线 $x=x_0$ 是曲线 $y=f(x)$ 的**铅直渐近线**.

也就是说，若 $x=x_0$ 为函数 $f(x)$ 的无穷间断点，则直线 $x=x_0$ 为曲线 $y=f(x)$ 的铅直渐近线.

例如函数 $f(x)=\dfrac{x^3-2x+1}{x^2-1}$，$x=-1$ 为它的无穷间断点（注意 $x=1$ 为其可去间断点），故曲线 $y=\dfrac{x^3-2x+1}{x^2-1}$ 有铅直渐近线 $x=-1$.

（2）水平渐近线

若当 $x\to\infty$（或 $x\to+\infty$，$x\to-\infty$）时，$f(x)$ 趋于常数 b，即

$$\lim_{x\to\infty}f(x)=b,$$

则直线 $y=b$ 是曲线 $y=f(x)$ 的**水平渐近线**.

例如函数 $f(x)=\dfrac{|x|}{x-1}$,因为

$$\lim_{x\to+\infty}f(x)=\frac{x}{x-1}=1,\ \lim_{x\to-\infty}f(x)=\frac{-x}{x-1}=-1,$$

所以直线 $y=1$ 和 $y=-1$ 分别为曲线 $y=\dfrac{|x|}{x-1}$ 当 $x\to+\infty$ 时和 $x\to-\infty$ 时的两条水平渐近线(图 4.10).

(3) 斜渐近线

若当 $x\to\infty$ (或 $x\to+\infty$,$x\to-\infty$)时,曲线 $y=f(x)$ 与直线 $y=ax+b(a\neq0)$ 的距离趋于零,即

$$\lim_{x\to\infty}(f(x)-ax-b)=0,$$

则直线 $y=ax+b$ 是曲线 $y=f(x)$ 的**斜渐近线**,如图 4.8 中渐近线 L.

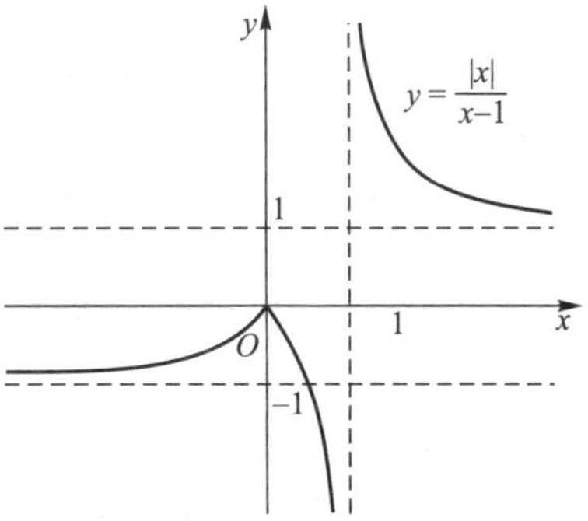

图 4.10

一般说来,曲线并不一定有斜渐近线,那么我们怎样来判断曲线 $y=f(x)$ 是否有斜渐近线? 在有斜渐近线 $y=ax+b$ 的情况下,又怎样来确定常数 a 和 b?

事实上,曲线 $y=f(x)$ 有斜渐近线 $y=ax+b$ 的充要条件为

$$a=\lim_{x\to\infty}\frac{f(x)}{x},b=\lim_{x\to\infty}[f(x)-ax].$$

由 $\lim\limits_{x\to\infty}[f(x)-(ax+b)]=0$,得到

$$\lim_{x\to\infty}[f(x)-ax]=b,$$

从而有

$$\lim_{x\to\infty}\left[\frac{f(x)}{x}-a\right]=\lim_{x\to\infty}\frac{1}{x}[f(x)-ax]=0\quad\Rightarrow\quad a=\lim_{x\to\infty}\frac{f(x)}{x},$$

所以

$$a=\lim_{x\to\infty}\frac{f(x)}{x},b=\lim_{x\to\infty}[f(x)-ax].$$

反之,若上述两个极限都存在,则由 $b=\lim\limits_{x\to\infty}[f(x)-ax]$ 知道

$$\lim_{x\to\infty}[f(x)-(ax+b)]=0,$$

故 $y=ax+b$ 为曲线 $y=f(x)$ 的斜渐近线.

在求斜渐近线 $y=ax+b$ 时,如果关于 a,b 的两个极限至少有一个不存在,则斜渐近线就不存在.另外,如果关于 a,b 的两个极限存在,且得到 $a=0$,则渐近线

为 $y=b$,它是水平渐近线.因此,如果存在水平渐近线,则它能够在求斜渐近线时获得,不需要另外去搜寻.

例 4.56　求曲线 $y=\dfrac{x^3}{x^2-2x-3}$ 的渐近线.

解　由于 $y=\dfrac{x^3}{x^2-2x-3}=\dfrac{x^3}{(x-3)(x+1)}$,故 $x=-1$ 和 $x=3$ 为无穷间断点,因此直线 $x=-1$ 和 $x=3$ 为此曲线的两条铅直渐近线.又因

$$\lim_{x\to\infty}\frac{f(x)}{x}=\lim_{x\to\infty}\frac{x^3}{x(x^2-2x-3)}=1,$$

$$\lim_{x\to\infty}[f(x)-ax]=\lim_{x\to\infty}\left(\frac{x^3}{x^2-2x-3}-x\right)=\lim_{x\to\infty}\frac{2x^2+3x}{x^2-2x-3}=2,$$

所以直线 $y=x+2$ 为此曲线的斜渐近线.

2. 函数图形的描绘

在掌握微分学这个工具之后,我们可以全面讨论函数的性态,再结合函数的奇偶性、周期性等特性,就能比较准确地描绘出函数的图形.

以下是函数作图的一般步骤:

(1) 确定函数的定义域,考虑函数的奇偶性和周期性,确定曲线经过的一些特殊点(如与坐标轴的交点);

(2) 利用一阶导数和二阶导数,确定函数的单调区间、极值点与极值、函数的凹凸区间、拐点及拐点的函数值,并通过列表表示所得结果;

(3) 确定曲线的渐近线;

(4) 描绘出函数的图形.

例 4.57　讨论函数 $y=e^{-x^2}$ 的性态,并作出它的图形.

解　(1) 函数 $f(x)=e^{-x^2}$ 的定义域为 $(-\infty,+\infty)$,为偶函数,曲线过点 $(0,1)$;

(2) $f'(x)=-2xe^{-x^2}$,$x=0$ 为驻点;$f''(x)=2(2x^2-1)e^{-x^2}$,令 $f''(x)=0$,可得 $x=\pm\dfrac{\sqrt{2}}{2}$,列表 4.6 讨论如下:

表 4.6

x	$\left(-\infty,-\frac{\sqrt{2}}{2}\right)$	$-\frac{\sqrt{2}}{2}$	$\left(-\frac{\sqrt{2}}{2},0\right)$	0	$\left(0,\frac{\sqrt{2}}{2}\right)$	$\frac{\sqrt{2}}{2}$	$\left(\frac{\sqrt{2}}{2},+\infty\right)$
f'	+	+	+	0	−	−	−
f''	+	0	−	−	−	0	+
f	↗ ∪	拐点	↗ ∩	极大值 1	↘ ∩	拐点	↘ ∪

拐点为$\left(\pm\frac{\sqrt{2}}{2},e^{-\frac{1}{2}}\right)$；

（3）由$\lim\limits_{x\to\infty}f(x)=\lim\limits_{x\to\infty}e^{-x^2}=0$，得直线$y=0$是曲线的水平渐近线；

（4）作出函数的图形，如图4.11.

曲线$y=e^{-x^2}$称为**高斯（Gauss，1777—1855）曲线**，或称**概率曲线**.

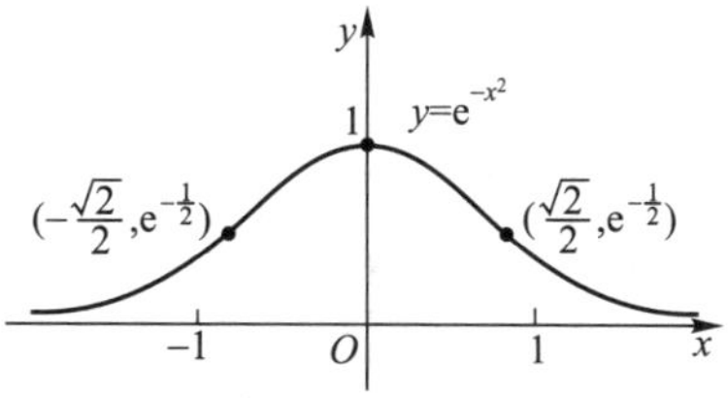

图 4.11

例 4.58　讨论函数$y=\frac{(x-2)^2}{2(x-1)}$的性态，并描绘其图形.

解　（1）函数$f(x)=\frac{(x-2)^2}{2(x-1)}$的定义域为$(-\infty,1)\cup(1,+\infty)$，无奇偶性和周期性，曲线过点$(2,0)$和点$(0,-2)$；

（2）$f'(x)=\frac{x(x-2)}{2(x-1)^2}$，令$f'(x)=0$得$x=0$和$x=2$；$f''(x)=\frac{1}{(x-1)^3}\neq0$，由此可得表4.7：

表 4.7

x	$(-\infty,0)$	0	$(0,1)$	1	$(1,2)$	2	$(2,+\infty)$
f'	+	0	−		−	0	+
f''	−	−	−		+	+	+
f	↗ ∩	极大值−2	↘ ∩	间断	↘ ∪	极小值 0	↗ ∪

（3）$x=1$为无穷间断点，故有铅直渐近线$x=1$.又因为

$$\lim_{x\to\infty}\frac{f(x)}{x}=\lim_{x\to\infty}\frac{(x-2)^2}{2x(x-1)}=\frac{1}{2},$$

$$\lim_{x\to\infty}\left[f(x)-\frac{x}{2}\right]=\lim_{x\to\infty}\frac{-3x+4}{2(x-1)}=-\frac{3}{2},$$

故直线$y=\frac{x}{2}-\frac{3}{2}$是曲线的斜渐近线.

（4）描绘出函数的图形，如图4.12.

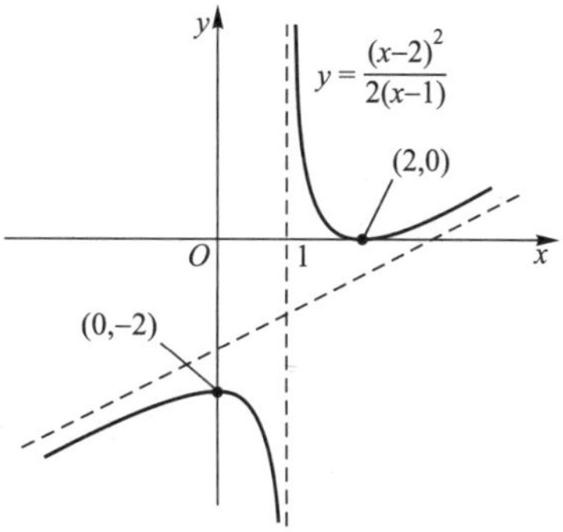

图 4.12

例 4.59　讨论函数$y=\frac{x^3-2}{2(x-1)^2}$的性态，并作出草图.

解　（1）函数定义域为：$(-\infty,1)\cup(1,+\infty)$，无奇偶性和周期性，曲线过点$(\sqrt[3]{2},0)$；

（2）$y'=\dfrac{(x-2)^2(x+1)}{2(x-1)^3}$，$y''=\dfrac{3(x-2)}{(x-1)^4}$，由 $y'=0$ 得到 $x=2$ 和 $x=-1$；由 $y''=0$ 得到 $x=2$.列表 4.8 讨论如下：

表 4.8

x	$(-\infty,-1)$	-1	$(-1,1)$	1	$(1,2)$	2	$(2,+\infty)$
y'	+	0	−		+	0	+
y''	−	−	−		−	0	+
y	↗ ∩	极大	↘ ∩	间断	↗ ∩	拐点	↗ ∪

极大值 $f(-1)=-\dfrac{3}{8}$，拐点 $(2,3)$；

（3）$x=1$ 为铅直渐近线，又

$$\lim_{x\to\infty}\frac{y}{x}=\lim_{x\to\infty}\frac{x^3-2}{2x(x-1)^2}=\frac{1}{2},$$

$$\lim_{x\to\infty}\left(y-\frac{1}{2}x\right)=\lim_{x\to\infty}\frac{x^3-2-x(x-1)^2}{2(x-1)^2}=1,$$

因此 $y=\dfrac{1}{2}x+1$ 为斜渐近线；

（4）作出函数的图形，如图 4.13.

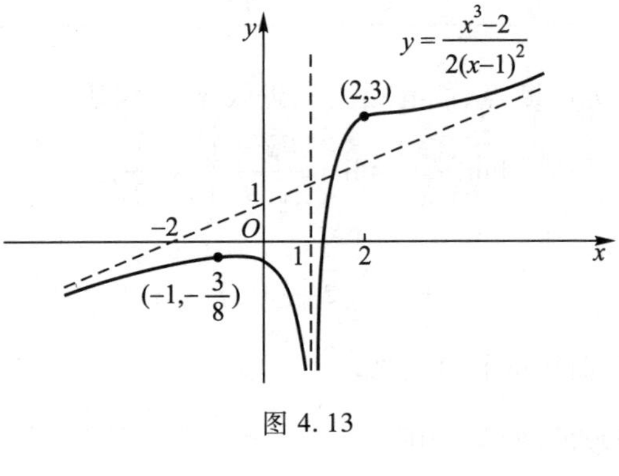

图 4.13

4.5　平面曲线的曲率

我们知道，梁在外力（载荷）的作用下要产生弯曲变形，弯曲程度超过梁的承载能力就会发生断裂.在线材加工和模具制作时,也经常需要研究曲线的弯曲程度.为此,就需要定义曲率这个量来刻画曲线的弯曲程度.

观察一族同心圆可以发现,当所对的圆心角相同时,圆弧段的弯曲程度越大,它的长度越短;另一方面,当弧长相同时,圆弧段的弯曲程度越大,它所对的圆心角越大.而圆弧对应的圆心角等于弧的一端切线到另一端切线所转过的角度.由此可见,曲线的弯曲程度与曲线的弧长有关,也与弧端切线转过的角度有关.

下面,我们将首先引进曲线弧长的概念,再导出弧微分(弧长函数的微分)公式,然后借助弧微分公式得到曲率公式.

4.5.1 曲线弧长概念及其微分

设平面曲线 C 的端点为 A,B,在其上依次任取点 $A=M_0,M_1,\cdots,M_{n-1},M_n=B$,再依次连接它们得到内接折线.记 $|M_{i-1}M_i|$ 为线段 $M_{i-1}M_i$ 的长,$\lambda=\max\limits_{1\leqslant i\leqslant n}|M_{i-1}M_i|$;若当 $\lambda\to 0$ 时,折线长 $\sum\limits_{i=1}^{n}|M_{i-1}M_i|$ 的极限存在,则将此极限称为曲线 C 的**弧长**,且称曲线 C 是**可求长的**.

若曲线 C 由 $y=f(x),a\leqslant x\leqslant b$ 给出,可以证明当 $f(x)$ 在 $[a,b]$ 上有连续导数时,曲线是可求长的(参见定理 5.20).

设 x_0 是 $[a,b]$ 内一固定点,则 $\forall x\in[a,b]$,曲线 C 上由 $M_0(x_0,f(x_0))$ 到 $M(x,f(x))$ 的弧长是确定的(图 4.14),从而是 x 的函数,记为 $s(x)$.显然 $s(x)$ 是单调增加的,故增量 Δs 与 Δx 同号.

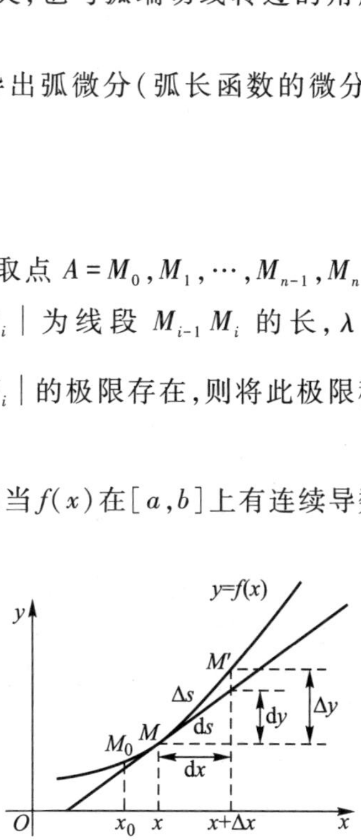

图 4.14

现在我们来求 $\dfrac{\mathrm{d}s}{\mathrm{d}x}$.给 x 以增量 Δx,相应地得到由 $M(x,f(x))$ 到 $M'(x+\Delta x,f(x+\Delta x))$ 的弧长 Δs,从弧长的定义不难理解(我们将在下一章证明这一点)

$$\lim_{\Delta x\to 0}\frac{|\Delta s|}{|MM'|}=1.$$

于是

$$\begin{aligned}\lim_{\Delta x\to 0}\frac{\Delta s}{\Delta x}&=\lim_{\Delta x\to 0}\frac{|\Delta s|}{|\Delta x|}=\lim_{\Delta x\to 0}\frac{|MM'|}{|\Delta x|}\\&=\lim_{\Delta x\to 0}\frac{\sqrt{(\Delta x)^2+(\Delta y)^2}}{|\Delta x|}=\lim_{\Delta x\to 0}\sqrt{1+\left(\frac{\Delta y}{\Delta x}\right)^2}\end{aligned}$$

$$=\lim_{\Delta x\to 0}\sqrt{1+\left(\frac{\Delta f}{\Delta x}\right)^2},$$

故得

$$\frac{\mathrm{d}s}{\mathrm{d}x}=\lim_{\Delta x\to 0}\frac{\Delta s}{\Delta x}=\lim_{\Delta x\to 0}\sqrt{1+\left(\frac{\Delta f}{\Delta x}\right)^2}=\sqrt{1+f'^2(x)},$$

即

$$\mathrm{d}s=\sqrt{1+f'^2(x)}\,\mathrm{d}x.$$

在 $\mathrm{d}s$ 非负时,常将弧微分写成

$$\mathrm{d}s=\sqrt{(\mathrm{d}x)^2+(\mathrm{d}y)^2}.$$

这个式子的几何意义是:微小弧长可以由相应处的微小切线段代替.如图 4.14 所示.

容易导出,弧微分在曲线由参数方程

$$x=x(t),y=y(t),t\in[\alpha,\beta]$$

表示时形式为

$$\mathrm{d}s=\sqrt{[x'(t)]^2+[y'(t)]^2}\,\mathrm{d}t.$$

4.5.2 曲率和曲率公式

在本节开头,我们说明对圆而言,在圆心角相同时,圆弧段的弯曲程度随着弧段的长度增加而减弱,在弧长相同时,圆弧段的弯曲程度随着端点处切线的转角增加而增强.事实上,这一结论对一般曲线也成立(图 4.15,图 4.16).

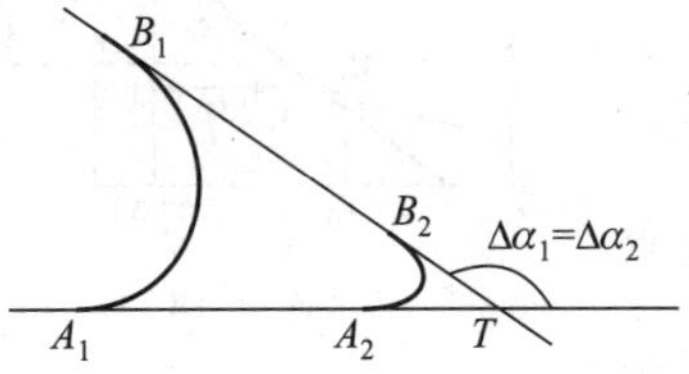

图 4.15

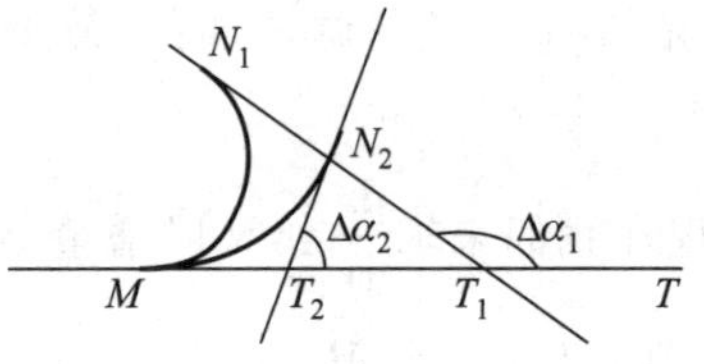

图 4.16

基于此,我们给出曲率的定义:

若曲线 $C:y=f(x)$ 上由点 M 到点 M' 的弧长为 Δs,曲线在点 M 处切线到点 M' 处的切线所转过的角度为 $|\Delta\alpha|$(图4.17),则称 $\frac{|\Delta\alpha|}{|\Delta s|}$ 为弧 MM' 的**平均曲率**.

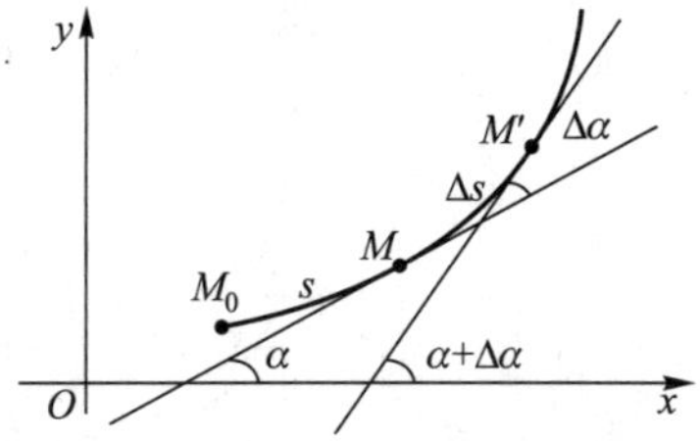

图 4.17

当极限$\lim\limits_{\Delta s\to 0}\dfrac{|\Delta\alpha|}{|\Delta s|}$存在时,称此极限值为曲线 C 在 P 点的**曲率**,记为 $K(M)$,即

$$K(M)=\lim_{\Delta s\to 0}\frac{|\Delta\alpha|}{|\Delta s|}.$$

根据上面的定义,当 C 是直线时,其上任一点的切线就是直线自身,于是点 M 处切线到点 M'处的切线所转过的角度$|\Delta\alpha|=0$,从而其曲率 $K=0$;而当 C 是半径为 R 的圆时,若从点 M 处的切线到点 M'处的切线所转过的角度为$|\Delta\alpha|$,那么由 M 到 M'的圆弧$|\Delta s|=|R\Delta\alpha|$,于是圆弧的曲率 $K=\lim\limits_{\Delta s\to 0}\dfrac{|\Delta\alpha|}{|\Delta s|}=\dfrac{1}{R}$是常值.这正好和我们的直觉相符合:直线是不弯曲的,而圆在每一点的弯曲程度都一样,且当半径越小时,弯曲程度就越大.

对一般的曲线 $C:y=f(x),x\in(a,b)$,若它在 M 点处切线的倾角为 α,那么相应的切线所转过的角度为$|\Delta\alpha|$,从而当$\lim\limits_{\Delta s\to 0}\dfrac{\Delta\alpha}{\Delta s}$存在时,就有

$$K=\left|\lim_{\Delta x\to 0}\frac{\Delta\alpha}{\Delta s}\right|=\left|\frac{\mathrm{d}\alpha}{\mathrm{d}s}\right|.$$

当 $y=f(x)$在(a,b)内有二阶导数时,由于 $\alpha=\arctan y'$,故

$$\mathrm{d}\alpha=\frac{y''}{1+y'^2}\mathrm{d}x,$$

于是就得到曲率公式

$$K=\left|\frac{\mathrm{d}\alpha}{\mathrm{d}s}\right|=\left|\frac{y''}{(1+y'^2)^{\frac{3}{2}}}\right|.$$

例 4.60 求抛物线 $y=x^2+px+q$ (p,q 为常数)上任一点的曲率.

解 由 $y'=2x+p,y''=2$,得到所求曲率为

$$K=\left|\frac{2}{[1+(2x+p)^2]^{\frac{3}{2}}}\right|.$$

当 $x=-\dfrac{p}{2}$时,即在抛物线的顶点,其曲率取得最大值 2.

若曲线以参数方程$\begin{cases}x=x(t),\\ y=y(t)\end{cases}$$(\alpha\leqslant t\leqslant\beta)$的形式给出,那么由

$$\frac{\mathrm{d}y}{\mathrm{d}x}=\frac{y'(t)}{x'(t)},\quad \frac{\mathrm{d}^2y}{\mathrm{d}x^2}=\frac{y''(t)x'(t)-y'(t)x''(t)}{x'^3(t)},$$

代入公式得到曲率为

$$K=\frac{|x'(t)y''(t)-x''(t)y'(t)|}{[x'^2(t)+y'^2(t)]^{\frac{3}{2}}}.$$

例 4.61　求摆线 $x=a(t-\sin t),y=a(1-\cos t),0<t<2\pi$ 上任意一点的曲率.

解　由于

$$x'(t)=a(1-\cos t),\quad y'(t)=a\sin t,$$
$$x''(t)=a\sin t,\quad y''(t)=a\cos t,$$

代入参数方程形式的曲率公式得

$$K=\frac{|a(1-\cos t)\cdot a\cos t-a\sin t\cdot a\sin t|}{[a^2(1-\cos t)^2+a^2\sin^2 t]^{\frac{3}{2}}}$$
$$=\frac{1-\cos t}{a(2-2\cos t)^{\frac{3}{2}}}=\frac{1}{4a\left|\sin\frac{t}{2}\right|}.$$

例 4.62　求阿基米德(Archimedes)螺线 $r=a\theta(a>0)$ 上任一点的曲率.

解　将 θ 视为参数,则此曲线的参数方程为 $x=a\theta\cos\theta,y=a\theta\sin\theta$,从而

$$x'(\theta)=a(\cos\theta-\theta\sin\theta),\quad y'(\theta)=a(\sin\theta+\theta\cos\theta),$$
$$x''(\theta)=a(-2\sin\theta-\theta\cos\theta),\quad y''(\theta)=a(2\cos\theta-\theta\sin\theta),$$

代入参数方程的曲率公式就有

$$K=\frac{\theta^2+2}{a(1+\theta^2)^{\frac{3}{2}}}.$$

由于当 $\theta\to+\infty$ 时,$K\sim\frac{1}{a\theta}$,这说明 θ 充分大时,阿基米德螺线的曲率充分接近$\frac{1}{a\theta}$.

若曲线 C 在点 P 的曲率为 K,则称

$$R=\frac{1}{K}$$

为曲线 C 在点 P 的**曲率半径**.设在曲线 C 过点 P 指向凹侧的法线上的点 O 到 P 的距离为 R,那么以 O 为圆心、R 为半径的圆称为 C 在点 P 的**曲率圆**,而点 O 称为 C 在点 P 的**曲率中心**(图 4.18).

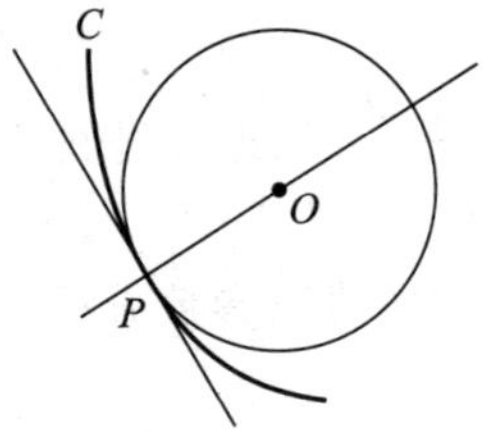

图 4.18

利用法线方程和曲率半径,可以求出曲线 $C:y=f(x)$ 在点(x,y)处的曲率中心的坐标(ξ,η)为

$$\xi=x-\frac{y'(1+y'^2)}{y''},\quad \eta=y+\frac{1+y'^2}{y''}.$$

例 4.63 求椭圆$\frac{x^2}{a^2}+\frac{y^2}{b^2}=1$上点$P\left(\frac{a}{\sqrt{2}},\frac{b}{\sqrt{2}}\right)$处的曲率和曲率圆.

解 利用隐函数求导法可得

$$\frac{2x}{a^2}+\frac{2yy'}{b^2}=0,$$

从而

$$y'=-\frac{b^2x}{a^2y},\quad y''=-\frac{b^2}{a^2}\cdot\frac{y-xy'}{y^2}.$$

在点$P\left(\frac{a}{\sqrt{2}},\frac{b}{\sqrt{2}}\right)$,

$$y'=-\frac{b}{a},\quad y''=-\frac{2\sqrt{2}\,b}{a^2}.$$

故椭圆在点 P 的曲率 K 和曲率半径 R 为

$$K=\left|\frac{y''}{(1+y'^2)^{\frac{3}{2}}}\right|=\left|\frac{2\sqrt{2}\,ab}{(a^2+b^2)^{\frac{3}{2}}}\right|,\quad R=\left|\frac{(a^2+b^2)^{\frac{3}{2}}}{2\sqrt{2}\,ab}\right|,$$

而相应的曲率中心(ξ,η)为

$$\xi=\frac{a}{\sqrt{2}}-\left(-\frac{b}{a}\right)\frac{a^2+b^2}{a^2}\cdot\left(-\frac{a^2}{2\sqrt{2}\,b}\right)=\frac{a}{\sqrt{2}}-\frac{a^2+b^2}{2\sqrt{2}\,a},$$

$$\eta=\frac{b}{\sqrt{2}}+\frac{a^2+b^2}{a^2}\cdot\left(-\frac{a^2}{2\sqrt{2}\,b}\right)=\frac{b}{\sqrt{2}}-\frac{a^2+b^2}{2\sqrt{2}\,b},$$

故曲率圆为

$$\left(x-\frac{a}{\sqrt{2}}+\frac{a^2+b^2}{2\sqrt{2}\,a}\right)^2+\left(y-\frac{b}{\sqrt{2}}+\frac{a^2+b^2}{2\sqrt{2}\,b}\right)^2=\frac{(a^2+b^2)^3}{8a^2b^2}.$$

当 $a=b$ 时此曲线为圆,曲率为$\frac{1}{a}$,曲率圆就是曲线本身.

4.6 方程的近似解

在科学技术问题中,常会遇到函数方程 $f(x)=0$ 的求解(根)问题,但往往不易或不能求出解的精确值,因而需要求方程的近似解.

求方程的近似解,首先需要确定方程的解的所在区间$[a,b]$(例如可通过画出函数曲线 $y=f(x)$,其与 x 轴的交点的位置的大致范围可以作为$[a,b]$),通常

还应使$[a,b]$内方程有且仅有一个实根(例如f在$[a,b]$单调);然后用适当方法来逐次求出近似值,并达到要求的精度. 下面我们介绍两种常用的方法.

4.6.1 二分法

设$f(x)$在$[a,b]$上连续,且$f(a)f(b)<0$,则方程在$[a,b]$内有根,即$\exists x^* \in (a,b)$,使得$f(x^*)=0$;另外设(a,b)内方程仅有一个实根.

所谓两分法求方程$f(x)=0$的根,就是将区间逐步等分来搜索方程的根$x=x^*$.

取$[a,b]$的中点$x_0=\dfrac{a+b}{2}$,计算函数值$f(x_0)$.若$f(x_0)=0$,则x_0就是方程的根;否则$f(x_0)$必与$f(a)$或$f(b)$异号,取$[a,x_0]$或$[x_0,b]$之一为$[a_1,b_1]$,使得$f(a_1)f(b_1)<0$,这样,方程的根必在$[a_1,b_1]$内.

再取$[a_1,b_1]$的中点$x_1=\dfrac{a_1+b_1}{2}$,计算$f(x_1)$.若$f(x_1)=0$,则x_1为方程的根;否则$f(x_1)$必与$f(a_1)$或$f(b_1)$异号,取$[a_1,x_1]$或$[x_1,b_1]$之一为$[a_2,b_2]$,使得$f(a_2)f(b_2)<0$,这样,方程的根必在$[a_2,b_2]$内.

重复以上做法,或者我们在某一步得到的小区间中点就是方程的根;或者我们得到一系列区间$[a_n,b_n]$ $(n=1,2,\cdots)$,$f(x)$在这些区间两端异号即$f(a_n)f(b_n)<0$,故方程的根在$[a_n,b_n]$内.

由于区间$[a_n,b_n]$的长度为$\dfrac{b-a}{2^n}\to 0$ $(n\to+\infty)$,故对任何给定的误差要求δ,$\exists N\in \mathbf{N}_+$,使$\dfrac{b-a}{2^N}<\delta$. 易见,$x_N=\dfrac{a_N+b_N}{2}$就是满足误差要求的方程$f(x)=0$的近似解.

读者应该看出,二分法的做法实际上就是构造区间套,而上述的搜索过程也给出了证明第 2 章闭区间上连续函数零点存在定理的一种方法.若未在某一步小区间中点取到$f(x)$的零点,显然上述$[a_n,b_n]$ $(n=1,2,\cdots)$满足区间套定理的条件,故有$x^*\in[a_n,b_n]$ $(n=1,2,\cdots)$,且$\lim\limits_{n\to\infty}a_n=\lim\limits_{n\to\infty}b_n=x^*$;由$f$的连续性知$\lim\limits_{n\to\infty}f(a_n)=\lim\limits_{n\to\infty}f(b_n)=f(x^*)$,再由$f(a_n)$与$f(b_n)$异号知$f(x^*)=0$.

例 4.64 求方程$x\ln x-1=0$的近似解,且误差小于10^{-2}.

解 设$f(x)=x\ln x-1$.由于$f(1)=-1<0$,$f(2)=\ln 4-1>0$,且$f'(x)=1+\ln x$在$(1,2)$恒正,故方程在$(1,2)$内有唯一实根.

依二分法,可以得到以下一系列计算结果:

$x_0=1.5$, $f(1.5)=\ln 1.5^{1.5}-1<0$;

$x_1=1.75$, $f(1.75)=1.75\ln 1.75-1=\ln 2.663-1<0$;

$x_2=1.875$, $f(1.875)=\ln 3.25-1>0$;

$x_3=1.812\ 5$, $f(1.812\ 5)>0$;

$x_4=1.781\ 25$, $f(1.781\ 25)>0$;

$x_5=1.765\ 625$, $f(1.765\ 625)>0$;

$x_6=1.757\ 812\ 5$, $f(1.757\ 812\ 5)<0$.

根据以上结果可知根在近似区间(1.757 812 5,1.765 625)内,注意到此区间的长度已小于0.01,故取方程 $x\ln x-1=0$ 的近似解为

$$x^*\approx 1.76.$$

二分法思路简明,方法容易掌握,但收敛速度较慢,要达到较高精度,计算量很大.下面我们再介绍一种在工程计算中常用的方法——牛顿切线法.

4.6.2 牛顿切线法

设函数 $f(x)$ 在 $[a,b]$ 上连续可导,且 $f'(x)\neq 0$,又 $f(a)f(b)<0$,则方程 $f(x)=0$ 在 (a,b) 内有且仅有一个实根 x^*.

下面我们来介绍用切线法求方程 $f(x)=0$ 的根 x^* 的近似值.

取 $[a,b]$ 内的点 $x_0(=b)$ 为初始值,如图4.19,过点 $(x_0,f(x_0))$ 作切线,其方程为

$$y-f(x_0)=f'(x_0)(x-x_0).$$

因为 $f'(x)\neq 0$,可求得切线与 x 轴的交点的横坐标为

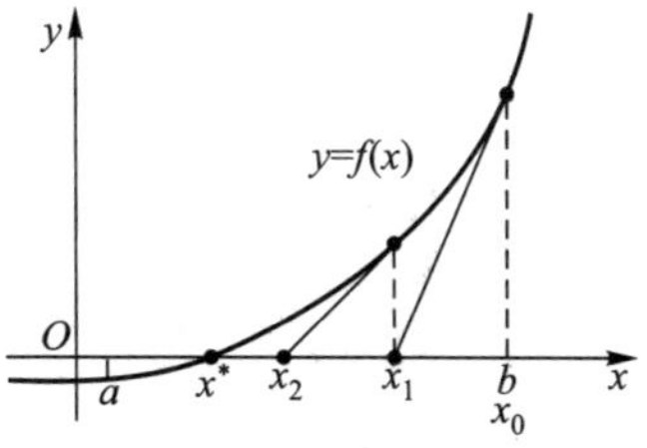

图 4.19

$$x_1=x_0-\frac{f(x_0)}{f'(x_0)}.$$

把 x_1 作为根的第一次近似值,再过点 $(x_1,f(x_1))$ 作曲线的切线,它与 x 轴的交点的横坐标为

$$x_2=x_1-\frac{f(x_1)}{f'(x_1)},$$

把 x_2 作为根的第二次近似值.

依上述方法继续下去,从第 $n-1$ 次近似值 x_{n-1} 可以得到第 n 次近似值

$$x_n=x_{n-1}-\frac{f(x_{n-1})}{f'(x_{n-1})},n=1,2,\cdots.$$

上述方法称为方程 $f(x)=0$ 求根的**牛顿切线法**.

若记 $\varphi(x)=x-\dfrac{f(x)}{f'(x)}$,那么就得到上述切线法的迭代公式为

$$x_n=\varphi(x_{n-1}),\quad n=1,2,\cdots,$$

所以牛顿切线法又称**牛顿迭代法**.

当数列 $\{x_n\}$ 收敛时,记 $\lim\limits_{n\to\infty} x_n=\xi$,则由 $\varphi(x)$ 的连续性得到

$$\xi=\varphi(\xi)=\xi-\frac{f(\xi)}{f'(\xi)},$$

故 $f(\xi)=0$,这意味着 ξ 就是方程的精确解 x^*,因此 n 充分大后,x_n 是 x^* 的近似值.

牛顿切线法得到的数列 $\{x_n\}$ 不一定收敛,有时收敛性依赖于初始值的选取.

通常要求 $f(x)$ 在 $[a,b]$ 上二阶可导,$f(a)f(b)<0$,且 $f'(x)$ 和 $f''(x)$ 在 $[a,b]$ 上保号(即 $f(x)$ 保持单调和凸性不变),这样函数 $y=f(x)$ 在 $[a,b]$ 的图像只有如图 4.20 的四种情况.取 f 与 f'' 同号的端点为初始值点.

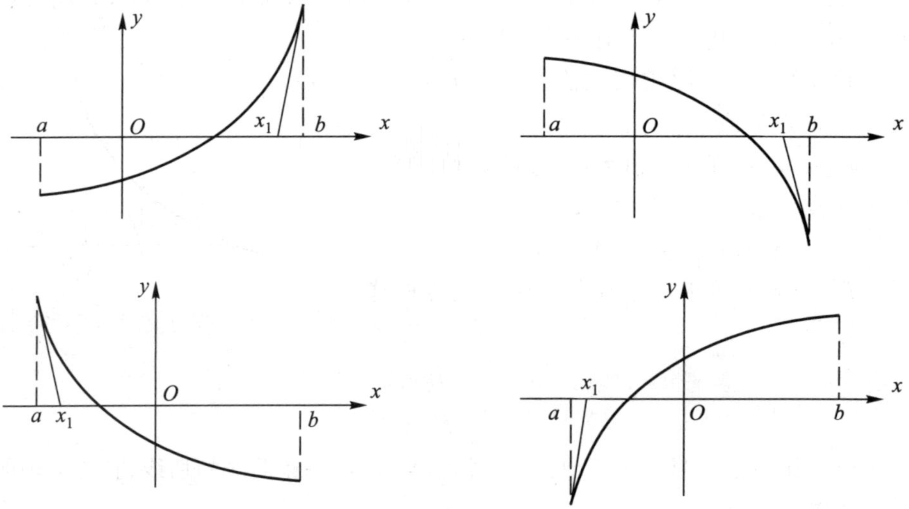

图 4.20

图 4.19 中的函数就是这样,可以证明(从图上也可以观察到),此时牛顿切线法得到的数列 $\{x_n\}$ 一定收敛.

若 $\varphi(x^*)=x^*$,则称 x^* 为函数 φ 的**不动点**. 当 φ 可导,且满足条件

$$|\varphi'(x)|\leqslant r<1 \text{ 时},$$

对任何初值 x_0,迭代法

$$x_{n+1}=\varphi(x_n),\quad n=0,1,2,\cdots$$

产生的数列$\{x_n\}$收敛到φ的唯一不动点x^*.

例 4.65 用切线法求方程$x\ln x-1=0$的近似解,且误差小于10^{-6}.

解 由上例知,根的所在区间为$[1,2]$,且在此区间上$f'(x)>0,f''(x)>0$,因此函数的图形类似于图4.19. 取初值$x_0=2$,迭代公式为

$$x_n=x_{n-1}-\frac{x_{n-1}\ln x_{n-1}-1}{1+\ln x_{n-1}},\quad n=1,2,\cdots,$$

由此可求得

$$x_1=\frac{1+x_0}{1+\ln x_0}=1.771\ 848\ 3,x_2=1.763\ 236\ 2,$$

$$x_3=1.763\ 222\ 8,x_4=1.763\ 222\ 8.$$

利用切线法我们求得方程的近似解为$x^*\approx1.763\ 223$. 与二分法相比,切线法的收敛速度是很快的.

切线法的缺陷在于无法直接判断所求近似解的近似程度,只能用相邻两个近似值的误差来粗略估计,有时这样做是错误的.读者可在后继数学课程如"数值分析"或"计算方法"中获知连续问题数值解(近似解)的收敛问题和误差估计的方法.

下面我们介绍一种估计误差的方法.

若ξ是方程的精确解,而x_n是近似解,那么应用拉格朗日中值定理得

$$f(x_n)=f(x_n)-f(\xi)=f'(\eta)(x_n-\xi),\qquad \text{其中}\ \eta\ \text{在}\ \xi\ \text{和}\ x_n\ \text{之间},$$

因而

$$x_n-\xi=\frac{f(x_n)}{f'(\eta)}.$$

记$m=\min\limits_{x\in[a,b]}(|f'(x)|)$,则近似解与精确解的误差

$$|x_n-\xi|\leqslant\frac{|f(x_n)|}{m}.$$

例 4.66 用牛顿迭代法求方程$x^3-2x^2-4x-7=0$的近似解,使其误差不超过0.01.

解 设$f(x)=x^3-2x^2-4x-7$,求导得

$$f'(x)=3x^2-4x-4=(3x+2)(x-2),\quad f''(x)=6x-4.$$

容易求得$x=-\dfrac{2}{3}$为极大值点,$x=2$为极小值点,且$f\left(-\dfrac{2}{3}\right)<0,f(2)<0$.又因

$$\lim_{x\to-\infty} f(x)=-\infty,\quad \lim_{x\to+\infty} f(x)=+\infty,$$

所以方程 $f(x)=0$ 有且只有一个根.

注意到 $f(3)=-10<0, f(4)=9>0$,因而方程的根 $\xi\in(3,4)$.由于在 $[3,4]$ 上 $f'(x)>0, f''(x)>0$,因此它是属于图 4.19 所示的情形. 从点 $(4,9)$ 起作切线,即取初值 $x_0=4$,由迭代公式

$$x_1=4-\frac{f(4)}{f'(4)}=4-\frac{9}{28}\approx 3.68,$$

$$x_2=x_1-\frac{f(x_1)}{f'(x_1)}=3.68-\frac{1.03}{21.9}\approx 3.63.$$

由于 $f'(x)$ 在 $[3,4]$ 上的最小值为 $m=11$,而 $f(x_2)=-0.042$,此时以 x_2 代替精确解 ξ 的误差为

$$|x_2-\xi|\leqslant\frac{|f(x_2)|}{m}=\frac{0.042}{11}<0.01,$$

因此取 $\xi\approx 3.63$ 已能达到所要求的精确度.

习题 4

1. 验证罗尔定理对函数 $f(x)=e^x\sin x$ 在区间 $[0,3\pi]$ 上的正确性.
2. 验证函数 $f(x)=\arctan x$ 在区间 $[0,1]$ 上满足拉格朗日定理的条件.
3. 验证函数 $f(x)=x^2, g(x)=\sqrt{x}$ 在区间 $[1,4]$ 上满足柯西定理的条件.
4. 由代数学基本定理知道:n 次多项式至多有 n 个实根. 利用此结论及罗尔定理,不求出函数 $f(x)=(x-1)(x-2)(x-3)(x-4)$ 的导数,说明方程 $f'(x)=0$ 有几个实根,并指出它们所在的区间.
5. 证明:若 $f(x)$ 在 $[a,b]$ 上二阶可导,且 $f(a)=f(b)=f(c)$,其中 $c\in(a,b)$,则方程 $f''(x)=0$ 在 (a,b) 内必定有一实根.
6. 证明:

   (1) 方程 $x^3+x-1=0$ 有且仅有一个正根;

   (2) $\forall c\in\mathbf{R}$,方程 $x^3-3x+c=0$ 在 $(0,1)$ 内不可能有两个相异的实根.
7. 设 $a_0, a_1, \cdots, a_{n-1}, a_n\in\mathbf{R}$. 证明:

   若 $\dfrac{a_0}{n+1}+\dfrac{a_1}{n}+\cdots+\dfrac{a_{n-1}}{2}+a_n=0$,则方程

   $$a_0x^n+a_1x^{n-1}+\cdots+a_{n-1}x+a_n=0$$

   在 $(0,1)$ 内至少有一实根.
8. 设 $f(x)\in C[a,b]\cap D(a,b)$,且 $f(a)\cdot f(b)>0, f(a)\cdot f\left(\dfrac{a+b}{2}\right)<0$. 试证:至少存在一点 $\xi\in(a,b)$,使 $f'(\xi)=f(\xi)$.

9. (广义罗尔定理)　设函数 $f(x)\in D(a,b)$,且 $\lim\limits_{x\to a^+}f(x)=\lim\limits_{x\to b^-}f(x)=A$. 证明:至少存在一点 $\xi\in(a,b)$,使 $f'(\xi)=0$.

10. (广义罗尔定理)　设函数 $f(x)\in D(a,b)$,且 $\lim\limits_{x\to a^+}f(x)=\lim\limits_{x\to b^-}f(x)=+\infty$(或 $-\infty$),证明:至少存在一点 $\xi\in(a,b)$,使得 $f'(\xi)=0$.

11. 设函数 $f(x)$ 在 $[0,+\infty)$ 内可微,且满足不等式

$$0\leqslant f(x)\leqslant \ln\frac{2x+1}{x+\sqrt{1+x^2}},\quad \forall x\in(0,+\infty).$$

证明:存在 $\xi\in(0,+\infty)$,使得 $f'(\xi)=\dfrac{2}{2\xi+1}-\dfrac{1}{\sqrt{1+\xi^2}}$.

12. 利用拉格朗日公式证明下列不等式:

(1) 当 $0<a<b$,且 $n>1$ 时,$na^{n-1}(b-a)<b^n-a^n<nb^{n-1}(b-a)$;

(2) 当 $x>0$ 时,$\dfrac{x}{1+x}<\ln(1+x)<x$;

(3) $|\sin x-\sin y|\leqslant|x-y|$.

13. 证明恒等式 $\arctan x+\arctan\dfrac{1}{x}=\begin{cases}\dfrac{\pi}{2}, & x>0,\\ -\dfrac{\pi}{2}, & x<0.\end{cases}$

14. 设函数 $f(x),g(x)\in C[a,b]\cap D(a,b)$,证明:存在 $\xi\in(a,b)$,使得

$$\begin{vmatrix} f(a) & f(b)\\ g(a) & g(b)\end{vmatrix}=(b-a)\begin{vmatrix} f(a) & f'(\xi)\\ g(a) & g'(\xi)\end{vmatrix}.$$

15. 设函数 $f(x)$ 在 (a,b) 内二阶可导,且 $f''(x)>0$,证明:对 (a,b) 内固定的 x_0 及该区间内异于 x_0 的任一点 x,必定存在唯一的 ξ 位于 x 和 x_0 之间,使得

$$f(x)-f(x_0)=f'(\xi)(x-x_0).$$

16. 设函数 $f(x)$ 在 $[a,b]$ 上连续,在 (a,b) 内二阶可导,且 $f(a)=f(b)=0$,及存在 $c\in(a,b)$ 使得 $f(c)>0$. 证明:存在 $\xi\in(a,b)$ 使得 $f''(\xi)<0$.

17. 证明:若函数 $f(x)$ 在区间 (a,b) 内可导、无界,则其导函数 $f'(x)$ 在 (a,b) 内也无界. 但反之不然,举出例子.

18. 设函数 $f(x)\in C[a,b]\cap D(a,b)$,且 $f(a)=f(b)=1$,求证:存在 $\xi,\eta\in(a,b)$ 使得

$$e^{\eta-\xi}[f(\eta)+f'(\eta)]=1.$$

19. 参照例 4.5 和习题 9,对拉格朗日中值定理作出推广.

20. 设函数 $f(x)\in C[a,b]\cap D(a,b)$ $(0<a<b)$,证明:存在 $\xi\in(a,b)$ 使得

$$f(b)-f(a)=\xi f'(\xi)\ln\frac{b}{a}.$$

21. 设函数 $f(x)$ 在 $x=0$ 的邻域内具有 n 阶导数,且 $f(0)=f'(0)=\cdots=f^{(n-1)}(0)=0$,试用柯西定理证明:

$$\frac{f(x)}{x^n}=\frac{f^{(n)}(\theta x)}{n!}\quad(0<\theta<1).$$

22. 已知函数 $f(x)=\begin{cases}\dfrac{\sin x}{x}, & x>0,\\ ax^2+bx+1, & x\leqslant 0,\end{cases}$ 试确定常数 a 和 b,使得 $f(x)$ 二阶可导,并求 $f''(x)$.

23. 求下列极限:

(1) $\lim\limits_{x\to 0}\dfrac{e^x-1+x^3}{x}$;　　(2) $\lim\limits_{x\to 0}\dfrac{x\cos x-\sin x}{x^3}$;

(3) $\lim\limits_{x\to a}\dfrac{x^m-a^m}{x^n-a^n}\ (m,n\in\mathbf{N}_+,a\neq 0)$;　　(4) $\lim\limits_{x\to\infty}\dfrac{x-\sin x}{x+\sin x}$;

(5) $\lim\limits_{x\to 0}\dfrac{x-\arctan x}{\tan x-x}$;　　(6) $\lim\limits_{x\to\frac{\pi}{2}}\dfrac{\ln\sin x}{(\pi-2x)^2}$;

(7) $\lim\limits_{x\to 0}\dfrac{(1+x)^{\frac{1}{x}}-e}{x}$;　　(8) $\lim\limits_{x\to 0}\dfrac{\ln(1+x+x^2)+\ln(1-x+x^2)}{\sec x-\cos x}$;

(9) $\lim\limits_{x\to\infty}\dfrac{x^2\sin\dfrac{1}{x}}{2x-1}$;　　(10) $\lim\limits_{x\to 1^-}\ln x\cdot\ln(1-x)$;

(11) $\lim\limits_{x\to 0}\left(\dfrac{1}{x}-\dfrac{1}{e^x-1}\right)$;　　(12) $\lim\limits_{x\to 0}\left(\dfrac{1}{x^2}-\cot^2 x\right)$;

(13) $\lim\limits_{x\to\frac{\pi}{4}}(\tan x)^{\tan 2x}$;　　(14) $\lim\limits_{x\to 0^+}(\cot x)^{\sin x}$;

(15) $\lim\limits_{x\to 0^+}x^{\frac{1}{\ln(e^x-1)}}$.

24. 讨论函数 $f(x)=\begin{cases}\left[\dfrac{(1+x)^{\frac{1}{x}}}{e}\right]^{\frac{1}{x}}, & x>0,\\ e^{-\frac{1}{2}}, & x\leqslant 0\end{cases}$ 在点 $x=0$ 处的连续性.

25. 设 $f(x)$ 具有二阶连续导数,且 $f(a)=0$,又 $g(x)=\begin{cases}\dfrac{f(x)}{x-a}, & x\neq a,\\ f'(a), & x=a,\end{cases}$

(1) 求 $g'(x)$;　　(2) 证明:$g'(x)$ 在 $x=a$ 处连续.

26. 设函数 $f(x)$ 在点 a 的邻域内二阶可导,求

$$\lim_{h\to 0}\frac{f(a+h)+f(a-h)-2f(a)}{h^2}.$$

27. 过半径为 R 的圆上一点 A 取切线 $AB=\overset{\frown}{AC}$,连 BC 交 AO 于 E(如图 4.21 所示),求 $\lim\limits_{\alpha\to 0}AE$.

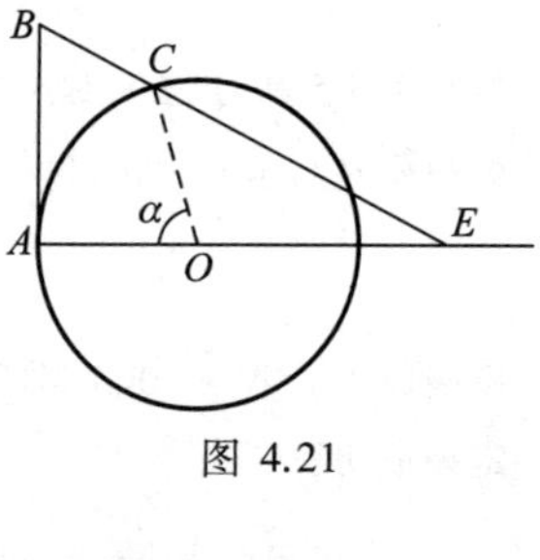

图 4.21

28. 写出下列函数在指定点处的泰勒公式(其中 $n\in\mathbf{N}_+$):

(1) $f(x)=x^3-2x^2+3x-4$ 在点 $x_0=-2$ 处;

(2) $f(x)=\frac{1}{x}$在点 $x_0=-1$ 处的 n 阶泰勒公式；

(3) $f(x)=x^2\ln x$ 在点 $x_0=1$ 处的 n 阶泰勒公式；

(4) $f(x)=\sqrt{x}$在点 $x_0=4$ 处的 n 阶泰勒公式；

(5) $f(x)=\arctan x$ 的二阶麦克劳林公式.

29. 利用泰勒公式求下列数的近似值(精确到 0.001)：

(1) $\sqrt[3]{30}$；　　(2) $\ln 1.2$.

30. 利用泰勒公式求下列极限：

(1) $\lim\limits_{x\to 0}\frac{e^x\sin x-x(1+x)}{x^3}$；　　(2) $\lim\limits_{x\to\infty}\left[x-x^2\ln\left(1+\frac{1}{x}\right)\right]$；

(3) $\lim\limits_{x\to+\infty}(\sqrt[5]{x^5+x^4}-\sqrt[5]{x^5-x^4})$.

31. 设函数 $f(x)$ 在 $x=0$ 的某邻域内二阶可导，且

$$\lim_{x\to 0}\frac{\sin x+xf(x)}{x^3}=0.$$

求 $f(0)$，$f'(0)$，$f''(0)$ 的值.

32. 设函数 $f(x)$ 在 $[a,b]$ 上二阶可导，且 $f'(a)=f'(b)=0$. 证明：存在 $\xi\in(a,b)$ 使得

$$|f''(\xi)|\geqslant\frac{4}{(b-a)^2}|f(b)-f(a)|.$$

33. 设函数 $f(x)$ 具有二阶连续导数，且 $f''(x)\neq 0$. 由拉格朗日公式有

$$f(x+h)=f(x)+hf'(x+\theta h)\ (0<\theta<1).$$

证明：$\lim\limits_{h\to 0}\theta=\frac{1}{2}$.

34. 求下列函数的单调区间：

(1) $y=x^3-3x^2-9x+14$；　　(2) $y=2x^2-\ln x$；

(3) $y=x-2\sin x\ (0\leqslant x\leqslant 2\pi)$；　　(4) $y=\sqrt[3]{(2x-a)(a-x)^2}\ (a>0)$.

35. 证明下列不等式：

(1) 当 $x\neq 0$ 时，$e^x>1+x$；

(2) 当 $x>0$ 时，$1+x\ln(x+\sqrt{1+x^2})>\sqrt{1+x^2}$；

(3) 当 $0<x<\frac{\pi}{2}$时，$\sin x+\tan x>2x$；

(4) 当 $x\geqslant 0$ 时，$\ln(1+x)\geqslant\frac{\arctan x}{1+x}$；

(5) 当 $0<x<1$ 时，$xe^{-x}>\frac{1}{x}e^{-\frac{1}{x}}$.

36. 设函数 $f(x)\in C[0,+\infty)$，且满足 $f(0)=0$ 和 $f'(x)$ 递增，证明：函数 $\varphi(x)=\frac{f(x)}{x}$在 $(0,+\infty)$内递增.

37. 设

$$f(x)=\begin{cases}0, & x=0,\\ \dfrac{x\ln x}{1-x}, & x>0,x\neq 1,\\ -1, & x=1.\end{cases}$$

试证：$f(x)$在定义域内连续，在$(0,1)$内递减，且$f'(1)=-\dfrac{1}{2}$.

38. 求下列各函数的极值：

(1) $y=x^3-2ax^2+a^2x\ (a>0)$；　　(2) $y=x^2(a-x)^2(a>0)$；

(3) $y=\dfrac{\ln^2 x}{x}$；　　(4) $y=\sqrt[3]{(x^2-a^2)^2}\ (a>0)$.

39. 利用二阶导数求下列函数的极值：

(1) $y=\arctan x-\dfrac{1}{2}\ln(1+x^2)$；　　(2) $y=\dfrac{10}{1+\sin^2 x}$；

(3) $y=xe^{-x}$；　　(4) $y=e^x\sin x$.

40. 设$y=y(x)$是由方程$x^2y^2+y=1\ (y>0)$确定的隐函数，求$y(x)$的极值.

41. 设函数$f(x)=\begin{cases}x^{2x}, & x>0,\\ x+1, & x\leqslant 0.\end{cases}$ 求$f'(x)$和$f(x)$的极值.

42. 设函数$f(x)$在点$x=0$的某个邻域内连续，且$\lim\limits_{x\to 0}\dfrac{f(x)}{1-e^{-x^2}}=1$，证明：$f(x)$在$x=0$处取到极小值.

43. 求下列函数在指定区间上的最大值和最小值：

(1) $y=x^4-2x^2+5$在$[-2,2]$上；　　(2) $y=x+2\sqrt{x}$在$[0,4]$上；

(3) $y=\arctan\dfrac{1-x}{1+x}$在$[0,1]$上；　　(4) $y=x^2-\dfrac{54}{x}$在$(-\infty,0)$上；

(5) $y=|4x^3-18x+27|$在$[0,2]$上；

(6) $y=\begin{cases}\dfrac{x^2}{4}+\dfrac{x}{2}-\dfrac{15}{4}, & x\leqslant 1,\\ x^3-6x^2+9x, & x>1\end{cases}$ 在$(-\infty,+\infty)$上.

44. 试求内接于椭圆$\dfrac{x^2}{a^2}+\dfrac{y^2}{b^2}=1$且面积最大的矩形的边长.

45. 从圆上截下中心角为α的扇形卷成一圆锥，问当α为何值时，所得圆锥的体积最大？

46. 如图4.22所示，A,D分别是曲线$y=e^x$和$y=e^{-2x}$上的点，AB和DC均垂直x轴，且$|AB|:|DC|=2:1$，$|AB|<1$. 求点B和C的横坐标，使梯形$ABCD$的面积最大.

47. 重量为P的物体位于粗糙水平面上，设用力把物体从原位置移动，若物体摩擦系数为k，问作用力F对水平面的倾角α为多少时(见图4.23)，才能使所需之力为最小？

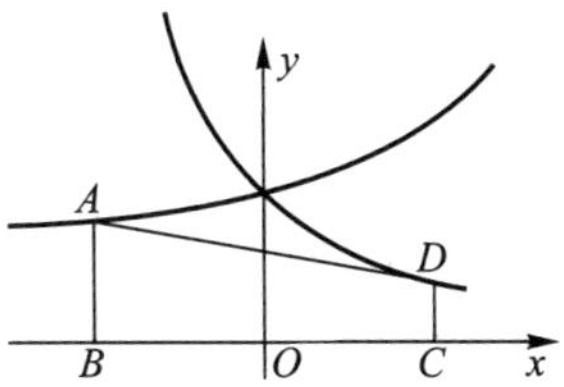

图 4.22

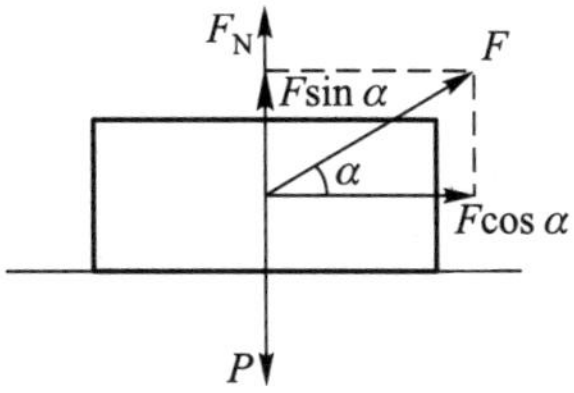

图 4.23

48. 一商家销售某种商品的价格满足关系 $p=7-0.2x$（万元/吨），x 为销售量（单位：吨），商品的成本函数是 $C=3x+1$（万元）.

（1）若每销售一吨商品，政府要征税 t（万元），求该商家获最大利润的销售量；

（2）t 为何值时，政府税收总额最大.

49. 求下列函数图形的凹凸区间及拐点：

（1）$y=x^4-12x^3+48x^2-50$；（2）$y=\dfrac{x^3}{x^2+3a^2}\quad(a>0)$；

（3）$y=\ln(x^2+1)$；（4）$y=a^2-\sqrt[3]{x-b}$.

50. 设三次曲线 $y=ax^3+bx^2+cx$ 有一拐点$(1,2)$，且在该点切线斜率为-1，求常数 a,b,c 的值.

51. 证明：曲线 $y=\dfrac{x+1}{x^2+1}$有三个拐点且位于同一直线上.

52. 已知 $y=f'(x)$和 $y=g''(x)$的图形如图 4.24 所示. 问曲线 $y=f(x)$和曲线 $y=g(x)$的拐点数分别是多少？

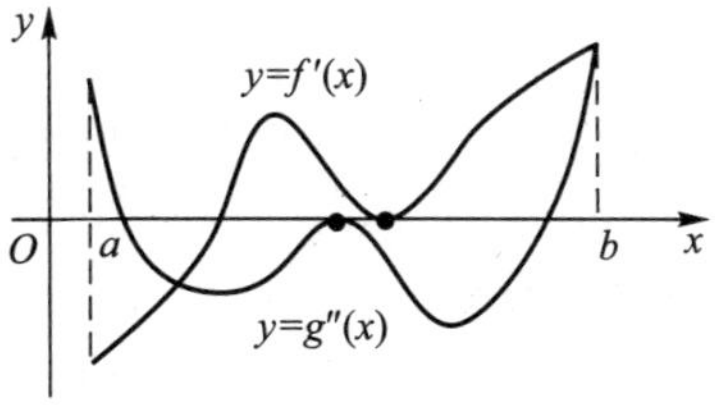

图 4.24

53. 证明下列不等式：

（1）设常数 $p>1$，则当 $x\in[0,1]$时，有

$$x^p+(1-x)^p\geqslant\frac{1}{2^{p-1}};$$

（2）设 $a,b>0,p,q>1$ 且$\dfrac{1}{p}+\dfrac{1}{q}=1$，则

$$ab\leqslant\frac{a^p}{p}+\frac{b^q}{q};$$

（3）$\dfrac{e^x+e^y}{2}>e^{\frac{x+y}{2}}\quad(x\neq y)$.

54. 求下列函数图形的渐近线：

（1）$y=\dfrac{x^2+x}{(x-2)(x+3)}$；（2）$y=xe^{1/x^2}$；

（3）$y=x\ln\left(e+\dfrac{1}{x}\right)$；（4）$y=2x+\arctan\dfrac{x}{2}$.

55. 全面讨论下列函数的性态，并描绘出它们的图形：

（1）$y=x+\dfrac{1}{x^2}$；（2）$y=\dfrac{2x^2}{(1-x)^2}$；

(3) $y=\dfrac{|x|\cdot x}{1+x}$; (4) $y=x\ln\left(\mathrm{e}+\dfrac{1}{x}\right)$.

56. 图 4.25 是沿直线运动的质点的位置函数 $s=s(t)$ 的图形. 问大致在什么时刻,质点的速度,加速度为零?

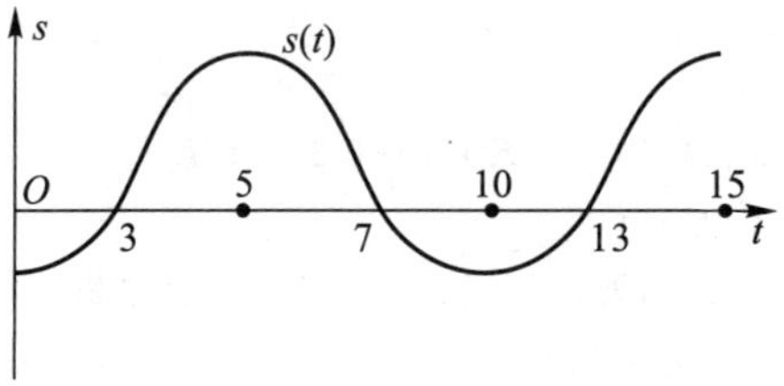

图 4.25

57. 试证方程 $x^5+5x+1=0$ 在区间 $(-1,0)$ 内有唯一的实根,并用切线法求这个根的近似值,使误差不超过 0.01.

58. 求方程 $\sin 2x-x=0$ 的正实根(精确到两位小数).

59. 对函数 $f(x)=x^{\frac{1}{3}}$ 使用切线法,从 $x_0=1$ 开始并计算 x_1,x_2,x_3 和 x_4. 求出 x_n 的公式,当 $n\to\infty$ 时,$|x_n|$将会如何变化?

60. 求下列曲线在指定点处的曲率和曲率半径:

(1) 曲线 $y=\sin x$ 在点 $\left(\dfrac{\pi}{2},1\right)$ 处;

(2) 曲线 $y=\cosh x$ 在点 $(0,1)$ 处;

(3) 曲线 $x=a\cos^3 t, y=a\sin^3 t\ (a>0)$ 在 t 处.

61. 设有对数曲线 $\Gamma: y=\ln x$.

(1) 在 Γ 上求一点 P,使得在该点的曲率半径最小,并求出该最小曲率半径;

(2) 求 Γ 与 x 轴交点处的曲率圆方程.

62. 设 $y=f(x)$ 为过原点的一条已知曲线,已知 $f'(0)=2, f''(0)=1$. 又 $g(x)$ 是二次函数,它的图像与曲线 $f(x)$ 在原点相切且有相同的曲率,并在原点的邻域内有相同的凹向,求 $g(x)$.

63. 应选用直径多大的圆铣刀,才能使加工后的工件近似于长半轴为 50 单位长,短半轴为 40 单位长的椭圆上短轴一端附近的一段弧.

64. 一飞机沿抛物线路径 $y=\dfrac{x^2}{10^4}$(y 轴垂直向上,单位:m)作俯冲飞行,在坐标原点处飞机的速度为 $v=200$ m/s,飞行员体重 $G=70$ kg,求飞机俯冲至最低点即原点处时坐椅对飞行员的反作用力.

补充题

1. 设函数 $f(x)$ 在 $[0,1]$ 上二阶可导,且 $f(0)=f(1)=0$. 证明:存在 $\xi\in(0,1)$,使

$$2f'(\xi)+\xi f''(\xi)=0.$$

2. 设函数$f(x)$在闭区间$[0,1]$上可导,且$f(0)=0,f(1)=1$,证明:对任意满足$\alpha+\beta=1$的正数α,β,存在相异两点$\xi,\eta\in(0,1)$,使

$$\alpha f'(\xi)+\beta f'(\eta)=1.$$

3. 设函数$f(x)\in C[0,1]\cap D(0,1)$,且$f(0)=0,f(1)=\dfrac{1}{2}$. 证明:存在相异两点$\xi,\eta\in(0,1)$,使得

$$f'(\xi)+f'(\eta)=\xi+\eta.$$

4. 设函数$f(x)\in C[0,c]\cap D(0,c)$,且$f'(x)$在$(0,c)$内单调减少,$f(0)=0$,应用拉格朗日定理证明不等式:

$$f(a+b)\leqslant f(a)+f(b),$$

其中常数a,b满足条件$0\leqslant a\leqslant b\leqslant a+b\leqslant c$.

5. 设函数$f(x)$满足$f(0)=0$,且$f'(0)$存在,证明:

$$\lim_{x\to 0^+}x^{f(x)}=1.$$

6. 设$f(x)=(a+b\cos x)\sin x-x$在$x\to 0$时是x的五阶无穷小,求常数a和b.

7. 求下列极限:

(1) $\lim\limits_{x\to+\infty}\left[\ln(1+2^x)\ln\left(1+\dfrac{3}{x}\right)\right]$;　　(2) $\lim\limits_{x\to 0}\left(\dfrac{3^{x+1}-2^{x+1}}{x+1}\right)^{\frac{1}{x}}$;

(3) $\lim\limits_{x\to 0}\left[\dfrac{a}{x}-\left(\dfrac{1}{x^2}-a^2\right)\ln(1+ax)\right]$　$(a\neq 0)$.

8. 设函数$f(x)$在区间$[0,+\infty)$上二阶可导,且$f''(x)<0$.若$f(0)>0,f'(0)<0$,证明:$f(x)=0$在区间$[0,+\infty)$上有解.

9. 设函数$f(x)$在闭区间$[0,1]$上二阶可导,且满足$f(0)=f(1)=0,\max\limits_{0\leqslant x\leqslant 1}f(x)=2$,证明:存在$\xi\in(0,1)$,使得$f''(\xi)\leqslant -16$.

10. 当$x\geqslant 0$时,证明不等式:$e^x\geqslant 1+xe^{\frac{x-1}{2}}$.

11. 设函数$f(x)$在$[a,b]$上三阶可导,证明:存在$\xi\in(a,b)$,使得

$$f(b)=f(a)+f'\left(\frac{a+b}{2}\right)(b-a)+\frac{1}{24}(b-a)^3f'''(\xi).$$

12. 设$f(x)$在点$x=a$的某邻域内n阶可导$(n\geqslant 3)$,且$f^{(n)}(x)$在点$x=a$连续. 又$f''(a)=f'''(a)=\cdots=f^{(n-1)}(a)=0,f^{(n)}(a)\neq 0$,且

$$f(a+h)=f(a)+hf'(a+\theta\cdot h)\quad(0<\theta<1),$$

证明:$\lim\limits_{h\to 0}\theta=\left(\dfrac{1}{n}\right)^{\frac{1}{n-1}}$.

13. 函数$y=\begin{cases}\left|x\sin\dfrac{1}{x}\right|, & x\neq 0,\\ 0, & x=0\end{cases}$在$x=0$的单侧去心邻域中导函数是否保号?$x=0$是否是它

的极值点？

14. 设 $y=y(x)$ 是由方程 $2y^3-2y^2+2xy-x^2=1$ 确定的隐函数，试求 $y=y(x)$ 的驻点，并判别其是否为极值点.

15. 设函数 $f(x)$ 二阶可导，且 $\forall x\in(-\infty,+\infty)$ 成立 $xf''(x)+3x[f'(x)]^2=1-\mathrm{e}^{-x}$.

(1) 证明：若 $f(x)$ 在 $x=c\ (c\neq 0)$ 处取极值，则 $f(c)$ 必为极小值；

(2) 若 $f(x)$ 在 $x=0$ 处取极值，问 $f(0)$ 是极大值还是极小值？

16. 设函数 $f(x)$ 在点 x_0 处 n 阶可导，且 $f^{(k)}(x_0)=0\ (k=1,2,\cdots,n-1)$，$f^{(n)}(x_0)\neq 0$. 证明：

(1) 当 n 为奇数时，则 $f(x_0)$ 不是 $f(x)$ 的极值；

(2) 当 n 为偶数时，$f(x_0)$ 是 $f(x)$ 的极值，且若 $f^{(n)}(x_0)<0$，则 $f(x_0)$ 是 $f(x)$ 的极大值；若 $f^{(n)}(x_0)>0$，则 $f(x_0)$ 是 $f(x)$ 的极小值.

17. 已知当 $x>0$ 时，方程 $kx+\dfrac{1}{x^2}=1$ 有且仅有一个解，求 k 的取值范围.

18. 证明：方程 $a^x=bx\ (a>1)$ 当 $b>\mathrm{e}\ln a$ 时有两个实根；当 $0<b<\mathrm{e}\ln a$ 时没有实根；当 $b<0$ 时有唯一实根.

第 5 章　积　分

积分是微积分研究的另一基本内容.它研究的主要问题是求在区间上“分布不均匀量的总和”,也就是定积分.

定积分的概念源于求面积问题,这个问题的探索也是促使微积分产生的重要因素之一.从德国的开普勒(Kepler,1571—1630)到意大利的卡瓦列里(Cavalieri,1598—1647),直至法国的费马和帕斯卡(Pascal,1623—1662),还有英国的沃利斯(Wallis,1616—1703),他们对面积和体积问题运用了相当有效的计算方法,而其中蕴含了定积分的“分割为无穷小元素再求和”的思想.然而作为“积分”的这类问题与“微分”类问题的研究始终是分开的.牛顿和莱布尼茨分别认识到微分和积分是一对互逆的运算,事实上他们建立了两者间的联系.因此揭示微分与积分联系的微积分基本定理被称为牛顿-莱布尼茨公式.不过定积分定义的现代描述是由德国数学家黎曼(Riemann,1826—1866)给出的.

正因为“积分是微分的逆”,因此怎样求逆,确切地说,怎样求一个函数使其导函数恰为给定的函数,成为积分学研究的另一重要问题,这就是原函数与不定积分的概念.

本章将首先通过对典型例子的分析,引入定积分的概念并讨论其基本性质;然后引进原函数和不定积分的概念,进而建立微分与积分之间的重要联系——牛顿-莱布尼茨公式,并且给出基本的积分方法和技巧,再介绍用微元法来解决定积分的几何和物理应用,最后引进反常积分.

5.1　定积分的概念

定积分的概念源于曲边梯形的面积、变速运动的路程等数学、物理问题.它是由这类实际问题中抽象概括出来的一种特殊类型的极限.

5.1.1　典型实例

1. 曲边梯形的面积

设函数 $y=f(x)\in C[a,b]$ (其中 $f(x)\geqslant 0, x\in[a,b]$),则称连续曲线 $y=$

$f(x)$,直线 $x=a$,$x=b$ 以及 x 轴所围成的平面图形(图5.1)为**曲边梯形**,其中 x 轴上的区间 $[a,b]$ 称为其底边,曲线弧段 $y=f(x)$ 称为其曲边.

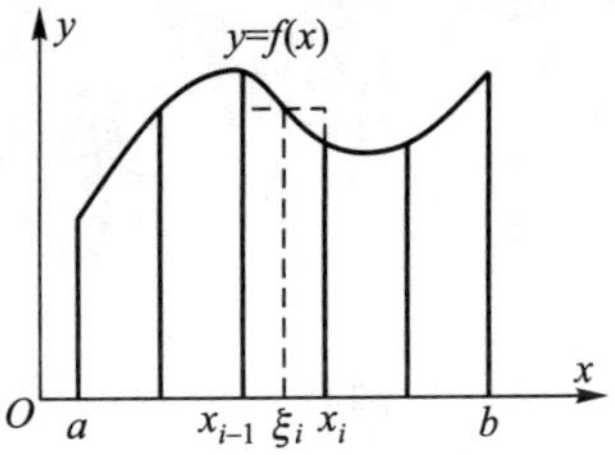

图 5.1

若 $f(x)$ 恒为常数 c,则曲边梯形成为矩形,其面积

$$A=c(b-a).$$

对于一般的曲边梯形,由于底边上的高 $f(x)$ 随着坐标 x 而变化,因此其面积无法按矩形面积公式来计算.然而,因函数 $f(x)$ 连续,故当 x 在 $[a,b]$ 上的长度很小的子区间上变动时,$f(x)$ 的变化也很小,这时我们就可以把子区间上的小曲边梯形近似成矩形.依此思想,我们按以下步骤来求其面积.

(1) **分划**:在 $[a,b]$ 内任意插入 $(n-1)$ 个分点 x_i $(i=1,2,\cdots,n-1)$ 得

$$a=x_0<x_1<x_2<\cdots<x_n=b,$$

称为对 $[a,b]$ 的一个**分划**,则 $[a,b]$ 分成 n 个子区间 $[x_{i-1},x_i]$ $(i=1,2,\cdots,n)$,其长度记为 $\Delta x_i=x_i-x_{i-1}$,相应地曲边梯形分成 n 个小曲边梯形.

(2) **作近似和**:任意取 $\xi_i\in[x_{i-1},x_i]$ $(i=1,2,\cdots,n)$,并以 $[x_{i-1},x_i]$ 为底,$f(\xi_i)$ 为高的第 i 个小矩形面积 $f(\xi_i)\Delta x_i$ 近似第 i 个小曲边梯形面积 ΔA_i,从而整个曲边梯形面积

$$A=\sum_{i=1}^{n}\Delta A_i\approx\sum_{i=1}^{n}f(\xi_i)\Delta x_i.$$

由于当小区间长度 Δx_i 变小时,用第 i 个矩形面积近似第 i 个小曲边梯形面积的误差也变小,从而用上述和式的值近似曲边梯形的面积的精确度就越高.

(3) **取极限**:记 $\lambda=\max\limits_{1\leqslant i\leqslant n}\{\Delta x_i\}$.当 λ 越来越接近于零时,即对区间 $[a,b]$ 的分划不断加细,则上一步中的和式对所求面积的近似程度越来越高.于是在上式中令 $\lambda\to0$,可得曲边梯形的面积

$$A=\lim_{\lambda\to0}\sum_{i=1}^{n}f(\xi_i)\Delta x_i.$$

2. 变速直线运动的路程

设一质点以速度 $v=v(t)$ 做直线运动,其中 $v(t)\in C[T_1,T_2]$.我们来考察质点从时刻 T_1 到时刻 T_2 这段时间 $[T_1,T_2]$ 内所经过的路程 s.

若 $v(t)$ 恒为常数 v,即质点沿直线做匀速运动,则有

$$s=v\cdot(T_2-T_1).$$

但当质点做变速直线运动时,其 $v(t)$ 随时间 t 而变化,因此不能采用匀速运动路程计算公式.然而,由于速度 $v(t)$ 连续,故当 t 在 $[T_1,T_2]$ 内的一个很小时间段内

变动时,其速度的变化也很小,这时我们就可把小时间段内质点的运动近似视为匀速.按此思想依次如下求其路程.

(1) **分划**:在$[T_1,T_2]$作任意分划

$$T_1=t_0<t_1<t_2<\cdots<t_n=T_2,$$

则$[T_1,T_2]$分为 n 个小区间$[t_{i-1},t_i]$ $(i=1,2,\cdots,n)$,其长度记为$\Delta t_i=t_i-t_{i-1}$.

(2) **作近似和**:任意取$\tau_i\in[t_{i-1},t_i]$ $(i=1,2,\cdots,n)$,视质点在每一时段$[t_{i-1},t_i]$内做速度为$v(\tau_i)$的匀速直线运动,故其在时间段$[t_{i-1},t_i]$内经过的路程$\Delta s_i\approx v(\tau_i)\Delta t_i$,从而质点在时间段$[T_1,T_2]$内所经过的路程

$$s=\sum_{i=1}^{n}\Delta s_i\approx\sum_{i=1}^{n}v(\tau_i)\Delta t_i.$$

(3) **取极限**:记$\lambda=\max\limits_{1\leqslant i\leqslant n}\{\Delta t_i\}$.在上式中令$\lambda\to0$,可得质点在时间段$[T_1,T_2]$内所经过的路程为

$$s=\lim_{\lambda\to0}\sum_{i=1}^{n}v(\tau_i)\Delta t_i.$$

3. 质量分布不均匀质线的质量

设有位于 x 轴上的一条有质量的线段(即质线),它的两端点坐标分别为 a,b $(a<b)$,其线密度为$\rho=\rho(x)$,其中$\rho(x)\in C[a,b]$.我们来讨论该质线的质量 m.

若ρ恒为常数,即质线的质量分布是均匀的,则其质量

$$m=\rho(b-a).$$

但当质线的质量分布不均匀时,我们不能采用这个计算公式.然而当 x 在$[a,b]$的长度很小的子区间上变动时,其线密度$\rho(x)$的变化也很小,故这时我们可把子区间上的质线近似看成是质量分布均匀的.于是又可用类似前面例子的步骤来求其质量.

(1) **分划**:在$[a,b]$作任意分划

$$a=x_0<x_1<x_2<\cdots<x_n=b,$$

将$[a,b]$分成 n 个子区间$[x_{i-1},x_i]$ $(i=1,2,\cdots,n)$,其长度为$\Delta x_i=x_i-x_{i-1}$.

(2) **作近似和**:任意取$\xi_i\in[x_{i-1},x_i]$ $(i=1,2,\cdots,n)$,视质线在每一子区间上质量分布均匀,且线密度为$\rho(\xi_i)$,则其在子区间$[x_{i-1},x_i]$上的分布的质量$\Delta m_i\approx\rho(\xi_i)\Delta x_i$,从而整段质线的质量(图 5.2)

$$m=\sum_{i=1}^{n}\Delta m_i\approx\sum_{i=1}^{n}\rho(\xi_i)\Delta x_i.$$

(3) **取极限**:记$\lambda=\max\limits_{1\leqslant i\leqslant n}\{\Delta x_i\}$.在上式中令$\lambda\to0$,可得质线的质量

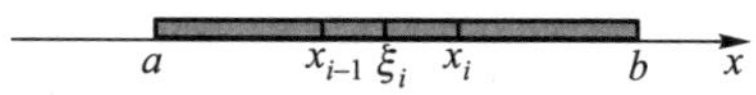

图 5.2

$$m=\lim_{\lambda\to 0}\sum_{i=1}^{n}\rho(\xi_i)\Delta x_i.$$

5.1.2 定积分的定义

上面我们讨论了三个不同的实际问题,一个是几何问题:求曲边梯形的面积,它取决于曲边的高度 $y=f(x)$ 和底边上点 x 的变化区间 $[a,b]$;另两个是物理问题:求变速直线运动的质点的路程和质量分布不均匀的质线的质量,它们分别取决于质点的运动速度 $v=v(t)$ 和时间 t 的变化区间 $[T_1,T_2]$,以及质线的线密度 $\rho=\rho(x)$ 和自变量 x 的变化区间 $[a,b]$.虽然这几个例子中所求量的实际意义不同,但是它们都联系着一个函数及其自变量的变化区间.而且,求这些量的方法和步骤也是完全相同的,即首先对自变量的变化区间作任意的分划、然后在每个小区间上任意取一个点、再作一种和式,最后取极限.如果我们撇开这些问题的实际意义,根据它们的共性,就可以抽象出定积分的定义.

定义 5.1 设函数 f 在区间 $[a,b]$ 上定义且有界.对 $[a,b]$ 作任意分划:

$$a=x_0<x_1<x_2<\cdots<x_n=b,$$

又 $\forall\,\xi_i\in[x_{i-1},x_i]$ $(i=1,2,\cdots,n)$,作和

$$\sum_{i=1}^{n}f(\xi_i)\Delta x_i,$$

其中 $\Delta x_i=x_i-x_{i-1}$ 为小区间的长度.若当 $\lambda=\max\limits_{1\leqslant i\leqslant n}\{\Delta x_i\}\to 0$,上述和式总有极限 I,即

$$\lim_{\lambda\to 0}\sum_{i=1}^{n}f(\xi_i)\Delta x_i=I,$$

则称函数 f 在 $[a,b]$ 上**黎曼(Riemann)可积**(简称**可积**),记为 $f\in R[a,b]$;极限值 I 称为 $f(x)$ 在 $[a,b]$ 的**定积分**,记为

$$\int_a^b f(x)\,\mathrm{d}x.$$

即

$$\int_a^b f(x)\,\mathrm{d}x=I=\lim_{\lambda\to 0}\sum_{i=1}^{n}f(\xi_i)\Delta x_i,$$

其中 a,b 分别称为积分的**下限**和**上限**,$[a,b]$ 称为**积分区间**,f 称为**被积函数**,x 称为**积分变量**.

定义中的和式 $\sum\limits_{i=1}^{n}f(\xi_i)\Delta x_i$ 常称为函数 $f(x)$ 在区间 $[a,b]$ 上的**黎曼和**或**积分和**.

函数 $f(x)$ 在 $[a,b]$ 上的定积分作为和式的极限，也可用"$\varepsilon-\delta$"的语言叙述如下：

若有 $I\in\mathbf{R}$，$\forall\varepsilon>0$，$\exists\delta>0$，使得对 $[a,b]$ 的任意分划

$$a=x_0<x_1<x_2<\cdots<x_n=b,$$

以及 $\forall\xi_i\in[x_{i-1},x_i]$，只要 $\lambda=\max\limits_{1\leqslant i\leqslant n}\{\Delta x_i\}<\delta$（其中 $\Delta x_i=x_i-x_{i-1}$，$i=1,2,\cdots,n$），总有

$$\left|\sum_{i=1}^{n}f(\xi_i)\Delta x_i-I\right|<\varepsilon,$$

则称 I 为函数 $f(x)$ 在 $[a,b]$ 上的定积分.

显然定积分与表示积分变量的字母无关.若把积分变量 x 换为其他字母，如 t 或 u，而被积分函数 f 和积分区间 $[a,b]$ 都不变，则定积分的值不变，即有

$$\int_a^b f(x)\mathrm{d}x=\int_a^b f(t)\mathrm{d}t=\int_a^b f(u)\mathrm{d}u.$$

根据定积分的定义，由连续曲线 $y=f(x)(\geqslant 0)$，直线 $x=a$，$x=b$ 与 x 轴所围成的曲边梯形的面积（图 5.3）为定积分

$$A=\int_a^b f(x)\mathrm{d}x.$$

而当 $f(x)\leqslant 0\ (x\in[a,b])$ 时，曲线 $y=f(x)$，直线 $x=a$，$x=b$ 与 x 轴所围成的曲边梯形位于 x 轴下方（图 5.4），故不难理解，其面积应为

$$A=-\int_a^b f(x)\mathrm{d}x.$$

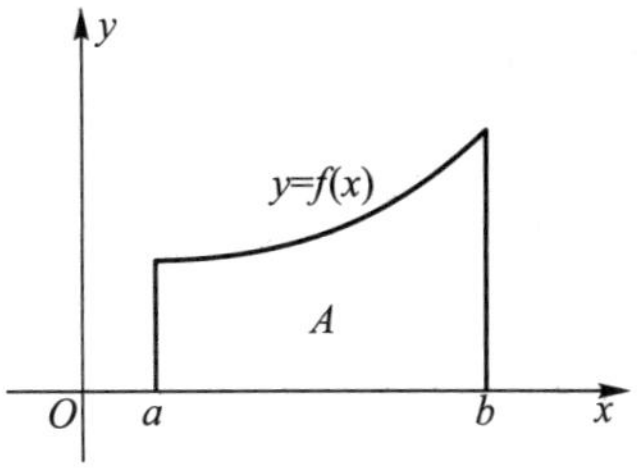

图 5.3

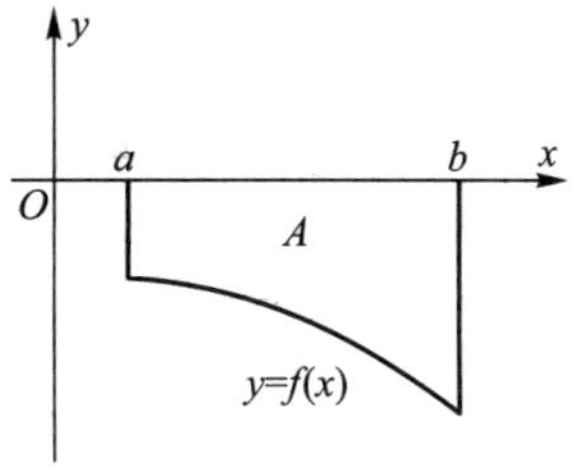

图 5.4

这样若我们规定 x 轴上、下方的曲边图形面积的代数值分别为其面积和面积的相反数，则对一般的连续函数 $y=f(x)$，$\int_a^b f(x)\mathrm{d}x$ 表示曲线 $y=f(x)$，直线 $x=a$，$x=b$ 以及 x 轴所围图形各部分面积的代数值之和.例如对于图 5.5 所表示的函数 $f(x)$，就有

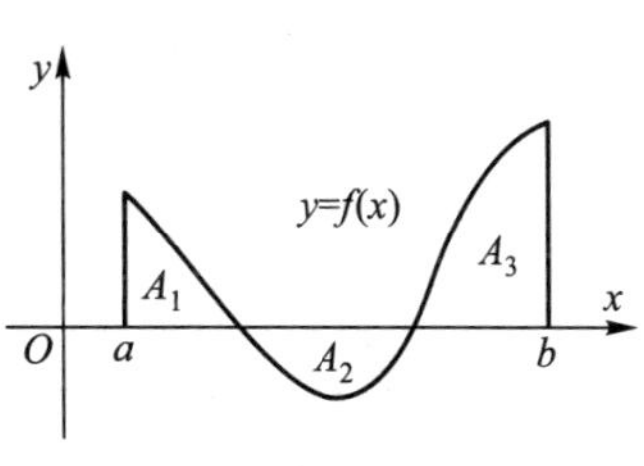

图 5.5

$$\int_a^b f(x)\,\mathrm{d}x = A_1 - A_2 + A_3.$$

这就是**定积分的几何意义**.

在上一小节的另两个物理问题中,变速直线运动的路程应为定积分

$$s = \int_{T_1}^{T_2} v(t)\,\mathrm{d}t,$$

而质线的质量可表示为定积分

$$m = \int_a^b \rho(x)\,\mathrm{d}x.$$

值得注意的是:虽然定积分的定义是以极限形式给出的,但是这类极限与我们以前讨论过的数列极限和函数极限有所区别.其主要区别是在这类极限中,当 $\lambda\to 0$ 时,求极限的和式 $\sum\limits_{i=1}^{n} f(\xi_i)\Delta x_i$ 并非变量 λ 的直接表达式,而是一个与 λ 间接有关的式子,这个式子在每个小区间的长度不大于 λ 的约束下包含了两个"任意选取"的因素:第一,分划是可以任意选取的;第二,相应于分划在小区间 $[x_{i-1},x_i]$ 上的点 ξ_i 也是任意选取的,因此这类极限过程是十分复杂的.

如果无论区间如何分划以及点 ξ_i 怎样选取,当 $\lambda\to 0$ 时,所有对应的黎曼和都趋于同一数 I,那么 f 在 $[a,b]$ 上可积;反之,如果函数 f 对区间上的某两种分划或某一种分划下 ξ_i 的两种不同取法得到的黎曼和趋于不同的数,那么 f 在该区间上就不可积.

例 5.1　证明狄利克雷函数

$$D(x)=\begin{cases}1, x\text{ 为有理数},\\ 0, x\text{ 为无理数}\end{cases}$$

在 $[0,1]$ 上不可积.

证　对 $[0,1]$ 上的任意分划将 $[0,1]$ 分成 n 个子区间 $[x_{i-1},x_i]$ $(i=1,2,\cdots,n)$. 若取 ξ_i 为子区间 $[x_{i-1},x_i]$ 中的有理数,则

$$\lim_{\lambda\to 0}\sum_{i=1}^{n} D(\xi_i)\Delta x = \lim_{\lambda\to 0}\sum_{i=1}^{n} 1\cdot\Delta x = 1.$$

若取 ξ'_i 为子区间 $[x_{i-1},x_i]$ 中的无理数,则

$$\lim_{\lambda\to 0}\sum_{i=1}^{n} D(\xi'_i)\Delta x = \lim_{\lambda\to 0}\sum_{i=1}^{n} 0\cdot\Delta x = 0.$$

由于上面两个黎曼和在 $\lambda\to 0$ 时的极限虽存在但不相等,因此 $D(x)$ 在 $[0,1]$ 上不可积.

5.1.3　函数可积的充分条件

对于一个给定的函数,我们自然会问:它满足什么条件时,其定积分就一定

存在,或者说就一定可积?

下面我们不加证明地给出几类常见的可积函数.

定理 5.1 若函数 $f(x)$ 满足下列条件之一,则 $f(x)\in R[a,b]$.

(1) $f(x)$ 在 $[a,b]$ 连续;

(2) $f(x)$ 在 $[a,b]$ 上有界且只有有限个间断点;

(3) $f(x)$ 在 $[a,b]$ 上单调.

虽然在定积分的定义中,我们曾要求 $f(x)$ 在区间 $[a,b]$ 上处处有定义,但是当 $f(x)$ 有界且只有有限个间断点时,即便 $f(x)$ 在间断点处无定义,由定理 5.1 (2) 可知,$f(x)$ 在 $[a,b]$ 上的定积分仍存在.进一步,如果改变函数在有限个点处的函数值,那么得到的函数与原来函数具有相同的可积性,而且在可积的情形下,它们还具有相等的定积分值.

若函数 $f(x)$ 在区间 $[a,b]$ 上除有限个第一类间断点外均连续,则称 $f(x)$ 为 $[a,b]$ 上的**分段连续函数**.由定理 5.1(2) 可知分段连续函数 $f(x)\in R[a,b]$.

当 $f(x)\in R[a,b]$ 时,由于对 $[a,b]$ 的任何分划及 $\forall \xi_i\in[x_{i-1},x_i]\ (i=1,2,\cdots,n)$,都有

$$\lim_{\lambda\to 0}\sum_{i=1}^{n} f(\xi_i)\Delta x_i=\int_a^b f(x)\,\mathrm{d}x,$$

因此我们可选用特殊的分划和特定的 $\xi_i\in[x_{i-1},x_i]\ (i=1,2,\cdots,n)$,从相应的积分和来求得 $\int_a^b f(x)\,\mathrm{d}x$ 的值.

例 5.2 计算定积分 $\int_0^1 x^2\mathrm{d}x$.

解 由 $f(x)=x^2\in C[0,1]$,可知 $f(x)\in R[0,1]$,其积分值与 $[0,1]$ 的分划及 ξ_i 的选取无关.于是,为了便于计算,将 $[0,1]$ 分成 n 等份,得分点 $x_i=\dfrac{i}{n}\ (i=1,2,\cdots,n)$,每个小区间长度为 $\Delta x_i=\dfrac{1}{n}$,从而 $\lambda=\dfrac{1}{n}$.取 $\xi_i=x_i=\dfrac{i}{n}\ (i=1,2,\cdots,n)$,注意到此时 $\lambda\to 0$ 即 $n\to\infty$,则有

$$\int_0^1 x^2\mathrm{d}x=\lim_{\lambda\to 0}\sum_{i=1}^{n}\xi_i^2\Delta x_i=\lim_{n\to\infty}\sum_{i=1}^{n}\left(\frac{i}{n}\right)^2\cdot\frac{1}{n}=\lim_{n\to\infty}\frac{n(n+1)(2n+1)}{6n^3}=\frac{1}{3}.$$

例 5.3 计算定积分 $\int_1^2 \dfrac{\mathrm{d}x}{x}$.

分析 此题若将区间 $[1,2]$ 分成 n 等份,分成 $x_0,x_1,x_2,\cdots,x_{n-1},x_n$ 成等差数列,则积分和难以求出,故而尝试将区间 $[1,2]$ 分成 n 份,使分点 $x_0,x_1,x_2,\cdots,$

x_{n-1},x_n 成等比数列.

解　由于 $f(x)=\frac{1}{x}\in C[1,2]$,因此定积分 $\int_1^2\frac{\mathrm{d}x}{x}$ 存在.在区间 $[1,2]$ 内插入 $n-1$ 个分点 $x_1<x_2<\cdots<x_{n-1}$,使得 $x_0,x_1,x_2,\cdots,x_{n-1},x_n$ 成等比数列,其中 $x_0=1$,$x_n=2$.由此得分点

$$x_i=q^i\quad(i=1,2,\cdots,n),$$

q 为等比数列的公比.由 $q^n=2$ 得 $q=2^{1/n}$.于是 $\Delta x_i=x_i-x_{i-1}=q^{i-1}(q-1)$,由 $q>1$ 知 $\lambda=q^{n-1}(q-1)=2-2^{\frac{n-1}{n}}$.再取 $\xi_i=x_{i-1}=q^{i-1}$.注意到 $\lambda\to0$ 即 $n\to\infty$,则有

$$\int_1^2\frac{\mathrm{d}x}{x}=\lim_{\lambda\to0}\sum_{i=1}^{n}\frac{\Delta x_i}{\xi_i}=\lim_{n\to\infty}\sum_{i=1}^{n}\frac{q^{i-1}(q-1)}{q^{i-1}}$$

$$=\lim_{n\to\infty}n(q-1)=\lim_{n\to\infty}n(2^{1/n}-1)=\lim_{n\to\infty}\frac{2^{1/n}-1}{\frac{1}{n}}=\ln 2.$$

上面我们是在函数可积的前提下,通过选特殊的分划和取特殊的点 ξ_i 来求定积分的值.反过来,我们也可将某些特殊和式的极限化为黎曼和的极限变成定积分的值.

例 5.4　已知 $\int_0^1 x^p\mathrm{d}x=\frac{1}{p+1}(p>0)$,计算极限 $\lim_{n\to\infty}\frac{1^p+2^p+\cdots+n^p}{n^{p+1}}$.

解　将区间 $[0,1]$ 分成 n 等份,得分点 $x_i=\frac{i}{n}\ (i=1,2,\cdots,n)$,每个小区间长度为 $\Delta x_i=\frac{1}{n}$,从而 $\lambda=\frac{1}{n}$.取 $\xi_i=x_i=\frac{i}{n}\ (i=1,2,\cdots,n)$,注意到此时 $\lambda\to0$ 即 $n\to\infty$,则有

$$\lim_{n\to\infty}\frac{1^p+2^p+\cdots+n^p}{n^{p+1}}=\lim_{n\to\infty}\sum_{i=1}^{n}\left(\frac{i}{n}\right)^p\cdot\frac{1}{n}=\int_0^1 x^p\mathrm{d}x=\frac{1}{p+1}.$$

5.2　定积分的性质

在定积分的定义中,必须有积分下限 a 小于积分上限 b,这给定积分的计算和应用带来了不便.为了避免这种不便,我们规定

$$\int_a^b f(x)\mathrm{d}x=-\int_b^a f(x)\mathrm{d}x,\quad \int_a^a f(x)\mathrm{d}x=0.$$

这样无论 a,b 的大小关系如何，只要函数 $f(x)$ 可积，则定积分 $\int_a^b f(x)\mathrm{d}x$ 总有意义.

下面我们介绍定积分的一些基本性质，它们对定积分的计算和应用有着重要作用.

5.2.1 定积分的运算性质

定理 5.2(线性性) 设 $f,g\in R[a,b]$，又 $\alpha,\beta\in\mathbf{R}$，则 $\alpha f+\beta g\in R[a,b]$，且

$$\int_a^b[\alpha f(x)+\beta g(x)]\mathrm{d}x=\alpha\int_a^b f(x)\mathrm{d}x+\beta\int_a^b g(x)\mathrm{d}x.$$

证 由 $f,g\in R[a,b]$，对 $[a,b]$ 的任一分划，及 $\forall\xi_i\in[x_{i-1},x_i]$ $(i=1,2,\cdots,n)$，有

$$\begin{aligned}\lim_{\lambda\to0}\sum_{i=1}^n[\alpha f(\xi_i)+\beta g(\xi_i)]\Delta x_i&=\alpha\lim_{\lambda\to0}\sum_{i=1}^n f(\xi_i)\Delta x_i+\beta\lim_{\lambda\to0}\sum_{i=1}^n g(\xi_i)\Delta x_i\\&=\alpha\int_a^b f(x)\mathrm{d}x+\beta\int_a^b g(x)\mathrm{d}x,\end{aligned}$$

故定理结论成立.

上述性质说明定积分运算是**线性运算**.特别地，有

$$\int_a^b\alpha f(x)\mathrm{d}x=\alpha\int_a^b f(x)\mathrm{d}x$$

及

$$\int_a^b[f(x)\pm g(x)]\mathrm{d}x=\int_a^b f(x)\mathrm{d}x\pm\int_a^b g(x)\mathrm{d}x.$$

定理 5.3(区间可加性) 设函数 $f\in R[a,b]$，$c\in(a,b)$，则 $f\in R[a,c]$，$f\in R[c,b]$，且有

$$\int_a^b f(x)\mathrm{d}x=\int_a^c f(x)\mathrm{d}x+\int_c^b f(x)\mathrm{d}x.$$

定理 5.3 以及下面的定理 5.4 留给读者自己证明.

关于定理 5.3 有两点需要强调：其一，反过来，若 $f\in R[a,c]$ 且 $f\in R[c,b]$，则也有 $f(x)\in R[a,b]$，且上式仍成立；其二，当 $a<b<c$ 时，只要 $f\in R[a,c]$，则上式同样成立.事实上，此时有

$$\int_a^c f(x)\mathrm{d}x=\int_a^b f(x)\mathrm{d}x+\int_b^c f(x)\mathrm{d}x.$$

根据规定 $\int_b^c f(x)\mathrm{d}x=-\int_c^b f(x)\mathrm{d}x$，从而有

$$\int_a^b f(x)\mathrm{d}x=\int_a^c f(x)\mathrm{d}x-\int_b^c f(x)\mathrm{d}x=\int_a^c f(x)\mathrm{d}x+\int_c^b f(x)\mathrm{d}x.$$

类似地,对于 $c<a<b$ 的情形也有同样的结果.

定理 5.4(保号性) 设函数 $f\in R[a,b]$,且在 $[a,b]$ 上,$f(x)\geqslant 0$,则有

$$\int_a^b f(x)\,\mathrm{d}x\geqslant 0.$$

这个性质可由定积分定义直接得到,当然由定积分的几何性质容易理解.它看似简单,但其作用不可小觑.根据该性质,我们可以得到以下重要推论.

推论 1(保序性) 设函数 $f,g\in R[a,b]$,且在 $[a,b]$ 上,$f(x)\leqslant g(x)$,则有

$$\int_a^b f(x)\,\mathrm{d}x\leqslant \int_a^b g(x)\,\mathrm{d}x.$$

证 令 $F(x)=g(x)-f(x)$,则 $F(x)\geqslant 0$.由定理 5.2 和定理 5.4 立刻可得结论.

推论 2(估值不等式) 设函数 $f\in R[a,b]$,且在 $[a,b]$ 上,$m\leqslant f(x)\leqslant M$,则有

$$m(b-a)\leqslant \int_a^b f(x)\,\mathrm{d}x\leqslant M(b-a).$$

证 根据假设条件及定理 5.2 和推论 1,有

$$m\int_a^b \mathrm{d}x\leqslant \int_a^b f(x)\,\mathrm{d}x\leqslant M\int_a^b \mathrm{d}x.$$

注意到 $\int_a^b \mathrm{d}x=b-a$,则立刻得结论.

推论 3(绝对值不等式) 设函数 $f\in R[a,b]$,则 $|f|\in R[a,b]$,且

$$\left|\int_a^b f(x)\,\mathrm{d}x\right|\leqslant \int_a^b |f(x)|\,\mathrm{d}x.$$

证 我们略去 $|f|\in R[a,b]$ 的证明,仅证绝对值不等式成立.

由于 $\forall x\in[a,b]$,总有

$$-|f(x)|\leqslant f(x)\leqslant |f(x)|.$$

于是由推论 1 就有

$$-\int_a^b |f(x)|\,\mathrm{d}x\leqslant \int_a^b f(x)\,\mathrm{d}x\leqslant \int_a^b |f(x)|\,\mathrm{d}x,$$

所以

$$\left|\int_a^b f(x)\,\mathrm{d}x\right|\leqslant \int_a^b |f(x)|\,\mathrm{d}x.$$

上述不等式通常称为**积分的绝对值不等式**,它在对定积分值进行估计时,起着重要的作用.

当函数 $|f|\in R[a,b]$,通常称函数 $f(x)$ 在 $[a,b]$ 上**绝对可积**.推论 3 表明,可积函数必定是绝对可积的.但其逆命题并不成立,即由 $|f|\in R[a,b]$,不能推出

$f\in R[a,b]$.例如

$$f(x)=\begin{cases}1, & x\text{ 为有理数},\\ -1, & x\text{ 为无理数}.\end{cases}$$

类似于例 5.1 的讨论,可证 $f(x)$ 在 $[0,1]$ 上不可积.但 $|f(x)|\equiv 1\ (\forall x\in[0,1])$,因此 $|f|\in R[0,1]$.

例 5.5 估计定积分 $\int_{\frac{1}{2}}^{1}\sqrt{1-x^2+x^3}\,\mathrm{d}x$ 的值.

解 令 $f(x)=1-x^2+x^3$,当 $x\in\left[\frac{1}{2},1\right]$ 时,$f'(x)=3x^2-2x$,从而有唯一驻点 $x=\frac{2}{3}$.将 $f(x)$ 在驻点与在区间端点的值比较得到

$$\frac{23}{27}\leqslant f(x)\leqslant 1.$$

故有

$$\frac{\sqrt{69}}{9}\leqslant\sqrt{1-x^2+x^3}\leqslant 1.$$

根据定理 5.4 的推论 2 得到

$$\frac{\sqrt{69}}{18}\leqslant\int_{\frac{1}{2}}^{1}\sqrt{1-x^2+x^3}\,\mathrm{d}x\leqslant\frac{1}{2}.$$

例 5.6 设函数 $f(x)\in C[a,b]$,且在 $[a,b]$ 上,$f(x)\geqslant 0$.若 $\int_a^b f(x)\,\mathrm{d}x=0$,证明

$$f(x)\equiv 0.$$

分析 此题宜采用反证法.若 f 在 $[a,b]$ 上不恒为零,则至少存在一点,该点处 f 的函数值大于零.根据连续函数的保号性质,可得包含该点的一个小区间,其上 f 的函数值大于一正数,从而积分值大于 0,导出矛盾.

证 用反证法.若 $f(x)$ 在 $[a,b]$ 上不恒为零,则 $\exists x_0\in[a,b]$,使得 $f(x_0)>0$.由于 $f(x)\in C[a,b]$,因此有 $\lim\limits_{x\to x_0}f(x)=f(x_0)$.根据极限的保号性质知,$\exists[\alpha,\beta]\subset[a,b]$ 使得 $\alpha<\beta$,$x_0\in[\alpha,\beta]$,且当 $x\in[\alpha,\beta]$ 时,有 $f(x)>\frac{f(x_0)}{2}>0$.由定理 5.3,定理 5.4 及其推论 2 可得

$$\begin{aligned}\int_a^b f(x)\,\mathrm{d}x&=\int_a^\alpha f(x)\,\mathrm{d}x+\int_\alpha^\beta f(x)\,\mathrm{d}x+\int_\beta^b f(x)\,\mathrm{d}x\\&\geqslant\int_\alpha^\beta f(x)\,\mathrm{d}x>\frac{f(x_0)}{2}(\beta-\alpha)>0.\end{aligned}$$

这与已知条件 $\int_a^b f(x)\,\mathrm{d}x=0$ 矛盾，从而 $f(x)\equiv 0$.

定理 5.5（乘积函数可积性） 设函数 $f,g\in R[a,b]$，则 $f\cdot g\in R[a,b]$.

我们略去此定理的证明.

一般地，如果 $f^2(x)\in R[a,b]$，则称函数 $f(x)$ 在 $[a,b]$ 上**平方可积**. 定理5.5表明：可积函数必定是平方可积的，但其逆命题不成立，只需考察定理 5.4 推论 3 后说明部分的例子.

例 5.7（施瓦茨（Schwarz）不等式） 设函数 $f(x),g(x)\in C[a,b]$，则成立下述施瓦茨不等式：

$$\left(\int_a^b f(x)g(x)\,\mathrm{d}x\right)^2\leqslant\int_a^b f^2(x)\,\mathrm{d}x\cdot\int_a^b g^2(x)\,\mathrm{d}x.$$

证 若 $\int_a^b f^2(x)\,\mathrm{d}x=0$（或 $\int_a^b g^2(x)\,\mathrm{d}x=0$），据例 5.6 知 $f(x)\equiv 0$（或 $g(x)\equiv 0$），从而

$$\int_a^b f(x)g(x)\,\mathrm{d}x=0,$$

故所证不等式成立.

下设 $\int_a^b f^2(x)\,\mathrm{d}x>0$ 且 $\int_a^b g^2(x)\,\mathrm{d}x>0$.

当 $\int_a^b f^2(x)\,\mathrm{d}x=1=\int_a^b g^2(x)\,\mathrm{d}x$ 时，由于对任意的 $x\in[a,b]$，成立不等式

$$f(x)g(x)\leqslant\frac{1}{2}[f^2(x)+g^2(x)],$$

根据定积分的保序性和线性性有

$$\int_a^b f(x)g(x)\,\mathrm{d}x\leqslant\frac{1}{2}\left[\int_a^b f^2(x)\,\mathrm{d}x+\int_a^b g^2(x)\,\mathrm{d}x\right]=1.$$

故结论成立.

一般地，令

$$\varphi(x)=\frac{f(x)}{\sqrt{\int_a^b f^2(x)\,\mathrm{d}x}},\ \psi(x)=\frac{g(x)}{\sqrt{\int_a^b g^2(x)\,\mathrm{d}x}},$$

则 $\varphi,\psi\in C[a,b]$，且 $\int_a^b \varphi^2(x)\,\mathrm{d}x=1=\int_a^b \psi^2(x)\,\mathrm{d}x$，于是有 $\int_a^b \varphi(x)\psi(x)\,\mathrm{d}x\leqslant 1$，即

$$\int_a^b\frac{f(x)}{\sqrt{\int_a^b f^2(x)\,\mathrm{d}x}}\cdot\frac{g(x)}{\sqrt{\int_a^b g^2(x)\,\mathrm{d}x}}\,\mathrm{d}x\leqslant 1.$$

根据定积分的线性性整理得

$$\int_a^b f(x)g(x)\mathrm{d}x \leqslant \sqrt{\int_a^b f^2(x)\mathrm{d}x} \cdot \sqrt{\int_a^b g^2(x)\mathrm{d}x},$$

从而施瓦茨不等式成立.

此例中的施瓦茨不等式通常称为**积分形式的施瓦茨不等式**.它是我们熟知的离散型施瓦茨不等式

$$\left(\sum_{i=1}^n a_i b_i\right)^2 \leqslant \sum_{i=1}^n a_i^2 \cdot \sum_{i=1}^n b_i^2$$

的"连续形式",其中 $a_i, b_i \in \mathbf{R}\ (i=1,2,\cdots,n)$.

可以证明,当条件"$f,g \in C[a,b]$"减弱为"$f,g \in R[a,b]$"时,施瓦茨不等式仍然成立.

5.2.2 积分中值定理

下面我们证明积分中值定理,它在很多问题中都有应用.

定理 5.6(积分中值定理) 设函数 $f \in C[a,b]$,$g \in R[a,b]$,且 $g(x)$ 在 $[a,b]$ 上不变号,则 $\exists \xi \in [a,b]$,使得

$$\int_a^b f(x)g(x)\mathrm{d}x = f(\xi)\int_a^b g(x)\mathrm{d}x.$$

证 不妨设 $g(x) \geqslant 0$,则 $\int_a^b g(x)\mathrm{d}x \geqslant 0$.因为 $f(x) \in C[a,b]$,$g(x) \in R[a,b]$,所以 $f \cdot g \in R[a,b]$,且

$$mg(x) \leqslant f(x)g(x) \leqslant Mg(x),$$

其中 $M = \max\limits_{a \leqslant x \leqslant b}\{f(x)\}$,$m = \min\limits_{a \leqslant x \leqslant b}\{f(x)\}$.由定理 5.4 的推论 1 得

$$m\int_a^b g(x)\mathrm{d}x \leqslant \int_a^b f(x)g(x)\mathrm{d}x \leqslant M\int_a^b g(x)\mathrm{d}x.$$

若 $\int_a^b g(x)\mathrm{d}x = 0$,则由上式知 $\int_a^b f(x)g(x)\mathrm{d}x = 0$,从而结论显然成立.

若 $\int_a^b g(x)\mathrm{d}x > 0$,则

$$m \leqslant \frac{\int_a^b f(x)g(x)\mathrm{d}x}{\int_a^b g(x)\mathrm{d}x} \leqslant M.$$

由闭区间上连续函数的介值定理,$\exists \xi \in [a,b]$,使得

$$f(\xi)=\frac{\int_a^b f(x)g(x)\,\mathrm{d}x}{\int_a^b g(x)\,\mathrm{d}x}.$$

所以定理结论得证.

在定理中取 $g(x)=1$,立即可得

推论 设函数 $f\in C[a,b]$,则 $\exists\,\xi\in[a,b]$,使得

$$\int_a^b f(x)\,\mathrm{d}x=f(\xi)(b-a).$$

公式 $\int_a^b f(x)\,\mathrm{d}x=f(\xi)(b-a)$ 称为**积分中值公式**,其几何意义为:设连续函数 $f(x)\geqslant 0$,则存在 $\xi\in[a,b]$ 使得由 $x=a,x=b,x$ 轴以及曲线 $y=f(x)$ 所围成的曲边梯形的面积,等于底边长为 $b-a$,高为 $f(\xi)$ 的矩形的面积.简言之,即"化曲为方"(见图 5.6).

显然,当 $b<a$ 时,积分中值公式

$$\int_a^b f(x)\,\mathrm{d}x=f(\xi)(b-a)\quad(b\leqslant\xi\leqslant a)$$

仍然成立.另一方面,我们还可以将积分中值公式改写为

$$f(\xi)=\frac{1}{b-a}\int_a^b f(x)\,\mathrm{d}x,$$

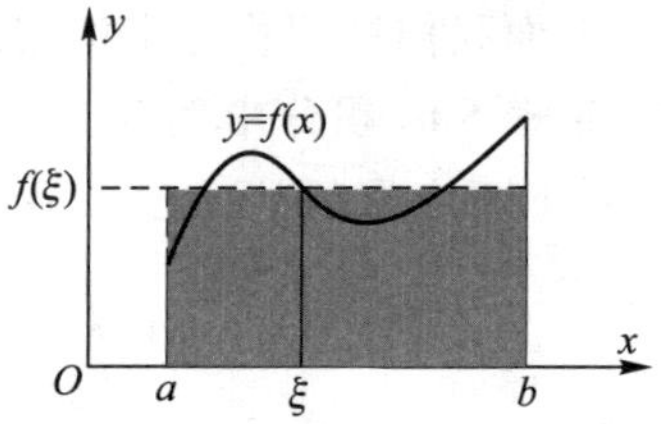

图 5.6

并且称 $\frac{1}{b-a}\int_a^b f(x)\,\mathrm{d}x$ 为函数 $f(x)$ 在 $[a,b]$ 上的**平均值**.

设函数 $f(x)\in C[a,b]$. 将区间 $[a,b]$ 等分为 n 个子区间 $[x_{i-1},x_i]$ $(i=1,2,\cdots,n)$,则每个小区间的长度为 $\frac{b-a}{n}$,在各子区间上任意取点 ξ_i,那么函数 $f(x)$ 在这 n 个点处取值的算术平均值为

$$\begin{aligned}\frac{f(\xi_1)+f(\xi_2)+\cdots+f(\xi_n)}{n}&=\frac{1}{b-a}\cdot\frac{b-a}{n}[f(\xi_1)+f(\xi_2)+\cdots+f(\xi_n)]\\&=\frac{1}{b-a}\cdot\frac{b-a}{n}\sum_{i=1}^{n}f(\xi_i).\end{aligned}$$

在上式中令 $n\to\infty$,得到

$$\begin{aligned}\lim_{n\to\infty}\frac{f(\xi_1)+f(\xi_2)+\cdots+f(\xi_n)}{n}&=\frac{1}{b-a}\lim_{n\to\infty}\frac{b-a}{n}\sum_{i=1}^{n}f(\xi_i)\\&=\frac{1}{b-a}\int_a^b f(x)\,\mathrm{d}x.\end{aligned}$$

由此可见函数 $f(x)$ 在 $[a,b]$ 上的平均值 $\frac{1}{b-a}\int_a^b f(x)\,\mathrm{d}x$ 是有限个数的算术平均值概念的拓广.定理 5.6 的推论说明 $[a,b]$ 上的连续函数必定能取到它在区间上的平均值.

例 5.8　求极限 $\lim\limits_{n\to\infty}\int_0^{\frac{1}{2}}\frac{x^n}{\sqrt{1+x^2}}\mathrm{d}x$.

解　对 $f(x)=x^n$, $g(x)=\frac{1}{\sqrt{1+x^2}}>0$ 应用积分中值定理：$\exists\xi\in\left[0,\frac{1}{2}\right]$ 使得

$$\int_0^{\frac{1}{2}}\frac{x^n}{\sqrt{1+x^2}}\mathrm{d}x=\xi^n\int_0^{\frac{1}{2}}\frac{1}{\sqrt{1+x^2}}\mathrm{d}x.$$

注意到

$$0\leqslant\xi^n\int_0^{\frac{1}{2}}\frac{1}{\sqrt{1+x^2}}\mathrm{d}x\leqslant\left(\frac{1}{2}\right)^{n+1},$$

由夹逼定理可得

$$\lim_{n\to\infty}\int_0^{\frac{1}{2}}\frac{x^n}{\sqrt{1+x^2}}\mathrm{d}x=0.$$

此题也可简单求解如下：因为当 $x\in\left[0,\frac{1}{2}\right]$ 时，$0\leqslant\frac{x^n}{\sqrt{1+x^2}}\leqslant\frac{1}{2^n}$，所以由积分的估值不等式有

$$0\leqslant\int_0^{\frac{1}{2}}\frac{x^n}{\sqrt{1+x^2}}\mathrm{d}x\leqslant\frac{1}{2^{n+1}}.$$

令 $n\to\infty$，据夹逼定理即得结果.

例 5.9　设函数 $f\in C[0,1]$，且 $f\in D(0,1)$，又 $f(1)=2\int_0^{\frac{1}{2}}xf(x)\,\mathrm{d}x$. 证明：$\exists\xi\in(0,1)$ 使得 $f(\xi)+\xi f'(\xi)=0$.

分析　根据要证的结论可知，作辅助函数 $F(x)=xf(x)$，并对其使用罗尔中值定理.在验证罗尔定理的条件“两点处 F 的函数值相等”时，还需使用积分中值定理的推论.

解　令 $F(x)=xf(x)$，则 $F\in C[0,1]\cap D(0,1)$，且 $F(1)=f(1)$. 另一方面，由积分中值定理的推论知，存在 $\eta\in\left[0,\frac{1}{2}\right]$，使得

$$f(1)=2\int_0^{\frac{1}{2}}xf(x)\,\mathrm{d}x=\eta f(\eta)=F(\eta),$$

从而 $F(\eta)=F(1)$.于是由罗尔定理知 $\exists\xi\in(\eta,1)\subset(0,1)$,使得 $F'(\xi)=0$,即

$$f(\xi)+\xi f'(\xi)=0.$$

5.3　微积分基本定理

前面我们讨论了定积分的概念及其性质.现在的问题是如何计算定积分的值?到目前为止,我们只知道利用定积分的定义,通过和式的极限来计算.从5.1节可以看出,即使对于简单的可积函数,采用特殊的分划及特定的选点通过黎曼和求极限也往往是十分困难的.为此需要寻求定积分计算的有效方法.本节我们将以拉格朗日定理、原函数和变上限函数概念为基础,引入微积分的基本定理,即牛顿-莱布尼茨公式,该公式建立了积分与微分之间的联系,把求定积分的问题转化成求原函数的问题.通过引进不定积分,求原函数可以由求不定积分来解决.

由于这个公式的重要性,我们先从实际问题来寻找线索.设变速直线运动的质点在 t 时刻的速度函数为 $v(t)$(为方便,不妨设 $v(t)$ 连续且 $v(t)\geqslant 0$),则其在时间区间 $[T_1,T_2]$ 内所经过的路程为

$$s=\int_{T_1}^{T_2}v(t)\,\mathrm{d}t.$$

另一方面,设质点从初始位置算起到时刻 t 所经过的路程函数为 $s(t)$,则质点在时间区间 $[T_1,T_2]$ 内所经过的路程又可表示为 $s(T_2)-s(T_1)$.从而有

$$\int_{T_1}^{T_2}v(t)\,\mathrm{d}t=s(T_2)-s(T_1).$$

上述关系式表明速度函数 $v(t)$ 在区间 $[T_1,T_2]$ 上的定积分等于路程函数 $s(t)$ 在区间 $[T_1,T_2]$ 上的增量,并且注意这里有 $s'(t)=v(t)$.

事实上这个由实际问题得到的关系在一定条件下具有普遍性.一般地,连续函数 $f(x)$ 在区间 $[a,b]$ 上的定积分与导函数为 $f(x)$ 的另一个函数 $F(x)$ 在区间端点 a,b 的取值有关.所以这就有必要对"另一个"函数进行研究.为此,我们引入下面的定义.

5.3.1　原函数与变上限积分

定义 5.2　设函数 $f(x)$ 在区间 I 上有定义,若存在函数 $F(x)$ 使得

$$F'(x)=f(x), \forall x\in I,$$

则称函数 $F(x)$ 是 $f(x)$ 在 I 上的一个**原函数**.

由定义可知,原函数是依附于区间 I 的.例如,由于在 $\mathbf{R}$ 上有 $(\sin x)'=\cos x$,可知 $\sin x$ 是 $\cos x$ 在 $\mathbf{R}$ 上的一个原函数.显然 $\sin x+1$ 也是 $\cos x$ 在 $\mathbf{R}$ 上的一个原函数.又例如,当 $x\neq 0$ 时,有 $(\ln|x|)'=\frac{1}{x}$,因此 $\ln|x|$ 是 $\frac{1}{x}$ 在 $(-\infty,0)$ 或 $(0,+\infty)$ 内的一个原函数.

从上面的例子可以看出,如果函数存在原函数,那么它的原函数并不唯一.因此自然要问:如果某函数存在原函数,那么它的原函数有多少?这些原函数之间有怎样的联系?下面的定理对这些问题给出了完整的回答.

定理 5.7 设 $F(x)$ 是函数 $f(x)$ 在区间 I 上的一个原函数,则 $F(x)+C$(其中 C 为任意常数)为 $f(x)$ 在 I 上的全体原函数.

证 首先由于在区间 I,有

$$[F(x)+C]'=F'(x)=f(x),$$

因此 $F(x)+C$ 是 $f(x)$ 在 I 上的原函数.

再设 $G(x)$ 为 $f(x)$ 在 I 上的任一原函数,则 $\forall x\in I$,

$$[G(x)-F(x)]'=f(x)-f(x)=0.$$

由拉格朗日定理的推论知

$$G(x)-F(x)=C,\text{其中 } C \text{ 为常数},$$

即有

$$G(x)=F(x)+C.$$

故定理得证.

上述定理说明,如果函数 $f(x)$ 在区间 I 上有原函数,那么它的任何两个原函数之间只相差一个常数.但这是在函数 $f(x)$ 存在原函数的前提下得到的结论.一个自然的问题是:当 $f(x)$ 在 I 上满足什么条件时就有原函数呢?这就是原函数的存在性问题.下面我们从可积函数出发,通过引进一类特殊形式的函数来寻找这个问题的答案.

设函数 $f\in R[a,b]$,并设 x 为 $[a,b]$ 上任意一点.由定理 5.3 可知 $f(t)\in R[a,x]$,因此定积分 $\int_a^x f(t)\mathrm{d}t$ 存在.一般说来,其值与 x 有关.因此 $\forall x\in[a,b]$,定积分 $\int_a^x f(t)\mathrm{d}t$ 就在 $[a,b]$ 上定义了一个函数.

定义 5.3 设函数 $f\in R[a,b]$,则称函数

$$\Phi(x)=\int_a^x f(t)\mathrm{d}t\quad(x\in[a,b])$$

为 f 在 $[a,b]$ 上的**变上限积分函数**,简称**变上限积分**.

变上限积分具有下面定理给出的重要性质.

定理 5.8(连续性) 设函数 $f\in R[a,b]$,则变上限积分 $\Phi(x)=\int_a^x f(t)\,\mathrm{d}t\in C[a,b]$.

证 因为 $f\in R[a,b]$,所以 $f(t)$ 在 $[a,b]$ 上有界,即 $\exists M>0,\forall t\in[a,b]$,有

$$|f(t)|\leqslant M.$$

从而对 $x\in[a,b]$,取 Δx 使得 $x+\Delta x\in[a,b]$,就有

$$\begin{aligned}|\Delta\Phi|&=|\Phi(x+\Delta x)-\Phi(x)|=\left|\int_a^{x+\Delta x}f(t)\,\mathrm{d}t-\int_a^x f(t)\,\mathrm{d}t\right|\\&=\left|\int_x^{x+\Delta x}f(t)\,\mathrm{d}t\right|\leqslant\left|\int_x^{x+\Delta x}|f(t)|\,\mathrm{d}t\right|\leqslant M|\Delta x|\to 0\ (\Delta x\to 0),\end{aligned}$$

因此 Φ 在 $x\in[a,b]$ 上连续,从而 $\Phi\in C[a,b]$.

定理 5.9(可导性) 设函数 $f\in C[a,b]$,则变上限积分 $\Phi(x)=\int_a^x f(t)\,\mathrm{d}t\in D[a,b]$,且其导数为

$$\Phi'(x)=\frac{\mathrm{d}}{\mathrm{d}x}\int_a^x f(t)\,\mathrm{d}t=f(x),\quad x\in[a,b].$$

证 $\forall x\in[a,b]$,取 Δx 使得 $x+\Delta x\in[a,b]$,则有

$$\Delta\Phi=\int_a^{x+\Delta x}f(t)\,\mathrm{d}t-\int_a^x f(t)\,\mathrm{d}t=\int_x^{x+\Delta x}f(t)\,\mathrm{d}t.$$

由于 $f(t)\in C[a,b]$,根据积分中值定理,可得

$$\Delta\Phi=\int_x^{x+\Delta x}f(t)\,\mathrm{d}t=f(\xi)\Delta x,$$

其中 ξ 在 x 与 $x+\Delta x$ 之间.当 $\Delta x\to 0$ 时,必有 $\xi\to x$.又因 $f\in C[a,b]$,故有

$$\lim_{\Delta x\to 0}\frac{\Delta\Phi}{\Delta x}=\lim_{\Delta x\to 0}f(\xi)=f(x).$$

这说明 $\Phi(x)$ 在点 x 处可导,且 $\Phi'(x)=f(x)$.

上面两条定理给出了变上限积分的性质,即可积函数的变上限积分是连续的,而连续函数的变上限积分是可导的.定理 5.9 有重要的意义:一方面它给出了**原函数存在性定理**:若函数 $f\in C[a,b]$,则 $f(x)$ 在 $[a,b]$ 上存在原函数.另一方面它还提供了求 $f(x)$ 在 $[a,b]$ 上的原函数的方法,即其变上限积分 $\int_a^x f(t)\,\mathrm{d}t$.此外,定理 5.9 还初步揭示了原函数与定积分之间的联系.

类似于变上限积分,若 $f\in R[a,b]$,则称函数

$$\Psi(x)=\int_x^b f(t)\,\mathrm{d}t\quad(x\in[a,b])$$

为 f 在 $[a,b]$ 上的**变下限积分**.它的有关性质可由关系式

$$\int_x^b f(t)\,\mathrm{d}t=-\int_b^x f(t)\,\mathrm{d}t$$

转化为变上限积分而获得.

例 5.10　求下列变限积分函数的导数:

(1) $\int_0^x \mathrm{e}^{-t^2}\mathrm{d}t$;　　(2) $\int_0^{\sqrt{x}} \cos t^2\mathrm{d}t$;

(3) $\int_{2x}^0 x\mathrm{e}^{-t}\mathrm{d}t$.

解　(1) 由定理 5.9 的结论,立即有

$$\frac{\mathrm{d}}{\mathrm{d}x}\int_0^x \mathrm{e}^{-t^2}\mathrm{d}t=\mathrm{e}^{-x^2}.$$

(2) 令 $F(x)=\int_0^{\sqrt{x}} \cos t^2\mathrm{d}t$,则 $F(x)$ 可视为 $\Phi(u)=\int_0^u \cos t^2\mathrm{d}t$ 和 $u=\sqrt{x}$ 的复合函数

$$\frac{\mathrm{d}}{\mathrm{d}x}\int_0^{\sqrt{x}} \cos t^2\mathrm{d}t=F'(x)=\Phi'(u)\cdot\frac{\mathrm{d}u}{\mathrm{d}x}=\cos u^2\cdot\frac{1}{2\sqrt{x}}=\frac{\cos x}{2\sqrt{x}}.$$

(3) 令 $G(x)=\int_{2x}^0 x\mathrm{e}^{-t}\mathrm{d}t$.由于积分变量为 t,因此在积分时,被积函数中的 x 应视为常数,从而 $G(x)=x\int_{2x}^0 \mathrm{e}^{-t}\mathrm{d}t=-x\int_0^{2x} \mathrm{e}^{-t}\mathrm{d}t$,于是可得

$$G'(x)=-\left(\int_0^{2x} \mathrm{e}^{-t}\mathrm{d}t+x\frac{\mathrm{d}}{\mathrm{d}x}\int_0^{2x} \mathrm{e}^{-t}\mathrm{d}t\right)=-\left(\int_0^{2x} \mathrm{e}^{-t}\mathrm{d}t+2x\mathrm{e}^{-2x}\right).$$

例 5.11　计算极限 $\lim\limits_{x\to0^+}\dfrac{\int_0^{x^2}\arctan\sqrt{t}\,\mathrm{d}t}{\ln(1+x^3)}$.

分析　这是"$\dfrac{0}{0}$型"不定式极限,容易想到用洛必达法则求解,不过分母应先进行等价无穷小替换.

解　利用等价无穷小的替换原理和洛必达法则,

$$\lim_{x\to0^+}\frac{\int_0^{x^2}\arctan\sqrt{t}\,\mathrm{d}t}{\ln(1+x^3)}=\lim_{x\to0^+}\frac{\int_0^{x^2}\arctan\sqrt{t}\,\mathrm{d}t}{x^3}=\lim_{x\to0^+}\frac{2x\arctan x}{3x^2}=\frac{2}{3}.$$

例 5.12　设函数 $f(t)$ 在 $[a,b]$ 上连续,在 (a,b) 内可导,且 $f'(t)\geqslant0$ $(t\in(a,b))$,并记 $F(x)=\dfrac{1}{x-a}\int_a^x f(t)\,\mathrm{d}t$.证明:$\forall x\in(a,b)$,有 $F'(x)\geqslant0$.

证 $\forall x\in(a,b)$,由求导法则和定理 5.9,

$$F'(x)=\frac{f(x)(x-a)-\int_a^x f(t)\,\mathrm{d}t}{(x-a)^2}.$$

又因为$f(t)\in C[a,b]$,所以根据积分中值定理,$\exists\xi\in[a,x]$,使得

$$\int_a^x f(t)\,\mathrm{d}t=f(\xi)(x-a).$$

于是有

$$F'(x)=\frac{f(x)(x-a)-f(\xi)(x-a)}{(x-a)^2}=\frac{f(x)-f(\xi)}{x-a}.$$

由于$f'(t)\geqslant 0$,故f在区间$[a,b]$上单调增加,从而$f(x)\geqslant f(\xi)$.注意到$x>a$,可得

$$F'(x)\geqslant 0.$$

5.3.2 牛顿-莱布尼茨公式

现在,我们给出本节的重要定理.

定理 5.10 设函数$f\in C[a,b]$,且$F(x)$是$f(x)$在$[a,b]$内的一个原函数,则有

$$\int_a^b f(x)\,\mathrm{d}x=F(b)-F(a),$$

上述公式称为**牛顿-莱布尼茨公式**.

证 由定理 5.9 知道,变上限积分

$$\Phi(x)=\int_a^x f(t)\,\mathrm{d}t$$

是$f(x)$的一个原函数,且$\Phi(a)=0$.又因为$F(x)$也是$f(x)$的原函数,所以由定理 5.7 可知,存在常数C,使得

$$\Phi(x)=F(x)+C,\qquad \forall x\in[a,b],$$

在上式中令$x=a$,可得$C=-F(a)$,故得

$$\int_a^x f(t)\,\mathrm{d}t=F(x)-F(a).$$

再在上式中令$x=b$,就得到

$$\int_a^b f(t)\,\mathrm{d}t=F(b)-F(a),$$

定理证毕.

牛顿-莱布尼茨公式将定积分与原函数联系起来,把定积分的计算归结为

求原函数.为了使用上的方便,常把它写为如下形式

$$\int_a^b f(x)\,\mathrm{d}x=F(x)\Big|_a^b=F(b)-F(a).$$

显然上述公式对于 $a>b$ 的情形也是成立的.由于该公式在微积分理论中的重要作用,通常把定理 5.10 称为**微积分基本定理**.鉴于它的重要性,我们再用拉格朗日定理给出它的另一个证明.这个证明还使得函数 $f(x)$ 满足的条件可以稍微减弱.

定理 5.11 设函数 $f\in R[a,b]$,又 $F(x)\in C[a,b]$,并且 $F(x)$ 是 $f(x)$ 在 (a,b) 内的一个原函数,即 $\forall\, x\in(a,b)$,有 $F'(x)=f(x)$,则

$$\int_a^b f(x)\,\mathrm{d}x=F(b)-F(a).$$

证 对 $[a,b]$ 作任意分划

$$a=x_0<x_1<x_2<\cdots<x_n=b,$$

在每个小区间 $[x_{i-1},x_i]$ 上对 $F(x)$ 应用拉格朗日中值公式得

$$F(x_i)-F(x_{i-1})=F'(\xi_i)(x_i-x_{i-1})=f(\xi_i)\Delta x_i,$$

其中 $\xi_i\in(x_{i-1},x_i)$.上式两边求和,并注意到 $x_0=a,x_n=b$,可得

$$\sum_{i=1}^{n} f(\xi_i)\Delta x_i=\sum_{i=1}^{n}\left[F(x_i)-F(x_{i-1})\right]=F(b)-F(a).$$

由于 $f(x)\in R[a,b]$,在上式中令 $\lambda=\max\limits_{1\leqslant i\leqslant n}\{\Delta x_i\}\to 0$,便得到

$$\int_a^b f(x)\,\mathrm{d}x=F(b)-F(a).$$

下面我们先举一些应用牛顿-莱布尼茨公式的例子.

例 5.13 计算 $\int_a^b \mathrm{e}^x\,\mathrm{d}x$.

解 因为 e^x 是它自己的原函数,因此

$$\int_a^b \mathrm{e}^x\,\mathrm{d}x=\mathrm{e}^x\Big|_a^b=\mathrm{e}^b-\mathrm{e}^a.$$

例 5.14 计算 $\int_1^2 \frac{\mathrm{d}x}{x}$.

解 因为 $\ln x$ 是 $\frac{1}{x}$ 在区间 $[1,2]$ 上的一个原函数,因此

$$\int_1^2 \frac{\mathrm{d}x}{x}=\ln x\Big|_1^2=\ln 2.$$

例 5.15 计算 $\int_0^{2\pi} |\sin x|\,\mathrm{d}x$.

解 由定积分的区间可加性,并注意到 $-\cos x$ 是 $\sin x$ 的一个原函数,则有

$$\int_0^{2\pi} |\sin x|\,\mathrm{d}x = \int_0^{\pi} |\sin x|\,\mathrm{d}x + \int_{\pi}^{2\pi} |\sin x|\,\mathrm{d}x = \int_0^{\pi} \sin x\mathrm{d}x - \int_{\pi}^{2\pi} \sin x\mathrm{d}x$$

$$= -\cos x \Big|_0^{\pi} + \cos x \Big|_{\pi}^{2\pi} = 4.$$

例 5.16 已知函数

$$f(x)=\begin{cases}2x, & 当\ 0\leqslant x\leqslant 1,\\ 1+2x, & 当\ 1<x\leqslant 2.\end{cases}$$

求变上限积分 $\Phi(x)=\int_0^x f(t)\,\mathrm{d}t$ 在$[0,2]$上的表达式.

解 由于被积函数是分段函数,为了确定 $\Phi(x)$ 在$[0,x]$上的表达式,我们需要分情况讨论.

当 $0\leqslant x\leqslant 1$ 时,

$$\Phi(x)=\int_0^x f(t)\,\mathrm{d}t=\int_0^x 2t\mathrm{d}t=t^2\Big|_0^x=x^2.$$

当 $1<x\leqslant 2$ 时,

$$\Phi(x)=\int_0^x f(t)\,\mathrm{d}t=\int_0^1 f(t)\,\mathrm{d}t+\int_1^x f(t)\,\mathrm{d}t=\int_0^1 2t\mathrm{d}t+\int_1^x (1+2t)\,\mathrm{d}t$$

$$=t^2\Big|_0^1+(t+t^2)\Big|_1^x=x^2+x-1.$$

所以

$$\Phi(x)=\begin{cases}x^2, & 当\ 0\leqslant x\leqslant 1,\\ x^2+x-1, & 当\ 1<x\leqslant 2.\end{cases}$$

下面,我们给出变限积分函数求导的一个公式,其证明请读者自己完成.

命题 5.1 设函数 f 连续,又函数 φ 和 ψ 可导,则有

$$\frac{\mathrm{d}}{\mathrm{d}x}\int_{\psi(x)}^{\varphi(x)} f(t)\,\mathrm{d}t=f[\varphi(x)]\varphi'(x)-f[\psi(x)]\psi'(x).$$

例 5.17 计算 $\dfrac{\mathrm{d}}{\mathrm{d}x}\displaystyle\int_x^{x^2} t^2\mathrm{e}^{-t}\mathrm{d}t$.

解 根据命题 5.1,我们有

$$\frac{\mathrm{d}}{\mathrm{d}x}\int_x^{x^2} t^2\mathrm{e}^{-t}\mathrm{d}t=(x^2)^2\mathrm{e}^{-x^2}\cdot(x^2)'-x^2\mathrm{e}^{-x}=2x^5\mathrm{e}^{-x^2}-x^2\mathrm{e}^{-x}.$$

从上面这些例子可以看出,牛顿-莱布尼茨公式为定积分的计算提供了简便的方法——求原函数在积分区间上的增量.当然这是在 $f\in R[a,b]$ 且存在连续原函数的前提下才可行的.我们知道,若函数 $f(x)\in C[a,b]$,则 $f(x)$ 在$[a,b]$上可积,且存在原函数,因此这时牛顿-莱布尼茨公式总是有效.

但是注意,函数 $f(x)$ 在区间$[a,b]$上可积与 $f(x)$ 在区间$[a,b]$上存在原函

数是两个不同的概念，它们两者之间并没有必然关系.即函数在$[a,b]$上可积未必就在$[a,b]$上存在原函数，反之，函数在区间$[a,b]$上存在原函数也未必就在$[a,b]$上可积.

例如，考虑符号函数

$$\operatorname{sgn} x, x\in[-1,1].$$

由于 $\operatorname{sgn} x$ 在$[-1,1]$上分段连续(仅 $x=0$ 为其第一类跳跃间断点)，因此根据定理 5.1，$\operatorname{sgn} x\in R[-1,1]$.另一方面，根据达布定理可以判断出 $\operatorname{sgn} x$ 在$[-1,1]$上不存在原函数(见例 4.13).

又例如，令

$$F(x)=\begin{cases}x^2\sin\dfrac{1}{x^2}, & 0<x\leqslant 1,\\ 0, & x=0.\end{cases}$$

则 $F(x)$ 在$[0,1]$上可导，并且导函数为

$$F'(x)=f(x)=\begin{cases}2x\sin\dfrac{1}{x^2}-\dfrac{2}{x}\cos\dfrac{1}{x^2}, & 0<x\leqslant 1,\\ 0, & x=0.\end{cases}$$

可以验证函数 $f(x)$ 在$[0,1]$上无界，从而 $f(x)$ 在$[0,1]$上不可积.但 $f(x)$ 在$[0,1]$上存在原函数 $F(x)$.

5.4 不定积分

根据牛顿-莱布尼茨公式，我们知道，在一定的条件下求定积分的值可以归结为求原函数.另外，若函数 $f(x)$ 存在原函数 $F(x)$，那么它的全体原函数组成的集合就是

$$\{F(x)+C \mid C\in\mathbf{R}\}.$$

有了上面的说明，下面我们引进不定积分的概念.

5.4.1 不定积分的概念和性质

定义 5.4 设函数 $f(x)$ 在区间 I 上存在原函数，则称 $f(x)$ 在 I 上的全体原函数为 $f(x)$ 在 I 上的**不定积分**，记作

$$\int f(x)\,\mathrm{d}x,$$

其中记号 $\int$ 称为**不定积分号**，$f(x)$ 称为**被积函数**，x 称为**积分变量**.

由不定积分的定义及定理5.7直接可得

命题5.2　设$F(x)$是函数$f(x)$在区间I上的一个原函数,则

$$\int f(x)\,\mathrm{d}x=F(x)+C,$$

其中C为任意常数,也称为**不定积分常数**.

为简单计,以后对不定积分结果中出现的积分常数C一般不再加以说明.上面的命题表明,要计算函数的不定积分,只需要求出它的一个原函数,再加上任意常数C即可.

一般地,我们把函数$f(x)$在区间I上的原函数$F(x)$的图形称为$f(x)$的**积分曲线**.因此,在几何上$\int f(x)\,\mathrm{d}x$表示$f(x)$的**积分曲线族**.它可以由其中一条积分曲线沿纵轴方向平行移动得到.显然,每一条积分曲线在横坐标相同的点处切线相互平行(图5.7).

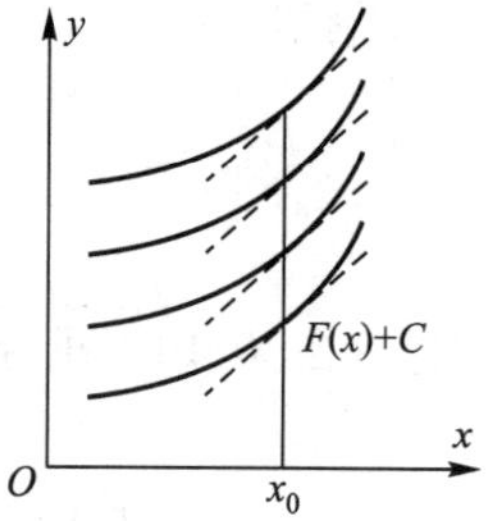

图5.7

利用不定积分的定义容易导出下面两条性质.

定理5.12　(1) 若函数$f(x)$在区间I上存在原函数,则

$$\left(\int f(x)\,\mathrm{d}x\right)'=f(x),$$

或等价地有

$$\mathrm{d}\left(\int f(x)\,\mathrm{d}x\right)=f(x)\,\mathrm{d}x.$$

(2) 若函数$f(x)$在区间I上可导,则

$$\int f'(x)\,\mathrm{d}x=f(x)+C,$$

或等价地有

$$\int \mathrm{d}f(x)=f(x)+C.$$

由此可见,如果不计相差一个任意常数,则不定积分与微分这两种对函数的运算(通常把对函数的运算称为**算子**)是互逆的.利用导数运算的线性运算法则,可以得到不定积分的如下线性运算法则.

定理5.13　若函数$f(x),g(x)$在区间I上都存在原函数,$\alpha,\beta\in\mathbf{R}$且不同时为零,则

$$\int[\alpha f(x)+\beta g(x)]\,\mathrm{d}x=\alpha\int f(x)\,\mathrm{d}x+\beta\int g(x)\,\mathrm{d}x.$$

上述性质说明不定积分与定积分一样具有线性运算法则.

5.4.2 基本积分表

根据求导数运算与求不定积分运算的互逆性,每个导数公式都对应着一个不定积分公式,因此由基本导数表,我们可以得到下面的基本积分表.

(1) $\int k\mathrm{d}x=kx+C(k\in\mathbf{R})$;

(2) $\int x^{\alpha}\mathrm{d}x=\frac{x^{\alpha+1}}{\alpha+1}+C\ (\alpha\neq-1)$, $\int\frac{\mathrm{d}x}{x}=\ln|x|+C$;

(3) $\int a^{x}\mathrm{d}x=\frac{a^{x}}{\ln a}+C\ (a>0,a\neq1)$, $\int \mathrm{e}^{x}\mathrm{d}x=\mathrm{e}^{x}+C$;

(4) $\int \sin x\mathrm{d}x=-\cos x+C$;

(5) $\int \cos x\mathrm{d}x=\sin x+C$;

(6) $\int \sec^2 x\mathrm{d}x=\tan x+C$;

(7) $\int \csc^2 x\mathrm{d}x=-\cot x+C$;

(8) $\int \sec x\tan x\mathrm{d}x=\sec x+C$;

(9) $\int \csc x\cot x\mathrm{d}x=-\csc x+C$.

除了上面这些公式,我们另外再给出几个常用公式.在这里读者可以通过求导数运算验证其正确性,其中有些公式以后我们还将通过不定积分法导出.

(10) $\int\frac{\mathrm{d}x}{\sqrt{a^2-x^2}}=\arcsin\frac{x}{a}+C\ (a>0)$;

(11) $\int\frac{\mathrm{d}x}{x^2+a^2}=\frac{1}{a}\arctan\frac{x}{a}+C\ (a\neq0)$;

(12) $\int\frac{\mathrm{d}x}{x^2-a^2}=\frac{1}{2a}\ln\left|\frac{x-a}{x+a}\right|+C\ (a\neq0)$;

(13) $\int \sec x\mathrm{d}x=\ln|\sec x+\tan x|+C$;

(14) $\int \csc x\mathrm{d}x=\ln|\csc x-\cot x|+C$;

(15) $\int\frac{\mathrm{d}x}{\sqrt{x^2+a^2}}=\ln(x+\sqrt{x^2+a^2})+C\ (a>0)$;

(16) $\int \frac{dx}{\sqrt{x^2 - a^2}} = \ln\left| x + \sqrt{x^2 - a^2} \right| + C\ (a > 0)$.

以上基本积分公式是求不定积分的基础,必须牢记.利用基本积分公式和不定积分的线性运算法则,我们可以求得一些函数的不定积分.

例 5.18 求不定积分 $\int \left(3\sqrt{x} - 2e^x + \frac{1}{\sqrt{x}} - \frac{1}{\sqrt{4-x^2}}\right)dx$.

解 原式 $= 3\int \sqrt{x}\,dx - 2\int e^x dx + \int \frac{1}{\sqrt{x}}dx - \int \frac{1}{\sqrt{4-x^2}}dx$

$$= 2x^{\frac{3}{2}} - 2e^x + 2x^{\frac{1}{2}} - \arcsin\frac{x}{2} + C.$$

例 5.19 求不定积分 $\int \frac{\cos 2x}{\sin x - \cos x}dx$.

解 利用三角恒等式有

$$\int \frac{\cos 2x}{\sin x - \cos x}dx = \int \frac{\cos^2 x - \sin^2 x}{\sin x - \cos x}dx = -\int (\sin x + \cos x)\,dx$$

$$= -\int \sin x\,dx - \int \cos x\,dx = \cos x - \sin x + C.$$

例 5.20 求不定积分 $\int \frac{dx}{x^2(x^2+1)}$.

解 $\int \frac{dx}{x^2(x^2+1)} = \int \frac{(x^2+1) - x^2}{x^2(x^2+1)}dx = \int \frac{dx}{x^2} - \int \frac{dx}{x^2+1}$

$$= -\frac{1}{x} - \arctan x + C.$$

以上例子是对被积函数作恒等变形,转化为基本积分公式表中被积函数的代数和的形式,然后求出不定积分.然而大多数的函数(即使是初等函数)往往难以变形为可以直接套用积分表的函数形式,所以还需要引进一些积分的方法或技巧来求积分.这就是我们下面要介绍的换元积分法和分部积分法.

5.4.3 第一换元法

定理 5.14 设函数 $F(u)$ 是 $f(u)$ 在区间 I 上的一个原函数,即 $\int f(u)\,du = F(u) + C$,又 $u = \varphi(x)$ 在区间 I 上可导且其值域 $R(\varphi) \subset I$,则有

$$\int f[\varphi(x)]\varphi'(x)\,dx = F[\varphi(x)] + C.$$

证 依条件有 $F'(u)=f(u)$,再根据复合函数求导的链式法则,可得

$$\frac{\mathrm{d}}{\mathrm{d}x}F[\varphi(x)]=F'[\varphi(x)]\varphi'(x)=f[\varphi(x)]\varphi'(x).$$

这说明 $F[\varphi(x)]$是$f[\varphi(x)]\varphi'(x)$的一个原函数,故定理得证.

定理给出的方法称为不定积分的**第一换元法**.

由于 $\varphi'(x)\mathrm{d}x=\mathrm{d}[\varphi(x)]$,我们可以把定理条件和结论串起来,写成如下的形式

$$\begin{aligned}\int f[\varphi(x)]\varphi'(x)\mathrm{d}x &= \int f[\varphi(x)]\mathrm{d}[\varphi(x)] \xlongequal{u=\varphi(x)} \int f(u)\mathrm{d}u \\ &=F(u)+C=F[\varphi(x)]+C.\end{aligned}$$

在应用第一换元法时,往往需要凑出中间变量 $u=\varphi(x)$,把积分转化为容易求出原函数的积分 $\int f(u)\mathrm{d}u$,因此通常也把第一换元法称为"**凑微分法**".

例 5.21 求 $\int \sin^5 x\cos x\mathrm{d}x$.

解 由 $\cos x\mathrm{d}x=\mathrm{d}(\sin x)$,令 $u=\sin x$,则

$$\int \sin^5 x\cos x\mathrm{d}x=\int \sin^5 x\mathrm{d}(\sin x)=\int u^5\mathrm{d}u=\frac{u^6}{6}+C=\frac{\sin^6 x}{6}+C.$$

例 5.22 求 $\int \frac{1}{\arctan x\cdot(1+x^2)}\mathrm{d}x$.

解 由$\frac{1}{1+x^2}\mathrm{d}x=\mathrm{d}(\arctan x)$,令 $u=\arctan x$,

$$\int \frac{1}{\arctan x\cdot(1+x^2)}\mathrm{d}x=\int \frac{\mathrm{d}u}{u}=\ln|u|+C=\ln|\arctan x|+C.$$

例 5.23 求 $\int \frac{\sin\sqrt{x}}{\sqrt{x}}\mathrm{d}x$.

解
$$\begin{aligned}\int \frac{\sin\sqrt{x}}{\sqrt{x}}\mathrm{d}x &= 2\int \sin\sqrt{x}\,\mathrm{d}(\sqrt{x}) \\ &\xlongequal{u=\sqrt{x}} 2\int \sin u\mathrm{d}u=-2\cos u+C=-2\cos\sqrt{x}+C.\end{aligned}$$

对此方法较为熟练之后,中间变量 u 就不必写出,只要将被积函数凑成 $f[\varphi(x)]\mathrm{d}[\varphi(x)]$的形式,再利用$f$的原函数写出所求的不定积分.

例 5.24 求 $\int \tan x\mathrm{d}x$.

解 $\int \tan x\mathrm{d}x=\int \frac{\sin x\mathrm{d}x}{\cos x}=-\int \frac{\mathrm{d}(\cos x)}{\cos x}=-\ln|\cos x|+C.$

例 5.25 求 $\int (2x-3)^{11}\mathrm{d}x.$

解 $\int (2x-3)^{11}\mathrm{d}x=\frac{1}{2}\int (2x-3)^{11}\mathrm{d}(2x-3)=\frac{1}{24}(2x-3)^{12}+C.$

例 5.26 求 $\int \frac{\mathrm{d}x}{x^2-a^2}\ (a\neq 0).$

解
$$\begin{aligned}\int \frac{\mathrm{d}x}{x^2-a^2}&=\int \frac{\mathrm{d}x}{(x-a)(x+a)}=\frac{1}{2a}\int \left(\frac{1}{x-a}-\frac{1}{x+a}\right)\mathrm{d}x\\&=\frac{1}{2a}\left[\int \frac{\mathrm{d}(x-a)}{x-a}-\int \frac{\mathrm{d}(x+a)}{x+a}\right]\\&=\frac{1}{2a}[\ln|x-a|-\ln|x+a|]+C=\frac{1}{2a}\ln\left|\frac{x-a}{x+a}\right|+C.\end{aligned}$$

由此还可得

$$\int \frac{\mathrm{d}x}{a^2-x^2}=\frac{1}{2a}\ln\left|\frac{x+a}{x-a}\right|+C\ (a\neq 0).$$

例 5.27 求 $\int \sec x\mathrm{d}x.$

解
$$\begin{aligned}\int \sec x\mathrm{d}x&=\int \frac{\mathrm{d}x}{\cos x}=\int \frac{\cos x}{\cos^2 x}\mathrm{d}x=\int \frac{\mathrm{d}(\sin x)}{1-\sin^2 x}\\&=\frac{1}{2}\ln\left|\frac{1+\sin x}{1-\sin x}\right|+C=\ln|\sec x+\tan x|+C.\end{aligned}$$

例 5.28 求 $\int \frac{\mathrm{d}x}{x\ln x\ln(\ln x)}.$

解 $\int \frac{\mathrm{d}x}{x\ln x\ln(\ln x)}=\int \frac{\mathrm{d}(\ln x)}{\ln x\ln(\ln x)}=\int \frac{\mathrm{d}[\ln(\ln x)]}{\ln(\ln x)}=\ln|\ln(\ln x)|+C.$

5.4.4 第二换元法

在公式

$$\int f[\varphi(x)]\varphi'(x)\mathrm{d}x=\int f[\varphi(x)]\mathrm{d}[\varphi(x)]\xlongequal{u=\varphi(x)}\int f(u)\mathrm{d}u$$

中,若利用右端积分来求左端积分,即为第一换元法,若利用左端积分来求右端积分,即为第二换元法.

定理 5.15 设函数 $x=\varphi(t)$ 在区间 I 可导且导数 $\varphi'(t)\neq 0$,且$\int f[\varphi(t)]$.

$\varphi'(t)\mathrm{d}t = F(t) + C$,则

$$\int f(x)\mathrm{d}x = F[\varphi^{-1}(x)] + C,$$

其中 $t=\varphi^{-1}(x)$ 是 $x=\varphi(t)$ 的反函数.

证 依条件可知函数 $x=\varphi(t)$ 存在反函数 $t=\varphi^{-1}(x)$,且$\dfrac{\mathrm{d}t}{\mathrm{d}x}=\dfrac{1}{\varphi'(t)}$.另外还有

$$\frac{\mathrm{d}F(t)}{\mathrm{d}t}=f[\varphi(t)]\varphi'(t).$$

据复合函数求导的链式法则

$$\frac{\mathrm{d}}{\mathrm{d}x}(F[\varphi^{-1}(x)])=\frac{\mathrm{d}F}{\mathrm{d}t}\cdot\frac{\mathrm{d}t}{\mathrm{d}x}=f[\varphi(t)]\varphi'(t)\cdot\frac{1}{\varphi'(t)}=f[\varphi(t)]=f(x).$$

从而定理得证.

定理的方法称为不定积分的**第二换元法**.通常把它写成如下容易理解的变换形式

$$\int f(x)\mathrm{d}x \xlongequal{x=\varphi(t)} \int f[\varphi(t)]\varphi'(t)\mathrm{d}t=F(t)+C=F[\varphi^{-1}(x)]+C.$$

例 5.29 求 $\displaystyle\int\frac{\mathrm{d}x}{\sqrt{x^2+a^2}}\ (a>0)$.

解 令 $x=a\tan t$, $|t|<\dfrac{\pi}{2}$,则 $\mathrm{d}x=a\sec^2 t\mathrm{d}t$,从而

$$\int\frac{\mathrm{d}x}{\sqrt{x^2+a^2}}=\int\frac{a\sec^2 t\mathrm{d}t}{a\sec t}=\int\sec t\mathrm{d}t.$$

注意到 $|t|<\dfrac{\pi}{2}$时,$\sec t>0$ 且 $\sec t>|\tan t|$,根据例 5.27 的结果可得

$$\int\frac{\mathrm{d}x}{\sqrt{x^2+a^2}}=\ln(\sec t+\tan t)+C_1=\ln\left(\frac{\sqrt{x^2+a^2}}{a}+\frac{x}{a}\right)+C_1$$

$$=\ln(x+\sqrt{x^2+a^2})+C,$$

其中 $C=C_1-\ln a$ 仍是任意常数.

由新变量返回到原变量时,通常可借助辅助三角形(图 5.8).根据变换作出一个直角三角形,使得 $\tan t=\dfrac{x}{a}$,则有

$$\sec t=\frac{\sqrt{x^2+a^2}}{a}.$$

类似地,我们还可以得到

$$\int \frac{\mathrm{d}x}{\sqrt{x^2-a^2}}=\ln\left|x+\sqrt{x^2-a^2}\right|+C\ (a>0).$$

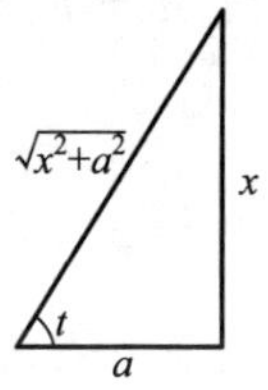

图 5.8

例 5.30 求 $\int\sqrt{a^2-x^2}\,\mathrm{d}x\ (a>0)$.

解 令 $x=a\sin t,\ |t|\leqslant\frac{\pi}{2}$,则 $\mathrm{d}x=a\cos t\mathrm{d}t$,从而

$$\int\sqrt{a^2-x^2}\,\mathrm{d}x=\int a^2\cos^2 t\mathrm{d}t=\frac{a^2}{2}\int(1+\cos 2t)\,\mathrm{d}t$$

$$=\frac{a^2}{2}\left(t+\frac{\sin 2t}{2}\right)+C=\frac{a^2t}{2}+\frac{a^2\sin t\cos t}{2}+C.$$

由 $x=a\sin t,\ |t|\leqslant\frac{\pi}{2}$,所以 $t=\arcsin\frac{x}{a},\cos t=\frac{\sqrt{a^2-x^2}}{a}$,从而

$$\int\sqrt{a^2-x^2}\,\mathrm{d}x=\frac{a^2}{2}\arcsin\frac{x}{a}+\frac{x\sqrt{a^2-x^2}}{2}+C.$$

在这里我们采用变换 $x=a\sin t$ 去掉了被积函数中的根号,当被积函数中含有无理式 $\sqrt{x^2+a^2}$,$\sqrt{x^2-a^2}$ 或 $\sqrt{a^2-x^2}$ 时,常分别采用**三角变换** $x=a\tan t,x=a\sec t$ 或 $x=a\sin t$ 来去掉根号.不过并非所有含二次根式的被积函数都用三角代换.当被积函数的分母含有因子 x^n 时,有时采用**倒置变换** $x=\frac{1}{t}$ 来求积分会更简单.

例 5.31 求 $\int\frac{\mathrm{d}x}{x\sqrt{x^2+1}}$.

解 被积函数的定义域为 $(-\infty,0)\cup(0,+\infty)$,先求它在 $(0,+\infty)$ 内的不定积分.设 $x=\frac{1}{t}(t>0)$,则 $\mathrm{d}x=-\frac{\mathrm{d}t}{t^2}$,所以

$$\int\frac{\mathrm{d}x}{x\sqrt{x^2+1}}=-\int\frac{\mathrm{d}t}{\sqrt{t^2+1}}=-\ln\left(t+\sqrt{t^2+1}\right)+C$$

$$=-\ln\frac{1+\sqrt{x^2+1}}{x}+C=\ln\frac{\sqrt{x^2+1}-1}{x}+C.$$

类似可求得被积函数在 $(-\infty,0)$ 内的不定积分

$$\int\frac{\mathrm{d}x}{x\sqrt{x^2+1}}=\ln\frac{1-\sqrt{x^2+1}}{x}+C.$$

两个区间内的不定积分可以写成统一的形式

$$\int \frac{\mathrm{d}x}{x\sqrt{x^2+1}}=\ln\left|\frac{1-\sqrt{x^2+1}}{x}\right|+C.$$

例 5.32 求 $\int \frac{\mathrm{d}x}{\sqrt{x(1-x)}}$.

解 被积函数的定义域是(0,1).令 $x=\sin^2 t, t\in\left(0,\frac{\pi}{2}\right)$,则 $\mathrm{d}x=2\sin t\cos t\mathrm{d}t$, $\sqrt{x(1-x)}=\sin t\cos t$,于是

$$\int \frac{\mathrm{d}x}{\sqrt{x(1-x)}}=\int 2\mathrm{d}t=2t+C=2\arcsin\sqrt{x}+C.$$

由于被积函数的分母是二次式开根号,此题也可以配方后再用凑微分法求其原函数.

$$\int \frac{\mathrm{d}x}{\sqrt{x(1-x)}}=\int \frac{\mathrm{d}\left(x-\frac{1}{2}\right)}{\sqrt{\left(\frac{1}{2}\right)^2-\left(x-\frac{1}{2}\right)^2}}=\arcsin(2x-1)+\bar{C}.$$

由上例的结果可以看出,同一个函数的不定积分,它的结果的形式可能不一样,但这并没有矛盾.原因在于我们求得的原函数之间可以相差一个常数,而这个常数又被归并在任意常数中,在上例中,不难验证 $2\arcsin\sqrt{x}$ 与 $\arcsin(2x-1)$ 相差常数$\frac{\pi}{2}$.

例 5.33 求 $\int \frac{3x+5}{\sqrt{x^2+x-1}}\mathrm{d}x$.

解 $\int \frac{3x+5}{\sqrt{x^2+x-1}}\mathrm{d}x=\frac{3}{2}\int \frac{2x+1}{\sqrt{x^2+x-1}}\mathrm{d}x+\frac{7}{2}\int \frac{\mathrm{d}x}{\sqrt{x^2+x-1}}$

$$=\frac{3}{2}\int \frac{\mathrm{d}(x^2+x-1)}{\sqrt{x^2+x-1}}+\frac{7}{2}\int \frac{\mathrm{d}\left(x+\frac{1}{2}\right)}{\sqrt{\left(x+\frac{1}{2}\right)^2-\left(\frac{\sqrt{5}}{2}\right)^2}}$$

$$=3\sqrt{x^2+x-1}+\frac{7}{2}\ln\left|x+\frac{1}{2}+\sqrt{x^2+x-1}\right|+C.$$

这里我们利用了例 5.29 的结果.

5.4.5 分部积分法

乘积导数公式的逆运算即下面的分部积分公式.

定理 5.16 设函数 $u(x)$, $v(x)$ 在区间 I 上可导,且 $\int u'(x)v(x)\mathrm{d}x$ 存在,则

$$\int u(x)v'(x)\mathrm{d}x = u(x)v(x) - \int u'(x)v(x)\mathrm{d}x.$$

证 根据函数乘积的求导法有 $[u(x)v(x)]' = u'(x)v(x)+u(x)v'(x)$,即

$$u(x)v'(x) = [u(x)v(x)]' - u'(x)v(x).$$

因为上式右端两项均存在原函数,所以左端函数也存在原函数,且

$$\int u(x)v'(x)\mathrm{d}x = u(x)v(x) - \int u'(x)v(x)\mathrm{d}x.$$

故定理得证.

由于 $v'\mathrm{d}x=\mathrm{d}v$, $\mathrm{d}u=u'\mathrm{d}x$,定理中的公式常写成如下简洁形式

$$\int u\mathrm{d}v = uv - \int v\mathrm{d}u.$$

从而分部积分的步骤一般为

$$\int uv'\mathrm{d}x = \int u\mathrm{d}v = uv - \int v\mathrm{d}u = uv - \int u'v\mathrm{d}x,$$

即先要把被积函数分为 u 和 v' 两个因子,再将 v' 与 $\mathrm{d}x$ 凑成 $\mathrm{d}v$,使用该公式后,被积函数原函数的一部分 uv 被先行求出,因此把这种求不定积分的方法称为**分部积分法**,而定理结论的公式称为**分部积分公式**.

应用分部积分法的关键是正确选择 u 和 $\mathrm{d}v$.显然,这种选择应遵循的原则是 $\int v\mathrm{d}u$ 要比 $\int u\mathrm{d}v$ 更容易求出.

例 5.34 求 $\int x\mathrm{e}^{-x}\mathrm{d}x$.

解 被积函数是幂函数与指数函数相乘,故可设 $u=x$, $\mathrm{d}v=\mathrm{e}^{-x}\mathrm{d}x$,于是

$$\int x\mathrm{e}^{-x}\mathrm{d}x = -\int x\mathrm{d}(\mathrm{e}^{-x}) = -x\mathrm{e}^{-x} + \int \mathrm{e}^{-x}\mathrm{d}x = -(x+1)\mathrm{e}^{-x}+C.$$

例 5.35 求 $\int (x+1)\sin 2x\mathrm{d}x$.

解
$$\begin{aligned}\int (x+1)\sin 2x\mathrm{d}x &= -\frac{1}{2}\int (x+1)\mathrm{d}(\cos 2x)\\ &= -\frac{(x+1)\cos 2x}{2}+\frac{1}{2}\int \cos 2x\mathrm{d}x\\ &= -\frac{(x+1)\cos 2x}{2}+\frac{\sin 2x}{4}+C.\end{aligned}$$

例 5.36 求 $\int \log_a x\mathrm{d}x\ (a>0, a\neq 1)$.

解 $\int \log_a x\mathrm{d}x = x\log_a x - \int x \cdot \frac{\mathrm{d}x}{x\ln a} = x\log_a x - \int \frac{\mathrm{d}x}{\ln a} = x\log_a x - \frac{x}{\ln a} + C.$

例 5.37 求 $\int \arcsin x\mathrm{d}x$.

解 $$\int \arcsin x\mathrm{d}x = x\arcsin x - \int x \cdot \frac{\mathrm{d}x}{\sqrt{1-x^2}}$$
$$= x\arcsin x + \frac{1}{2}\int \frac{\mathrm{d}(1-x^2)}{\sqrt{1-x^2}} = x\arcsin x + \sqrt{1-x^2} + C.$$

这个例子说明,计算积分时往往要把分部积分法与换元积分法结合使用.下面的例子将说明,分部积分法还可以多次使用,而且有时还要设法建立所求积分的函数方程,再解出所求积分.

例 5.38 求 $\int x^2\cos x\mathrm{d}x$.

解 $$\int x^2\cos x\mathrm{d}x = \int x^2\mathrm{d}(\sin x) = x^2\sin x - 2\int x\sin x\mathrm{d}x$$
$$= x^2\sin x + 2\int x\mathrm{d}(\cos x)$$
$$= x^2\sin x + 2x\cos x - 2\int \cos x\mathrm{d}x$$
$$= x^2\sin x + 2x\cos x - 2\sin x + C.$$

例 5.39 求 $I = \int \mathrm{e}^{ax}\sin bx\mathrm{d}x \ (a \neq 0)$.

解 $$I = \int \mathrm{e}^{ax}\sin bx\mathrm{d}x = \frac{1}{a}\int \sin bx\mathrm{d}(\mathrm{e}^{ax}) = \frac{\mathrm{e}^{ax}\sin bx}{a} - \frac{1}{a}\int \mathrm{e}^{ax}\mathrm{d}(\sin bx)$$
$$= \frac{\mathrm{e}^{ax}\sin bx}{a} - \frac{b}{a}\int \mathrm{e}^{ax}\cos bx\mathrm{d}x$$
$$= \frac{\mathrm{e}^{ax}\sin bx}{a} - \frac{b}{a^2}\int \cos bx\mathrm{d}(\mathrm{e}^{ax})$$
$$= \frac{\mathrm{e}^{ax}(a\sin bx - b\cos bx)}{a^2} - \frac{b^2}{a^2}\int \mathrm{e}^{ax}\sin bx\mathrm{d}x,$$

于是得到

$$\left(1+\frac{b^2}{a^2}\right)I = \frac{\mathrm{e}^{ax}(a\sin bx - b\cos bx)}{a^2} + C_1,$$

从而导出

$$I = \frac{\mathrm{e}^{ax}(a\sin bx - b\cos bx)}{a^2+b^2} + C,$$

其中 $C=\dfrac{a^2C_1}{a^2+b^2}$仍为任意常数.我们顺便还可以获得

$$\int e^{ax}\cos bx\mathrm{d}x=\frac{a}{b}\left(\frac{e^{ax}\sin bx}{a}-I\right)$$
$$=\frac{a}{b}\left[\frac{e^{ax}\sin bx}{a}-\frac{e^{ax}(a\sin bx-b\cos bx)}{a^2+b^2}\right]+C$$
$$=\frac{e^{ax}(b\sin bx+a\cos bx)}{a^2+b^2}+C.$$

例 5.40 求$\int\sqrt{x^2+a^2}\mathrm{d}x$ $(a>0)$.

解 因为$\int\sqrt{x^2+a^2}\mathrm{d}x$

$$=x\sqrt{x^2+a^2}-\int x\mathrm{d}(\sqrt{x^2+a^2})$$
$$=x\sqrt{x^2+a^2}-\int\frac{x^2}{\sqrt{x^2+a^2}}\mathrm{d}x$$
$$=x\sqrt{x^2+a^2}-\int\left(\sqrt{x^2+a^2}-\frac{a^2}{\sqrt{x^2+a^2}}\right)\mathrm{d}x$$
$$=x\sqrt{x^2+a^2}-\int\sqrt{x^2+a^2}\mathrm{d}x+a^2\int\frac{\mathrm{d}x}{\sqrt{x^2+a^2}}$$
$$=x\sqrt{x^2+a^2}-\int\sqrt{x^2+a^2}\mathrm{d}x+a^2\ln(x+\sqrt{x^2+a^2})+C_1,$$

所以

$$\int\sqrt{x^2+a^2}\mathrm{d}x=\frac{x\sqrt{x^2+a^2}}{2}+\frac{a^2}{2}\ln(x+\sqrt{x^2+a^2})+C.$$

例 5.41 设 $I_n=\int\dfrac{\mathrm{d}x}{(x^2+a^2)^n}$ $(a>0,n\in\mathbf{N}_+)$,试建立 I_n 的递推公式.

解 设 $u=\dfrac{1}{(x^2+a^2)^n}$,$v=x$,则 $\mathrm{d}u=\dfrac{-2nx\mathrm{d}x}{(x^2+a^2)^{n+1}}$,从而

$$I_n=\int\frac{\mathrm{d}x}{(x^2+a^2)^n}=\frac{x}{(x^2+a^2)^n}+2n\int\frac{x^2}{(x^2+a^2)^{n+1}}\mathrm{d}x$$
$$=\frac{x}{(x^2+a^2)^n}+2n\int\frac{(x^2+a^2)-a^2}{(x^2+a^2)^{n+1}}\mathrm{d}x$$
$$=\frac{x}{(x^2+a^2)^n}+2nI_n-2na^2I_{n+1},$$

这就导出递推公式

$$I_{n+1}=\frac{1}{a^2}\left[\frac{2n-1}{2n}I_n+\frac{x}{2n(x^2+a^2)^n}\right]\quad(n\in\mathbf{N}_+).$$

由于 $I_1=\int\frac{\mathrm{d}x}{x^2+a^2}=\frac{1}{a}\arctan\frac{x}{a}$,因此对于任意给定的 $n\in\mathbf{N}_+$,都可以求出 I_n.

从这个例子可以看出,当所求积分含有某个函数的 n 次幂($n\in\mathbf{N}_+$)时,可以利用分部积分法建立其递推关系式.最后,我们再举一个分部积分的例子.

例 5.42 已知$\frac{\sin x}{x}$是 $f(x)$ 的一个原函数,求 $\int x^3f'(x)\mathrm{d}x$.

分析 被积函数含有 $f'(x)$,可考虑使用分部积分法并利用原函数的定义求解.若先求 $f'(x)$ 的表达式再计算积分,则计算量稍大.

解 依条件有 $f(x)=\left(\frac{\sin x}{x}\right)'=\frac{x\cos x-\sin x}{x^2}$,于是

$$\begin{aligned}\int x^3f'(x)\mathrm{d}x&=\int x^3\mathrm{d}[f(x)]=x^3f(x)-3\int x^2f(x)\mathrm{d}x\\&=x^3f(x)-3\int x^2\mathrm{d}\left(\frac{\sin x}{x}\right)\\&=x^3f(x)-3x\sin x+6\int\sin x\mathrm{d}x\\&=x(x\cos x-\sin x)-3x\sin x-6\cos x+C\\&=x^2\cos x-4x\sin x-6\cos x+C.\end{aligned}$$

5.4.6 几类常见函数的不定积分

前面我们介绍了一些求不定积分的重要方法.我们知道,不定积分运算与求导运算互为逆运算,所有初等函数都可以求导,而且其导函数仍是初等函数.但是并非所有的初等函数都可以求出初等函数形式的不定积分.有些函数的原函数即使是初等函数,要求出其具体表达式来也是极其困难的.下面我们讨论几类特殊初等函数的不定积分,它们的原函数都是初等函数,而且理论上,这些函数的不定积分可以按一定的程序计算出来.

1. 有理函数的不定积分

有理函数是指两个实系数多项式的商,其一般形式为

$$R(x)=\frac{P_n(x)}{Q_m(x)},$$

其中 $P_n(x)$,$Q_m(x)$ 分别是 n,m($\in\mathbf{N}$)次实系数多项式.一般地,我们总可以假定

$P_n(x)$与$Q_m(x)$没有公因式.

当$n<m$时,$R(x)$称为**真分式**;当$n\geqslant m$时,$R(x)$称为**假分式**.由于利用多项式除法,假分式总是可以化为一个多项式与一个真分式之和,而多项式的不定积分很容易求得,因此我们只需研究真分式的不定积分.

由代数学的基本理论可知,真分式$R(x)$必定能分解为下列4种部分分式之和:

(1) $\dfrac{A}{x-a}$,　　(2) $\dfrac{A}{(x-a)^k}$,

(3) $\dfrac{Bx+D}{x^2+px+q}$,　　(4) $\dfrac{Bx+D}{(x^2+px+q)^k}$,

其中$k>1,k\in\mathbf{N}_+,\Delta=p^2-4q<0,A,B,D$是可由$R(x)$待定的常数.

显然(1),(2)类型的不定积分容易求得,而对(3),(4),利用凑微分法有

$$\int\frac{Bx+D}{x^2+px+q}\mathrm{d}x=\frac{B}{2}\int\frac{\mathrm{d}(x^2+px+q)}{x^2+px+q}+\frac{2D-Bp}{2}\int\frac{\mathrm{d}\left(x+\frac{p}{2}\right)}{\left(x+\frac{p}{2}\right)^2+\left(\frac{\sqrt{-\Delta}}{2}\right)^2}$$

$$=\frac{B}{2}\ln(x^2+px+q)+\frac{2D-Bp}{\sqrt{-\Delta}}\arctan\left(\frac{2x+p}{\sqrt{-\Delta}}\right)+C.$$

当$k>1$时,可类似地有

$$\int\frac{Bx+D}{(x^2+px+q)^k}\mathrm{d}x=\frac{B}{2}\int\frac{\mathrm{d}(x^2+px+q)}{(x^2+px+q)^k}+\frac{2D-Bp}{2}\int\frac{\mathrm{d}\left(x+\frac{p}{2}\right)}{\left[\left(x+\frac{p}{2}\right)^2+\left(\frac{\sqrt{-\Delta}}{2}\right)^2\right]^k},$$

其中上式右端的前一个积分可直接求出,后一个积分利用例5.41的结论可用递推公式求出.

这样我们看出有理函数的积分在理论上一定可以计算出来,并且可以用有理函数、对数函数和反正切函数给出具体表达式.

如何将有理真分式$R(x)=\dfrac{P(x)}{Q(x)}$分解为(1)~(4)类型的部分分式之和呢?具体的步骤是

第一步:将分母$Q(x)$在实数范围内分解因式,则分解结果中只含两种类型的因式:一种为$(x-a)^k$,另一种为$(x^2+px+q)^k$,其中$k\in\mathbf{N}_+,\Delta=p^2-4q<0$.

第二步:当$Q(x)$含有因式$(x-a)^k$,则$R(x)$的分解式中含有如下形式的k

项部分分式：

$$\frac{A_1}{x-a}+\frac{A_2}{(x-a)^2}+\cdots+\frac{A_k}{(x-a)^k}.$$

当 $Q(x)$ 含有因式 $(x^2+px+q)^k$，则 $R(x)$ 的分解式中含有如下形式的 k 项部分分式：

$$\frac{B_1x+D_1}{x^2+px+q}+\frac{B_2x+D_2}{(x^2+px+q)^2}+\cdots+\frac{B_kx+D_k}{(x^2+px+q)^k},$$

其中 $A_i,B_i,D_i\ (1\leqslant i\leqslant k)$ 是可由 $R(x)$ 来确定的待定常数.

上述方法称为有理函数(真分式)的**部分分式展开法**.下面是一个这类积分的例子.

例 5.43 $\displaystyle\int\frac{x^5-x^3-2x^2+27x}{x^4-x^2-2x+2}\mathrm{d}x.$

解 首先由多项式除法，并将分母分解因式得

$$\frac{x^5-x^3-2x^2+27x}{x^4-x^2-2x+2}=x+\frac{25x}{x^4-x^2-2x+2}=x+\frac{25x}{(x-1)^2(x^2+2x+2)}.$$

上式右边第二项为有理真分式，可以作如下部分分式展开：

$$\frac{25x}{(x-1)^2(x^2+2x+2)}=\frac{A_1}{x-1}+\frac{A_2}{(x-1)^2}+\frac{Bx+D}{x^2+2x+2},$$

右端通分后由两边分子相等，可得

$$25x=A_1(x-1)(x^2+2x+2)+A_2(x^2+2x+2)+(Bx+D)(x-1)^2.$$

由于上式为恒等式，因此两端 x 的同次幂的系数相等，于是

$$\begin{cases}A_1 \qquad\qquad +B \qquad\quad =0,\\ A_1+A_2-2B+D=0,\\ 2A_2+B-2D=25,\\ -2A_1+2A_2+D=0.\end{cases}$$

解得 $A_1=1,A_2=5,B=-1,D=-8$.从而有

$$\frac{x^5-x^3-2x^2+27x}{x^4-x^2-2x+2}=x+\frac{1}{x-1}+\frac{5}{(x-1)^2}-\frac{x+8}{x^2+2x+2},$$

故

$$\begin{aligned}&\int\frac{x^5-x^3-2x^2+27x}{x^4-x^2-2x+2}\mathrm{d}x\\ =&\int\left[x+\frac{1}{x-1}+\frac{5}{(x-1)^2}-\frac{x+8}{x^2+2x+2}\right]\mathrm{d}x\end{aligned}$$

$$=\frac{x^2}{2}+\ln|x-1|-\frac{5}{x-1}-\frac{1}{2}\int\frac{\mathrm{d}(x^2+2x+2)}{x^2+2x+2}-7\int\frac{\mathrm{d}(x+1)}{(x+1)^2+1}$$

$$=\frac{x^2}{2}+\ln|x-1|-\frac{5}{x-1}-\frac{1}{2}\ln(x^2+2x+2)-7\arctan(x+1)+C.$$

此例求部分分式展开式中常数的方法称为**对比系数法**.由于真分式分解为部分分式之和后是一个恒等式,因此也可以用**赋值法**来求展开式中待定常数的值,即取 x 的 4 个值,可以得到 4 个待定常数的一次方程,从而解得这 4 个待定常数.

例 5.44 求 $\int\frac{\mathrm{d}x}{x(x^{10}+1)}$.

分析 若对被积函数(真分式)作部分分式展开,然后求各展开项积分的这种"标准方法"显然相当麻烦.此例可以采用"拆项法"来避开"标准方法",使运算变得更容易.

解 $$\int\frac{\mathrm{d}x}{x(x^{10}+1)}=\int\frac{(x^{10}+1)-x^{10}}{x(x^{10}+1)}\mathrm{d}x=\int\frac{\mathrm{d}x}{x}-\int\frac{x^9}{x^{10}+1}\mathrm{d}x$$

$$=\ln|x|-\frac{1}{10}\int\frac{\mathrm{d}(x^{10}+1)}{x^{10}+1}=\ln|x|-\frac{1}{10}\ln(x^{10}+1)+C.$$

类似地,有理函数积分 $\int\frac{x^2+2}{(x+1)^4}\mathrm{d}x$ 用标准方法则较麻烦,如果用变量代换 $u=x+1$,则计算变得较容易(请读者自行计算),所以我们要因问题而异,灵活处理.

2. 三角函数有理式的积分

所谓**三角函数有理式**是指形如 $R(\sin x,\cos x)$ 的函数,其中 $R(u,v)$ 是将 u,v 经有理运算而得的表达式.下面我们介绍几类常见的三角函数有理式的不定积分.

(1) $\int R(\sin x)\cos x\mathrm{d}x$ 和 $\int R(\cos x)\sin x\mathrm{d}x$ 型,这里 $R(u)$ 为有理函数.对前一个积分作变换 $\sin x=u$,对后一个积分作变换 $\cos x=u$,就可把它们化为有理函数的积分.

例 5.45 求 $\int\frac{\sin^3 x}{2+\cos x}\mathrm{d}x$.

解 这是 $\int R(\cos x)\sin x\mathrm{d}x$ 的类型.令 $\cos x=u$ 得

$$\int \frac{\sin^3 x}{2+\cos x}\mathrm{d}x = -\int \frac{1-\cos^2 x}{2+\cos x}\mathrm{d}(\cos x) = \int \frac{u^2-1}{u+2}\mathrm{d}u$$

$$= \int \left(u-2+\frac{3}{u+2}\right)\mathrm{d}u = \frac{u^2}{2} - 2u + 3\ln|u+2| + C$$

$$= \frac{\cos^2 x}{2} - 2\cos x + 3\ln(\cos x+2) + C.$$

(2) $\int R(\sin^2 x,\cos^2 x)\mathrm{d}x$型,即被积函数是关于 $\sin x$ 和 $\cos x$ 偶次幂的有理式.通常作变换 $\tan x=u$,将其化为有理函数的积分.

例 5.46 求 $\int \frac{\mathrm{d}x}{\sin^4 x\cos^2 x}$.

解 令 $\tan x=u$ 得

$$\int \frac{\mathrm{d}x}{\sin^4 x\cos^2 x} = \int \frac{\sec^4 x\mathrm{d}(\tan x)}{\tan^4 x} = \int \frac{(1+u^2)^2}{u^4}\mathrm{d}u$$

$$= \int \left(\frac{1}{u^4}+\frac{2}{u^2}+1\right)\mathrm{d}u = -\frac{1}{3u^3} - \frac{2}{u} + u + C$$

$$= -\frac{1}{3\tan^3 x} - \frac{2}{\tan x} + \tan x + C.$$

(3) $\int \cos mx\cos nx\mathrm{d}x$、$\int \sin mx\sin nx\mathrm{d}x$和$\int \cos mx\sin nx\mathrm{d}x$型.通常利用积化和差公式来求这种类型的不定积分.

例 5.47 求 $\int \cos 2x\cos 3x\mathrm{d}x$.

解 $$\int \cos 3x\cos 2x\mathrm{d}x = \frac{1}{2}\int(\cos 5x+\cos x)\mathrm{d}x$$

$$= \frac{1}{10}\int \cos 5x\mathrm{d}(5x) + \frac{1}{2}\int \cos x\mathrm{d}x$$

$$= \frac{\sin 5x}{10} + \frac{\sin x}{2} + C.$$

一般地,对于三角函数有理式的不定积分

$$\int R(\sin x,\cos x)\mathrm{d}x,$$

如果作变量代换 $t=\tan\frac{x}{2}$(**万能代换**),则

$$\sin x = \frac{2t}{1+t^2},\ \cos x = \frac{1-t^2}{1+t^2},\ \mathrm{d}x = \frac{2\mathrm{d}t}{1+t^2},$$

从而

$$\int R(\sin x,\cos x)\,dx=\int R\left(\frac{2t}{1+t^2},\frac{1-t^2}{1+t^2}\right)\frac{2dt}{1+t^2},$$

上式右端是关于 t 的有理函数积分,故按有理函数积分理论可以求出.

例 5.48 求 $\int\frac{dx}{5+3\cos x}$.

解 设 $t=\tan\frac{x}{2}$,即 $x=2\arctan t$,则 $dx=\frac{2dt}{1+t^2}$,于是

$$\int\frac{dx}{5+3\cos x}=\int\frac{1}{5+\frac{3(1-t^2)}{1+t^2}}\cdot\frac{2dt}{1+t^2}=\int\frac{dt}{t^2+4}$$

$$=\frac{1}{2}\arctan\frac{t}{2}+C=\frac{1}{2}\arctan\left(\frac{1}{2}\tan\frac{x}{2}\right)+C.$$

虽然用万能代换总可以把三角函数积分化为有理式的积分,但是,这种代换往往会使某些积分变得非常麻烦.因此,在一般情况下,要尽量避免使用这种代换,而如例 5.45、例 5.46 那样采用凑微分的方法.

3. 简单无理函数的积分

当被积函数中含有根式 $\sqrt[n]{ax+b}$ 或 $\sqrt[n]{\frac{ax+b}{cx+d}}$ $(ad-bc\neq0)$时,常采取第二换元法去掉根号化为有理函数的积分.

例 5.49 求 $\int\frac{dx}{\sqrt{x}-\sqrt[3]{x}}$.

解 设 $x=t^6$,则 $dx=6t^5dt$,于是

$$\int\frac{dx}{\sqrt{x}-\sqrt[3]{x}}=\int\frac{6t^5dt}{t^3-t^2}=6\int\frac{t^3dt}{t-1}=6\int\left(t^2+t+1+\frac{1}{t-1}\right)dt$$

$$=2t^3+3t^2+6t+6\ln|t-1|+C$$

$$=2\sqrt{x}+3\sqrt[3]{x}+6\sqrt[6]{x}+6\ln|\sqrt[6]{x}-1|+C.$$

例 5.50 求 $\int\frac{1}{x}\sqrt{\frac{x+1}{x}}dx$.

解 设 $\sqrt{\frac{x+1}{x}}=t$,则 $x=\frac{1}{t^2-1}$,$dx=\frac{-2tdt}{(t^2-1)^2}$,于是

$$\int \frac{1}{x}\sqrt{\frac{x+1}{x}}\mathrm{d}x = \int (t^2-1)t\cdot\frac{-2t\mathrm{d}t}{(t^2-1)^2} = -2\int\frac{t^2\mathrm{d}t}{t^2-1}$$

$$= -2\int\left(1+\frac{1}{t^2-1}\right)\mathrm{d}t = -2t-\ln\left|\frac{t-1}{t+1}\right|+C$$

$$= -2\sqrt{\frac{x+1}{x}}-\ln\left|x\left(\sqrt{\frac{x+1}{x}}-1\right)^2\right|+C.$$

例 5.51 求 $\int\frac{\mathrm{d}x}{\sqrt{\sqrt{x}-1}}$.

解 设 $\sqrt{\sqrt{x}-1}=t$,则 $x=(t^2+1)^2$, $\mathrm{d}x=4t(t^2+1)\mathrm{d}t$,于是

$$\int\frac{\mathrm{d}x}{\sqrt{\sqrt{x}-1}} = \int\frac{4t(t^2+1)\mathrm{d}t}{t} = 4\int(t^2+1)\mathrm{d}t$$

$$= \frac{4}{3}t^3+4t+C = \frac{4}{3}(\sqrt{x}-1)^{\frac{3}{2}}+4(\sqrt{x}-1)^{\frac{1}{2}}+C.$$

以上我们介绍了求不定积分的基本方法.我们已经指出,初等函数的原函数虽存在,但它不一定能用初等函数表示出来.原函数是否存在与原函数是否能用初等函数表示是两个不同的概念.事实上,确实存在一些看上去很简单的初等函数,它们的原函数不再是初等函数.而我们求不定积分,通常是要用初等函数把原函数表示出来,因此当函数 $f(x)$ 的原函数不是初等函数时,我们就说 $\int f(x)\mathrm{d}x$ 不能表达为有限形式,或通俗地说"积不出".

下面这些不定积分:

$$\int \mathrm{e}^{-x^2}\mathrm{d}x,\ \int\frac{\sin x}{x}\mathrm{d}x,\int\frac{\mathrm{d}x}{\ln x},\ \int\sin(x^2)\mathrm{d}x,\ \int\sqrt{1-\varepsilon^2\cos^2 x}\,\mathrm{d}x\ (0<\varepsilon<1)$$

都是"积不出"的.这些积分在概率论、数论和傅里叶分析等领域有重要应用.

5.5 定积分的计算

由牛顿-莱布尼茨公式知道:计算定积分 $\int_a^b f(x)\mathrm{d}x$,可以转化为求 $f(x)$ 的

原函数(假设$f(x)$的原函数存在)或不定积分.根据不定积分的换元法和分部积分法,在一定的条件下,我们可以得到计算定积分的换元法和分部积分法.

5.5.1 定积分的换元法

根据不定积分的凑微分积分法,并结合牛顿-莱布尼茨公式,我们可以得到下面的定理.

定理 5.17 设函数f在区间I上连续,$F'(u)=f(u)$,又$\varphi'(x)\in C[a,b]$,且φ的值域$R(\varphi)\subset I$,则有

$$\int_a^b f[\varphi(x)]\varphi'(x)\,\mathrm{d}x=F[\varphi(x)]\Big|_a^b.$$

上述定积分法对应着不定积分的凑微分法,我们只要结合不定积分的凑微分法和牛顿-莱布尼茨公式直接运算就行了.

例 5.52 求$\displaystyle\int_0^2\frac{x\mathrm{d}x}{\sqrt{1+6x^2}}$.

解 $$\int_0^2\frac{x\mathrm{d}x}{\sqrt{1+6x^2}}=\frac{1}{12}\int_0^2\frac{\mathrm{d}(1+6x^2)}{\sqrt{1+6x^2}}=\frac{1}{6}\sqrt{1+6x^2}\Big|_0^2=\frac{1}{6}(5-1)=\frac{2}{3}.$$

容易看出此例的前几步是用凑微分法求原函数,然后应用牛顿-莱布尼茨公式得出定积分的值.

例 5.53 求$\displaystyle\int_0^{\frac{\pi}{6}}\sin 2x\cos 3x\mathrm{d}x$.

解 $$\begin{aligned}\int_0^{\frac{\pi}{6}}\sin 2x\cos 3x\mathrm{d}x&=\int_0^{\frac{\pi}{6}}\frac{\sin 5x-\sin x}{2}\mathrm{d}x\\&=\int_0^{\frac{\pi}{6}}\frac{\sin 5x}{10}\mathrm{d}(5x)-\frac{1}{2}\int_0^{\frac{\pi}{6}}\sin x\mathrm{d}x\\&=\left(-\frac{1}{10}\cos 5x+\frac{1}{2}\cos x\right)\Big|_0^{\frac{\pi}{6}}=\frac{3\sqrt{3}-4}{10}.\end{aligned}$$

例 5.54 求$\displaystyle\int_0^{\pi}\sqrt{\sin x-\sin^3 x}\,\mathrm{d}x$.

解 由于$\sqrt{\sin x-\sin^3x}=\sqrt{\sin x}\,|\cos x|$.当$x\in\left[0,\dfrac{\pi}{2}\right]$时,$|\cos x|=\cos x$;当$x\in\left[\dfrac{\pi}{2},\pi\right]$时,$|\cos x|=-\cos x$,于是

$$\begin{aligned}\int_0^{\pi}\sqrt{\sin x-\sin^3 x}\,\mathrm{d}x &= \int_0^{\frac{\pi}{2}}\sqrt{\sin x}\cos x\mathrm{d}x-\int_{\frac{\pi}{2}}^{\pi}\sqrt{\sin x}\cos x\mathrm{d}x\\ &= \int_0^{\frac{\pi}{2}}\sqrt{\sin x}\,\mathrm{d}(\sin x)-\int_{\frac{\pi}{2}}^{\pi}\sqrt{\sin x}\,\mathrm{d}(\sin x)\\ &= \frac{2}{3}\sin^{\frac{3}{2}}x\Big|_0^{\frac{\pi}{2}}-\frac{2}{3}\sin^{\frac{3}{2}}x\Big|_{\frac{\pi}{2}}^{\pi}=\frac{2}{3}-\left(-\frac{2}{3}\right)=\frac{4}{3}.\end{aligned}$$

在计算定积分时,遇到开根号时,要注意带上绝对值号.下面的定理对应着不定积分的第二换元法.

定理 5.18 设函数 $f(x)\in C[a,b]$.如果可导函数 $x=\varphi(t)$ 满足条件 $\varphi'(t)\in R[\alpha,\beta]$,且 $\varphi(\alpha)=a,\varphi(\beta)=b$,$\varphi$ 的值域 $R(\varphi)\subset[a,b]$,则有

$$\int_a^b f(x)\,\mathrm{d}x=\int_{\alpha}^{\beta}f[\varphi(t)]\varphi'(t)\,\mathrm{d}t.$$

证 设 $F(x)$ 是 $f(x)$ 在 $[a,b]$ 上的一个原函数,那么由牛顿 - 莱布尼茨公式有

$$\int_a^b f(x)\,\mathrm{d}x=F(b)-F(a).$$

另一方面,由于

$$\frac{\mathrm{d}}{\mathrm{d}t}F[\varphi(t)]=F'[\varphi(t)]\varphi'(t)=f[\varphi(t)]\varphi'(t),$$

故 $F[\varphi(t)]$ 是 $f[\varphi(t)]\varphi'(t)$ 在 $[\alpha,\beta]$ 上的原函数,从而

$$\int_{\alpha}^{\beta}f[\varphi(t)]\varphi'(t)\,\mathrm{d}t=F[\varphi(\beta)]-F[\varphi(\alpha)]=F(b)-F(a).$$

故定理得证.

上述定理称为定积分的**换元法**.由证明可以看出:若其他条件不变,但 $\alpha>\beta$,结论仍然成立.

在定积分 $\int_a^b f(x)\,\mathrm{d}x$ 中"$\mathrm{d}x$"本来是一个记号,但从换元法公式可以看出,形式上可以把 $\mathrm{d}x$ 看成微分,当把变换 $x=\varphi(t)$ 代入时,$\mathrm{d}x=\varphi'(t)\,\mathrm{d}t$.值得强调的是:变换 $x=\varphi(t)$ 把原来变量 x 换为新变量 t 时,积分限也要"对应地"改变,也正因为如此,所以定积分的换元法没有不定积分第二换元法中最后一步代回原变量的过程.

例 5.55 求 $\int_0^{\frac{a}{2}}\sqrt{a^2-x^2}\,\mathrm{d}x\quad(a>0)$.

分析 由于被积函数含有根式 $\sqrt{a^2-x^2}$,可用三角代换 $x=a\sin t$ 去除根式.

解 令 $x=a\sin t$，则 $\mathrm{d}x=a\cos t\mathrm{d}t$，并且当 $x=0$ 时，$t=0$；当 $x=\dfrac{a}{2}$时，$t=\dfrac{\pi}{6}$，于是

$$\int_0^{\frac{a}{2}}\sqrt{a^2-x^2}\,\mathrm{d}x=a^2\int_0^{\frac{\pi}{6}}\cos^2t\mathrm{d}t=\frac{a^2}{2}\int_0^{\frac{\pi}{6}}(1+\cos 2t)\,\mathrm{d}t$$

$$=\frac{a^2}{2}\left[t+\frac{\sin 2t}{2}\right]_0^{\frac{\pi}{6}}=\left(\frac{\pi}{12}+\frac{\sqrt{3}}{8}\right)a^2.$$

例 5.56 求 $\displaystyle\int_a^{2a}\frac{\sqrt{x^2-a^2}}{x^4}\mathrm{d}x\quad(a>0)$.

解 令 $x=a\sec t$，则 $\mathrm{d}x=a\sec t\tan t\mathrm{d}t$，并且当$x=a$ 时，$t=0$；当 $x=2a$ 时，$t=\dfrac{\pi}{3}$，于是

$$\int_a^{2a}\frac{\sqrt{x^2-a^2}}{x^4}\mathrm{d}x=\int_0^{\frac{\pi}{3}}\frac{a\tan t}{a^4\sec^4t}\cdot a\sec t\tan t\mathrm{d}t=\frac{1}{a^2}\int_0^{\frac{\pi}{3}}\sin^2t\cos t\mathrm{d}t$$

$$=\frac{1}{a^2}\int_0^{\frac{\pi}{3}}\sin^2x\mathrm{d}(\sin x)=\frac{\sin^3x}{3a^2}\bigg|_0^{\frac{\pi}{3}}=\frac{\sqrt{3}}{8a^2}.$$

我们也可以采用倒置变换：令 $x=\dfrac{a}{t}$，则 $\mathrm{d}x=-\dfrac{a\mathrm{d}t}{t^2}$，且当 $x=a$ 时，$t=1$；当 $x=2a$时，$t=\dfrac{1}{2}$，于是

$$\int_a^{2a}\frac{\sqrt{x^2-a^2}}{x^4}\mathrm{d}x=\int_1^{\frac{1}{2}}\frac{t^4}{a^4}\sqrt{\frac{a^2}{t^2}-a^2}\cdot\frac{-a\mathrm{d}t}{t^2}=\frac{1}{a^2}\int_{\frac{1}{2}}^1 t\sqrt{1-t^2}\,\mathrm{d}t$$

$$=-\frac{1}{2a^2}\int_{\frac{1}{2}}^1\sqrt{1-t^2}\,\mathrm{d}(1-t^2)$$

$$=-\frac{1}{3a^2}(1-t^2)^{\frac{3}{2}}\bigg|_{\frac{1}{2}}^1=\frac{\sqrt{3}}{8a^2}.$$

下面我们给出定积分的一个结论性例题，它在计算奇函数、偶函数关于原点对称区间的定积分时，可带来很大的方便.

例 5.57 设函数 $f(x)\in R[-a,a]$. 证明：

$$\int_{-a}^a f(x)\,\mathrm{d}x=\begin{cases}0, & f\text{ 为奇函数},\\ 2\displaystyle\int_0^a f(x)\,\mathrm{d}x, & f\text{ 为偶函数}.\end{cases}$$

证 由于

$$\int_{-a}^{a} f(x)\,\mathrm{d}x = \int_{-a}^{0} f(x)\,\mathrm{d}x + \int_{0}^{a} f(x)\,\mathrm{d}x.$$

对积分 $\int_{-a}^{0} f(x)\,\mathrm{d}x$ 作变换 $x=-t$,则

$$\int_{-a}^{0} f(x)\,\mathrm{d}x = -\int_{a}^{0} f(-t)\,\mathrm{d}t = \int_{0}^{a} f(-x)\,\mathrm{d}x,$$

于是

$$\begin{aligned}\int_{-a}^{a} f(x)\,\mathrm{d}x &= \int_{0}^{a} f(-x)\,\mathrm{d}x + \int_{0}^{a} f(x)\,\mathrm{d}x \\ &= \int_{0}^{a} [f(-x)+f(x)]\,\mathrm{d}x \\ &= \begin{cases} 0, & f \text{ 为奇函数}, \\ 2\int_{0}^{a} f(x)\,\mathrm{d}x, & f \text{ 为偶函数}. \end{cases}\end{aligned}$$

例 5.58 设函数 $f(x)$ 是 $\mathbf{R}$ 上以 T 为周期的连续函数.试证: $\forall a \in \mathbf{R}$,有

$$\int_{a}^{a+T} f(x)\,\mathrm{d}x = \int_{0}^{T} f(x)\,\mathrm{d}x.$$

证 由于

$$\int_{a}^{a+T} f(x)\,\mathrm{d}x = \int_{a}^{T} f(x)\,\mathrm{d}x + \int_{T}^{a+T} f(x)\,\mathrm{d}x.$$

对积分 $\int_{T}^{a+T} f(x)\,\mathrm{d}x$ 作变换 $x=t+T$,可得

$$\int_{T}^{a+T} f(x)\,\mathrm{d}x = \int_{0}^{a} f(t+T)\,\mathrm{d}t = \int_{0}^{a} f(t)\,\mathrm{d}t = \int_{0}^{a} f(x)\,\mathrm{d}x,$$

于是

$$\begin{aligned}\int_{a}^{a+T} f(x)\,\mathrm{d}x &= \int_{a}^{T} f(x)\,\mathrm{d}x + \int_{T}^{a+T} f(x)\,\mathrm{d}x \\ &= \int_{a}^{T} f(x)\,\mathrm{d}x + \int_{0}^{a} f(x)\,\mathrm{d}x = \int_{0}^{T} f(x)\,\mathrm{d}x.\end{aligned}$$

这个例子说明 $\mathbf{R}$ 上的连续周期函数在任何长度为一个周期的区间上的积分都相等.利用此结果,我们还可得

$$\int_{a}^{a+nT} f(x)\,\mathrm{d}x = n\int_{0}^{T} f(x)\,\mathrm{d}x \ (n \in \mathbf{N}_{+}).$$

下面几个关于三角函数定积分的公式在计算中也是有用的.

例 5.59 设函数 $f \in C[0,1]$.证明下列公式:

(1) $\int_{0}^{\frac{\pi}{2}} f(\sin x)\,\mathrm{d}x = \int_{0}^{\frac{\pi}{2}} f(\cos x)\,\mathrm{d}x$;

(2) $\int_0^{\pi} f(\sin x)\mathrm{d}x=2\int_0^{\frac{\pi}{2}} f(\sin x)\mathrm{d}x$;

(3) $\int_0^{\pi} xf(\sin x)\mathrm{d}x=\frac{\pi}{2}\int_0^{\pi} f(\sin x)\mathrm{d}x$.

证 (1) 令 $x=\frac{\pi}{2}-t$,则当 $x=0$ 时,$t=\frac{\pi}{2}$;当 $x=\frac{\pi}{2}$时,$t=0$,于是

$$\int_0^{\frac{\pi}{2}} f(\sin x)\mathrm{d}x=-\int_{\frac{\pi}{2}}^{0} f\left[\sin\left(\frac{\pi}{2}-t\right)\right]\mathrm{d}t=\int_0^{\frac{\pi}{2}} f(\cos t)\mathrm{d}t=\int_0^{\frac{\pi}{2}} f(\cos x)\mathrm{d}x.$$

(2) 由于

$$\int_0^{\pi} f(\sin x)\mathrm{d}x=\int_0^{\frac{\pi}{2}} f(\sin x)\mathrm{d}x+\int_{\frac{\pi}{2}}^{\pi} f(\sin x)\mathrm{d}x.$$

对积分 $\int_{\frac{\pi}{2}}^{\pi} f(\sin x)\mathrm{d}x$ 作变换 $x=\pi-t$,则有

$$\int_{\frac{\pi}{2}}^{\pi} f(\sin x)\mathrm{d}x=\int_{\frac{\pi}{2}}^{0} f[\sin(\pi-t)](-\mathrm{d}t)=\int_0^{\frac{\pi}{2}} f(\sin t)\mathrm{d}t=\int_0^{\frac{\pi}{2}} f(\sin x)\mathrm{d}x.$$

将其代入前式便得公式(2).

(3) 令 $x=\pi-t$,则有

$$\int_0^{\pi} xf(\sin x)\mathrm{d}x=\int_{\pi}^{0}(\pi-t)f[\sin(\pi-t)](-\mathrm{d}t)=\int_0^{\pi}(\pi-t)f(\sin t)\mathrm{d}t$$
$$=\pi\int_0^{\pi} f(\sin x)\mathrm{d}x-\int_0^{\pi} xf(\sin x)\mathrm{d}x.$$

上式移项整理便得公式(3).

例 5.60 计算下列积分:

(1) $I_1=\int_0^{\frac{\pi}{2}}\frac{\mathrm{d}x}{1+\tan x}$;　　(2) $I_2=\int_{-\pi}^{\pi}\frac{x\sin x\mathrm{d}x}{1+\cos^2 x}$.

解 (1) 根据例 5.59 (1)的结论可知

$$I_1=\int_0^{\frac{\pi}{2}}\frac{\cos x\mathrm{d}x}{\cos x+\sin x}=\int_0^{\frac{\pi}{2}}\frac{\sin x\mathrm{d}x}{\sin x+\cos x},$$

于是有

$$2I_1=\int_0^{\frac{\pi}{2}}\frac{\cos x\mathrm{d}x}{\cos x+\sin x}+\int_0^{\frac{\pi}{2}}\frac{\sin x\mathrm{d}x}{\sin x+\cos x}=\int_0^{\frac{\pi}{2}}1\cdot\mathrm{d}x=\frac{\pi}{2},$$

故得 $I_1=\frac{\pi}{4}$.

(2) 由于被积函数$\frac{x\sin x}{1+\cos^2 x}$为偶函数,根据例 5.57 和例 5.59(3)的结论有

$$I_2=2\int_0^{\pi}\frac{x\sin x\mathrm{d}x}{1+\cos^2x}=2\cdot\frac{\pi}{2}\int_0^{\pi}\frac{\sin x\mathrm{d}x}{1+\cos^2x}=-\pi\int_0^{\pi}\frac{\mathrm{d}(\cos x)}{1+\cos^2x}$$
$$=-\pi\arctan(\cos x)\Big|_0^{\pi}=\frac{\pi^2}{2}.$$

从上例可以看出,我们并没有求出被积函数$\frac{1}{1+\tan x}$和$\frac{x\sin x}{1+\cos^2x}$的原函数,而是通过一些特殊的变换把所求积分算出来,这是定积分计算的一种特有技巧.下面我们再举一个这样的例子.

例 5.61 计算积分 $I=\int_0^{\frac{\pi}{4}}\ln(1+\tan x)\mathrm{d}x$.

分析 令 $f(x)=\ln(1+\tan x)$,则有 $f(x)+f\left(\frac{\pi}{4}-x\right)=\ln 2$,利用代换 $x=\frac{\pi}{4}-t$,将得到关于积分值 I 的等式,进而可解出 I.

解 令 $x=\frac{\pi}{4}-t$,则有

$$I=-\int_{\frac{\pi}{4}}^{0}\ln\left[1+\tan\left(\frac{\pi}{4}-t\right)\right]\mathrm{d}t=\int_0^{\frac{\pi}{4}}\ln\left(1+\frac{1-\tan t}{1+\tan t}\right)\mathrm{d}t$$
$$=\int_0^{\frac{\pi}{4}}\ln\frac{2}{1+\tan t}\mathrm{d}t=\int_0^{\frac{\pi}{4}}[\ln 2-\ln(1+\tan t)]\mathrm{d}t=\frac{\pi}{4}\ln 2-I,$$

故得

$$I=\frac{\pi}{8}\ln 2.$$

5.5.2 定积分的分部积分法

定理 5.19 设函数 $u(x),v(x)$ 在区间 $[a,b]$ 上的导数 $u'(x),v'(x)\in R[a,b]$,则

$$\int_a^b u(x)v'(x)\mathrm{d}x=u(x)v(x)\Big|_a^b-\int_a^b u'(x)v(x)\mathrm{d}x,$$

上式称为定积分的**分部积分公式**.

证 根据函数乘积的求导法则有

$$[u(x)v(x)]'=u'(x)v(x)+u(x)v'(x).$$

由条件可知上式两端的定积分均存在,在区间 $[a,b]$ 积分,并由牛顿-莱布尼茨公式得到

$$\int_a^b u(x)v'(x)\mathrm{d}x+\int_a^b u'(x)v(x)\mathrm{d}x=\int_a^b[u(x)v(x)]'\mathrm{d}x=u(x)v(x)\Big|_a^b,$$

移项即得分部积分公式.

定积分的分部积分公式在形式上可以写成

$$\int_a^b u\mathrm{d}v = uv\Big|_a^b - \int_a^b v\mathrm{d}u.$$

而积分的一般步骤是

$$\int_a^b uv'\mathrm{d}x = \int_a^b u\mathrm{d}v = (uv)\Big|_a^b - \int_a^b v\mathrm{d}u = (uv)\Big|_a^b - \int_a^b vu'\mathrm{d}x.$$

例 5.62 求 $\int_1^2 x\ln x\mathrm{d}x$.

分析 当被积函数是幂函数与对数函数(或反三角函数)之积时,常采用分部积分法.

解 令 $u=\ln x, v=x^2$,则

$$\int_1^2 x\ln x\mathrm{d}x = \frac{1}{2}\int_1^2 \ln x\mathrm{d}(x^2) = \frac{x^2\ln x}{2}\Big|_1^2 - \frac{1}{2}\int_1^2 x^2\mathrm{d}(\ln x)$$

$$= 2\ln 2 - \frac{1}{2}\int_1^2 x\mathrm{d}x = 2\ln 2 - \frac{x^2}{4}\Big|_1^2 = 2\ln 2 - \frac{3}{4}.$$

例 5.63 求 $\int_0^1 \arctan x\mathrm{d}x$.

解 令 $u=\arctan x, v=x$,则

$$\int_0^1 \arctan x\mathrm{d}x = x\arctan x\Big|_0^1 - \int_0^1 x\mathrm{d}(\arctan x)$$

$$= \frac{\pi}{4} - \int_0^1 \frac{x\mathrm{d}x}{1+x^2} = \frac{\pi}{4} - \frac{1}{2}\int_0^1 \frac{\mathrm{d}(1+x^2)}{1+x^2}$$

$$= \frac{\pi}{4} - \frac{\ln(1+x^2)}{2}\Big|_0^1 = \frac{\pi}{4} - \frac{\ln 2}{2}.$$

例 5.64 求 $\int_0^{\frac{\pi^2}{4}} \sin\sqrt{x}\mathrm{d}x$.

解 令 $t=\sqrt{x}$,则 $x=t^2, \mathrm{d}x=2t\mathrm{d}t$,于是

$$\int_0^{\frac{\pi^2}{4}} \sin\sqrt{x}\mathrm{d}x = 2\int_0^{\frac{\pi}{2}} t\sin t\mathrm{d}t = -2\int_0^{\frac{\pi}{2}} t\mathrm{d}(\cos t)$$

$$= -2t\cos t\Big|_0^{\frac{\pi}{2}} + 2\int_0^{\frac{\pi}{2}} \cos t\mathrm{d}t$$

$$= 2\sin t\Big|_0^{\frac{\pi}{2}} = 2.$$

上例表明,有时要结合使用分部积分法和换元积分法来计算积分.下面是一

个关于定积分的结论性例题,它在定积分的计算中是很有用的.

例 5.65 证明定积分的**沃利斯(Wallis)公式**:

$$I_n=\int_0^{\frac{\pi}{2}}\sin^n x\mathrm{d}x=\int_0^{\frac{\pi}{2}}\cos^n x\mathrm{d}x \qquad (n\in\mathbf{N}_+)$$

$$=\begin{cases}\dfrac{(n-1)!!}{n!!}\cdot\dfrac{\pi}{2}, & n\text{ 为偶数},\\ \dfrac{(n-1)!!}{n!!}, & n\text{ 为奇数}.\end{cases}$$

证 由例 5.59(1)可直接得到

$$\int_0^{\frac{\pi}{2}}\sin^n x\mathrm{d}x=\int_0^{\frac{\pi}{2}}\cos^n x\mathrm{d}x.$$

当 $n>1$ 时,有

$$\begin{aligned}I_n&=-\int_0^{\frac{\pi}{2}}\sin^{n-1}x\mathrm{d}(\cos x)\\&=-\sin^{n-1}x\cos x\Big|_0^{\frac{\pi}{2}}+(n-1)\int_0^{\frac{\pi}{2}}\sin^{n-2}x\cos^2 x\mathrm{d}x\\&=(n-1)\int_0^{\frac{\pi}{2}}\sin^{n-2}x(1-\sin^2 x)\mathrm{d}x=(n-1)(I_{n-2}-I_n),\end{aligned}$$

由此得到递推公式

$$I_n=\frac{n-1}{n}I_{n-2}\quad(n\geqslant 2).$$

逐次应用上面的递推公式就可以不断地减少 I_n 的下标,以至于最后达到 I_0 或 I_1.由于

$$I_0=\int_0^{\frac{\pi}{2}}\mathrm{d}x=\frac{\pi}{2},I_1=\int_0^{\frac{\pi}{2}}\sin x\mathrm{d}x=1,$$

因此由递推公式得

$$I_n=\begin{cases}\dfrac{n-1}{n}\cdot\dfrac{n-3}{n-2}\cdot\cdots\cdot\dfrac{3}{4}\cdot\dfrac{1}{2}\cdot\dfrac{\pi}{2}, & n\text{ 为偶数},\\ \dfrac{n-1}{n}\cdot\dfrac{n-3}{n-2}\cdot\cdots\cdot\dfrac{4}{5}\cdot\dfrac{2}{3}, & n\text{ 为奇数}.\end{cases}$$

这样就得到了沃利斯公式.

例 5.66 求 $I=\int_0^{2\pi}\sin^4 x\cos^2 x\mathrm{d}x$.

解 由于 π 是被积函数 $\sin^4 x\cos^2 x$ 的周期,因此结合例 5.58 和例 5.59(2)

的结论有

$$
\begin{aligned}
I&=2\int_0^{\pi}\sin^4x\cos^2x\mathrm{d}x=4\int_0^{\frac{\pi}{2}}\sin^4x\cos^2x\mathrm{d}x\\
&=4\int_0^{\frac{\pi}{2}}\sin^4x(1-\sin^2x)\mathrm{d}x=4\left(\int_0^{\frac{\pi}{2}}\sin^4x\mathrm{d}x-\int_0^{\frac{\pi}{2}}\sin^6x\mathrm{d}x\right)\\
&=4\left(\frac{3}{4}\cdot\frac{1}{2}-\frac{5}{6}\cdot\frac{3}{4}\cdot\frac{1}{2}\right)\cdot\frac{\pi}{2}=\frac{\pi}{8}.
\end{aligned}
$$

*5.5.3 定积分的综合例题

前面我们介绍了定积分计算的基本方法——换元积分法和分部积分法.对于一些特殊的定积分,通常还需借助定积分的一些常用结果和技巧.不但如此,定积分有时还与微积分的其他内容(如极限、夹逼定理、微分中值定理、最值问题、洛必达法则、泰勒公式等等)融为一体,形成一些综合习题.下面我们就举一些这样的例子,希望读者能够有所领悟,举一反三.

1. 与积分相关的极限问题

这类问题常用到的内容或方法是:定积分的定义——黎曼和的极限、定积分的性质、洛必达法则以及夹逼定理等.

例 5.67 设 $S(n)=\dfrac{\sin\frac{\pi}{n}}{n+1}+\dfrac{\sin\frac{2\pi}{n}}{n+\frac{1}{2}}+\cdots+\dfrac{\sin\frac{n\pi}{n}}{n+\frac{1}{n}}$,求 $\lim\limits_{n\to\infty}S(n)$.

分析 此例求"和式极限",容易想到利用定积分的定义求解,但此和式非典型的黎曼和,需先对其进行放、缩,变成黎曼和形式,再使用夹逼定理求极限.

解 首先 $\forall n\in\mathbf{N}_+$ 有

$$
\frac{1}{n+1}\left(\sin\frac{\pi}{n}+\sin\frac{2\pi}{n}+\cdots+\sin\frac{n\pi}{n}\right)<S(n)<\frac{1}{n}\left(\sin\frac{\pi}{n}+\sin\frac{2\pi}{n}+\cdots+\sin\frac{n\pi}{n}\right).
$$

由定积分的定义有

$$
\begin{aligned}
&\lim_{n\to\infty}\frac{1}{n}\left(\sin\frac{\pi}{n}+\sin\frac{2\pi}{n}+\cdots+\sin\frac{n\pi}{n}\right)\\
=&\lim_{n\to\infty}\frac{1}{n}\sum_{i=1}^{n}\sin\frac{k\pi}{n}=\int_0^1\sin\pi x\mathrm{d}x=\frac{2}{\pi}.
\end{aligned}
$$

又由于

$$
\lim_{n\to\infty}\frac{1}{n+1}\left(\sin\frac{\pi}{n}+\sin\frac{2\pi}{n}+\cdots+\sin\frac{n\pi}{n}\right)
$$

$$= \lim_{n\to\infty}\left(\frac{n}{n+1}\cdot\frac{1}{n}\sum_{i=1}^{n}\sin\frac{k\pi}{n}\right)$$

$$= \lim_{n\to\infty}\frac{n}{n+1}\cdot\lim_{n\to\infty}\frac{1}{n}\sum_{i=1}^{n}\sin\frac{k\pi}{n}=\frac{2}{\pi},$$

因此由夹逼定理可得：$\lim\limits_{n\to\infty} S(n)=\frac{2}{\pi}$.

例 5.68 设函数 $f(x)$ 在 $x=0$ 的邻域内可导，且 $f(0)=0$.求极限

$$I=\lim_{x\to 0}\frac{\int_0^x tf(x^2-t^2)\,\mathrm{d}t}{x^4}.$$

分析 此例为$\frac{0}{0}$型不定式，可考虑用洛必达法则求极限.由于极限式中变限积分的被积函数含有积分限 x，故需先采用变量代换将其变形.

解 令 $u=x^2-t^2$，则 $\mathrm{d}u=-2t\mathrm{d}t$，于是

$$\int_0^x tf(x^2-t^2)\,\mathrm{d}t=-\frac{1}{2}\int_{x^2}^0 f(u)\,\mathrm{d}u=\frac{1}{2}\int_0^{x^2} f(u)\,\mathrm{d}u,$$

从而应用洛必达法则得

$$I=\lim_{x\to 0}\frac{\frac{1}{2}\int_0^{x^2} f(u)\,\mathrm{d}u}{x^4}=\lim_{x\to 0}\frac{\frac{1}{2}f(x^2)\cdot(2x)}{4x^3}$$

$$=\lim_{x\to 0}\frac{f(x^2)}{4x^2}=\frac{1}{4}\lim_{x\to 0}\frac{f(x^2)-f(0)}{x^2-0}=\frac{f'(0)}{4}.$$

2. 与积分相关的函数最值问题

这类问题中出现的函数通常是“变限积分”或“含参数积分”，可按最(极)值的一般方法求解.

例 5.69 求函数 $I(x)=\int_0^x (t-1)(t-2)^2\mathrm{d}t$ 的最值.

解 由于

$$I'(x)=(x-1)(x-2)^2.$$

令 $I'(x)=0$ 可得 $I(x)$ 的驻点为 $x=1$ 和 $x=2$.

因为

当 $x<1$ 时，$I'(x)<0$；当 $1<x<2$ 或 $x>2$ 时，$I'(x)>0$，

所以 $x=1$ 为 $I(x)$ 的极小值点，也是最小值点，$x=2$ 不是 $I(x)$ 的极值点，且$I(x)$ 无最大值点.$I(x)$ 的最小值为：

$$I(1)=\int_0^1 (t-1)(t-2)^2\mathrm{d}t=\int_0^1 [(t-2)^3+(t-2)^2]\mathrm{d}t$$

$$=\left[\frac{(t-2)^4}{4}+\frac{(t-2)^3}{3}\right]_0^1=-\frac{17}{12}.$$

例 5.70 求函数 $I(\alpha)=\int_0^1 |\alpha x-1|\mathrm{d}x$ 在 $[0,+\infty)$ 上的最小值.

分析 此例是求含"参变量"积分的最值,应先求积分得出 $I(\alpha)$ 的表达式.由于被积函数带绝对值,故需对参数 α 的范围分情况讨论.

解 当 $0\leqslant\alpha\leqslant1$ 时,

$$I(\alpha)=\int_0^1 (1-\alpha x)\mathrm{d}x=1-\frac{\alpha}{2}.$$

当 $\alpha>1$ 时,

$$I(\alpha)=\int_0^{\frac{1}{\alpha}} (1-\alpha x)\mathrm{d}x+\int_{\frac{1}{\alpha}}^1 (\alpha x-1)\mathrm{d}x$$

$$=\frac{1}{\alpha}+\frac{\alpha}{2}-1\geqslant\sqrt{2}-1.$$

其中上式等号仅当 $\alpha=\sqrt{2}$ 时取得.由于在 $[0,1]$ 上 $I(\alpha)$ 的最小值显然为

$$I(1)=\frac{1}{2}>\sqrt{2}-1,$$

因此 $I(\alpha)$ 的最小值为

$$I(\sqrt{2})=\sqrt{2}-1.$$

3. 积分不等式

积分不等式的证明通常具有技巧性,难度稍大.常见的方法有:辅助函数法、定积分的换元法和分部积分法以及牛顿-莱布尼茨公式等.

例 5.71 设函数 $f(x)$ 在区间 $[a,b]$ 上有连续的导函数,且 $f(a)=0$.证明:

$$\int_a^b |f(x)|\mathrm{d}x\leqslant\frac{(b-a)^2}{2}\max_{x\in[a,b]}|f'(x)|.$$

分析 所要证的不等式涉及函数值、导数,可利用牛顿-莱布尼茨公式将这两者联系起来.

证 $\forall x\in[a,b]$,由牛顿-莱布尼茨公式

$$f(x)=f(x)-f(a)=\int_a^x f'(t)\mathrm{d}t,$$

于是根据积分的绝对值不等式和估值不等式有

$$|f(x)|\leqslant\int_a^x |f'(t)|\mathrm{d}t\leqslant\max_{t\in[a,b]}|f'(t)|\cdot(x-a).$$

上式两端在$[a,b]$上积分可得

$$\int_a^b |f(x)|\mathrm{d}x \leqslant \max_{x\in[a,b]} |f'(x)| \cdot \int_a^b (x-a)\mathrm{d}x$$
$$= \max_{x\in[a,b]} |f'(x)| \cdot \frac{(x-a)^2}{2}\Big|_a^b$$
$$=\frac{(b-a)^2}{2}\max_{x\in[a,b]} |f'(x)|.$$

例 5.72 设函数$f(x)\in C[0,1]$,且单调减少.证明:$\forall \alpha\in[0,1]$,有

$$\int_0^{\alpha} f(x)\mathrm{d}x \geqslant \alpha\int_0^1 f(x)\mathrm{d}x.$$

分析 所要证的不等式含有参数α,若视其为变量,可以作出辅助函数,再利用函数的单调性来证明不等式.

证 令

$$F(\alpha)=\int_0^{\alpha} f(x)\mathrm{d}x-\alpha\int_0^1 f(x)\mathrm{d}x \quad (\alpha\in[0,1]),$$

则 $F(0)=0,F(1)=0$,且

$$F'(\alpha)=f(\alpha)-\int_0^1 f(x)\mathrm{d}x.$$

根据积分中值定理,$\exists\xi\in(0,1)$,使得$\int_0^1 f(x)\mathrm{d}x=f(\xi)$,于是

$$F'(\alpha)=f(\alpha)-f(\xi).$$

由于$f(x)$单调减少,所以当$0<\alpha<\xi$时,$F'(\alpha)\geqslant 0$,即$F(\alpha)$单调增加;当$\xi<\alpha<1$时,$F'(\alpha)\leqslant 0$,即$F(\alpha)$单调减少.由于$F(0)=0,F(1)=0$,故$\forall\alpha\in[0,1]$有$F(\alpha)\geqslant 0$.

此题证明方法很多,读者可作尝试.我们再介绍一法:

当$\alpha=0$,不等式显然成立.

当$\alpha\in(0,1]$时,令$x=\alpha t$,则

$$\int_0^{\alpha} f(x)\mathrm{d}x=\alpha\int_0^1 f(\alpha t)\mathrm{d}t\geqslant\alpha\int_0^1 f(t)\mathrm{d}t,$$

其中最后一步由$f(x)$单调减少且$\alpha t\leqslant t$得到.故所证不等式成立.

例 5.73 设函数$f(x)$在$[0,1]$上具有连续导数,且$f(0)+f(1)=0$.证明:

$$\left|\int_0^1 f(x)\mathrm{d}x\right|\leqslant\frac{1}{2}\int_0^1 |f'(x)|\mathrm{d}x.$$

证 由牛顿-莱布尼茨公式知,对$x\in[0,1]$有

$$f(x)-f(0)=\int_0^x f'(t)\mathrm{d}t, f(x)-f(1)=-\int_x^1 f'(t)\mathrm{d}t,$$

从而

$$2f(x)=2f(x)-[f(0)+f(1)]=\int_0^x f'(t)\,dt-\int_x^1 f'(t)\,dt,$$

上式两端在[0,1]区间上积分得

$$\int_0^1 f(x)\,dx=\frac{1}{2}\int_0^1\left[\int_0^x f'(t)\,dt-\int_x^1 f'(t)\,dt\right]dx,$$

从而导出

$$\begin{aligned}\left|\int_0^1 f(x)\,dx\right| &\leqslant \frac{1}{2}\int_0^1\left|\int_0^x f'(t)\,dt-\int_x^1 f'(t)\,dt\right|dx\\ &\leqslant \frac{1}{2}\int_0^1\left[\left|\int_0^x f'(t)\,dt\right|+\left|\int_x^1 f'(t)\,dt\right|\right]dx\\ &\leqslant \frac{1}{2}\int_0^1\left[\int_0^x |f'(t)|\,dt+\int_x^1 |f'(t)|\,dt\right]dx\\ &=\frac{1}{2}\int_0^1\int_0^1 |f'(t)|\,dt\,dx=\frac{1}{2}\int_0^1 |f'(t)|\,dt\cdot\int_0^1 1\,dx\\ &=\frac{1}{2}\int_0^1 |f'(x)|\,dx\end{aligned}$$

4. 中值问题

这类问题属于存在性问题,因此通常要结合微分中值定理、泰勒公式、闭区间上连续函数性质等来考虑.

例 5.74 设函数 $f\in C[0,1]$,且 $\int_0^1 f(t)\,dt=0$.证明:$\exists\,\xi\in(0,1)$,使得

$$f(\xi)+\int_0^\xi f(t)\,dt=0.$$

分析 由于

$$\left(e^x\int_0^x f(t)\,dt\right)'=e^x\left(f(x)+\int_0^x f(t)\,dt\right),$$

故可利用罗尔定理.

证 令

$$F(x)=e^x\int_0^x f(t)\,dt\ \ (x\in[0,1]),$$

则 $F(x)\in D[0,1]$,且 $F(0)=0$,$F(1)=e\int_0^1 f(t)\,dt=0$.由罗尔定理知:$\exists\,\xi\in(0,1)$,使得 $F'(\xi)=0$,即

$$e^{\xi}\left(f(\xi)+\int_0^{\xi}f(t)\,dt\right)=0.$$

于是导出

$$f(\xi)+\int_0^{\xi}f(t)\,dt=0.$$

例 5.75 设 $a>0$,函数 $f(x)$ 在 $[-a,a]$ 上有二阶连续导数.证明:$\exists\xi\in[-a,a]$,使得

$$\int_{-a}^{a}f(x)\,dx=2af(0)+\frac{1}{3}a^3f''(\xi).$$

分析 此例为积分中值问题.因涉及函数值、高阶导数,故可考虑利用泰勒公式,将 $f(x)$ 在 $x_0=0$ 处进行展开.又因为 $f''(x)$ 连续,可利用连续函数的介值定理寻找中值 ξ.

证 函数 $f(x)$ 在区间中点 $x_0=0$ 处一阶泰勒公式为

$$f(x)=f(0)+f'(0)x+\frac{1}{2!}f''(\eta)x^2,$$

其中 η 介于 0 与 x 之间.于是

$$\int_{-a}^{a}f(x)\,dx=2af(0)+\frac{1}{2}\int_{-a}^{a}x^2f''(\eta)\,dx,$$

注意上式右端积分式内的 $f''(\eta)$ 并非常数,而是依赖 x 而变化的函数.

由于 $f''\in C[-a,a]$,故其在 $[-a,a]$ 取到最大值 M 和最小值 m,从而

$$\frac{2}{3}a^3m=m\int_{-a}^{a}x^2\,dx\leqslant\int_{-a}^{a}x^2f''(\eta)\,dx\leqslant M\int_{-a}^{a}x^2\,dx=\frac{2}{3}a^3M,$$

即有

$$m\leqslant\frac{3}{2a^3}\int_{-a}^{a}x^2f''(\eta)\,dx\leqslant M.$$

依连续函数介值定理,$\exists\xi\in[-a,a]$,使得

$$f''(\xi)=\frac{3}{2a^3}\int_{-a}^{a}x^2f''(\eta)\,dx,$$

于是 $\frac{1}{2}\int_{-a}^{a}x^2f''(\eta)\,dx=\frac{1}{3}a^3f''(\xi)$,代入前面的 $\int_{-a}^{a}f(x)\,dx$ 的表达式就得到所证结论.

5.5.4 定积分的近似计算

当函数 $f(x)\in C[a,b]$ 时,则定积分 $\int_a^b f(x)\,dx$ 必定存在,且 $f(x)$ 在 $[a,b]$ 上

存在原函数.如果能够求出$f(x)$的原函数,那么由牛顿-莱布尼茨公式就可求得$\int_a^b f(x)\mathrm{d}x$的确切值.但是由上节的讨论知道,有些看上去很简单的函数其原函数却非初等函数,这时上述方法就失效了.因此就提出了定积分的近似计算问题.

由于定积分$I=\int_a^b f(x)\mathrm{d}x$是黎曼和$\sum_{i=1}^{n} f(\xi_i)\Delta x_i$的极限,因此,当区间分得足够小时,黎曼和$\sum_{i=1}^{n} f(\xi_i)\Delta x_i$的值与定积分$\int_a^b f(x)\mathrm{d}x$的值可以充分接近.在实际情况中,通常将区间$[a,b]$分成$n$等份,并取$n$充分大,用特殊的黎曼和(或其近似值)来近似定积分的值.下面我们就介绍几种常见的定积分近似计算方法.

1. 矩形法

设函数$y=f(x)\in C[a,b]$,用分点$x_i=a+i\cdot\dfrac{b-a}{n}$将区间$[a,b]$分成$n$等份,则每个子区间的长度为$\dfrac{b-a}{n}$.记点$x_i$ $(i=0,1,\cdots,n)$处的函数值为y_i,即$y_i=f(x_i)$.此时

$$\int_a^b f(x)\mathrm{d}x=\sum_{i=1}^{n}\int_{x_{i-1}}^{x_i} f(x)\mathrm{d}x.$$

若$f(x)\geqslant 0$,从几何上看,积分$\int_{x_{i-1}}^{x_i} f(x)\mathrm{d}x$的值等于区间$[x_{i-1},x_i]$上曲线弧$y=f(x)$下方小曲边梯形的面积.$\int_a^b f(x)\mathrm{d}x$的值等于这些小曲边梯形的和.

若取ξ_i为子区间$[x_{i-1},x_i]$的左端点,即$\xi_i=x_{i-1}$,得左矩形面积$f(\xi_i)\Delta x_i=f(x_{i-1})\cdot\dfrac{b-a}{n}$,用它近似第$i$个小曲边梯形面积,就有下面的**左矩形公式**(图5.9实线部分)

$$\int_a^b f(x)\mathrm{d}x\approx\sum_{i=1}^{n} f(x_{i-1})\Delta x_i=\frac{b-a}{n}(y_0+y_1+\cdots+y_{n-1}).$$

若取$\xi_i=x_i$,可得**右矩形公式**(图5.9虚线部分)

$$\int_a^b f(x)\mathrm{d}x\approx\sum_{i=1}^{n} f(x_i)\Delta x_i=\frac{b-a}{n}(y_1+y_2+\cdots+y_n).$$

若取$\xi_i=\dfrac{x_{i-1}+x_i}{2}$,还可得到所谓的**中矩形公式**,请读者写出其近似计算公式.

2. 梯形法

与矩形法一样,将区间 $[a,b]$ 分成 n 等份,则在各分点处曲线上的点为 $M_i(x_i,y_i)$ $(i=0,1,\cdots,n)$.用线段连接点 M_{i-1} 和 M_i 得第 i 个小梯形,用其面积近似第 i 个小曲边梯形的面积,就得到**梯形公式**(图 5.10)

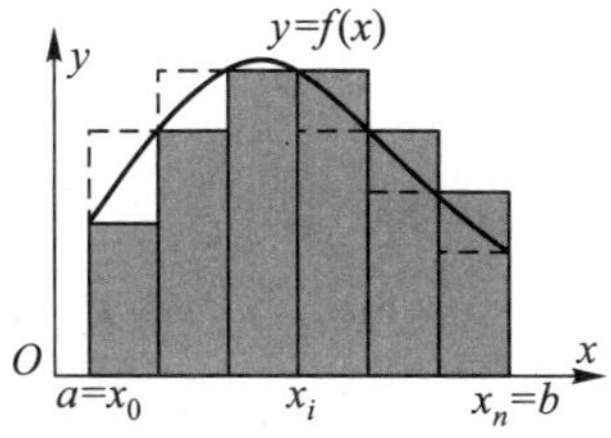

图 5.9

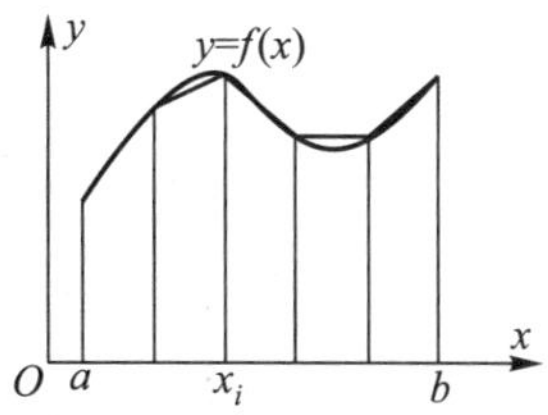

图 5.10

$$\int_a^b f(x)\mathrm{d}x \approx \sum_{i=1}^{n} \frac{b-a}{n} \cdot \frac{y_{i-1}+y_i}{2} = \frac{b-a}{2n}[y_0+y_n+2(y_1+y_2+\cdots+y_{n-1})].$$

梯形公式实际上是由左矩形公式与右矩形公式相加后除以 2 而得.

3. 抛物线法

矩形法不考虑函数在每一小区间 $[x_{i-1},x_i]$ 上的变化,以常数来代替.梯形法对函数的增减性有所反映,但没有顾及函数在小区间的凸性:当 $f(x)$ 上凸时,梯形法近似计算的结果偏小;当 $f(x)$ 下凸时,梯形法近似计算的结果偏大.如果将函数的小曲线弧段用与它凸性相接近的抛物线段来近似时,就可减少误差.这就是定积分计算的抛物线法.为此,先推导抛物线梯形(以抛物线为曲边)的面积公式.

设抛物线为 $y=ax^2+bx+c$ $(x\in[-h,h])$,则该抛物线梯形的面积为

$$A=\int_{-h}^{h}(ax^2+bx+c)\mathrm{d}x=\frac{h}{3}(2ah^2+6c).$$

记 y_{-h},y_0,y_h 分别为当 $x=-h,0,h$ 时抛物线上点的纵坐标,则

$$y_{-h}=ah^2-bh+c,y_0=c,y_h=ah^2+bh+c,$$

于是

$$A=\frac{h}{3}(y_{-h}+4y_0+y_h).$$

由此可见抛物线梯形的面积完全由底边长 $2h$、底边两端点和底边中点抛物线的纵坐标决定,这一性质与坐标轴平移无关.

现在将区间 $[a,b]$ 分成偶数 $n=2m$ 等份,则小区间 $[x_{2i-2},x_{2i}]$ 的长度为 $\frac{b-a}{m}$.用过 (x_{2i-2},y_{2i-2}),(x_{2i-1},y_{2i-1}) 和 (x_{2i},y_{2i}) $(i=1,2,\cdots,m)$ 三点的第 i 个抛物线梯

形的面积代替曲线在区间$[x_{2i-2},x_{2i}]$上对应的第i个小曲边梯形的面积,就可得到定积分近似计算的**抛物线(辛普森(Simpson)法)公式**:

$$\int_a^b f(x)\,\mathrm{d}x=\sum_{i=1}^{m}\int_{x_{2i-2}}^{x_{2i}} f(x)\,\mathrm{d}x\approx\sum_{i=1}^{m}\frac{b-a}{6m}(y_{2i-2}+4y_{2i-1}+y_{2i}),$$

即

$$\int_a^b f(x)\,\mathrm{d}x\approx\frac{b-a}{6m}[y_0+y_{2m}+2(y_2+y_2+\cdots+y_{2m-2})+4(y_1+y_3+\cdots+y_{2m-1})].$$

从几何直观上看,梯形法比矩形法精确,辛普森法比梯形法精确.可以证明:当$n\to\infty$时,这三种近似方法的误差分别为$\frac{1}{n}$的同阶,二阶和四阶无穷小.

例 5.76 求定积分$I=\int_0^1\frac{\sin x}{x}\mathrm{d}x$的近似值.

解 记$f(x)=\frac{\sin x}{x}$,补充定义$f(0)=1$,则f在$[0,1]$连续.将$[0,1]$八等分,借助计算工具可得

$x_0=0,\qquad f(x_0)=1;$

$x_1=0.125,\qquad f(x_1)=0.997\,397\,6;$

$x_2=0.250,\qquad f(x_2)=0.989\,615\,6;$

$x_3=0.375,\qquad f(x_3)=0.976\,726\,7;$

$x_4=0.500,\qquad f(x_4)=0.958\,851\,0;$

$x_5=0.625,\qquad f(x_5)=0.936\,155\,7;$

$x_6=0.750,\qquad f(x_6)=0.908\,851\,6;$

$x_7=0.875,\qquad f(x_7)=0.877\,192\,6;$

$x_8=1.000,\qquad f(x_8)=0.841\,471\,0.$

代入三种近似计算公式,那么左矩形公式的结果为

$$I\approx0.955\,598\,9;$$

梯形公式的结果为

$$I\approx0.945\,691\,1;$$

辛普森公式的结果为

$$I\approx0.946\,083\,3.$$

5.6 定积分的应用

定积分的概念具有广泛的应用,在实际问题中很多量的计算都可以归结为

求定积分.本节首先阐述建立这些量的积分表达式的基本思想和方法——微元法,然后用微元法求解一些几何问题和物理问题.

5.6.1 微元法

对于一个分布于区间$[a,b]$上的量 F,如果我们知道 F 的微分

$$\mathrm{d}F=f(x)\,\mathrm{d}x,$$

那么只要 f 在$[a,b]$连续,就很容易得到在区间$[a,b]$上 F 的总量为

$$\int_a^b f(x)\,\mathrm{d}x.$$

然而在实际问题中 F 是未知的,而 f 一般也并非直接给出,从而就需要我们根据具体条件来建立上述微分式.

回顾本章 5.1.1 的例子,曲边梯形的面积、质点变速直线运动的路程以及质量分布不均匀质线的质量都可以用定积分表示,虽然这些量的实际背景不同,但它们的共同特点是:在区间$[a,b]$上连续而非均匀分布的总量 F 等于分布在各个子区间$[x_{i-1},x_i]$上的部分量 ΔF_i之和,换言之,它们对于区间具有**可加性**;而在求 ΔF_i量时,每个子区间上又都用均匀变化来代替非均匀变化,从而得到部分量的近似表示

$$\Delta F_i\approx f(\xi_i)\Delta x_i,\quad \text{其中 } \xi_i\in[x_{i-1},x_i].$$

由这个表达式,最后可以得到

$$F=\int_a^b f(x)\,\mathrm{d}x.$$

由此启发我们用求小区间部分量的线性主部的方法即**微元法**求积分表达式.

用微元法求在区间$[a,b]$上的总量 F 时,先在$[a,b]$上取长度为 $\Delta x=\mathrm{d}x$ 的子区间$[x,x+\mathrm{d}x]$,然后寻求子区间上部分量 ΔF 的近似值 $\mathrm{d}F$,将其表示为某个 $f(x)$与 $\mathrm{d}x$ 乘积的形式,即

$$\Delta F\approx \mathrm{d}F=f(x)\,\mathrm{d}x,$$

对 $\mathrm{d}F$ 积分就得到所求的 F.

微元法的难点在于寻找子区间$[x,x+\Delta x]$上部分量 ΔF 的线性主部.若存在连续函数 $f(x)$,使得

$$m(\Delta x)\Delta x\leqslant \Delta F\leqslant M(\Delta x)\Delta x,$$

这里 $M(\Delta x)$、$m(\Delta x)$是 $f(x)$在区间$[x,x+\Delta x]$上的最大、最小值,不等式各端同时除以 Δx,且令 $\Delta x\to 0$.由于 $f(x)$是连续函数,故 $m(\Delta x)$,$M(\Delta x)\to f(x)$,因而有

$$f(x)\leqslant \lim_{\Delta x\to 0}\frac{\Delta F}{\Delta x}\leqslant f(x),$$

由此得到 ΔF 的线性主部 $dF=f(x)dx$.

5.6.2 定积分的几何应用

1. 平面图形的面积

(1) 直角坐标情形

设函数 $f,g\in C[a,b]$,且 $f(x)\geqslant g(x)$.下面我们用微元法来求由曲线 $y=f(x)$,$y=g(x)$,直线 $x=a$ 和 $x=b$ 所围平面图形(图 5.11)的面积 A.

任意取子区间 $[x,x+dx]\subset[a,b]$,则这个子区间上所对应的图形(即图5.11 中阴影部分)的面积 ΔA 近似地等于高为 $f(x)-g(x)$,底为 dx 的窄矩形的面积 $[f(x)-g(x)]dx$,从而**面积微元**

$$dA=[f(x)-g(x)]dx,$$

于是所求图形的面积

$$A=\int_a^b[f(x)-g(x)]dx.$$

例 5.77 求抛物线 $y=x^2$ 与 $y^2=x$ 所围成图形的面积.

解 由 $\begin{cases}y=x^2,\\y^2=x\end{cases}$ 知两抛物线交点为(0,0)及(1,1),从而所围成的图形界于直线 $x=0$ 与 $x=1$ 之间,并且其上、下方曲线的方程分别为 $y=\sqrt{x}$ 与 $y=x^2$(图5.12).于是其面积

$$A=\int_0^1(\sqrt{x}-x^2)dx=\left(\frac{2x^{3/2}}{3}-\frac{x^3}{3}\right)\Big|_0^1=\frac{1}{3}.$$

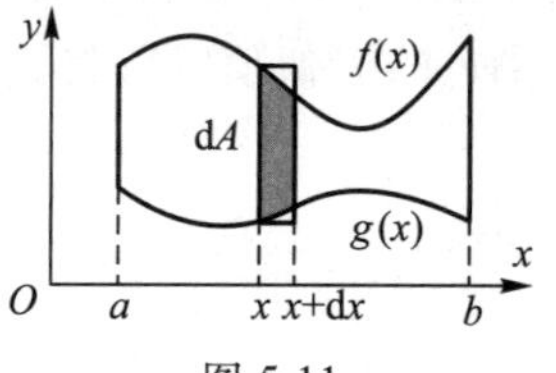

图 5.11

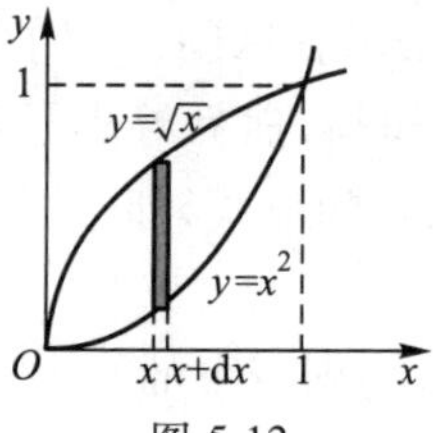

图 5.12

例 5.78 求抛物线 $y^2=2x$ 和直线 $y=x-4$ 所围图形的面积.

解 由 $\begin{cases}y^2=2x,\\y=x-4\end{cases}$ 得交点为(2,-2),(8,4),如图 5.13 所示.由于图形的下方边界曲线是由 $y^2=2x$ 及 $y=x-4$ 所组成,故所求面积 A 必须分成两部分.

$$A=\int_0^2[\sqrt{2x}-(-\sqrt{2x})]dx+\int_2^8[\sqrt{2x}-(x-4)]dx$$

$$= 2\sqrt{2}\int_0^2 \sqrt{x}\,dx + \int_2^8 (\sqrt{2x} - x + 4)\,dx$$

$$= 2\sqrt{2}\cdot\frac{2}{3}x^{\frac{3}{2}}\Big|_0^2 + \left(\sqrt{2}\,\frac{2}{3}x^{\frac{3}{2}} - \frac{1}{2}x^2 + 4x\right)\Big|_2^8$$

$$= 18.$$

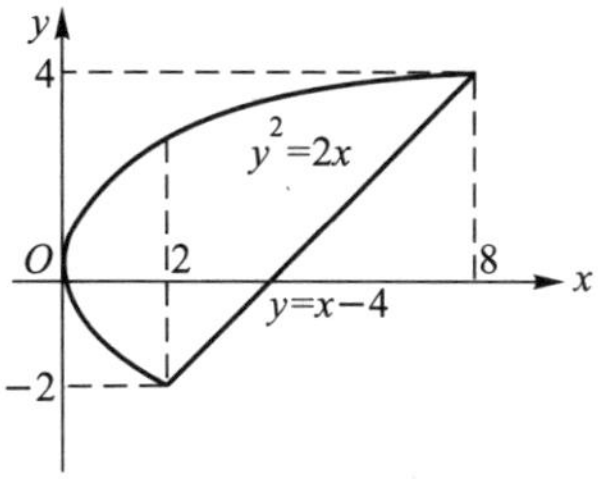

图 5.13

若换一个角度，以 y 为自变量，从 y 轴上区间 $[-2,4]$ 看此平面图形，它是由曲线 $x=y+4$ 和 $x=\frac{1}{2}y^2$ 所围成，于是

$$A = \int_{-2}^{4}\left(y+4-\frac{y^2}{2}\right)dy = \left(\frac{y^2}{2}+4y-\frac{y^3}{6}\right)\Big|_{-2}^{4} = 18.$$

由此可见，正确选择积分变量有时可使计算变得简便.

(2) 参数方程情形

若曲边梯形的曲边以参数形式

$$\begin{cases} x = x(t), \\ y = y(t) \end{cases} \quad (\alpha \leqslant t \leqslant \beta)$$

给出，其中 $x(t)$，$y(t)$ 在 $[\alpha,\beta]$ 上有连续导数，$y(t)\geqslant 0$ 且 $a=x(\alpha)$，$b=x(\beta)$. 若 $x(t)$ 严格单调增加，那么 $x(t)$ 存在反函数 $t=t(x)$. 则曲线方程可表为

$$y = y[t(x)] \quad (a \leqslant x \leqslant b).$$

作代换 $x=x(t)$，则相应地就有 $y=y(t)$，于是由直角坐标下曲边梯形的面积公式得到参数形式下的面积公式

$$A = \int_a^b y\,dx = \int_\alpha^\beta y(t)x'(t)\,dt.$$

若 $x(t)$ 严格单调减少，那么有 $a>b$，故

$$A = \int_b^a y\,dx = \int_\beta^\alpha y(t)x'(t)\,dt.$$

例 5.79 求椭圆 $\frac{x^2}{a^2}+\frac{y^2}{b^2}=1$ 所围成的图形的面积.

解 由于该椭圆关于两坐标轴对称，记其与两坐标轴所围图形位于第一象限部分的面积为 A_1（图 5.14），则

$$A = 4A_1 = 4\int_0^a y\,dx.$$

图 5.14

利用椭圆位于第一象限的参数方程

$$\begin{cases} x = a\cos t, \\ y = b\sin t \end{cases} \quad \left(0 \leqslant t \leqslant \frac{\pi}{2}\right),$$

则当 $x=0$ 时，$t=\frac{\pi}{2}$；当 $x=a$ 时，$t=0$. 于是

$$A=4\int_0^a y\mathrm{d}x=4\int_{\frac{\pi}{2}}^0 b\sin t\cdot(-a\sin t)\mathrm{d}t$$

$$=4ab\int_0^{\frac{\pi}{2}}\sin^2 t\mathrm{d}t=4ab\cdot\frac{\pi}{4}=\pi ab.$$

例 5.80 求摆线的第一拱 $\begin{cases}x=a(t-\sin t),\\ y=a(1-\cos t)\end{cases}$ $(0\leqslant t\leqslant 2\pi)$ 与 x 轴所围图形面积（图 5.15）.

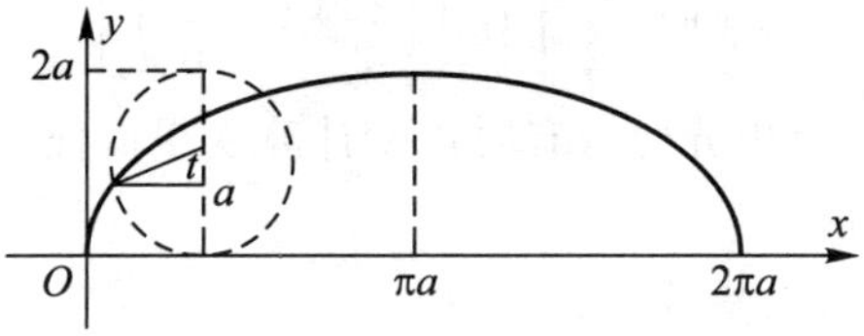

图 5.15

解 $A=\int_0^{2\pi a}y\mathrm{d}x=\int_0^{2\pi}a(1-\cos t)\mathrm{d}[a(t-\sin t)]$

$$=a^2\int_0^{2\pi}(1-\cos t)^2\mathrm{d}t=4a^2\int_0^{2\pi}\sin^4\frac{t}{2}\mathrm{d}t,$$

作代换 $t=2u$ 并利用沃利斯公式，则

$$A=8a^2\int_0^{\pi}\sin^4 u\mathrm{d}u=16a^2\int_0^{\frac{\pi}{2}}\sin^4 u\mathrm{d}u$$

$$=16a^2\cdot\frac{3}{4}\cdot\frac{1}{2}\cdot\frac{\pi}{2}=3\pi a^2.$$

(3) 极坐标情形

当平面图形的边界曲线用极坐标曲线形式表示时，我们也可以用极坐标来计算其面积.

设平面图形由极坐标方程为 $r=r(\theta)$ 的连续曲线及射线 $\theta=\alpha,\theta=\beta$ $(\alpha<\beta)$ 围成（称之为**曲边扇形**）. 下面我们用微元法来求其面积.

任意取子区间 $[\theta,\theta+\mathrm{d}\theta]\subset[\alpha,\beta]$，考虑这个子区间上对应的小曲边扇形（图 5.16），其面积近似等于半径为 $r(\theta)$，圆心角为 $\mathrm{d}\theta$ 的小扇形的面积，于是曲边扇形的面积微元

$$\mathrm{d}A=\frac{1}{2}r^2(\theta)\mathrm{d}\theta,$$

故曲边扇形的面积

$$A=\frac{1}{2}\int_{\alpha}^{\beta} r^2(\theta)\,\mathrm{d}\theta.$$

例 5.81 计算阿基米德螺线 $r=a\theta$ 的第一环($a>0,0\leqslant\theta\leqslant 2\pi$)与极轴所围图形的面积(图 5.17).

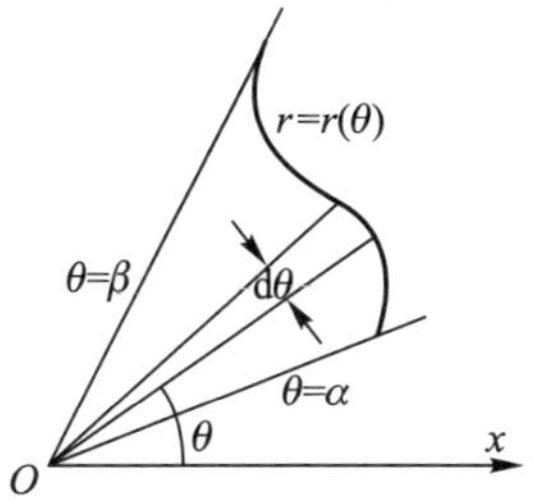

图 5.16

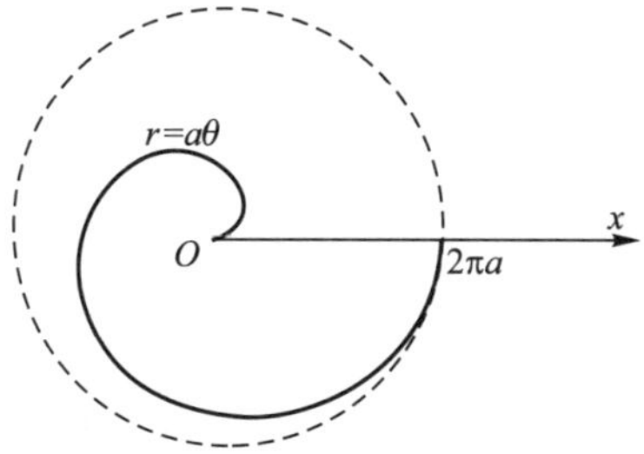

图 5.17

解 根据极坐标下曲边扇形的面积公式有

$$A=\frac{1}{2}\int_0^{2\pi}(a\theta)^2\mathrm{d}\theta=\frac{a^2\theta^3}{6}\bigg|_0^{2\pi}=\frac{4\pi^3a^2}{3}.$$

上面的面积值恰为半径为 $2\pi a$ 的圆面积的三分之一.早在两千多年前,古希腊人阿基米德采用穷竭法就得到此结果.

例 5.82 求心脏线 $r=2a(1+\cos\theta)$ ($a>0$)所围图形面积.

解 由于心脏线关于极轴对称(图 5.18),因此有

$$\begin{aligned}A&=2\cdot\frac{1}{2}\int_0^{\pi}r^2(\theta)\,\mathrm{d}\theta=4a^2\int_0^{\pi}(1+\cos\theta)^2\mathrm{d}\theta\\&=16a^2\int_0^{\pi}\cos^4\frac{\theta}{2}\mathrm{d}\theta=32a^2\int_0^{\frac{\pi}{2}}\cos^4t\,\mathrm{d}t\\&=32a^2\frac{3}{4}\cdot\frac{1}{2}\cdot\frac{\pi}{2}=6\pi a^2.\end{aligned}$$

2. 立体的体积

(1) 平行截面面积已知的立体的体积

设有空间立体 Ω 界于垂直于 x 轴的两个平面 $x=a,x=b$ 之间($a<b$),且对于任意 $x\in[a,b]$,过该点且垂直于 x 轴的平面截 Ω 所得的截面面积为 $A(x)$.若 $A(x)$ 是 x 的连续函数,我们用微元法来求立体 Ω 的体积 V (图 5.19).

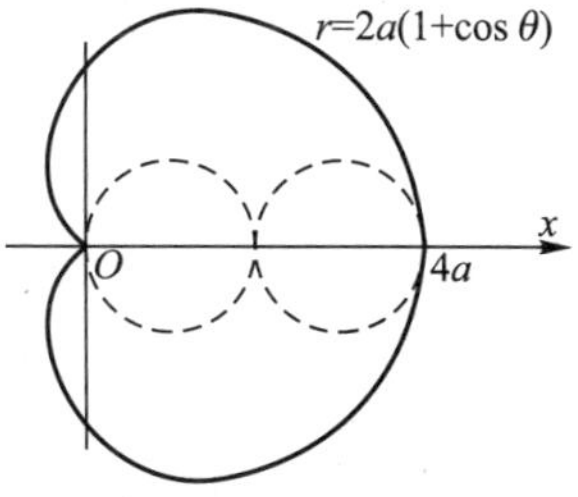

图 5.18

显然体积对区间具有可加性.在$[a,b]$上任意取一子区间$[x,x+\mathrm{d}x]$,过子区间端点作垂直于x轴的平面,那么夹在这两个平行平面之间的那一薄片的体积就是V在$[x,x+\mathrm{d}x]$的部分体积ΔV.它近似等于以$A(x)$为底,$\mathrm{d}x$为高的柱体体积.于是立体Ω的体积微元

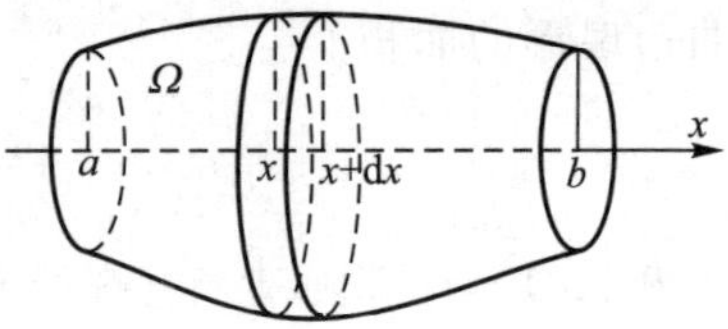

图 5.19

$$\mathrm{d}V=A(x)\,\mathrm{d}x,$$

从而得到

$$V=\int_a^b A(x)\,\mathrm{d}x.$$

上述求立体体积的方法通常称为“**薄片法**”或“**扁柱体法**”.

由上面公式可知,若两个立体被平行平面所截截面的面积恒相等,则它们的体积必相等.这就是大家熟知的祖暅原理,早在五世纪为我国数学家祖暅在计算球体体积时所发现.在《九章算术》中有这一原理的描述:“夫叠基成立积,缘幂势既同则积不容异”(幂势就是截面积的意思).在国外,类似原理由意大利数学家卡瓦列里在17世纪提出.

例 5.83 求由椭圆柱面$\dfrac{x^2}{a^2}+\dfrac{y^2}{b^2}=1$,平面$xOy$以及过$x$轴与$xOy$平面成$\alpha$角的半平面所围成的“椭圆柱楔形”的体积(图5.20).

解 用过x轴上区间$[-a,a]$内任一点x且与x轴垂直的平面截此“椭圆柱楔形”,所得截面是一个直角三角形,其两条直角边长分别为y和$y\tan\alpha$,其中$y=\dfrac{b\sqrt{a^2-x^2}}{a}$,故截面积

$$A(x)=\frac{1}{2}y^2\tan\alpha=\frac{b^2}{2a^2}(a^2-x^2)\tan\alpha,$$

于是“椭圆柱楔形”的体积

$$\begin{aligned}V&=\int_{-a}^{a}A(x)\,\mathrm{d}x\\&=\frac{b^2}{2a^2}\tan\alpha\int_{-a}^{a}(a^2-x^2)\,\mathrm{d}x=\frac{2ab^2}{3}\tan\alpha.\end{aligned}$$

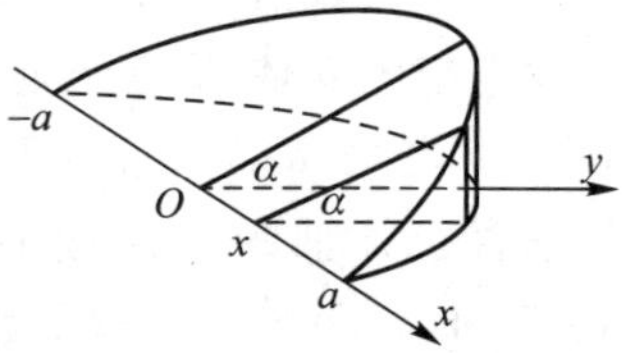

图 5.20

(2) 旋转体体积

若曲边梯形为$0\leqslant y\leqslant f(x)$,$a\leqslant x\leqslant b$(其中$f\in C[a,b]$),求将其绕$x$轴旋转一周所成旋转体的体

积.由于过点 $x\in[a,b]$ 并且与 x 轴垂直的平面截旋转体的截面面积

$$A(x)=\pi f^2(x),$$

因此由体积公式 $V=\int_a^b A(x)\,\mathrm{d}x$ 可得旋转体的体积

$$V_x=\pi\int_a^b f^2(x)\,\mathrm{d}x.$$

类似地,曲边梯形 $0\leqslant x\leqslant g(y)$, $c\leqslant y\leqslant d$(其中 $g\in C[c,d]$)绕 y 轴旋转一周所成旋转体的体积为

$$V_y=\pi\int_c^d g^2(y)\,\mathrm{d}y.$$

例 5.84 计算正弦曲线弧第一拱 $y=\sin x$ $(0\leqslant x\leqslant\pi)$ 与 x 轴围成的图形分别绕 x 轴和 y 轴旋转一周所成的旋转体的体积.

解 该图形绕 x 轴旋转一周所成的旋转体的体积为

$$\begin{aligned}V_x&=\pi\int_0^\pi \sin^2 x\,\mathrm{d}x=\frac{\pi}{2}\int_0^\pi(1-\cos 2x)\,\mathrm{d}x\\&=\frac{\pi^2}{2}-\left(\frac{\pi}{4}\sin 2x\right)\Big|_0^\pi=\frac{\pi^2}{2}.\end{aligned}$$

这个图形绕 y 轴旋转一周所成旋转体的体积可以看成曲边梯形 $OABD$ 和 OBD(图 5.21)分别绕 y 轴旋转所成的旋转体体积之差.此时,把 y 看成自变量,x 看成函数,则弧段 OB 的方程为 $x=\arcsin y$ $(0\leqslant y\leqslant 1)$,弧段 AB 的方程为 $x=\pi-\arcsin y\,(0\leqslant y\leqslant 1)$.于是所求体积

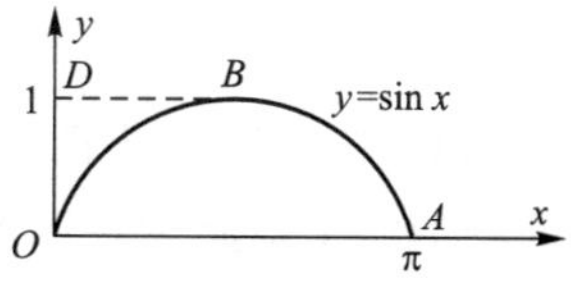

图 5.21

$$\begin{aligned}V_y&=\pi\int_0^1(\pi-\arcsin y)^2\mathrm{d}y-\pi\int_0^1(\arcsin y)^2\mathrm{d}y\\&=\pi\int_0^1(\pi^2-2\pi\arcsin y)\,\mathrm{d}y=\pi^3-2\pi^2\int_0^1\arcsin y\,\mathrm{d}y\\&=\pi^3-2\pi^2 y\arcsin y\,\Big|_0^1+2\pi^2\int_0^1\frac{y\,\mathrm{d}y}{\sqrt{1-y^2}}\\&=2\pi^2\int_0^1\frac{y\,\mathrm{d}y}{\sqrt{1-y^2}}=2\pi^2\left(-\sqrt{1-y^2}\right)\Big|_0^1=2\pi^2.\end{aligned}$$

从此例可以看出,求由连续曲线 $y=f(x)\geqslant 0$,直线 $x=a$, $x=b$ 以及 x 轴所围成的曲边梯形绕 y 轴旋转而成的旋转体的体积时,应该把 y 看成自变量,x 看成函数.此时,往往需要把函数分段表示,从而积分要分区间进行,这样就给

计算带来不便.如果我们不套用公式 $V_y=\pi\int_c^d g^2(y)\mathrm{d}y$,那么有没有其他方法求此旋转体的体积呢？下面我们换一个角度用微元法来寻找这个问题的答案.

任意取子区间 $[x,x+\mathrm{d}x]\subset[a,b]$,考虑对应这个子区间上方的小曲边梯形绕 y 轴所得立体的体积 ΔV,它近似等于两个同轴,高为 $f(x)$,底面半径分别为 x 和 $x+\mathrm{d}x$ 的圆柱体体积之差（图 5.22),于是

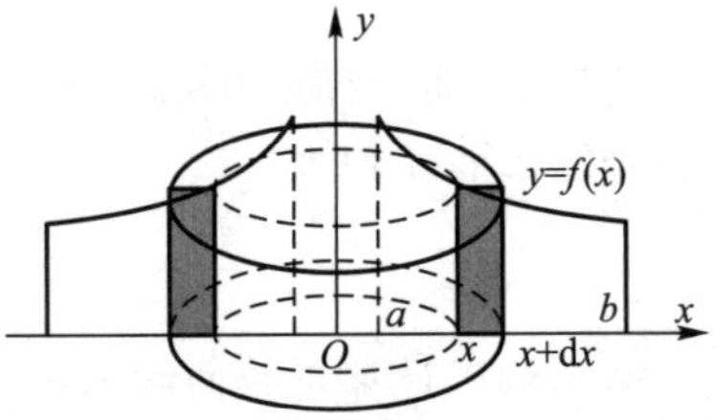

图 5.22

$$\Delta V\approx[\pi(x+\mathrm{d}x)^2-\pi x^2]f(x)$$
$$=\pi f(x)[2x\mathrm{d}x+(\mathrm{d}x)^2].$$

注意到 $(\mathrm{d}x)^2$ 是比 $\mathrm{d}x$ 高阶的无穷小,故其体积微元

$$\mathrm{d}V=2\pi xf(x)\mathrm{d}x,$$

从而旋转体体积

$$V=2\pi\int_a^b xf(x)\mathrm{d}x.$$

这种计算旋转体体积的方法,是把体积微元 $\mathrm{d}V$ 看成两个同轴等高圆柱体体积之差,或者说是一个圆柱体的“薄壳”,因此通常称之为“**薄壳法**”.

例 5.85　用“薄壳法”计算正弦曲线弧第一拱 $y=\sin x$ $(0\leqslant x\leqslant\pi)$ 与 x 轴围成的图形绕 y 轴旋转一周所成的旋转体的体积.

解　由薄壳法公式,所求体积

$$V_y=2\pi\int_0^{\pi}x\sin x\mathrm{d}x=2\pi\cdot\frac{\pi}{2}\int_0^{\pi}\sin x\mathrm{d}x=2\pi^2.$$

此处用到例 5.59 (3)的结果.

3. 平面曲线的弧长

(1) 直角坐标情形

设曲线弧的直角坐标方程为 $y=f(x)$ $(a\leqslant x\leqslant b)$,其中 $f\in C^{(1)}[a,b]$.求这段弧的弧长.

在第 4 章中推导曲率公式时,我们导出了弧微分公式

$$\mathrm{d}s=\sqrt{\mathrm{d}x^2+\mathrm{d}y^2}=\sqrt{1+\left(\frac{\mathrm{d}y}{\mathrm{d}x}\right)^2}\mathrm{d}x=\sqrt{1+[f'(x)]^2}\mathrm{d}x,$$

故所求的弧长为

$$s=\int_a^b\mathrm{d}s=\int_a^b\sqrt{1+f'^2(x)}\mathrm{d}x.$$

例 5.86 计算对数曲线 $y=\ln x$ 上相应于$\sqrt{3}\leqslant x\leqslant\sqrt{8}$的一段弧的弧长.

解 因为 $y'=\dfrac{1}{x}$,因此所求弧长为

$$s=\int_{\sqrt{3}}^{\sqrt{8}}\sqrt{1+y'^2}\,\mathrm{d}x=\int_{\sqrt{3}}^{\sqrt{8}}\frac{\sqrt{1+x^2}}{x}\mathrm{d}x.$$

作代换 $t=\sqrt{1+x^2}$,则 $x=\sqrt{t^2-1}$,且当 $x=\sqrt{3}$时,$t=2$;当 $x=\sqrt{8}$时,$t=3$.于是

$$\begin{aligned}s&=\int_2^3\frac{t^2\mathrm{d}t}{t^2-1}=\int_2^3\left(1+\frac{1}{t^2-1}\right)\mathrm{d}t\\&=\left[t+\frac{1}{2}\ln\left|\frac{t-1}{t+1}\right|\right]_2^3=1+\frac{1}{2}\ln\frac{3}{2}.\end{aligned}$$

(2) 参数方程情形

设曲线弧由参数方程

$$\begin{cases}x=x(t),\\y=y(t)\end{cases}\quad(\alpha\leqslant t\leqslant\beta)$$

给出,其中 $x(t),y(t)\in C^{(1)}[\alpha,\beta]$.由于弧微分

$$\mathrm{d}s=\sqrt{(\mathrm{d}x)^2+(\mathrm{d}y)^2}=\sqrt{x'^2(t)+y'^2(t)}\,\mathrm{d}t,$$

于是曲线弧的弧长

$$s=\int_\alpha^\beta\sqrt{x'^2(t)+y'^2(t)}\,\mathrm{d}t\quad(\alpha\leqslant t\leqslant\beta).$$

例 5.87 求星形线$\begin{cases}x=a\cos^3t,\\y=a\sin^3t\end{cases}$$(a>0)$的全长.

解 由于星形线(图 5.23)关于两坐标轴都对称,因此其长度为位于第一象限部分长度 s_1 的 4 倍.而其第一象限部分所对应的参数 t 是由 0 变到$\dfrac{\pi}{2}$.又

$$x'(t)=-3a\cos^2t\sin t,\ y'(t)=3a\sin^2t\cos t.$$

于是根据弧长公式,星形线的全长

$$\begin{aligned}s&=4s_1=4\int_0^{\frac{\pi}{2}}\sqrt{9a^2\cos^4t\sin^2t+9a^2\sin^4t\cos^2t}\,\mathrm{d}t\\&=12a\int_0^{\frac{\pi}{2}}\cos t\sin t\mathrm{d}t=6a\sin^2t\Big|_0^{\frac{\pi}{2}}=6a.\end{aligned}$$

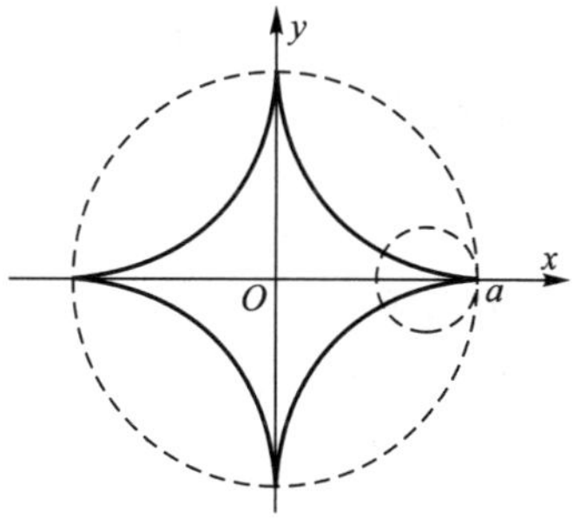

图 5.23

例 5.88 计算椭圆$\frac{x^2}{a^2}+\frac{y^2}{b^2}=1$ $(a>b>0)$的周长.

解 椭圆的参数方程为

$$\begin{cases}x=a\cos t,\\ y=b\sin t\end{cases}\quad(0\leqslant t\leqslant 2\pi).$$

显然,$x'(t)=-a\sin t$,$y'(t)=b\cos t$,因此由对称性知

$$\begin{aligned}s&=4\int_0^{\frac{\pi}{2}}\sqrt{a^2\sin^2 t+b^2\cos^2 t}\,\mathrm{d}t\\&=4a\int_0^{\frac{\pi}{2}}\sqrt{1-\frac{a^2-b^2}{a^2}\cos^2 t}\,\mathrm{d}t\\&=4a\int_0^{\frac{\pi}{2}}\sqrt{1-\varepsilon^2\cos^2 t}\,\mathrm{d}t,\end{aligned}$$

其中 $\varepsilon=\frac{\sqrt{a^2-b^2}}{a}\in(0,1)$是椭圆的离心率.

上面的积分称为第二类"**椭圆积分**".在本章 5.4.6 节中已经提到,它的被积函数的原函数不是初等函数,因此不能简单地用积分公式计算出其值,通常要用其他方法或查椭圆积分表来获得其近似值.

(3) 极坐标情形

设曲线弧由极坐标方程 $r=r(\theta)$ $(\alpha\leqslant\theta\leqslant\beta)$给出,其中 $r(\theta)\in C^{(1)}[\alpha,\beta]$.根据直角坐标与极坐标的关系有

$$\begin{cases}x=r(\theta)\cos\theta,\\ y=r(\theta)\sin\theta\end{cases}\quad(\alpha\leqslant\theta\leqslant\beta).$$

这就是以极角 θ 为参数的曲线弧的参数方程,通过计算可以导出弧微分为

$$\mathrm{d}s=\sqrt{(\mathrm{d}x)^2+(\mathrm{d}y)^2}=\sqrt{r^2(\theta)+r'^2(\theta)}\,\mathrm{d}\theta,$$

于是曲线弧的弧长

$$s=\int_\alpha^\beta\sqrt{r^2(\theta)+r'^2(\theta)}\,\mathrm{d}\theta.$$

例 5.89 求心脏线 $r=2a(1+\cos\theta)$ $(a>0)$的全长(图形参见图 5.18).

解 由于心脏线关于极轴对称,因此只需计算其位于极轴上方部分的弧的长度.由于 $r'(\theta)=-2a\sin\theta$,从而弧微分

$$\begin{aligned}\mathrm{d}s&=\sqrt{4a^2(1+\cos\theta)^2+4a^2\sin\theta}\,\mathrm{d}\theta\\&=2a\sqrt{2(1+\cos\theta)}\,\mathrm{d}\theta=4a\left|\cos\frac{\theta}{2}\right|\mathrm{d}\theta,\end{aligned}$$

故所求长度为

$$
\begin{aligned}
s &= 2\int_0^{\pi} 4a\left|\cos\frac{\theta}{2}\right|\mathrm{d}\theta = 8a\int_0^{\pi}\cos\frac{\theta}{2}\mathrm{d}\theta \\
&= 16a\sin\frac{\theta}{2}\Big|_0^{\pi} = 16a.
\end{aligned}
$$

注 从数学上严格地说,对上述这些几何图形的长度、面积和体积,首先应该给出它们的定义,然后在一定条件下,证明相应的计算这些量的积分公式.上面的微元法只是在这些量存在的前提下,用较为简捷但并不十分严密的分析过程来推出积分公式的方法.

以下我们以弧长为例,从曲线弧长的定义(第 4 章的 4.5.1 节)出发,通过拉格朗日定理和定积分的定义来严格推导曲线弧长的计算公式.顺便地,我们还可以证明 4.5.1 节中的一个论断:光滑曲线上同端点的弧线段与割线段在长度趋于 0 时是等价无穷小.

定理 5.20 设平面曲线弧段 AB 的方程为 $y=f(x)\ (a\leqslant x\leqslant b)$,其中 $f\in C^{(1)}[a,b]$,那么弧段 AB 是可求长的,且其弧长为

$$
s=\int_a^b\sqrt{1+y'^2(x)}\,\mathrm{d}x=\int_a^b\sqrt{1+f'^2(x)}\,\mathrm{d}x.
$$

证 在弧段 AB 上任意取点 $A=M_0,M_1,\cdots,M_{n-1},M_n=B$,依次记它们的横坐标为 $a=x_0,x_1,\cdots,x_{n-1},x_n=b$.令 $\Delta x_i=x_i-x_{i-1}$,$\Delta y_i=\Delta f_i=f(x_i)-f(x_{i-1})$,那么利用拉格朗日中值定理,折线段 $M_{i-1}M_i$ 的长为

$$
|M_{i-1}M_i|=\sqrt{\Delta x_i^2+\Delta y_i^2}=\sqrt{\Delta x_i^2+[f'(\xi_i)\Delta x_i]^2}=\sqrt{1+f'^2(\xi_i)}\cdot\Delta x_i,
$$

其中 $\xi_i\in[x_{i-1},x_i]$.

根据弧长的定义,应求当 $\bar{\lambda}=\max\limits_{1\leqslant i\leqslant n}|M_{i-1}M_i|\to 0$ 时,AB 的内接折线 $\sum\limits_{i=1}^{n}|M_{i-1}M_i|$ 的极限.当 $\bar{\lambda}\to 0$ 时,由于 $\Delta x_i\leqslant|M_{i-1}M_i|$,故有 $\lambda=\max\limits_{1\leqslant i\leqslant n}\{\Delta x_i\}\to 0$.又因为 $f\in C^{(1)}[a,b]$,所以 $\sqrt{1+f'^2(x)}\in R[a,b]$.于是由定积分的定义

$$
\begin{aligned}
s &= \lim_{\bar{\lambda}\to 0}\sum_{i=1}^{n}|M_{i-1}M_i| = \lim_{\lambda\to 0}\sum_{i=1}^{n}|M_{i-1}M_i| \\
&= \lim_{\lambda\to 0}\sum_{i=1}^{n}\sqrt{1+f'^2(\xi_i)}\cdot\Delta x_i \\
&= \int_a^b\sqrt{1+f'^2(x)}\,\mathrm{d}x.
\end{aligned}
$$

这就证明了定理的结论.

若 $x\in[a,b]$,那么区间 $[a,x]$ 上所对应的弧段的弧长为 x 的函数,通常称之

为**弧长函数**,并记为 $s(x)$,则有

$$s(x)=\int_a^x \sqrt{1+f'^2(x)}\,dx,$$

因此由变上限积分求导公式即得弧微分公式

$$ds=\sqrt{1+f'^2(x)}\,dx.$$

另一方面,如图 5.24,由 $P(x,f(x))$ 到 $P'(x+\Delta x,f(x+\Delta x))$ 的弧段的弧长依积分中值定理可为

$$\Delta s=\int_x^{x+\Delta x}\sqrt{1+f'^2(x)}\,dx=\sqrt{1+f'^2(\eta)}\,\Delta x$$

$$(\eta\in[x,x+\Delta x]),$$

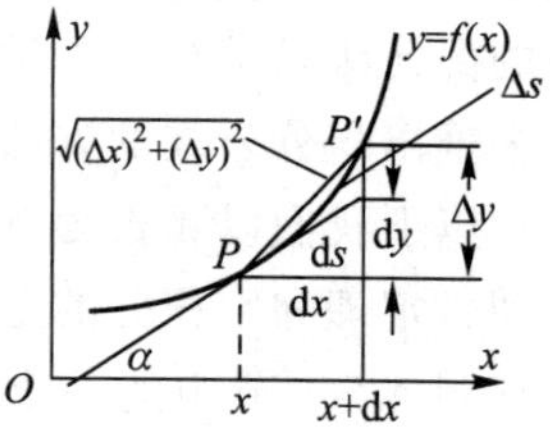

图 5.24

而利用微分中值定理,割线段 PP'之长

$$|PP'|=\sqrt{(\Delta x)^2+(\Delta y)^2}=\sqrt{1+f'^2(\xi)}\,\Delta x$$

$$(\xi\in[x,x+\Delta x]),$$

从而

$$\lim_{P'\to P}\frac{\Delta s}{|PP'|}=\lim_{\Delta x\to 0}\frac{\Delta s}{|PP'|}=\lim_{\Delta x\to 0}\frac{\sqrt{1+f'^2(\eta)}}{\sqrt{1+f'^2(\xi)}}=\frac{\sqrt{1+f'^2(x)}}{\sqrt{1+f'^2(x)}}=1.$$

这就是我们在 4.5.1 节推导弧微分时采用的论断.此外,还可以得到

$$\lim_{P'\to P}\frac{\Delta s}{ds}=\lim_{\Delta x\to 0}\frac{\Delta s}{ds}=\lim_{\Delta x\to 0}\frac{\sqrt{1+f'^2(\eta)}}{\sqrt{1+f'^2(x)}}=\frac{\sqrt{1+f'^2(x)}}{\sqrt{1+f'^2(x)}}=1.$$

由此可见,曲线在 P 点附近,割线段 PP'、小弧段 $\overset{\frown}{PP'}$ 以及曲线在点 P 处相应切线段(即弧微分)这三者的长度近似相等.

5.6.3 定积分的物理应用

1. 变力沿直线运动做功

由物理学知道,若物体受到恒力 F 作用沿直线运动,且力 F 的方向与物体的运动方向一致,那么当物体的位移为 s 时,力 F 所做的功为

$$W=F\cdot s.$$

当力 F 为变力时,这就是变力做功问题.下面通过典型例子来说明如何运用微元法解决变力做功问题.

例 5.90 设有质量为 m 的飞船,试求将其自地面垂直发射至高度为 h 处所需做的功(不计空气阻力,地球半径设为 R).

解 取地心为坐标原点,r 轴铅直向上(图 5.25).当飞船距地球中心的距离为 r 时,依万有引力定律,地球对飞船的引力为

$$F(r)=k\frac{mM}{r^2},$$

其中 M 为地球的质量,k 为引力常数.当飞船位于地球表面,即 $r=R$ 时,万有引力就是飞船的重力.于是有 $mg=\frac{kmM}{R^2}$,故 $kmM=mgR^2$,从而

$$F(r)=\frac{mgR^2}{r^2}.$$

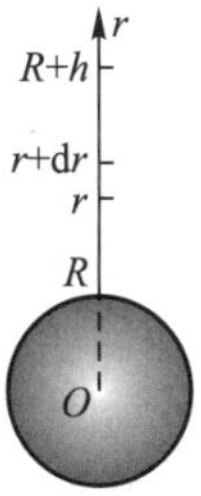

图 5.25

任意取子区间$[r,r+\mathrm{d}r]\subset[R,R+h]$.考虑飞船在小区间$[r,r+\mathrm{d}r]$克服地球引力所做的功.它近似等于恒力 $F(r)$ 作用于飞船,并且在引力方向上移动 $\mathrm{d}r$ 时所做的功,因此

$$\mathrm{d}W=F(r)\,\mathrm{d}r=\frac{mgR^2}{r^2}\mathrm{d}r,$$

于是将飞船自地面发射至高度为 h 处所需做的功

$$W_h=\int_R^{R+h}\frac{mgR^2}{r^2}\mathrm{d}r=-\frac{mgR^2}{r}\bigg|_R^{R+h}=mgR^2\left(\frac{1}{R}-\frac{1}{R+h}\right).$$

例 5.91 设有半径为 R 的半球形水池中盛满了水,求将池中的水全部抽出需做功多少?

解 以球心为原点 O,铅直向下为 x 轴方向(如图 5.26),以过 x 轴的任一平面为 xOy 平面,则水池边界半球面可看成曲线 $y=\sqrt{R^2-x^2}$ $(0\leqslant x\leqslant R)$ 绕 x 轴旋转而成.

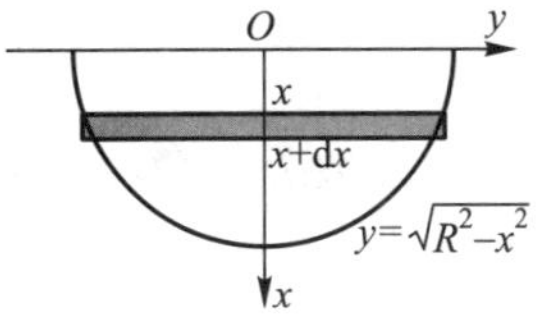

图 5.26

在$[0,R]$上任取区间$[x,x+\mathrm{d}x]$,与该小区间对应的一薄层水体积近似为

$$\pi y^2\mathrm{d}x=\pi(R^2-x^2)\,\mathrm{d}x.$$

将其抽出水池的位移为 x,从而抽出这一薄层水所做的功为

$$\mathrm{d}W=\pi gx(R^2-x^2)\,\mathrm{d}x,$$

其中 g 为重力加速度.于是将池水全部抽出需做的功

$$W=\int_0^R\mathrm{d}W=\pi g\int_0^R x(R^2-x^2)\,\mathrm{d}x=\frac{\pi gR^4}{4}.$$

故抽出全部池水需做功$\frac{\pi gR^4}{4}$.

2. 液体静压力计算

由物理学中的帕斯卡(Pascal)定律知道,液体中深度为 h 处的压强

$$p=\rho gh,$$

其中 ρ 为液体的密度，g 为重力加速度.如果有一面积为 A 的平板水平置于液体深度为 h 处，则其所受到液体的静压力为 pA.若平板非水平置于液体中，则在不同深度处，压强 p 不相等，这时平板所受到液体的压力是一个不均匀分布的量.下面我们借助微元法并通过例子来说明液体静压力的计算方法.

例 5.92　城市洒水车的水箱是一个平放着的椭圆柱体，其端面为一椭圆形，长短半轴分别为 b,a，当水箱装满水时，求端面承受的静压力.

解　以水箱端面中心为原点建立坐标系（如图 5.27），则边界曲线的椭圆方程为

$$\frac{x^2}{a^2}+\frac{y^2}{b^2}=1.$$

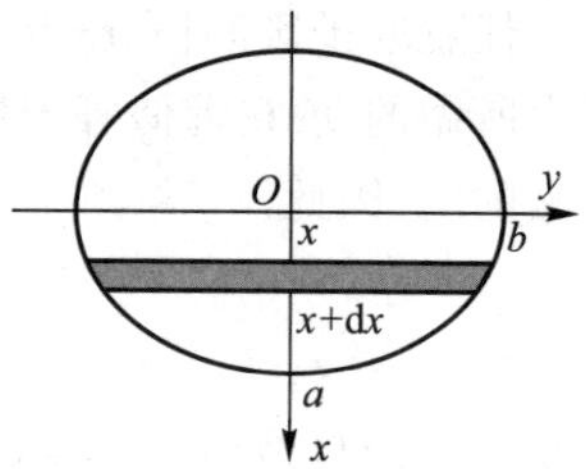

图 5.27

任意取子区间 $[x,x+\mathrm{d}x]\subset[-a,a]$，椭圆上对应于该子区间的窄条面积近似为 $\mathrm{d}A=2y\mathrm{d}x$，而其上承受的压强近似为 $(a+x)g$（其中 g 为重力加速度），故这窄条上承受的压力近似为

$$\mathrm{d}P=g(a+x)\cdot 2y\mathrm{d}x=2gb(a+x)\sqrt{1-\frac{x^2}{a^2}}\,\mathrm{d}x.$$

于是端面所承受的静压力为

$$P=\int_{-a}^{a}2gb(a+x)\sqrt{1-\frac{x^2}{a^2}}\,\mathrm{d}x.$$

由被积函数分为两项后的奇偶性可知

$$P=4gb\int_0^a\sqrt{a^2-x^2}\,\mathrm{d}x.$$

作代换 $x=a\sin t$，则

$$P=4gb\int_0^{\frac{\pi}{2}}a^2\cos^2t\mathrm{d}t=4ga^2b\cdot\frac{1}{2}\cdot\frac{\pi}{2}=\pi a^2bg.$$

3. 引力计算

根据万有引力定律，质量为 m_1 和 m_2，相距 r 的两质点间的引力大小为

$$F=\frac{km_1m_2}{r^2},$$

其中 k 为万有引力常数.引力的方向沿着两质点连线的方向.

如要计算一根细棒对一质点的引力，那么由于细棒上各点与质点的距离是变化的，并且各点处对质点的引力方向也是变化的，因此要求的力是这些大小、

方向均不等的力的合力.下面我们运用微元法并通过例子来介绍这种问题的计算方法.

例 5.93 设有长度为 l,质量为 M 的均匀质线 AB,求质线 AB 对质量为 m 的质点 P 的引力.假设情况分别为:

(1) 质点 P 在 AB 的延长线上距 B 点为 a 处;

(2) 质点 P 在 AB 的垂直平分线上距 AB 为 a 处.

解 (1) 以质点所在位置为原点,BA 方向为 x 轴方向(图 5.28),则质线位于区间 $[a,a+l]$ 上.任意取子区间 $[x,x+\mathrm{d}x]\subset[a,a+l]$,相应于该子区间上的质线质量为 $\frac{M\mathrm{d}x}{l}$,于是该质线段和质点间的引力为

$$\mathrm{d}F=km\frac{M}{l}\mathrm{d}x\cdot\frac{1}{x^2},$$

其中 k 为万有引力常数.从而质线对质点的引力为

$$F=\frac{kmM}{l}\int_a^{a+l}\frac{\mathrm{d}x}{x^2}=\frac{kmM}{l}\cdot\left(-\frac{1}{x}\right)\Bigg|_a^{a+l}=\frac{kmM}{a(a+l)}.$$

(2) 取 AB 的中点为原点,x 轴为 AB 方向,y 轴为原点到质点方向(图 5.29),则质线位于 x 轴的区间 $\left[-\frac{l}{2},\frac{l}{2}\right]$ 上.任意取子区间 $[x,x+\mathrm{d}x]\subset\left[-\frac{l}{2},\frac{l}{2}\right]$,则相应该子区间上的质线段质量为 $\frac{M}{l}\mathrm{d}x$,而其对质点 P 的引力大小为

$$\mathrm{d}F=km\frac{M}{l}\mathrm{d}x\cdot\frac{1}{a^2+x^2}.$$

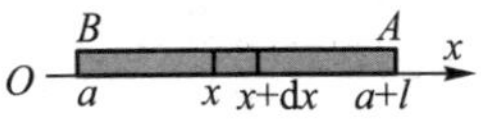

图 5.28

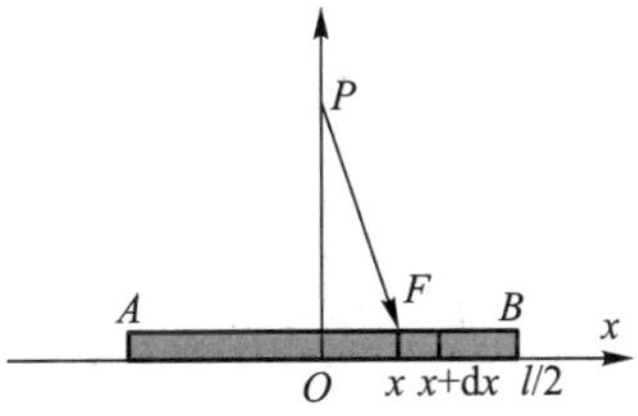

图 5.29

由于该引力方向是由 P 指向点 $(x,0)$,而不同的微小质线段对 P 引力方向不同,为此我们将 $\mathrm{d}F$ 分解为分别沿 x,y 方向的 $\mathrm{d}F_x$ 和 $\mathrm{d}F_y$.注意到对称性,x 轴方向上合力 $F_x=0$,而

$$\mathrm{d}F_y=\mathrm{d}F\cdot\frac{-a}{\sqrt{a^2+x^2}}=-k\frac{mMa}{l}\cdot\frac{1}{(a^2+x^2)^{3/2}}\mathrm{d}x,$$

前面置负号,是因为引力的方向与 y 轴方向相反.于是 y 轴方向上合力

$$F_y = -\frac{kamM}{l}\int_{-\frac{l}{2}}^{\frac{l}{2}} \frac{\mathrm{d}x}{(a^2+x^2)^{3/2}}$$
$$= -\frac{2kamM}{l}\int_{0}^{\frac{l}{2}} \frac{\mathrm{d}x}{(a^2+x^2)^{3/2}}$$
$$= -\frac{2kmM}{al}\cdot\frac{x}{\sqrt{x^2+a^2}}\Bigg|_0^{\frac{l}{2}}$$
$$= -\frac{2kmM}{a\sqrt{4a^2+l^2}}.$$

5.7 反常积分

前面在定积分的概念中,所考虑的区间$[a,b]$是有界的.此外,函数还必须是有界的.但是在一些实际问题中,往往需要考虑无穷区间上的积分,以及无界函数的积分问题.这样的积分已经不再属于前面所定义的定积分的范畴,我们称其为**反常积分**或**广义积分**,而以前的定积分也称为**常义积分**.

5.7.1 无穷区间上的反常积分

由前一节例 5.90 知道,将质量为 m 的飞船自地面发射至高度为 h 处所做的功为

$$W_h = mgR^2\int_R^{R+h}\frac{\mathrm{d}x}{x^2} = mgR^2\left(\frac{1}{R}-\frac{1}{R+h}\right),$$

其中 R 为地球的半径.因此为使飞船脱离地球的引力而成为宇宙飞船所需做的功为

$$W = \lim_{h\to+\infty} W_h = \lim_{h\to+\infty}\left[mgR^2\left(\frac{1}{R}-\frac{1}{R+h}\right)\right] = mgR.$$

若令 $b=R+h$,则当 $h\to+\infty$ 时,有 $b\to+\infty$,因此上式可改写为

$$W = mgR^2\lim_{b\to+\infty}\int_R^b\frac{\mathrm{d}x}{x^2} = mgR.$$

若飞船以初速度 v_0垂直向上发射,并且不计空气阻力,那么宇宙飞船的初始动能至少应为 mgR,于是由

$$\frac{1}{2}mv_0^2 = mgR$$

可得 $v_0=\sqrt{2gR}$.取 $g=9.81\ \mathrm{m/s^2}$,$R=6.371\times10^6\ \mathrm{m}$,则 $v_0=11.2\times10^3\ \mathrm{m/s}$,这就是**第二宇宙速度**.

回过来看极限式

$$\lim_{b\to+\infty}\int_R^b\frac{\mathrm{d}x}{x^2},$$

这实际上涉及函数$\frac{1}{x^2}$在无穷区间$[R,+\infty)$上的积分问题.

定义 5.5 设函数$f(x)$在$[a,+\infty)$上定义,且对任意 $b>a$,f 在$[a,b]$上可积,把形式积分

$$\int_a^{+\infty}f(x)\,\mathrm{d}x$$

称为函数$f(x)$在无穷区间$[a,+\infty)$上的**反常积分**.

若极限 $\lim\limits_{b\to+\infty}\int_a^b f(x)\,\mathrm{d}x$ 存在,则称反常积分 $\int_a^{+\infty}f(x)\,\mathrm{d}x$ **收敛**,且定义其值为

$$\int_a^{+\infty}f(x)\,\mathrm{d}x=\lim_{b\to+\infty}\int_a^b f(x)\,\mathrm{d}x.$$

若上式右端极限不存在,则称反常积分 $\int_a^{+\infty}f(x)\,\mathrm{d}x$ **发散**.

上面的定义表明:当反常积分 $\int_a^{+\infty}f(x)\,\mathrm{d}x$ 收敛时,它才有具体的值;当反常积分 $\int_a^{+\infty}f(x)\,\mathrm{d}x$ 发散时,那么形式积分 $\int_a^{+\infty}f(x)\,\mathrm{d}x$ 就确实只是一个“形式”而已.

类似地,我们可定义反常积分

$$\int_{-\infty}^b f(x)\,\mathrm{d}x=\lim_{a\to-\infty}\int_a^b f(x)\,\mathrm{d}x$$

的收敛与发散.进而我们有

定义 5.6 设函数$f(x)$在$(-\infty,+\infty)$上定义.若存在常数 $c\in\mathbf{R}$,使得反常积分 $\int_c^{+\infty}f(x)\,\mathrm{d}x$ 和 $\int_{-\infty}^c f(x)\,\mathrm{d}x$ 都收敛,则称反常积分 $\int_{-\infty}^{+\infty}f(x)\,\mathrm{d}x$ **收敛**,且定义其值为

$$\int_{-\infty}^{+\infty}f(x)\,\mathrm{d}x=\int_c^{+\infty}f(x)\,\mathrm{d}x+\int_{-\infty}^c f(x)\,\mathrm{d}x.$$

否则,称反常积分 $\int_{-\infty}^{+\infty}f(x)\,\mathrm{d}x$ **发散**.

由定积分的几何意义,我们可得反常积分的几何意义.设非负函数 $f(x)\in$

$C[a,+\infty)$,则 $\int_a^{+\infty} f(x)\mathrm{d}x$ 表示由曲线 $y=f(x)$ 和直线 $x=a$ 及 x 轴围成的向右无限伸展的图形面积(图 5.30). 若 $\int_a^{+\infty} f(x)\mathrm{d}x$ 收敛,则面积为有限值. 若 $\int_a^{+\infty} f(x)\mathrm{d}x$ 发散,则可称面积为正无穷大.

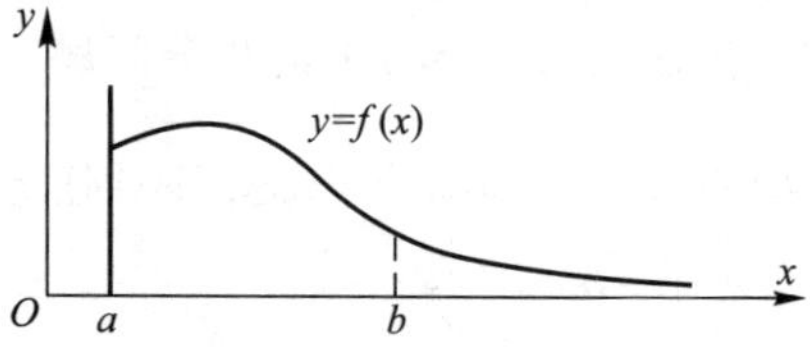

图 5.30

例 5.94 求 $\int_2^{+\infty} \frac{1-\ln x}{x^2}\mathrm{d}x$.

解 由于

$$\int_2^b \frac{1-\ln x}{x^2}\mathrm{d}x = \int_2^b \frac{\mathrm{d}x}{x^2} + \int_2^b \ln x\,\mathrm{d}\left(\frac{1}{x}\right)$$

$$= \int_2^b \frac{\mathrm{d}x}{x^2} + \frac{\ln x}{x}\bigg|_2^b - \int_2^b \frac{\mathrm{d}x}{x^2} = \frac{\ln b}{b} - \frac{\ln 2}{2},$$

于是

$$\int_2^{+\infty} \frac{1-\ln x}{x^2}\mathrm{d}x = \lim_{b\to+\infty}\int_2^b \frac{1-\ln x}{x^2}\mathrm{d}x$$

$$= \lim_{b\to+\infty}\left(\frac{\ln b}{b} - \frac{\ln 2}{2}\right) = -\frac{\ln 2}{2}.$$

由于反常积分是通过研究变限积分(定积分)关于上限、下限的极限来定义收敛与发散的,而定积分的计算在一定条件下可以借助于牛顿-莱布尼茨公式,于是关于反常积分我们有下面推广形式的牛顿-莱布尼茨公式:

设函数 $f(x)\in C[a,+\infty)$,又 $F(x)$ 是 $f(x)$ 在 $[a,+\infty)$ 上的一个原函数,且 $\lim\limits_{x\to+\infty} F(x)$(记作 $F(+\infty)$)存在,则有

$$\int_a^{+\infty} f(x)\mathrm{d}x = F(x)\bigg|_a^{+\infty} = F(+\infty)-F(a) = \lim_{x\to+\infty}F(x)-F(a).$$

上述结论不难用反常积分收敛的定义证明.此外,当 $x\to+\infty$ 时,若 $F(x)$ 的极限不存在,按定义有反常积分 $\int_a^{+\infty} f(x)\mathrm{d}x$ 发散,因此也可以借用上式来判定反常积分的发散.

例 5.95 设常数 $a>0$,证明反常积分 $\int_a^{+\infty}\frac{dx}{x^p}$ 当 $p>1$ 时收敛,当 $p\leqslant 1$ 时发散.

证 当 $p=1$ 时,

$$\int_a^{+\infty}\frac{dx}{x}=\ln x\Big|_a^{+\infty}=+\infty.$$

当 $p\neq 1$ 时,

$$\int_a^{+\infty}\frac{dx}{x^p}=\frac{x^{1-p}}{1-p}\Big|_a^{+\infty}=\begin{cases}+\infty, & \text{当 } p<1,\\ \dfrac{1}{(p-1)a^{p-1}}, & \text{当 } p>1.\end{cases}$$

因此,反常积分 $\int_a^{+\infty}\frac{dx}{x^p}$ 仅当 $p>1$ 时收敛,其值为 $\frac{1}{(p-1)a^{p-1}}$,当 $p\leqslant 1$ 时发散.

例 5.96 求 $\int_{-\infty}^{+\infty}\frac{dx}{1+x^2}$.

解 由定义 5.6 可知

$$\int_{-\infty}^{+\infty}\frac{dx}{1+x^2}=\int_{-\infty}^{0}\frac{dx}{1+x^2}+\int_0^{+\infty}\frac{dx}{1+x^2}=\arctan x\Big|_{-\infty}^{0}+\arctan x\Big|_0^{+\infty}=\pi.$$

例 5.97 求 $\int_{-\infty}^{1}xe^{2x}dx$.

解 $\int_{-\infty}^{1}xe^{2x}dx=\frac{1}{2}xe^{2x}\Big|_{-\infty}^{1}-\frac{1}{2}\int_{-\infty}^{1}e^{2x}dx=\frac{1}{2}e^2-\frac{1}{4}e^{2x}\Big|_{-\infty}^{1}=\frac{1}{4}e^2.$

5.7.2 无界函数的反常积分

下面我们介绍被积函数为无界函数的反常积分.

若函数 $f(x)$ 在点 x_0 的任意邻域无界,则称 x_0 是 $f(x)$ 的**奇点**.

定义 5.7 设函数 $f(x)$ 在区间 $[a,b)$ 有定义,b 是 $f(x)$ 的奇点,且 $\forall\varepsilon>0(\varepsilon<b-a)$,$f(x)$ 在 $[a,b-\varepsilon]$ 上可积,称形式积分 $\int_a^b f(x)dx$ 为函数 $f(x)$ 在 $[a,b)$ 上的**反常积分**.

若极限 $\lim\limits_{\varepsilon\to 0^+}\int_a^{b-\varepsilon}f(x)dx$ 存在,则称反常积分 $\int_a^b f(x)dx$ **收敛**,且定义其值为

$$\int_a^b f(x)dx=\lim_{\varepsilon\to 0^+}\int_a^{b-\varepsilon}f(x)dx.$$

若上式右端极限不存在,则称反常积分 $\int_a^b f(x)dx$ **发散**.

类似地,当函数 $f(x)$ 在区间 $(a,b]$ 有定义,a 是 $f(x)$ 的奇点,则可定义

$$\int_a^b f(x)\,\mathrm{d}x=\lim_{\varepsilon\to0^+}\int_{a+\varepsilon}^b f(x)\,\mathrm{d}x$$

的收敛与发散以及收敛情形下的值.

又设 $c\in(a,b)$ 是 $f(x)$ 在该区间的唯一奇点,若反常积分 $\int_a^c f(x)\,\mathrm{d}x$ 与 $\int_c^b f(x)\,\mathrm{d}x$ 都收敛,则称反常积分 $\int_a^b f(x)\,\mathrm{d}x$ 收敛,且定义其值为

$$\int_a^b f(x)\,\mathrm{d}x=\int_a^c f(x)\,\mathrm{d}x+\int_c^b f(x)\,\mathrm{d}x.$$

例 5.98 求 $\int_0^1 \ln x\mathrm{d}x$.

解 由于 $\lim\limits_{x\to0^+}\ln x=-\infty$,故 $x=0$ 为奇点.

$$\begin{aligned}\int_0^1 \ln x\mathrm{d}x&=\lim_{\varepsilon\to0^+}\int_\varepsilon^1 \ln x\mathrm{d}x=\lim_{\varepsilon\to0^+}(x\ln x-x)\Big|_\varepsilon^1\\&=\lim_{\varepsilon\to0^+}(-1-\varepsilon\ln\varepsilon+\varepsilon)=-1.\end{aligned}$$

这个反常积分的几何意义是:由曲线 $y=\ln x$ $(0<x\leqslant1)$ 和坐标轴所围成的图形虽是无界的,但它的"面积"却是有限值 1(图 5.31).

类似地,也有关于反常积分的牛顿-莱布尼茨公式,其差别是:在奇点处,原函数取值应该换为原函数在该点的左、右极限.此外,定积分的换元积分法和分部积分法对于反常积分同样有效.而且如果反常积分通过适当的变量代换能化成定积分,则该反常积分就是收敛的.

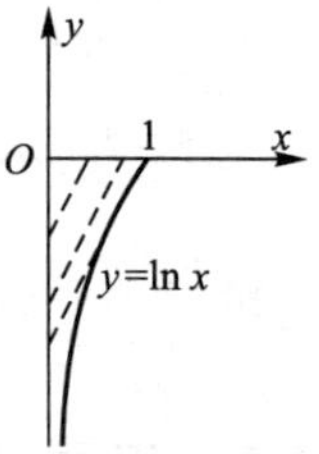

图 5.31

例 5.99 讨论反常积分 $\int_{-1}^1 \frac{\mathrm{d}x}{x}$ 的敛散性.

解 由于 $x=0$ 是 $\frac{1}{x}$ 的奇点,且 $\int_0^1 \frac{\mathrm{d}x}{x}=\ln x\Big|_{0^+}^1=+\infty$,因此 $\int_{-1}^1 \frac{\mathrm{d}x}{x}$ 发散.

此例如果不注意 $x=0$ 是被积函数的奇点,而套用牛顿-莱布尼茨公式,就会得到如下的错误结果:

$$\int_{-1}^1 \frac{\mathrm{d}x}{x}=\ln|x|\Big|_{-1}^1=0.$$

例 5.100 求 $\int_0^a \frac{\mathrm{d}x}{\sqrt{a^2-x^2}}$ $(a>0)$.

解 由于 $\lim\limits_{x\to a^-}\frac{1}{\sqrt{a^2-x^2}}=+\infty$,故 $x=a$ 为被积函数的奇点.于是

$$\int_0^a \frac{dx}{\sqrt{a^2-x^2}}=\arcsin \frac{x}{a}\bigg|_0^{a^-}=\arcsin 1-\arcsin 0=\frac{\pi}{2}.$$

例 5.101 证明反常积分 $\int_a^b \frac{dx}{(b-x)^p}$ $(a<b)$ 当 $p\geqslant 1$ 时发散，当 $p<1$ 时收敛.

证 由于 $p>0$，显然 $x=b$ 是被积函数的奇点.

当 $p=1$ 时，

$$\int_a^b \frac{dx}{b-x}=\ln \frac{1}{b-x}\bigg|_a^{b^-}=+\infty.$$

当 $p\neq 1$ 时，

$$\int_a^b \frac{dx}{(b-x)^p}=-\frac{(b-x)^{1-p}}{1-p}\bigg|_a^{b^-}=\begin{cases}\dfrac{(b-a)^{1-p}}{1-p}, & p<1,\\ +\infty, & p>1.\end{cases}$$

因此，当 $p<1$ 时收敛，其值为$\frac{(b-a)^{1-p}}{1-p}$，当 $p\geqslant 1$ 时发散.

在此例中，如果作变量替换 $t=\frac{1}{b-x}$，则

$$\int_a^b \frac{dx}{(b-x)^p}=\int_{\frac{1}{b-a}}^{+\infty} t^{p-2}dt=\int_{\frac{1}{b-a}}^{+\infty} \frac{1}{t^{2-p}}dt,$$

这样，无界函数的反常积分转化成了无穷区间上的反常积分，由例 5.95 可知，上述反常积分仅当 $2-p>1$，即 $p<1$ 时收敛.

例 5.102 求 $\int_0^1 \frac{x^n}{\sqrt{x(1-x)}}dx$ $(n\in \mathbf{N})$.

分析 $x=1$ 是奇点，这是无界函数的反常积分.根据被积函数的特点，可令 $x=\sin^2 t$ 去除根式.

解 令 $x=\sin^2 t$，则 $dx=2\sin t\cos t dt$，于是有

$$\begin{aligned}\int_0^1 \frac{x^n}{\sqrt{x(1-x)}}dx &= \int_0^{\frac{\pi}{2}} \frac{\sin^{2n} t}{\sqrt{\sin^2 t(1-\sin^2 t)}}\cdot 2\sin t\cos t dt\\ &=2\int_0^{\frac{\pi}{2}} \sin^{2n} t dt=\frac{(2n-1)!!}{(2n)!!}\cdot \pi,\end{aligned}$$

其中最后一步由沃利斯公式得到.特别地，取 $n=0$，则有

$$\int_0^1 \frac{dx}{\sqrt{x(1-x)}}=\pi.$$

这个例子中，反常积分通过变量代换化为了常义积分.下面我们再举反常积

分的一个类似例子.

例 5.103 设 $\alpha\in\mathbf{R}_+$,求 $I=\int_0^{+\infty}\frac{\mathrm{d}x}{(1+x^2)(1+x^\alpha)}$.

解 令 $x=\tan t$,则 $\mathrm{d}x=\sec^2 t\mathrm{d}t$,于是

$$I=\int_0^{\frac{\pi}{2}}\frac{\sec^2 t\mathrm{d}t}{(1+\tan^2 t)(1+\tan^\alpha t)}=\int_0^{\frac{\pi}{2}}\frac{\cos^\alpha t}{\sin^\alpha t+\cos^\alpha t}\mathrm{d}t.$$

利用变换(请读者自己尝试)易得

$$\int_0^{\frac{\pi}{2}}\frac{\cos^\alpha t}{\sin^\alpha t+\cos^\alpha t}\mathrm{d}t=\int_0^{\frac{\pi}{2}}\frac{\sin^\alpha t}{\sin^\alpha t+\cos^\alpha t}\mathrm{d}t,$$

于是

$$2I=\int_0^{\frac{\pi}{2}}\frac{\cos^\alpha x\mathrm{d}x}{\cos^\alpha x+\sin^\alpha x}+\int_0^{\frac{\pi}{2}}\frac{\sin^\alpha x\mathrm{d}x}{\sin^\alpha x+\cos^\alpha x}=\int_0^{\frac{\pi}{2}}1\cdot\mathrm{d}x=\frac{\pi}{2},$$

故有

$$I=\frac{\pi}{4}.$$

例 5.104 讨论反常积分 $\Gamma(s)=\int_0^{+\infty}x^{s-1}\mathrm{e}^{-x}\mathrm{d}x\ (s>0)$的敛散性.

分析 由于这个积分的积分区间$[0,+\infty)$是无穷的,并且当 $s-1<0$ 时,$x=0$ 是 $x^{s-1}\mathrm{e}^{-x}$的奇点,因此它既是无穷区间上的反常积分,又是无界函数的反常积分,需将其分成两个积分.

解 令

$$I_1(s)=\int_0^1\mathrm{e}^{-x}x^{s-1}\mathrm{d}x,I_2(s)=\int_1^{+\infty}\mathrm{e}^{-x}x^{s-1}\mathrm{d}x.$$

先考虑 $I_1(s)$.当 $s\geqslant 1$ 时,它是定积分,有确定的值.当 $0<s<1$,则 $x=0$ 是被积函数的奇点.由于当 $x>0$ 时,有

$$0<\mathrm{e}^{-x}x^{s-1}<\frac{1}{x^{1-s}},$$

因此$\forall\varepsilon,0<\varepsilon\leqslant 1$,有

$$0<\Psi(\varepsilon)=\int_\varepsilon^1\mathrm{e}^{-x}x^{s-1}\mathrm{d}x<\int_\varepsilon^1 x^{s-1}\mathrm{d}x\leqslant\int_0^1 x^{s-1}\mathrm{d}x=\frac{1}{s}.$$

即 $\Psi(\varepsilon)$在$(0,1]$有界.又因为 $\Psi(\varepsilon)$单调减少,根据单调函数单侧极限存在定理知:

$$\lim_{\varepsilon\to 0^+}\Psi(\varepsilon)=\lim_{\varepsilon\to 0^+}\int_\varepsilon^1\mathrm{e}^{-x}x^{s-1}\mathrm{d}x$$

存在,即 $I_1(s)$收敛.

再考虑 $I_2(s)$.由于

$$\lim_{x\to+\infty}\frac{e^{-x}x^{s-1}}{\frac{1}{x^2}}=\lim_{x\to+\infty}\frac{x^{s+1}}{e^x}=0,$$

故由极限的定义知:$\exists X>1$, $\forall x\geqslant X$ 有

$$0<e^{-x}x^{s-1}<\frac{1}{x^2},$$

从而 $\forall b\geqslant X$,有

$$\Phi(b)=\int_X^b e^{-x}x^{s-1}dx<\int_X^b\frac{dx}{x^2}\leqslant\int_X^{+\infty}\frac{dx}{x^2}=\frac{1}{X}.$$

上式说明 $\Phi(b)$ 在 $[X,+\infty)$ 有上界,又因为 $\Phi(b)$ 单调增加,据单调有界函数极限存在准则知

$$\lim_{b\to+\infty}\Phi(b)=\lim_{b\to+\infty}\int_X^b e^{-x}x^{s-1}dx$$

存在,所以反常积分 $\int_X^{+\infty}e^{-x}x^{s-1}dx$ 收敛,从而

$$I_2(s)=\int_1^{+\infty}e^{-x}x^{s-1}dx=\int_1^X e^{-x}x^{s-1}dx+\int_X^{+\infty}e^{-x}x^{s-1}dx$$

也收敛.

总之,反常积分 $\int_0^{+\infty}e^{-x}x^{s-1}dx$ 当 $s>0$ 时是收敛的.

我们把函数

$$\Gamma(s)=\int_0^{+\infty}x^{s-1}e^{-x}dx\quad(s>0)$$

称为 Γ 函数.这是一个在数学物理方法中有重要作用的特殊函数,它有许多有用的性质,这里仅举一例.

Γ 函数成立如下的递推公式:

$$\Gamma(s+1)=s\Gamma(s).$$

事实上,由分部积分公式有

$$\begin{aligned}\Gamma(s+1)&=\int_0^{+\infty}e^{-x}x^s dx=-\int_0^{+\infty}x^s d(e^{-x})\\&=-x^s e^{-x}\Big|_0^{+\infty}+s\int_0^{+\infty}e^{-x}x^{s-1}dx\\&=s\Gamma(s).\end{aligned}$$

特别地,在上面的递推公式中取 $s=n$,可得

$$\Gamma(n+1)=n\Gamma(n)=n(n-1)\Gamma(n-1)=\cdots=n!\ \Gamma(1).$$

注意到 $\Gamma(1)=\int_0^{+\infty} \mathrm{e}^{-x}\mathrm{d}x=1$,因此有

$$\Gamma(n+1)=n!.$$

据此可认为 Γ 函数是阶乘的推广.

习题 5

1. 利用定积分的定义计算下列积分:

(1) $\int_a^b x^2\mathrm{d}x \quad (b>a)$;　　(2) $\int_0^1 \mathrm{e}^x\mathrm{d}x$.

2. 利用定积分的几何意义计算下列积分:

(1) $\int_0^2 (x-1)\mathrm{d}x$;　　(2) $\int_{-1}^1 |x|\mathrm{d}x$;

(3) $\int_0^a \sqrt{a^2-x^2}\mathrm{d}x \quad (a>0)$;　　(4) $\int_{-\pi}^{\pi} \sin x\mathrm{d}x$.

3. 利用定积分,计算下列各式的极限:

(1) 已知 $\int_0^{\pi} \sin x\mathrm{d}x=2$,求

$$\lim_{n\to\infty}\frac{1}{n}\left[\sin\frac{\pi}{n}+\sin\frac{2\pi}{n}+\cdots+\sin\frac{(n-1)\pi}{n}\right];$$

(2) 已知 $\int_1^2 \frac{\mathrm{d}x}{x}=\ln 2$,求

$$\lim_{n\to\infty}\left(\frac{1}{n+1}+\frac{1}{n+2}+\cdots+\frac{1}{2n}\right);$$

(3) 已知 $\int_1^2 \ln x\mathrm{d}x=2\ln 2-1$,求

$$\lim_{n\to\infty}\frac{\sqrt[n]{(n+1)(n+2)\cdots(2n)}}{n}.$$

4. 证明函数 $E(x)=\begin{cases}1, & x\text{ 为有理数},\\ -1, & x\text{ 为无理数}\end{cases}$ 在 $[0,1]$ 上不可积,但 $|E(x)|\in R[0,1]$.

5. 设 $f,g\in C[a,b]$,证明:

(1) 若 $f(x)\geqslant 0\ (x\in[a,b])$,且 $f(x)\not\equiv 0$,则 $\int_a^b f(x)\mathrm{d}x>0$;

(2) 若 $f(x)\geqslant g(x)\ (x\in[a,b])$,且 $f(x)\not\equiv g(x)$,则

$$\int_a^b f(x)\mathrm{d}x>\int_a^b g(x)\mathrm{d}x.$$

6. 利用定积分的性质以及第 5 题的结论,比较下列各组中积分的大小.

(1) $\int_0^{\frac{\pi}{2}} \sin^2 x\mathrm{d}x$ 与 $\int_0^{\frac{\pi}{2}} \sin^4 x\mathrm{d}x$;　　(2) $\int_0^1 \mathrm{e}^x\mathrm{d}x$ 与 $\int_0^1 (1+x)\mathrm{d}x$;

(3) $\int_1^{\mathrm{e}} \ln x\mathrm{d}x$, $\int_1^{\mathrm{e}} (\ln x)^2\mathrm{d}x$ 与 $\int_1^{\mathrm{e}} \ln(x^2)\mathrm{d}x$.

7. 证明下列不等式：

(1) $\frac{2}{3}<\int_0^1\frac{dx}{\sqrt{2+x-x^2}}<\frac{\sqrt{2}}{2}$；　　(2) $\frac{1}{2}<\int_{\frac{\pi}{4}}^{\frac{\pi}{2}}\frac{\sin x}{x}dx<\frac{\sqrt{2}}{2}$.

8. 计算下列极限：

(1) $\lim\limits_{n\to\infty}\int_0^{1/2}\frac{x^n}{1+x}dx$；　(2) $\lim\limits_{n\to\infty}\int_n^{n+1}x^2e^{-x}dx$；　(3) $\lim\limits_{n\to\infty}\int_{n^2}^{n^2+n}\frac{1}{\sqrt{x}}e^{-\frac{1}{x}}dx$.

9. 设函数 $f\in C[0,1]\cap D(0,1)$，且 $3\int_{\frac{2}{3}}^{1}f(x)dx=f(0)$. 证明：至少存在一点 $\xi\in(0,1)$，使得 $f'(\xi)=0$.

10. 设函数 $f\in C[0,1]\cap D(0,1)$，且 $3\int_0^{\frac{1}{3}}e^{1-x^2}f(x)dx=f(1)$. 证明：至少存在一点 $\xi\in(0,1)$，使得 $f'(\xi)=2\xi f(\xi)$.

11. 计算下列函数 $y=y(x)$ 的导数 $\frac{dy}{dx}$.

(1) $y=\int_0^x\sin(t^2+1)dt$；　　(2) $y=\int_x^0\sqrt{1+t^2}dt$；

(3) $y=\int_0^{x^2}\arctan t dt$；　　(4) $y=\int_{\cos x}^{\sin x}e^{-t^2}dt$；

(5) $y=\left[\int_0^{\sqrt{x}}\ln(1+t^2)dt\right]^2$；　　(6) $y=\int_0^{2x}x(t-1)^2dt$；

(7) $\int_0^{xy}e^t dt+\int_0^y\sin t dt=0$；　　(8) $\begin{cases}x=\int_1^t\ln u du,\\ y=\int_1^t u\ln u du.\end{cases}$

12. 计算下列极限：

(1) $\lim\limits_{x\to0}\frac{\int_{\cos x}^{1}e^{-t^2}dt}{x^2}$；　　(2) $\lim\limits_{x\to0}\frac{\int_0^x\sin t^2dt}{\sin x^3}$；

(3) $\lim\limits_{x\to0^+}\frac{\int_0^{x^2}t^{\frac{3}{2}}dt}{\int_0^x t(t-\sin t)dt}$；　　(4) $\lim\limits_{x\to0}\frac{\int_0^x\ln(1+t)dt}{\ln\frac{\sin x}{x}}$.

13. 设函数

$$f(x)=\begin{cases}x^2, & 当\ 0\leqslant x<1,\\ x-2, & 当\ 1\leqslant x\leqslant 2.\end{cases}$$

求 $\Phi(x)=\int_0^x f(t)dt$ 在 $[0,2]$ 上的表达式.

14. 设函数 $f\in C[a,b]$，且 $f(x)>0\ (x\in[a,b])$，记

$$F(x)=\int_a^x f(t)dt+\int_b^x\frac{dt}{f(t)}\quad(x\in[a,b]).$$

证明:(1) $F'(x)\geqslant 2$;

(2) 方程 $F(x)=0$ 在区间(a,b)内有且仅有一个根.

15. 设函数 $f\in C[a,b]$,且 $f(x)>0$ $(x\in[a,b])$.证明:至少存在一点 $\xi\in[a,b]$,使得

$$\int_a^{\xi} f(x)\,\mathrm{d}x=\int_{\xi}^{b} f(x)\,\mathrm{d}x=\frac{1}{2}\int_a^b f(x)\,\mathrm{d}x.$$

16. 求下列不定积分:

(1) $\int(\sin x+3\mathrm{e}^x)\,\mathrm{d}x$;　(2) $\int(x^a+a^x)\,\mathrm{d}x$ ($a>0$ 且 $a\neq 1$);

(3) $\int(3+\cot^2 x)\,\mathrm{d}x$;　(4) $\int\sec x(\sec x-\tan x)\,\mathrm{d}x$;

(5) $\int(\sqrt{x}+1)(x-\sqrt{x}+1)\,\mathrm{d}x$;　(6) $\int\left(x+\frac{1}{x}\right)^2\mathrm{d}x$;

(7) $\int(1-x^2)\sqrt{x\sqrt{x}}\,\mathrm{d}x$;　(8) $\int\left(\frac{3}{1+x^2}-\frac{2}{\sqrt{1-x^2}}\right)\mathrm{d}x$;

(9) $\int\frac{x^4}{1+x^2}\mathrm{d}x$;　(10) $\int\frac{\sqrt{1+x^2}}{\sqrt{1-x^4}}\mathrm{d}x$;

(11) $\int\cos^2\frac{x}{2}\mathrm{d}x$;　(12) $\int\frac{\cos 2x}{\cos x+\sin x}\mathrm{d}x$;

(13) $\int\frac{\mathrm{d}x}{\cos^2 x\sin^2 x}$;　(14) $\int\frac{1+\cos^2 x}{1+\cos 2x}\mathrm{d}x$.

17. 曲线 $y=f(x)$ 经过点$(\mathrm{e},-1)$,且在任一点处的切线斜率为该点横坐标的倒数,求该曲线的方程.

18. 求下列不定积分:

(1) $\int(5-3x)^2\mathrm{d}x$;　(2) $\int\frac{\mathrm{d}x}{\sqrt[3]{3-2x}}$;

(3) $\int x\mathrm{e}^{x^2}\mathrm{d}x$;　(4) $\int\cos^2 5x\,\mathrm{d}x$;

(5) $\int\mathrm{e}^x\sin(\mathrm{e}^x)\,\mathrm{d}x$;　(6) $\int\frac{\mathrm{d}x}{\mathrm{e}^x-\mathrm{e}^{-x}}$;

(7) $\int\frac{\mathrm{d}x}{x\ln x}$;　(8) $\int\frac{\cos\sqrt{x}}{\sqrt{x}}\mathrm{d}x$;

(9) $\int\frac{\mathrm{d}x}{2+5x^2}$;　(10) $\int\frac{x^2}{4+x^6}\mathrm{d}x$;

(11) $\int\frac{2x-5}{(x^2-5x+8)^2}\mathrm{d}x$;　(12) $\int\frac{\mathrm{d}x}{x^2-2x+2}$;

(13) $\int\frac{x^2}{\sqrt[4]{1-2x^3}}\mathrm{d}x$;　(14) $\int\frac{x\,\mathrm{d}x}{\sqrt{5+x-x^2}}$;

(15) $\int \frac{1-x}{\sqrt{9-4x^2}}\mathrm{d}x$;

(16) $\int \frac{\sin x+\cos x}{\sqrt[3]{\sin x-\cos x}}\mathrm{d}x$;

(17) $\int \frac{1+\ln x}{(x\ln x)^2}\mathrm{d}x$;

(18) $\int \frac{\mathrm{d}x}{1+\mathrm{e}^x}$;

(19) $\int \frac{\arctan\sqrt{x}}{\sqrt{x}(1+x)}\mathrm{d}x$;

(20) $\int \frac{x\tan\sqrt{1+x^2}}{\sqrt{1+x^2}}\mathrm{d}x$.

19. 求下列不定积分:

(1) $\int \frac{\mathrm{d}x}{1+\sqrt{2x}}$;

(2) $\int \frac{\mathrm{d}x}{\sqrt{(1-x^2)^3}}$;

(3) $\int \frac{\mathrm{d}x}{x\sqrt{x^2-1}}$;

(4) $\int \frac{\mathrm{d}x}{x\sqrt{a^2-x^2}}\ (a>0)$;

(5) $\int \frac{\mathrm{d}x}{x^2\sqrt{1+x^2}}$;

(6) $\int \frac{\sqrt{x^2-9}}{x}\mathrm{d}x$;

(7) $\int x^2\cdot\sqrt[3]{1-x}\,\mathrm{d}x$;

(8) $\int \frac{\mathrm{d}x}{1+\sqrt{1-x^2}}$;

(9) $\int \frac{x^2}{\sqrt{a^2-x^2}}\mathrm{d}x\ (a>0)$;

(10) $\int \frac{\mathrm{d}x}{\sqrt{1+\mathrm{e}^x}}$;

(11) $\int \mathrm{e}^x\sqrt{1-\mathrm{e}^{2x}}\,\mathrm{d}x$;

(12) $\int \frac{\mathrm{d}x}{\sqrt{(x-a)(b-x)}}\ (a<x<b)$.

20. 求下列不定积分:

(1) $\int x\mathrm{e}^{2x}\mathrm{d}x$;

(2) $\int x\ln(x-1)\mathrm{d}x$;

(3) $\int x\cos^2 x\mathrm{d}x$;

(4) $\int \arctan x\mathrm{d}x$;

(5) $\int x^2\arctan x\mathrm{d}x$;

(6) $\int x^2\ln x\mathrm{d}x$;

(7) $\int \mathrm{e}^{-2x}\sin\frac{x}{2}\mathrm{d}x$;

(8) $\int \frac{\arcsin x}{\sqrt{1-x}}\mathrm{d}x$;

(9) $\int (\arcsin x)^2\mathrm{d}x$;

(10) $\int \ln(x+\sqrt{1+x^2})\mathrm{d}x$;

(11) $\int x\ln\frac{1+x}{1-x}\mathrm{d}x$;

(12) $\int \frac{\ln(\cos x)}{\cos^2 x}\mathrm{d}x$;

(13) $\int \cos(\ln x)\mathrm{d}x$;

(14) $\int \sin x\ln(\tan x)\mathrm{d}x$;

(15) $\int \cos\sqrt{x}\,\mathrm{d}x$;

(16) $\int \sqrt{x}\,\mathrm{e}^{\sqrt{x}}\mathrm{d}x$;

(17) $\int \frac{\arctan\sqrt{x}}{\sqrt{1+x}}\mathrm{d}x$;

(18) $\int \frac{\arcsin x}{x^2}\mathrm{d}x$;

(19) $\int \frac{x+\sin x}{1+\cos x}\mathrm{d}x$;　　(20) $\int \ln(\sqrt{1+x}+\sqrt{1-x})\mathrm{d}x$.

21. 求分别满足下列条件的函数 $f(x)$ 的表达式：

(1) $f'(x^2)=1+x \quad (x>0)$;　　(2) $f'(\sin^2 x)=\cos 2x+\tan^2 x$.

22. 已知 $f(x)$ 的一个原函数为 $\frac{\sin x}{1+x\sin x}$，求 $\int f(x)f'(x)\mathrm{d}x$.

23. 设 $f(\ln x)=\frac{\ln(1+x)}{x}$，求 $\int f(x)\mathrm{d}x$.

24. 求不定积分 $I_1=\int \frac{\cos x}{\sin x+\cos x}\mathrm{d}x$ 与 $I_2=\int \frac{\sin x}{\sin x+\cos x}\mathrm{d}x$.

25. 求下列不定积分的递推表达式($n\in \mathbf{N}_+$)：

(1) $I_n=\int \sin^n x\mathrm{d}x$;　　(2) $I_n=\int \tan^n x\mathrm{d}x$;

(3) $I_n=\int x^{\alpha}\ln^n x\mathrm{d}x \ (\alpha\neq -1)$;　　(4) $I_n=\int \frac{x^n}{\sqrt{1-x^2}}\mathrm{d}x$.

26. 求下列不定积分：

(1) $\int \frac{x+1}{x^2-3x+2}\mathrm{d}x$;　　(2) $\int \frac{\mathrm{d}x}{(x-1)(x+1)^2}$;

(3) $\int \frac{2x+3}{(x^2-1)(x^2+1)}\mathrm{d}x$;　　(4) $\int \frac{x^5+x^4-8}{x^3+x}\mathrm{d}x$;

(5) $\int \frac{x^4+1}{(x-1)(x^2+1)}\mathrm{d}x$;　　(6) $\int \frac{x^3}{(1+x^8)^2}\mathrm{d}x$;

(7) $\int \frac{x^2}{(x+1)^{100}}\mathrm{d}x$;　　(8) $\int \frac{x^2+1}{x^4+1}\mathrm{d}x$.

27. 求下列不定积分：

(1) $\int \frac{\mathrm{d}x}{1-\sin x}$;　　(2) $\int \frac{\mathrm{d}x}{4+5\cos x}$;

(3) $\int \frac{\tan x}{4\sin^2 x+9\cos^2 x}\mathrm{d}x$;　　(4) $\int \frac{\mathrm{d}x}{a^2\sin^2 x+b^2\cos^2 x} \ (ab\neq 0)$;

(5) $\int \sin 5x\cos 3x\mathrm{d}x$;　　(6) $\int \frac{\sin x\cos x}{1+\sin^4 x}\mathrm{d}x$;

(7) $\int \frac{\sin x\cos x}{\sin^4 x+\cos^4 x}\mathrm{d}x$;　　(8) $\int \frac{\sin^2 x}{1+\sin^2 x}\mathrm{d}x$;

(9) $\int \frac{\mathrm{d}x}{\sin x\cos^4 x}$;　　(10) $\int \frac{\sin^2 x}{\cos^3 x}\mathrm{d}x$.

28. 求下列不定积分：

(1) $\int \frac{\sqrt{x}}{1+\sqrt[4]{x^3}}\mathrm{d}x$;　　(2) $\int \frac{\sqrt{3+2x}}{x}\mathrm{d}x$;

(3) $\int \sqrt{\frac{x+1}{x-1}}\mathrm{d}x$;　　(4) $\int \frac{\mathrm{d}x}{\sqrt{x(1+x)}}$;

(5) $\int \frac{x^2}{\sqrt{1+x-x^2}}\mathrm{d}x$;　　(6) $\int \frac{\mathrm{d}x}{x\sqrt{x^2+3x-4}}$;

(7) $\int \frac{\sqrt{x+1}-\sqrt{x-1}}{\sqrt{x+1}+\sqrt{x-1}}\mathrm{d}x$;　　(8) $\int \frac{\mathrm{d}x}{\sqrt[3]{(x-2)(x+1)^2}}$.

29. 求下列定积分：

(1) $\int_0^1 x^2(x^2-2)^2\mathrm{d}x$;　　(2) $\int_0^{\frac{1}{2}} \frac{\mathrm{d}x}{\sqrt{1-x^2}}$;

(3) $\int_{-\frac{\pi}{2}}^{\frac{\pi}{2}} \frac{\mathrm{d}x}{1+\cos x}$;　　(4) $\int_0^{\frac{\pi}{4}} \tan^2 x\mathrm{d}x$;

(5) $\int_0^{\frac{\pi}{2}} |\sin x-\cos x|\mathrm{d}x$;　　(6) $\int_0^3 \sqrt{(x-2)^2}\mathrm{d}x$;

(7) $\int_0^{2\pi} \sqrt{1+\cos x}\mathrm{d}x$;　　(8) $\int_0^3 x^2\cdot[x]\mathrm{d}x$.

30. 求下列定积分：

(1) $\int_{-5}^2 \frac{\mathrm{d}x}{\sqrt[3]{(x-3)^2}}$;　　(2) $\int_0^1 (\mathrm{e}^x-1)^4\mathrm{e}^x\mathrm{d}x$;

(3) $\int_1^{\mathrm{e}} \frac{1+\ln x}{x}\mathrm{d}x$;　　(4) $\int_0^{\frac{\pi}{2}} \cos^5 x\sin 2x\mathrm{d}x$;

(5) $\int_0^{\frac{\pi}{4}} \frac{\sin x}{1+\sin x}\mathrm{d}x$;　　(6) $\int_0^1 \frac{\mathrm{d}x}{1+\mathrm{e}^x}$;

(7) $\int_{-\frac{\pi}{2}}^{\frac{\pi}{2}} \sqrt{\cos x-\cos^3 x}\mathrm{d}x$;　　(8) $\int_0^1 \frac{\mathrm{d}x}{\sqrt{1+\mathrm{e}^{2x}}}$.

31. 求下列定积分：

(1) $\int_0^1 \frac{x\mathrm{d}x}{1+\sqrt{x}}$;　　(2) $\int_1^4 \frac{\mathrm{d}x}{x(1+\sqrt{x})}$;

(3) $\int_{\sqrt{2}}^2 \frac{\mathrm{d}x}{x\sqrt{x^2-1}}$;　　(4) $\int_0^1 \frac{x^2\mathrm{d}x}{\sqrt{2x-x^2}}$;

(5) $\int_0^2 \frac{\mathrm{d}x}{2+\sqrt{4+x^2}}$;　　(6) $\int_0^a \frac{\mathrm{d}x}{x+\sqrt{a^2-x^2}}\quad(a>0)$;

(7) $\int_{-\frac{1}{2}}^{\frac{1}{2}} \frac{x\arcsin x}{\sqrt{1-x^2}}\mathrm{d}x$;　　(8) $\int_{-1}^1 \cos x\ln\frac{2+x}{2-x}\mathrm{d}x$;

(9) $\int_{-\frac{\pi}{2}}^{\frac{\pi}{2}} \frac{\sin^2 x}{1+\mathrm{e}^x}\mathrm{d}x$;　　(10) $\int_0^{\pi} x\sin^6 x\cos^4 x\mathrm{d}x$.

32. 求下列定积分：

(1) $\int_0^{\frac{1}{2}} \arcsin x\mathrm{d}x$;　　(2) $\int_0^{2\pi} x\cos^2 x\mathrm{d}x$;

(3) $\int_1^{e} (x\ln x)^2\mathrm{d}x$;　　(4) $\int_0^{\frac{\pi}{4}} \sec^3 x\mathrm{d}x$;

(5) $\int_0^1 e^{\sqrt{x}}\mathrm{d}x$;　　(6) $\int_0^{\frac{\pi}{2}} e^x\sin^2 x\mathrm{d}x$;

(7) $\int_0^{\sqrt{\ln 2}} x^3 e^{-x^2}\mathrm{d}x$;　　(8) $\int_0^1 x\sqrt{(1-x^4)^3}\mathrm{d}x$;

(9) $\int_0^4 x^2\sqrt{4x-x^2}\mathrm{d}x$;　　(10) $\int_0^{\frac{\pi}{4}} \frac{x\mathrm{d}x}{1+\cos 2x}$.

33. 设$(0,+\infty)$上的连续函数$f(x)$分别满足下列条件,求$f(x)$的表达式:

(1) $f(x)=\sin x+\int_0^{\pi} f(x)\mathrm{d}x$;

(2) $f(x)=2\ln x-x^2\int_1^{e}\frac{f(x)}{x}\mathrm{d}x$;

(3) $f(x)=x^2-x\int_0^2 f(x)\mathrm{d}x+2\int_0^1 f(x)\mathrm{d}x$.

34. 求下列定积分:

(1) $\int_1^3 f(x-2)\mathrm{d}x$,其中 $f(x)=\begin{cases}1+x^2, & x\leqslant 0,\\ \frac{1}{e^x}, & x>0;\end{cases}$

(2) $\int_1^4 f(x-2)\mathrm{d}x$,其中 $f(x)=\begin{cases}xe^{-x^2}, & x\geqslant 0,\\ \frac{1}{1+e^x}, & x<0.\end{cases}$

35. 求下列定积分:

(1) $\int_0^{\frac{\pi}{2}}\frac{f(x)}{\sqrt{x}}\mathrm{d}x$,其中 $f(x)=\int_{\sqrt{\frac{\pi}{2}}}^{\sqrt{x}}\frac{\mathrm{d}t}{1+\tan t^2}$;

(2) $\int_0^{\pi} f(x)\mathrm{d}x$,其中 $f(x)=\int_0^x\frac{\sin t}{\pi-t}\mathrm{d}t$.

36. 已知函数$f(x)$在$[0,+\infty)$上具有二阶连续导数:

(1) 设$f(2)=1, f'(2)=0$且$\int_0^2 f(x)\mathrm{d}x=4$.求$\int_0^1 x^2 f''(2x)\mathrm{d}x$;

(2) 设$f(0)=2, f(\pi)=1$.求$\int_0^{\pi}[f(x)+f''(x)]\sin x\mathrm{d}x$.

37. 已知函数$f(x)$连续,且分别满足下列条件:

(1) 设$\int_0^x tf(x-t)\mathrm{d}t=1-\cos x$,求$\int_0^{\frac{\pi}{2}} f(x)\mathrm{d}x$;

(2) 设$f(1)=1$,且$\int_0^x tf(2x-t)\mathrm{d}t=\frac{\arctan x^2}{2}$,求$\int_1^2 f(x)\mathrm{d}x$.

38. 设函数 $f(x)$ 在 $U(0)$ 可导，且 $f(0)=0$.求极限 $\lim\limits_{x\to 0}\dfrac{\int_0^x t^{n-1}f(x^n-t^n)\,\mathrm{d}t}{x^{2n}}$ $(n\in\mathbf{N}_+)$.

39. 利用辛普森法近似计算下列积分，精确到小数点后三位：

（1）$\int_0^{\pi}\sqrt{3+\cos x}\,\mathrm{d}x$ （把区间分成六等份）；

（2）$\int_0^1\sqrt{1+x^4}\,\mathrm{d}x$ （把区间分成十等份）.

40. 求下列曲线所围成的图形的面积：

（1）$y=\dfrac{1}{x}$ 与直线 $y=x$ 及 $x=2$；

（2）$x=2y-y^2$ 与直线 $y=2+x$；

（3）$\sqrt{x}+\sqrt{y}=1$ 与两坐标轴；

（4）$x^2+3y^2=6y$ 与直线 $y=x$（两部分都要计算）；

（5）$y=\ln x$ 与直线 $y=\ln a, y=\ln b$ $(b>a>0)$ 及 y 轴；

（6）$y=|\ln x|$ 与直线 $x=\dfrac{1}{\mathrm{e}}, x=\mathrm{e}$ 及 x 轴.

41. 求下列图形的面积：

（1）抛物线 $y^2=2px$ $(p>0)$ 及其在点 $\left(\dfrac{p}{2},p\right)$ 处的法线所围成的图形；

（2）曲线 $y=\mathrm{e}^x$ 与通过坐标原点的切线及 y 轴所围成的图形.

42. 求抛物线 $y=-x^2+1$ 在 $(0,1)$ 内的一条切线，使得它与两坐标轴及该抛物线所围成的图形的面积最小.

43. 求下列曲线所围成的图形的面积：

（1）星形线 $\begin{cases}x=a\cos^3 t,\\ y=a\sin^3 t;\end{cases}$

（2）心脏线 $\begin{cases}x=a(2\cos t-\cos 2t),\\ y=a(2\sin t-\sin 2t).\end{cases}$

44. 设 P 为曲线 $\begin{cases}x=\cos t,\\ y=2\sin^2 t\end{cases}$ $\left(0\leqslant t\leqslant\dfrac{\pi}{2}\right)$ 上的一点，O 为坐标原点，记曲线与直线 OP 及 x 轴所围成的图形的面积为 S.

（1）把 y 表示成 x 的函数，并求面积 $S=S(x)$ 的表达式；

（2）把 S 表示成 t 的函数 $S(t)$，并求 $\dfrac{\mathrm{d}S}{\mathrm{d}t}$ 取得最大值时点 P 的坐标.

45. 求下列曲线所围成的图形的面积：

（1）心脏线 $r=2a(1-\cos\theta)$ $(a>0)$；

（2）双纽线 $r^2=a^2\cos 2\theta$.

46. 求下列曲线所围成的图形的公共部分的面积：

(1) $r=3\cos\theta$ 及 $r=1+\cos\theta$;

(2) $r=\sqrt{2}\sin\theta$ 及 $r^2=\cos 2\theta$.

47. 在双纽线 $r^2=4\cos 2\theta$ 位于第一象限部分上求一点 M,使得坐标原点 O 与点 M 的连线 OM 将双纽线所围成的位于第一象限部分的图形分为面积相等的两部分.

48. 求下列各立体的体积:

(1) 以椭圆域 $\dfrac{x^2}{a^2}+\dfrac{y^2}{b^2}\leqslant 1$ $(a>b>0)$ 为底面,且垂直于长轴的截面都是等边三角形的立体;

(2) 由曲面 $y^2+z^2=\mathrm{e}^{-2x}$ 与平面 $x=0,x=1$ 所围成的立体.

49. 求下列各旋转体的体积:

(1) 抛物线 $y=x^2$ 与 $y^2=8x$ 所围成的图形分别绕 x 轴、y 轴旋转所得的旋转体;

(2) 曲线 $y=\sin x, y=\cos x$ $\left(0\leqslant x\leqslant\dfrac{\pi}{2}\right)$ 与直线 $x=\dfrac{\pi}{2}, x=0$ 所围成的图形绕 x 轴旋转所得的旋转体;

(3) 摆线 $\begin{cases}x=a(t-\sin t),\\ y=a(1-\cos t)\end{cases}$ $(a>0)$ 的第一拱 $(0\leqslant t\leqslant 2\pi)$ 与 x 轴所围成的图形绕直线 $y=2a$ 旋转所得的旋转体.

50. 用"薄壳法"求下列各旋转体的体积:

(1) 由曲线 $y=x(x-1)^2$ 与 x 轴所围成的图形绕 y 轴旋转所得的旋转体;

(2) 由抛物线 $y=2x-x^2$ 与直线 $y=x$ 及 x 轴所围成的图形绕 y 轴旋转所得的旋转体.

51. 求下列各旋转体的体积:

(1) 抛物线 $y=\sqrt{x-2}$ 与通过点 $(1,0)$ 的切线及 x 轴所围成的图形绕 x 轴旋转所得的旋转体;

(2) 抛物线 $y=\sqrt{8x}$ 与它在点 $(2,4)$ 处的法线及 x 轴所围成的图形绕 x 轴旋转所得的旋转体.

52. 设抛物线 $y=ax^2(a>0,x\geqslant 0)$ 与 $y=1-x^2$ 的交点为 A,过坐标原点 O 与点 A 的直线与抛物线 $y=ax^2$ 围成一平面图形.问 a 为何值时,该图形绕 x 轴旋转所得的旋转体体积最大?并求此最大体积.

53. 求下列各旋转面的面积:

(1) 立方抛物线 $y=x^3$ 介于 $x=0$ 与 $x=1$ 之间的一段弧绕 x 轴旋转所得的旋转面;

(2) 星形线 $x^{\frac{2}{3}}+y^{\frac{2}{3}}=a^{\frac{2}{3}}$ 绕 x 轴旋转所得的旋转面.

54. 求抛物线 $y=\sqrt{x-1}$ 与它的通过坐标原点的切线及 x 轴所围成的图形绕 x 轴旋转所得的旋转体的表面积.

55. 计算下列各弧长:

(1) 曲线 $y=\dfrac{x^2}{4}-\dfrac{\ln x}{2}$ 相应于 $1\leqslant x\leqslant\mathrm{e}$ 的一段弧;

(2) 曲线 $y=\ln(\cos x)$ 上从 $x=0$ 到 $x=\dfrac{\pi}{4}$ 的一段弧;

(3) 曲线 $y=\int_{-\sqrt{3}}^{x}\sqrt{3-t^2}\,\mathrm{d}t$ 的全长;

(4) 曲线 $x=\arctan t, y=\dfrac{\ln(1+t^2)}{2}$ 相应于 $0\leqslant t\leqslant 1$ 的一段弧;

(5) 对数螺线 $r=\mathrm{e}^{2\theta}$ 上从 $\theta=0$ 到 $\theta=2\pi$ 的一段弧;

(6) 曲线 $\theta=\dfrac{1}{2}\left(r+\dfrac{1}{r}\right)$ 相应于 $1\leqslant r\leqslant 3$ 的一段弧.

56. 在摆线 $\begin{cases}x=a(t-\sin t),\\ y=a(1-\cos t)\end{cases}$ $(a>0)$ 上求分其第一拱成 1:3的点的坐标.

57. 若 1 N 的力能使弹簧伸长 1 cm,现在要使这弹簧伸长 10 cm,问需要做多少功?

58. 用铁锤将一铁钉击入木板,设木板对铁钉的阻力与铁钉击入木板的深度成正比.在击第一次时,将铁钉击入木板 1 cm.如果铁锤每次打击铁钉所做的功相等,问铁锤击第二次时,铁钉又被击入木板多少?

59. 一蒸汽锅是旋转抛物面形状,开口朝上,口半径为 R,高为 H,其中盛满了密度为 ρ 的液体,问从锅中将液体全部抽出需做多少功?

60. 有一水槽,其横截面为等腰梯形,两底的长分别为 0.8 m 和 0.4 m,高为 0.2 m,较长的底在上.当盛满水时,求横截面上一侧所受的压力.

61. 边长为 a 和 b 的矩形薄板 $(a>b)$,与液面成 α 角斜沉于密度为 ρ 的液体内,长边平行于液面而位于深 h 处.试求薄板每面所受的压力.

62. 一根长为 l,质量为 M 的均匀细直棒,在棒的延长线上距棒右端点 a 单位处有一质量为 m 的质点,若将该质点沿棒的延长线从 a 处移至 b 处 $(b>a)$,试求克服引力所做的功.

63. 求一质量为 M,半径为 R 的均匀半圆弧对位于其中心的质量为 m 的质点的引力.

64. 讨论下列反常积分的敛散性,如果收敛求出它的值:

(1) $\int_{0}^{+\infty}\mathrm{e}^{-ax}\,\mathrm{d}x\ (a>0)$;

(2) $\int_{\mathrm{e}}^{+\infty}\dfrac{\mathrm{d}x}{x\ln x}$;

(3) $\int_{0}^{+\infty}\mathrm{e}^{-x}\sin x\,\mathrm{d}x$;

(4) $\int_{-\infty}^{+\infty}\dfrac{x\,\mathrm{d}x}{1+x^2}$;

(5) $\int_{1}^{+\infty}\dfrac{\arctan x}{x^2}\mathrm{d}x$;

(6) $\int_{2}^{+\infty}\dfrac{\mathrm{d}x}{x\sqrt{x-1}}$;

(7) $\int_{1}^{+\infty}\dfrac{\mathrm{d}x}{x\sqrt{2x^2-2x+1}}$;

(8) $\int_{0}^{+\infty}\dfrac{x\mathrm{e}^{-x}}{(1+\mathrm{e}^{-x})^2}\mathrm{d}x$;

(9) $\int_{-\infty}^{+\infty}\dfrac{\mathrm{d}x}{(1+x^2)^2}$;

(10) $\int_{0}^{+\infty}\dfrac{\mathrm{d}x}{\sqrt{x}(4+x)}$.

65. 讨论下列反常积分的敛散性,如果收敛求出它的值:

(1) $\int_{0}^{1}\dfrac{x\,\mathrm{d}x}{\sqrt{1-x^2}}$;

(2) $\int_{-1}^{0}\dfrac{x\,\mathrm{d}x}{\sqrt{1+x}}$;

(3) $\int_{0}^{2}\dfrac{\mathrm{d}x}{(x-1)^2}$;

(4) $\int_{0}^{2}\dfrac{\mathrm{d}x}{x^2-4x+3}$;

(5) $\int_1^e \frac{dx}{x\sqrt{1-\ln^2 x}}$;

(6) $\int_0^1 \ln(1-x)\,dx$;

(7) $\int_0^2 \frac{dx}{\sqrt{|x^2-1|}}$;

(8) $\int_{\frac{1}{2}}^{\frac{3}{2}} \frac{dx}{\sqrt{|x^2-x|}}$.

66. 设 $k\in\mathbf{R}$,试讨论反常积分 $\int_2^{+\infty} \frac{dx}{x(\ln x)^k}$ 的敛散性.

67. 求由笛卡儿(Descartes)叶形线 $x^3+y^3-3axy=0\ (a>0)$ 所围图形的面积.

补充题

1. 设非负函数 $f\in R[a,b]$,证明不等式:

$$\left(\int_a^b f(x)\cos x\,dx\right)^2+\left(\int_a^b f(x)\sin x\,dx\right)^2\leqslant\left(\int_a^b f(x)\,dx\right)^2.$$

2. 设 $I_n=\int_0^{\frac{\pi}{4}}\tan^n x\,dx\ (n=0,1,2,\cdots)$.当 $n\geqslant 2$ 时,试证:

(1) $I_n+I_{n-2}=\frac{1}{n-1}$;

(2) $\frac{1}{2(n+1)}<I_n<\frac{1}{2(n-1)}$;

(3) $\lim\limits_{n\to\infty}(nI_n)=\frac{1}{2}$.

3. 设函数 $S(x)=\int_0^x |\cos t|\,dt$.

(1) 当 $n\in\mathbf{N}_+$,且 $n\pi\leqslant x<(n+1)\pi$ 时,证明:$2n\leqslant S(x)<2(n+1)$;

(2) 求 $\lim\limits_{x\to+\infty}\frac{S(x)}{x}$.

4. 计算定积分 $I(a)=\int_0^1 x|x-a|\,dx$.

5. 证明:当 $x>0$ 时,$\int_x^1 \frac{dt}{1+t^2}=\int_1^{\frac{1}{x}}\frac{dt}{1+t^2}$.

6. 证明:$\int_0^x f(t)(x-t)\,dt=\int_0^x\left(\int_0^t f(x)\,dx\right)dt$.

7. 设函数 $f(x)$ 连续,且 $\lim\limits_{x\to 0}\frac{f(x)}{x}=A$ (A 为常数),记 $\varphi(x)=\int_0^1 f(xt)\,dt$.

(1) 求 $\varphi'(x)$;

(2) 讨论 $\varphi'(x)$ 在 $x=0$ 处的连续性.

8. 设函数 $f\in C[a,b]$,且 $f(a)$ 和 $f(b)$ 分别是 $f(x)$ 在 $[a,b]$ 上的最大值和最小值.证明:至少存在一点 $\xi\in[a,b]$,使得

$$\int_a^b f(x)\,dx=f(a)(\xi-a)+f(b)(b-\xi).$$

9. 设函数 $f\in C[a,b]\cap D(a,b)$,且 $f'(x)\geqslant 0\ (x\in(a,b))$.求证

$$\int_a^b xf(x)\,dx\geqslant\frac{a+b}{2}\int_a^b f(x)\,dx.$$

10. 设函数 $f\in C[0,+\infty)$，且 $\forall a,b>0$ 满足不等式

$$f\left(\frac{a+b}{2}\right)\leqslant\frac{f(a)+f(b)}{2}.$$

记 $F(x)=\frac{1}{x}\int_0^x f(t)\,\mathrm{d}t$. 证明不等式

$$F\left(\frac{a+b}{2}\right)\leqslant\frac{F(a)+F(b)}{2}\quad(a,b>0).$$

11. 设函数 $f(x)$ 在 $[0,1]$ 上二阶可导，且 $f''(x)\geqslant 0\ (x\in[0,1])$. 证明：

$$\int_0^1 f(x^2)\,\mathrm{d}x\geqslant f\left(\frac{1}{3}\right).$$

12. 设函数 $f(x)$ 在区间 $[a,b]$ 上有二阶连续导数. 证明：$\exists\xi\in[a,b]$，使得

$$\int_a^b f(x)\,\mathrm{d}x=(b-a)f\left(\frac{a+b}{2}\right)+\frac{(b-a)^3}{24}f''(\xi).$$

13. 设函数 $f\in C^{(1)}[a,b]$，且 $f(a)=f(b)=0$. 求证：

$$|f(x)|\leqslant\frac{1}{2}\int_a^b|f'(x)|\,\mathrm{d}x.$$

14. 设函数 $f\in C^{(1)}[a,b]$，求证：

$$\max_{a\leqslant x\leqslant b}|f(x)|\leqslant\frac{1}{b-a}\left|\int_a^b f(x)\,\mathrm{d}x\right|+\int_a^b|f'(x)|\,\mathrm{d}x.$$

15. 设函数 $f\in C[0,1]$，当 $x\in(0,1)$ 时，$f(x)>0$，并且满足关系式

$$xf'(x)=f(x)+\frac{3a}{2}x^2\ (a\text{ 为常数}).$$

又曲线 $y=f(x)$ 与直线 $x=1$ 及 x 轴所围成的图形 S 的面积为 2.

(1) 求函数 $f(x)$；

(2) 当 a 为何值时，图形 S 绕 x 轴旋转所得的旋转体体积最小？

16. 设函数 $f(x)$ 满足 $f(0)=1$，$f'(x)=\frac{1}{\mathrm{e}^x+|f(x)|}\quad(x\geqslant 0)$，且 $\lim\limits_{x\to+\infty}f(x)=A$. 试证：

$$\sqrt{2}\leqslant A\leqslant 1+\ln 2.$$

第 6 章　微 分 方 程

微积分研究的对象是函数,在许多问题的研究中,我们需要寻求反映某种变化过程的未知函数,根据问题的性质和所给条件,有时这些函数与其自变量之间的对应关系不能直接获得,而往往只能求出含有这个未知函数及其导数的关系式,这种关系式就是微分方程. 由微分方程进而求出这个函数就是解微分方程的过程.

微分方程是数学最重要的分支之一,它几乎与微积分同时产生. 事实上牛顿和莱布尼茨确实研究解决过某些微分方程问题. 微分方程的一个重要特点是它密切联系各领域中的实际问题,可以说微分方程理论就是在回答物理问题中产生和发展起来的. 本章将介绍微分方程的一些基本概念、解法和应用.

6.1　微分方程的基本概念

我们首先考察两个实际例子.

1. 人口增长模型

1789 年,英国神父马尔萨斯(Malthus)提出,一个国家(或地区)人口在单位时间内的增长与总人口数成正比. 设在时间 t 人口总数为 $P(t)$,那么就有

$$\frac{P(t+\Delta t)-P(t)}{\Delta t}=rP(t)\ (r\ 是增长比例常数).$$

令 $\Delta t\to 0$,得到

$$\frac{\mathrm{d}P}{\mathrm{d}t}=rP.$$

这个微分方程就是**马尔萨斯(Malthus)方程**.

容易验证函数

$$P=C\mathrm{e}^{rt}(C\ 是任意常数),$$

满足这方程,若在时刻 $t=t_0$,人口总数 $P=P_0$,那么利用这条件可得 $C=P_0\mathrm{e}^{-rt_0}$,于是

$$P=P_0\mathrm{e}^{r(t-t_0)},$$

由此可知,从时刻 t 到 $t+\Delta t$,人口总数的比为

$$\frac{P(t+\Delta t)}{P(t)}=\mathrm{e}^{r\Delta t},$$

因此马尔萨斯宣称:人口是以几何级数形式增长的.

到 1838 年,荷兰的弗胡斯特(Verhulst)认为人口增长受到资源的约束,由资源有限性产生的这种约束使人口的增长率减少,单位时间内人口减少与总人口数的平方成正比,这样就有

$$\frac{P(t+\Delta t)-P(t)}{\Delta t}=rP(t)-\beta P^2(t)\ (\beta\text{ 是约束比例常数}).$$

令 $\Delta t\to 0$,导出方程

$$\frac{\mathrm{d}P}{\mathrm{d}t}=rP-\beta P^2,$$

称其为**逻辑斯谛(Logistic)方程**,它和马尔萨斯方程都是著名的物种增长数学模型,这个微分方程的解我们在下一小节介绍.

2. 垂直下抛物体运动规律

设质量为 m 的物体在时间 $t=0$ 时以初速度 v_0 自距地面高度为 H 处垂直向下抛出,考察物体在时刻 t 时的高度 $h(t)$.

由于高度 h 为时刻 t 的函数,而重力导致物体加速,依据牛顿第二定律可得

$$mg=-m\frac{\mathrm{d}^2h}{\mathrm{d}t^2}\ (g\text{ 为重力加速度}),$$

即

$$\frac{\mathrm{d}^2h}{\mathrm{d}t^2}=-g.$$

这是一个微分方程,利用不定积分有

$$\frac{\mathrm{d}h}{\mathrm{d}t}=-gt+C_1,$$

继而得到

$$h=-\frac{1}{2}gt^2+C_1t+C_2.$$

其中 C_1,C_2 均为任意常数.

由 $t=0$ 时,$h=H$ 和 $\frac{\mathrm{d}h}{\mathrm{d}t}=v=-v_0$(负号是因为此时速度方向与高度 h 增加的方向相反),导出 $C_1=-v_0,C_2=H$,这样导出物体在时刻 t 的高度为

$$h=-\frac{1}{2}gt^2-v_0t+H,$$

这是在中学物理中就介绍过的垂直下抛物体运动的高度公式.

在这两个例子中,方程中含有未知函数的导数,一般地,我们将联系自变量、未知函数及其导数(或微分)的方程称为**微分方程**,而当未知函数是一元函数时,称之为**常微分方程**(本章讨论的微分方程都是常微分方程). 它的一般形式为

$$F(x,y,y',\cdots,y^{(n)})=0,$$

这是一个联系自变量 x 与未知函数 $y(x)$ 及其各阶导数的关系式.

微分方程中出现的未知函数导数的最高阶数称为**方程的阶**. 上述马尔萨斯方程和逻辑斯谛方程都是一阶微分方程,而垂直下抛物体运动方程是二阶微分方程.

设 y 是微分方程中的未知函数,x 是自变量,若函数 $y=\phi(x)$ 代入方程使之成为恒等式,则称 $y=\phi(x)$ 是**微分方程的解**,如果解中含有相互独立的任意常数(即其中任何一个常数均不能由其他常数表示),且个数等于方程的阶数,则称之为**通解**,例如由马尔萨斯方程所解得的 $P=Ce^{rt}$ 和由下抛物体运动方程所解得的 $h=-\dfrac{1}{2}gt^2+C_1t+C_2$ 就是相应微分方程的通解. 在本章的例题中,我们常用 C,C_1,C_2 等来表示任意常数,在不至于引起歧义的情况下,均不再作说明.

在解决一个微分方程的具体问题时,所要求的一般是特定的解,这样不含任意常数的解称为方程的**特解**,在人口增长例子中,$P=P_0e^{r(t-t_0)}$ 就是马尔萨斯方程的特解. 确定特解需要的条件称为**定解条件**,而求特解的问题称为**定解问题**. 由于在以时间为自变量的方程的讨论中常以初始时刻的条件为定解条件,因此有时将自变量在某定点时的定解条件称为**柯西(Cauchy)条件**或**初值条件**,相应地,求特解的问题称为**柯西问题**或**初值问题**. 一般说来,确定 n 阶方程的特解需要 n 个定解条件. 因此一个 n 阶微分方程的初值问题为

$$\begin{cases}F(x,y,y',\cdots,y^{(n)})=0,\\ y(x_0)=y_0,y'(x_0)=y_1,\cdots,y^{(n-1)}(x_0)=y_{n-1}.\end{cases}$$

例如在下抛物体运动方程的例子中,$t=0$ 时的两个条件 $h=H$ 和 $\dfrac{\mathrm{d}h}{\mathrm{d}t}=-v_0$ 就是初值条件,根据初值条件和通解可以得到特解.

微分方程的特解作为一元函数其图形是一条曲线,称为**积分曲线**,而其通解的图形为一族曲线,称为**积分曲线族**.

6.2 一阶微分方程

一阶微分方程的一般形式为

$$F(x,y,y')=0,$$

我们主要讨论导数解出型方程

$$y'=f(x,y).$$

6.2.1 可分离变量方程

可分离变量方程具有如下形式

$$\frac{\mathrm{d}y}{\mathrm{d}x}=\phi(x)\psi(y),$$

其中 ϕ,ψ 为连续函数.

将方程$\frac{\mathrm{d}y}{\mathrm{d}x}=\phi(x)\psi(y)$变形为

$$\frac{1}{\psi(y)}\mathrm{d}y=\phi(x)\mathrm{d}x,$$

两边积分后得到

$$\int\frac{1}{\psi(y)}\mathrm{d}y=\int\phi(x)\mathrm{d}x+C.$$

注意上式中的不定积分在微分方程求解中一般指一个原函数,而任意常数单独表示,这样此式就是一个 y 与 x 的关系式(不再含 y'),它可以确定 y 为 x 的函数即隐函数 $y(x)$,从而也就给出了方程的通解. 另外注意从方程本身立刻可以看出,使得 $\psi(y)=0$ 的 $y=y_0$也是这方程的解.

例 6.1 求解方程 $y'=(1+y^2)x^2$.

解 方程变形为

$$\frac{\mathrm{d}y}{1+y^2}=x^2\mathrm{d}x,$$

两边积分得到

$$\arctan y=\frac{1}{3}x^3+C,$$

这就是方程的通解,它是一个隐函数形式的解.

例 6.2 求解马尔萨斯方程

$$\frac{\mathrm{d}P}{\mathrm{d}t}=rP.$$

解 将方程写为

$$\frac{\mathrm{d}P}{P}=r\mathrm{d}t,$$

积分可得

$$\ln|P|=rt+C_1,$$

从而

$$|P|=e^{rt+C_1},$$

记 $C=\pm e^{C_1}$,则有

$$P=Ce^{rt}.$$

注意 $P=0$ 显然是方程的解,因此 C 可以是包括零的任意常数,故这就是方程的通解.

例 6.3　设某地区人口增长满足逻辑斯谛方程

$$\frac{dP}{dt}=rP-\beta P^2,$$

若在时间 $t=t_0$时,该地区人口数为 P_0,试求人口数 $P(t)$的变化情况.

解　将方程改写为

$$\frac{dP}{P\left(1-\frac{\beta}{r}P\right)}=rdt,$$

则有

$$\int\left[\frac{1}{P}+\frac{\beta}{r}\ \frac{1}{\left(1-\frac{\beta}{r}P\right)}\right]dP=\int rdt,$$

两边积分得

$$\ln|P|-\ln\left|1-\frac{\beta}{r}P\right|=rt+C_1,$$

类于例 6.2 的讨论,可导出

$$\frac{P}{1-\frac{\beta}{r}P}=C_2e^{rt},$$

从而得到方程的通解

$$P=\frac{r}{\beta}\cdot\frac{1}{1+Ce^{-rt}}.$$

其中 C 为任意常数,另外

$$P=0,\qquad P=\frac{r}{\beta}$$

也是方程的解. 利用初值条件 $P|_{t=t_0}=P_0$确定 C 得到特解:当 $P_0\neq0$ 且 $P_0\neq\frac{r}{\beta}$时

$$P=\frac{r}{\beta}\cdot\frac{1}{1+\left(\frac{r}{\beta P_0}-1\right)\mathrm{e}^{-r(t-t_0)}};$$

而当 $P_0=0$ 时,$P=0$;当 $P_0=\frac{r}{\beta}$时,$P=\frac{r}{\beta}$.

我们来看其积分曲线(图 6.1),假定初始时刻 $t_0=0$,那么从图中可以看出:除了特解 $P(t)\equiv 0$,无论初始人口数目是多少,所有其他的解在 $t\to+\infty$ 时都趋于相同的极限$\frac{r}{\beta}$,这表明在资源的约束下,人口增长将有稳定的数量趋势.

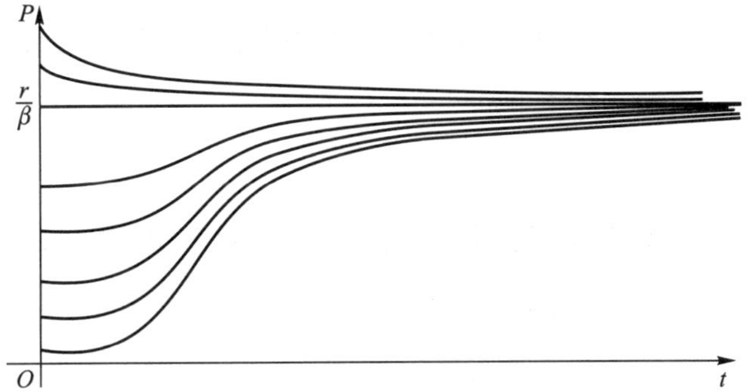

图 6.1

例 6.4 一小艇以指向正北的速度 v_0朝河对岸方向驶去,两岸间距离为 l,河水的流向朝正东,水流速度与其位置到两岸的距离的乘积成正比,比例系数为 k,试求小艇到达对岸时的位置.

分析 这是一个应用性例题,求小艇到达对岸的位置也就是确定小艇在水平(正东)方向的位移,因此需要求出小艇的运动轨迹曲线,根据已知条件可以将小艇的位移分解为沿正东和正北方向的两个分量,然后讨论它们之间的关系.

解 以小艇出发点为原点,水流方向为 x 轴正向建立坐标系(图 6.2),设小艇在时刻 t 位于 $M(x,y)$,即其轨迹参数方程为

$$x=x(t),\quad y=y(t).$$

由已知条件可知,

$$x'(t)=ky(l-y),y'(t)=v_0,$$

从而得

$$\frac{\mathrm{d}y}{\mathrm{d}x}=\frac{v_0}{ky(l-y)}.$$

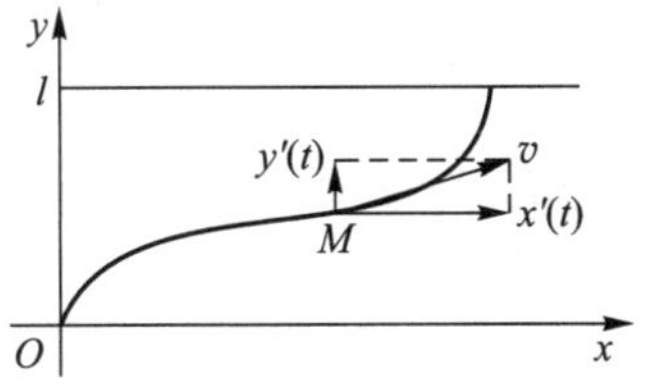

图 6.2

此方程为可分离变量方程,改写为

$$(ly-y^2)\,\mathrm{d}y=\frac{v_0}{k}\mathrm{d}x.$$

两边积分后得通解为

$$\frac{l}{2}y^2-\frac{1}{3}y^3=\frac{v_0}{k}x+C,$$

由 $y\Big|_{x=0}=0$,可得 $C=0$,于是小艇轨迹为

$$x=\frac{k}{v_0}\left(\frac{l}{2}y^2-\frac{1}{3}y^3\right).$$

当 $y=l$ 时,$x=\dfrac{kl^3}{6v_0}$,即小艇到达对岸时,位置与出发位置间的水平距离为

$$\frac{kl^3}{6v_0}.$$

6.2.2 齐次微分方程和其他可化为可分离变量形式的方程

若微分方程 $y'=f(x,y)$ 可表示为

$$y'=g\left(\frac{y}{x}\right),$$

g 为连续函数,则称之为**齐次微分方程**. 齐次方程可以化为可分离变量方程来求解.

令 $y=xu$,那么 $y'=u+xu'$,代入原方程就得到

$$u+xu'=g(u),$$

即为可分离变量方程

$$\frac{\mathrm{d}u}{g(u)-u}=\frac{\mathrm{d}x}{x}.$$

求出关于 u 的解,再将 $u=\dfrac{y}{x}$代入,就得到原方程的解.

例 6.5 求解方程

$$y'=\frac{y}{x}+\tan\frac{y}{x}.$$

解 令 $y=xu$,得到 $u+xu'=u+\tan u$,即

$$\cot u\mathrm{d}u=\frac{\mathrm{d}x}{x},$$

两边积分,得到

$$\ln|\sin u|=\ln|x|+C_1,$$

即有

$$\sin u=Cx,$$

故原方程的通解为

$$\sin\frac{y}{x}=Cx.$$

例 6.6 设计一凹镜,其形状为由平面曲线 L 绕轴旋转而得,若要使由旋转轴上一定点 O 发出的光线经凹镜反射后与旋转轴平行,求平面曲线 L.

分析 这题建立方程的关键是在曲线 L 上任意一点入射光线和反射光线与 L 在该点的切线之间的夹角相等.

解 以 O 点为原点,旋转轴为 x 轴建立坐标系(图 6.3),设 O 点发出的一光线与曲线 L 的交点为 $M(x,y)$,则反射光线 MN 平行于 x 轴. 若过点 M 处 L 的切线交 x 轴于点 $A(a,0)$,且设切线 AM 的倾角为 α,那么

$$\frac{y-0}{x-a}=\tan\alpha=y',$$

导得

$$a=\frac{xy'-y}{y'}.$$

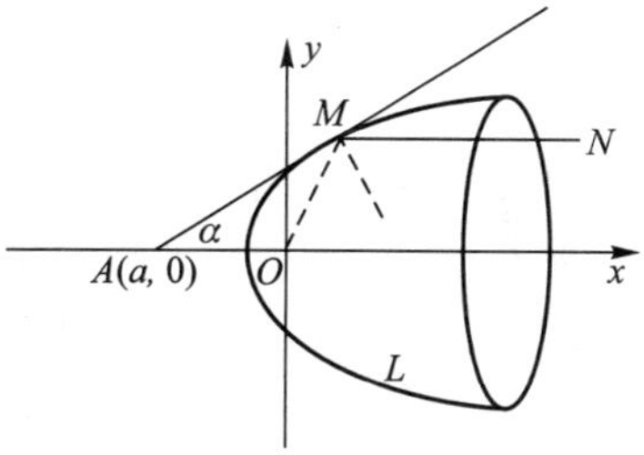

图 6.3

又由入射角等于反射角可知

$$\angle AMO=\alpha,$$

从而 $AO=OM$,即有

$$-\frac{xy'-y}{y'}=\sqrt{x^2+y^2}\quad\Leftrightarrow\quad y'=\frac{y}{x+\sqrt{x^2+y^2}}.$$

这是齐次微分方程. 改写为

$$\frac{\mathrm{d}x}{\mathrm{d}y}=\frac{x+\sqrt{x^2+y^2}}{y},$$

仍为齐次微分方程. 令 $x=yu$,得到可分离变量方程

$$\frac{\mathrm{d}u}{\mathrm{d}y}=\frac{\sqrt{u^2+1}}{y}.$$

容易解出

$$u+\sqrt{u^2+1}=Cy,$$

即为

$$C^2y^2-2Cyu=1.$$

从而导出

$$y^2=\frac{2}{C}x+\frac{1}{C^2},$$

这就是所求的曲线方程,可以看出方程的积分曲线是关于 x 轴对称、以原点为焦点的抛物线.

另外还有些方程可以化为可分离变量方程,例如

$$\frac{\mathrm{d}y}{\mathrm{d}x}=f(ax+by+c)\text{ (其中 }b\neq 0\text{)},$$

只要令 $u=ax+by+c$,那么$\frac{\mathrm{d}y}{\mathrm{d}x}=\frac{1}{b}\left(\frac{\mathrm{d}u}{\mathrm{d}x}-a\right)$,于是原方程化为

$$\frac{\mathrm{d}u}{\mathrm{d}x}=bf(u)+a,$$

这是可分离变量方程.

例 6.7 求解方程 $y'=\sin(x+y+1)$.

解 令 $u=x+y+1$,则方程化为

$$\frac{\mathrm{d}u}{\mathrm{d}x}-1=\sin u,$$

即$\frac{\mathrm{d}u}{1+\sin u}=\mathrm{d}x$,两边积分得到

$$\tan u-\sec u=x+C,$$

也就是

$$\tan\left(\frac{u}{2}-\frac{\pi}{4}\right)=x+C,$$

另外使得 $\sin u=-1$ 的 $u=2k\pi-\frac{\pi}{2}$ (k 为整数)也是方程解.

因此原方程的解为通解

$$\tan\left(\frac{x+y+1}{2}-\frac{\pi}{4}\right)=x+C,$$

和解 $y=2k\pi-\frac{\pi}{2}-1-x$ (k 为整数).

我们再来考察如下形式的方程

$$\frac{\mathrm{d}y}{\mathrm{d}x}=f\left(\frac{a_1x+b_1y+c_1}{a_2x+b_2y+c_2}\right).$$

当 $c_1=c_2=0$ 时，这是一个齐次方程；当 c_1,c_2 不全为零，而 $\frac{a_1}{a_2}=\frac{b_1}{b_2}=\lambda$ 时，这方程可写为

$$\frac{\mathrm{d}y}{\mathrm{d}x}=f\left(\frac{\lambda(a_2x+b_2y)+c_1}{(a_2x+b_2y)+c_2}\right),$$

如前所述，这可化为可分离变量方程；而当 c_1,c_2 不全为零，而 $\frac{a_1}{a_2}\neq\frac{b_1}{b_2}$ 时，可以采取如下的变量代换：先由

$$\begin{cases}a_1x+b_1y+c_1=0,\\a_2x+b_2y+c_2=0,\end{cases}$$

求出这代数方程组的解 (x_0,y_0)，然后令

$$X=x-x_0,\quad Y=y-y_0,$$

就可将方程化为齐次方程.

例 6.8 求解方程 $(x+y-3)\mathrm{d}y=(x-y+1)\mathrm{d}x$.

解 方程即是

$$\frac{\mathrm{d}y}{\mathrm{d}x}=\frac{x-y+1}{x+y-3}.$$

由 $\begin{cases}x-y+1=0,\\x+y-3=0\end{cases}$ 解出 $x=1,y=2$，设 $X=x-1,Y=y-2$，那么方程化为

$$\frac{\mathrm{d}Y}{\mathrm{d}X}=\frac{X-Y}{X+Y},$$

如同上例那样，令 $Y=Xu$，得到可分离变量方程

$$u+X\frac{\mathrm{d}u}{\mathrm{d}X}=\frac{1-u}{1+u},$$

即为

$$\frac{\mathrm{d}u}{\mathrm{d}X}=\frac{1-2u-u^2}{(1+u)X},$$

于是解得

$$\ln|u^2+2u-1|=-\ln X^2+C_1,$$

也就是

$$u^2+2u-1=C_2X^{-2},$$

从而导出原方程的解为

$$y^2+2xy-x^2-6y-2x=C.$$

6.2.3 一阶线性微分方程

形如

$$y'+P(x)y=Q(x)$$

的方程称为**一阶线性微分方程**,其中 P,Q 为连续函数,$Q(x)$称为**非齐次项**或**自由项**.

当 $Q(x)=0$ 时,方程 $y'+P(x)y=0$ 称为原方程对应的线性齐次微分方程,这是一个可分离变量方程,由

$$\frac{\mathrm{d}y}{y}=-P(x)\mathrm{d}x$$

得到

$$\ln|y|=-\int P(x)\mathrm{d}x+C_1,$$

从而

$$y=C\mathrm{e}^{-\int P(x)\mathrm{d}x}.$$

当 $Q(x)$不恒为零时,假设解的形式为

$$y=C(x)\mathrm{e}^{-\int P(x)\mathrm{d}x},$$

其中 $C(x)$为待定函数,将此解形式代入原方程,易得

$$\frac{\mathrm{d}C}{\mathrm{d}x}\mathrm{e}^{-\int P(x)\mathrm{d}x}=Q(x),$$

即得

$$\frac{\mathrm{d}C}{\mathrm{d}x}=Q(x)\mathrm{e}^{\int P(x)\mathrm{d}x},$$

于是可解出

$$C(x)=\int Q(x)\mathrm{e}^{\int P(x)\mathrm{d}x}\mathrm{d}x+\overline{C},$$

这样就得到一阶线性方程的通解公式

$$y=\mathrm{e}^{-\int P(x)\mathrm{d}x}\left(\int Q(x)\mathrm{e}^{\int P(x)\mathrm{d}x}\mathrm{d}x+\overline{C}\right).$$

注意式中的$\int P(x)\mathrm{d}x$表示 $P(x)$的一个原函数.

这种借助对应线性齐次微分方程的通解,将其中常数易作变数(待定函数)的求线性非齐次方程解的方法称为**常数变易法**.

注意观察这个通解公式,它说明了一阶线性方程解的结构,是一个特解 $e^{-\int P(x)dx}\int Q(x)e^{\int P(x)dx}dx$ 与对应的线性齐次方程的通解 $\overline{C}e^{-\int P(x)dx}$ 之和.

例 6.9 求解方程

$$y'+\frac{1}{x}y-\frac{\sin x}{x}=0.$$

解 由于 $P(x)=\frac{1}{x}$, $Q(x)=\frac{\sin x}{x}$,故可得

$$\int P(x)dx=\int\frac{dx}{x}=\ln|x|,$$

从而方程的解为

$$\begin{aligned}y&=e^{-\ln|x|}\left(\int\frac{\sin x}{x}e^{\ln|x|}dx+C_0\right)=x^{-1}\left(\int\sin x dx+C\right)\\&=\frac{1}{x}(-\cos x+C).\end{aligned}$$

在求解这类方程时,可以用公式,用时宜先求出函数 $\int P(x)dx$,当然也可以用常数变易法.

例 6.10 大容量的容器内有 100 L 盐水,内含 10 kg 溶解的盐,现以每分钟 4 L 的速度注入浓度为每升含盐 0.125 kg 的盐水,假设混合后的溶液立刻变得均匀且同时以每分钟 3 L 的速度泵出,试求从这过程开始 60 min 后此容器中所含盐的量.

分析 这是一个不同浓度溶液混合引起溶液浓度变化的问题,过程中有溶液的注入和排出,关键是建立容器内盐量变化的平衡方程式,即

容器中盐含量变化率=注入盐量的速率-泵出盐量的速率.

解 设时刻 t 容器内盐含量为 $y(t)$ kg,那么容器中盐含量变化率为$\frac{dy}{dt}$;另一方面此时注入盐量的速率为 $0.125\times4=0.5$(kg/min),而容器中溶液的浓度为 $\frac{y(t)}{100+(4-3)t}$,从而泵出盐量的速率为$\frac{3y(t)}{100+t}$,于是得到

$$\frac{dy}{dt}=0.5-\frac{3y(t)}{100+t},$$

这是一个一阶线性微分方程,其中 $P(t)=\frac{3}{100+t}$, $Q(t)=0.5$,利用求解公式,由 $\int P(t)dt=\ln(100+t)^3$,可得

$$y(t)=\mathrm{e}^{-\ln(100+t)^3}\left(\int 0.5\mathrm{e}^{\ln(100+t)^3}\mathrm{d}t+C\right)=\frac{1}{8}(100+t)+\frac{C}{(100+t)^3},$$

因 $y(0)=10$,导出 $C=-2.5\times10^6$,故

$$y=\frac{1}{8}(100+t)-\frac{2.5\times10^6}{(100+t)^3},$$

当 $t=60$ 时,容器中含盐量

$$y(60)=20-\frac{2.5\times10^6}{160^3}\approx 19.39(\mathrm{kg}).$$

例 6.11 求解方程

$$\frac{\mathrm{d}y}{\mathrm{d}x}=\frac{y}{2x-y^2}.$$

解 这似乎不是线性方程,但将 x 看作 y 的函数,则可改写方程为

$$\frac{\mathrm{d}x}{\mathrm{d}y}-\frac{2}{y}x=-y,$$

于是由 $\int P(y)\mathrm{d}y=-\ln y^2$,得到解为

$$x=\mathrm{e}^{\ln y^2}\left(\int(-y\mathrm{e}^{-\ln y^2})\mathrm{d}y+C\right)=y^2(C-\ln|y|).$$

在这小节的最后我们介绍伯努利(Bernoulli)方程,这类方程可化为一阶线性方程.

伯努利方程的形式为

$$y'+P(x)y=Q(x)y^{\alpha},\qquad \alpha\neq 0,1.$$

令 $z=y^{1-\alpha}$,那么 $z'=(1-\alpha)y^{-\alpha}y'$,将 $y'=\frac{1}{1-\alpha}y^{\alpha}z'$代入方程得到

$$\frac{1}{1-\alpha}y^{\alpha}z'+P(x)y=Q(x)y^{\alpha}.$$

这是一阶线性方程

$$z'+(1-\alpha)P(x)z=(1-\alpha)Q(x),$$

求出 z 后再转换到 y,就得到原方程的解.

例 6.12 求解方程:$y'-2xy-2x^3y^2=0$.

解 这是一个伯努利方程,令 $z=y^{-1}(y\neq 0)$,方程化为

$$z'+2xz=-2x^3.$$

由 $\int 2x\mathrm{d}x=x^2$,于是

$$z=\mathrm{e}^{-x^2}\left(-\int 2x^3\mathrm{e}^{x^2}\mathrm{d}x+C\right)=\mathrm{e}^{-x^2}(C-x^2\mathrm{e}^{x^2}+\mathrm{e}^{x^2}),$$

故原方程的解为

$$y=\frac{1}{Ce^{-x^2}-x^2+1}.$$

另外注意，$y=0$ 也是原方程的解.

6.3 某些可降阶的高阶微分方程

高阶微分方程往往比较难于求解，但对于某些特殊类型的方程则有可能通过降阶的方法化为一阶方程来求出解. 这里我们仅介绍几个类型.

1. $y^{(n)}=f(x)$ 型方程

这类方程只需积分一次就降阶一次，得到

$$y^{(n-1)}=\int f(x)\mathrm{d}x+C_1,$$

显然通过逐次积分就可以求出通解.

例 6.13 求解初值问题

$$y'''=\sin x-\cos x, y\Big|_{x=0}=0, y'\Big|_{x=0}=0, y''\Big|_{x=0}=-1.$$

解 对方程积分可得

$$y''=-\cos x-\sin x+C_1,$$

由 $y''\Big|_{x=0}=-1$，知 $C_1=0$；从而又可得

$$y'=-\sin x+\cos x+C_2,$$

由 $y'\Big|_{x=0}=0$，知 $C_2=-1$；故可得

$$y=\cos x+\sin x-x+C_3,$$

再根据 $y\Big|_{x=0}=0$，推出 $C_3=-1$，于是这个初值问题的解为

$$y=\cos x+\sin x-x-1.$$

2. $y''=f(x,y')$ 型方程

这类方程的表达式中不显含未知函数 y. 若令 $y'=p(x)$，就有 $y''=\frac{\mathrm{d}p}{\mathrm{d}x}$，那么原方程化为

$$\frac{\mathrm{d}p}{\mathrm{d}x}=f(x,p),$$

这是一阶方程，可以求出 p，然后再求出 y.

例 6.14 求解方程 $xy''+y'=4x$.

解 令 $y'=p(x)$，则 $y''=\dfrac{dp}{dx}$，方程化为 $xp'+p=4x$，改写为

$$\frac{dp}{dx}+\frac{1}{x}p=4,$$

是一阶线性方程，由 $\int\frac{1}{x}dx=\ln x$，依解的公式有

$$p=e^{-\ln x}\left(\int 4e^{\ln x}dx+C_1\right)=x^{-1}(2x^2+C_1),$$

从而

$$\frac{dy}{dx}=2x+C_1x^{-1},$$

两边积分就得到原方程的解为

$$y=x^2+C_1\ln|x|+C_2.$$

3. $y''=f(y,y')$ 型方程

这类方程的表达式不显含自变量 x. 若令 $y'=p(y)$，那么就有

$$y''=\frac{dp}{dx}=\frac{dp}{dy}\cdot\frac{dy}{dx}=p\cdot\frac{dp}{dy},$$

将这两项代入原方程得

$$p\frac{dp}{dy}=f(y,p).$$

特别要注意的是：这是以 y 为自变量的一阶方程. 解出 $p=p(y)$，再由 $y'=p$ 即

$$\frac{dy}{dx}=p(y)$$

就可以求出 y.

例 6.15 求解方程 $yy''+y'^2=0$.

解 令 $y'=p(y)$，则由 $y''=p\dfrac{dp}{dy}$，方程化为

$$p\left(y\frac{dp}{dy}+p\right)=0,$$

得到 $y\dfrac{dp}{dy}+p=0$，或 $p=0$，由前一式得到：

$$\frac{dp}{p}=-\frac{dy}{y},$$

于是

$$\ln|p| = -\ln|y| + C,$$

导出 $p=\dfrac{C_1}{y}$（注意到 $p=0$ 已经包含在此式中），即

$$\frac{\mathrm{d}y}{\mathrm{d}x}=\frac{C_1}{y}$$

故可得原方程的通解为

$$y^2 = 2C_1x + C_2 = C_3x + C_2.$$

事实上，这个例题还可以由更简单的方法求解：注意 $(yy')' = yy'' + y'^2$，于是方程化为

$$(yy')' = 0,$$

故有

$$yy' = C_1 \quad \Leftrightarrow \quad \frac{1}{2}(y^2)' = C_1,$$

从而

$$y^2 = 2C_1x + C_2 = C_3x + C_2.$$

例 6.16 一质量分布均匀的柔软细线两端固定，求其在自身重力作用下的形状.

分析 这题所要求曲线的形状也就是要求曲线方程，而建立方程的依据是张力和重力的平衡，需要建立水平和铅直两个方向细线上受力的平衡式.注意由于细线是柔软的，即没有形变引起的张力，从而在线上各点的张力方向均为切线方向.

解 取细线最低点为原点 O，以细线所在平面为坐标平面，铅直向上为 y 轴正方向（图 6.4），设此时细线曲线方程为 $y=y(x)$.

假定在点 O 处水平张力为 H，细线的线密度为 ρ，线上点 $M(x,y)$ 张力大小为 T，其方向与 x 轴正向夹角为 θ，那么由弧段 OM 上力的平衡，有

$$T\sin\theta=\rho s,\ T\cos\theta=H,$$

其中 $s=\int_0^x\sqrt{1+y'^2}\,\mathrm{d}x$ 是从 O 到 M 的弧长，故有

$$\tan\theta=\frac{\rho s}{H}.$$

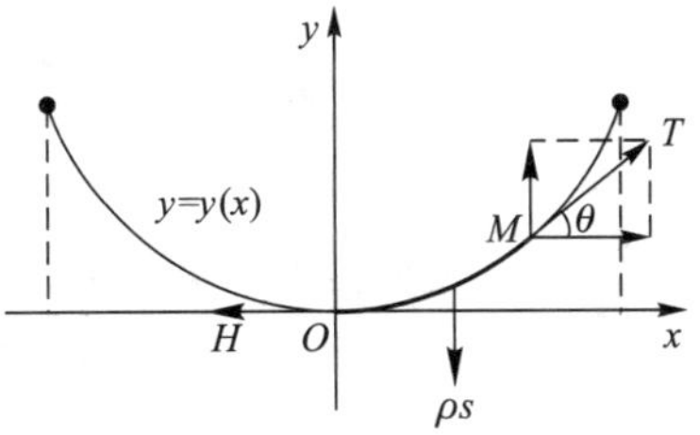

图 6.4

记 $a=\dfrac{H}{\rho}$，可得

$$y'=\frac{1}{a}\int_0^x\sqrt{1+y'^2}\,\mathrm{d}x,$$

两边对 x 求导得到方程

$$y''=\frac{1}{a}\sqrt{1+y'^2}.$$

令 $y'=p(x)$,方程化为

$$p'=\frac{1}{a}\sqrt{1+p^2}\quad\Leftrightarrow\quad\frac{\mathrm{d}p}{\sqrt{1+p^2}}=\frac{1}{a}\mathrm{d}x,$$

积分得

$$\ln(p+\sqrt{1+p^2})=\frac{x}{a}+C.$$

由于 $y'\Big|_{x=0}=0$ 即 $p\Big|_{x=0}=0$,易得 $C=0$,从而导出 $p=\sinh\dfrac{x}{a}$即

$$y'=\sinh\frac{x}{a},$$

再次积分得到

$$y=a\cosh\frac{x}{a}+C_1,$$

由 $y\Big|_{x=0}=0$ 知 $C_1=-a$,于是曲线方程为

$$y=a\cosh\frac{x}{a}-a.$$

如果平移坐标系还可使曲线方程有更简单的形式

$$y=a\cosh\frac{x}{a},$$

这种曲线称为**悬链线**.

6.4 线性微分方程解的结构

若微分方程各项中关于未知函数及其导数均是一次的,则称微分方程是**线性微分方程**. n 阶线性微分方程的标准形式是

$$y^{(n)}+p_1(x)y^{(n-1)}+\cdots+p_{n-1}(x)y'+p_n(x)y=f(x),$$

其中 $p_1(x),\cdots,p_n(x)$ 称为方程的系数,$f(x)$ 称为非齐次项,在本节中假定系数和

非齐次项均是连续函数. 当 $f(x)\equiv 0$ 时,得到对应的**线性齐次微分方程**

$$y^{(n)}+p_1(x)y^{(n-1)}+\cdots+p_{n-1}(x)y'+p_n(x)y=0.$$

线性方程有如下的基本性质.

定理 6.1(叠加原理) 若 $y_1(x)$、$y_2(x)$ 分别是方程

$$y^{(n)}+p_1(x)y^{(n-1)}+\cdots+p_{n-1}(x)y'+p_n(x)y=f_1(x)$$

与

$$y^{(n)}+p_1(x)y^{(n-1)}+\cdots+p_{n-1}(x)y'+p_n(x)y=f_2(x)$$

的解,则 $C_1y_1(x)+C_2y_2(x)$ (C_1,C_2是任意常数)是方程

$$y^{(n)}+p_1(x)y^{(n-1)}+\cdots+p_{n-1}(x)y'+p_n(x)y=C_1f(x)+C_2f_2(x)$$

的解.

定理的证明是简单的,我们把它留给读者. 由此定理可推出线性齐次方程的性质.

推论 若 $y_1(x)$、$y_2(x)$ 是线性齐次微分方程

$$y^{(n)}+p_1(x)y^{(n-1)}+\cdots+p_{n-1}(x)y'+p_n(x)y=0$$

的解,则 $C_1y_1(x)+C_2y_2(x)$ (C_1,C_2是任意常数)也是此方程的解.

6.4.1 二阶线性齐次微分方程解的结构

二阶线性齐次方程的标准形式为

$$y''+p(x)y'+q(x)y=0,$$

其中 $p(x),q(x)$ 为连续函数,为方便计,以下我们将这方程记为(HL).

首先我们介绍函数线性相关的概念:对函数 $y_1(x)$、$y_2(x)$,若存在不全为 0 的常数 k_1,k_2使得

$$k_1y_1(x)+k_2y_2(x)\equiv 0,\quad \forall x\in I,$$

则称 $y_1(x)$、$y_2(x)$ 在区间 I 上**线性相关**,否则称 $y_1(x)$、$y_2(x)$ 在区间 I 上**线性无关**.

容易看出:$y_1(x)$、$y_2(x)$ 线性相关的充分必要条件为其中一个是另一个的常数倍.

以下我们不加证明地引述二阶线性齐次方程解的结构定理.

定理 6.2 若 $y_1(x)$、$y_2(x)$ 是方程(HL)的两个线性无关的解(称它们为方程的**基本解组**),那么其通解为

$$y=C_1y_1(x)+C_2y_2(x)\ (C_1,C_2是任意常数),$$

它给出了方程(HL)的所有解.

例如不难验证:$\sin x$ 和 $\cos x$ 都是微分方程 $y''+y=0$ 的解,而这两个解显然

是线性无关的,因此方程 $y''+y=0$ 的所有解即为通解

$$y=C_1\cos x+C_2\sin x.$$

定理 6.2 告诉我们,求解二阶线性齐次方程,关键是求出方程的两个线性无关的解即基本解组.

具有线性代数知识的读者知道,这定理说明(HL)的所有解构成了一个二维线性空间,基本解组是它的一组基.

如何求这方程两个线性无关的特解呢? 如果我们知道一个非零特解 $y_1(x)$,那么用以下公式可以求出与之线性无关的另一个特解 $y_2(x)$.

定理 6.3 (刘维尔(Liouville)公式) 设 $y_1(x)$ 是方程(HL)的非零解,那么

$$y_2(x)=y_1\int\frac{1}{y_1^2}\mathrm{e}^{-\int p(x)\mathrm{d}x}\,\mathrm{d}x$$

是(HL)的与 $y_1(x)$ 线性无关的解.

证 设 $y_2(x)=c(x)y_1(x)$ 是(HL)的解,则

$$y_2'=cy_1'+c'y_1,\ y''_2=cy''_1+2c'y_1'+c''y_1,$$

代入方程有

$$y_1c''+(2y_1'+py_1)c'+(y''_1+py_1'+qy_1)c=0,$$

由于 y_1 是方程(HL)的解,从而导出

$$\frac{\mathrm{d}c'}{\mathrm{d}x}=-\frac{2y_1'+py_1}{y_1}c',$$

这是个可分离变量方程,易求出解为

$$c'=\mathrm{e}^{-\int\left(\frac{2y_1'}{y_1}+p\right)\mathrm{d}x+C}=\mathrm{e}^{-2\ln|y_1|-\int p\mathrm{d}x+C}=C_1y_1^{-2}\mathrm{e}^{-\int p\mathrm{d}x},$$

取常数 $C_1=1$,再积分就有

$$c(x)=\int\frac{1}{y_1^2}\mathrm{e}^{-\int p(x)\mathrm{d}x}\,\mathrm{d}x.$$

这样我们得到了特解

$$y_2(x)=c(x)y_1=y_1\int\frac{1}{y_1^2}\mathrm{e}^{-\int p(x)\mathrm{d}x}\mathrm{d}x.$$

由 $c'(x)$ 的表达式可知其不恒等于 0,从而 $c(x)$ 非常数,故 $y_2(x)$ 与 $y_1(x)$ 线性无关.

这个公式的证明又采用了常数变易法:$y_1(x)$ 是方程的解从而其常数倍也是解,将常数易作待定函数 $c(x)$,通过代入方程确定 $c(x)$ 从而求出另一个与 $y_1(x)$ 无关的解.

现在求方程(HL)的解归结为求出一个非零特解,如何求出这一个解呢? 对

一些形式较简单的方程常常使用观察法来找出特解,即考虑一些简单的基本初等函数例如 x^m, e^{mx}, $\sin x$ 或 $\cos x$ 等是否是方程的解.

例 6.17 求解方程

$$x^2y''+xy'-y=0.$$

解 观察方程可得特解 $y_1(x)=x$,方程写为标准形式

$$y''+\frac{1}{x}y'-\frac{1}{x^2}y=0,$$

$p(x)=\frac{1}{x}$, $\int p(x)\mathrm{d}x=\ln x$,依刘维尔公式,方程另一个特解为

$$\begin{aligned}y_2(x)&=y_1\int\frac{1}{y_1^2}e^{-\int p(x)\mathrm{d}x}\mathrm{d}x\\&=x\int x^{-2}e^{-\ln x}\mathrm{d}x=x\left(\frac{x^{-2}}{-2}\right)=-\frac{1}{2x}.\end{aligned}$$

故原方程的通解为

$$y=C_1x+\frac{C_2}{x}.$$

例 6.18 求解方程

$$xy''-y'-(x-1)y=0.$$

解 观察可得 $y_1=e^x$,将方程写为标准形式

$$y''-\frac{1}{x}y'-\left(1-\frac{1}{x}\right)y=0,$$

则 $p=-\frac{1}{x}$, $\int p\mathrm{d}x=-\ln x$,于是得到方程的另一特解

$$\begin{aligned}y_2(x)&=e^x\int\frac{1}{e^{2x}}e^{\ln x}\mathrm{d}x=e^x\int xe^{-2x}\mathrm{d}x=-\frac{1}{2}e^x\int x\mathrm{d}(e^{-2x})\\&=-\frac{1}{2}e^x\left(xe^{-2x}-\int e^{-2x}\mathrm{d}x\right)=-\frac{1}{4}e^{-x}(2x+1),\end{aligned}$$

从而此方程的通解为

$$y=C_1e^x+C_2e^{-x}(2x+1).$$

6.4.2 二阶线性非齐次方程解的结构

二阶线性非齐次方程的标准形式为

$$y''+p(x)y'+q(x)y=f(x).$$

为简单计,以下记这方程为(NHL). 方程

$$y''+p(x)y'+q(x)y=0$$

称为(NHL)对应的线性齐次方程(HL).

关于方程(NHL)解的结构,我们有以下结论:

定理 6.4 设 $y^*(x)$是线性非齐次方程(NHL)的解,而 $y_1(x)$,$y_2(x)$是对应的线性齐次方程(HL)的基本解组,那么方程(NHL)的通解为

$$y=y^*(x)+C_1y_1(x)+C_2y_2(x) \ (C_1,C_2\text{是任意常数}),$$

它给出了方程(NHL)的全部解.

证 首先我们证明形如 $y^*(x)+C_1y_1(x)+C_2y_2(x)$的函数是解.

由 $y_1(x)$,$y_2(x)$是(HL)的解,依叠加原理知$\overline{y}=C_1y_1(x)+C_2y_2(x)$也是($HL$)的解,又因 $y^*(x)$是(NHL)的解,仍依叠加原理知 $y^*+\overline{y}$是方程

$$y''+p(x)y'+q(x)y=f(x)+0$$

也就是非齐次方程(NHL)的解.

其次证(NHL)的任一解 $\hat{y}$ 必定可以表为通解 $y=y^*(x)+C_1y_1(x)+C_2y_2(x)$的形式. 由于叠加原理,$\hat{y}-y^*$是方程

$$y''+p(x)y'+q(x)y=f(x)-f(x)$$

即方程(HL)的解,依定理 6.2(线性齐次方程解的结构定理),可以表示为

$$\hat{y}-y^*=\hat{C}_1y_1+\hat{C}_2y_2(\hat{C}_1,\hat{C}_2\text{是常数}),$$

从而

$$\hat{y}=y^*+\hat{C}_1y_1+\hat{C}_2y_2.$$

这样就证明了定理的结论.

由定理 6.4 知道,要求非线性方程(NHL)的通解,只要求出一个特解和对应齐次方程(HL)的一个基本解组. 在上一小节中我们介绍过求方程(HL)基本解组的方法,那么如何求出方程(NHL)的特解呢? 一个常用的方法是常数变易法,下面我们仅举一个例子来说明这方法.

例 6.19 已知线性齐次方程 $y''+y=0$ 有基本解组为 $\cos x$,$\sin x$,试求线性非齐次方程

$$y''+y=\tan x$$

的通解.

解 设特解为 $\hat{y}=c_1(x)\cos x+c_2(x)\sin x$,则

$$\hat{y}'=c_1'(x)\cos x+c_2'(x)\sin x-c_1(x)\sin x+c_2(x)\cos x.$$

由于我们确定 c_1,c_2两个未知函数需要两个方程,可以令

$$c_1'(x)\cos x+c_2'(x)\sin x=0.$$

这样做的好处是使得 $\hat{y}'$具有更简单的形式

$$\hat{y}'=-c_1(x)\sin x+c_2(x)\cos x,$$

从而

$$\hat{y}''=-c_1'(x)\sin x+c_2'(x)\cos x-c_1(x)\cos x-c_2(x)\sin x,$$

代入方程得到

$$-c_1'(x)\sin x+c_2'(x)\cos x=\tan x,$$

联立关于 c_1',c_2'的两个方程解得

$$c_1'(x)=-\tan x\sin x,\quad c_2'(x)=\sin x,$$

积分后就有

$$c_1(x)=\sin x+\frac{1}{2}\ln\frac{1-\sin x}{1+\sin x}+C_1,\qquad c_2(x)=-\cos x+C_2,$$

于是原方程的通解为

$$y=\left(\sin x+\frac{1}{2}\ln\frac{1-\sin x}{1+\sin x}\right)\cos x-\cos x\sin x+C_1\cos x+C_2\sin x.$$

二阶线性微分方程的解的结构的理论可以推广到 n 阶线性齐次微分方程

$$y^{(n)}+p_1(x)y^{(n-1)}+\cdots+p_{n-1}(x)y'+p_n(x)y=0$$

和非线性齐次微分方程

$$y^{(n)}+p_1(x)y^{(n-1)}+\cdots+p_{n-1}(x)y'+p_n(x)y=f(x).$$

以下我们将上面两个方程分别记为(hl)和(nhl). 有关这两种方程解的结构的结论与二阶方程的情况是完全类似的.

若对函数 $y_1(x),y_2(x),\cdots,y_n(x)$,存在不全为零的常数 $k_1,k_2,\cdots,k_n$ 使得

$$k_1y_1(x)+k_2y_2(x)+\cdots+k_ny_n(x)\equiv 0,$$

则称函数 $y_1(x),y_2(x),\cdots,y_n(x)$ **线性相关**,否则称函数 $y_1(x),y_2(x),\cdots,y_n(x)$ **线性无关**.

定理 6.5 若 $y_1(x),y_2(x),\cdots,y_n(x)$ 为 n 阶线性齐次微分方程(hl)的线性无关的解(称为方程的基本解组),那么通解

$$y=C_1y_1(x)+C_2y_2(x)+\cdots+C_ny_n(x)\ \ (C_1,C_2,\cdots,C_n\text{ 是任意常数})$$

给出了此方程的所有解.

定理 6.6 若 $y^*(x)$是 n 阶非线性齐次微分方程(nhl)的特解,而 $y_1(x)$, $y_2(x),\cdots,y_n(x)$为对应齐次方程(hl)的基本解组,那么

$$y=y^*(x)+C_1y_1(x)+C_2y_2(x)+\cdots+C_ny_n(x)\ \ (C_1,C_2,\cdots,C_n\text{ 是任意常数})$$

给出了此非齐次方程的所有解.

6.5 常系数线性微分方程

从上一节我们了解到线性微分方程解的结构,求解的问题归结为求齐次方程基本解组和非齐次方程的一个特解,而后者又可以用常数变易法由前者得到,因此重要的问题在于如何求基本解组. 一般而言,线性微分方程的基本解组并不易求出,但当线性方程的系数是常数时,问题就变得简单了.

6.5.1 常系数线性齐次方程

首先我们讨论常系数二阶线性齐次方程

$$y''+py'+qy=0,$$

其中 p,q 都是实常数.

由于指数函数的导数是这个函数的常数倍,因此根据方程的形式我们猜想方程的解为指数函数,令 $y=\mathrm{e}^{rx}$,代入方程得到

$$(r^2+pr+q)\mathrm{e}^{rx}=0,$$

即

$$r^2+pr+q=0,$$

称为方程的**特征方程**,显然只要 r 满足这个方程,e^{rx} 就是原方程的解. 这特征方程的两个根 r_1,r_2 称为**特征根**.

我们根据特征根的不同情况加以讨论:

(1) 若特征方程有相异实根 r_1,r_2,那么原方程有解 $\mathrm{e}^{r_1x},\mathrm{e}^{r_2x}$,显然它们是线性无关的,故是基本解组,从而我们得到原方程通解为

$$y=C_1\mathrm{e}^{r_1x}+C_2\mathrm{e}^{r_2x}\quad(C_1,C_2\text{是任意常数}).$$

(2) 若特征方程有两个相同实根 r,那么原方程有解 e^{rx},注意此时 $r=-\dfrac{p}{2}$,用刘维尔公式我们可以求出另一个与 e^{rx} 线性无关的解,即为

$$\mathrm{e}^{rx}\int\frac{1}{\mathrm{e}^{2rx}}\mathrm{e}^{-px}\mathrm{d}x=\mathrm{e}^{rx}\int\mathrm{e}^{-(2r+p)x}\mathrm{d}x=x\mathrm{e}^{rx},$$

从而我们得到方程的通解为

$$y=C_1\mathrm{e}^{rx}+C_2x\mathrm{e}^{rx}\quad(C_1,C_2\text{是任意常数}).$$

(3) 若特征方程有共轭复根 $\alpha+\mathrm{i}\beta,\alpha-\mathrm{i}\beta$,则得到复数形式的解 $\mathrm{e}^{(\alpha+\mathrm{i}\beta)x}$,$\mathrm{e}^{(\alpha-\mathrm{i}\beta)x}$,根据关于复数的欧拉公式,

$$\mathrm{e}^{(\alpha+\mathrm{i}\beta)x}=\mathrm{e}^{\alpha x}(\cos\beta x+\mathrm{i}\sin\beta x),\quad \mathrm{e}^{(\alpha-\mathrm{i}\beta)x}=\mathrm{e}^{\alpha x}(\cos\beta x-\mathrm{i}\sin\beta x),$$

将它们相加减,利用定理 6.1 的推论可知实函数 $e^{\alpha x}\cos\beta x$, $e^{\alpha x}\sin\beta x$ 也是方程的解,显然它们是基本解组,故方程通解为

$$y=C_1e^{\alpha x}\cos\beta x+C_2e^{\alpha x}\sin\beta x\ (C_1, C_2\text{是任意常数}).$$

总结以上讨论,结论可以列为表 6.1:

表 6.1 二阶线性齐次常系数微分方程的通解

特征根情况	通解形式
相异实根 r_1, r_2	$C_1e^{r_1x}+C_2e^{r_2x}$
相同实根 r	$C_1e^{rx}+C_2xe^{rx}$
共轭复根 $\alpha+i\beta, \alpha-i\beta$	$C_1e^{\alpha x}\cos\beta x+C_2e^{\alpha x}\sin\beta x$

例 6.20 求解方程 $y''+2y'-3y=0$.

解 特征方程为 $r^2+2r-3=0$,得特征根 $r=1,-3$,故原方程通解为

$$y=C_1e^x+C_2e^{-3x}.$$

例 6.21 求解方程 $y''+2y'+2y=0$.

解 特征方程为 $r^2+2r+2=0$,特征根为 $r=-1\pm i$,故原方程通解为

$$y=e^{-x}(C_1\cos x+C_2\sin x).$$

例 6.22 质量为 m 的物体系于弹簧的一端沿 x 轴运动,其平衡位置在原点,运动时受到与位移大小成正比(比例常数为 k)的弹簧恢复力,又受到与速度大小成正比(比例常数为 μ)的阻力,求物体的位移.

解 设物体的位移为 $x(t)$,依牛顿第二定律得到

$$mx''=-kx-\mu x',$$

方程右端项前的负号是因为弹簧恢复力、阻力分别与位移、速度方向相反. 记 $2\nu=\dfrac{\mu}{m}$, $\tilde{\omega}^2=\dfrac{k}{m}$,于是方程写为

$$x''+2\nu x'+\tilde{\omega}^2x=0.$$

(1) 当 $\nu=0$ 即运动无阻尼时,特征方程为 $r^2+\tilde{\omega}^2=0$,特征根为 $\pm\tilde{\omega}i$,得到通解为

$$x(t)=C_1\cos\tilde{\omega}t+C_2\sin\tilde{\omega}t,$$

可改写为

$$x(t)=A\sin(\tilde{\omega}t+\phi).$$

其中 $A=\sqrt{C_1^2+C_2^2}$, $\phi=\arctan\dfrac{C_1}{C_2}$.

这是一个简谐振动,它保持频率$\tilde{\omega}$与振幅A不变,无论初始位移和速度如何,振动的频率总是$\tilde{\omega}$,称其为弹簧的固有频率.

(2) 当$\nu>0$即运动有阻尼时,特征方程为$r^2+2\nu r+\tilde{\omega}^2=0$.

若$0<\nu<\tilde{\omega}$,即为小阻尼情况,特征根为$-\nu\pm i\tilde{\omega}_1(\tilde{\omega}_1=\sqrt{\tilde{\omega}^2-\nu^2})$,那么通解为

$$x(t)=e^{-\nu t}(C_1\cos\tilde{\omega}_1 t+C_2\sin\tilde{\omega}_1 t),$$

可改写为

$$x(t)=Ae^{-\nu t}\sin(\tilde{\omega}_1 t+\phi).$$

这个振动的频率$\tilde{\omega}_1$依然与运动的初始状态无关,但其振幅$Ae^{-\nu t}$随着时间增加逐步衰减.

若$\nu=\tilde{\omega}$,为临界阻尼情况,特征根为$-\nu$(二重),那么通解为

$$x(t)=e^{-\nu t}(C_1+C_2 t).$$

这是个逐步衰减的运动,但并不发生振动.

若$\nu>\tilde{\omega}$,为大阻尼情况,特征根为$-\nu\pm\sqrt{\nu^2-\tilde{\omega}^2}$,均为负数,记为$-\nu_1,-\nu_2$,则通解为

$$x(t)=C_1e^{-\nu_1 t}+C_2e^{-\nu_2 t}.$$

这是一个更快衰减且无振动的运动.

二阶齐次常系数微分方程基本解组的结论可以推广到n阶线性齐次常系数微分方程

$$y^{(n)}+p_1y^{(n-1)}+\cdots+p_{n-1}y'+p_ny=0,$$

其相应的特征方程为

$$r^n+p_1r^{n-1}+\cdots+p_{n-1}r+p_n=0.$$

表6.2列出了n阶线性齐次常系数微分方程基本解组的构成:

表 6.2 n阶线性齐次常系数微分方程基本解组的组成函数

特征根情况	基本解组中对应的函数
单实根r	e^{rx}
k重实根r	$e^{rx},xe^{rx},\cdots,x^{k-1}e^{rx}$
单重共轭复根$\alpha+i\beta,\alpha-i\beta$	$e^{\alpha x}\cos\beta x,e^{\alpha x}\sin\beta x$
k重共轭复根$\alpha+i\beta,\alpha-i\beta$	$e^{\alpha x}\cos\beta x,e^{\alpha x}\sin\beta x,\cdots,$ $x^{k-1}e^{\alpha x}\cos\beta x,x^{k-1}e^{\alpha x}\sin\beta x$

例 6.23 求解方程$y'''-3y''+3y'-y=0$.

解 特征方程为$r^3-3r^2+3r-1=0$,特征根$r=1$(三重),故e^x,xe^x,x^2e^x为此方

程的基本解组,于是原方程通解为

$$y=C_1e^x+C_2xe^x+C_3x^2e^x.$$

例 6.24 求解方程 $y^{(4)}+4y''=0$.

解 特征方程为 $r^4+4r^2=0$,特征根 $r=0,0,\pm 2i$,故 $1,x,\cos 2x,\sin 2x$ 为此方程的基本解组,于是原方程通解为

$$y=C_1+C_2x+C_3\cos 2x+C_4\sin 2x.$$

6.5.2 常系数线性非齐次方程

常系数二阶线性非齐次方程的形式为

$$y''+py'+qy=f(x),$$

其中 p,q 是实数,$f(x)$ 是连续函数.

我们在 6.4 已经指出,一般而言,在求出对应齐次方程

$$y''+py'+qy=0$$

的基本解组后,可用常数变易法求出特解;但常数变易法往往比较麻烦,而当非齐次项 $f(x)$ 为某些特殊形式时,则可用待定系数法来求特解. 以下我们根据 $f(x)$ 的两种形式,给出相应特解的待定形式.

1. $f(x)=(b_0x^m+b_1x^{m-1}+\cdots+b_{m-1}x+b_m)e^{\lambda x}$

根据方程具有常系数和 $f(x)$ 的形式,考虑到多项式与指数函数的乘积的导数仍为此类函数,我们可设方程 $y''+py'+qy=f(x)$ 的特解形式为

$$y^*=P(x)e^{\lambda x},$$

其中 $P(x)$ 为多项式,从而

$$(y^*)'=[P'(x)+\lambda P(x)]e^{\lambda x},$$

$$(y^*)''=[P''(x)+2\lambda P'(x)+\lambda^2P(x)]e^{\lambda x}$$

代入方程并两边约去 $e^{\lambda x}$,可得

$$P''(x)+(2\lambda+p)P'(x)+(\lambda^2+p\lambda+q)P(x)=b_0x^m+b_1x^{m-1}+\cdots+b_{m-1}x+b_m.$$

这是一个关于 $P(x)$ 的方程,注意上式右边是 m 次多项式,左边也必须是 m 次多项式.

(1) 若 λ 不是特征方程 $r^2+pr+q=0$ 的根,即 $\lambda^2+p\lambda+q\neq 0$,那么显然此时可设 $P(x)$ 为 m 次多项式,即

$$P(x)=B_0x^m+B_1x^{m-1}+\cdots+B_{m-1}x+B_m.$$

(2) 若 λ 是特征方程 $r^2+pr+q=0$ 的单根,即 $\lambda^2+p\lambda+q=0$,而由 $p^2-4q\neq 0$ 可知 $2\lambda+p\neq 0$,那么此时应设 $P'(x)$ 为 m 次多项式,即

$$P(x)=x(B_0x^m+B_1x^{m-1}+\cdots+B_{m-1}x+B_m)$$

(3) 若 λ 是特征方程 $r^2+pr+q=0$ 的二重根，即 $\lambda^2+p\lambda+q=0$，而且 $p^2-4q=0$，那么此时应设 $P''(x)$ 为 m 次多项式，即

$$P(x)=x^2(B_0x^m+B_1x^{m-1}+\cdots+B_{m-1}x+B_m)$$

在这三种情况下所设的 $P(x)$ 代入上面关于 $P(x)$ 的方程并比较两边多项式的系数，就可以得到 $m+1$ 个线性代数方程，从而解出 $B_0,B_1,\cdots,B_m$.

总之我们可设 $y''+py'+qy=0$ 的特解形式为

$$y^*=x^k(B_0x^m+B_1x^{m-1}+\cdots+B_{m-1}x+B_m)e^{\lambda x},$$

其中 k 是 λ 作为特征方程 $r^2+pr+q=0$ 的根的重数(若 λ 不是特征根，可认为是零重根)，$B_0,B_1,\cdots,B_m$ 是待定系数.

例 6.25 求解方程 $y''-y'-6y=6x+2$.

解 对应线性齐次方程的特征方程为 $r^2-r-6=0$，可得特征根 $r=-2,3$，原方程的非齐次项 $f(x)=6x+2$，$\lambda=0$ 不是特征根，故设特解为

$$y^*=Ax+B.$$

代入方程可有

$$-A-6(Ax+B)=6x+2,$$

比较系数得到

$$\begin{cases}-A-6B=2,\\-6A=6;\end{cases}$$

于是 $A=-1$、$B=-\dfrac{1}{6}$，即 $y^*=-x-\dfrac{1}{6}$. 由于相应齐次方程的基本解组为 e^{-2x},e^{3x}，故原方程的通解为

$$y=C_1e^{-2x}+C_2e^{3x}-x-\frac{1}{6}.$$

例 6.26 求解方程 $y''-2y'+y=3xe^x$.

解 对应线性齐次方程的特征方程为 $r^2-2r+1=0$，特征根 $r=1,1$，原方程的非齐次项 $f(x)=3xe^x$，$\lambda=1$ 是二重特征根，故设特解为

$$y^*=x^2(Ax+B)\ e^x.$$

从而有

$$(y^*)'=(3Ax^2+2Bx)\ e^x+(Ax^3+Bx^2)\ e^x=[Ax^3+(3A+B)x^2+2Bx]e^x,$$
$$(y^*)''=[Ax^3+(3A+B)x^2+2Bx]e^x+[3Ax^2+2(3A+B)x+2B]e^x$$
$$=[Ax^3+(6A+B)x^2+(6A+4B)x+2B]e^x,$$

代入方程后约去等式两边的 e^x 得到

$$6Ax+2B=3x,$$

比较系数立刻有

$$2B=0,6A=3,$$

即 $A=\frac{1}{2},B=0$．于是原方程的特解为

$$y^*=\frac{1}{2}x^3\mathrm{e}^x,$$

由于对应齐次方程的基本解组为 $\mathrm{e}^x,x\mathrm{e}^x$，故原方程的通解为

$$y=\left(\frac{1}{2}x^3+C_1x+C_2\right)\mathrm{e}^x.$$

当常系数线性非齐次方程的阶数高于二阶时，同样可以用这一方法求待定系数来得到特解；而且在 $f(x)$ 中的 λ 和 $b_0,b_1,\cdots,b_m$ 为复数时方法仍然有效.

例 6.27　求解方程 $y'''-3y''+4y'-2y=\mathrm{e}^x$.

解　对应线性齐次方程的特征方程为 $r^3-3r^2+4r-2=0$ 即

$$(r-1)(r^2-2r+2)=0,$$

可解出特征根为 $r=1,1\pm\mathrm{i}$，原方程非齐次项为 e^x，$\lambda=1$ 为一重特征根，因此设特解为

$$y^*=Ax\mathrm{e}^x.$$

从而

$$(y^*)'=A(x+1)\mathrm{e}^x,\ (y^*)''=A(x+2)\mathrm{e}^x,\ (y^*)'''=A(x+3)\mathrm{e}^x,$$

代入原方程可得 $A=1$. 由于对应齐次方程的基本解组为 $\mathrm{e}^x,\mathrm{e}^x\cos x,\mathrm{e}^x\sin x$，故原方程的通解为

$$y=x\mathrm{e}^x+C_1\mathrm{e}^x+\mathrm{e}^x(C_2\cos x+C_3\sin x).$$

2. $f(x)=[P(x)\cos\beta x+Q(x)\sin\beta x]\mathrm{e}^{\alpha x}$

其中 $P(x),Q(x)$ 是实多项式，最高次数为 m；α,β 是实数，$\beta\neq0$.

利用欧拉公式可将三角函数化为复指数函数，即

$$\cos\beta x=\frac{\mathrm{e}^{-\mathrm{i}\beta x}+\mathrm{e}^{\mathrm{i}\beta x}}{2},\quad \sin\beta x=\frac{\mathrm{i}(\mathrm{e}^{-\mathrm{i}\beta x}-\mathrm{e}^{\mathrm{i}\beta x})}{2},$$

这样就有

$$f(x)=\frac{1}{2}\mathrm{e}^{\alpha x-\mathrm{i}\beta x}[P(x)+\mathrm{i}Q(x)]+\frac{1}{2}\mathrm{e}^{\alpha x+\mathrm{i}\beta x}[P(x)-\mathrm{i}Q(x)],$$

为两个共轭的复函数的和，它们都是多项式与指数函数乘积的形式，于是可采用情况 1 的方法来求对应的特解，先考虑

$$y''+py'+qy=\frac{1}{2}\mathrm{e}^{\alpha x-\mathrm{i}\beta x}[P(x)+\mathrm{i}Q(x)],$$

用待定系数法求得特解形如

$$y_1^* = x^k P_1(x) e^{\alpha x - i\beta x},$$

这里 $P_1(x)$ 是复系数多项式,再考虑

$$y''+py'+qy=\frac{1}{2}e^{\alpha x+i\beta x}[P(x)-iQ(x)],$$

由于方程右端的复函数与上一方程右端的复函数共轭,因此可知与 y_1^* 共轭的复函数

$$y_2^* = x^k \overline{P_1(x)} e^{\alpha x + i\beta x}$$

是此方程的特解,从而得到原方程 $y''+py'+qy=f(x)$ 的特解

$$\begin{aligned} y^* &= y_1^* + y_2^* = x^k P_1(x) e^{\alpha x - i\beta x} + x^k \overline{P_1(x)} e^{\alpha x + i\beta x} \\ &= x^k \{ [P_1(x) + \overline{P_1(x)}] \cos \beta x - i[P_1(x) - \overline{P_1(x)}] \sin \beta x \} e^{\alpha x}. \end{aligned}$$

注意 $P_1(x)+\overline{P_1(x)}$ 和 $-i[P_1(x)-\overline{P_1(x)}]$ 都是实函数,这样我们就得到这类方程的特解形式:

$$y^* = x^k [A(x) \cos \beta x + B(x) \sin \beta x] e^{\alpha x},$$

其中 k 是 $\alpha+i\beta$ 作为特征方程 $r^2+pr+q=0$ 的根的重数(若 $\alpha+i\beta$ 不是特征根,可认为是零重根),$A(x)$,$B(x)$ 是 m 次待定多项式.

例 6.28 求解方程 $y''+4y'+4y=\cos 2x$.

解 对应齐次方程的特征方程为 $r^2+4r+4=0$,特征根 $r=-2$ (二重),由非齐次项可知 $\alpha+i\beta=2i$ 不是特征根,故设特解为

$$y^* = A\cos 2x + B\sin 2x.$$

代入原方程得

$$8B\cos 2x - 8A\sin 2x = \cos 2x,$$

比较系数后有

$$A=0, \quad B=\frac{1}{8}.$$

由于对应齐次方程的基本解组为 e^{-2x},xe^{-2x},于是原方程通解为

$$y=\frac{1}{8}\sin 2x + e^{-2x}(C_1+C_2x).$$

例 6.29 求解方程 $y''-2y'+2y=e^x\cos x$.

解 对应齐次方程的特征方程为 $r^2-2r+2=0$,特征根 $r=1\pm i$,由非齐次项可知 $\alpha+i\beta=1+i$ 是一重特征根,故设特解为

$$y^* = x(A\cos x + B\sin x)e^x.$$

从而

$$(y^*)' = [x(A\cos x + B\sin x) + A\cos x + B\sin x - Ax\sin x + Bx\cos x]e^x,$$

$$(y^*)''=[x(A\cos x+B\sin x)+2(A\cos x+B\sin x)-2(Ax\sin x-Bx\cos x)$$
$$-2A\sin x+2B\cos x-Ax\cos x-Bx\sin x]e^x$$
$$=2[x(B\cos x-A\sin x)+(A+B)\cos x+(B-A)\sin x]e^x$$

代入方程后约去 e^x 得到

$$-2A\sin x+2B\cos x=\cos x$$

比较系数立即导出 $-2A=0,2B=1$，于是

$$A=0,\qquad B=\frac{1}{2},$$

得特解为

$$y^*=\frac{1}{2}xe^x\sin x.$$

由于对应齐次方程的基本解组为 $e^x\cos x,e^x\sin x$，故原方程通解为

$$y=\frac{1}{2}xe^x\sin x+e^x(C_1\cos x+C_2\sin x).$$

我们在前面的讨论中曾经将右边的非齐次项分成几项分别求对应特解，然后利用叠加原理(定理 6.1)得到原方程的特解，这种情况在求解时也是经常采用的.

例 6.30　求解方程 $y''-2y'+2y=e^x\cos x+e^{2x}$.

解　此题的右端项并非典型形式，因此需要分项处理. 在上例中已经求出此方程的特征根 $r=1\pm i$，且方程以 $e^x\cos x$ 为非齐次项时的特解是

$$y_1^*=\frac{1}{2}xe^x\sin x;$$

再考虑方程以 e^{2x} 为非齐次项时的特解，可设其为

$$y_2^*=A_1e^{2x},$$

代入方程易得

$$2A_1=1,$$

故 $A_1=\frac{1}{2}$，从而 $y_2^*=\frac{1}{2}e^{2x}$，于是原方程的特解为

$$y^*=\frac{1}{2}xe^x\sin x+\frac{1}{2}e^{2x}.$$

由于对应齐次方程的基本解组为 $e^x\cos x,e^x\sin x$，故原方程通解为

$$y=\frac{1}{2}xe^x\sin x+\frac{1}{2}e^{2x}+e^x(C_1\cos x+C_2\sin x).$$

例 6.31　函数 $y=y(x)$ 二阶可导，且满足 $\int_0^x(x-t)y(t)\,dt=\sin x-y(x)$，求 $y(x)$.

分析 这是一个积分形式的方程,由于积分是变上限积分,所以通过求导可以化为微分方程.

解 由于方程可以改写为

$$y(x)=\sin x-x\int_0^x y(t)\,\mathrm{d}t+\int_0^x ty(t)\,\mathrm{d}t,$$

对其两边求导得到

$$y'=\cos x-\int_0^x y(t)\,\mathrm{d}t,$$

对这个等式再次求导得到

$$y''+y=-\sin x,$$

同时注意由积分方程可以得到 $y(0)=0, y'(0)=1$.

微分方程的特征方程为 $r^2+1=0$,特征根为 $r=\pm\mathrm{i}$,容易看出可设特解

$$y^*=x(A\cos x+B\sin x),$$

从而

$$(y^*)''=-2A\sin x+2B\cos x-x(A\cos x+B\sin x),$$

代入方程得

$$-2A\sin x+2B\cos x=-\sin x,$$

于是导出

$$A=\frac{1}{2}, B=0,$$

故方程的特解为 $y^*=\frac{1}{2}x\cos x$,由于对应齐次方程的基本解组为 $\cos x, \sin x$,得到方程通解为

$$y=\frac{1}{2}x\cos x+C_1\cos x+C_2\sin x,$$

利用 $y(0)=0, y'(0)=1$,就有 $C_1=0, C_2=\frac{1}{2}$,这样得到

$$y(x)=\frac{1}{2}(x\cos x+\sin x).$$

例 6.32 在例 6.22 的物体振动问题中,若假设物体还受到周期性的外力 $H\sin pt$,此时物体的运动为强迫振动,试在无阻尼时,讨论其运动规律.

解 此时运动方程为

$$x''+\tilde{\omega}^2x=h\sin pt,$$

其中 $h=\frac{H}{m}$. 对应齐次方程通解为

$$C_1\cos\tilde{\omega}t+C_2\sin\tilde{\omega}t=A\sin(\tilde{\omega}t+\phi).$$

若 $p\neq\tilde{\omega}$，那么特解形式为 $x^*=B_1\cos pt+C_1\sin pt$，代入线性非齐次运动方程易得特解为

$$x^*=\frac{h}{\tilde{\omega}^2-p^2}\sin pt,$$

于是通解为

$$x(t)=\frac{h}{\tilde{\omega}^2-p^2}\sin pt+A\sin(\tilde{\omega}t+\phi).$$

这个运动中第一项是由外力引起的强迫振动项，显然 p 越接近 $\tilde{\omega}$，强迫振动的振幅就越大，如果振幅超过弹簧的承受范围，弹簧就断了.

若 $p=\tilde{\omega}$，那么特解形式为 $x^*=t(B_2\cos\tilde{\omega}t+C_2\sin\tilde{\omega}t)$，不难确定

$$x^*=-\frac{h}{2\tilde{\omega}}t\cos\tilde{\omega}t,$$

故通解为

$$x(t)=-\frac{h}{2\tilde{\omega}}t\cos\tilde{\omega}t+A\sin(\tilde{\omega}t+\phi).$$

此时运动的第一项表示其振幅随着时间增加而无限增大，当然最终会导致弹簧损坏，这就是物理学中的共振现象.

作为练习，读者可以讨论有小阻尼时强迫振动的运动规律.

以二阶常系数线性非齐次方程为数学模型的另一个典型例子是 *RLC* 电路问题.

例 6.33　在由电阻 R，电感 L 和电容 C（R,L,C 均为常数）串联成的电路中，接入电动势为 $E(t)=E_0\sin pt$ 的电源（图 6.5），求在开关闭合后电路中的电流 $I(t)$.

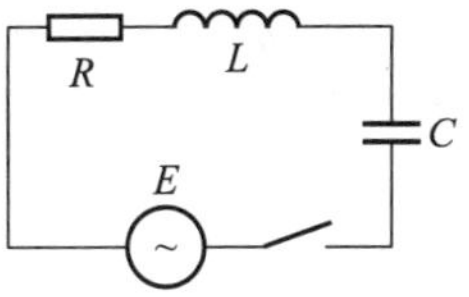

图 6.5

解　根据电学中的基尔霍夫（Kirchhoff）定律，闭合电路中电压降的代数和等于接入电路电源的电动势，在此电路中电流在电阻、电感和电容上的电压降分别为 $IR, L\frac{\mathrm{d}I}{\mathrm{d}t}$ 和 $\frac{q}{C}$（q 是电容两极板间电量），于是有

$$L\frac{\mathrm{d}I}{\mathrm{d}t}+RI+\frac{q}{C}=E_0\sin pt,$$

注意到电量 q 与电流的关系$\frac{\mathrm{d}q}{\mathrm{d}t}=I$,将上面方程两边对 t 求导,就可导得

$$L\frac{\mathrm{d}^2I}{\mathrm{d}t^2}+R\frac{\mathrm{d}I}{\mathrm{d}t}+\frac{1}{C}I=E_0p\cos pt.$$

这个方程与例 6.32 中方程的形式类似,读者可以进行类似的讨论.

6.5.3 欧拉方程

二阶欧拉方程的形式是

$$x^2y''+pxy'+qy=0,$$

其中 p,q 是实数.

设 $x=\mathrm{e}^t$,把 y 看作 t 的函数,则 $\mathrm{d}x=\mathrm{e}^t\mathrm{d}t=x\mathrm{d}t$,那么由

$$y'=\frac{\mathrm{d}y}{\mathrm{d}x}=\frac{\mathrm{d}y}{\mathrm{d}t}\cdot\frac{\mathrm{d}t}{\mathrm{d}x}=\frac{1}{x}\cdot\frac{\mathrm{d}y}{\mathrm{d}t},$$

$$y''=\frac{\mathrm{d}}{\mathrm{d}x}\left(\frac{1}{x}\cdot\frac{\mathrm{d}y}{\mathrm{d}t}\right)=-\frac{1}{x^2}\cdot\frac{\mathrm{d}y}{\mathrm{d}t}+\frac{1}{x}\cdot\frac{\mathrm{d}}{\mathrm{d}x}\left(\frac{\mathrm{d}y}{\mathrm{d}t}\right)$$

$$=-\frac{1}{x^2}\cdot\frac{\mathrm{d}y}{\mathrm{d}t}+\frac{1}{x}\cdot\frac{\mathrm{d}^2y}{\mathrm{d}t^2}\cdot\frac{\mathrm{d}t}{\mathrm{d}x}=\frac{1}{x^2}\left(\frac{\mathrm{d}^2y}{\mathrm{d}t^2}-\frac{\mathrm{d}y}{\mathrm{d}t}\right)$$

可得

$$xy'=\frac{\mathrm{d}y}{\mathrm{d}t},x^2y''=\frac{\mathrm{d}^2y}{\mathrm{d}t^2}-\frac{\mathrm{d}y}{\mathrm{d}t},$$

故原方程化为

$$\frac{\mathrm{d}^2y}{\mathrm{d}t^2}+(p-1)\frac{\mathrm{d}y}{\mathrm{d}t}+qy=0.$$

这是 y 关于 t 的一个二阶常系数线性方程,可用前面所述方法求解,然后用 $t=\ln x$ 代回,得到原方程的解.

为了便于记忆,引进符号 $\mathrm{D}=\frac{\mathrm{d}}{\mathrm{d}t}$,采用如下的写法:

$$\frac{\mathrm{d}y}{\mathrm{d}t}=\frac{\mathrm{d}}{\mathrm{d}t}y=\mathrm{D}y,$$

$$\frac{\mathrm{d}^2y}{\mathrm{d}t^2}-\frac{\mathrm{d}y}{\mathrm{d}t}=\frac{\mathrm{d}}{\mathrm{d}t}\left(\frac{\mathrm{d}}{\mathrm{d}t}-1\right)y=\mathrm{D}(\mathrm{D}-1)y$$

(右边的符号在形式上依乘法法则运算,但这里“相乘”是一种“作用”,其真实含义应根据上式左边的导数符号来理解.)

这样原方程就化为以 t 为自变量的常系数线性微分方程

$$[\mathrm{D}(\mathrm{D}-1)+p\mathrm{D}+q]y=0.$$

不难验证其特征方程为

$$r(r-1)+pr+q=0,$$

从而容易求出此微分方程的通解,再将自变量换回为 x,就得到原方程的通解.

注意这个变换限制了 $x>0$,在 $x<0$ 时则可以作变换 $x=-e^t$,将得到完全同样的方程,因此在解这类方程时,我们一般仅作变换 $x=e^t$,而在求出以 t 为变量的解后,再作代换 $t=\ln|x|$就行了.

例 6.34 求解方程 $x^2y''-xy'+y=0$.

解 令 $x=e^t$,方程化为

$$[D(D-1)-D+1]y=0,$$

特征方程为 $r(r-1)-r+1=0$,得特征根 $r=1$(二重),从而这方程的基本解组为 e^t,te^t,于是原方程的基本解组为 $x,x\ln|x|$,故原方程的通解为

$$y=C_1x+C_2x\ln|x|.$$

例 6.35 求解方程 $x^2y''+5xy'+13y=0$.

解 令 $x=e^t$,方程化为

$$[D(D-1)+5D+13]y=0,$$

其特征方程为 $r(r-1)+5r+13=0$,特征根 $r=-2\pm3i$,从而这方程的基本解组为 $e^{-2t}\cos 3t,e^{-2t}\sin 3t$,于是原方程的基本解组为 $x^{-2}\cos 3\ln|x|,x^{-2}\sin 3\ln|x|$,故原方程通解为

$$y=x^{-2}(C_1\cos 3\ln|x|+C_2\sin 3\ln|x|).$$

在欧拉方程的右边有非齐次项时,仍然采用变换 $x=e^t$,转化为以 t 为自变量的常系数方程,求出特解和通解后再回到以 x 为自变量的解.

例 6.36 求解方程 $x^2y''+xy'-y=3x^2$.

解 令 $x=e^t$,方程化为

$$[D(D-1)+D-1]y=3e^{2t},$$

对应线性齐次方程的特征方程为 $r(r-1)+r-1=0$,特征根 $r=\pm1$,相应的基本解组为 e^t,e^{-t},由非齐次项 $3e^{2t}$知可设特解 $y^*=Ae^{2t}$,代入方程$(D^2-1)y=3e^{2t}$,易得 $3A=3$,故 $A=1$,从而

$$y^*=e^{2t},$$

故方程的通解为

$$y=e^{2t}+C_1e^t+C_2e^{-t},$$

换回自变量 x,于是原方程通解为

$$y=x^2+C_1x+C_2x^{-1}.$$

对高阶欧拉方程

$$x^n y^{(n)}+p_1x^{n-1}y^{(n-1)}+\cdots+p_{n-1}xy'+p_ny=0$$

可以用同样的方法,注意在作变换 $x=\mathrm{e}^t$时有

$$x^ky^{(k)}=\mathrm{D}(\mathrm{D}-1)\cdots(\mathrm{D}-k+1)y.$$

例 6.37　求解方程 $x^3y'''+3x^2y''-2xy'+2y=0$.

解　令 $x=\mathrm{e}^t$,方程化为

$$[\mathrm{D}(\mathrm{D}-1)(\mathrm{D}-2)+3\mathrm{D}(\mathrm{D}-1)-2\mathrm{D}+2]y=0,$$

特征方程为 $r(r-1)(r-2)+3r(r-1)-2r+2=0$ 即 $(r-1)^2(r+2)=0$,得特征根为 $r=1$（二重）,-2,相应的基本解组为 $\mathrm{e}^t,t\mathrm{e}^t,\mathrm{e}^{-2t}$,故通解为

$$y=C_1\mathrm{e}^t+C_2t\mathrm{e}^t+C_3\mathrm{e}^{-2t}.$$

换回自变量 x,则原方程的通解为

$$y=C_1x+C_2x\ln|x|+C_3x^{-2}.$$

6.6　微分方程的数值解

在前几小节中我们介绍了某些微分方程的解法,虽然还存在另一些求解微分方程的方法,但事实上绝大多数的微分方程(即使是一阶方程)是无法求出其解析解的. 对于来自实际的许多微分方程问题而言,数值的结果往往是十分必要的,因此求出近似解的数值方法就显得尤为重要了.

1. 欧拉法

考虑一阶微分方程的初值问题:

$$\begin{cases}\dfrac{\mathrm{d}y}{\mathrm{d}x}=f(x,y),\\ y(x_0)=y_0.\end{cases}$$

微分方程初值问题的**数值解法**,就是寻求初值问题的解 $y=y(x)$ 在一系列离散点(称为节点)$x_0,x_1,x_2,\cdots,x_n\cdots$处的近似值 $y_0,y_1,y_2,\cdots,y_n\cdots$,这些近似值称为初值问题的**数值解**.

欧拉法的思想十分简单,就是用差商来代替微商.若选定 $\Delta x_{k+1}=x_{k+1}-x_k$ 为常数 h(通常称之为**步长**),那么相应于 Δx_{k+1},y 的增量为 $\Delta y_{k+1}=y_{k+1}-y_k$,从而在 $[x_k,x_{k+1}]$上微分方程就代之以

$$\frac{\Delta y_{k+1}}{\Delta x_{k+1}}=f(x_k,y_k),$$

即

$$y_{k+1}=y_k+hf(x_k,y_k).$$

这是一个迭代格式，称为**欧拉格式**. 只要知道 y 在 x_k 处的值 y_k，就可求出其在 x_{k+1} 处的值 y_{k+1}，其中初始值 y_0 就是初值问题的初始值 $y(x_0)=y_0$.

下面给出欧拉法的几何解释：

连接点 $P_0(x_0,y_0),P_1(x_1,y_1),P_2(x_2,y_2),\cdots,P_n(x_n,y_n),\cdots$ 得到一条折线，它就是初值问题的近似解曲线，该折线称为**欧拉折线**. 由于点 (x_k,y_k) 处的斜率为 $f(x_k,y_k)$ 的直线方程为

$$y=y_k+f(x_k,y_k)(x-x_k),$$

故 (x_{k+1},y_{k+1}) 在此直线上. 因此欧拉折线是这样得到的：从点 $P_0(x_0,y_0)$ 出发，沿着点 $P_0(x_0,y_0)$ 处的斜率方向走一小段直线到点 $P_1(x_1,y_1)$，再沿着点 $P_1(x_1,y_1)$ 处的斜率方向走一小段直线到点 $P_2(x_2,y_2)$，这样一直走下去就得到欧拉折线，所以欧拉法也称为欧拉折线法.

例 6.38 试用欧拉法求初值问题 $y'=y-\dfrac{2x}{y},y(0)=1$ 在 $[0,1]$ 的近似解.

解 将区间 $[0,1]$ 作 n 等分，分点为

$$0=x_0<x_1<x_2<\cdots<x_n=1,$$

则步长为 $h=\dfrac{1}{n},x_k=kh$，而 $x_0=0,y_0=1$，欧拉格式为

$$y_{k+1}=y_k+h\left(y_k-\frac{2x_k}{y_k}\right)=(1+h)y_k-\frac{2kh^2}{y_k}.$$

若 n 分别取 10 和 100，利用计算工具可得如下的 y 在 $[0,1]$ 一些点上的值，列表如下：

x_k	y_k（欧拉法，$h=0.1$）	y_k（欧拉法，$h=0.01$）	y_k（精确解）
0	1.000 00	1.000 00	1.000 00
0.1	1.100 00	1.095 91	1.095 45
0.2	1.191 82	1.184 10	1.183 22
0.3	1.277 44	1.266 21	1.264 91
0.4	1.358 21	1.343 37	1.341 64
0.5	1.435 13	1.416 43	1.414 21
0.6	1.508 97	1.485 99	1.483 24
0.7	1.580 34	1.552 56	1.549 19
0.8	1.649 78	1.616 53	1.612 45
0.9	1.717 78	1.678 23	1.673 32
1.0	1.784 78	1.737 95	1.732 05

由此看出,步长越小,误差越小.

2. 改进欧拉法

欧拉格式实际上就是把连续型的微分方程 $y'=f(x,y)$ 改写成离散型的差分方程

$$\frac{y_{k+1}-y_k}{x_{k+1}-x_k}=f(x_k,y_k),$$

即用差商 $\frac{y_{k+1}-y_k}{x_{k+1}-x_k}$ 近似表示导数 $y'(x_k)$ $(k=0,1,\cdots,n,\cdots)$,这个差商称为导数 $y'(x_k)$ 的向前差商. 同样我们也可以用向后差商 $\frac{y_k-y_{k-1}}{x_k-x_{k-1}}$ 近似表示导数 $y'(x_k)$,向前差商与向后差商实际上是在导数近似式

$$y'(x_k)\approx\frac{y(x_k+\Delta x)-y(x_k)}{\Delta x}$$

中分别取 $\Delta x=h$ 和 $\Delta x=-h$ 而得到的. 仿照数值积分中同时用左、右矩形公式得到精度较好的梯形公式那样,我们在节点 x_k 和 x_{k+1} 分别取向前差商和向后差商,得到

$$\begin{cases}\dfrac{y_{k+1}-y_k}{x_{k+1}-x_k}=f(x_k,y_k),\\ \dfrac{y_{k+1}-y_k}{x_{k+1}-x_k}=f(x_{k+1},y_{k+1}).\end{cases}$$

取平均值,得到

$$y_{k+1}=y_k+\frac{1}{2}h[f(x_k,y_k)+f(x_{k+1},y_{k+1})]\ (k=0,1,2,\cdots).$$

这个方法的精度比欧拉法的精度高. 但由于上式右端的 y_{k+1} 在第 $k+1$ 步的向后差商式子中还是个未知值,故可用欧拉法 $\bar{y}_{k+1}=y_k+hf(x_k,y_k)$ 先得到 y_{k+1} 的一个**预测值** $\bar{y}_{k+1}$,再用上述公式得到校正值 y_{k+1},这样我们就得到了初值问题数值解的迭代公式

$$\begin{cases}\bar{y}_{k+1}=y_k+hf(x_k,y_k),\\ y_{k+1}=y_k+\dfrac{1}{2}h[f(x_k,y_k)+f(x_{k+1},\bar{y}_{k+1})],\ k=0,1,2,\cdots.\end{cases}$$

上述这种**预测-校正**的方法称为**改进欧拉法**.

例 6.39 试用改进欧拉法求例 6.38 中初值问题的近似解.

解 将区间[0,1]作 n 等分,分点为

$$0=x_0<x_1<x_2<\cdots<x_n=1,$$

则步长为 $h=\dfrac{1}{n}$, $x_k=kh$,改进欧拉格式为

$$\begin{cases}\overline{y}_{k+1}=(1+h)y_k-\dfrac{2kh^2}{y_k},\\ y_{k+1}=\dfrac{1}{2}\left[y_k+\overline{y}_{k+1}+h\left(\overline{y}_{k+1}-\dfrac{2(k+1)h}{\overline{y}_{k+1}}\right)\right],k=0,1,2,\cdots.\end{cases}$$

将 n 分别取 10 和 100,用计算工具可得 y 在[0,1]一些节点上的值,列表如下(精确解的值仍然列出以便对照):

x_k	y_k（改进欧拉法,$h=0.1$）	y_k（改进欧拉法,$h=0.01$）	y_k（精确解）
0	1.000 00	1.000 00	1.000 00
0.1	1.095 91	1.095 45	1.095 45
0.2	1.184 10	1.183 22	1.183 22
0.3	1.266 20	1.264 92	1.264 91
0.4	1.343 36	1.341 66	1.341 64
0.5	1.416 40	1.414 24	1.414 21
0.6	1.485 96	1.483 27	1.483 24
0.7	1.552 51	1.549 23	1.549 19
0.8	1.616 47	1.612 49	1.612 45
0.9	1.678 17	1.673 37	1.673 32
1.0	1.737 87	1.732 11	1.732 05

显然改进欧拉法的结果比欧拉法有明显的改善,当步长为 0.01 时,所得近似解与精确解在上列节点的值相差甚微.

通过分析可以得到,若将求解区间 n 等分,当 $n\to\infty$ 时,欧拉法的误差为 $\dfrac{1}{n}$ 的同阶无穷小,而改进欧拉法的误差为 $\dfrac{1}{n}$ 的二阶无穷小.

6.7 微分方程的应用举例

在本章的开始我们就指出,微分方程密切联系各领域中的实际问题,在这一

节中将给出这种联系的一些具体例子.

把一个实际问题抽象简化为一个数学问题的过程,通常称为**数学建模**,所得到的数学问题则称为**数学模型**. 提炼数学模型是一种重要的数学应用能力,不仅需要掌握数学知识与方法,还需要了解相关实际问题的背景和规律.

正确而重要的数学模型对相关领域具有非凡的意义,甚至可能影响或推动相关学科的进步与发展.本节介绍的由牛顿发现的万有引力定律揭示了行星运行规律的本质原因,从而开创了天文学和力学的新时代,这就是一个典型例子.

1. 连续复利计息问题

设顾客在银行账户中有资金 B_0元,若年利率为 r,且每年把利息加入账户,则 t 年后账户中资金总数为

$$B(t)=B_0(1+r)^t,$$

这种计息方法称为年复利计息.

若一年内 k 次把利息加入账户,则 t 年后账户中资金总数为

$$B(t)=B_0\left(1+\frac{r}{k}\right)^{kt},$$

利息可以每月($k=12$),每周($k=52$),每日($k=365$),或者更频繁地,每小时或每分钟加入.

如果不是以离散的时间区间计息,而是连续地以正比(比例系数为 r)于账户资金的速率把利息加入账户,就可以用一个微分方程初值问题为账户建立资金增长的模型:

$$\begin{cases}\dfrac{\mathrm{d}B}{\mathrm{d}t}=rB,\\ B(0)=B_0.\end{cases}$$

上述模型称为连续复利计息模型,r 称为连续利率. 容易解得,t 年后账户中资金总数为

$$B(t)=B_0\mathrm{e}^{rt}.$$

注意到,当 $k\to\infty$ 时,$B(t)=B_0\left(1+\dfrac{r}{k}\right)^{kt}\to B_0\mathrm{e}^{rt}$,所以周期计息模式在计息周期趋于 0 时就得到连续复利计息的结果.

在金融学的各种研究问题中通常均采用连续复利.

2. 艺术赝品的鉴定问题

第二次世界大战时期,荷兰的米格伦(Meegeren)将荷兰国宝级画家维米尔(Vermeer,1632—1675)的画卖给纳粹头目戈林(Goering),战后,米格伦被捕入狱,但他却宣称卖给戈林的都是自己仿造的假画,而且他在狱中准备再现伪造过

程. 后来那些画多数被专家发现使用了现代颜料而确定为假画,但有一幅《以马忤斯的信徒》因其未分析出现代颜料且精美异常而难辨真伪,直至19世纪60年代才由科学家真正解决.

油画颜料含有的白铅中有少量放射性元素铅210和镭226,放射性物质均会衰变,其数量衰变到原来的一半所需时间称为半衰期,这两种元素的半衰期分别为22年和1600年,而且镭226衰变的部分在多次衰变后会成为铅210.

设 $y(t)$ 为时刻 t 每克白铅中铅210的含量(原子数),λ 是其衰变常数,由于镭226的半衰期为1600年,而《以马忤斯的信徒》的涉时不超过300年,故可设单位时间白铅中镭226衰变成铅210的数量为常数 r,于是

$$\frac{\mathrm{d}y}{\mathrm{d}t}=-\lambda y+r.$$

这个可分离变量方程的解为

$$y=\frac{r}{\lambda}+C\mathrm{e}^{-\lambda t}.$$

若设油画绘制时为 $t=0$,当时 $y=y_0$,那么易得

$$y=\frac{r}{\lambda}(1-\mathrm{e}^{-\lambda t})+y_0\mathrm{e}^{-\lambda t}.$$

毫无疑问,鉴定时的 $y(T)$ 可以测定,λ 也是知道的($\lambda\times$半衰期$=\ln 2$,建议读者自己推导这个关系式),如果知道 y_0,那么就可以求出从绘制到鉴定的时间 T,可是显然 y_0 无法得知. 因此科学家们采用另一种方法:根据鉴定时 $y(T)$ 的数量倒过来看绘画时每克白铅中铅210的衰变量 λy_0,如果此画有约三百年的历史,那么由上面 y 的解得到

$$\lambda y_0=\lambda y(T)\mathrm{e}^{300\lambda}-r(\mathrm{e}^{300\lambda}-1).$$

因为 $\lambda=\dfrac{\ln 2}{22}$,而鉴定时 $y(T)=8.5$,$r=0.8$,代入上式计算出

$$\lambda y_0=98\ 050.$$

另一方面颜料含有的白铅是由矿石中提炼的,科学家分析了地球上各种这类矿石的成分得出:在白铅制品中铅210的衰变量 λy 无论如何不会超过30 000,因此《以马忤斯的信徒》必定是一幅假画.

3. 核废料的处理

若干年以前,美国原子能委员会准备将放射性核废料装在密封的圆桶里扔到水深91.14 m的海底(圆桶的质量 $m=240$ kg,体积 $V=0.208\ \mathrm{m}^3$,海水的密度为 $\rho=1\ 026\ \mathrm{kg/m}^3$). 当时的一些生态学家和科学家都反对这种做法. 科学家们用实验得出结论:圆桶下沉时受到的阻力与圆桶的方位大致无关,而与下沉的速

度成正比,比例系数 $k=1.17$ kg/s;圆桶到达海底时的速度如果超过 12.2 m/s,圆桶会因碰撞而破裂,从而引起严重的核污染. 然而原子能委员会却认为不存在这种可能性,那么圆桶到达海底时的速度到底是多少呢?

设海平面为 x 轴,y 轴的正向沿铅直向下. 设时刻 t 圆桶的位置为 $y=y(t)$,速度为 $v=v(t)$,从而 $y(0)=0, v(0)=0$. 圆桶在下沉过程中所受到重力 $W=mg=240\times9.8=2\ 352\ (\mathrm{N})$,海水的浮力 $B=\rho Vg=2\ 091$ N,海水的阻力 $R=kv=1.17v$,于是圆桶在下沉过程受到的合力为

$$F=W-B-kv.$$

由于加速度 $a=\frac{\mathrm{d}v}{\mathrm{d}t}$,根据牛顿第二定律 $F=ma$,有 $m\frac{\mathrm{d}v}{\mathrm{d}t}=W-B-kv$,即

$$\frac{\mathrm{d}v}{\mathrm{d}t}=\frac{W-B-kv}{m}.$$

上式反映了速度与时间的关系,并没有直接反映速度与位移的联系. 为了得到速度与位移的关系,根据复合函数求导数的“链式法则”,有

$$\frac{\mathrm{d}v}{\mathrm{d}t}=\frac{\mathrm{d}v}{\mathrm{d}y}\cdot\frac{\mathrm{d}y}{\mathrm{d}t}=v\frac{\mathrm{d}v}{\mathrm{d}y},$$

故得到

$$v\frac{\mathrm{d}v}{\mathrm{d}y}=\frac{W-B-kv}{m}.$$

分离变量后,得

$$\frac{v\mathrm{d}v}{W-B-kv}=\frac{\mathrm{d}y}{m},$$

两端积分,得

$$-\frac{v}{k}-\frac{W-B}{k^2}\ln(W-B-kv)=\frac{y}{m}+C.$$

将初值条件 $v(0)=0, y(0)=0$ 代入上式,得 $C=-\frac{W-B}{k^2}\ln(W-B)$,所以

$$\frac{y}{m}=-\frac{v}{k}-\frac{W-B}{k^2}\ln\left(\frac{W-B-kv}{W-B}\right).$$

这是一个由 v 来表示 y 的表达式,将 $y=91.14$ m, $m=240$ kg, $W=2\ 352$ N, $B=2\ 091$ N以及 $k=1.17$ kg/s 代入上式并整理,得

$$v+223.08\ln(261-1.17v)-1\ 240.88=0.$$

虽然无法直接解出 v,但可以用牛顿切线法或用数学软件求出根

$$v\approx13.5\ \mathrm{m/s}>12.2\ \mathrm{m/s}.$$

这个结果否定了原子能委员会的提议,从而避免了可能发生的核污染.

4. 草原上一头猎犬发现一只兔子. 假设兔子位于猎犬正西 100 m 处,且它们同时互相发现了对方并同时起跑,兔子往正北方向 60 m 处的巢穴逃窜,猎犬追捕兔子. 如果兔子和猎犬都匀速跑,且猎犬的速度是兔子速度的 2 倍,问兔子能否逃脱猎犬的追捕?

解 如图 6.6 所示,设兔子的初始位置在坐标原点 O,猎犬的初始位置在 x 轴上点 A 处,兔子巢穴在 y 轴上点 B 处. 依题意,有

$$|OA|=100,\quad |OB|=60,$$

且兔子的运动轨迹为沿 y 轴做匀速直线运动,猎犬的运动轨迹则是一条连续曲线,设其方程为

$$y=y(x).$$

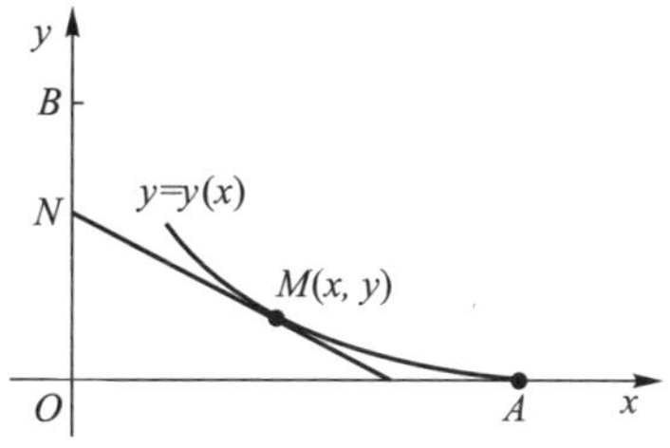

图 6.6

设某时刻猎犬在点 $M(x,y)$ 处,兔子在 y 轴上点 N 处. 由于猎犬每一时刻都盯着兔子,故直线 MN 就是曲线 $y(x)$ 在点 M 处的切线,其方程为 $Y-y=y'(X-x)$. 令 $X=0$,得到 $Y=y-xy'$. 根据弧长公式,则有

$$\widehat{MA}=\int_x^{100}\sqrt{1+y'^2}\,\mathrm{d}x.$$

由于猎犬的速度是兔子速度的 2 倍,故 $\widehat{MA}=2ON$,即

$$\int_x^{100}\sqrt{1+y'^2}\,\mathrm{d}x=2(y-xy').$$

这是一个积分方程,两端对 x 求导,得

$$2xy''=\sqrt{1+y'^2},$$

它所满足的初值条件是 $y(100)=0, y'(100)=0$.

此二阶方程是可降阶微分方程. 令 $y'=p(x)$,则 $y''=\dfrac{\mathrm{d}p}{\mathrm{d}x}$,从而方程化为 $2xp'=\sqrt{1+p^2}$,也即

$$\frac{\mathrm{d}p}{\sqrt{1+p^2}}=\frac{\mathrm{d}x}{2x},$$

两端积分,得

$$\ln\left(p+\sqrt{1+p^2}\right)=\ln\sqrt{x}+C,$$

由 $p(100)=y'(100)=0$,得 $C=-\ln 10$,于是

$$p=\sinh\left(\ln\frac{\sqrt{x}}{10}\right)=\frac{\sqrt{x}}{20}-\frac{5}{\sqrt{x}},$$

即有

$$y'=\frac{\sqrt{x}}{20}-\frac{5}{\sqrt{x}},$$

积分得

$$y=\frac{\sqrt{x^3}}{30}-10\sqrt{x}+C_1,$$

由 $y(100)=0$，得 $C_1=\frac{200}{3}$，故猎犬的运动轨迹方程为

$$y=\frac{\sqrt{x^3}}{30}-10\sqrt{x}+\frac{200}{3}.$$

因为 $y(0)=\frac{200}{3}>60$，所以猎犬没能追上兔子.

5. 传染病模型（S-I-R 模型）

设某寄宿学校共有 953 名学生，某一天发现一名学生得了流行性感冒（流感），一天后另外两名学生传染上了此流感，从此，流感在学生中传染开来，下面我们来建立流感传染的模型.

把学生分成三组：

S 为易感者数，即还未被感染上但以后会被感染上的学生数量；

I 为已感者数，即已经被感染上的学生数量；

R 为康复者或不再会被感染的学生数量. 那么

$$S+I+R=953.$$

设易感者被感染的速率与易感者、已感者之间接触的次数成正比，而接触次数与 SI 成正比，由于易感者被感染上后成为已感者，故易感者人数在下降，从而可设

$$\frac{\mathrm{d}S}{\mathrm{d}t}=-aSI.$$

已感者的数量变化由两部分组成：(1) 易感者被感染成为已感者，(2) 治疗后成为康复者. 设康复的速率与已感者的数量 I 成正比，为 bI，则得到

$$\frac{\mathrm{d}I}{\mathrm{d}t}=aSI-bI.$$

设康复者不再被传染，也不传染给他人，则有

$$\frac{\mathrm{d}R}{\mathrm{d}t}=bI.$$

由于总人数不变,由 S,I 可以得到 R,所以我们只要关注前两个方程.

常数 a 的大小刻画了传染病传播的快慢. 若 t 以天为单位,在 $I=1$ 时,由于一天后传染上两个,故此时$\frac{\mathrm{d}S}{\mathrm{d}t}\approx -2$,而 $S=952$,从而得

$$a=-\frac{1}{SI}\frac{\mathrm{d}S}{\mathrm{d}t}=\frac{2}{952}\approx 0.002\ 1,$$

假设在感染者中每天有一半康复,即 $b=0.5$,则有

$$\begin{cases}\dfrac{\mathrm{d}S}{\mathrm{d}t}=-0.002\ 1SI,\\ \dfrac{\mathrm{d}I}{\mathrm{d}t}=0.002\ 1SI-0.5I.\end{cases}$$

尽管我们能够用分析的方法或数值解法解上述方程来求出 S,I 关于时间 t 的函数表达式,从而进行流感传染情况的分析,但我们也可以不解上述方程,而从 I 随 S 变化的角度来分析流感传染的状态.

利用参数方程求导法,我们有

$$\frac{\mathrm{d}I}{\mathrm{d}S}=\frac{\dfrac{\mathrm{d}I}{\mathrm{d}t}}{\dfrac{\mathrm{d}S}{\mathrm{d}t}}=-1+\frac{238}{S},$$

我们称 SI 平面为相平面,而上述方程的解曲线称为相轨迹.

在初值条件 $S_0=952,I_0=1$ 下,我们容易得到解

$$I=-(S-953)+238\ln\frac{S}{952}.$$

图 6.7 所示的曲线是上述解的解曲线,流感在点$(S_0,I_0)=(952,1)$开始传播,随着时间 t 的推移,(S,I)也在移动,箭头方向是(S,I)移动的方向.

我们可以不看上述解,而直接从相平面方程$\frac{\mathrm{d}I}{\mathrm{d}S}=-1+\frac{238}{S}$来观察,当 $238<S<953$ 时,$\frac{\mathrm{d}I}{\mathrm{d}S}<0$,即随着 S 的减少,已感者人数 I 在增加,故流感在传播;而当$S<238$时,$\frac{\mathrm{d}I}{\mathrm{d}S}>0$,即随

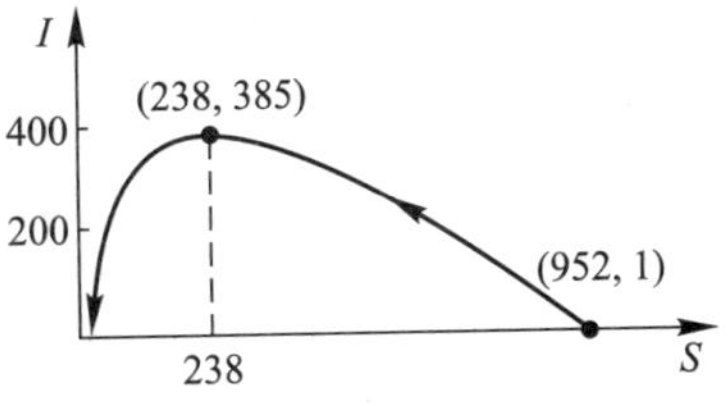

图 6.7

着 S 的减少，已感者人数 I 也在减少，故流感不再传播，故当 $S=238$ 时，已感者人数达到最大值 $I_{\max}\approx 385$，$S=238$ 被称为阈值.

从相平面方程 $\frac{\mathrm{d}I}{\mathrm{d}S}=-1+\frac{238}{S}$，我们还可以看出，不管 S 的初值是什么，只要初值 $S_0>238$，就有 $\frac{\mathrm{d}I}{\mathrm{d}S}<0$，流感就会传播，而当 $S_0<238$ 时，$\frac{\mathrm{d}I}{\mathrm{d}S}>0$，流感就不再传播，阈值都是 $S=238$. 如果我们能够有这种流感的疫苗让学生接种，使易感者的学生人数小于 238，则流感就不会在学生中传播了.

6. 二体问题

行星运动遵循哪些规律？它的轨道形状、近地点与远地点、周期如何？这就是二体问题.人们很早就开始探索这些问题. 德国天文学家开普勒通过对行星运动的大量观测数据，苦心钻研了约二十年，终于从中提出关于行星运动的三大定律，这是几千年观测天文学登峰造极的成就. 然而行星为什么遵循这样的规律？却是由于牛顿发现万有引力定律才得以解决的. 可以说牛顿建立了行星绕太阳运行的数学模型，并从理论上证明了开普勒行星运动三大定律的正确性，以下给出由万有引力定律推导开普勒三大定律的过程.

设太阳在空间直角坐标系的原点，行星在点 (x,y,z)，$r^2=x^2+y^2+z^2$，那么行星受到太阳的引力为

$$F=-GmM\frac{1}{r^2}\left(\frac{x}{r},\frac{y}{r},\frac{z}{r}\right)=-\mu m\frac{1}{r^3}(x,y,z),$$

其中 G 是万有引力常数，M,m 分别是太阳和行星的质量，$\mu=GM$. 于是依牛顿第二定律得到

$$\frac{\mathrm{d}^2x}{\mathrm{d}t^2}=-\mu\frac{x}{r^3},\ \frac{\mathrm{d}^2y}{\mathrm{d}t^2}=-\mu\frac{y}{r^3},\ \frac{\mathrm{d}^2z}{\mathrm{d}t^2}=-\mu\frac{z}{r^3}.$$

由后两个方程导出

$$z\frac{\mathrm{d}^2y}{\mathrm{d}t^2}-y\frac{\mathrm{d}^2z}{\mathrm{d}t^2}=0,$$

进而有

$$\frac{\mathrm{d}}{\mathrm{d}t}\left(y\frac{\mathrm{d}z}{\mathrm{d}t}-z\frac{\mathrm{d}y}{\mathrm{d}t}\right)=0,$$

从而得到

$$y\frac{\mathrm{d}z}{\mathrm{d}t}-z\frac{\mathrm{d}y}{\mathrm{d}t}=A.$$

类似地有

$$z\frac{\mathrm{d}x}{\mathrm{d}t}-x\frac{\mathrm{d}z}{\mathrm{d}t}=B,\quad x\frac{\mathrm{d}y}{\mathrm{d}t}-y\frac{\mathrm{d}x}{\mathrm{d}t}=C.$$

其中 A,B,C 为常数. 由上述三个等式可以得到

$$Ax+By+Cz=0,$$

上式表明行星的轨道在过坐标系原点的一平面上,适当选取 z 轴方向,可使其轨道在 xOy 平面内,于是运动方程简化为

$$\begin{cases}\dfrac{\mathrm{d}^2x}{\mathrm{d}t^2}=-\mu\dfrac{x}{r^3},\\ \dfrac{\mathrm{d}^2y}{\mathrm{d}t^2}=-\mu\dfrac{y}{r^3},\end{cases}$$

其中 $r=\sqrt{x^2+y^2}$,由上述方程得

$$2\left(\frac{\mathrm{d}x}{\mathrm{d}t}\frac{\mathrm{d}^2x}{\mathrm{d}t^2}+\frac{\mathrm{d}y}{\mathrm{d}t}\frac{\mathrm{d}^2y}{\mathrm{d}t^2}\right)=-\frac{\mu}{r^3}\frac{\mathrm{d}(x^2+y^2)}{\mathrm{d}t}=-\frac{2\mu}{r^2}\frac{\mathrm{d}r}{\mathrm{d}t},$$

两端对 t 积分,得

$$\left(\frac{\mathrm{d}x}{\mathrm{d}t}\right)^2+\left(\frac{\mathrm{d}y}{\mathrm{d}t}\right)^2=\frac{2\mu}{r}+\tilde{C},$$

其中 $\tilde{C}$ 为积分得到的常数. 引入极坐标

$$x=r\cos\theta,\quad y=r\sin\theta,$$

代入上述方程以及方程 $x\dfrac{\mathrm{d}y}{\mathrm{d}t}-y\dfrac{\mathrm{d}x}{\mathrm{d}t}=C$,不难得到

$$\left(\frac{\mathrm{d}r}{\mathrm{d}t}\right)^2+r^2\left(\frac{\mathrm{d}\theta}{\mathrm{d}t}\right)^2-\frac{2\mu}{r}=\tilde{C},\quad r^2\frac{\mathrm{d}\theta}{\mathrm{d}t}=C.$$

若我们取行星初始位置为远日点,那么此时 $\theta_0=0$,$r=r_0$是 r 的最大值,从而可得$\dfrac{\mathrm{d}r}{\mathrm{d}t}=0$,又设此时行星速度为 v_0,由于 $v=r\dfrac{\mathrm{d}\theta}{\mathrm{d}t}$,故得

$$C=r_0v_0,\quad \tilde{C}=v_0^2-\frac{2\mu}{r_0}.$$

现在来讨论 r 和 θ 的方程,由于

$$\frac{\mathrm{d}r}{\mathrm{d}t}=\pm\sqrt{\tilde{C}+\frac{2\mu}{r}-\frac{C^2}{r^2}},$$

故得

$$\frac{\mathrm{d}r}{\mathrm{d}\theta}=\frac{\mathrm{d}r}{\mathrm{d}t}\frac{\mathrm{d}t}{\mathrm{d}\theta}=\pm\frac{r^2}{C}\sqrt{\tilde{C}+\frac{2\mu}{r}-\frac{C^2}{r^2}},$$

这是可分离变量方程,若引进$\rho=\frac{C}{r}$和$\lambda^2=\tilde{C}+\frac{\mu^2}{C^2}$,则有

$$\mathrm{d}\theta=\mp\frac{\mathrm{d}\rho}{\sqrt{\lambda^2-\left(\rho-\frac{\mu}{C}\right)^2}}.$$

积分并利用初值得到

$$\pm\theta=\arccos\frac{\rho-\frac{\mu}{C}}{\lambda},$$

也即

$$\rho-\frac{\mu}{C}=\lambda\cos\theta.$$

记$p=\frac{C^2}{\mu}$,$e=\frac{\lambda C}{\mu}$,就有

$$r=\frac{p}{1+e\cos\theta},$$

这是二次曲线的方程,由于我们考虑的是行星绕太阳的运动,必有$e<1$,故行星的轨道是以太阳为焦点的椭圆,这是开普勒第一定律.

由$r^2\frac{\mathrm{d}\theta}{\mathrm{d}t}=C$,在区间$[t,t+\Delta t]$积分可得

$$\frac{1}{2}\int_t^{t+\Delta t}r^2\mathrm{d}\theta=\frac{1}{2}C\Delta t,$$

这说明行星在单位时间内扫过的面积是常数,这就是开普勒第二定律.

若在上式取Δt为行星绕太阳运行的周期T,那么导出

$$\pi ab=\frac{1}{2}CT\quad\Rightarrow\quad\frac{T^2}{a^3}=\frac{4\pi^2b^2}{C^2a},$$

其中a,b分别是行星椭圆轨道的半长轴和半短轴.由于椭圆的焦点参数$p=\frac{b^2}{a}$,故有$\frac{b^2}{a}=\frac{C^2}{\mu}$,从而

$$\frac{T^2}{a^3}=\frac{4\pi^2}{\mu}=\frac{4\pi^2}{GM},$$

这就是开普勒第三定律:行星运行周期的平方与轨道半长轴的立方之比是不依赖于行星的常数.

习题 6

1. 试指出下列微分方程的阶数：

(1) $3x(y')^2-4y^2y'=x$；

(2) $(e^{-x}-x^3y)dx-2xdy=0$；

(3) $yy''+xy'-x^2\tan y=0$；

(4) $xy'''+e^xy''-x^2y=\cos x$.

2. 验证下列各题中所给函数是否为对应微分方程的解：

(1) $xy'=2y$, $y=5x^2$；

(2) $\left(\dfrac{dy}{dx}\right)^2+4y^2-4=0$, $y=\sin(2x+C)$，其中 C 是任意常数；

(3) $y''+4y'+4y=0$, $y_1=xe^{-2x}$, $y_2=e^x$；

(4) $(1+xy)y'+y^2=0$, $\begin{cases}x=te^t,\\ y=e^{-t}.\end{cases}$

3. 设 $y=f(x)$ 是微分方程 $y''+2y'+3y=e^{3x}$ 满足初值条件 $y(0)=y'(0)=0$ 的特解，求极限 $\lim\limits_{x\to0}\dfrac{\ln(1+x^2)}{f(x)}$.

4. 求下列微分方程的解：

(1) $x^2y'+y=0$；

(2) $x\sec y dx+(x+1)dy=0$；

(3) $(x^2+1)\dfrac{dy}{dx}=xy$；

(4) $yy'+e^{y^2+3x}=0$.

5. 求下列齐次微分方程的解：

(1) $x\dfrac{dy}{dx}=y+x\sec\dfrac{y}{x}$；

(2) $(x+y)dx+(y-x)dy=0$；

(3) $xy'-y-xe^{\frac{y}{x}}=0$；

(4) $xy'\sin\dfrac{y}{x}-y\sin\dfrac{y}{x}+x=0$.

6. 求下列微分方程的解：

(1) $y'=\left(\dfrac{2}{x+y}\right)^2$；

(2) $y'=\dfrac{2x+4y+3}{x+2y+1}$；

(3) $y'=\dfrac{1}{(4x+y+1)(4x+y)}$；

(4) $\dfrac{dy}{dx}=\dfrac{y-x+1}{y+x+5}$.

7. 求解下列初值问题：

(1) $\dfrac{dy}{dx}=y^2+1, y(1)=0$；

(2) $\dfrac{dy}{dx}=\dfrac{xy+3x}{x^2+1}$, $y\big|_{x=2}=2$；

(3) $y'=\dfrac{1}{x-y}+1, y(0)=1$；

(4) $y'=\dfrac{x}{y}+\dfrac{y}{x}, y(1)=2$.

8. 求下列线性微分方程的解：

(1) $y'-3y=e^x$；

(2) $y'+4y=x$；

(3) $y'-2xy=x$；

(4) $\dfrac{dy}{dx}+y\cos x=e^{-\sin x}$；

(5) $y'\cos x=y\sin x+\sin 2x,x\in\left(-\frac{\pi}{2},\frac{\pi}{2}\right)$;

(6) $dx+(x+y^2)dy=0$.

9. 求解下列初值问题:

(1) $y'+y=x+e^x$, $y(0)=0$;　　(2) $xy'-3y=x^2$, $x>0$, $y(1)=0$;

(3) $t\frac{dx}{dt}=-x+\sin t$, $x(\pi)=1$;　　(4) $y'+y\cot x=5e^{\cos x}$, $y\left(\frac{\pi}{2}\right)=-4$.

10. 求解下列伯努利方程:

(1) $y'-3xy=xy^2$;　　(2) $x\frac{dy}{dx}+2y=\frac{y^3}{x}$;

(3) $y'+\frac{1}{x}y=2x^{-\frac{1}{2}}y^{\frac{1}{2}}$.

11. 设连续函数$f(x)$满足:$f(x)=\int_0^{2x}f\left(\frac{t}{2}\right)dt+\ln 2$,求$f(x)$.

12. 设连续函数$f(x)$满足:$\int_0^1 f(ux)du=\frac{1}{2}f(x)+1$,试求$f(x)$.

13. 函数$y(x)$在$(-\infty,0]$上定义且有连续导数,满足

$$2\int_0^x y(t)\sqrt{1+y'^2(t)}\,dt=2x+y^2(x),$$

试求$y(x)$.

14. 已知镭的衰变速度与它的现存量R成正比,假设镭经过1600年后,只剩下原始量R_0的一半.试求镭的现存量R与时间t的函数关系,且求再经过多少年镭的现存量只剩下原始量R_0的十分之一.

15. 一曲线过点(2,3),它在两坐标轴之间的任何切线段都被切点所平分,求此曲线.

16. 冷却或加热物体,其温度的变化率与其自身温度及外界温度的差成正比,这就是牛顿的加热及冷却定律.如果一瓶牛奶从5℃的冰箱中取出,放在恒温20℃的房间中,假定经过半小时牛奶温度为15℃,求经过多少时间牛奶温度为17℃?

17. 在一次谋杀后,被害者尸体的温度从原来的37℃开始变冷.假定周围空气温度一直保持为20℃不变,而尸体温度从37℃降为35℃需要2 h.试用牛顿冷却定律求:

(1) 尸体温度H作为时间t(单位:h)的函数的变化规律;

(2) 如果尸体被发现时的温度为32℃,时间是下午4点整,那么谋杀是何时发生的?

18. 有一个电阻$R=10\ \Omega$,电感$L=2$ H和电源电压$E(t)=20\sin 5t$ V的串联电路,已知电感两端的电压为电流变化率与电感的乘积,求开关闭合后电路中的电流$I(t)$与时间t的关系.

19. 会议室有500 m^3的空气,开始时不含一氧化碳,因抽烟缘故含一氧化碳量6%的烟雾以0.05 m^3/min的速率弥散到空气中,假定一氧化碳立刻均匀分布在室内空气中,同时排风系统以0.06 m^3/min的速率将室内空气排出,求经过多久室内一氧化碳含量达到0.1%?

20. 解下列微分方程:

(1) $y''=x+\cos x$;　　(2) $y''=\frac{1}{1+x^2}$;

（3）$4xy''-y''-4y'=0$；　　（4）$yy''-(y')^2=0$；

（5）$y''=(y')^3+y'$；　　（6）$y'''=y''$.

21. 求解下列初值问题：

（1）$y''-y'^2=0$，$y(0)=0$，$y'(0)=-1$；

（2）$y^3y''+1=0$，$y(1)=1$，$y'(1)=0$；

（3）$yy''=(y')^2-(y')^3$，$y(1)=1$，$y'(1)=-1$；

（4）$xy''+x(y')^2-y'=0$，$y(2)=2$，$y'(2)=1$.

22. 一导弹基地发现正北方向 120 km 处海面上有一艘敌艇以 90 km/h 的速度向正东方向行驶. 该基地立即发射导弹跟踪追击敌艇，导弹速度为 450 km/h，自动导航系统使导弹在任一时刻都能对准敌艇. 试问导弹在何时何处击中敌艇.

23. 假设空气的阻力与物体速度的平方成正比，而且当 $t\to+\infty$ 时，速度以 75 m/s 为极限. 求自由落体的运动规律.

24. 判断下列函数组在定义区间内的线性相关性：

（1）$e^{-2x}, 3e^{-2x}$；　　（2）$e^{2x}\cos 5x, e^{2x}\sin 5x$；

（3）$\ln x, x\ln x$；　　（4）$\sin 2x, \sin x\cos x$.

25. 验证 $y_1=e^x$ 是线性方程 $(1+2x-x^2)y''+(x^2-3)y'+2(1-x)y=0$ 的一个解，并确定 $y_2=ax^2+bx+c$ 的系数，使其成为方程的另一个解，由此写出方程的通解.

26. 已知下列齐次线性微分方程的一个解，试用刘维尔公式或常数变易法求方程的另一个线性无关解，并求出方程的通解：

（1）$x^2y''+xy'-y=0, y_1=x$；

（2）$x^2y''-2xy'+(x^2+2)y=0, y_1=x\cos x$；

（3）$(2x-1)y''-(2x+1)y'+2y=0, y_1=e^x$.

27. 试用观察法求出下列齐次微分方程的一个特解，进而求出方程的通解：

（1）$x^2(\ln x-1)y''-xy'+y=0$；　　（2）$(x-1)y''-(x+1)y'+2y=0$.

28. 判断 $y=x+C_1x^2+C_2x^2\ln x$（C_1, C_2 是任意常数）是否为微分方程 $x^2y''-3xy'+4y=x$ 的通解？试说明理由.

29. 求下列微分方程的通解：

（1）$y''-3y'+2y=0$；　　（2）$y''-2y'-2y=0$；

（3）$y''-2y'=0$；　　（4）$y''+6y'+9y=0$；

（5）$y''+6y'+10y=0$；　　（6）$y'''-y''-y'+y=0$.

30. 求下列微分方程满足所给初值条件的特解：

（1）$y''-2y'+2y=0$，$y(0)=1$，$y'(0)=2$；

（2）$y''-4y'+3y=0$，$y(1)=0$，$y'(1)=2$；

（3）$16y''+8y'+y=0$，$y(0)=0$，$y'(0)=0.5$；

（4）$y''+9y=0$，$y\left(\dfrac{\pi}{3}\right)=0$，$y'\left(\dfrac{\pi}{3}\right)=1$.

31. 求下列微分方程的通解：

(1) $y''-3y'=x-1$;　　(2) $6y''-y'-2y=xe^x$;

(3) $\dfrac{d^2x}{dt^2}+4x=t\sin t$;　　(4) $y''+y=x+\cos x$;

(5) $y''-2y'+y=e^x+3$;　　(6) $y''+2y'+2y=x+3+e^{-x}\sin x$.

32. 求下列微分方程满足所给初值条件的特解：

(1) $y''-3y'+2y=5$, $y(0)=1$, $y'(0)=2$;

(2) $y''+y+\sin 2x=0$, $y(\pi)=1$, $y'(\pi)=1$;

(3) $y''+y=2\cos x$, $y(0)=1$, $y'(0)=0$;

(4) $4y''+16y'+15y=4e^{-\frac{3}{2}x}$, $y(0)=3$, $y'(0)=-\dfrac{11}{2}$.

33. 设 a,b,c 都是正常数，且 $y(x)$ 是微分方程 $ay''+by'+cy=0$ 的一个解，证明：$\lim\limits_{x\to+\infty} y(x)=0$.

34. 设函数 $f(x)$ 连续，且满足：$f(x)=e^x+\int_0^x (t-x)f(t)\,dt$，求 $f(x)$.

35. 设函数 $y(x)$ 连续，且满足：$y(x)=\int_0^x ty(x-t)\,dt+\sin x$，求 $y(x)$.

36. 弹簧的一端系着 3 kg 的物体，在沿 x 轴方向 20 N 力的作用下弹簧伸长了 0.6 m，而当弹簧离开平衡位置原点时，初始速度 $v_0=1.5$ m/s，求 t 秒后物体的位置.

37. 质量为 m 的潜艇在水中下沉时，所受浮力与下沉速度成正比，假设潜艇由静止开始依重力下沉，求此潜艇的运动规律.

38. 设由电阻 $R=20\ \Omega$，电感 $L=1$ H，电容 $C=0.002$ F 和一个电动势为 $E(t)=12\sin 10t$ V 的电源串联成一个回路. 若初始电量和电流为 0，求电路中电量 $Q(t)$ 和电流 $I(t)$.

39. 求解下列欧拉方程：

(1) $x^2y''-3xy'+3y=0$;　　(2) $x^2y''+xy'+y=0$;

(3) $9x^2y''+3xy'+y=0$;　　(4) $x^2y''-5xy'+8y=2x^3$;

(5) $x^2y''+xy'+4y=2x\ln x$;　　(6) $(x+1)^2y''-2(x+1)y'+2y=0$.

40. 用欧拉法和改进欧拉法求下列初值问题的数值解：

(1) $y'=xy-xy^2$, $y(0)=0.5$；按 $h=0.1$ 在 $[0,1]$ 上求数值解，并列表与精确解进行比较.

(2) $y'=2x+y$, $y(-1)=0$；按 $h=0.1$ 在 $[-1,0]$ 上求数值解，并列表与精确解进行比较.

补充题

1. 在下列各题中，对给定的曲线族，求出它所满足的微分方程：

(1) $y=x^3-Cx$;　　(2) $(x-C)^2+y^2=1$;

(3) $y=(C_1+C_2x)e^{-x}$;　　(4) $y=Cx+C^2$.

2. 用适当的变换将下列方程化为可分离变量方程或一阶线性方程后求解：

(1) $xy'+y=y(\ln x+\ln y)$;　　(2) $\dfrac{dy}{dx}=\dfrac{4x^3y}{x^4+y^2}$;

(3) $(y^2-6x)y'+2y=0$;　　(4) $xy'-y=y^2\ln x$;

(5) $\frac{dy}{dx}=\frac{2x(y-1)}{x^2-y}$; (6) $y'\tan y+\frac{1}{x}=e^x\cos y$;

(7) $x(e^y-y')=2$.

3. 设连续可微函数 $f(x)$ 满足：$f'(x)+xf'(-x)=x$, $\forall x\in(-\infty,+\infty)$，试求 $f(x)$.

4. 设 $y_1(x)$ 与 $y_2(x)$ 是微分方程 $y'+P(x)y=Q(x)$ ($P(x)$, $Q(x)$ 连续)的两个不同的解，证明：对于该方程的任意一个解 $y(x)$，存在常数 C，使得：$\frac{y(x)-y_1(x)}{y_2(x)-y_1(x)}=C$.

5. 设 $f(x)$ 是以 ω (>0) 为周期的连续函数，证明线性微分方程 $\frac{dy}{dx}+ky=f(x)$（其中常数 $k\neq 0$）存在唯一的以 ω 为周期的解.

6. 设函数 $f(x)$ 在 $[0,+\infty)$ 连续，且 $\lim\limits_{x\to+\infty}f(x)=b$（$b$ 是常数），求证：当常数 $a>0$ 时，方程

$$y'+ay=f(x)$$

的任一解 $y(x)$ 在 $x\to+\infty$ 时趋于 $\frac{b}{a}$；而当 $a<0$ 时，方程有且仅有一个解具有此性质.

7. 求曲线族 $x^2+y^2=2ax$ 的正交曲线族，其中 a 为曲线族的参数.

8. 假设：(1) 函数 $y=f(x)$ ($0\leqslant x<+\infty$) 满足条件 $f(0)=0$ 和 $0\leqslant f(x)\leqslant e^x-1$；(2) 平行于 y 轴的动直线 MN 与曲线 $y=f(x)$ 和 $y=e^x-1$ 分别相交于点 P_1 和 P_2；(3) 曲线 $y=f(x)$、直线 MN 与 x 轴所围成图形的面积 S 的值等于线段 P_1P_2 的长度的值. 求函数 $y=f(x)$.

9. 一个半球体状的雪堆，其体积融化的速率与半球体表面积 S 成正比，比例常数 $K>0$. 假设在融化过程中雪堆始终保持半球体状，已知半径为 r_0 的雪堆在开始融化的 3 h 内，溶化了其体积的 $\frac{7}{8}$，问雪堆全部融化需要多少小时？

10. 某湖泊的水量为 V，每年排入湖泊内含污染物 A 的污水量为 $\frac{V}{6}$，流入湖泊内的清水量为 $\frac{V}{6}$，流出湖泊的水量为 $\frac{V}{3}$. 已知现在湖泊中污染物 A 的含量为 $5Q_0$，要求以后排入湖泊中含 A 污水的浓度不得超过 $\frac{Q_0}{V}$，问至多需经过多少年，湖泊中污染物 A 的含量 $Q(t)$ 降至 Q_0 以内？（假设湖水中 A 的浓度是均匀的.）

11. 某银行账户，以连续复利方式计息，年利息为 5%. 储户希望连续 20 年以每年 12 000 元的均匀速率用这一账户支付职工的工资.

(1) 写出账户余额 $B(t)$ 所满足的微分方程，t 以年为单位；

(2) 若初始存入账户中的数额为 B_0，试求上述微分方程的解；

(3) 问初始存入的数额为多少，才能使 20 年后账户中的余额恰好减至 0？

12. 设 $y(x)$ 是 $[0,+\infty)$ 上的连续可导函数，且满足

$$y(x)=-1+x+2\int_0^x(x-t)y(t)y'(t)\,dt,$$

求 $y(x)$.

13. 函数$f(x)$在$[0,+\infty)$上可导,$f(0)=1$,且满足等式

$$f'(x)+f(x)-\frac{1}{x+1}\int_0^x f(t)\,\mathrm{d}t=0.$$

(1) 求导数$f'(x)$;

(2) 证明:当$x>0$时,成立不等式$\mathrm{e}^{-x}\leqslant f(x)\leqslant 1$.

14. 设对任意$x>0$,曲线$y=f(x)$上点$(x,f(x))$处的切线在y轴上的截距等于$\frac{1}{x}\int_0^x f(t)\,\mathrm{d}t$,求$f(x)$.

15. 求解下列微分方程:

(1) $y'''-y''+4y'-4y=0$; (2) $y''+y=\sin x\sin 2x$.

16. 已知对应齐次方程的一个特解为y_1,求非齐次微分方程的通解:

(1) $y''+\frac{x}{1-x}y'-\frac{1}{1-x}y=x-1$, $y_1=\mathrm{e}^x$;

(2) $x^2y''-2xy'+2y=x^3\sin x, y_1=x$.

17. 设$y=y(x)$满足微分方程$y''-3y'+2y=2\mathrm{e}^x$,并且它在点$(0,1)$处的切线与$y=x^2-x+1$在该点处的切线重合,求$y=y(x)$.

18. 设二阶常系数线性微分方程$y''+\alpha y'+\beta y=\gamma\mathrm{e}^x$($\alpha,\beta,\gamma$为常数)的一个特解为$y=2\mathrm{e}^{2x}+(1+x)\mathrm{e}^x$,试确定常数$\alpha,\beta,\gamma$,并求微分方程的通解.

19. 方程$x''+8x'+7x=f(t)$中函数$f(t)$连续,试证:

(1) 当$f(t)$在$[0,+\infty)$有界时,方程的任一解$x(t)$在$[0,+\infty)$有界;

(2) 当$\lim\limits_{t\to+\infty}f(t)=0$时,方程的任一解$x(t)$有$\lim\limits_{t\to+\infty}x(t)=0$.

20. 利用变换$\mathrm{e}^x=t$,求解微分方程$y''-(2\mathrm{e}^x+1)y'+\mathrm{e}^{2x}y=0$.

21. 质量均匀,长为16 m的链条自桌面上无摩擦地滑下. 设链条从静止开始滑下时,它自桌面垂下部分的长为2 m,求链条从桌面上全部滑离所需要的时间.

22. 一单摆长为l,质量为m,做简谐运动. 假设其来往摆动之偏角θ很小(此时$\sin\theta\approx\theta$),试求单摆的运动方程,并求单摆摆动的周期.

23. 设函数$f(x),g(x)$均在$[a,b]$连续,$g(x)\geqslant 0$,且存在常数C,k ($k\geqslant 0$)使得

$$f(x)\leqslant k\int_a^x f(t)g(t)\,\mathrm{d}t+C.$$

试证:$f(x)\leqslant C\mathrm{e}^{k\int_a^x g(t)\,\mathrm{d}t}$.

部分习题参考答案

习 题 1

1. $A\cup B=\{a,b,c,e,f\}$，　$B\cap C=\{f\}$，　$A\cap C=\{a,c\}$，
   $(A\cup B)\cap C=\{a,c,f\}$，　$(B\cap C)\cup(A\cap C)=\{a,c,f\}$.
2. $A\cup B=\{x\mid -1\leqslant x<2\}$，　$A\cap B=\{x\mid 0<x\leqslant 1\}$，
   $A-B=\{x\mid -1\leqslant x\leqslant 0\}$，　$B-A=\{x\mid 1<x<2\}$.
3. (1) $\left(-\infty,\dfrac{2}{3}\right)\cup(4,+\infty)$；　(2) $(2,+\infty)$；　(3) $(-2,1)\cup(2,5)$.
4. (1) $\sup E=1,\inf E=0$；　(2) $\sup E=3,\inf E=-3$；
   (3) $\sup E=0,\inf E=-\infty$；　(4) $\sup E=1,\inf E=0$.
7. (1) 不相等；　(2) 不相等；　(3) 不相等；　(4) 相等.
8. (1) $(-\infty,1)\cup(1,2)\cup(2,+\infty)$；　(2) $(-1,1)$；
   (3) $\left(2k\pi+\dfrac{\pi}{3},2k\pi+\dfrac{5\pi}{3}\right),k=0,\pm1,\pm2,\cdots$；　(4) $[-1,3]$.
9. (1) $[-1,1]$；　(2) $[2k\pi,(2k+1)\pi]$，$k=0,\pm1,\pm2,\cdots$；　(3) $[-a,1-a]$；
   (4) 当 $0<a<\dfrac{1}{2}$ 时，$[a,1-a]$，当 $a=\dfrac{1}{2}$ 时，$\left\{\dfrac{1}{2}\right\}$，当 $a>\dfrac{1}{2}$ 时，$\varnothing$（空集）.
10. (1) $y=\begin{cases}2-3x, & x<\dfrac{2}{3},\\ 3x-2, & x\geqslant\dfrac{2}{3};\end{cases}$　(2) $y=\begin{cases}x-1, & x<2,\\ 7-3x, & 2\leqslant x<3,\\ 1-x, & x\geqslant 3.\end{cases}$
11. (1) 偶函数；　(2) 奇函数；　(3) 非奇非偶；
    (4) 奇函数；　(5) 偶函数；　(6) 当 $a=1$ 时，奇函数；当 $a\neq1$ 时，非奇非偶.
12. (1) 周期函数，$T=\pi$；　(2) 周期函数，$T=\pi$；
    (3) 非周期函数；　(4) 周期函数，$T=\dfrac{2\pi}{\omega}$；
    (5) 周期函数，$T=2\pi$.
14. (1) $\dfrac{1}{2}x-2$；　(2) x^2-2；　(3) $1-\cos x$；　(4) $\varphi(x)=\sqrt{\ln(1-x)}\ (x\leqslant 0)$.
15. (1) $\dfrac{2x^2+3}{x^2+1},x\in\mathbf{R}$；　(2) $f[\varphi(x)]=\begin{cases}2(x^2-1), & |x|\leqslant 1,\\ 0, & |x|>1;\end{cases}$

(3) $f[g(x)]=\begin{cases}2\ln x, & 1\leqslant x\leqslant \mathrm{e},\\ \ln^2 x, & \mathrm{e}<x\leqslant \mathrm{e}^2,\end{cases}$ $g[f(x)]=\begin{cases}\ln(2x), & 0<x\leqslant 1,\\ \ln x^2, & 1<x\leqslant 2;\end{cases}$

(4) $f[\varphi(x)]=\begin{cases}1, & x<0,\\ 0, & x=0,\\ -1, & x>0,\end{cases}$ $\varphi[f(x)]=\begin{cases}\mathrm{e}, & |x|<1,\\ 1, & |x|=1,\\ \dfrac{1}{\mathrm{e}}, & |x|>1;\end{cases}$

(5) $g[f(x)]=\begin{cases}2+x^2, & x<0,\\ 2+x, & x\geqslant 0,\end{cases}$ $f[f(2)]=4, g[g(-1)]=5.$

16. (1) 偶函数; (2) 偶函数; (3) 奇函数; (4) 偶函数.

18. (1) 当 $x\in(-\infty,+\infty)$ 时, $f(x)$ 严格单调增加, $f^{-1}(x)=\sinh x, x\in(-\infty,+\infty)$;

(2) 当 $x\in(-\infty,+\infty)$ 时, $f(x)$ 严格单调增加, $f^{-1}(x)=\log_2\dfrac{x}{1-x}, x\in(0,1)$;

(3) 当 $x\in(-\infty,1]$ 时, $g(x)$ 严格单调减少, $g^{-1}(x)=1-\sqrt{x+1}, x\in[-1,+\infty)$,

当 $x\in[1,+\infty)$ 时, $g(x)$ 严格单调增加, $g^{-1}(x)=1+\sqrt{x+1}, x\in[-1,+\infty)$;

(4) 当 $x\in(-\infty,0]$ 时, $g(x)$ 严格单调减少, $g^{-1}(x)=-\sqrt{x^3-1}, x\in[1,+\infty)$,

当 $x\in[0,+\infty)$ 时, $g(x)$ 严格单调增加, $g^{-1}(x)=\sqrt{x^3-1}, x\in[1,+\infty)$;

(5) 当 $x\in\left[-\dfrac{\pi}{2},\dfrac{\pi}{2}\right]$ 时, $h(x)$ 严格单调增加, $h^{-1}(x)=\arcsin x, x\in[-1,1]$,

当 $x\in\left[\dfrac{\pi}{2},\dfrac{3\pi}{2}\right]$ 时, $h(x)$ 严格单调减少, $h^{-1}(x)=\pi-\arcsin x, x\in[-1,1]$;

(6) 当 $x\in(-\infty,+\infty)$ 时, $h(x)$ 严格单调增加, $h^{-1}(x)=\begin{cases}x, & x<1,\\ \sqrt{x}, & 1\leqslant x\leqslant 16,\\ \log_2 x, & x>16.\end{cases}$

19. $h(V)=\dfrac{V}{\pi r^2}, \quad 0\leqslant V\leqslant \pi r^2 H.$

20. $F=\dfrac{\mu W}{\cos\theta+\mu\sin\theta} \quad \left(0\leqslant\theta\leqslant\dfrac{\pi}{2}\right).$

21. $m=\dfrac{1}{2}x^2.$

22. (1) $x=1+2\cos t, y=2\sin t, t\in[0,2\pi]$;

(2) $x=\dfrac{1}{2}+\dfrac{\sqrt{2}}{2}\cos t, y=-1+\sqrt{2}\sin t, t\in[0,2\pi]$;

(3) $x=t, y=2t^2, t\in(-\infty,+\infty)$;

(4) $x=-1\pm 2\cosh t, y=2+3\sinh t, t\in(-\infty,+\infty)$;

(5) $x=\dfrac{t}{a}, y=-\dfrac{t}{b}-\dfrac{c}{b}, t\in(-\infty,+\infty)$;

(6) $x=\frac{1}{2}(1-e^{t}-t^{3}),y=t,t\in(-\infty,+\infty)$.

23. $\begin{cases}x=a\cos^{3}t,\\ y=a\sin^{3}t,\end{cases}$ $t\in[0,2\pi]$（提示：选择从 Ox 轴逆时针方向转到小圆圆心与原点连线所转过的角度作为参数 t）.

24. (1) $r=\frac{3}{\cos\theta+\sin\theta},\theta\in\left(-\frac{\pi}{4},\frac{3\pi}{4}\right)$;

(2) $r=4\cos\theta,\theta\in\left[-\frac{\pi}{2},\frac{\pi}{2}\right]$;

(3) $r=\frac{1}{\sqrt{\cos 2\theta}},\theta\in\left(-\frac{\pi}{4},\frac{\pi}{4}\right)\cup\left(\frac{3\pi}{4},\frac{5\pi}{4}\right)$;

(4) $r=\cos 2\theta,\theta\in\left[-\frac{\pi}{4},\frac{\pi}{4}\right]\cup\left[\frac{3\pi}{4},\frac{5\pi}{4}\right]$.

补　充　题

4. $f(x)=\frac{f(x)+f(-x)}{2}+\frac{f(x)-f(-x)}{2}$.

6. (1) $\left[-\frac{1}{\sqrt[3]{4}},+\infty\right)$;　(2) $(-\infty,1)\cup(1,+\infty)$;

(3) $\left[0,\frac{4}{3}\right]$;　(4) $(-\infty,-2\sqrt{2}]\cup[2\sqrt{2},+\infty)$.

习　题　2

1. (1) 0;　(2) 1.

12. (1) $\frac{4}{3}$;　(2) $\frac{1}{5}$;　(3) $\frac{1}{3}$;　(4) 1;

(5) $\frac{3}{4}$;　(6) $\frac{4}{3}$;　(7) $\frac{1}{2}$;　(8) 2.

13. (1) 0;　(2) 1;　(3) 0;　(4) $\frac{1}{2}$.

17. (1) 2;　(2) 1;　(3) 3;　(4) $\frac{1+\sqrt{5}}{2}$.

20. (1) $f(1-0)=-1,f(1+0)=1$,不存在;

(2) $f(2-0)=4,f(2+0)=+\infty$,不存在;

(3) $f(0-0)=-\frac{\pi}{2},f(0+0)=\frac{\pi}{2}$,不存在;

(4) $f(0-0)=-1,f(0+0)=1$,不存在.

25. (1) $\frac{2}{3}$;　(2) $\frac{a-1}{3a^{2}}$;　(3) $3x^{2}$;　(4) $\frac{2^{20}\cdot 3^{30}}{5^{50}}$;

(5) $\frac{1}{2}$; (6) $-\frac{1}{2\sqrt{2}}$; (7) $\frac{2}{3}\sqrt{2}$; (8) -2;

(9) $\frac{1}{2}$; (10) $\frac{1}{n^{\frac{n(n+1)}{2}}}$; (11) $\frac{n(n+1)}{2}$; (12) $\frac{a}{2}$.

26. (1) 3; (2) 1; (3) $\cos a$; (4) 1;

(5) 1; (6) $-\frac{1}{3}$; (7) 4; (8) 2;

(9) $\frac{3}{2}$; (10) $\frac{2}{\pi}$; (11) $\frac{1}{2}x^3$; (12) $\frac{\sin x}{x}$.

27. (1) e^2; (2) e^{-2}; (3) e^2; (4) $e^{\frac{3}{2}}$; (5) e;

(6) e^3; (7) e^{-1}; (8) 1; (9) $e^{-\frac{1}{2}}$; (10) $e^{\cot a}$.

28. (1) 2 阶, $1\,000x^2$; (2) $\frac{1}{2}$阶, $-x^{\frac{1}{2}}$; (3) 1 阶, x;

(4) 3 阶, $\frac{1}{2\sqrt{a}}x^3$; (5) 4 阶, x^4; (6) $\frac{2}{3}$阶, $x^{\frac{2}{3}}$;

(7) 1 阶, x; (8) 3 阶, $-\frac{1}{2}x^3$.

29. (1) $a=\frac{1}{4}$; (2) $a=\ln 2$; (3) $a=2\ln 2$; (4) $a=\frac{1}{\ln 3}$;

(5) $a=-2$; (6) $a=8$; (7) $a=m$.

30. (1) $\frac{1}{4}$; (2) $\frac{1}{2}$; (3) 0; (4) -1; (5) $\frac{a^2}{b^2}$;

(6) $\frac{\alpha}{n}-\frac{\beta}{m}$; (7) $-\frac{2}{3}$; (8) e^{-3}; (9) 1; (10) $\sqrt{6}$.

31. (1) $a=9, b=12$; (2) $a=1, b=-1$; (3) $a=2, b=1$.

32. $10\ln 3$.

33. (1) $x=1$ 是第一类(可去)间断点,补充 $y(1)=-2$,$x=2$ 是第二类(无穷)间断点;

(2) $x=0$ 是第二类(无穷)间断点,$x=1$ 是第一类(可去)间断点,补充 $y(1)=-\frac{\pi}{2}$;

(3) $x=0$ 是第一类(可去)间断点,补充 $y(0)=\frac{2}{3}$;$x=k\pi$ $(k=\pm1,\pm2,\cdots)$ 是第二类(无穷)间断点.

(4) $x=0$ 是第一类(可去)间断点,补充 $y(0)=-1$;

$x=1$ 是第一类(可去)间断点,补充 $y(1)=0$,$x=-1$ 是第二类(无穷)间断点;

(5) $x=1$ 是第一类(跳跃)间断点;

(6) $x=k\pi+\frac{\pi}{2}$ $(k=0,\pm1,\pm2,\cdots)$ 是第二类(无穷)间断点;

（7） $x=n\in\mathbf{Z}$ 是第一类（跳跃）间断点；

（8） $x=0$，可去间断点，修改该点函数值为 $y(0)=0$.

34. （1） $(-\infty,1)\cup(1,2)\cup(2,+\infty)$；

（2） $(-\infty,1)\cup[2,+\infty)$；　　（3） $(0,1]$.

37. （1） $a=1,b=2$；　　（2） $a=0,b=1$.

38. 当 $a>0,b=-1$ 时，函数在 $x=0$ 连续；

当 $a>0,b\neq-1$ 时，函数在 $x=0$ 处左连续，$x=0$ 是第一类（跳跃）间断点；

当 $a\leqslant0$ 时，函数在 $x=0$ 处左连续，$x=0$ 是第二类（振荡）间断点.

补　充　题

1. （1） 当 $|x|<1$ 时，$1/(1-x)$；当 $x=-1$ 时，0；当 $x=1$ 时，$+\infty$；

（2） 0；　　（3） π.

4. $1+\sqrt{2}$.

习　题　3

1. （1） -64 m/s；　　（2） -128 m/s.

2. （1） $2\pi r^2$；　　（2） 50π.

3. （1） $f'(0)$；（2） $-f'(x_0)$；（3） $2f'(x_0)$；（4） $8f(x_0)f'(x_0)$；（5） $f(x_0)-x_0f'(x_0)$.

4. （1） $2x+3$；（2） ae^{ax}；（3） $-a\sin(ax+b)$；（4） $x\cos x+\sin x$.

5. （1） 当 $f(0)\neq0$ 时，$f'(0)=\dfrac{A}{2f(0)}$；当 $f(0)=0$ 时，$f(x)$ 在 $x=0$ 处不一定可导.

6. e^2.

9. （1） $f(x)$；　（2） $2x+f'(0)$；　（3） ab.

10. （1） $(2,4)$；（2） $\left(-\dfrac{3}{2},\dfrac{9}{4}\right)$；　（3） $(-1,1)$，$\left(\dfrac{1}{4},\dfrac{1}{16}\right)$.

11. （1） 切线方程：$x+y-2=0$，法线方程：$x-y=0$；

（2） 切线方程：$x+54y-27=0$，法线方程：$162x-3y-1\,457=0$.

13. 提示：常数为 $2a^2$.

14. （1） 不可导；　（2） 可导.

15. （1） $f'_+(0)=1,f'_-(0)=0$，不可导；　（2） $f'_+(1)=-1,f'_-(1)=1$，不可导；

（3） $f'_+(0)=0,f'_-(0)=1$，不可导；　（4） $f'_+(0)=1,f'_-(0)=1$，可导.

16. （1） 连续、不可导；　（2） 连续、可导.

17. $a=2x_0,b=-x_0^2$.

19. （1） $a^xx^a\ln a+a^{x+1}x^{a-1}$；　（2） $\sin x\cdot\ln x+x\cdot\cos x\cdot\ln x+\sin x$；

（3） $\dfrac{x\cos x-\sin x}{x^2}$；　（4） $-\dfrac{\sqrt{t}(1+t)}{t(1-t)^2}$；

（5） $2x(3x^4-28x^2+49)$；　（6） $2^x[(x\sin x+\cos x)\ln 2+x\cos x]$；

(7) $\dfrac{-\dfrac{1}{2}\sqrt{x}-\dfrac{4}{3}\sqrt[3]{x}-\dfrac{1}{3\sqrt[6]{x}}}{(x-2\sqrt[3]{x})^2}$； (8) $\dfrac{4}{(e^x+e^{-x})^2}$；

(9) $(1+x\tan x)\sec x+\dfrac{1-(1+x^2)\arctan x}{(1+x^2)e^x}$； (10) $-\dfrac{2}{x(1+\ln x)^2}$.

20. (1) $3\sqrt{3}$； (2) $\dfrac{1}{e}$； (3) $-\dfrac{1}{48}$； (4) 2e； (5) 1.

21. (1) $\dfrac{dx}{dy}=\dfrac{x}{x+1}$； (2) $\dfrac{dx}{dy}=\dfrac{1}{2+\dfrac{1}{2}\sin\dfrac{x}{2}}$；

(3) $\dfrac{dx}{dy}=\dfrac{\cos(\ln y)}{y}$； (4) $\dfrac{dx}{dy}=-\dfrac{4e^{2y}}{(1+e^{2y})^2}$；

(5) $\dfrac{dr}{d\theta}=\dfrac{1+r^2}{r+(1+r^2)\arctan r}$.

22. (1) $6x^5(x^2-1)^5(3x^2-1)$； (2) $\dfrac{2(2x+1)}{3\cdot\sqrt[3]{x^2+x+2}}$；

(3) $\dfrac{3x^5+2x^4+4x^3+8x^2+3x+6}{\sqrt{2+x^2}\cdot\sqrt[3]{(3+x^3)^2}}$； (4) $\dfrac{3-x}{2\sqrt{(1-x)^3}}$；

(5) $-\dfrac{4}{3(1+\sqrt[3]{2x-1})^2\sqrt[3]{(2x-1)^2}}$； (6) $2\cos 2x-2x\sin x^2$；

(7) $\dfrac{2\sin x(\cos x\cdot\sin x^2-x\cdot\cos x^2\cdot\sin x)}{\sin^2 x^2}$； (8) $n\sin^{n-1}x\cdot\cos(n+1)x$；

(9) $\dfrac{1}{4}\sqrt{\cot\dfrac{x}{2}}\cdot\sec^2\dfrac{x}{2}$； (10) $\dfrac{\sin\dfrac{2(1-\sqrt{x})}{1+\sqrt{x}}}{\sqrt{x}(1+\sqrt{x})^2}$；

(11) $2\cos[\sin(\sin 2x)]\cdot\cos(\sin 2x)\cdot\cos 2x$；

(12) $-\sin 2x\cos(\cos 2x)$；

(13) $-\dfrac{\ln 2}{x^3}2^{\tan\frac{1}{x^2}+1}\sec^2\dfrac{1}{x^2}$； (14) $(2x+2)e^{x^2+2x+2}\cos(e^{x^2+2x+2})$；

(15) $-e^{\cos 2x+\sqrt{1-x}}\left(2\sin 2x+\dfrac{1}{2\sqrt{1-x}}\right)$； (16) $\dfrac{6}{x}\ln^2(x^2)$；

(17) $\dfrac{1}{x\ln x\ln(\ln x)}$； (18) $\dfrac{1}{x(1-x)\ln 5}$；

(19) $\sec x$； (20) $-\dfrac{1}{\sqrt{x^2-1}}$；

(21) $\dfrac{3}{x}\sec^3(\ln x)\cdot\tan(\ln x)$； (22) $\sqrt{x^2+a^2}$；

(23) $\dfrac{1}{\sqrt{1+2x-x^2}}$;　(24) $\dfrac{4x}{x^4+4}$;

(25) $-\dfrac{x+\sqrt{1-x^2}\arccos x}{x^2\sqrt{1-x^2}}$;　(26) $\dfrac{\sqrt{x}}{2(1+x)}$;

(27) $2-\dfrac{x\arcsin x}{\sqrt{1-x^2}}$;　(28) $-\dfrac{1}{x\sqrt{1-\ln^2 x}}$;

(29) $-\dfrac{2}{\arccos 2x\sqrt{1-4x^2}}$;　(30) $\dfrac{\cos x}{\sqrt{\sin x(1-4\sin x)}}$;

(31) $\dfrac{e^{\arctan\sqrt{x}}}{2\sqrt{x}(1+x)}$;　(32) $-\dfrac{1}{2\sqrt{x^3}}$;

(33) $a^a x^{a^a-1}+a^{x^a+1}x^{a-1}\ln a+a^{a^x+x}\ln^2 a$;　(34) $\dfrac{\ln x-2}{x^2}\sin\left(\dfrac{2-2\ln x}{x}\right)$;

(35) $\arcsin(\ln x)+\dfrac{1}{\sqrt{1-\ln^2 x}}$;　(36) $10^{x\tan x}\ln 10(\tan 2x+2x\sec 2x)$;

(37) $e^x\cos^2 x\left(\cos x\cdot\ln x-3\sin x\cdot\ln x+\dfrac{\cos x}{x}\right)$;　(38) $\sqrt{a^2-x^2}$;

(39) $\dfrac{x\arcsin x}{\sqrt{(1-x^2)^3}}$;　(40) $-\sec x$.

23. (1) $f'(x)=\begin{cases}2xe^{-x^2}(1-x^2), & |x|<1,\\ 0, & |x|\geqslant 1;\end{cases}$　(2) $f'(x)=\begin{cases}\dfrac{1}{\sqrt{1-x^2}}, & -1<x<0,\\ \dfrac{-1}{\sqrt{1-x^2}}, & 0<x<1,\end{cases}$ 在 $x=0$ 处不可导.

24. (1) $\dfrac{(15x^2-74x+31)(x+1)}{3\cdot\sqrt[3]{(x-3)^5(3x-2)^2}}$;　(2) $\dfrac{1}{2}\left[\dfrac{1}{x}+\cot x+\dfrac{e^x}{2(e^x-1)}\right]\sqrt{x\cdot\sin x\sqrt{1-e^x}}$;

(3) $(\sin x)^{\cos x}(\cos x\cot x-\sin x\ln\sin x)+(\cos x)^{\sin x}(\cos x\ln\cos x-\sin x\tan x)$;

(4) $\left(\dfrac{x}{1+x}\right)^x\left[\ln\left(\dfrac{x}{1+x}\right)+\dfrac{1}{1+x}\right]$.

25. (1) $y'=\begin{cases}2x, & x\geqslant 0,\\ -2x, & x<0,\end{cases}$ 或 $y'=2|x|$;　(2) $(x-1)(x+1)^2(5x-1)\operatorname{sgn}(x+1)$;

(3) $\dfrac{3}{2}\sin 2x|\sin x|$;　(4) $\dfrac{1}{x\sqrt{x^2-1}}$ $(|x|>1)$.

26. (1) $2xf'(x^2)$;　(2) $e^{f(x)}[e^x f'(e^x)+f(e^x)f'(x)]$;

(3) $\sin 2x[f'(\sin^2 x)-f'(\cos^2 x)]$;　(4) $f'\{f[f(x)]\}f'[f(x)]f'(x)$;

(5) $\dfrac{\varphi'(x)\cdot\psi(x)-\varphi(x)\cdot\psi'(x)}{\varphi^2(x)+\psi^2(x)}$;　(6) $\dfrac{\varphi'(x)\cdot\varphi(x)+\psi(x)\cdot\psi'(x)}{\sqrt{\varphi^2(x)+\psi^2(x)}}$.

28. (1) $\frac{y}{y-x}$; (2) $\frac{ay-x^2}{y^2-ax}$;

(3) $\frac{e^y}{2-y}$; (4) $\frac{y\cos x+\sin(x-y)}{\sin(x-y)-\sin x}$.

29. (1) 1; (2) $\frac{1}{e}\left(1-\frac{1}{e}\right)$; (3) -2.

30. (1) $-\frac{y^2}{xy+1}$; (2) $-\left(\frac{e^2}{2}+e^3\right)$.

31. 切线方程为 $y=\sqrt[3]{4}$,法线方程为 $x=\sqrt[3]{2}$.

32. 提示:常数为 a.

33. $\frac{dy}{dx}=\frac{3t^2-1}{2t}$, $\frac{dx}{dy}=\frac{2t}{3t^2-1}$.

34. (1) $-\frac{1}{2}$; (2) 1, -1.

35. (1) 切线方程:$x+2y-4=0$,法线方程:$2x-y-3=0$;

(2) 切线方程:$4x+2y-3=0$,法线方程:$2x-4y+1=0$.

37. (1) 切线方程:$x+y-2=0$;法线方程:$x-y=0$;

(2) 切线方程:$x+y-\sqrt{2}a=0$;法线方程:$x-y=0$.

38. -106 km/h.

39. (1) 24 m/min; (2) 42.9 m/min.

40. $\frac{16}{25}$ cm/s.

41. (1) $dy=\frac{dx}{\sin x}$; (2) $dy=\left[\arctan\sqrt{x}+\frac{\sqrt{x}}{2(1+x)}\right]dx$;

(3) $dy=\frac{1}{2\sqrt{x+\sqrt{x+\sqrt{x}}}}\left[1+\frac{1}{2\sqrt{x+\sqrt{x}}}\left(1+\frac{1}{2\sqrt{x}}\right)\right]dx$;

(4) $dy=-\sin\ln\left(x^2+e^{-\frac{1}{x}}\right)\frac{2x^3+e^{-\frac{1}{x}}}{x^2\left(x^2+e^{-\frac{1}{x}}\right)}dx$.

42. (1) $dy=\frac{udu+vdv}{u^2+v^2}$; (2) $dy=\frac{udv-vdu}{u^2+v^2}$.

43. (1) $1-4x^3-3x^6$; (2) -1.

44. 0.033 55 g.

45. 2.23 cm.

46. R 不变,α 减少 30′,面积减少 43.63 cm^2;α 不变,R 增加 1 cm,面积增加 104.72 cm^2.

47. $\frac{8f}{3L}\Delta f$.

49. $\delta_\alpha\approx0.000\ 56$ 弧度(或 $\approx1'56''$).(提示:先求出中心角 α 与弦长 l 的函数关系式.)

50. （1）2.083；（2）0.805；（3）1.043.

51. （1）$4-\frac{1}{x^2}$；（2）$-2\sin x-x\cos x$；

（3）$-\frac{a^2}{(a^2-x^2)^{\frac{3}{2}}}$；（4）$2\arctan x+\frac{2x}{1+x^2}$；

（5）$2f'(x^2)+4x^2f''(x^2)$；（6）$f''[\varphi(x)]\varphi'^2(x)+f'[\varphi(x)]\varphi''(x)$.

53. $\frac{d^2y}{dt^2}+y=0$.

54. $\frac{d^2z}{dx^2}-2\left(\frac{dz}{dx}\right)^2=2\cos^2 z$.

56. $\frac{x}{(x+1)^3}$.

57. （1）$-\frac{y}{x^2(y-1)}\left[\frac{(x-1)^2}{(y-1)^2}+1\right]$；（2）$-\frac{2}{y^3}\csc^2(x+y)$；（3）$-\frac{2(x^2+y^2)}{(x+y)^3}$.

58. 1；2.

59. $\frac{1}{x[1-f'(y)]}$；$\frac{f''(y)-[1-f'(y)]^2}{x^2[1-f'(y)]^3}$.

60. （1）$\frac{1}{3a}\sec^4 t\csc t$；（2）$\frac{d^2y}{dx^2}=\frac{2(1+t^2)}{(1-t)^5}$，$\frac{d^2x}{dy^2}=2(t-1)(1+t^2)$；（3）$\frac{1}{f''(t)}$.

62. （1）$-4e^x\cos x$；（2）$2^{100}e^{2x}(x^2+102x+2567)$.

63. （1）$(-1)^n\frac{2\cdot n!}{(1+x)^{n+1}}$；（2）$(-1)^n\frac{(n-2)!}{x^{n-1}}$；（3）$-2^{n-1}\cos\left(2x+\frac{n\pi}{2}\right)$；

（4）$(n-1)!\ b^n\left[\frac{(-1)^{n-1}}{(a+bx)^n}+\frac{1}{(a-bx)^n}\right]$；（5）$(-1)^n\cdot n!\left[\frac{1}{(x-2)^{n+1}}-\frac{1}{(x-1)^{n+1}}\right]$；

（6）$\frac{(2n-1)!!}{(1-2x)^{n+\frac{1}{2}}}$；（7）$(-1)^n e^{-x}[x^2-2(n-1)x+n^2-3n+2]$.

64. $n!\ \varphi(a)$.

65. （2）$f^{(2k)}(0)=0, f^{(2k+1)}(0)=(-1)^k(2k)!\quad(k\in\mathbf{N})$.

66. （2）$f^{(2k)}(0)=0, f^{(2k+1)}(0)=4^k(k!)^2\quad(k\in\mathbf{N})$.

67. $\frac{\sqrt{2}n!}{2}$.

补 充 题

1. $2x-y-12=0$.

2. $\frac{1}{e}$.

3. $\frac{3}{4}\pi$.

4. 不可导.

5. $\forall x_0\in(k,k+1)$，$f'(x_0)=\dfrac{1}{2\sqrt{x_0-k}}$，$f'_-(k+1)=\dfrac{1}{2}$，$f'_+(k)=+\infty$.

6. $f'(a)\dfrac{k(k+1)}{2}$.

7. $f'(x_0)$.

8. $\dfrac{e^y\cos t}{2(t-1)(1-e^y\sin t)}$；$-\dfrac{e}{2}$.

9. $\dfrac{(-1)^{n-1}(n-3)!\ 2^{n-2}}{(1+2x)^n}[8x^2+8x(n-1)+3n^2-5n]$，$n\geqslant 3$.

10. k^2，$(n^2+2n)3^{n-2}$.

11. $(-1)^n2^{2n}$.

13. 若$f(x_0)=0$，则$|f(x)|$在x_0未必可导. 如$f(x)=x$在$x_0=0$处.

习 题 4

4. 3个实根，分别在(1,2)，(2,3)，(3,4)内.

17. 函数$f(x)=\sin\dfrac{1}{x}$的导函数$f'(x)=-\dfrac{1}{x^2}\cos\dfrac{1}{x}$在开区间(0,1)内无界，但$f(x)$本身在(0,1)内有界.

19. 推广形式的拉格朗日定理：设$f(x)$在开区间(a,b)内连续、可导，且$\lim\limits_{x\to a^+}f(x)=A$与$\lim\limits_{x\to b^-}f(x)=B$皆存在，则在$(a,b)$内至少存在一点$\xi$，使得$\lim\limits_{x\to b^-}f(x)-\lim\limits_{x\to a^+}f(x)=f'(\xi)(b-a)$.

22. $a=-\dfrac{1}{6}$，$b=0$，$f''(x)=\begin{cases}\dfrac{-x^2\sin x-2x\cos x+2\sin x}{x^3}, & x>0,\\ -\dfrac{1}{3}, & x\leqslant 0.\end{cases}$

23. (1) 1； (2) $-\dfrac{1}{3}$； (3) $\dfrac{m}{n}a^{m-n}$； (4) 1；

(5) 1； (6) $-\dfrac{1}{8}$； (7) $-\dfrac{e}{2}$； (8) 1；

(9) $\dfrac{1}{2}$； (10) 0； (11) $\dfrac{1}{2}$； (12) $\dfrac{2}{3}$；

(13) $\dfrac{1}{e}$； (14) 1； (15) e.

24. $f(x)$在$x=0$处连续.

25. (1) 当$x\neq 0$时，$g'(x)=\dfrac{f'(x)(x-a)-f(x)}{(x-a)^2}$；当$x=0$时，$g'(0)=\dfrac{1}{2}f''(a)$.

26. $f''(a)$.

27. $3R$.

28. (1) $-26+23(x+2)-8(x+2)^2+(x+2)^3$;

(2) $-1-(x+1)-(x+1)^2-\cdots-(x+1)^n+(-1)^{n+1}\dfrac{(x+1)^{n+1}}{[-1+\theta(x+1)]^{n+1}}\quad(0<\theta<1)$;

(3) $(x-1)+\dfrac{3}{2!}(x-1)^2+\dfrac{2}{3!}(x-1)^3+\cdots+\dfrac{(-1)^{n-1}2(n-3)!}{n!}(x-1)^n+$

$(-1)^n\dfrac{2(n-2)!}{(n+1)!\ [1+\theta(x-1)]^{n-1}}(x-1)^{n+1}(0<\theta<1)$;

(4) $2+\dfrac{1}{4}(x-4)-\dfrac{1}{64}(x-4)^2+\dfrac{1}{512}(x-4)^3+\cdots+\dfrac{(-1)^{n-1}(2n-3)!!}{2^{3n-1}n!}(x-4)^n+$

$(-1)^n\dfrac{(2n-1)!!}{2^{n+1}(n+1)!}[4+\theta(x-4)]^{-\frac{2n+1}{2}}(x-4)^{n+1}(0<\theta<1)$;

(5) $x+\dfrac{x^3}{3}\cdot\dfrac{3(\theta x)^2-1}{[1+(\theta x)^2]^3}\quad(0<\theta<1)$.

29. (1) 3.107; (2) 0.182.

30. (1) $\dfrac{1}{3}$; (2) $\dfrac{1}{2}$; (3) $\dfrac{2}{5}$.

31. $f(0)=-1, f'(0)=0, f''(0)=\dfrac{1}{3}$.

34. (1) 严格单调递增区间为$(-\infty,-1)$,$(3,+\infty)$,严格单调递减区间为$(-1,3)$;

(2) 严格单调递增区间为$\left(\dfrac{1}{2},+\infty\right)$,严格单调递减区间为$\left(0,\dfrac{1}{2}\right)$;

(3) 严格单调递增区间为$\left(\dfrac{\pi}{3},\dfrac{5\pi}{3}\right)$,严格单调递减区间为$\left(0,\dfrac{\pi}{3}\right)$,$\left(\dfrac{5\pi}{3},2\pi\right)$;

(4) 严格单调递增区间为$\left(-\infty,\dfrac{2a}{3}\right)$,$(a,+\infty)$,严格单调递减区间为$\left(\dfrac{2a}{3},a\right)$.

38. (1) 极大值:$y\left(\dfrac{a}{3}\right)=\dfrac{4}{27}a^3$,极小值:$y(a)=0$;

(2) 极大值:$y\left(\dfrac{a}{2}\right)=\dfrac{a^4}{16}$,极小值:$y(0)=0$,$y(a)=0$;

(3) 极大值:$y(e^2)=\dfrac{4}{e^2}$,极小值:$y(1)=0$;

(4) 极大值:$y(0)=a^{\frac{4}{3}}$,极小值:$y(\pm a)=0$.

39. (1) 极小值:$y(1)=\dfrac{\pi}{4}-\dfrac{1}{2}\ln 2$;

(2) 极大值:$y(k\pi)=10$,极小值:$y\left(k\pi+\dfrac{\pi}{2}\right)=5$,$k\in\mathbf{Z}$;

(3) 极大值:$y(1)=\dfrac{1}{e}$;

（4）极大值：$y\left(\frac{3\pi}{4}+2k\pi\right)=\frac{\sqrt{2}}{2}e^{\frac{3\pi}{4}+2k\pi}$，极小值：$y\left(\frac{7\pi}{4}+2k\pi\right)=-\frac{\sqrt{2}}{2}e^{\frac{7\pi}{4}+2k\pi}$，$k\in\mathbf{Z}$.

40. 极大值：$y(0)=1$.

41. $f'(x)=\begin{cases}2x^{2x}(\ln x+1), & x>0,\\ 1, & x<0.\end{cases}$ 极小值：$y\left(\frac{1}{e}\right)=e^{-\frac{2}{e}}$，极大值：$y(0)=1$.

43. （1）$y_{\max}(\pm2)=13$，$y_{\min}(\pm1)=4$；（2）$y_{\max}(4)=8$，$y_{\min}(0)=0$；

（3）$y_{\max}(0)=\frac{\pi}{4}$，$y_{\min}(1)=0$；（4）$y_{\min}(-3)=27$；

（5）$y_{\max}(0)=27$，$y_{\min}\left(\frac{\sqrt{6}}{2}\right)=27-6\sqrt{6}$；（6）$y_{\min}(-1)=-4$.

44. 边长为$\sqrt{2}a,\sqrt{2}b$.

45. $\alpha=\frac{2}{3}\sqrt{6}\pi$.

46. $x_B=\frac{1}{3}\ln 2-1$，$x_C=\frac{1}{2}+\frac{1}{3}\ln 2$.

47. $\alpha=\arctan k$.

48. （1）当$0\leqslant t\leqslant4$时为$\frac{5}{2}(4-t)$，当$t>4$时为0；（2）2.

49. （1）上凸区间：$(2,4)$，下凸区间：$(-\infty,2)$，$(4,+\infty)$，拐点：$(2,62)$，$(4,206)$；

（2）上凸区间：$(-3a,0)$，$(3a,+\infty)$，下凸区间：$(-\infty,-3a)$，$(0,3a)$，拐点：$\left(-3a,-\frac{9a}{4}\right)$，$(0,0)$，$\left(3a,\frac{9a}{4}\right)$；

（3）上凸区间：$(-\infty,-1)$，$(1,+\infty)$，下凸区间：$(-1,1)$，拐点：$(-1,\ln 2)$，$(1,\ln 2)$；

（4）上凸区间：$(-\infty,b)$，下凸区间：$(b,+\infty)$，拐点：(b,a^2).

50. $a=3,b=-9,c=8$.

52. 都是2个.

54. （1）$y=1,x=2,x=-3$；（2）$y=x,x=0$；

（3）$y=x+\frac{1}{e},x=-\frac{1}{e}$；（4）$y=2x\pm\frac{\pi}{2}$.

55. （1）定义域：$(-\infty,0)$，$(0,+\infty)$，极小值$y(\sqrt[3]{2})=\frac{3}{2}\sqrt[3]{2}$，渐近线：$y=x,x=0$；

（2）定义域：$(-\infty,1)$，$(1,+\infty)$，极小值$y(0)=0$，渐近线：$y=2,x=1$；

（3）定义域：$(-\infty,-1)$，$(-1,+\infty)$，极小值$y(-2)=4$，拐点：$(0,0)$，渐近线：$y=-1,y=x-1,y=-x+1$；

（4）定义域：$\left(-\infty,-\frac{1}{e}\right)$，$(0,+\infty)$，渐近线：$y=x+\frac{1}{e},x=-\frac{1}{e}$.

56. 大致在$t=5,10,15$时，速度为0；大致在$t=3,7,13$时，加速度为0.

57. -0.20 或 -0.19.

58. 0.94 或 0.95.

59. $x_1=-2, x_2=4, x_3=-8, x_4=16, x_n=(-2)^{n-1}(n=1,2,\cdots)$, $\lim\limits_{n\to\infty}|x_n|=+\infty$.

60. (1) $K=1, R=1$; (2) $K=1, R=1$; (3) $K=\dfrac{2}{3a}|\csc 2t|, R=\dfrac{3a}{2}|\sin 2t|$.

61. (1) $\left(\dfrac{1}{\sqrt{2}},-\ln\sqrt{2}\right), R_{\min}=\dfrac{3\sqrt{3}}{2}$; (2) $(x-3)^2+(y+2)^2=8$.

62. $g(x)=\dfrac{1}{2}x^2+2x$.

63. $D=125$ 单位长.

64. 约 1 246 N.

补 充 题

6. $a=\dfrac{4}{3}, b=-\dfrac{1}{3}$.

7. (1) $3\ln 2$; (2) $\dfrac{27}{4\mathrm{e}}$; (3) $\dfrac{a^2}{2}$.

13. 导函数不保号, $x=0$ 是极小值点.

14. 驻点是 $x=1$, 且 $x=1$ 是极小值点.

15. (2) $f(0)$ 是极小值.

17. $k\leqslant 0$ 及 $k=\dfrac{2}{9}\sqrt{3}$.

习 题 5

1. (1) $\dfrac{b^3-a^3}{3}$; (2) $\mathrm{e}-1$.

2. (1) 0; (2) 1; (3) $\dfrac{\pi}{4}a^2$; (4) 0.

3. (1) $\dfrac{2}{\pi}$; (2) $\ln 2$; (3) $\dfrac{4}{\mathrm{e}}$.

6. (1) $\int_0^{\frac{\pi}{2}}\sin^2 x\mathrm{d}x>\int_0^{\frac{\pi}{2}}\sin^4 x\mathrm{d}x$; (2) $\int_0^1 \mathrm{e}^x\mathrm{d}x>\int_0^1(1+x)\mathrm{d}x$;

(3) $\int_1^{\mathrm{e}}(\ln x)^2\mathrm{d}x<\int_1^{\mathrm{e}}\ln x\mathrm{d}x<\int_1^{\mathrm{e}}\ln(x^2)\mathrm{d}x$.

8. (1) 0; (2) 0; (3) 1.

11. (1) $\sin(x^2+1)$; (2) $-\sqrt{1+x^2}$;

(3) $2x\arctan x^2$; (4) $\cos x\mathrm{e}^{-\sin^2 x}+\sin x\mathrm{e}^{-\cos^2 x}$;

(5) $\dfrac{\ln(1+x)}{\sqrt{x}}\cdot\int_0^{\sqrt{x}}\ln(1+t^2)\,dt$;

(6) $\int_0^{2x}(t-1)^2dt+2x(2x-1)^2$;

(7) $-\dfrac{ye^{xy}}{xe^{xy}+\sin y}$;

(8) t.

12. (1) $\dfrac{1}{2e}$; (2) $\dfrac{1}{3}$; (3) 12; (4) -3.

13. $\Phi(x)=\begin{cases}\dfrac{x^3}{3}, & 0\leqslant x\leqslant 1,\\ \dfrac{x^2}{2}-2x+\dfrac{11}{6}, & 1<x\leqslant 2.\end{cases}$

16. (1) $-\cos x+3e^x+C$;

(2) $\dfrac{1}{a+1}x^{a+1}+\dfrac{a^x}{\ln a}+C$;

(3) $2x-\cot x+C$;

(4) $\tan x-\sec x+C$;

(5) $\dfrac{2}{5}x^{\frac{5}{2}}+x+C$;

(6) $\dfrac{1}{3}x^3+2x-\dfrac{1}{x}+C$;

(7) $\dfrac{4}{7}x^{\frac{7}{4}}-\dfrac{4}{15}x^{\frac{15}{4}}+C$;

(8) $3\arctan x-2\arcsin x+C$;

(9) $\dfrac{x^3}{3}-x+\arctan x+C$;

(10) $\arcsin x+C$;

(11) $\dfrac{x+\sin x}{2}+C$;

(12) $\sin x+\cos x+C$;

(13) $\tan x-\cot x+C$;

(14) $\dfrac{\tan x}{2}+\dfrac{x}{2}+C$.

17. $y=\ln|x|-2$.

18. (1) $\dfrac{(3x-5)^3}{9}+C$;

(2) $-\dfrac{3}{4}(3-2x)^{\frac{2}{3}}+C$;

(3) $\dfrac{1}{2}e^{x^2}+C$;

(4) $\dfrac{x}{2}+\dfrac{\sin 10x}{20}+C$;

(5) $-\cos(e^x)+C$;

(6) $\dfrac{1}{2}\ln\left|\dfrac{e^x-1}{e^x+1}\right|+C$;

(7) $\ln|\ln x|+C$;

(8) $2\sin\sqrt{x}+C$;

(9) $\dfrac{1}{\sqrt{10}}\arctan\sqrt{\dfrac{5}{2}}x+C$;

(10) $\dfrac{1}{6}\arctan\dfrac{x^3}{2}+C$;

(11) $-\dfrac{1}{x^2-5x+8}+C$;

(12) $\arctan(x-1)+C$;

(13) $-\dfrac{2}{9}(1-2x^3)^{\frac{3}{4}}+C$;

(14) $-\sqrt{5+x-x^2}+\dfrac{1}{2}\arcsin\dfrac{2x-1}{\sqrt{21}}+C$;

(15) $\dfrac{1}{2}\arcsin\dfrac{2}{3}x+\dfrac{1}{4}\sqrt{9-4x^2}+C$;

(16) $\dfrac{3}{2}(\sin x-\cos x)^{\frac{2}{3}}+C$;

(17) $-\frac{1}{x\ln x}+C$;　(18) $x-\ln(1+e^x)+C$;

(19) $(\arctan\sqrt{x})^2+C$;　(20) $-\ln\left|\cos\sqrt{1+x^2}\right|+C$.

19. (1) $\sqrt{2x}-\ln(1+\sqrt{2x})+C$;　(2) $\frac{x}{\sqrt{1-x^2}}+C$;

(3) $\arccos\frac{1}{x}+C$;　(4) $\frac{1}{a}\ln\left|\frac{a-\sqrt{a^2-x^2}}{x}\right|+C$;

(5) $-\frac{\sqrt{1+x^2}}{x}+C$;　(6) $\sqrt{x^2-9}+3\arcsin\frac{3}{x}+C$;

(7) $-\frac{3}{4}(1-x)^{\frac{4}{3}}+\frac{6}{7}(1-x)^{\frac{7}{3}}-\frac{3}{10}(1-x)^{\frac{10}{3}}+C$;

(8) $\frac{\sqrt{1-x^2}-1}{x}+\arcsin x+C$;

(9) $\frac{a^2}{2}\arcsin\frac{x}{a}-\frac{x\sqrt{a^2-x^2}}{2}+C$;　(10) $\ln\frac{\sqrt{1+e^x}-1}{\sqrt{1+e^x}+1}+C$;

(11) $\frac{\arcsin e^x+e^x\sqrt{1-e^{2x}}}{2}+C$;　(12) $2\arctan\sqrt{\frac{x-a}{b-x}}+C$.

20. (1) $\frac{2x-1}{4}e^{2x}+C$;　(2) $\frac{1}{2}(x^2-1)\ln(x-1)-\frac{x^2}{4}-\frac{x}{2}+C$;

(3) $\frac{x^2+x\sin 2x}{4}+\frac{\cos 2x}{8}+C$;　(4) $x\arctan x-\frac{1}{2}\ln(1+x^2)+C$;

(5) $\frac{x^3\arctan x}{3}-\frac{x^2-\ln(1+x^2)}{6}+C$;　(6) $\frac{x^3\ln x}{3}-\frac{x^3}{9}+C$;

(7) $-\frac{2}{17}e^{-2x}\left(\cos\frac{x}{2}+4\sin\frac{x}{2}\right)+C$;　(8) $-2\sqrt{1-x}\arcsin x+4\sqrt{1+x}+C$;

(9) $x(\arcsin x)^2+2\sqrt{1-x^2}\arcsin x-2x+C$;　(10) $x\ln(x+\sqrt{1+x^2})-\sqrt{1+x^2}+C$;

(11) $\frac{x^2-1}{2}\ln\frac{1+x}{1-x}+x+C$;　(12) $\tan x\ln\cos x+\tan x-x+C$;

(13) $\frac{x}{2}[\cos(\ln x)+\sin(\ln x)]+C$;　(14) $-\cos x\ln(\tan x)+\ln|\csc x-\cot x|+C$;

(15) $2(\sqrt{x}\sin\sqrt{x}+\cos\sqrt{x})+C$;　(16) $2e^{\sqrt{x}}(x-2\sqrt{x}+2)+C$;

(17) $2\sqrt{1+x}\arctan\sqrt{x}-2\ln(\sqrt{x}+\sqrt{1+x})+C$;　(18) $-\frac{\arcsin x}{x}+\ln\left|\frac{1-\sqrt{1-x^2}}{x}\right|+C$;

(19) $x\tan\frac{x}{2}+C$;　(20) $x\ln(\sqrt{1+x}+\sqrt{1-x})+\frac{\arcsin x-x}{2}+C$.

21. (1) $x+\frac{2}{3}x^{\frac{3}{2}}+C$;　(2) $-\ln|1-x|-x^2+C$.

22. $\dfrac{(\cos x-\sin^2 x)^2}{2(1+x\sin x)^4}+C.$

23. $-\dfrac{\ln(1+e^x)}{e^x}-\ln(e^{-x}+1)+C.$

24. $I_1=\dfrac{1}{2}(x+\ln|\sin x+\cos x|)+C, I_2=\dfrac{1}{2}(x-\ln|\sin x+\cos x|)+C.$

25. (1) $I_n=-\dfrac{1}{n}\sin^{n-1}x\cos x+\dfrac{n-1}{n}I_{n-2}$ $(n=2,3,\cdots)$，其中 $I_0=x+C, I_1=-\cos x+C$；

(2) $I_n=\dfrac{1}{n-1}\tan^{n-1}x-I_{n-2}$ $(n=2,3,\cdots)$，其中 $I_0=x+C, I_1=-\ln|\cos x|+C$；

(3) $I_n=\dfrac{1}{1+\alpha}x^{1+\alpha}\ln^n x-\dfrac{n}{1+\alpha}I_{n-1}$ $(n=1,2,3,\cdots)$，其中 $I_0=\dfrac{1}{1+\alpha}x^{1+\alpha}+C$；

(4) $I_n=-\dfrac{1}{n}x^{n-1}\sqrt{1-x^2}+\dfrac{n-1}{n}I_{n-2}$ $(n=2,3,\cdots)$，其中 $I_0=\arcsin x+C, I_1=-\sqrt{1-x^2}+C.$

26. (1) $3\ln|x-2|-2\ln|x-1|+C$；

(2) $\dfrac{1}{4}\ln\left|\dfrac{x-1}{x+1}\right|+\dfrac{1}{2(x+1)}+C$；

(3) $\dfrac{1}{2}\ln\left|\dfrac{x^2-1}{x^2+1}\right|+\dfrac{3}{4}\ln\left|\dfrac{x-1}{x+1}\right|-\dfrac{3}{2}\arctan x+C$；

(4) $\dfrac{x^3}{3}+\dfrac{x^2}{2}-x+\dfrac{7}{2}\ln(x^2+1)+\arctan x-8\ln|x|+C$；

(5) $\dfrac{x^2}{2}+x+\ln|x-1|-\dfrac{1}{2}\ln(x^2+1)-\arctan x+C$；

(6) $\dfrac{x^4}{8(1+x^8)}+\dfrac{1}{8}\arctan x^4+C$；

(7) $-\dfrac{1}{97(x+1)^{97}}+\dfrac{1}{49(x+1)^{98}}-\dfrac{1}{99(x+1)^{99}}+C$；

(8) $\dfrac{\sqrt{2}}{2}\arctan\left(\dfrac{x^2-1}{\sqrt{2}x}\right)+C$（提示：$\left(1+\dfrac{1}{x^2}\right)dx=d\left(x-\dfrac{1}{x}\right)$）.

27. (1) $-\cot\left(\dfrac{x}{2}-\dfrac{\pi}{4}\right)+C$；

(2) $\dfrac{1}{3}\ln\left|\dfrac{3+\tan\dfrac{x}{2}}{3-\tan\dfrac{x}{2}}\right|+C$；

(3) $\dfrac{1}{8}\ln(4\tan^2 x+9)+C$；

(4) $\dfrac{1}{ab}\arctan\left(\dfrac{a}{b}\tan x\right)+C$；

(5) $-\dfrac{1}{16}\cos 8x-\dfrac{1}{4}\cos 2x+C$；

(6) $\dfrac{1}{2}\arctan(\sin^2 x)+C$；

(7) $\dfrac{1}{2}\arctan(\tan^2 x)+C$；

(8) $x-\dfrac{1}{\sqrt{2}}\arctan(\sqrt{2}\tan x)+C$；

(9) $\frac{1}{3\cos^3 x}+\frac{1}{\cos x}+\ln\left|\tan\frac{x}{2}\right|+C$;　(10) $\frac{1}{2}\sec x\tan x-\frac{1}{2}\ln|\tan x+\sec x|+C$.

28. (1) $\frac{4}{3}[x^{\frac{3}{4}}-\ln(1+x^{\frac{3}{4}})]+C$;　(2) $2\sqrt{3+2x}+\sqrt{3}\ln\left|\frac{\sqrt{3+2x}-\sqrt{3}}{\sqrt{3+2x}+\sqrt{3}}\right|+C$;

(3) $\sqrt{x^2-1}+\ln\left|x+\sqrt{x^2-1}\right|+C$;　(4) $2\ln(\sqrt{1+x}+\sqrt{x})+C$;

(5) $-\frac{2x+3}{4}\sqrt{1+x-x^2}+\frac{7}{8}\arcsin\frac{2x-1}{\sqrt{5}}+C$;　(6) $-\frac{1}{2}\arcsin\frac{8-3x}{5x}+C$;

(7) $\frac{x^2-x\sqrt{x^2-1}+\ln|x+\sqrt{x^2-1}|}{2}+C$;

(8) $-\frac{3}{2}\ln(\sqrt[3]{x+1}-\sqrt[3]{x-2})-\sqrt{3}\arctan\frac{\sqrt[3]{x+1}+2\sqrt[3]{x-2}}{\sqrt{3}\cdot\sqrt[3]{x+1}}+C$.

29. (1) $\frac{71}{105}$;　(2) $\frac{\pi}{6}$;　(3) 2;　(4) $1-\frac{\pi}{4}$;

(5) $2(\sqrt{2}-1)$;　(6) $\frac{5}{2}$;　(7) $4\sqrt{2}$;　(8) 15.

30. (1) 3;　(2) $\frac{(e-1)^5}{5}$;　(3) $\frac{3}{2}$;　(4) $\frac{2}{7}$;

(5) $\frac{\pi}{4}+\sqrt{2}-2$;　(6) $\ln\frac{2e}{1+e}$;　(7) $\frac{4}{3}$;　(8) $\ln(\sqrt{1+e^2}-1)+\ln(\sqrt{2}+1)-1$.

31. (1) $\frac{5}{3}-2\ln 2$;　(2) $2\ln\frac{4}{3}$;　(3) $\frac{\pi}{12}$;　(4) $\frac{3\pi}{4}-2$;

(5) $\ln(\sqrt{2}+1)-\tan\frac{\pi}{8}$;　(6) $\frac{\pi}{4}$;　(7) $1-\frac{\sqrt{3}}{6}\pi$;　(8) 0;

(9) $\frac{\pi}{4}$;　(10) $\frac{3\pi^2}{2^9}$.

32. (1) $\frac{\pi}{12}+\frac{\sqrt{3}}{2}-1$;　(2) π^2;　(3) $\frac{5e^3-2}{27}$;　(4) $\frac{\sqrt{2}+\ln(\sqrt{2}+1)}{2}$;

(5) 2　(6) $\frac{3e^{\frac{\pi}{2}}-2}{5}$;　(7) $\frac{1-\ln 2}{4}$;　(8) $\frac{3\pi}{32}$;

(9) 10π;　(10) $\frac{\pi}{8}-\frac{\ln 2}{4}$.

33. (1) $f(x)=\sin x+\frac{2}{1-\pi}$;　(2) $f(x)=2\ln x-\frac{2x^2}{e^2+1}$;

(3) $f(x)=x^2-\frac{4}{3}x+\frac{2}{3}$.

34. (1) $\frac{7}{3}-\frac{1}{e}$;　(2) $\ln\frac{e+1}{2}+\frac{1}{2}(1-e^{-4})$.

35. (1) $-\frac{\pi}{4}$; (2) 2.

36. (1) $\frac{1}{2}$; (2) 3.

37. (1) 1; (2) $\frac{3}{4}$.

38. $\frac{f'(0)}{2n}$.

39. (1) 5.403; (2) 1.089.

40. (1) $\frac{3}{2}-\ln 2$; (2) $\frac{9}{2}$; (3) $\frac{1}{6}$;

(4) $\frac{\sqrt{3}}{3}\pi-\frac{3}{4},\frac{2\sqrt{3}}{3}\pi+\frac{3}{4}$; (5) $b-a$; (6) $2\left(1-\frac{1}{e}\right)$.

41. (1) $\frac{16}{3}p^2$; (2) $\frac{e}{2}-1$.

42. $y=-\frac{2\sqrt{3}}{3}x+\frac{4}{3}$.

43. (1) $\frac{3\pi}{8}a^2$; (2) $6\pi a^2$.

44. (1) $y=2(1-x^2),S(x)=\frac{4-x^3}{3}-x$;

(2) $S(t)=\frac{4-\cos^3 t}{3}-\cos t,P\left(\frac{1}{\sqrt{3}},\frac{4}{3}\right)$.

45. (1) $6\pi a^2$; (2) a^2.

46. (1) $\frac{5\pi}{4}$; (2) $\frac{\pi}{6}-\frac{\sqrt{3}-1}{2}$.

47. $M\left(\sqrt{2\sqrt{3}},\frac{\pi}{12}\right)$.

48. (1) $\frac{4\sqrt{3}}{3}ab^2$; (2) $\frac{\pi}{2}\left(1-\frac{1}{e^2}\right)$.

49. (1) $V_x=\frac{48\pi}{5},V_y=\frac{24\pi}{5}$; (2) π;

(3) $7\pi^2a^3$.

50. (1) $\frac{\pi}{15}$; (2) $\frac{5\pi}{2}$.

51. (1) $\frac{\pi}{6}$; (2) $\frac{112\pi}{3}$.

52. $a=4,V_{\max}=\frac{32\sqrt{5}}{1\ 875}\pi$.

53. (1) $\frac{\pi}{27}(10\sqrt{10}-1)$;　　(2) $\frac{12}{5}\pi a^2$.

54. $\frac{\pi}{6}(11\sqrt{5}-1)$.

55. (1) $\frac{1+e^2}{4}$;　　(2) $\ln(\sqrt{2}+1)$;

(3) $\frac{4\pi}{3}+\sqrt{3}$;　　(4) $\ln(\sqrt{2}+1)$;

(5) $\frac{\sqrt{5}}{2}(e^{4\pi}-1)$;　　(6) $2+\frac{\ln 3}{2}$.

56. $\left(\left(\frac{2}{3}\pi-\frac{\sqrt{3}}{2}\right)a,\frac{3}{2}a\right)$.

57. 0.5 J.

58. $\sqrt{2}-1$ cm.

59. $\frac{\pi\rho R^2H^2g}{6}$.

60. $\frac{32}{3}\times10^{-6}g$ N.

61. $\frac{1}{2}\rho abg(2h+b\sin\alpha)$.

62. $k\frac{mM}{l}\ln\frac{b(a+l)}{a(b+l)}$,$k$ 为引力常数.

63. $\frac{2kmM}{\pi R^2}$,k 为引力常数.

64. (1) $\frac{1}{a}$;　　(2) 发散;　　(3) $\frac{1}{2}$;　　(4) 发散;　　(5) $\frac{\pi}{4}+\frac{\ln 2}{2}$;

(6) $\frac{\pi}{2}$;　　(7) $\ln(\sqrt{2}+1)$;　　(8) $\ln 2$;　　(9) $\frac{\pi}{2}$;　　(10) $\frac{\pi}{2}$.

65. (1) 1;　　(2) $-\frac{4}{3}$;　　(3) 发散;　　(4) 发散;

(5) $\frac{\pi}{2}$;　　(6) -1;　　(7) $\frac{\pi}{2}+\ln(2+\sqrt{3})$;　　(8) $\frac{\pi}{2}+\ln(2+\sqrt{3})$.

66. 当 $k\leqslant1$ 时,发散;当 $k>1$ 时,收敛且值为$\frac{1}{(k-1)\ln^{k-1}2}$.

67. $\frac{3}{2}a^2$(提示:令 $y=tx$ 将曲线化为参数方程形式).

补 充 题

3. (2) $\frac{2}{\pi}$.

4. $I(a)=\begin{cases}\dfrac{1}{3}-\dfrac{a}{2}, & a\leqslant 0,\\ \dfrac{1}{3}a^3-\dfrac{a}{2}+\dfrac{1}{3}, & 0<a<1,\\ \dfrac{a}{2}-\dfrac{1}{3}, & a\geqslant 1.\end{cases}$

7. (1) $\varphi'(x)=\begin{cases}\dfrac{xf(x)-\int_0^x f(u)\,du}{x^2}, & x\neq 0,\\ \dfrac{A}{2}, & x=0;\end{cases}$ (2) $\varphi'(x)$在 $x=0$ 处连续.

15. (1) $f(x)=\dfrac{3a}{2}x^2+(4-a)x$; (2) $a=-5$.

习 题 6

1. (1) 一阶方程; (2) 一阶方程; (3) 二阶方程; (4) 三阶方程.

2. (1) 是; (2) 是; (3) y_1是,y_2不是; (4) 是.

3. 2.

4. (1) $y=Ce^{1/x}$; (2) $\sin y=\ln(1+x)-x+C$;

 (3) $y^2=C(1+x^2)$; (4) $2e^{3x}=3e^{-y^2}+C$.

5. (1) $Cx=e^{\sin\frac{y}{x}}$; (2) $e^{\arctan\frac{y}{x}}=C\sqrt{x^2+y^2}$;

 (3) $\ln(Cx)=-e^{-\frac{y}{x}}$; (4) $\cos\dfrac{y}{x}=\ln Cx$.

6. (1) $y=2\arctan\dfrac{x+y}{2}+C$; (2) $5x+10y+7=Ce^{5y-10x}$;

 (3) $y+\dfrac{1}{2(2y+8x+1)}=C$; (4) $\dfrac{1}{2}\ln[(y+3)^2+(x+2)^2]+\arctan\dfrac{y+3}{x+2}=C$.

7. (1) $y=\tan(x-1)$; (2) $(y+3)^2=5(x^2+1)$;

 (3) $(x-y)^2=-2x+1$; (4) $y^2=2x^2(2+\ln x)$.

8. (1) $y=Ce^{3x}-\dfrac{1}{2}e^x$; (2) $y=Ce^{-4x}+\dfrac{x}{4}-\dfrac{1}{16}$;

 (3) $y=Ce^{x^2}-\dfrac{1}{2}$ (4) $y=(x+C)e^{-\sin x}$;

 (5) $y=-\cos x+C\sec x$; (6) $x=Ce^{-y}-y^2+2y-2$.

9. (1) $y=x-1+\cosh x$; (2) $y=x^2(x-1)$;

 (3) $x=\dfrac{\pi-1-\cos t}{t}$; (4) $y\sin x+5e^{\cos x}=1$.

10. (1) $\left(1+\dfrac{3}{y}\right)e^{\frac{3}{2}x^2}=C$; (2) $y^{-2}=Cx^4+\dfrac{2}{5x}$;

(3) $x-\sqrt{xy}=C$.

11. $f(x)=e^{2x}\ln 2$.

12. $f(x)=2+Cx$.

13. $y=\sqrt{1-e^{x}}$.

14. $R(t)=R_0 e^{-\frac{\ln 2}{1\,600}t}$,约 3 715 年.

15. $xy=6$.

16. $t=\dfrac{\ln 5}{\ln 9}\approx 0.73(\mathrm{h})$.

17. (1) $H(t)=20+17e^{-0.062\,6t}$; (2) 上午 10:26.

18. $I(t)=e^{-5t}+\sqrt{2}\sin\left(5t-\dfrac{\pi}{4}\right)$.

19. 经过时间 $t=\dfrac{-\ln 0.98}{0.000\,12}\approx 168(\mathrm{min})$.

20. (1) $y=\dfrac{1}{6}x^3-\cos x+C_1x+C_2$; (2) $y=x\arctan x-\dfrac{1}{2}\ln(1+x^2)+C_1x+C_2$;

(3) $y=C_1\left(x-\dfrac{1}{4}\right)^2+C_2$; (4) $y=C_2e^{C_1x}$;

(5) $y=C_1+\arcsin(C_2e^{x})$; (6) $y=C_1x+C_2e^{x}+C_3$.

21. (1) $y=-\ln(1+x)$; (2) $y=\sqrt{2x-x^2}$;

(3) $y=e^{(y-x)/2}$; (4) $y=2\left(\ln\dfrac{x}{2}+1\right)$.

22. 导弹击中敌舰时相对基地正东方向位移 25 m,耗时约 0.28 h.

23. $s(t)=\dfrac{75^2}{g}\ln\left[\cosh\left(\dfrac{g}{75}t\right)\right]$.

24. (1) 线性相关; (2) 线性无关; (3) 线性无关; (4) 线性相关.

25. $y_2=x^2-1$, $y=C_1e^{x}+C_2(x^2-1)$.

26. (1) $y_2=\dfrac{1}{x}$, $y=C_1x+\dfrac{C_2}{x}$; (2) $y_2=x\sin x$, $y=C_1x\cos x+C_2x\sin x$;

(3) $y_2=2x+1$, $y=C_1e^{x}+C_2(2x+1)$.

27. (1) $y=C_1x+C_2\ln x$; (2) $y=C_1e^{x}+C_2(x^2+1)$.

28. 是方程的通解.

29. (1) $y=C_1e^{x}+C_2e^{2x}$; (2) $y=C_1e^{(1-\sqrt{3})x}+C_2e^{(1+\sqrt{3})x}$;

(3) $y=C_1+C_2e^{2x}$; (4) $y=(C_1+C_2x)e^{-3x}$;

(5) $y=e^{-3x}(C_1\cos x+C_2\sin x)$; (6) $y=C_1e^{-x}+e^{x}(C_2x+C_3)$.

30. (1) $y=e^{x}(\cos x+\sin x)$; (2) $y=e^{3x-3}-e^{x-1}$;

(3) $y=\dfrac{1}{2}xe^{-\frac{1}{4}x}$; (4) $y=-\dfrac{1}{3}\sin 3x$.

31. (1) $y=C_1+C_2e^{3x}-\frac{1}{6}x^2+\frac{2}{9}x$;

(2) $y=C_1e^{\frac{2}{3}x}+C_2e^{-\frac{1}{2}x}+\left(\frac{1}{3}x-\frac{11}{9}\right)e^x$;

(3) $x=C_1\cos 2t+C_2\sin 2t+\frac{1}{3}t\sin t-\frac{2}{9}\cos t$;

(4) $y=C_1\cos x+C_2\sin x+x+\frac{1}{2}x\sin x$;

(5) $y=(C_1+C_2x)e^x+\frac{1}{2}x^2e^x+3$;

(6) $y=e^{-x}(C_1\cos x+C_2\sin x)+\frac{x}{2}+1-\frac{1}{2}xe^{-x}\cos x$.

32. (1) $y=-5e^x+\frac{7}{2}e^{2x}+\frac{5}{2}$;　(2) $y=-\cos x-\frac{1}{3}\sin x+\frac{1}{3}\sin 2x$;

(3) $y=\cos x+x\sin x$;　(4) $y=e^{-\frac{3}{2}x}+2e^{-\frac{5}{2}x}+xe^{-\frac{3}{2}x}$.

34. $f(x)=\frac{1}{2}(\cos x+\sin x+e^x)$.

35. $y(x)=\frac{1}{4}(e^x-e^{-x})+\frac{1}{2}\sin x$.

36. $x(t)=0.45\sin\frac{10t}{3}$.

37. 下沉深度 $d=\frac{m^2g}{k^2}\left(e^{-\frac{m}{k}t}+\frac{k}{m}t-1\right)$.

38. $Q(t)=e^{-10t}\left(\frac{3}{250}\cos 20t-\frac{3}{500}\sin 20t\right)-\frac{3}{250}\cos 10t+\frac{3}{125}\sin 10t$,

$I(t)=-e^{-10t}\left(\frac{6}{25}\cos 20t+\frac{9}{50}\sin 20t\right)+\frac{3}{25}\sin 10t+\frac{6}{25}\cos 10t$.

39. (1) $y=C_1x+C_2x^3$;　(2) $y=C_1\cos(\ln x)+C_2\sin(\ln x)$;

(3) $y=(C_1+C_2\ln x)x^{\frac{1}{3}}$;　(4) $y=C_1x^2+C_2x^4-2x^3$;

(5) $y=C_1\cos(2\ln x)+C_2\sin(2\ln x)+\left(\frac{2}{5}\ln x-\frac{4}{25}\right)x$;

(6) $y=C_1(x+1)+C_2(x+1)^2$.

40. (1) 精确解 $y=\frac{1}{1+e^{-\frac{x^2}{2}}}$,数值解略;

(2) 精确解 $y=-2(x+1)$,数值解略.

补　充　题

1. (1) $xy'-y-2x^3=0$;　(2) $y^2y'^2+y^2=1$;

(3) $y''+2y'+y=0$; (4) $y'^2+xy'-y=0$.

2. (1) $xy=e^{Cx}$; (2) $x^4=y(y+C)$;

(3) $x=Cy^3+\frac{1}{2}y^2$; (4) $x(y^{-1}+\ln x-1)=C$;

(5) $x^2=C(y-1)+1-(y-1)\ln|y-1|$; (6) $\sec y=\frac{1}{x}(xe^x-e^x+C)$;

(7) $e^{\frac{1}{y}}=x+Cx^2$.

3. $f(x)=x+\frac{1}{2}\ln(1+x^2)-\arctan x+C$.

7. $x^2+y^2=Cy$.

8. $f(x)=\frac{1}{2}(e^x-e^{-x})$.

9. 6 小时.

10. 6ln 3 年.

11. (1) $\frac{dB}{dt}=0.05B-12\ 000$; (2) $B(t)=240\ 000+(B_0-240\ 000)e^{0.05t}$;

(3) $B_0=151\ 708.93$.

12. $y=-\frac{1}{1+x}$.

13. $f'(x)=-\frac{e^{-x}}{1+x}$.

14. $f(x)=C_1\ln x+C_2$.

15. (1) $y=C_1e^x+C_2\cos 2x+C_3\sin 2x$;

(2) $y=C_1\cos x+C_2\sin x+\frac{1}{4}x\sin x+\frac{1}{16}\cos 3x$.

16. (1) $y=C_1e^x+C_2x-(x^2+1)$; (2) $y=C_1t+C_2t^2-t\sin t$.

17. $y=(1-2x)e^x$.

18. $\alpha=-3,\beta=2,\gamma=-1,y=C_1e^x+C_2e^{2x}+xe^x$.

19. 提示:利用常数变易法来确定解 $x(t)$.

20. $y=(C_1+C_2e^x)e^{e^x}$.

21. $t=\frac{4}{\sqrt{g}}\ln(8+3\sqrt{7})$.

22. $\theta=C_1\cos\sqrt{\frac{g}{l}}t+C_2\sin\sqrt{\frac{g}{l}}t$,周期 $T=2\pi\sqrt{\frac{l}{g}}$.